科学技術者のための
数学ハンドブック

鈴木増雄
香取眞理
羽田野直道
野々村禎彦
訳

朝倉書店

MATHEMATICAL METHODS FOR PHYSICISTS
A concise introduction
by Tai L. Chow
© Cambridge University Press 2000

Japanese translation published by arrangement with
Cambridge University Press

訳者まえがき

　科学技術者にとって，わかりやすく 1 冊にまとめた数学の本があればたいへん便利であると，かねがね考えていた．この数学ハンドブックはそれに応えるものであると確信して翻訳することにした．大学で理工系の学生が学ぶ数学は急に難しくなるようである．その原因の一つは，定理などの証明が厳密になり，定理成立のカラクリが必ずしも直感的にわかりやすくないことであろう．もう一つには，抽象性の程度が高くなり，しかも，数学の先生の講義では，その傾向が助長されて，学生は具体的な内容や応用の仕方が十分理解できないからであろう．

　このハンドブックは，大学での理工系学生のための数学教育の難点を和らげ，また，大学院生やすでに研究者になって活躍している人々にも，数学全体を概観したり，研究中に必要となった事項を手っ取り早く知るのに役立つものと期待される．このハンドブックの特徴の一つは，大学で理工系の基礎科目としての力学や電磁気学を学ぶのにすぐ必要となるベクトル解析から解説していることである．その後，すぐに，どの分野でも重要な常微分方程式，そして，行列，フーリエ級数，フーリエ積分と続いている．このように，すぐ必要となる重要事項を一気に学べるように配慮されている．

　こうして，すぐ役立つ数学的道具を学んだ後で，それらの背後にある共通した概念，普遍的，抽象的な事項としての線形ベクトル空間が学べるように配置されている．これは，量子力学を学ぶ際に特に重要となる．もちろん，他の数学を見通しよく理解するのにも役立つ．次の複素関数論（特にコーシーの定理）は，数学としても美の極致ともいえるものである．それは，実用上も，特に異常積分を求めるのにも有効である．その後に，特殊関数論，変分法，ラプラス変換，偏微分方程式，積分方程式と日頃よく使う数学が続く．数学や物理の構造をよく理解するのに必須の概念が次の群論である．物理などの自然法則の基礎となっている概念に対称性がある．群論は，この対称性に関する一般的な構造を明らかにする．

　最後の 2 つの章で数値解法と確率過程の話が簡単に紹介されている．この 2 つの章は計算物理という新しい分野に進む（または研究している）人々には重要な章である．しかし，数値解法のところでは，ルンゲ–クッタ法までしか説明されていない．そこで，最近急速に発展した指数積分解公式（鈴木–トロッター分解公式）と，その高次分解の一般論，および量子解析を訳者補章として追加したので活用してほしい．この新しい公式

は，ルンゲ–クッタ法に比べて，もとの方程式がもっている対称性（ユニタリ性やシンプレックティックな性質）を保持しているので，高精度の計算で初めて本質がわかるような現象（カオスなど）を扱う場合には必須の公式である．

本書の訳出にあたっては，1, 2, 3, 14章を香取眞理，まえがき，5, 6, 7, 9, 10, 12章を羽田野直道，4, 8, 11, 13章，付録1〜2, 文献（邦訳調査）を野々村禎彦がそれぞれ分担し，鈴木が全体を通して文体や用語法の統一などの見直しを行った．また鈴木は，その草稿の推敲にあたり，原著の説明不十分な箇所を補い（7章は分担者が主に補充説明を追加した），誤りを訂正し，さらに読者の便宜をはかって必要と思われるところに訳注をつけ，訳者補章を加えた．

原著者Tai L. Chow教授はカリフォルニア州立大学スタニスラウス校物理学科で長らく研究・教育を行ってきた．特に教育に熱心であり，また理工学の分野で使われる数学の全分野に精通しており，わかりやすい講義で定評がある．

なお，この翻訳・推敲作業は，鈴木の日本物理学会会長在任中，香取の英国長期出張中，羽田野のメキシコでの国際会議参加，野々村の米国長期出張直前というそれぞれ忙しい時期に行われた．わかりにくい箇所など，お気づきのところがあれば，お知らせいただきたい．

2002年8月

鈴 木 増 雄

序

　私は長年にわたってカリフォルニア州立大学スタニスラウス校で「物理数学入門」という講議を担当してきた．本書はその講議ノートに基づいている．スタニスラウス校の物理学科では，主要な物理学の授業を始める前にまず初歩的な物理数学を教えることにしている．肝心の物理学の授業に，十分な数学的知識を持って立ち向かえるようにするためである．この本もそのような目的に沿って書かれている．なお物理学の基本的な内容と，微積分などの基礎的な数学はすでにわかっているものとしている．解析学の基礎を付録にまとめてあるので，必要に応じてそちらを参照していただきたい．

　本書はけっして百科事典を意図したものではない．また，厳密な数学の証明を与える類いの本でもない．物理学において必要となる最新の数学を，道具として提供するのが主眼である．計算の詳細はなるべく割愛せず，「…が簡単に示せる」といった類いの省略はできるだけ排除した．ただし，肝心の論理の流れを見失わないようにするために，非常に冗長な式変形は簡略化したところもある．

　各章で述べられている数学が物理学とどのように関係しているかを示すために，物理学における応用例を多く取り入れるようにした．数学的概念を補ったり発展させたりするのに役立つよう，その章の範囲で数学的に扱える物理学の例を内容に応じてところどころに挿入した．これらの例題はいつ誰が考えたのかは特に注意を払わずに利用している．

　この本を執筆するにあたっては多くの人の助けを借りた．特にカリフォルニア州立大学スタニスラウス校物理学科の同僚には感謝したい．最後に，何かお気付きの点があれば遠慮なくご連絡いただきたい．

　カリフォルニア・ターロックにて
　2000 年

Tai L. Chow

目　　次

1. **ベクトル解析とテンソル解析** ……………………………………… 1
   - 1.1　ベクトルとスカラー ……………………………………………… 1
   - 1.2　方向角と方向余弦 ………………………………………………… 3
   - 1.3　ベクトルの代数計算 ……………………………………………… 4
     - 1.3.1　ベクトルの等値性 …………………………………………… 4
     - 1.3.2　ベクトルの加法 ……………………………………………… 4
     - 1.3.3　ベクトルとスカラーの積 …………………………………… 5
   - 1.4　内積（スカラー積） ……………………………………………… 5
   - 1.5　外積（ベクトル積） ……………………………………………… 7
   - 1.6　スカラー 3 重積 $\boldsymbol{A}\cdot(\boldsymbol{B}\times\boldsymbol{C})$ …………………………………… 10
   - 1.7　ベクトル 3 重積 $\boldsymbol{A}\times(\boldsymbol{B}\times\boldsymbol{C})$ …………………………………… 11
   - 1.8　座標変換 …………………………………………………………… 12
   - 1.9　線形ベクトル空間 V_n …………………………………………… 14
   - 1.10　ベクトルの微分 ………………………………………………… 15
   - 1.11　空間曲線 ………………………………………………………… 17
   - 1.12　平面上の運動 …………………………………………………… 18
   - 1.13　古典力学における物体の軌道のベクトル解析 ……………… 19
   - 1.14　スカラー場のベクトル微分と勾配 …………………………… 20
   - 1.15　保存ベクトル場 ………………………………………………… 22
   - 1.16　ベクトル微分演算子 ∇ ……………………………………… 22
   - 1.17　ベクトル場のベクトル微分 …………………………………… 23
     - 1.17.1　ベクトルの発散 …………………………………………… 23
     - 1.17.2　演算子 ∇^2: ラプラシアン ……………………………… 24
     - 1.17.3　ベクトルの回転 …………………………………………… 25
   - 1.18　∇ を含む公式 ………………………………………………… 27
   - 1.19　直交極座標 ……………………………………………………… 28
   - 1.20　特殊直交座標系 ………………………………………………… 33
     - 1.20.1　円筒座標 (ρ, ϕ, z) ……………………………………… 33
     - 1.20.2　極座標 (r, θ, ϕ) ………………………………………… 34
   - 1.21　ベクトルの積分と積分定理 …………………………………… 36

目　次

- 1.21.1　ガウスの定理（発散定理） …………………… 38
- 1.21.2　連続の方程式 …………………………………… 40
- 1.21.3　ストークスの定理 ……………………………… 40
- 1.21.4　グリーンの定理 ………………………………… 43
- 1.21.5　平面上のグリーンの定理 ……………………… 44
- 1.22　ヘルムホルツの定理 ………………………………… 45
- 1.23　便利な積分公式 ……………………………………… 46
- 1.24　テンソル解析 ………………………………………… 48
- 1.25　反変ベクトルと共変ベクトル ……………………… 48
- 1.26　2階のテンソル ……………………………………… 49
- 1.27　テンソルの基本的操作 ……………………………… 50
- 1.28　商の規則 ……………………………………………… 51
- 1.29　線素と計量テンソル ………………………………… 51
- 1.30　随伴テンソル ………………………………………… 54
- 1.31　リーマン空間での測地線 …………………………… 54
- 1.32　共変微分 ……………………………………………… 56

2. 常微分方程式 …………………………………………… 58

- 2.1　1階常微分方程式 …………………………………… 59
  - 2.1.1　変数分離法 ………………………………………… 59
  - 2.1.2　完全微分方程式 …………………………………… 63
  - 2.1.3　積分因子 …………………………………………… 65
  - 2.1.4　ベルヌーイの方程式 ……………………………… 68
- 2.2　定数係数2階微分方程式 …………………………… 69
  - 2.2.1　線形方程式の解の性質 …………………………… 69
  - 2.2.2　2階微分方程式の一般解 ………………………… 70
  - 2.2.3　補助関数の求め方 ………………………………… 70
  - 2.2.4　特殊解の求め方 …………………………………… 74
  - 2.2.5　特殊解と演算子 $D\ (=d/dt)$ …………………… 75
  - 2.2.6　演算子 D の演算則 ……………………………… 76
- 2.3　オイラーの線形微分方程式 ………………………… 79
- 2.4　級数解 ………………………………………………… 81
  - 2.4.1　微分方程式の正則点と特異点 …………………… 82
  - 2.4.2　フロベニウス–フックスの定理 ………………… 83
- 2.5　連立方程式 …………………………………………… 90
- 2.6　ガンマ関数とベータ関数 …………………………… 91

目次

3. 行列代数 94
  3.1 行列の定義 94
  3.2 行列の基本的な代数演算 95
    3.2.1 行列の等値 95
    3.2.2 行列の加法 96
    3.2.3 行列と数の積 97
    3.2.4 行列の乗法 97
  3.3 交換子 100
  3.4 行列のべき乗 101
  3.5 行列の関数 101
  3.6 行列の転置 101
  3.7 対称行列と反対称行列 102
  3.8 ベクトルの積の行列表示 104
  3.9 逆行列 105
  3.10 逆行列 $\tilde{A}^{-1}$ の求め方 106
  3.11 連立線形方程式と逆行列 107
  3.12 行列の複素共役 108
  3.13 エルミート共役 108
  3.14 エルミート行列と反エルミート行列 108
  3.15 （実）直交行列 109
  3.16 ユニタリ行列 110
  3.17 回転行列 111
  3.18 行列のトレース 115
  3.19 直交ユニタリ変換 116
  3.20 相似変換 116
  3.21 行列の固有値問題 118
    3.21.1 固有値と固有ベクトルの決定 119
  3.22 エルミート行列の固有値と固有ベクトル 122
  3.23 行列の対角化 123
  3.24 可換な行列の固有ベクトル 128
  3.25 ケーリー–ハミルトンの定理 129
  3.26 慣性行列の回転モーメント 130
  3.27 振動の基準モード 131
  3.28 行列の直積 134

4. フーリエ級数とフーリエ積分 135
  4.1 周期関数 135

- 4.2 フーリエ級数とオイラー–フーリエの公式 ……………………… 137
- 4.3 ギブズ現象 ……………………………………………………… 141
- 4.4 フーリエ級数の収束性とディリクレ条件 ……………………… 141
- 4.5 片側フーリエ級数 ……………………………………………… 142
- 4.6 区間の変更 ……………………………………………………… 143
- 4.7 パーセヴァルの恒等式 ………………………………………… 143
- 4.8 フーリエ級数の別な形式 ……………………………………… 145
- 4.9 フーリエ級数の積分と微分 …………………………………… 147
- 4.10 振動する弦 ……………………………………………………… 147
  - 4.10.1 横波の運動方程式 ………………………………………… 147
  - 4.10.2 波動方程式の解 …………………………………………… 148
- 4.11 RLC 回路 ……………………………………………………… 150
- 4.12 直交関数 ………………………………………………………… 151
- 4.13 多重フーリエ級数 ……………………………………………… 152
- 4.14 フーリエ積分とフーリエ変換 ………………………………… 153
- 4.15 フーリエ正弦変換とフーリエ余弦変換 ……………………… 160
- 4.16 ハイゼンベルクの不確定性原理 ……………………………… 162
- 4.17 波束と群速度 …………………………………………………… 163
- 4.18 熱伝導 …………………………………………………………… 167
  - 4.18.1 熱伝導方程式 ……………………………………………… 167
- 4.19 多変数関数のフーリエ変換 …………………………………… 170
- 4.20 フーリエ積分とデルタ関数 …………………………………… 170
- 4.21 フーリエ積分におけるパーセヴァルの恒等式 ……………… 173
- 4.22 フーリエ変換における畳み込みの定理 ……………………… 175
- 4.23 フーリエ変換の計算 …………………………………………… 177
- 4.24 デルタ関数とグリーン関数法 ………………………………… 178

5. 線形ベクトル空間 ……………………………………………………… 181

- 5.1 n 次元ユークリッド空間 ……………………………………… 181
- 5.2 線形ベクトル空間の一般論 …………………………………… 183
- 5.3 部分空間 ………………………………………………………… 185
- 5.4 線形結合 ………………………………………………………… 186
- 5.5 線形独立,基底,次元 ………………………………………… 187
- 5.6 内積空間(計量空間)…………………………………………… 189
- 5.7 グラム–シュミットの直交化 ………………………………… 192
- 5.8 コーシー–シュワルツの不等式 ……………………………… 193
- 5.9 双対ベクトルと双対空間 ……………………………………… 194

- 5.10 線形演算子 ·· 196
- 5.11 演算子の行列表現 ·· 198
- 5.12 線形演算子の代数 ·· 199
- 5.13 演算子の固有値と固有ベクトル ·· 201
- 5.14 いくつかの特別な演算子 ·· 202
  - 5.14.1 逆演算子 ·· 202
  - 5.14.2 随伴演算子 ··· 203
  - 5.14.3 エルミート演算子 ·· 204
  - 5.14.4 ユニタリ演算子 ··· 205
  - 5.14.5 射影演算子 ··· 207
- 5.15 基底変換 ··· 208
- 5.16 可換な演算子 ··· 210
- 5.17 関数空間 ··· 211

6. 複素関数 ·· 216
- 6.1 複素数 ·· 216
  - 6.1.1 複素数の四則演算 ··· 217
  - 6.1.2 複素数の極座標表示 ·· 217
  - 6.1.3 ド・モアブルの定理と複素数の根 ······························· 219
- 6.2 複素変数の関数 ·· 221
- 6.3 複素関数と写像 ·· 221
- 6.4 分岐線とリーマン面 ·· 223
- 6.5 複素関数の微分 ·· 225
  - 6.5.1 複素関数の極限と連続性 ·· 225
  - 6.5.2 複素関数の微分と解析関数 ······································· 226
  - 6.5.3 コーシー–リーマン条件 ··· 228
  - 6.5.4 調和関数 ·· 231
  - 6.5.5 特異点 ··· 231
- 6.6 複素数の初等関数 ··· 232
  - 6.6.1 指数関数 e^z (あるいは $\exp(z)$) ································ 232
  - 6.6.2 三角関数 ·· 235
  - 6.6.3 対数関数 ·· 236
  - 6.6.4 双曲線関数 ··· 237
- 6.7 複素積分 ·· 238
  - 6.7.1 複素平面上の線積分 ·· 238
  - 6.7.2 コーシーの積分定理 ·· 241
  - 6.7.3 コーシーの積分公式 ·· 244

- 6.7.4 導関数に対するコーシーの積分公式 246
- 6.8 解析関数の級数表示 249
  - 6.8.1 複素数列 249
  - 6.8.2 複素級数 251
  - 6.8.3 比検定 252
  - 6.8.4 一様収束とワイエルシュトラスの M 検定法 253
  - 6.8.5 べき級数とテーラー級数 254
  - 6.8.6 初等関数のテーラー級数 256
  - 6.8.7 ローラン級数 259
- 6.9 留数積分 264
  - 6.9.1 留数 264
  - 6.9.2 留数定理 267
- 6.10 実数関数の定積分の計算 269
  - 6.10.1 有理関数の無限積分 $\int_{-\infty}^{\infty} f(x)dx$ 269
  - 6.10.2 $\sin\theta$ と $\cos\theta$ の有理関数の積分 $\int_{0}^{2\pi} G(\sin\theta, \cos\theta)d\theta$ 272
  - 6.10.3 $\int_{-\infty}^{\infty} f(x) \begin{Bmatrix} \sin mx \\ \cos mx \end{Bmatrix} dx$ の形のフーリエ積分 274
  - 6.10.4 その他の形の異常積分 275

7. 特殊関数 279
- 7.1 ルジャンドルの微分方程式 279
  - 7.1.1 ロドリーグの公式 282
  - 7.1.2 母関数と漸化式 284
  - 7.1.3 直交性 288
- 7.2 ルジャンドル陪関数 292
  - 7.2.1 直交性 293
- 7.3 エルミートの微分方程式 295
  - 7.3.1 ロドリーグの公式 297
  - 7.3.2 漸化式 298
  - 7.3.3 母関数 299
  - 7.3.4 直交エルミート関数 299
- 7.4 ラゲールの微分方程式 301
  - 7.4.1 母関数 303
  - 7.4.2 ロドリーグの公式 303
  - 7.4.3 直交ラゲール関数 304
- 7.5 ラゲールの陪多項式 305

  7.5.1 母関数 306
  7.5.2 整数次のラゲール陪関数 306
 7.6 ベッセルの微分方程式 307
  7.6.1 第2種ベッセル関数 310
  7.6.2 鎖の微小振動 313
  7.6.3 母関数 316
  7.6.4 積分表示 316
  7.6.5 漸化式 317
  7.6.6 近似式 320
  7.6.7 直交性 321
 7.7 球ベッセル関数 323
 7.8 ストゥルム–リュウヴィル系 325

8. 変分法 328
 8.1 オイラー–ラグランジュ方程式 329
 8.2 制約条件つき変分問題 333
 8.3 ハミルトンの原理とラグランジュの運動方程式 ... 335
 8.4 レイリー–リッツの方法 339
 8.5 ハミルトンの原理と正準運動方程式 341
 8.6 変形されたハミルトンの原理とハミルトン–ヤコビの方程式 ... 343
 8.7 複数の独立変数をもつ変分問題 346

9. ラプラス変換 349
 9.1 ラプラス変換の定義 349
 9.2 ラプラス変換の存在 350
 9.3 初等関数のラプラス変換 352
 9.4 シフト（平行移動）定理 355
  9.4.1 第1シフト定理 355
  9.4.2 第2シフト定理 357
 9.5 ヘビサイドの階段関数 358
 9.6 周期関数のラプラス変換 359
 9.7 導関数のラプラス変換 360
 9.8 積分で定義される関数のラプラス変換 361
 9.9 その他の積分変換 362

10. 偏微分方程式 364
 10.1 線形2階偏微分方程式 364

目次

- 10.2 ラプラス方程式の解：変数分離の方法 …………………………… 369
- 10.3 波動方程式の解：変数分離の方法 …………………………… 380
- 10.4 ポアソン方程式：グリーン関数の方法 …………………………… 382
- 10.5 境界値問題のラプラス変換による解法 …………………………… 386

11. 簡単な線形積分方程式 ……………………………………………… 388
- 11.1 線形積分方程式の分類 …………………………………………… 388
- 11.2 いくつかの解法 …………………………………………………… 389
  - 11.2.1 分離可能な核 ……………………………………………… 389
  - 11.2.2 ノイマンの級数解 ………………………………………… 391
  - 11.2.3 積分方程式の微分方程式への変換 ……………………… 393
  - 11.2.4 ラプラス変換解 …………………………………………… 394
  - 11.2.5 フーリエ変換解 …………………………………………… 394
- 11.3 シュミット–ヒルベルトの解法 ………………………………… 395
- 11.4 微分方程式と積分方程式の関係 ………………………………… 398
- 11.5 積分方程式の使い方 ……………………………………………… 399
  - 11.5.1 アーベルの積分方程式 …………………………………… 399
  - 11.5.2 簡単な古典調和振動子 …………………………………… 400
  - 11.5.3 簡単な量子調和振動子 …………………………………… 400

12. 群　　論 ………………………………………………………………… 402
- 12.1 群の定義（群の公理） ……………………………………………… 402
- 12.2 巡　回　群 ………………………………………………………… 405
- 12.3 群　　表 …………………………………………………………… 406
- 12.4 同　型　群 ………………………………………………………… 407
- 12.5 置換操作のなす群とケーリーの定理 …………………………… 409
- 12.6 部分群と剰余類 …………………………………………………… 411
- 12.7 共役類と不変部分群 ……………………………………………… 412
- 12.8 群　の　表　現 …………………………………………………… 414
- 12.9 いくつかの特別な群 ……………………………………………… 416
  - 12.9.1 対称群 D_2 と D_3 ……………………………………… 418
  - 12.9.2 1次元ユニタリ群 $U(1)$ ………………………………… 421
  - 12.9.3 特殊直交群 $SO(2)$ と $SO(3)$ ………………………… 422
  - 12.9.4 特殊ユニタリ群 $SU(n)$ ………………………………… 424
  - 12.9.5 斉次ローレンツ群 ………………………………………… 426

13. 数値的方法 ... 430
- 13.1 補間 ... 430
- 13.2 方程式の数値解法 ... 431
  - 13.2.1 図示法 ... 431
  - 13.2.2 線形補間法 ... 432
  - 13.2.3 ニュートン法 ... 435
- 13.3 数値積分 ... 437
  - 13.3.1 長方形則 ... 437
  - 13.3.2 台形則 ... 437
  - 13.3.3 シンプソン則 ... 439
- 13.4 微分方程式の数値解 ... 440
  - 13.4.1 オイラー法 ... 441
  - 13.4.2 3項テーラー級数法 ... 442
  - 13.4.3 ルンゲ–クッタ法 ... 443
  - 13.4.4 高階微分方程式：方程式系 ... 446
- 13.5 最小2乗フィット ... 447

14. 確率論入門 ... 449
- 14.1 確率の定義 ... 449
- 14.2 標本空間 ... 450
- 14.3 数え上げの方法 ... 452
  - 14.3.1 順列 ... 452
  - 14.3.2 組み合わせ ... 453
- 14.4 確率の基本定理 ... 454
- 14.5 確率変数と確率分布 ... 457
  - 14.5.1 確率変数 ... 457
  - 14.5.2 確率分布 ... 458
  - 14.5.3 期待値と分散 ... 458
- 14.6 確率分布の例 ... 459
  - 14.6.1 2項分布 ... 459
  - 14.6.2 ポアソン分布 ... 463
  - 14.6.3 ガウス分布（正規分布） ... 465
- 14.7 連続分布 ... 468
  - 14.7.1 ガウス分布（正規分布） ... 470
  - 14.7.2 マクスウェル–ボルツマン分布 ... 471

目次

付録 1. 準備（基本概念のまとめ） 472
- A1.1 不 等 式 473
- A1.2 関 数 473
- A1.3 極 限 475
- A1.4 無 限 級 数 476
  - A1.4.1 収束性の検定 477
  - A1.4.2 交代級数の検定 480
  - A1.4.3 絶対収束と条件収束 481
- A1.5 関数の級数と一様収束 483
  - A1.5.1 ワイエルストラスの M 検定 485
  - A1.5.2 アーベル検定 485
  - A1.5.3 べき級数に関する定理 486
- A1.6 テーラー展開 487
- A1.7 高階微分と積の高階微分に関するライプニッツの公式 490
- A1.8 定積分の重要な性質 491
- A1.9 有用な積分の方法 492
- A1.10 漸 化 式 494
- A1.11 積分の微分 494
- A1.12 斉 次 関 数 495
- A1.13 独立 2 変数関数のテーラー級数 496
- A1.14 ラグランジュ乗数 496

付録 2. 行 列 式 498
- A2.1 行列式, 小行列式, 余因子 500
- A2.2 行列式の展開 501
- A2.3 行列式の性質 501
- A2.4 行列式の微分 505

付録 3. $F(x) = \frac{1}{\sqrt{2\pi}} \int_0^x e^{-t^2/2} dt$ の表 506

訳者補章 1. 指数積公式（鈴木–トロッター公式）とその一般化（高次分解公式） 508
- B1.1 はじめに 508
- B1.2 鈴木–トロッター公式 509
- B1.3 高次分解と鈴木の漸化公式 509
- B1.4 時間順序つき指数演算子の分解法 513

訳者補章 2. 量子解析とその応用 ………………………………… 515
  B2.1　はじめに——量子解析とは—— ………………………………… 515
  B2.2　量子微分の公式 ………………………………………………… 516
  B2.3　高次量子微分と演算子テーラー展開公式 …………………… 516
  B2.4　簡単な例 ……………………………………………………… 519
  B2.5　量子解析の物理への応用 ……………………………………… 519
  B2.6　指数積分解への応用 …………………………………………… 520

索　　引 ………………………………………………………………… 523

1

ベクトル解析とテンソル解析

1.1 ベクトルとスカラー

　ベクトル解析は物理学においてたいへんよく使われる．この章では古典物理学で用いられるベクトルとベクトル場の性質について説明する．ここで与える説明や記号に基づいて第 5 章では抽象的な線形ベクトル空間を構成することにする．

　体積，質量，温度のように，適当な単位のもとで（その大きさや値を表す）たった 1 個の数だけで定まる物理量は**スカラー**とよばれる．スカラーは通常の実数によって表される．スカラーは，加法，減法，乗法，除法などといった通常の代数則に従う．

　物理量には，大きさだけでなく方向も指定しなければならないものがある．この大きさと方向をもった量の間に定義される加法演算が可換であるとき，その量は**ベクトル**とよばれる．この定義から，加法演算が可換でなければ，たとえ大きさと方向をもっていてもベクトルではないことに注意すべきである．例えば，角度変位は大きさと方向とによって指定されるが，2 つ以上の角度変位の和は一般には可換ではないので，ベクトルではない（図 1.1）．

　出版物では，ベクトルは（$\boldsymbol{A}$ のように）**太文字**で表され，その大きさは（A のように）斜字体で表されることが多い．手書きでは，ベクトルを $\vec{A}$ のように文字の上に矢印をつけて書いてもよい．任意のベクトル $\boldsymbol{A}$ （あるいは $\vec{A}$）は，

$$\boldsymbol{A} = A\hat{A} \tag{1.1}$$

というように書ける．ここで，A はベクトル $\boldsymbol{A}$ の大きさであり（これは単位と次元をもつ），$\hat{A}$ は $\boldsymbol{A}$ の方向をもつ大きさが 1 で無次元の**単位ベクトル**である．つまり $\hat{A} = \boldsymbol{A}/A$ である．

　ベクトル量は，図では矢印（先に矢印をつけた線分）で表される．図 1.2 のようにこの矢印の長さがベクトルの大きさを表し，矢の向きがそのベクトルの向きを表す．あるいは，ベクトルはその**座標成分**（座標軸への射影）とそれぞれの座標軸に沿った単位ベクトルによって，次のように表すこともできる（図 1.3）：

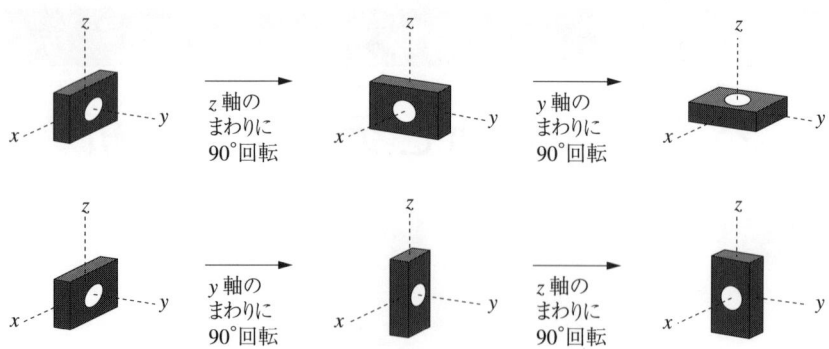

図 1.1 座標軸のまわりの平行 6 面体の回転.

図 1.2 ベクトル $\boldsymbol{A}$ の矢印による表示法.

$$\boldsymbol{A} = A_1\hat{e}_1 + A_2\hat{e}_2 + A_3\hat{e}_3 = \sum_{i=1}^{3} A_i\hat{e}_i. \tag{1.2}$$

ここで $\hat{e}_i$ $(i = 1, 2, 3)$ は直交座標軸 x_i ($x_1 = x, x_2 = y, x_3 = z$ とする) に沿った単位ベクトルである.物理学の教科書では,これらの単位ベクトルを $\hat{i}, \hat{j}, \hat{k}$ と表すことも多い.3 つの成分の組 (A_1, A_2, A_3) を用いて,ベクトル $\boldsymbol{A}$ は

$$\boldsymbol{A} = (A_1, A_2, A_3) \tag{1.2a}$$

というように表される.

このようなベクトルの代数的表現は,3 次元以上の高次元空間にも拡張することができる.一般に,n 次元ベクトルは,順序づけられた n 個の実数 $(A_1, A_2, \cdots, A_n)$ で表される.$n > 3$ の場合には,n 次元ベクトルを 3 次元の実空間中で実現することはできないが,一般の n 次元ベクトルを,2 次元や 3 次元ベクトルと同様に,幾何学的な言葉を使って説明することができる.このような抽象的なベクトルの一般論は第 5 章で説明することにする.

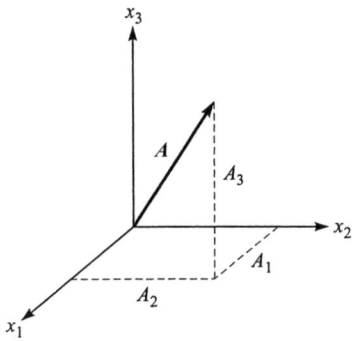

図 1.3 デカルト座標におけるベクトル **A** の表示法.

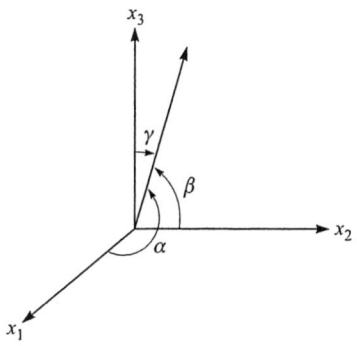

図 1.4 ベクトル **A** の方向角.

1.2 方向角と方向余弦

任意の単位ベクトル $\hat{A}$ は単位座標ベクトル $\hat{e}_1, \hat{e}_2, \hat{e}_3$ を用いて表すことができる．式 (1.2) より

$$\boldsymbol{A} = A\left(\frac{A_1}{A}\hat{e}_1 + \frac{A_2}{A}\hat{e}_2 + \frac{A_3}{A}\hat{e}_3\right) = A\hat{A}$$

である．ここで $A_1/A = \cos\alpha$, $A_2/A = \cos\beta$, $A_3/A = \cos\gamma$ をベクトル **A** の**方向余弦**とよび，α, β, γ を**方向角**とよぶ（図 1.4）．すなわち

$$\boldsymbol{A} = A(\cos\alpha\,\hat{e}_1 + \cos\beta\,\hat{e}_2 + \cos\gamma\,\hat{e}_3) = A\hat{A}$$

であり，これより

$$\hat{A} = (\cos\alpha\,\hat{e}_1 + \cos\beta\,\hat{e}_2 + \cos\gamma\,\hat{e}_3) = (\cos\alpha, \cos\beta, \cos\gamma) \qquad (1.3)$$

と書けることになる.

1.3 ベクトルの代数計算

1.3.1 ベクトルの等値性

2つのベクトル A と B は，成分がそれぞれすべて等しいとき，相等しいものと定義される．すなわち

$$A = B \quad \text{あるいは} \quad (A_1, A_2, A_3) = (B_1, B_2, B_3)$$

は，3つの式

$$A_1 = B_1, \quad A_2 = B_2, \quad A_3 = B_3$$

が成立することと同値である．この定義から，平行で同じ長さをもつベクトルは，その位置が違っていても等しいものと見なされることになる．

1.3.2 ベクトルの加法

2つのベクトルの足し算は

$$A + B = (A_1, A_2, A_3) + (B_1, B_2, B_3) = (A_1 + B_1, A_2 + B_2, A_3 + B_3)$$

によって定義される．すなわち，2つのベクトルの和は，それぞれの成分の和を成分にもつベクトルである．

図 1.5 に示したように，2つのベクトルの和を図を使って求めることができる．ベクトル B をベクトル A に加えるには，まずベクトル B をそれ自身に平行であるように保ちながら平行移動して，その始点をベクトル A の終点に一致するようにさせる．ベクトルの和 $A + B$ は，ベクトル A の始点からベクトル B の終点へ引いたベクトル C で与えられる．この作図法により，ベクトル A にベクトル B を加えても，反対にベクトル B にベクトル A を加えても，得られるベクトルの和 $C = A + B$ は同じであることがわかる．

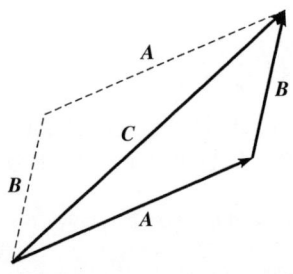

図 1.5 2つのベクトルの和.

1.3.3 ベクトルとスカラーの積
c がスカラーのとき
$$c\boldsymbol{A} = (cA_1, cA_2, cA_3)$$
と定義する．つまりベクトル $c\boldsymbol{A}$ は，ベクトル $\boldsymbol{A}$ に平行で長さが $\boldsymbol{A}$ の長さの c 倍のベクトルである．特に $c = -1$ のときには，$\boldsymbol{A}$ と同じ長さであるがその向きが反対であるベクトル $-\boldsymbol{A}$ となる．したがって，ベクトル $\boldsymbol{B}$ をベクトル $\boldsymbol{A}$ から引くことは，$-\boldsymbol{B}$ を $\boldsymbol{A}$ に足すことに等しい：
$$\boldsymbol{A} - \boldsymbol{B} = \boldsymbol{A} + (-\boldsymbol{B}).$$
ベクトルの加法は以下の性質をもつ：
- (a) $\boldsymbol{A} + \boldsymbol{B} = \boldsymbol{B} + \boldsymbol{A}$ (可換法則),
- (b) $(\boldsymbol{A} + \boldsymbol{B}) + \boldsymbol{C} = \boldsymbol{A} + (\boldsymbol{B} + \boldsymbol{C})$ (結合法則),
- (c) $\boldsymbol{A} + \boldsymbol{O} = \boldsymbol{O} + \boldsymbol{A} = \boldsymbol{A}$,
- (d) $\boldsymbol{A} + (-\boldsymbol{A}) = \boldsymbol{O}$.

次にベクトルの掛け算について説明する．しかしベクトルによる割り算は定義されないことに注意しておく．つまり，$k/\boldsymbol{A}$ や $\boldsymbol{B}/\boldsymbol{A}$ といった表式は，数学的には意味をもたない．

2つのベクトルの掛け算の仕方には2種類ある．以下に述べるように，それぞれ別の意味をもつ．

1.4 内積（スカラー積）

ベクトル $\boldsymbol{A}, \boldsymbol{B}$ の**内積（スカラー積）**は，2つのベクトルの大きさと2つのベクトルのなす角の余弦の積で与えられる実数である（図1.6）：
$$\boldsymbol{A} \cdot \boldsymbol{B} \equiv AB\cos\theta \quad (0 \leq \theta \leq \pi). \tag{1.4}$$
この定義から，内積は可換であること，
$$\boldsymbol{A} \cdot \boldsymbol{B} = \boldsymbol{B} \cdot \boldsymbol{A} \tag{1.5}$$
は明らかである．また，ベクトルのそれ自身との内積は，そのベクトルの大きさの2乗であることも明らかである：
$$\boldsymbol{A} \cdot \boldsymbol{A} = A^2 \tag{1.6}$$
もしも $\boldsymbol{A} \cdot \boldsymbol{B} = 0$ であり，かつ $\boldsymbol{A}$ も $\boldsymbol{B}$ もゼロベクトルではないとき，$\boldsymbol{A}$ と $\boldsymbol{B}$ とは**直交する**という．

図1.6に図示したように，内積の値を次のように幾何学的に解釈できる：

- $(B\cos\theta)A = \boldsymbol{B}$ の $\boldsymbol{A}$ 上への射影に $\boldsymbol{A}$ の大きさを掛けたもの，
- $(A\cos\theta)B = \boldsymbol{A}$ の $\boldsymbol{B}$ 上への射影に $\boldsymbol{B}$ の大きさを掛けたもの．

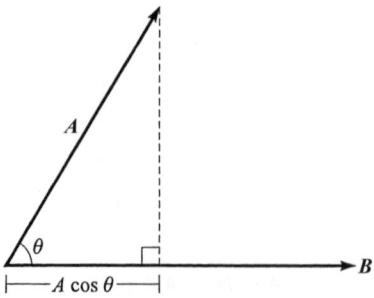

図 **1.6** 2 つのベクトルの内積．

A と B の成分だけがわかっているときには，内積 $A \cdot B$ を式 (1.4) の定義から計算するよりも，以下で説明するように計算する方が簡単である．まず式 (1.2) の表式を用いて

$$A \cdot B = (A_1 \hat{e}_1 + A_2 \hat{e}_2 + A_3 \hat{e}_3) \cdot (B_1 \hat{e}_1 + B_2 \hat{e}_2 + B_3 \hat{e}_3) \tag{1.7}$$

と書く．この式の右辺を，内積 $\hat{e}_i \cdot \hat{e}_j$ を含んだ 9 つの項に展開する．ここで，おのおの異なる単位ベクトルは互いに直交しているので，式 (1.4) と式 (1.6) より

$$\hat{e}_i \cdot \hat{e}_j = \delta_{ij} \qquad (i, j = 1, 2, 3) \tag{1.8}$$

である．ここで，δ_{ij} は

$$\delta_{ij} = \begin{cases} 0 & (i \neq j), \\ 1 & (i = j) \end{cases} \tag{1.9}$$

を表す記号であり，**クロネッカーのデルタ**とよばれる．式 (1.8) を用いると，**内積の成分表示の公式**

$$A \cdot B = A_1 B_1 + A_2 B_2 + A_3 B_3 = \sum_{i=1}^{3} A_i B_i \tag{1.10}$$

が得られる．

内積の公式を応用することにより，次のようにして，3 角形の**余弦定理**を簡単に導くことができる．図 1.7 に示したようにベクトル A と B の和 C を考えて，そのベクトルの 2 乗をとると

$$C^2 = C \cdot C = (A + B) \cdot (A + B)$$
$$= A^2 + B^2 + 2 A \cdot B = A^2 + B^2 + 2AB \cos \theta$$

という余弦定理が得られる．

内積は，物理学において例えば一定の力によってなされる仕事 W を表すのに用いられる：力 F が働いて変位ベクトル r だけ物体が移動したときに，物体がなされた仕事は $W = F \cdot r$ で与えられる．

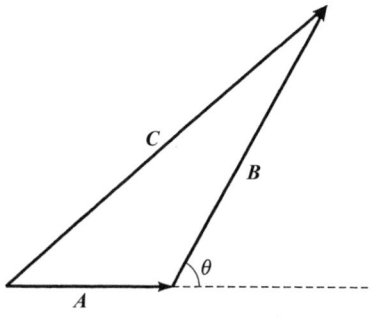

図 **1.7** 余弦定理.

1.5 外積(ベクトル積)

ベクトル A と B の外積を
$$C = A \times B \tag{1.11}$$
と書く.図 1.8 に示したように,2 つのベクトル A, B を 2 辺とする平行 4 辺形を考え,$C = A \times B$ を,この平行 4 辺形に垂直で,その面積と等しい長さをもつベクトルとして定義する.このとき C の向きは,図 1.8 のように,右手の人指し指を A の方向から B の方向に回転させたとき親指が指す向きとする(ただし,回転角は 180°以下であるようにする).

$$C = A \times B = AB\sin\theta\,\hat{e}_C \qquad (0 \leq \theta \leq \pi). \tag{1.12}$$

この右手を使った外積の定義より,直ちに

$$A \times B = -B \times A \tag{1.13}$$

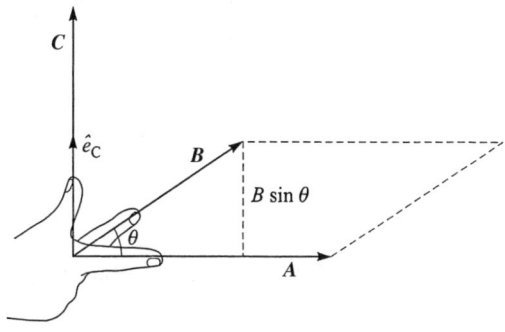

図 **1.8** 外積の右手則.

であることがわかる．したがって，外積は可換ではない．また，式 (1.12) より，$\boldsymbol{A}$ と $\boldsymbol{B}$ とが平行なときには

$$\boldsymbol{A} \times \boldsymbol{B} = 0 \tag{1.14}$$

であることもわかる．特に

$$\boldsymbol{A} \times \boldsymbol{A} = 0 \tag{1.14a}$$

である．ベクトルの成分を用いて

$$\boldsymbol{A} \times \boldsymbol{B} = (A_1 \hat{e}_1 + A_2 \hat{e}_2 + A_3 \hat{e}_3) \times (B_1 \hat{e}_1 + B_2 \hat{e}_2 + B_3 \hat{e}_3) \tag{1.15}$$

を計算してみよう．単位ベクトルに対しては，上記の外積の定義より

$$\begin{aligned} \hat{e}_i \times \hat{e}_i &= 0 \quad (i = 1, 2, 3), \\ \hat{e}_1 \times \hat{e}_2 &= \hat{e}_3, \ \hat{e}_2 \times \hat{e}_3 = \hat{e}_1, \ \hat{e}_3 \times \hat{e}_1 = \hat{e}_2 \end{aligned} \tag{1.16}$$

が成り立つことが示せるので，式 (1.15) より

$$\boldsymbol{A} \times \boldsymbol{B} = (A_2 B_3 - A_3 B_2) \hat{e}_1 + (A_3 B_1 - A_1 B_3) \hat{e}_2 + (A_1 B_2 - A_2 B_1) \hat{e}_3 \tag{1.15a}$$

という**外積の成分表示**の公式が導かれる．

この公式は，3×3 の行列の**行列式**を用いると次のように表すことができる．

$$\boldsymbol{A} \times \boldsymbol{B} = \begin{vmatrix} \hat{e}_1 & \hat{e}_2 & \hat{e}_3 \\ A_1 & A_2 & A_3 \\ B_1 & B_2 & B_3 \end{vmatrix}. \tag{1.17}$$

この表式は外積の成分表示の公式を覚えるのに便利である．3×3 の行列の行列式の展開は，次の図で示したような「たすきがけの方法」により，容易に得ることができる．

ベクトルの外積が非可換なのは，行列の 2 つの行を入れ換えると行列式の符号が変わるためであり，また平行なベクトルの外積がゼロであることは，行列のある行が別の行の定数倍のときにはその行列の行列式はゼロとなるためである．

行列式は物理学と工学でよく使われる．行列式の基礎事項は付録 2 にまとめてある．

2 つのベクトルの外積として与えられるベクトルは**軸性ベクトル**（あるいは**擬ベクトル**）とよばれる．これに対して，通常のベクトルは**極性ベクトル**とよばれる．座標の反転に対して，軸性ベクトルはその符号を変えないが，極性ベクトルは符号を変える．

1.5 外積（ベクトル積）

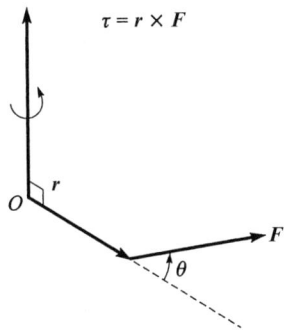

図 1.9 O のまわりの力のモーメント.

物理学での外積の応用例として力のモーメント（トルク）があげられる．図 1.9 のように，原点を O としたときの力 $\boldsymbol{F}$ の作用点の位置ベクトルを $\boldsymbol{r}$ とする．このとき，原点 O のまわりの力のモーメント $\boldsymbol{\tau}$ は $\boldsymbol{\tau} = \boldsymbol{r} \times \boldsymbol{F}$ で与えられる．

式 (1.16) で与えられる 9 つの式は，**置換記号（3 階反対称テンソル）** ε_{ijk} を用いて

$$\hat{e}_i \times \hat{e}_j = \sum_{k=1}^{3} \varepsilon_{ijk} \hat{e}_k \tag{1.16a}$$

と表される．ここで ε_{ijk} は

$$\varepsilon_{ijk} = \begin{cases} 1 & (i,j,k) \text{ が } (1,2,3) \text{ の{\bf 偶置換}のとき} \\ -1 & (i,j,k) \text{ が } (1,2,3) \text{ の{\bf 奇置換}のとき} \\ 0 & \text{それ以外のとき（例えば，2 つ以上の添え字が等しいとき）} \end{cases} \tag{1.18}$$

によって定義される．この定義より，

$$\varepsilon_{ijk} = \varepsilon_{kij} = \varepsilon_{jki}$$
$$= -\varepsilon_{jik} = -\varepsilon_{kji} = -\varepsilon_{ikj}$$

であることが直ちに導かれる．

ε_{ijk} とクロネッカーのデルタ記号の間には次のような便利な恒等式が成り立つことが示せる：

$$\sum_{k=1}^{3} \varepsilon_{mnk} \varepsilon_{ijk} = \delta_{mi} \delta_{nj} - \delta_{mj} \delta_{ni}, \tag{1.19}$$

$$\sum_{j,k} \varepsilon_{mjk} \varepsilon_{njk} = 2\delta_{mn}, \quad \sum_{i,j,k} \varepsilon_{ijk}^2 = 6. \tag{1.19a}$$

置換記号を用いると,外積 $\boldsymbol{A} \times \boldsymbol{B}$ は

$$\boldsymbol{A} \times \boldsymbol{B} = \left(\sum_{i=1}^{3} A_i \hat{e}_i\right) \times \left(\sum_{j=1}^{3} B_j \hat{e}_j\right) = \sum_{i,j}^{3} A_i B_j (\hat{e}_i \times \hat{e}_j) = \sum_{i,j,k}^{3} (A_i B_j \varepsilon_{ijk}) \hat{e}_k$$

と書ける.したがって,$\boldsymbol{A} \times \boldsymbol{B}$ の k 成分は

$$(\boldsymbol{A} \times \boldsymbol{B})_k = \sum_{i,j} A_i B_j \varepsilon_{ijk} = \sum_{i,j} \varepsilon_{kij} A_i B_j$$

である.例えば $k=1$ とすると

$$(\boldsymbol{A} \times \boldsymbol{B})_1 = \sum_{i,j} \varepsilon_{1ij} A_i B_j = \varepsilon_{123} A_2 B_3 + \varepsilon_{132} A_3 B_2 = A_2 B_3 - A_3 B_2$$

となり,前に導いた公式 (1.15a) と同じ結果が得られる.

1.6　スカラー 3 重積 $\boldsymbol{A} \cdot (\boldsymbol{B} \times \boldsymbol{C})$

$\boldsymbol{A} \cdot (\boldsymbol{B} \times \boldsymbol{C})$ で与えられる**スカラー 3 重積**について述べる.図 1.10 に示したように,$\boldsymbol{A}, \boldsymbol{B}, \boldsymbol{C}$ を隣り合う 3 辺とする平行 6 面体を考える.$\boldsymbol{B}, \boldsymbol{C}$ を 2 辺とする平行 4 辺形の面積を S として,これを底辺としたときの平行 6 面体の高さを h とすると,

$$\boldsymbol{A} \cdot (\boldsymbol{B} \times \boldsymbol{C}) = ABC \sin\theta \cos\alpha = hS$$

なので,このスカラー量は平行 6 面体の体積を与えることが示せたことになる.

ここで

$$\boldsymbol{A} \cdot (\boldsymbol{B} \times \boldsymbol{C}) = (A_1 \hat{e}_1 + A_2 \hat{e}_2 + A_3 \hat{e}_3) \cdot \begin{vmatrix} \hat{e}_1 & \hat{e}_2 & \hat{e}_3 \\ B_1 & B_2 & B_3 \\ C_1 & C_2 & C_3 \end{vmatrix}$$
$$= A_1(B_2 C_3 - B_3 C_2) + A_2(B_3 C_1 - B_1 C_3) + A_3(B_1 C_2 - B_2 C_1)$$

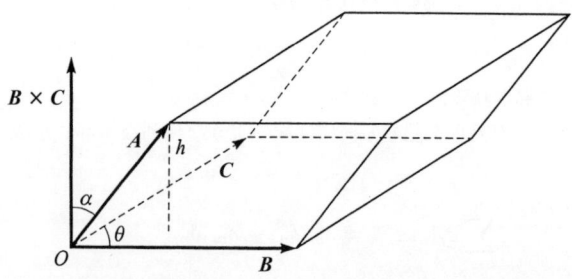

図 1.10　3 つのベクトル $\boldsymbol{A}, \boldsymbol{B}, \boldsymbol{C}$ のスカラー 3 重積.

であるから，

$$\boldsymbol{A} \cdot (\boldsymbol{B} \times \boldsymbol{C}) = \begin{vmatrix} A_1 & A_2 & A_3 \\ B_1 & B_2 & B_3 \\ C_1 & C_2 & C_3 \end{vmatrix} \tag{1.20}$$

である．行列の 2 つの行（あるいは 2 つの列）を入れ換えると，符号が変わるが絶対値は変わらないので，

$$\boldsymbol{A} \cdot (\boldsymbol{B} \times \boldsymbol{C}) = \begin{vmatrix} A_1 & A_2 & A_3 \\ B_1 & B_2 & B_3 \\ C_1 & C_2 & C_3 \end{vmatrix} = - \begin{vmatrix} C_1 & C_2 & C_3 \\ B_1 & B_2 & B_3 \\ A_1 & A_2 & A_3 \end{vmatrix} = \boldsymbol{C} \cdot (\boldsymbol{A} \times \boldsymbol{B})$$

が成り立つ．つまり，このスカラー 3 重積の内積と外積は可換であり

$$\boldsymbol{A} \cdot (\boldsymbol{B} \times \boldsymbol{C}) = (\boldsymbol{A} \times \boldsymbol{B}) \cdot \boldsymbol{C} \tag{1.21}$$

という等式が成り立つのである．

このことから，3 つのベクトルが $\boldsymbol{A} \to \boldsymbol{B} \to \boldsymbol{C} \to \boldsymbol{A}$ の順番に現れるかぎり，内積と外積をそのうちのどの 2 つの間で計算するかによらず，結果は等しいことが導かれる：

$$\boldsymbol{A} \cdot (\boldsymbol{B} \times \boldsymbol{C}) = \boldsymbol{B} \cdot (\boldsymbol{C} \times \boldsymbol{A}) = \boldsymbol{C} \cdot (\boldsymbol{A} \times \boldsymbol{B}). \tag{1.21a}$$

注意すべき点は，スカラー 3 重積で定義されるスカラーは，座標反転において符号を変えることである．通常のスカラーは空間反転で符号を変えないので，スカラー 3 重積は，**擬スカラー**とよばれることがある．

1.7 ベクトル 3 重積 $\boldsymbol{A} \times (\boldsymbol{B} \times \boldsymbol{C})$

3 重積 $\boldsymbol{A} \times (\boldsymbol{B} \times \boldsymbol{C})$ は，2 つのベクトル $\boldsymbol{A}$ と $\boldsymbol{B} \times \boldsymbol{C}$ の外積なので，ベクトルである．これを**ベクトル 3 重積**とよぶ．このベクトルは $\boldsymbol{B} \times \boldsymbol{C}$ に垂直であるから，$\boldsymbol{B}$ と $\boldsymbol{C}$ とが作る平面上にある．したがって，$\boldsymbol{B}$ と $\boldsymbol{C}$ が平行でないときには，$\boldsymbol{A} \times (\boldsymbol{B} \times \boldsymbol{C}) = x\boldsymbol{B} + y\boldsymbol{C}$ と書けることになる．この両辺と $\boldsymbol{A}$ との内積をとると，$\boldsymbol{A} \cdot [\boldsymbol{A} \times (\boldsymbol{B} \times \boldsymbol{C})] = 0$ なので，$x(\boldsymbol{A} \cdot \boldsymbol{B}) + y(\boldsymbol{A} \cdot \boldsymbol{C}) = 0$ という等式が得られる．この式から，スカラー λ を

$$\frac{x}{\boldsymbol{A} \cdot \boldsymbol{C}} = -\frac{y}{\boldsymbol{A} \cdot \boldsymbol{B}} \equiv \lambda$$

と定義することができる．これを用いると

$$\boldsymbol{A} \times (\boldsymbol{B} \times \boldsymbol{C}) = x\boldsymbol{B} + y\boldsymbol{C} = \lambda[\boldsymbol{B}(\boldsymbol{A} \cdot \boldsymbol{C}) - \boldsymbol{C}(\boldsymbol{A} \cdot \boldsymbol{B})]$$

と表される．以下では $\lambda = 1$ であることを示そう．そのために，特別な場合として $\boldsymbol{B} = \boldsymbol{A}$ である場合を考えることにする．上の式で $\boldsymbol{B} = \boldsymbol{A}$ としたものと $\boldsymbol{C}$ との内積をとると

$$C \cdot [A \times (A \times C)] = \lambda[(A \cdot C)^2 - A^2 C^2]$$

となるが，ここで式 (1.21a) を用いると，(右辺)$= (A \times C) \cdot (C \times A) = -(A \times C)^2$ となるので

$$-(A \times C)^2 = \lambda[(A \cdot C)^2 - A^2 C^2]$$

が得られる．ベクトル A と C のなす角を θ とすると，この式は

$$-A^2 C^2 \sin^2 \theta = \lambda(A^2 C^2 \cos^2 \theta - A^2 C^2)$$

と書き直せるが，(左辺) $= -\lambda A^2 C^2 \sin^2 \theta$ であるから，$\lambda = 1$ でなければならないことになる．以上より

$$A \times (B \times C) = B(A \cdot C) - C(A \cdot B) \tag{1.22}$$

という公式が証明されたことになる．

1.8 座標変換

　ベクトル量の間の関係式は座標系の選び方によらない．しかし，ベクトル量の各成分は，座標系を変えると違ってしまう．本節では，**座標変換**に伴うベクトルの成分表示の変換則を述べる．**正方直交デカルト座標**が最も基本的な座標系であるので，ここではこの座標系の場合に限って述べることにする．別の座標系については後の節で説明することにする．ベクトル A が単位座標ベクトル $\{\hat{e}_1, \hat{e}_2, \hat{e}_3\}$ を用いて

$$A = A_1 \hat{e}_1 + A_2 \hat{e}_2 + A_3 \hat{e}_3 = \sum_{i=1}^{3} A_i \hat{e}_i$$

と表されているものとする．またこの座標系 $\{\hat{e}_1, \hat{e}_2, \hat{e}_3\}$ とは別の座標系 $\{\hat{e}'_1, \hat{e}'_2, \hat{e}'_3\}$ では A は

$$A = A'_1 \hat{e}'_1 + A'_2 \hat{e}'_2 + A'_3 \hat{e}'_3 = \sum_{i=1}^{3} A'_i \hat{e}'_i$$

と表されるものとする．内積 $A \cdot \hat{e}'_i$ が A'_i，すなわち A の $\hat{e}'_i$ の方向の射影に等しいことに注意すると，次が成り立つことがわかる．

$$\begin{aligned}
A'_1 &= (\hat{e}_1 \cdot \hat{e}'_1) A_1 + (\hat{e}_2 \cdot \hat{e}'_1) A_2 + (\hat{e}_3 \cdot \hat{e}'_1) A_3 \\
A'_2 &= (\hat{e}_1 \cdot \hat{e}'_2) A_1 + (\hat{e}_2 \cdot \hat{e}'_2) A_2 + (\hat{e}_3 \cdot \hat{e}'_2) A_3 \\
A'_3 &= (\hat{e}_1 \cdot \hat{e}'_3) A_1 + (\hat{e}_2 \cdot \hat{e}'_3) A_2 + (\hat{e}_3 \cdot \hat{e}'_3) A_3.
\end{aligned} \tag{1.23}$$

　内積 $(\hat{e}_i \cdot \hat{e}'_j)$ は座標軸 $\hat{e}_i$ に対する座標軸 $\hat{e}'_j$ の方向余弦である；すなわち $\hat{e}_i \cdot \hat{e}'_j = \cos(x_i, x'_j)$．これは**変換係数**とよばれる．行列を用いると上記の連立方程式は

1.8 座標変換

$$\begin{pmatrix} A'_1 \\ A'_2 \\ A'_3 \end{pmatrix} = \begin{pmatrix} \hat{e}_1 \cdot \hat{e}'_1 & \hat{e}_2 \cdot \hat{e}'_1 & \hat{e}_3 \cdot \hat{e}'_1 \\ \hat{e}_1 \cdot \hat{e}'_2 & \hat{e}_2 \cdot \hat{e}'_2 & \hat{e}_3 \cdot \hat{e}'_2 \\ \hat{e}_1 \cdot \hat{e}'_3 & \hat{e}_2 \cdot \hat{e}'_3 & \hat{e}_3 \cdot \hat{e}'_3 \end{pmatrix} \begin{pmatrix} A_1 \\ A_2 \\ A_3 \end{pmatrix}$$

と書ける．この式の 3×3 行列は直交行列であり，**回転行列**，あるいは**変換行列**とよばれる．座標変換を行列で表示する利点は，いくつかの座標変換を逐次行うとき，それぞれの変換を表す行列を，順次掛けていけばよいことにある．ここで行列の計算について少しだけ述べておくことにする．行列の計算方法の詳しい説明は第 3 章で述べる．

スカラーを順序づけて配置したものを**行列**という．各成分のスカラー量には加法と乗法とが定義されているものとする．行列の各成分はその行数と列数とで指定される．例えば，行列の i 行 j 列の成分は a_{ij} というように表される．行列 $\tilde{A}$ は $[a_{ij}]$ あるいは，すべての行列成分を表示して

$$\tilde{A} = \begin{pmatrix} a_{11} & a_{12} & \cdots & a_{1n} \\ a_{21} & a_{22} & \cdots & a_{2n} \\ \vdots & \vdots & \ddots & \vdots \\ a_{m1} & a_{m2} & \cdots & a_{mn} \end{pmatrix}$$

と表す．この行列 $\tilde{A}$ は $m \times n$ 行列である．ベクトルは，その成分を 1 つの行あるいは列に書くことによって

$$\tilde{B} = (b_{11}, b_{12}, b_{13}) \quad \text{あるいは} \quad \tilde{C} = \begin{pmatrix} c_{11} \\ c_{21} \\ c_{31} \end{pmatrix}$$

というようにも表すことができる．ここで，$b_{11} = b_x$, $b_{12} = b_y$, $b_{13} = b_z$, あるいは $c_{11} = c_x$, $c_{21} = c_y$, $c_{31} = c_z$ である．

2 つの行列 $\tilde{A}$ と $\tilde{B}$ の積 $\tilde{C} = \tilde{A}\tilde{B}$ は，$\tilde{A}$ の列数と $\tilde{B}$ の行数とが一致しているときに限り，$\tilde{C} = [c_{ij}]$ として

$$c_{ij} = \sum_k a_{ik} b_{kl}$$

と定義される．次の図は 3×3 の行列 $\tilde{A}$ と 3×3 の行列 $\tilde{B}$ の積の計算方法を説明したものである．

$$a_{11}b_{12} + a_{12}b_{22} + a_{13}b_{32} = c_{12}$$

$$\begin{pmatrix} a_{11} & a_{12} & a_{13} \\ a_{21} & a_{22} & a_{23} \\ a_{31} & a_{32} & a_{33} \end{pmatrix} \begin{pmatrix} b_{11} & b_{12} & b_{13} \\ b_{21} & b_{22} & b_{23} \\ b_{31} & b_{32} & b_{33} \end{pmatrix} = \begin{pmatrix} c_{11} & c_{12} & c_{13} \\ c_{21} & c_{22} & c_{23} \\ c_{31} & c_{32} & c_{33} \end{pmatrix}$$

方向余弦 $\hat{e}'_i \cdot \hat{e}_j$ を λ_{ij} と書くことにすると，式 (1.23) は

$$A'_i = \sum_{j=1}^{3}(\hat{e}'_i \cdot \hat{e}_j)A_j = \sum_{j=1}^{3}\lambda_{ij}A_j \tag{1.23a}$$

と表せる．係数 λ_{ij} は次の関係式をみたすことが示せる．

$$\sum_{i=1}^{3}\lambda_{ij}\lambda_{ik} = \delta_{jk} \quad (j,k=1,2,3). \tag{1.24}$$

式 (1.24) の関係式をみたす線形変換 (1.23a) は，**直交変換**とよばれる．またこのとき式 (1.24) を**直交条件**とよぶ．

1.9　線形ベクトル空間 V_n

ベクトルの成分表示，特に単位座標ベクトル $\hat{e}_i$ ($i=1,2,3$) を用いた表示はたいへん便利であることをみてきた．3 つの単位ベクトル $\hat{e}_i$ は，それらが互いに直交していて，かつ規格化されているとき，**正規直交系**をなすという．この正規直交性は式 (1.8) のように表されるが，このような特性をもつベクトルの組は，$\{\hat{e}_1, \hat{e}_2, \hat{e}_3\}$ に限ったものではない．$\{\hat{e}_1, \hat{e}_2, \hat{e}_3\}$ とは異なる正規直交ベクトル $\{\hat{f}_1, \hat{f}_2, \hat{f}_3\}$,

$$\hat{f}_i \cdot \hat{f}_j = \delta_{ij} \quad (i,j=1,2,3) \tag{1.8a}$$

を考えることより，ベクトル $\boldsymbol{A}$ をこれらを用いて，

$$\boldsymbol{A} = \sum_{i=1}^{3}c_i\hat{f}_i \quad \text{かつ} \quad c_i = \hat{f}_i \cdot \boldsymbol{A}$$

と表すことも可能である．

さまざまな座標系を定義することができるが，物理学で重要な量であるベクトル量やベクトル量の関数は，座標系の選び方にはよらない．実際には，直交条件 (1.8) あるいは (1.8a) をみたす直交座標系を用いることが多いのであるが，**斜方デカルト座標**とよばれる座標系を定義することもできる．一般の斜方デカルト座標では，$\hat{f}_i$ は規格化されている必要もないし，互いに直交している必要もない．ただし，3 つの単位ベクトルは同一の平面上にあってはならない．この条件さえみたされていれば，任意のベクトル $\boldsymbol{A}$ を $\hat{f}_i$ の線形結合によって

$$\boldsymbol{A} = c_1\hat{f}_1 + c_2\hat{f}_2 + c_3\hat{f}_3 \tag{1.25}$$

というように一意的に表すことができる．ベクトル $\{\hat{f}_1, \hat{f}_2, \hat{f}_3\}$ が与えられると，それらのベクトルの線形結合によってつくられるベクトル全体が成す空間を定義することができる．この 3 次元空間が V_3 (V はベクトルを表す)，R_3 (R は実数を表す) あるいは E_3 (E はユークリッド空間を表す) と表される．ベクトル空間 V_3 において，

ベクトル $\{\hat{f}_1, \hat{f}_2, \hat{f}_3\}$ は**基本ベクトル**とよばれる．この $\{\hat{f}_i\}$ のように V_3 の基本ベクトルとなりうるベクトルの組は，その空間の「**完全系をなす**」という．あるいは，基本ベクトルは「線形ベクトル空間を張る」といういい方もする．基本ベクトルの間には $c_1 = c_2 = c_3 = 0$ でない，いかなる係数 c_1, c_2, c_3 に対しても

$$c_1 \hat{f}_1 + c_2 \hat{f}_2 + c_3 \hat{f}_3 = 0 \tag{1.26}$$

という関係式が成立することはないので，**線形独立**である．

ベクトル空間の概念は，これまでに述べた実ベクトル空間から，より一般的なものに拡張することができる．ここで述べた V_3 を拡張して，n 次元ベクトル全体が成す空間を V_n とよぶことにする．このような拡張が可能なことは第 5 章で説明する．ここでは V_3 と類似のことが成り立つことを示しておくことにする．V_n でのベクトルの加法は

$$(x_1, \ldots, x_n) + (y_1, \ldots, y_n) = (x_1 + y_1, \ldots, x_n + y_n) \tag{1.27}$$

で定義され，ベクトルのスカラー倍は，α を実数としたとき

$$\alpha(x_1, \ldots, x_n) = (\alpha x_1, \ldots, \alpha x_n) \tag{1.28}$$

で定義される．このようにベクトルの加法とスカラー倍の代数演算が定義されたとき，V_n は**ベクトル空間**とよばれる．これらの代数構造に加えて，V_n は

$$\left(\sum_{j=1}^{n} x_j^2 \right)^{1/2} = \sqrt{x_1^2 + \cdots + x_n^2} \tag{1.29}$$

で定義される長さをもとにした，幾何学的な構造ももつ．2 つの n 次元ベクトルの内積は

$$(x_1, \ldots, x_n) \cdot (y_1, \ldots, y_n) = \sum_{j=1}^{n} x_j y_j \tag{1.30}$$

で定義される．

1.10　ベクトルの微分

ここまでは主にベクトルの代数について述べてきた．ベクトルが 1 つあるいは複数のスカラーまたはベクトルの関数である場合がある．例えば力学において，時間と位置ベクトルの関数である重要なベクトルがいくつも登場する．以下ではそのようなベクトルの微積分，すなわちベクトルの解析学について述べることにする．

物理学においては，**場**の概念がよく用いられる．場とは，与えられた空間領域の位置の関数である物理量である．例えば，空間の各点 (x, y, z) ごとに 1 つの温度 $T(x, y, z)$ が与えられているとき，$T(x, y, z)$ を温度場とよぶ．このとき $T(x, y, z)$ の値は空間の位置に依存した実数であり，座標系のとり方には依存しないので，温度場は**スカラー**

場である．これに対して，風の速度場や電場，磁場などは，空間の各点にベクトル（すなわち3つの数の組）が与えられているベクトル場である．スカラー場とベクトル場に関係して，物理的あるいは幾何学的に重要な概念として，**勾配**，**発散**，**回転**とそれらに付随する**積分定理**がある．

関数の連続性や微分可能性といった微積分の基礎概念は，ベクトル解析に自然に拡張される．各成分が1変数 u の関数であるベクトル $\boldsymbol{A}$ を考える．例えば，$\boldsymbol{A}$ が物体の位置や速度を表しているときには，変数 u として時刻 t をとることが自然である．しかし，一般には u は $\boldsymbol{A}$ を指定するパラメータなら何でもよい．デカルト座標を用いると，このようなベクトル関数 $\boldsymbol{A}(u)$ は

$$\boldsymbol{A}(u) = A_1(u)\hat{e}_1 + A_2(u)\hat{e}_2 + A_3(u)\hat{e}_3 \tag{1.31}$$

と書ける．

$\boldsymbol{A}(u)$ が $u = u_0$ において連続であるとは，$\boldsymbol{A}(u)$ が点 u_0 のある近傍で定義されていて，$i = 1, 2, 3$ のすべての成分に対して

$$\lim_{u \to u_0} A_i(u) = A_i(u_0) \tag{1.32}$$

であることをいう．すなわちベクトル関数 $\boldsymbol{A}(u)$ が連続であるには，その3つの成分すべてが連続でなければならない．

$\boldsymbol{A}(u)$ が点 u において微分可能であるとは，極限

$$\frac{d\boldsymbol{A}(u)}{du} = \lim_{\Delta u \to 0} \frac{\boldsymbol{A}(u + \Delta u) - \boldsymbol{A}(u)}{\Delta u} \tag{1.33}$$

が存在することをいう．ベクトル $\boldsymbol{A}'(u) = d\boldsymbol{A}(u)/du$ は $\boldsymbol{A}(u)$ の**導関数**とよばれる．つまり，ベクトル関数 $\boldsymbol{A}(u)$ を微分するには，その各成分をそれぞれ微分すればよい：

$$\boldsymbol{A}'(u) = A_1'(u)\hat{e}_1 + A_2'(u)\hat{e}_2 + A_3'(u)\hat{e}_3. \tag{1.33a}$$

この式で，単位座標ベクトルは微分しないことに注意すべきである．同様にして，$\boldsymbol{A}(u)$ の高次微分も定義することができる．

次に，ベクトル $\boldsymbol{A}$ が2つ以上のスカラー変数の関数である場合を述べる．例えば $\boldsymbol{A}$ が u と v の関数 $\boldsymbol{A} = \boldsymbol{A}(u, v)$ である場合を考えよう．この場合は，$\boldsymbol{A}$ の**全微分**は

$$d\boldsymbol{A} = \left(\frac{\partial \boldsymbol{A}}{\partial u}\right) du + \left(\frac{\partial \boldsymbol{A}}{\partial v}\right) dv \tag{1.34}$$

であり，**偏微分** $\partial \boldsymbol{A}/\partial u$ は

$$\frac{\partial \boldsymbol{A}}{\partial u} = \lim_{\Delta u \to 0} \frac{\boldsymbol{A}(u + \Delta u, v) - \boldsymbol{A}(u, v)}{\Delta u} \tag{1.34a}$$

で定義される．$\partial \boldsymbol{A}/\partial v$ も同様に定義される．

内積の微分はスカラー関数の微分と同様の規則に従う．これに対して，外積の微分を計算するときには，ベクトルの順序に気をつける必要がある．

1.11 空間曲線

ベクトルの微分の応用として，空間内の曲線に関する基礎的な事項を述べることにする．図 1.11 のように，$\boldsymbol{A}(u)$ が空間内のある点 $P(x_1, x_2, x_3)$ の位置ベクトル $\boldsymbol{r}(u)$ であるものとすると，式 (1.31) は

$$\boldsymbol{r}(u) = x_1(u)\hat{e}_1 + x_2(u)\hat{e}_2 + x_3(u)\hat{e}_3 \qquad (1.35)$$

となる．u の値が変わるにつれて，位置ベクトル $\boldsymbol{r}$ の終点 P は空間内で曲線 C を描く．式 (1.35) は，パラメータ u による，曲線 C の**パラメータ表示**とよばれる．このとき

$$\frac{\Delta \boldsymbol{r}}{\Delta u} \left(= \frac{\boldsymbol{r}(u + \Delta u) - \boldsymbol{r}(u)}{\Delta u} \right)$$

は $\Delta \boldsymbol{r}$ の向きをもつベクトルであり，その極限 $d\boldsymbol{r}/du$ は（もしも存在するなら）この曲線の (x_1, x_2, x_3) における接線方向のベクトルである．もしも u が曲線 C 上のある固定点から測った曲線上の弧の長さ s である場合には，$d\boldsymbol{r}/ds = \hat{T}$ は曲線 C の**単位接線ベクトル**となる．$\hat{T}$ の s に対する変化率 $d\hat{T}/ds$ の大きさは，以下に述べるように曲線 C の曲率を表す．C 上の各点での $d\hat{T}/ds$ の向きは曲線に垂直である．なぜなら $\hat{T}$ は単位ベクトルなので $\hat{T} \cdot \hat{T} = 1$ であり，したがって $d(\hat{T} \cdot \hat{T})/ds = 0$ なので，$\hat{T} \cdot d\hat{T}/ds = 0$ であるからである．$\hat{N}$ をこの法線方向の単位ベクトルとすると（これを曲線の**主法線ベクトル**という），$d\hat{T}/ds = \kappa \hat{N}$ と書ける．このとき係数 κ はその点における**曲線の曲率**とよばれ，その逆数 $\rho = 1/\kappa$ は**曲率半径**とよばれる．

物理学では粒子の運動を研究するが，粒子の軌跡は空間曲線を描くので，ここで述べた結果は重要である．例えば，力学においては時刻 t がパラメータ u の役割を演じ，$d\boldsymbol{r}/dt = \boldsymbol{v}$ は粒子の速度ベクトルを与える．速度ベクトルは，軌跡を表す曲線の各点で

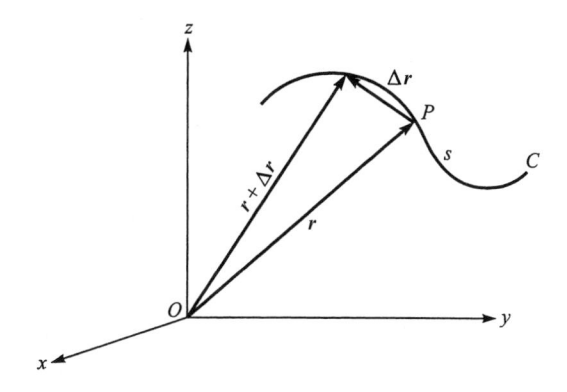

図 1.11 曲線のパラメータ表示．

の接線ベクトルであり

$$v = \frac{d\boldsymbol{r}}{dt} = \frac{d\boldsymbol{r}}{ds}\frac{ds}{dt} = v\hat{T}$$

と書くことができる．ここで v は $\boldsymbol{v}$ の大きさ，すなわち速さである．同様にして $\boldsymbol{a} = d\boldsymbol{v}/dt$ は粒子の加速度を与える．

1.12 平面上の運動

曲線 C に沿って，ある平面上を動く粒子 P を考える（図 1.12）．$\boldsymbol{r}$ 方向の単位ベクトルを $\hat{e}_r$ とすると $\boldsymbol{r} = r\hat{e}_r$ と書ける．ゆえに，

$$\boldsymbol{v} = \frac{d\boldsymbol{r}}{dt} = \frac{dr}{dt}\hat{e}_r + r\frac{d\hat{e}_r}{dt}$$

である．ここで $d\hat{e}_r/dt$ は $\hat{e}_r$ に垂直である．また $\hat{e}_r = \cos\theta\hat{e}_1 + \sin\theta\hat{e}_2$ の両辺を微分することによって，$|d\hat{e}_r/dt| = d\theta/dt$ であることがすぐにわかる．したがって，$\hat{e}_r$ に垂直な単位ベクトルを $\hat{e}_\theta$ と書くと

$$\boldsymbol{v} = \frac{d\boldsymbol{r}}{dt} = \frac{dr}{dt}\hat{e}_r + r\frac{d\theta}{dt}\hat{e}_\theta$$

という表式が得られる．

この表式の両辺をもう一度微分すると

$$\boldsymbol{a} = \frac{d\boldsymbol{v}}{dt} = \frac{d^2r}{dt^2}\hat{e}_r + \frac{dr}{dt}\frac{d\hat{e}_r}{dt} + \frac{dr}{dt}\frac{d\theta}{dt}\hat{e}_\theta + r\frac{d^2\theta}{dt^2}\hat{e}_\theta + r\frac{d\theta}{dt}\frac{d\hat{e}_\theta}{dt}$$

$$= \frac{d^2r}{dt^2}\hat{e}_r + 2\frac{dr}{dt}\frac{d\theta}{dt}\hat{e}_\theta + r\frac{d^2\theta}{dt^2}\hat{e}_\theta - r\left(\frac{d\theta}{dt}\right)^2\hat{e}_r \quad \left(\frac{d\hat{e}_\theta}{dt} = -\frac{d\theta}{dt}\hat{e}_r を用いた\right)$$

であるから，加速度 $\boldsymbol{a}$ に対して

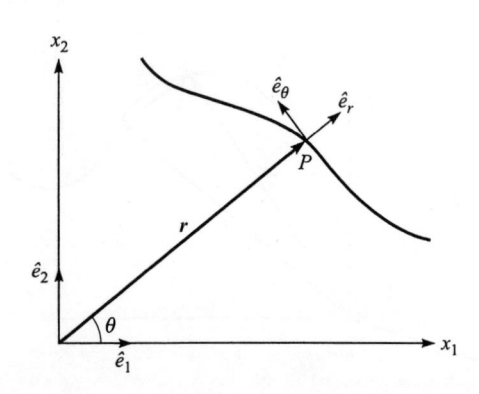

図 1.12　平面上の運動．

$$\boldsymbol{a} = \left[\frac{d^2r}{dt^2} - r\left(\frac{d\theta}{dt}\right)^2\right]\hat{e}_r + \frac{1}{r}\frac{d}{dt}\left(r^2\frac{d\theta}{dt}\right)\hat{e}_\theta$$

という表式を得ることができる.

1.13 古典力学における物体の軌道のベクトル解析

ベクトル解析が有用であることを示すために，ここではケプラー運動の軌道をベクトル解析によって導いてみることにする．まずはじめに，「中心力のもとでは角運動量は一定である」というケプラーの第2法則を証明することにする．**中心力**とは，その作用線がいつもある1点（中心点）を通るように働く力であり，したがって中心力の大きさはその中心点から物体までの距離のみに依存する．例えば重力や静電力は中心力である．中心力についての一般論は，例えば，Tai L. Chow, *Classical Mechanics*, John Wiley, New York, 1995 の第6章を参照せよ.

角運動量 $\boldsymbol{L} = \boldsymbol{r} \times \boldsymbol{p}$ を時刻 t で微分すると，

$$\frac{d\boldsymbol{L}}{dt} = \frac{d\boldsymbol{r}}{dt} \times \boldsymbol{p} + \boldsymbol{r} \times \frac{d\boldsymbol{p}}{dt}$$

を得る．$\boldsymbol{p} = md\boldsymbol{r}/dt$ なので $d\boldsymbol{r}/dt$ と $\boldsymbol{p}$ とは平行であるから，右辺の第1項はゼロである．右辺の第2項も，ニュートンの第2法則を用いると，$\boldsymbol{r} \times \boldsymbol{F}$ となるので，力 $\boldsymbol{F}$ と位置ベクトル $\boldsymbol{r}$ の方向が一致している場合にはゼロとなる．すなわち，中心力に対しては $d\boldsymbol{L}/dt$ はいつもゼロである．以上より，中心力のもとでは角運動量は一定であることが証明されたことになる．このことは，運動の軌道は3次元空間内のある平面上に限られることを意味する．ケプラーの第2法則は通常は面速度 $|\boldsymbol{L}|/2m$ の保存則として述べられるが，ここで述べた結論はこのケプラーの第2法則と本質的に等価である．

さて，重力や静電力のように逆2乗則に従う中心力を考えることにする．ニュートンの第2法則より

$$m\frac{d\boldsymbol{v}}{dt} = -\frac{k}{r^2}\hat{n} \tag{1.36}$$

を得る．ここで，$\hat{n} = \boldsymbol{r}/r$ は $\boldsymbol{r}$ 方向の単位ベクトルであり，k は cgs 単位系で重力に対しては $k = Gm_1m_2$，静電力に対しては $k = q_1q_2$ である．まず

$$\boldsymbol{v} = \frac{d\boldsymbol{r}}{dt} = \frac{dr}{dt}\hat{n} + r\frac{d\hat{n}}{dt}$$

であることに注意すると，角運動量 $\boldsymbol{L}$ は

$$\boldsymbol{L} = \boldsymbol{r} \times (m\boldsymbol{v}) = mr^2\left(\hat{n} \times \frac{d\hat{n}}{dt}\right) \tag{1.37}$$

と書ける．式 (1.36) と (1.37) とベクトル3重積の公式 (1.22) を用いると

$$\frac{d}{dt}(\boldsymbol{v}\times\boldsymbol{L}) = \frac{d\boldsymbol{v}}{dt}\times\boldsymbol{L} = -\frac{k}{mr^2}(\hat{n}\times\boldsymbol{L}) = -\frac{k}{mr^2}\left[\hat{n}\times mr^2\left(\hat{n}\times\frac{d\hat{n}}{dt}\right)\right]$$
$$= -k\left[\hat{n}\left(\frac{d\hat{n}}{dt}\cdot\hat{n}\right) - \frac{d\hat{n}}{dt}(\hat{n}\cdot\hat{n})\right]$$

が得られる. $\hat{n}\cdot\hat{n}=1$ であり, またこの両辺を t で微分すると, $\hat{n}\cdot d\hat{n}/dt = 0$ であることがわかるので.

$$\frac{d}{dt}(\boldsymbol{v}\times\boldsymbol{L}) = k\frac{d\hat{n}}{dt}$$

となる. この等式の両辺を積分すると, $\boldsymbol{C}$ を定ベクトルとして

$$\boldsymbol{v}\times\boldsymbol{L} = k\hat{n} + \boldsymbol{C} \tag{1.38}$$

が得られる. 定ベクトル $\boldsymbol{C}$ は, すぐ後でわかるように, 軌道の主軸の向きを定めるものである. 軌道を求めるためには, スカラー量 L^2 を考えればよい. θ を $\boldsymbol{C}$ の方向(この向きに x 軸をとることにする)から測った, 位置 $\boldsymbol{r}$ の角度とすると

$$L^2 = \boldsymbol{L}\cdot(\boldsymbol{r}\times m\boldsymbol{v}) = m\boldsymbol{r}\cdot(\boldsymbol{v}\times\boldsymbol{L}) = mr(k + C\cos\theta) \tag{1.39}$$

と表せる. この式を r について解くと

$$r = \frac{L^2/km}{1+(C/k)\cos\theta} = \frac{A}{1+\varepsilon\cos\theta} \tag{1.40}$$

が得られる. 式 (1.40) は原点を焦点の一つとする, **円錐曲線**を表す. ここで ε は円錐曲線の**離心率**であり, その値によって円錐曲線は, 円, 楕円, 放物線, 双曲線のいずれかを与える. 離心率は運動の定数によって次式によって定められる.

$$\varepsilon = \frac{C}{k} = \frac{1}{k}|(\boldsymbol{v}\times\boldsymbol{L}) - k\hat{n}|$$
$$= \frac{1}{k}\left[|\boldsymbol{v}\times\boldsymbol{L}|^2 + k^2 - 2k\hat{n}\cdot(\boldsymbol{v}\times\boldsymbol{L})\right]^{1/2}.$$

$\boldsymbol{v}$ は $\boldsymbol{L}$ に垂直なので, $|\boldsymbol{v}\times\boldsymbol{L}|^2 = v^2L^2$ である. さらに, 式 (1.39) を用いると

$$\varepsilon = \frac{1}{k}\left[v^2L^2 + k^2 - \frac{2kL^2}{mr}\right]^{1/2} = \left[1 + \frac{2L^2}{mk^2}\left(\frac{1}{2}mv^2 - \frac{k}{r}\right)\right]^{1/2} = \left[1 + \frac{2L^2E}{mk^2}\right]^{1/2}$$

という表式が得られる. ここで E は系のエネルギーであり, 運動の定数である.

1.14 スカラー場のベクトル微分と勾配

空間のある領域内に, 各点で位置座標 (x_1, x_2, x_3) に対して微分可能であるスカラー関数 $\phi(x_1, x_2, x_3)$ が定義されているものとする. このとき, この領域内で「スカラー場 ϕ が定義されている」という. 微小変位 $d\boldsymbol{r} = (dx_1, dx_2, dx_3)$ に対応する全微分は

1.14 スカラー場のベクトル微分と勾配

$$d\phi = \frac{\partial \phi}{\partial x_1} dx_1 + \frac{\partial \phi}{\partial x_2} dx_2 + \frac{\partial \phi}{\partial x_3} dx_3 \tag{1.41}$$

で与えられる．この全微分 $d\phi$ を，次のように 2 つのベクトルの内積として表すことにする：

$$d\phi = \frac{\partial \phi}{\partial x_1} dx_1 + \frac{\partial \phi}{\partial x_2} dx_2 + \frac{\partial \phi}{\partial x_3} dx_3 = (\nabla \phi) \cdot d\boldsymbol{r}. \tag{1.42}$$

ここで

$$\nabla \phi \equiv \frac{\partial \phi}{\partial x_1} \hat{e}_1 + \frac{\partial \phi}{\partial x_2} \hat{e}_2 + \frac{\partial \phi}{\partial x_3} \hat{e}_3 \tag{1.43}$$

はベクトル場である．この式は，空間の各点 $\boldsymbol{r} = (x_1, x_2, x_3)$ に 3 つの成分 $(\partial \phi/\partial x_1, \partial \phi/\partial x_2, \partial \phi/\partial x_3)$ で指定されるベクトル $\nabla \phi$ を定義する．$\nabla \phi$ は ϕ の**勾配**とよばれ，$\mathrm{grad}\,\phi$ と書くこともある．

$\nabla \phi$ の幾何学的な意味は次のとおりである．c をある定数としたとき，一般に $\phi(x_1, x_2, x_3) = c$ はある曲面を表す．この曲面上の点 $P(x_1, x_2, x_3)$ の位置ベクトルを $\boldsymbol{r} = x_1 \hat{e}_1 + x_2 \hat{e}_2 + x_3 \hat{e}_3$ とする．この点から，曲面に沿って近傍の点 $Q(\boldsymbol{r} + d\boldsymbol{r})$ に移動すると，変位ベクトル $d\boldsymbol{r} = dx_1 \hat{e}_1 + dx_2 \hat{e}_2 + dx_3 \hat{e}_3$ は点 P での接平面上にあることになる．この曲面に沿って移動するかぎり ϕ は一定値なので，$d\phi = 0$ である．したがって式 (1.41) より

$$d\boldsymbol{r} \cdot \nabla \phi = 0 \tag{1.44}$$

であることがわかる．図 1.13 に示したように，式 (1.44) は $\nabla \phi$ は $d\boldsymbol{r}$ に垂直であり，したがって与えられた曲面に垂直であることを意味している．

再び，変位ベクトル $\boldsymbol{r}$ が一般の場合に，表式

$$d\phi = (\nabla \phi) \cdot d\boldsymbol{r}$$

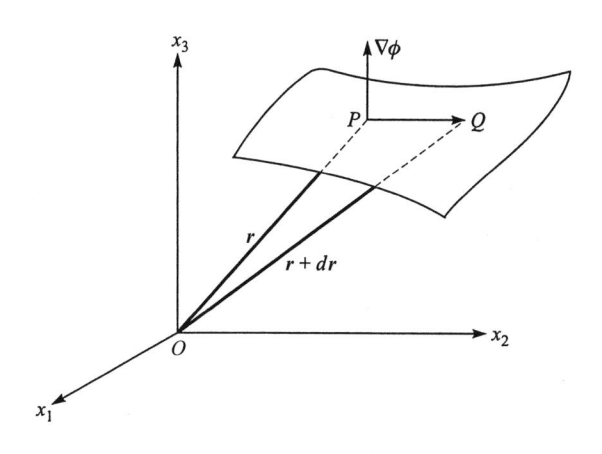

図 1.13 スカラーの勾配．

を考えることにする．いまある点 P でベクトル $\nabla\phi$ が与えられているとすると，ϕ の変化 $d\phi$ は $d\boldsymbol{r}$ に依存することになる．$d\boldsymbol{r}\cdot\nabla\phi = |d\boldsymbol{r}||\nabla\phi|\cos\theta$ であり $\cos\theta$ は $\theta = 0$ のときに最大なので，$d\phi$ は $d\boldsymbol{r}$ が $\nabla\phi$ に平行なときに最大になる．つまり，$\nabla\phi$ は $\phi(x_1, x_2, x_3)$ の変化が最大である方向を向いていることになる．ある単位ベクトル $\hat{u}$ を指定したとき，$\nabla\phi$ の $\hat{u}$ 方向の成分は $\nabla\phi\cdot\hat{u}$ である．$\nabla\phi\cdot\hat{u}$ は ϕ の $\hat{u}$ 方向の**方向微分**とよばれる．物理的にいうと，これは (x_1, x_2, x_3) における ϕ の $\hat{u}$ 方向の変化率を表す．

1.15　保存ベクトル場

ベクトル場が，任意の閉曲線に沿って線積分をすると常にゼロであるとき，そのベクトル場は**保存場**であるという．したがって，$\boldsymbol{F}$ が保存ベクトル場（例えば，力学における保存力場）であるならば，

$$\oint \boldsymbol{F}\cdot d\boldsymbol{s} = 0 \tag{1.45}$$

となる．ここで，$d\boldsymbol{s}$ は経路の**線要素**である．$\boldsymbol{F}$ が保存場であるための必要十分条件は，$\boldsymbol{F}$ があるスカラーの勾配で書けるということ，すなわち $\boldsymbol{F} = -\mathrm{grad}\,\phi$ と書けることである．$\boldsymbol{F} = -\mathrm{grad}\,\phi$ ならば

$$\int_a^b \boldsymbol{F}\cdot d\boldsymbol{s} = -\int_a^b \mathrm{grad}\,\phi\cdot d\boldsymbol{s} = -\int_a^b d\phi = \phi(a) - \phi(b)$$

であるから，明らかにこの線積分は，スカラー量 ϕ の始点と終点での値だけによることがわかる．したがって $\oint \boldsymbol{F}\cdot d\boldsymbol{s} = -\oint \mathrm{grad}\,\phi\cdot d\boldsymbol{s} = 0$ となるのである．

1.16　ベクトル微分演算子 ∇

式 (1.43) に現れたスカラー場からベクトル場への変換の演算を記号 ∇（ナブラと読む）で表した．すなわち

$$\nabla \equiv \frac{\partial}{\partial x_1}\hat{e}_1 + \frac{\partial}{\partial x_2}\hat{e}_2 + \frac{\partial}{\partial x_3}\hat{e}_3 \tag{1.46}$$

であり，この演算子は**勾配演算子**とよばれる．しばしば $\nabla\phi$ は $\mathrm{grad}\,\phi$ とも書かれる．また，ベクトル場 $\nabla\phi(\boldsymbol{r})$ はスカラー場 $\phi(\mathrm{r})$ の勾配とよばれる．ここで演算子 ∇ は**ベクトル微分演算子**であることに注意すべきである．∇ は微分演算子とベクトルとの両方の役割を演じるのである．

1.17 ベクトル場のベクトル微分

ベクトル微分演算子がベクトル場に演算するときには，演算子と場が両方ともベクトルの性質をもっているので，複雑である．2 つのベクトルの積には，内積と外積の 2 つのタイプがあることをみてきたが，同様にベクトル場にベクトル演算子が演算するときにも，**発散**と**回転**とよばれる 2 種類のタイプがある．

1.17.1 ベクトルの発散

$\boldsymbol{V}(x_1, x_2, x_3) = V_1\hat{e}_1 + V_2\hat{e}_2 + V_3\hat{e}_3$ が微分可能なベクトル場である（すなわち，ある領域の中の各点 (x_1, x_2, x_3) でベクトル場の値とその微分が定義されている）ものとする．このとき，$\boldsymbol{V}$ の**発散**（$\nabla \cdot \boldsymbol{V}$ あるいは $\mathrm{div}\,\boldsymbol{V}$ と書く）は内積を用いて

$$
\begin{aligned}
\nabla \cdot \boldsymbol{V} &= \left(\frac{\partial}{\partial x_1}\hat{e}_1 + \frac{\partial}{\partial x_2}\hat{e}_2 + \frac{\partial}{\partial x_3}\hat{e}_3 \right) \cdot (V_1\hat{e}_1 + V_2\hat{e}_2 + V_3\hat{e}_3) \\
&= \frac{\partial V_1}{\partial x_1} + \frac{\partial V_2}{\partial x_2} + \frac{\partial V_3}{\partial x_3}
\end{aligned}
\tag{1.47}
$$

で定義される．この結果得られる $\nabla \cdot \boldsymbol{V}$ はスカラー場である．上の内積は，通常のベクトルどうしの内積 $\boldsymbol{A} \cdot \boldsymbol{B} = A_1B_1 + A_2B_2 + A_3B_3$ と類似であるが，∇ は演算子なので，$\nabla \cdot \boldsymbol{V} \neq \boldsymbol{V} \cdot \nabla$ であることに注意が必要である．$\boldsymbol{V} \cdot \nabla$ はスカラー演算子

$$
\boldsymbol{V} \cdot \nabla = V_1 \frac{\partial}{\partial x_1} + V_2 \frac{\partial}{\partial x_2} + V_3 \frac{\partial}{\partial x_3}
$$

であり，場ではない．

発散は物理的には何を表しているのであろうか．あるいは，内積 $\nabla \cdot \boldsymbol{V}$ をなぜ $\boldsymbol{V}$ の発散とよぶのであろうか．この問に答えるため，密度 $\rho(x_1, x_2, x_3)$ で，流速場が $\boldsymbol{v}(x_1, x_2, x_3) = v_1(x_1, x_2, x_3)\hat{e}_1 + v_2(x_1, x_2, x_3)\hat{e}_2 + v_3(x_1, x_2, x_3)\hat{e}_3$ で与えられる流体の定常流を考えることにする．図 1.14 に示したような，体積 $dx_1dx_2dx_3$ の微小な平行 6 面体 $ABCDEFGH$ を通過する流体について考察することにする．単位時間あたりに面 $ABCD$ からこの微小領域に入ってくる流体の総質量は $\rho v_2 dx_1 dx_3$ である（流体の速度 $\boldsymbol{v}$ の x_1 成分と x_3 成分は面 $ABCD$ を通過する流れには寄与しない）．また，単位時間あたりに面 $EFGH$ から出ていく流体の総質量は次のとおりである．

$$
\left[\rho v_2 + \frac{\partial (\rho v_2)}{\partial x_2} dx_2 \right] dx_1 dx_3
$$

ゆえに単位時間あたりにこの領域から失われる流体の質量は $[\partial(\rho v_2)/\partial x_2] dx_1 dx_2 dx_3$ である．この平行 6 面体の 3 組の面の対について，すべて加え合わせると，単位時間あたりにこの平行 6 面体から失われる流体の総質量が求められる．結果は

$$
\left[\frac{\partial}{\partial x_1}(\rho v_1) + \frac{\partial}{\partial x_2}(\rho v_2) + \frac{\partial}{\partial x_3}(\rho v_3) \right] dx_1 dx_2 dx_3 = \nabla \cdot (\rho \boldsymbol{v}) dx_1 dx_2 dx_3
$$

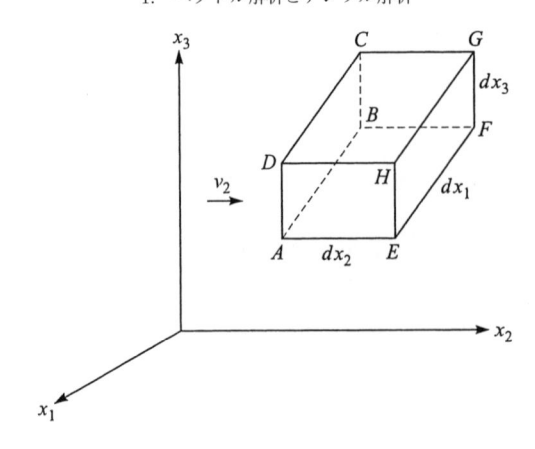

図 1.14　流体の定常流.

である．したがって，単位時間あたりかつ単位体積あたりにこの平行 6 面体から失われる流体の質量は $\nabla \cdot (\rho \boldsymbol{v})$ である．この分の流体は，まわりに流れ出たことになるので，この量は発散という名にふさわしい．

任意のベクトル $\boldsymbol{V}$ の発散は $\nabla \cdot \boldsymbol{V}$ で与えられる．ここで，f をスカラーとしたとき，$\nabla \cdot (f\boldsymbol{V})$ を計算してみることにする．結果は，

$$\nabla \cdot (f\boldsymbol{V}) = \frac{\partial}{\partial x_1}(fV_1) + \frac{\partial}{\partial x_2}(fV_2) + \frac{\partial}{\partial x_3}(fV_3)$$
$$= f\left(\frac{\partial V_1}{\partial x_1} + \frac{\partial V_2}{\partial x_2} + \frac{\partial V_3}{\partial x_3}\right) + \left(V_1\frac{\partial f}{\partial x_1} + V_2\frac{\partial f}{\partial x_2} + V_3\frac{\partial f}{\partial x_3}\right)$$

あるいは

$$\nabla \cdot (f\boldsymbol{V}) = f\nabla \cdot \boldsymbol{V} + \boldsymbol{V} \cdot \nabla f \tag{1.48}$$

で与えられる．この公式は，∇ は微分演算子とベクトルの両方の役割を演じることを思い出すと覚えやすい．すなわち，$f\boldsymbol{V}$ に ∇ を演算するとき，まず f を一定として ∇ を $\boldsymbol{V}$ に演算し，次に $\boldsymbol{V}$ を一定として f に演算する．∇f も $\boldsymbol{V}$ もベクトルなので，この 2 つの積 $\boldsymbol{V} \cdot \nabla f$ はベクトルの内積として考えなければいけない．

発散 $\nabla \cdot \boldsymbol{V} = 0$ のとき，ベクトル場 $\boldsymbol{V}$ を**湧き出しなし**（あるいは**管状**）のベクトル場という．

1.17.2　演算子 ∇^2：ラプラシアン

ベクトル場の発散は微分演算子 ∇ とそのベクトル場との内積として定義された．それでは，∇ のそれ自身との内積は何であろうか．内積を計算すると

$$\nabla^2 = \nabla \cdot \nabla = \left(\frac{\partial}{\partial x_1}\hat{e}_1 + \frac{\partial}{\partial x_2}\hat{e}_2 + \frac{\partial}{\partial x_3}\hat{e}_3 \right) \cdot \left(\frac{\partial}{\partial x_1}\hat{e}_1 + \frac{\partial}{\partial x_2}\hat{e}_2 + \frac{\partial}{\partial x_3}\hat{e}_3 \right)$$

$$= \frac{\partial^2}{\partial x_1^2} + \frac{\partial^2}{\partial x_2^2} + \frac{\partial^2}{\partial x_3^2}$$

となる.

$$\nabla^2 = \frac{\partial^2}{\partial x_1^2} + \frac{\partial^2}{\partial x_2^2} + \frac{\partial^2}{\partial x_3^2} \tag{1.49}$$

はスカラー微分演算子であり,18世紀のフランスの数学者ラプラスの名前にちなんでラプラシアンとよばれる.さて,勾配の発散 $\nabla \cdot \nabla$ とは何であろうか.

ラプラシアンはスカラー演算子なので,それが演算した場のベクトル特性は変化しない.すなわち,$\phi(\boldsymbol{r})$ がスカラー場のときには $\nabla^2 \phi(\boldsymbol{r})$ はスカラー場であり,勾配 $\nabla \phi(\boldsymbol{r})$ はベクトル場なので,$\nabla^2[\nabla\phi(\boldsymbol{r})]$ もベクトル場である.

方程式 $\nabla^2 \phi = 0$ はラプラス方程式とよばれる.

1.17.3 ベクトルの回転

$\boldsymbol{V}(x_1, x_2, x_3)$ が微分可能なベクトル場であるとき,$\boldsymbol{V}$ のカールあるいは回転 ($\nabla \times \boldsymbol{V}$,あるいは $\mathrm{curl}\, \boldsymbol{V}$ または $\mathrm{rot}\, \boldsymbol{V}$ と表す) は,次式のようにベクトルの外積を用いて定義される

$$\mathrm{curl}\, \boldsymbol{V} = \nabla \times \boldsymbol{V} = \begin{vmatrix} \hat{e}_1 & \hat{e}_2 & \hat{e}_3 \\ \dfrac{\partial}{\partial x_1} & \dfrac{\partial}{\partial x_2} & \dfrac{\partial}{\partial x_3} \\ V_1 & V_2 & V_3 \end{vmatrix}$$

$$= \hat{e}_1 \left(\frac{\partial V_3}{\partial x_2} - \frac{\partial V_2}{\partial x_3} \right) + \hat{e}_2 \left(\frac{\partial V_1}{\partial x_3} - \frac{\partial V_3}{\partial x_1} \right) + \hat{e}_3 \left(\frac{\partial V_2}{\partial x_1} - \frac{\partial V_1}{\partial x_2} \right)$$

$$= \sum_{i,j,k} \varepsilon_{ijk} \hat{e}_i \frac{\partial V_k}{\partial x_j}. \tag{1.50}$$

$\nabla \times \boldsymbol{V}$ はベクトル場である.行列式を展開するときに,演算子 $\partial/\partial x_i$ は必ず V_j よりも前におくようにする.また $\sum_{i,j,k}$ は $\sum_i \sum_j \sum_k$ を表す.ε_{ijk} は置換記号であり,(ijk) の偶置換では値を変えず,奇置換に対しては符号を変える.すなわち

$$\varepsilon_{ijk} = \varepsilon_{jki} = \varepsilon_{kij} = -\varepsilon_{jik} = -\varepsilon_{kji} = -\varepsilon_{ikj} \text{ であり,}$$

もしも2つ以上の添え字が同じときには $\quad \varepsilon_{ijk} = 0$

である.

回転がゼロ,すなわち $\nabla \times \boldsymbol{V}(\boldsymbol{r}) = 0$ のとき,ベクトル場 $\boldsymbol{V}$ を渦なし(あるいは非回転的)ベクトル場であるという.この定義より,スカラー場の勾配は,一般に渦なしベクトル場であることがわかる.この証明は以下に示すように簡単である.行列の2つの行が等しいときは,その行列式はゼロなので

$$\nabla \times (\nabla \phi) = \begin{vmatrix} \hat{e}_1 & \hat{e}_2 & \hat{e}_3 \\ \dfrac{\partial}{\partial x_1} & \dfrac{\partial}{\partial x_2} & \dfrac{\partial}{\partial x_3} \\ \dfrac{\partial}{\partial x_1} & \dfrac{\partial}{\partial x_2} & \dfrac{\partial}{\partial x_3} \end{vmatrix} \phi(x_1, x_2, x_3) = 0 \quad (1.51)$$

である.あるいは,置換記号を用いると $\nabla \times (\nabla \phi)$ は

$$\nabla \times (\nabla \phi) = \sum_{i,j,k} \varepsilon_{ijk} \hat{e}_i \frac{\partial}{\partial x_j} \frac{\partial}{\partial x_k} \phi(x_1, x_2, x_3)$$

と書ける.ここで ε_{ijk} は j, k について反対称であるが $\partial^2/\partial x_j \partial x_k$ は対称なので,和において

$$\varepsilon_{ijk} \frac{\partial}{\partial x_j} \frac{\partial}{\partial x_k} + \varepsilon_{ikj} \frac{\partial}{\partial x_k} \frac{\partial}{\partial x_j} = 0$$

というように各項は別の項と対になって打ち消し合う.その結果,$\nabla \times (\nabla \phi) = 0$ となるのである.このことから,保存ベクトル場 $\boldsymbol{F}$ では必ず,$\operatorname{curl} \boldsymbol{F} = \operatorname{curl}(\operatorname{grad} \phi) = 0$ となることが導かれる.

同様にして,ベクトル場 $\boldsymbol{V(r)}$ の回転は一般に湧き出しなしベクトル場であることが示せる.

$$\nabla \cdot (\nabla \times \boldsymbol{V}) = \sum_i \frac{\partial}{\partial x_i} (\nabla \times \boldsymbol{V})_i = \sum_i \frac{\partial}{\partial x_i} \left(\sum_{j,k} \varepsilon_{ijk} \frac{\partial}{\partial x_j} V_k \right) = 0 \quad (1.52)$$

である.ここで ε_{ijk} は i, j に対して反対称であることを用いた.

$\phi(\boldsymbol{r})$ がスカラー場であり,$\boldsymbol{V(r)}$ がベクトル場であるときには,

$$\nabla \times (\phi \boldsymbol{V}) = \phi (\nabla \times \boldsymbol{V}) + (\nabla \phi) \times \boldsymbol{V} \quad (1.53)$$

である.この公式は以下のようにして証明できる.まず

$$\nabla \times (\phi \boldsymbol{V}) = \begin{vmatrix} \hat{e}_1 & \hat{e}_2 & \hat{e}_3 \\ \dfrac{\partial}{\partial x_1} & \dfrac{\partial}{\partial x_2} & \dfrac{\partial}{\partial x_3} \\ \phi V_1 & \phi V_2 & \phi V_3 \end{vmatrix}$$

と書くと,

$$\frac{\partial}{\partial x_1}(\phi V_2) = \phi \frac{\partial V_2}{\partial x_1} + \frac{\partial \phi}{\partial x_1} V_2$$

であるから,行列式は次のようにして 2 つの行列式に分解できる;

$$\nabla \times (\phi \boldsymbol{V}) = \phi \begin{vmatrix} \hat{e}_1 & \hat{e}_2 & \hat{e}_3 \\ \dfrac{\partial}{\partial x_1} & \dfrac{\partial}{\partial x_2} & \dfrac{\partial}{\partial x_3} \\ V_1 & V_2 & V_3 \end{vmatrix} + \begin{vmatrix} \hat{e}_1 & \hat{e}_2 & \hat{e}_3 \\ \dfrac{\partial \phi}{\partial x_1} & \dfrac{\partial \phi}{\partial x_2} & \dfrac{\partial \phi}{\partial x_3} \\ V_1 & V_2 & V_3 \end{vmatrix}$$

$$= \phi (\nabla \times \boldsymbol{V}) + (\nabla \phi) \times \boldsymbol{V}.$$

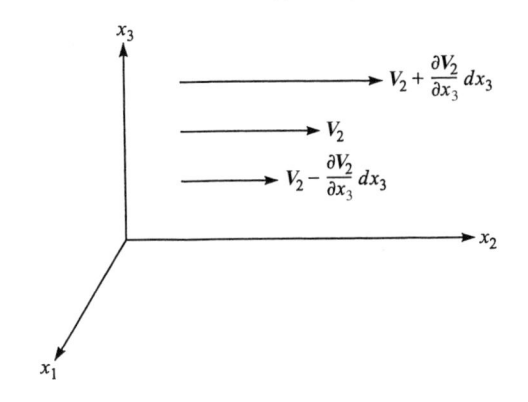

図 1.15 流体の流れの回転.

この公式は，置換記号 ε_{ijk} を用いると，以下のようにしても簡単に証明できる．

$$\nabla \times (\phi \boldsymbol{V}) = \sum_{i,j,k} \varepsilon_{ijk} \hat{e}_i \frac{\partial}{\partial x_j}(\phi V_k)$$
$$= \phi \sum_{i,j,k} \varepsilon_{ijk} \hat{e}_i \frac{\partial V_k}{\partial x_j} + \sum_{i,j,k} \varepsilon_{ijk} \hat{e}_i \frac{\partial \phi}{\partial x_j} V_k$$
$$= \phi(\nabla \times \boldsymbol{V}) + (\nabla \phi) \times \boldsymbol{V}.$$

回転がゼロではないベクトル場は**渦場**とよばれる．このときベクトル場の回転はその渦度を表す．

ベクトルの回転の物理的な意味は，以下のように流体の流れを例にして考えると直観的に理解できるであろう．図1.15は，x_3 が大きくなるに従って，速度 $\boldsymbol{V}$ の V_2 成分が大きくなる場合には，x_1 軸方向の負の向きに回転が生じることを示している．同様にして，もしも $\partial V_3/\partial x_2$ が正ならば，V_3 によって，x_1 軸方向正の向きの回転が生じる．以上より，$\boldsymbol{V}$ の回転の x_1 成分は

$$[\operatorname{curl} \boldsymbol{V}]_1 = \frac{\partial V_3}{\partial x_2} - \frac{\partial V_2}{\partial x_3}$$

である．これは回転の定義式 (1.50) の x_1 成分に等しい．

1.18 ∇ を含む公式

以下に，ベクトル微分演算子 ∇ を含む重要な公式を列挙する．このうちのいくつかはすでに述べたものである．ここで，$\boldsymbol{A}$ と $\boldsymbol{B}$ は位置 (x_1, x_2, x_3) の微分可能なベクトル場の関数であり，f と g は位置 (x_1, x_2, x_3) の微分可能なスカラー場の関数である．

(1) $\nabla(fg) = f\nabla g + g\nabla f$

(2) $\nabla \cdot (f\boldsymbol{A}) = f\nabla \cdot \boldsymbol{A} + \nabla f \cdot \boldsymbol{A}$

(3) $\nabla \times (f\boldsymbol{A}) = f\nabla \times \boldsymbol{A} + \nabla f \times \boldsymbol{A}$

(4) $\nabla \times (\nabla f) = 0$

(5) $\nabla \cdot (\nabla \times \boldsymbol{A}) = 0$

(6) $\nabla \cdot (\boldsymbol{A} \times \boldsymbol{B}) = (\nabla \times \boldsymbol{A}) \cdot \boldsymbol{B} - (\nabla \times \boldsymbol{B}) \cdot \boldsymbol{A}$

(7) $\nabla \times (\boldsymbol{A} \times \boldsymbol{B}) = (\boldsymbol{B} \cdot \nabla)\boldsymbol{A} - \boldsymbol{B}(\nabla \cdot \boldsymbol{A}) + \boldsymbol{A}(\nabla \cdot \boldsymbol{B}) - (\boldsymbol{A} \cdot \nabla)\boldsymbol{B}$

(8) $\nabla \times (\nabla \times \boldsymbol{A}) = \nabla(\nabla \cdot \boldsymbol{A}) - \nabla^2 \boldsymbol{A}$

(9) $\nabla(\boldsymbol{A} \cdot \boldsymbol{B}) = \boldsymbol{A} \times (\nabla \times \boldsymbol{B}) + \boldsymbol{B} \times (\nabla \times \boldsymbol{A}) + (\boldsymbol{A} \cdot \nabla)\boldsymbol{B} + (\boldsymbol{B} \cdot \nabla)\boldsymbol{A}$

(10) $(\boldsymbol{A} \cdot \nabla)\boldsymbol{r} = \boldsymbol{A}$

(11) $\nabla \cdot \boldsymbol{r} = 3$

(12) $\nabla \times \boldsymbol{r} = 0$

(13) $\nabla \cdot (r^{-3}\boldsymbol{r}) = 0$

(14) $d\boldsymbol{F} = (d\boldsymbol{r} \cdot \nabla)\boldsymbol{F} + \dfrac{\partial \boldsymbol{F}}{\partial t}dt$ ($\boldsymbol{F}$ は微分可能なベクトル場)

(15) $d\varphi = d\boldsymbol{r} \cdot \nabla \varphi + \dfrac{\partial \varphi}{\partial t}dt$ (φ は微分可能なスカラー場)

1.19 直交極座標

ここまでの計算はすべて直交デカルト座標で行ってきた．しかし直交デカルト座標のかわりに，考察する個々の問題に特有の対称性に従って，別の座標系を用いる方が計算がずっと簡単になることがある．例えば，球体を取り扱うときには，球体内の点の座標を**極座標**（r, θ, ϕ）で表す方が得策である．極座標は直交極座標系の特別な例である．ここではまず，一般的な座標系について議論して，勾配，発散，回転およびラプラシアンに対する表式を得ることにする．一般座標系の成分を u_1, u_2, u_3 として，これらの関数として，直交デカルト座標 (x_1, x_2, x_3) が次のようにして与えられているものとする．

$$x_1 = f(u_1, u_2, u_3), \quad x_2 = g(u_1, u_2, u_3), \quad x_3 = h(u_1, u_2, u_3). \qquad (1.54)$$

ここで，f, g, h は連続で微分可能であるとする．図 1.16 で示したように，点 P は直交デカルト座標 (x_1, x_2, x_3) で表されると同時に極座標 (u_1, u_2, u_3) でも表される．

u_2 と u_3 の値を一定にしたまま，u_1 の値を変えると，P（あるいはその位置ベクトル $\boldsymbol{r}$）は1つの曲線を描く．この曲線を u_1 座標曲線とよぶ．同様にして P を通る，u_2 座標曲線と u_3 座標曲線を定義することができる．新しい座標系は，従来の座標系と同様に**右手系**であるものとしよう．新しい座標形で $d\boldsymbol{r}$ が次のように書けたとする：

1.19 直交極座標

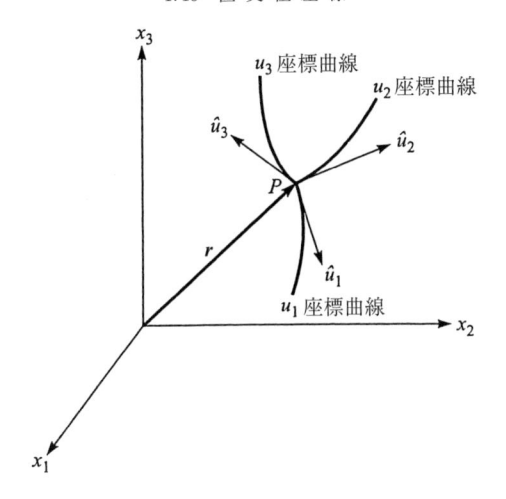

図 1.16 曲座標系.

$$dr = \frac{\partial r}{\partial u_1}du_1 + \frac{\partial r}{\partial u_2}du_2 + \frac{\partial r}{\partial u_3}du_3.$$

ここで、ベクトル $\partial r/\partial u_1$ は P において、u_1 座標曲線に接している。$\hat{u}_1$ を P におけるこの向きの単位ベクトルとすると、$\hat{u}_1 = \partial r/\partial u_1 / |\partial r/\partial u_1|$ なので、$h_1 = |\partial r/\partial u_1|$ とすると、$\partial r/\partial u_1 = h_1 \hat{u}_1$ である。同様にして、それぞれ $h_2 = |\partial r/\partial u_2|$, $h_3 = |\partial r/\partial u_3|$ とすると、$\partial r/\partial u_2 = h_2 \hat{u}_2$, $\partial r/\partial u_3 = h_3 \hat{u}_3$ と書ける。したがって、dr は

$$dr = h_1 du_1 \hat{u}_1 + h_2 du_2 \hat{u}_2 + h_3 du_3 \hat{u}_3 \tag{1.55}$$

と表せる。h_1, h_2, h_3 は**スケール因子**とよばれる。単位ベクトル $\hat{u}_1$, $\hat{u}_2$, $\hat{u}_3$ はそれぞれ、u_1, u_2, u_3 の値が増える向きを向いているものとする。

任意の点 P で $\hat{u}_1$, $\hat{u}_2$, $\hat{u}_3$ が互いに直交しているとき、曲座標は直交しているという。このようなとき、曲線の線要素の弧の長さ ds は

$$ds^2 = dr \cdot dr = h_1^2 du_1^2 + h_2^2 du_2^2 + h_3^2 du_3^2 \tag{1.56}$$

で与えられる。

u_1 座標曲線に沿って、u_2 と u_3 は一定なので、$dr = h_1 du_1 \hat{u}_1$ である。ゆえに、弧の長さの u_1 に沿った微分は点 P で $ds_1 = h_1 du_1$ である。同様に、弧の長さの u_2, u_3 に沿った微分は、点 P でそれぞれ $ds_2 = h_2 du_2$, $ds_3 = h_3 du_3$ で与えられる。

$|\hat{u}_1 \cdot \hat{u}_2 \times \hat{u}_3| = 1$ なので、平行 6 面体の体積は

$$dV = |(h_1 du_1 \hat{u}_1) \cdot (h_2 du_2 \hat{u}_2) \times (h_3 du_3 \hat{u}_3)| = h_1 h_2 h_3 du_1 du_2 du_3$$

で与えられる。他方、dV は次のようにも表せる。

$$dV = \left|\frac{\partial \boldsymbol{r}}{\partial u_1} \cdot \frac{\partial \boldsymbol{r}}{\partial u_2} \times \frac{\partial \boldsymbol{r}}{\partial u_3}\right| du_1 du_2 du_3 = \left|\frac{\partial(x_1, x_2, x_3)}{\partial(u_1, u_2, u_3)}\right| du_1 du_2 du_3. \quad (1.57)$$

ここで

$$J = \left|\frac{\partial(x_1, x_2, x_3)}{\partial(u_1, u_2, u_3)}\right| = \begin{vmatrix} \dfrac{\partial x_1}{\partial u_1} & \dfrac{\partial x_1}{\partial u_2} & \dfrac{\partial x_1}{\partial u_3} \\ \dfrac{\partial x_2}{\partial u_1} & \dfrac{\partial x_2}{\partial u_2} & \dfrac{\partial x_2}{\partial u_3} \\ \dfrac{\partial x_3}{\partial u_1} & \dfrac{\partial x_3}{\partial u_2} & \dfrac{\partial x_3}{\partial u_3} \end{vmatrix}$$

は座標変換のヤコビアンとよばれる．

以下，ヤコビアン $J \neq 0$ であり，したがって座標変換 (1.54) はこの点の近傍で 1 対 1 であるものとする．

以上で，勾配，発散，回転を u_1, u_2, u_3 で表すための準備は整った． ϕ が u_1, u_2, u_3 のスカラー関数であるならば，その**勾配**は

$$\nabla \phi = \operatorname{grad} \phi = \frac{1}{h_1}\frac{\partial \phi}{\partial u_1}\hat{u}_1 + \frac{1}{h_2}\frac{\partial \phi}{\partial u_2}\hat{u}_2 + \frac{1}{h_3}\frac{\partial \phi}{\partial u_3}\hat{u}_3 \quad (1.58)$$

で与えられる．これは次のようにして導出できる．まず

$$\nabla \phi = f_1 \hat{u}_1 + f_2 \hat{u}_2 + f_3 \hat{u}_3 \quad (1.59)$$

とおいて，f_1, f_2, f_3 がどのように定まるかみることにする．

$$\begin{aligned} d\boldsymbol{r} &= \frac{\partial \boldsymbol{r}}{\partial u_1}du_1 + \frac{\partial \boldsymbol{r}}{\partial u_2}du_2 + \frac{\partial \boldsymbol{r}}{\partial u_3}du_3 \\ &= h_1 du_1 \hat{u}_1 + h_2 du_2 \hat{u}_2 + h_3 du_3 \hat{u}_3 \end{aligned}$$

なので，

$$d\phi = \nabla \phi \cdot d\boldsymbol{r} = h_1 f_1 du_1 + h_2 f_2 du_2 + h_3 f_3 du_3$$

である．ところが，

$$d\phi = \frac{\partial \phi}{\partial u_1}du_1 + \frac{\partial \phi}{\partial u_2}du_2 + \frac{\partial \phi}{\partial u_3}du_3$$

なので，この 2 つの式を等しいとおくと

$$f_i = \frac{1}{h_i}\frac{\partial \phi}{\partial u_i} \quad (i = 1, 2, 3)$$

が得られる．これを式 (1.59) に代入すると式 (1.58) が得られるのである．

式 (1.58) より，演算子 ∇ は次のように与えられることがわかる．

$$\nabla = \frac{\hat{u}_1}{h_1}\frac{\partial}{\partial u_1} + \frac{\hat{u}_2}{h_2}\frac{\partial}{\partial u_2} + \frac{\hat{u}_3}{h_3}\frac{\partial}{\partial u_3}. \quad (1.60)$$

以下で用いるので，ここで次の 2 つの関係式を証明しておく．

(a) $\quad |\nabla u_i| = h_i^{-1} \quad (i = 1, 2, 3)$

(b) $\quad \left.\begin{array}{l} \hat{u}_1 = h_2 h_3 \nabla u_2 \times \nabla u_3, \\ \hat{u}_2 = h_3 h_1 \nabla u_3 \times \nabla u_1, \\ \hat{u}_3 = h_1 h_2 \nabla u_1 \times \nabla u_2. \end{array}\right\} \qquad (1.61)$

証明：(a) 式 (1.58) で $\phi = u_1$ とすると，$\nabla u_1 = \hat{u}_1/h_1$ を得る．$|\hat{u}_1| = 1$ なので

$$|\nabla u_1| = |\hat{u}_1| h_1^{-1} = h_1^{-1}$$

である．同様にして，$\phi = u_2, u_3$ とおくと，$i = 2, 3$ に対する関係式も得られる．

(b) (a) より

$$\nabla u_1 = \frac{\hat{u}_1}{h_1}, \quad \nabla u_2 = \frac{\hat{u}_2}{h_2}, \quad \nabla u_3 = \frac{\hat{u}_3}{h_3}$$

である．したがって，

$$\nabla u_2 \times \nabla u_3 = \frac{\hat{u}_2 \times \hat{u}_3}{h_2 h_3} = \frac{\hat{u}_1}{h_2 h_3} \quad \text{なので，} \quad \hat{u}_1 = h_2 h_3 \nabla u_2 \times \nabla u_3$$

である．同様にして $\hat{u}_2$ と $\hat{u}_3$ に対する公式も得られる．

以上で，発散を極座標で表す準備ができた．$\boldsymbol{A} = A_1 \hat{u}_1 + A_2 \hat{u}_2 + A_3 \hat{u}_3$ が直交極座標 u_1, u_2, u_3 のベクトル関数とすると，その発散は

$$\nabla \cdot \boldsymbol{A} = \text{div}\, \boldsymbol{A} = \frac{1}{h_1 h_2 h_3} \left[\frac{\partial}{\partial u_1}(h_2 h_3 A_1) + \frac{\partial}{\partial u_2}(h_3 h_1 A_2) + \frac{\partial}{\partial u_3}(h_1 h_2 A_3) \right] \qquad (1.62)$$

で与えられる．式 (1.62) を導くために，まず $\nabla \cdot \boldsymbol{A}$ を

$$\nabla \cdot \boldsymbol{A} = \nabla \cdot (A_1 \hat{u}_1) + \nabla \cdot (A_2 \hat{u}_2) + \nabla \cdot (A_3 \hat{u}_3) \qquad (1.63)$$

と書くことにする．$\hat{u}_1 = h_2 h_3 \nabla u_2 \times \nabla u_3$ なので，$\nabla \cdot (A_1 \hat{u}_1)$ は

$$\nabla \cdot (A_1 \hat{u}_1) = \nabla \cdot (A_1 h_2 h_3 \nabla u_2 \times \nabla u_3)$$
$$= \nabla(A_1 h_2 h_3) \cdot (\nabla u_2 \times \nabla u_3) + A_1 h_2 h_3 \nabla \cdot (\nabla u_2 \times \nabla u_3)$$

と書き直せる．この最後の式変形で，ベクトルの恒等式 $\nabla \cdot (\phi \boldsymbol{A}) = (\nabla \phi) \cdot \boldsymbol{A} + \phi \nabla \cdot \boldsymbol{A}$ を用いた．さらに $\nabla u_i = \hat{u}_i/h_i \, (i = 1, 2, 3)$ なので，$\nabla \cdot (A_1 \hat{u}_1)$ は次のように書き直せる．

$$\nabla \cdot (A_1 \hat{u}_1) = \nabla(A_1 h_2 h_3) \cdot \left(\frac{\hat{u}_2}{h_2} \times \frac{\hat{u}_3}{h_3} \right) + 0 = \nabla(A_1 h_2 h_3) \cdot \frac{\hat{u}_1}{h_2 h_3}.$$

勾配 $\nabla(A_1 h_2 h_3)$ は式 (1.58) で与えられているので，

$$\nabla \cdot (A_1 \hat{u}_1) = \left[\frac{\hat{u}_1}{h_1} \frac{\partial}{\partial u_1}(A_1 h_2 h_3) + \frac{\hat{u}_2}{h_2} \frac{\partial}{\partial u_2}(A_1 h_2 h_3) + \frac{\hat{u}_3}{h_3} \frac{\partial}{\partial u_3}(A_1 h_2 h_3) \right] \cdot \frac{\hat{u}_1}{h_2 h_3}$$
$$= \frac{1}{h_1 h_2 h_3} \frac{\partial}{\partial u_1}(A_1 h_2 h_3)$$

となる．同様にして

$$\nabla \cdot (A_2\hat{u}_2) = \frac{1}{h_1h_2h_3}\frac{\partial}{\partial u_2}(A_2h_3h_1), \quad \nabla \cdot (A_3\hat{u}_3) = \frac{1}{h_1h_2h_3}\frac{\partial}{\partial u_3}(A_3h_1h_2)$$

を得る．これらを式 (1.63) に代入すると，式 (1.62) が得られる．

同様の方法によって，**回転** curl $\boldsymbol{A}$ に対する公式も導くことができる．まず

$$\nabla \times \boldsymbol{A} = \nabla \times (A_1\hat{u}_1 + A_2\hat{u}_2 + A_3\hat{u}_3)$$

とおいて，$\nabla \times A_i\hat{u}_i$ を計算する．

ここで $\hat{u}_i = h_i\nabla u_i$ $(i=1,2,3)$ であるので，$\nabla \times (A_1\hat{u}_1)$ は

$$\begin{aligned}
\nabla \times (A_1\hat{u}_1) &= \nabla \times (A_1h_1\nabla u_1) \\
&= \nabla(A_1h_1) \times \nabla u_1 + A_1h_1\nabla \times \nabla u_1 \\
&= \nabla(A_1h_1) \times \frac{\hat{u}_1}{h_1} + 0 \\
&= \left[\frac{\hat{u}_1}{h_1}\frac{\partial}{\partial u_1}(A_1h_1) + \frac{\hat{u}_2}{h_2}\frac{\partial}{\partial u_2}(A_1h_1) + \frac{\hat{u}_3}{h_3}\frac{\partial}{\partial u_3}(A_1h_1)\right] \times \frac{\hat{u}_1}{h_1} \\
&= \frac{\hat{u}_2}{h_3h_1}\frac{\partial}{\partial u_3}(A_1h_1) - \frac{\hat{u}_3}{h_1h_2}\frac{\partial}{\partial u_2}(A_1h_1)
\end{aligned}$$

と式変形できる．同様の表式が $\nabla \times (A_2\hat{u}_2)$ と $\nabla \times (A_3\hat{u}_3)$ に対しても得られる．これらを加え合わせると，$\nabla \times \boldsymbol{A}$ を直交極座標で表すことができる：

$$\begin{aligned}
\nabla \times \boldsymbol{A} = &\frac{\hat{u}_1}{h_2h_3}\left[\frac{\partial}{\partial u_2}(A_3h_3) - \frac{\partial}{\partial u_3}(A_2h_2)\right] + \frac{\hat{u}_2}{h_3h_1}\left[\frac{\partial}{\partial u_3}(A_1h_1) - \frac{\partial}{\partial u_1}(A_3h_3)\right] \\
&+ \frac{\hat{u}_3}{h_1h_2}\left[\frac{\partial}{\partial u_1}(A_2h_2) - \frac{\partial}{\partial u_2}(A_1h_1)\right].
\end{aligned} \quad (1.64)$$

これは行列式を使って

$$\nabla \times \boldsymbol{A} = \frac{1}{h_1h_2h_3}\begin{vmatrix} h_1\hat{u}_1 & h_2\hat{u}_2 & h_3\hat{u}_3 \\ \dfrac{\partial}{\partial u_1} & \dfrac{\partial}{\partial u_2} & \dfrac{\partial}{\partial u_3} \\ A_1h_1 & A_2h_2 & A_3h_3 \end{vmatrix} \quad (1.65)$$

とも表せる．

直交曲座標でのラプラシアンの表式も得ることができる．式 (1.58) と式 (1.62) より以下が得られたことになる．

$$\nabla\phi = \operatorname{grad}\phi = \frac{1}{h_1}\frac{\partial\phi}{\partial u_1}\hat{u}_1 + \frac{1}{h_2}\frac{\partial\phi}{\partial u_2}\hat{u}_2 + \frac{1}{h_3}\frac{\partial\phi}{\partial u_3}\hat{u}_3,$$

$$\nabla \cdot \boldsymbol{A} = \operatorname{div}\boldsymbol{A} = \frac{1}{h_1h_2h_3}\left[\frac{\partial}{\partial u_1}(h_2h_3A_1) + \frac{\partial}{\partial u_2}(h_3h_1A_2) + \frac{\partial}{\partial u_3}(h_1h_2A_3)\right].$$

特に $\boldsymbol{A} = \nabla\phi$ ならば，$A_i = (1/h_i)\partial\phi/\partial u_i$ $(i=1,2,3)$ なので，次が得られる：

$$\nabla \cdot \boldsymbol{A} = \nabla \cdot \nabla \phi = \nabla^2 \phi$$
$$= \frac{1}{h_1 h_2 h_3} \left[\frac{\partial}{\partial u_1} \left(\frac{h_2 h_3}{h_1} \frac{\partial \phi}{\partial u_1} \right) + \frac{\partial}{\partial u_2} \left(\frac{h_3 h_1}{h_2} \frac{\partial \phi}{\partial u_2} \right) + \frac{\partial}{\partial u_3} \left(\frac{h_1 h_2}{h_3} \frac{\partial \phi}{\partial u_3} \right) \right]. \tag{1.66}$$

1.20 特殊直交座標系

少なくとも9種類の特殊直交座標系があるが，その中で最もよく使われる便利なものに**円筒座標**と**極座標**がある．この節ではこの2つの座標を説明する．

1.20.1 円筒座標 (ρ, ϕ, z)

$$u_1 = \rho, \ u_2 = \phi, \ u_3 = z; \qquad \hat{u}_1 = \hat{e}_\rho, \ \hat{u}_2 = \hat{e}_\phi, \ \hat{u}_3 = \hat{e}_z$$

とする．図 1.17 より

$$x_1 = \rho \cos \phi, \quad x_2 = \rho \sin \phi, \quad x_3 = z$$

であることがわかる．ここで

$$\rho \geq 0, \quad 0 \leq \phi \leq 2\pi, \quad -\infty \leq z \leq \infty$$

である．

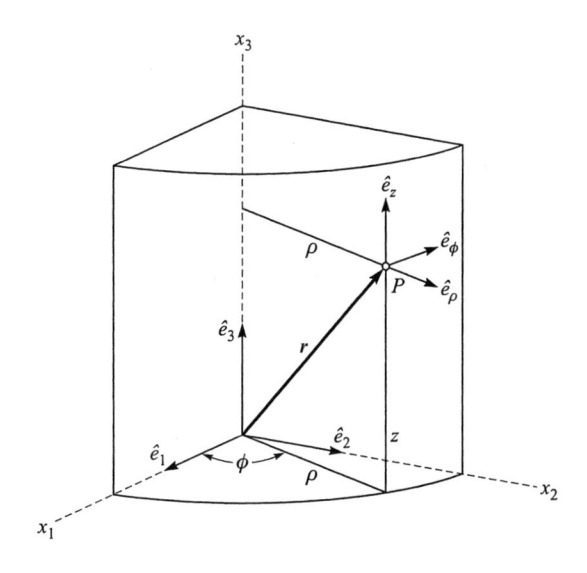

図 **1.17** 円筒座標．

線要素の弧の長さの 2 乗は

$$ds^2 = h_1^2(d\rho)^2 + h_2^2(d\phi)^2 + h_3^2(dz)^2$$

で与えられる．スケール因子 h_i は $ds^2 = d\boldsymbol{r} \cdot d\boldsymbol{r}$ であることに注意すると，以下のようにして求めることができる．円筒座標では

$$\boldsymbol{r} = \rho\cos\phi\hat{e}_1 + \rho\sin\phi\hat{e}_2 + z\hat{e}_3$$

である．ゆえに

$$ds^2 = d\boldsymbol{r} \cdot d\boldsymbol{r} = (d\rho)^2 + \rho^2(d\phi)^2 + (dz)^2$$

である．上の ds^2 に対する 2 つの式を等しいとおくと，スケール因子が

$$h_1 = h_\rho = 1, \quad h_2 = h_\phi = \rho, \quad h_3 = h_z = 1 \tag{1.67}$$

と求められる．式 (1.58), (1.62), (1.64), (1.66) より，円筒座標での勾配，発散，回転およびラプラシアンが次のようにまとめられる：

$$\nabla \Phi = \frac{\partial \Phi}{\partial \rho}\hat{e}_\rho + \frac{1}{\rho}\frac{\partial \Phi}{\partial \phi}\hat{e}_\phi + \frac{\partial \Phi}{\partial z}\hat{e}_z. \tag{1.68}$$

ここで $\Phi = \Phi(\rho, \phi, z)$ はスカラー関数である．

$$\nabla \cdot \boldsymbol{A} = \frac{1}{\rho}\left[\frac{\partial}{\partial \rho}(\rho A_\rho) + \frac{\partial A_\phi}{\partial \phi} + \rho\frac{\partial A_z}{\partial z}\right]. \tag{1.69}$$

ここで

$$\boldsymbol{A} = A_\rho\hat{e}_\rho + A_\phi\hat{e}_\phi + A_z\hat{e}_z$$

である．

$$\nabla \times \boldsymbol{A} = \frac{1}{\rho}\begin{vmatrix} \hat{e}_\rho & \rho\hat{e}_\phi & \hat{e}_z \\ \frac{\partial}{\partial \rho} & \frac{\partial}{\partial \phi} & \frac{\partial}{\partial z} \\ A_\rho & \rho A_\phi & A_z \end{vmatrix}. \tag{1.70}$$

また

$$\nabla^2 \Phi = \frac{1}{\rho}\frac{\partial}{\partial \rho}\left(\rho\frac{\partial \Phi}{\partial \rho}\right) + \frac{1}{\rho^2}\frac{\partial^2 \Phi}{\partial \phi^2} + \frac{\partial^2 \Phi}{\partial z^2} \tag{1.71}$$

である．

1.20.2　極座標 (r, θ, ϕ)

$$u_1 = r,\ u_2 = \theta,\ u_3 = \phi;\quad \hat{u}_1 = \hat{e}_r,\ \hat{u}_2 = \hat{e}_\theta,\ \hat{u}_3 = \hat{e}_\phi$$

とする．図 1.18 より

$$x_1 = r\sin\theta\cos\phi, \quad x_2 = r\sin\theta\sin\phi, \quad x_3 = r\cos\theta$$

1.20 特殊直交座標系

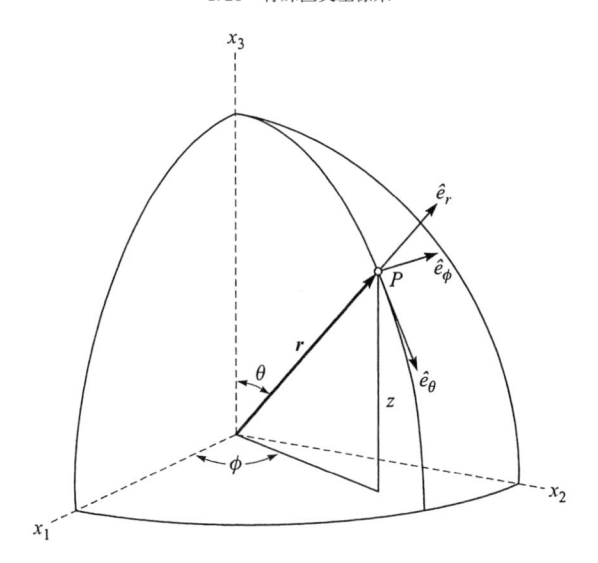

図 1.18 極座標.

であることがわかる．さて
$$ds^2 = h_1^2(dr)^2 + h_2^2(d\theta)^2 + h_3^2(d\phi)^2$$
であるが，ここで
$$\boldsymbol{r} = r\sin\theta\cos\phi\hat{e}_1 + r\sin\theta\sin\phi\hat{e}_2 + r\cos\theta\hat{e}_3$$
であるので
$$ds^2 = d\boldsymbol{r}\cdot d\boldsymbol{r} = (dr)^2 + r^2(d\theta)^2 + r^2\sin^2\theta(d\phi)^2$$
である．これら 2 つの ds^2 に対する表式を等しくおくと，$h_1 = h_r = 1$，$h_2 = h_\theta = r$，$h_3 = h_\phi = r\sin\theta$ が得られる．ゆえに，式 (1.58), (1.62), (1.64), (1.66) より，極座標での勾配，発散，回転およびラプラシアンは次のように得られる：

$$\nabla\Phi = \hat{e}_r\frac{\partial\Phi}{\partial r} + \hat{e}_\theta\frac{1}{r}\frac{\partial\Phi}{\partial\theta} + \hat{e}_\phi\frac{1}{r\sin\theta}\frac{\partial\Phi}{\partial\phi}, \tag{1.72}$$

$$\nabla\cdot\boldsymbol{A} = \frac{1}{r^2\sin\theta}\left[\sin\theta\frac{\partial}{\partial r}(r^2 A_r) + r\frac{\partial}{\partial\theta}(\sin\theta A_\theta) + r\frac{\partial A_\phi}{\partial\phi}\right], \tag{1.73}$$

$$\nabla\times\boldsymbol{A} = \frac{1}{r^2\sin\theta}\begin{vmatrix} \hat{e}_r & r\hat{e}_\theta & r\sin\theta\hat{e}_\phi \\ \dfrac{\partial}{\partial r} & \dfrac{\partial}{\partial\theta} & \dfrac{\partial}{\partial\phi} \\ A_r & rA_\theta & r\sin\theta A_\phi \end{vmatrix}, \tag{1.74}$$

$$\nabla^2\Phi = \frac{1}{r^2\sin\theta}\left[\sin\theta\frac{\partial}{\partial r}\left(r^2\frac{\partial\Phi}{\partial r}\right) + \frac{\partial}{\partial\theta}\left(\sin\theta\frac{\partial\Phi}{\partial\theta}\right) + \frac{1}{\sin\theta}\frac{\partial^2\Phi}{\partial\phi^2}\right]. \tag{1.75}$$

1.21 ベクトルの積分と積分定理

ここまでベクトルの微分について述べてきたが,これからベクトルの積分について述べることにする.ベクトル場の線積分,面積分,体積積分の定義を述べた後で,ガウスの定理,ストークスの定理,グリーンの定理という 3 つの重要な積分定理を証明する.

スカラー u の関数であるベクトルの積分は通常のスカラーの積分と同様に行うことができる.ベクトルが

$$\boldsymbol{A}(u) = A_1(u)\hat{e}_1 + A_2(u)\hat{e}_2 + A_3(u)\hat{e}_3$$

で与えられているとき,

$$\int \boldsymbol{A}(u)du = \hat{e}_1 \int A_1(u)du + \hat{e}_2 \int A_2(u)du + \hat{e}_3 \int A_3(u)du + \boldsymbol{B}$$

である.ここで,$\boldsymbol{B}$ は各成分が定数である定ベクトルであり,積分定数を表す.次に,ベクトル $\boldsymbol{A}(x_1, x_2, x_3)$ と $d\boldsymbol{r}$ の内積を $P_1(x_1, x_2, x_3)$ と $P_2(x_1, x_2, x_3)$ の間で区間積分することを考えてみる.

$$\begin{aligned}\int_{P_1}^{P_2} \boldsymbol{A} \cdot d\boldsymbol{r} &= \int_{P_1}^{P_2} (A_1\hat{e}_1 + A_2\hat{e}_2 + A_3\hat{e}_3) \cdot (dx_1\hat{e}_1 + dx_2\hat{e}_2 + dx_3\hat{e}_3) \\ &= \int_{P_1}^{P_2} A_1(x_1, x_2, x_3)dx_1 + \int_{P_1}^{P_2} A_2(x_1, x_2, x_3)dx_2 \\ &\quad + \int_{P_1}^{P_2} A_3(x_1, x_2, x_3)dx_3.\end{aligned}$$

右辺の各項の積分は,P_1 から P_2 まで積分するということを指定しただけでは計算できない.つまりこれでは,右辺の 3 つの積分は定義されたことになっていないのである.なぜならば,例えば 1 番目の積分

$$I_1 = \int_{P_1}^{P_2} A_1(x_1, x_2, x_3)dx_1 \tag{1.76}$$

では,x_1 について積分する際に,x_2 と x_3 をいったいどの値にしておけばよいか指定されていないからである.積分 I_1 を定義するには

$$x_2 = f(x_1), \quad x_3 = g(x_1) \tag{1.77}$$

という関数を与えて,各 x_1 の値に対して x_2, x_3 の値を指定することが必要なのである.このような指定をすれば,被積分関数は $A_1(x_1, x_2, x_3) = A_1(x_1, f(x_1), g(x_1)) = B_1(x_1)$ というように x_1 の 1 変数関数になるので,積分 I_1 が一意的に定義されるのである.以上の説明から,この積分値 I_1 は条件式 (1.77) に依存することがわかるであろう.この条件式は x_1x_2 平面と x_3x_1 平面上の点 P_1 から点 P_2 に至る経路を指定する.式 (1.76)

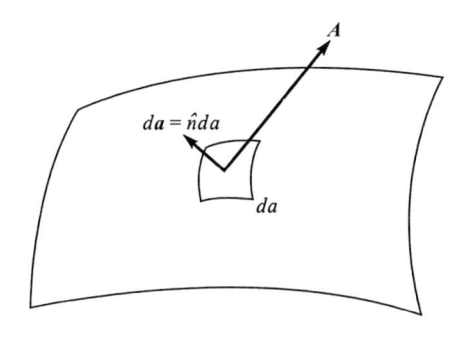

図 1.19 表面 S 上の面積分.

の x_1 積分はこの指定された経路に沿って行われる．このような積分 I_1 は経路上に定義された積分であり，**線積分**（あるいは**経路積分**）とよばれる．一般に「積分変数の個数が被積分関数の引数の個数よりも少ない場合は，積分はその経路を指定しないかぎり定義されたことになっていない」ということに注意すべきである．ただし，もしもスカラー積 $\boldsymbol{A}\cdot d\boldsymbol{r}$ が完全微分と等しい，すなわち $\boldsymbol{A}\cdot d\boldsymbol{r}=d\phi=\nabla\phi\cdot d\boldsymbol{r}$ であるときには，積分はその積分区間を指定すれば一意的に定義され，線積分を行う経路には依存しない：

$$\int_{P_1}^{P_2}\boldsymbol{A}\cdot d\boldsymbol{r}=\int_{P_1}^{P_2}d\phi=\phi_2-\phi_1.$$

このような経路のとり方によらずにその線積分が指定されるようなベクトル場 $\boldsymbol{A}$ は**保存場**とよばれる．この定義から，保存ベクトル場を閉じた曲線に沿って線積分すると必ずゼロになることは明らかである．すなわち，保存ベクトル場の回転はゼロである ($\nabla\times\boldsymbol{A}=\nabla\times(\nabla\phi)=0$). 力学における保存場の典型的な例は保存力場である．

表面 S の上のベクトル関数 $\boldsymbol{A}(x_1,x_2,x_3)$ の面積分は重要な量である．これは

$$\int_S \boldsymbol{A}\cdot d\mathbf{a}$$

と表されるが，ここで面積分の記号 $\int_S$ は指定された曲面 S の上での 2 重積分を表し，$d\boldsymbol{a}$ はこの曲面の**面素ベクトル**とよばれるベクトルであり，以下のように定義される．面素ベクトル $d\boldsymbol{a}$ は，曲面上の各点で定義され，その大きさは da であり，向きはその点での曲面の**法線方向**，すなわち

$$d\boldsymbol{a}=\hat{n}da$$

である．各曲面に対して，法線方向は 2 通りの指定の仕方が考えられる．しかし，もしも $d\boldsymbol{a}$ が閉曲面の一部であるときには，法線ベクトル $\hat{n}$ の正の向きは，閉曲面の内側から外側に向かう向きに選ぶことにする．直交座標では

$$d\boldsymbol{a}=\hat{e}_1 da_1+\hat{e}_2 da_2+\hat{e}_3 da_3=\hat{e}_1 dx_2 dx_3+\hat{e}_2 dx_3 dx_1+\hat{e}_3 dx_1 dx_2$$

と表せる．面積分を行う曲面が閉曲面である場合には，特に

$$\oint_S \boldsymbol{A} \cdot d\boldsymbol{a}$$

と書く．これを，閉曲線上の線積分と混同してはならない．閉曲線上の線積分は

$$\oint_\Gamma \boldsymbol{A} \cdot d\boldsymbol{s}$$

と書くことにする．ここで，Γ は閉曲線を指定しており，$d\boldsymbol{s}$ はこの曲線に沿った線素である．$d\boldsymbol{s}$ は曲線の進む向きを正の向きにとることにする．自分自身と交差することのない閉曲線を**単純閉曲線**（あるいは**単一閉曲線**または**ジョルダン曲線**）とよぶ．ここではこのような単純閉曲線に対してのみ線積分を考えることにしておく．

1.21.1 ガウスの定理（発散定理）

ガウスの定理（発散定理）は，与えられたベクトル関数のある曲面上の面積分を，そのベクトル関数の発散の体積積分と関連づける定理である．この定理はジョセフ・ルイス・ラグランジュによって導かれ，その後，ジョージ・グリーンによって数学的に研究された．しかし今日では，ガウスの 2 重積分と 3 重積分に対する多大な業績にちなんで，ガウスの定理とよばれている．

閉曲面 S で囲まれた体積が V の**単連結領域**で，連続かつ微分可能なベクトル場 $\boldsymbol{A}$ が，定義されているものとする．単連結領域とは，その領域内の任意の単純閉曲線を連続変形によって 1 点に変形することができるような領域を意味する．ガウスの定理は

$$\int_V \nabla \cdot \boldsymbol{A} \, dV = \oint_S \boldsymbol{A} \cdot d\boldsymbol{a} \tag{1.78}$$

という等式である．ここで，$dV = dx_1 dx_2 dx_3$ である．この定理を証明するには，左辺を

$$\int_V \nabla \cdot \boldsymbol{A} \, dV = \int_V \sum_{i=1}^{3} \frac{\partial A_i}{\partial x_i} dV$$

と書き直す．この右辺をまず x_2 と x_3 の値を一定に保ったまま，x_1 に対して積分する．図 1.20 に示したように，その結果を $dx_2 dx_3$ を断面とする棒状の領域からの寄与と見なして，それらすべて加え合わせる．この棒状の領域は，閉曲面 S と点 P と点 Q で交わる．図では，棒領域の両端の面素をそれぞれ $d\boldsymbol{a}_P$ と $d\boldsymbol{a}_Q$ と記した．

$$\int_V \frac{\partial A_1}{\partial x_1} dV = \oint_S dx_2 dx_3 \int_P^Q \frac{\partial A_1}{\partial x_1} dx_1 = \oint_S dx_2 dx_3 \int_P^Q dA_1$$

である．ここで，この棒状の領域に沿って $dA_1 = (\partial A_1/\partial x_1)dx_1$ が成り立つことを用いた．最右辺の最後の積分は直ちに実行できて

$$\int_V \frac{\partial A_1}{\partial x_1} dV = \oint_S [A_1(Q) - A_1(P)] dx_2 dx_3$$

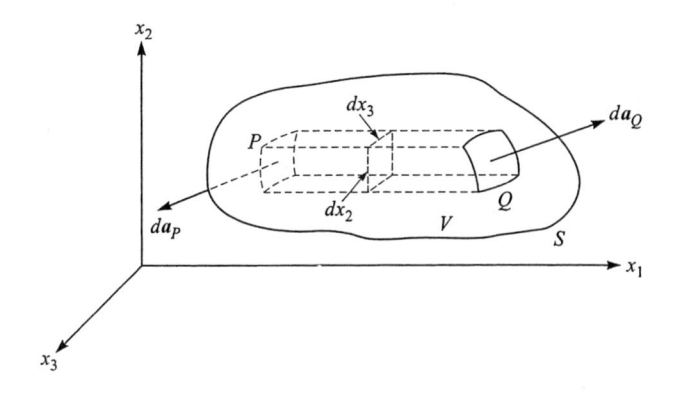

1.21 ベクトルの積分と積分定理

図 **1.20** 断面 $dx_2 dx_3$ の角柱.

を得る. ここで, $A_1(Q)$ と $A_1(P)$ はそれぞれ, 点 Q と点 P での A_1 の値である.

点 Q での面素ベクトル $d\boldsymbol{a}$ の x_1 方向の成分は $da_1 = dx_2 dx_3$ であり, 点 P では $da_1 = -dx_2 dx_3$ である. 後者が負符号をもつのは, 点 P では $d\boldsymbol{a}$ の x_1 成分は x_1 軸の負の向きにあるからである. こうして, この積分は

$$\int_V \frac{\partial A_1}{\partial x_1} dV = \int_{S_Q} A_1(Q) da_1 + \int_{S_P} A_1(P) da_1$$

と書き換えられることが示せた. ここで, S_Q は閉曲面 S のうち, (外向き法線方向をもつ面素ベクトル $d\boldsymbol{a}$ の x_1 成分) da_1 が正である部分を表し, S_P は da_1 が負であるような部分を表す. これら 2 の部分の寄与を足し合わせると, 閉曲面 S 上の全面積分になり,

$$\int_V \frac{\partial A_1}{\partial x_1} dV = \oint_S A_1 da_1$$

という等式が得られる. x_2 と x_3 成分に対しても, 同様な等式が得られ, この 3 つの等式を足し合わせるとガウスの定理

$$\int_V \sum_i \frac{\partial A_i}{\partial x_i} dV = \oint_S \sum_i A_i da_i$$

すなわち

$$\int_V \nabla \cdot \boldsymbol{A} dV = \oint_S \boldsymbol{A} \cdot d\mathbf{a}$$

が導かれるのである.

ここでは, ガウスの定理を単連結領域 (一つの閉曲面で囲まれた領域) に対して証明したが, この証明は**多重連結領域** (中空の球のように, 複数の曲面で囲まれた領域) に対しても拡張することができる. 詳しくは Roald K. Wangsness, *Electomagnetic Fields*, John Wiley, New York, 1986 を参照のこと.

1.21.2 連続の方程式

ある領域内を速度 $v(r)$ で流れる密度 $\rho(r)$ の流体を考えよう．流体の湧き出しも吸い込みもない場合には，次のような方程式が成立する：

$$\frac{\partial}{\partial t}\rho(r) + \nabla \cdot j(r) = 0 \tag{1.79}$$

ここで，j は流れベクトルであり

$$j(r) = \rho(r)v(r) \tag{1.79a}$$

で与えられる．式 (1.79) は保存流に対する**連続の方程式**とよばれる．

この重要な方程式を導くために，体積 V の流体を囲む任意の閉曲面 S を考えることにする．各時刻において，V 内の流体の質量は $M = \int_V \rho dV$ であり，この領域 V に流体が流入することによる単位時間あたりの流体の質量増加率は

$$\frac{\partial M}{\partial t} = \frac{\partial}{\partial t}\int_V \rho dV = \int_V \frac{\partial \rho}{\partial t}dV$$

で与えられ，単位時間あたりの流体の質量の減少率は

$$\int_S \rho v \cdot \hat{n} ds = \int_V \nabla \cdot (\rho v) dV$$

で与えられる．この 2 番目の式で，面積分を体積積分に変換するのにガウスの定理を用いた．いま，流体の湧き出しも吸い込みもないものと仮定しているので，質量保存則よりこの 2 つの寄与は完全に釣り合っているはずである．このことから

$$\int_V \frac{\partial \rho}{\partial t}dV = -\int_V \nabla \cdot (\rho v) dV$$

すなわち

$$\int_V \left(\frac{\partial \rho}{\partial t} + \nabla \cdot (\rho v)\right) dV = 0$$

が得られる．考えている領域 V は任意であったので，連続の方程式

$$\frac{\partial \rho}{\partial t} + \nabla \cdot (\rho v) = \frac{\partial \rho}{\partial t} + \nabla \cdot j = 0$$

がこの領域の任意の点で成り立っていなければいけないことが導かれるのである．

1.21.3 ストークスの定理

この定理はベクトル関数の線積分とそのベクトルの回転の面積分とを関係つける定理である．この定理は 1850 年にケルビン卿によって初めてみつけられ，その 4 年後にジョージ・ストークスによって再発見された．

ある 3 次元領域 V の中に連続かつ微分可能なベクトル場 A が定義されており，この領域 V の中に正則な開いた曲面 S が埋め込まれているものとする．この曲面 S の境

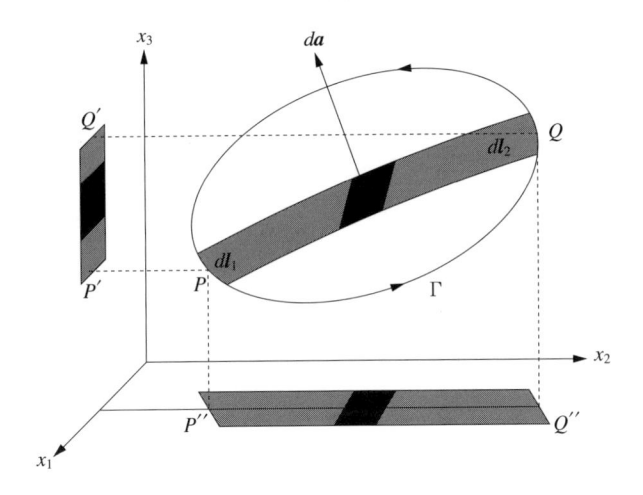

1.21 ベクトルの積分と積分定理

図 1.21 $d\boldsymbol{a}$ と $d\boldsymbol{l}$ との関係.

界は単純閉曲線であり，これを Γ とする．このときストークスの定理は次の等式で表される．

$$\int_S \nabla \times \boldsymbol{A} \cdot d\boldsymbol{a} = \oint_\Gamma \boldsymbol{A} \cdot d\boldsymbol{l}. \tag{1.80}$$

ここで，$d\boldsymbol{l}$ は線素ベクトルであり，線積分は閉曲線 Γ に沿って 1 周行う（図 1.21）．

曲面 S は単純閉曲線を境界にもつ開いた曲面である．したがって，一般的にはこの曲面の法線ベクトルの正の向きは一意的には定められない．しかし通常は，いわゆる右手則に従って法線方向の正の向きを定める．すなわち，図 1.21 に示したように，右手を $d\boldsymbol{l}$ の向きに置いたとき，その親指の向きを $d\boldsymbol{a}$ の正の向きとするのである．

式 (1.80) では，曲面 S はその境界が Γ であるということ以外は特にその形状を指定していないことに注意すべきである．したがって，曲面 S のとり方には任意性がある．一般にはその上の面積分の値は曲面のとり方によっているように思われる．ところがストークスの定理は，面積分の値は曲面の境界における $\boldsymbol{A}$ の値だけで決まる線積分で与えられることを主張しているのである．

この定理を証明する．まず式 (1.80) の左辺を式 (1.50) を用いて展開する．

$$\int_S \nabla \times \boldsymbol{A} \cdot d\boldsymbol{a} = \int_S \left(\frac{\partial A_1}{\partial x_3} da_2 - \frac{\partial A_1}{\partial x_2} da_3 \right) + \int_S \left(\frac{\partial A_2}{\partial x_1} da_3 - \frac{\partial A_2}{\partial x_3} da_1 \right)$$
$$+ \int_S \left(\frac{\partial A_3}{\partial x_2} da_1 - \frac{\partial A_3}{\partial x_1} da_2 \right). \tag{1.81}$$

ただし右辺は，$\boldsymbol{A}$ の成分ごとに 3 つの項に分けた．この第 1 項の積分を I_1 と書くことにする．積分 I_1 を計算するために，まず曲面 S を 図 1.21 に示したように，$x_2 x_3$ に平行でそれぞれの幅が dx_1 である細片に分割する．$x_2 x_3$ 平面に平行になるように分割

したので，おのおのの細片上では x_2x_3 平面からの距離は一定値 x_1 である．したがって，この x_1 の値について積分すれば，すべての細片からの寄与を足し合わせることができることになる．

図 1.21 では，この曲面の法線ベクトルがどの向きを向いているかわかりやすく示すために，細片の x_1x_3 平面と x_1x_2 平面への射影も書いておいた．この細片の面素ベクトル da を，細片の中心部に矢印で表した（ただし，方向角 α と γ が 90°未満であり，β が 90°以上である場合に対して示した）．この図からわかるように $da_2 = -dx_1dx_3$ であり，$da_3 = dx_1dx_2$ である．したがって I_1 は

$$I_1 = -\int_{細片} dx_1 \int_P^Q \left(\frac{\partial A_1}{\partial x_2}dx_2 + \frac{\partial A_1}{\partial x_3}dx_3 \right) \tag{1.82}$$

と書き直せる．右辺の括弧の中の dx_2 と dx_3 とは独立ではなく，積分を行う曲面 S を表す式で関係づけられており，また当然 x_1 の値にも依存していることに注意すべきである．式 (1.82) の第 2 積分は $x_1 = $ 一定，したがって $dx_1 = 0$ であるような細片上を P から Q まで積分するので，被積分関数に $(\partial A_1/\partial x_1)dx_1 = 0$ を足し合わせても積分の値は変わらない．$(\partial A_1/\partial x_1)dx_1$ を加えると，被積分関数は

$$\frac{\partial A_1}{\partial x_1}dx_1 + \frac{\partial A_1}{\partial x_2}dx_2 + \frac{\partial A_1}{\partial x_3}dx_3 = dA_1$$

となる．結局，式 (1.82) は

$$I_1 = -\int_{細片} dx_1 \int_P^Q dA_1 = \int_{細片} [A_1(P) - A_1(Q)]dx_1$$

となる．

次に各細片の境界に沿った $\boldsymbol{A}$ の線積分を考えることにする．経路 Γ に沿って線積分を行うのと同様に，細片の境界に沿っておのおの 1 周にわたって線積分を行うと，曲面 S の内部に含まれる境界部分ではそれぞれ逆向きに 2 回ずつ線積分が実行されることになる．したがって，細片の境界のうちで S の内部に含まれる部分の線積分の寄与はすべて打ち消されることになり，S の境界である Γ 上の線積分からの寄与だけが残る．よって，これら細片の境界の線積分をすべて足し合わせたものは A_1 の Γ 上の線積分に等しくなる．すなわち

$$\int_S \left(\frac{\partial A_1}{\partial x_3}da_2 - \frac{\partial A_1}{\partial x_2}da_3 \right) = \oint_\Gamma A_1 dl_1 \tag{1.83}$$

が得られる．同様にして，式 (1.81) の右辺の第 2 積分と第 3 積分はそれぞれ $\oint_\Gamma A_2 dl_2$ と $\oint_\Gamma A_3 dl_3$ に等しいことが示せる．これらの等式を式 (1.81) に代入すると，ストークスの定理

$$\int_S \nabla \times \boldsymbol{A} \cdot d\boldsymbol{a} = \oint_\Gamma (A_1 dl_1 + A_2 dl_2 + A_3 dl_3) = \oint_\Gamma \boldsymbol{A} \cdot d\boldsymbol{l}$$

が得られるのである．

　式 (1.80) のストークスの定理は閉曲線 Γ が 1 平面上になくても成り立つ．一般に，曲面 S は平面である必要はないからである．ストークスの定理は，Γ を境界線とする任意の曲面 S に対して成立するのである．

　流体力学では，流体の速度場 $\bm{v}(\bm{r})$ の回転は渦度場とよばれる．速度場が

$$\bm{v}(\bm{r}) = -\nabla \phi(\bm{r})$$

のようにポテンシャル $\phi(\bm{r})$ の勾配で与えられているときには，渦なしである（式 (1.51) をみよ）．このため，渦なしの流速場は**ポテンシャル流速場**ともよばれる．

　電磁気学のマクスウェルの方程式の一つに

$$\nabla \times \bm{B} = \mu_0 \bm{j}$$

がある（アンペールの法則）．ここで，$\bm{B}$ は磁束密度ベクトル，$\bm{j}$ は単位面積あたりの電流密度，また μ_0 は真空の透磁率である．この方程式は，電流密度は磁束密度ベクトル $\bm{B}$ の渦であることを意味している．ストークスの定理を用いると，このアンペールの法則は

$$\oint_\Gamma \bm{B} \cdot d\bm{l} = \mu_0 \int_S \bm{j} \cdot d\bm{a} = \mu_0 I$$

と書き直せることがわかる．この等式は，閉曲面に沿った磁束密度の循環量は，この閉曲面を境界にもつ曲面を通過する電流の総量に比例することを述べている．

1.21.4　グリーンの定理

　グリーンの定理は発散定理の重要な系であり，物理学のさまざまな分野で用いられる．ガウスの定理 (1.78) は次式で与えられた．

$$\int_V \nabla \cdot \bm{A} dV = \oint_S \bm{A} \cdot d\bm{a}.$$

ψ をスカラー関数，$\bm{B}$ をベクトル関数として，$\bm{A} = \psi \bm{B}$ であるとしよう．すると

$$\nabla \cdot \bm{A} = \nabla \cdot (\psi \bm{B}) = \psi \nabla \cdot \bm{B} + \bm{B} \cdot \nabla \psi$$

となる．これを上のガウスの定理の式に代入すると

$$\oint_S \psi \bm{B} \cdot d\bm{a} = \int_V (\psi \nabla \cdot \bm{B} + \bm{B} \cdot \nabla \psi) dV \tag{1.84}$$

となる．$\bm{B}$ が渦なしベクトル場であるとすると，あるスカラー場 φ の勾配で表される：

$$\bm{B} \equiv \nabla \varphi$$

このとき，式 (1.84) は

$$\oint_S \psi \boldsymbol{B} \cdot d\boldsymbol{a} = \int_V [\psi \nabla \cdot (\nabla \varphi) + (\nabla \varphi) \cdot (\nabla \psi)] dV \tag{1.85}$$

となる．ここで

$$\boldsymbol{B} \cdot d\boldsymbol{a} = (\nabla \varphi) \cdot \hat{n} da$$

である．$(\nabla \varphi) \cdot \hat{n}$ は φ の法線方向に沿った変化率を表しており，**法線微分**とよばれる．これを次のように書き表すことにする．

$$(\nabla \varphi) \cdot \hat{n} \equiv \partial \varphi / \partial n.$$

この表式と恒等式 $\nabla \cdot (\nabla \varphi) = \nabla^2 \varphi$ を式 (1.85) に代入すると

$$\oint_S \psi \frac{\partial \varphi}{\partial n} da = \int_V [\psi \nabla^2 \varphi + \nabla \varphi \cdot \nabla \psi] dV \tag{1.86}$$

という等式が得られる．この等式 (1.86) を**グリーンの定理**とよぶ．

式 (1.86) の φ と ψ を入れ換えると

$$\oint_S \varphi \frac{\partial \psi}{\partial n} da = \int_V [\varphi \nabla^2 \psi + \nabla \varphi \cdot \nabla \psi] dV$$

が得られるが，これを (1.85) から辺々引くと次の等式が得られる．

$$\oint_S \left(\psi \frac{\partial \varphi}{\partial n} - \varphi \frac{\partial \psi}{\partial n} \right) da = \int_V (\psi \nabla^2 \varphi - \varphi \nabla^2 \psi) dV. \tag{1.87}$$

これはいろいろな問題に応用される重要な等式であり，特に**グリーンの定理の第 2 形式**ともよばれる．

1.21.5 平面上のグリーンの定理

2 次元ベクトル場 $\boldsymbol{A} = M(x_1, x_2)\hat{e}_1 + N(x_1, x_2)\hat{e}_2$ を考えよう．ストークスの定理より

$$\oint_\Gamma \boldsymbol{A} \cdot d\boldsymbol{r} = \int_S \nabla \times \boldsymbol{A} \cdot d\boldsymbol{a} = \int_S \left(\frac{\partial N}{\partial x_1} - \frac{\partial M}{\partial x_2} \right) dx_1 dx_2 \tag{1.88}$$

を得る．これはしばしば，**平面上のグリーンの定理**とよばれる．
$\oint_\Gamma \boldsymbol{A} \cdot d\boldsymbol{r} = \oint_\Gamma (Mdx_1 + Ndx_2)$ なので，平面上のグリーンの定理は

$$\oint_\Gamma (Mdx_1 + Ndx_2) = \int_S \left(\frac{\partial N}{\partial x_1} - \frac{\partial M}{\partial x_2} \right) dx_1 dx_2 \tag{1.88a}$$

と書き直せる．

この平面上のグリーンの定理の応用例として，単純曲線 Γ で囲まれた領域の面積が

$$\frac{1}{2} \oint_\Gamma (x_1 dx_2 - x_2 dx_1)$$

で与えらることが導かれることをみておこう．平面上のグリーンの定理で $M = -x_2$,

$N = x_1$ とおくと,

$$\oint_\Gamma (x_1 dx_2 - x_2 dx_1) = \int_S \left(\frac{\partial}{\partial x_1}x_1 - \frac{\partial}{\partial x_2}(-x_2)\right) dx_1 dx_2 = 2\int_S dx_1 dx_2 = 2A$$

が得られる. ここで A は問題にしている面積である. すなわち $A = \dfrac{1}{2}\oint_\Gamma (x_1 dx_2 - x_2 dx_1)$ が導かれたことになる.

1.22 ヘルムホルツの定理

　物理学ではベクトル場の発散と回転は重要な役割を演じる. 発散がゼロのベクトル場を**湧き出しなしベクトル場**とよび, 回転がゼロのベクトル場を**渦なしベクトル場**という. 一般にベクトル場を, 湧き出しがあるかないか, 渦ありか渦なしかによって, 以下のように分類することができる. ベクトル場 $\boldsymbol{V}$ は

　　(1)　$\nabla \cdot \boldsymbol{V} = 0$ かつ $\nabla \times \boldsymbol{V} = 0$ であるとき, 湧き出しなし, かつ渦なしベクトル場である. 電荷がない領域での静電場がこの典型例である.

　　(2)　$\nabla \cdot \boldsymbol{V} = 0$ であるが $\nabla \times \boldsymbol{V} \neq 0$ であるとき, 湧き出しなしベクトル場である. 電流が流れている伝導体の中の静磁場はこの条件をみたす.

　　(3)　$\nabla \times \boldsymbol{V} = 0$ だが $\nabla \cdot \boldsymbol{V} \neq 0$ であるとき, 渦なしベクトル場である. 帯電した領域内での静電場がこの例である.

　最も一般的なベクトル場, 例えば時間的に変化する磁場中での帯電した媒体の中の電磁場は, 湧き出しも渦もある. しかしそれは, 湧き出しなしベクトル場と渦なしベクトル場の足し合わせで表すことができるのである. この事実は**ヘルムホルツの定理**として知られている. この定理は以下のようなものである (C. W. Wong, *Introduction to Mathematical Physics*, Oxford University Press, Oxford, 1991; p.53 より引用):

　　ベクトル場は, 与えられた空間領域内での発散と回転および, その領域の境界での法線方向成分が与えられれば, 一意的に定まる. 特に, 空間の各点で発散と回転の値がともに与えられており, かつそれらが遠方で十分速くゼロになるならば, ベクトル場は渦なしベクトル場と湧き出しなしベクトル場の和として一意的に表される.

　すなわち, ベクトル場 $\boldsymbol{V}(\boldsymbol{r})$ は

$$\boldsymbol{V}(\boldsymbol{r}) = -\nabla \phi(\boldsymbol{r}) + \nabla \times \boldsymbol{A}(\boldsymbol{r}) \tag{1.89}$$

と表されるのである. ここで, $-\nabla\phi$ が渦なし部分であり, $\nabla \times \boldsymbol{A}$ が湧き出しなしの部分である. このとき $\phi(\boldsymbol{r})$ と $\boldsymbol{A}(\boldsymbol{r})$ をそれぞれ $\boldsymbol{V}(\boldsymbol{r})$ の**スカラー・ポテンシャル**と**ベクトル・ポテンシャル**とよぶ. ヘルムホルツの定理は, このスカラー・ポテンシャル ϕ とベクトル・ポテンシャル $\boldsymbol{A}$ を定めることができることを主張している. 実際には次のように定められる. いまベクトル場 $\boldsymbol{V}(\boldsymbol{r})$ が

$$\nabla \cdot \boldsymbol{V}(\boldsymbol{r}) = \rho$$

と
$$\nabla \times \boldsymbol{V}(\boldsymbol{r}) = \boldsymbol{v}$$
をみたしているものとする．すると式 (1.89) より
$$\rho = \nabla \cdot \boldsymbol{V}(\boldsymbol{r}) = -\nabla \cdot (\nabla \phi) + \nabla \cdot (\nabla \times \boldsymbol{A}) = -\nabla^2 \phi$$
すなわち
$$\nabla^2 \phi = -\rho$$
という方程式を得る．この方程式は**ポアソン方程式**とよばれる．同様にして，
$$\boldsymbol{v} = \nabla \times \boldsymbol{V}(\boldsymbol{r}) = \nabla \times [-\nabla \phi(\boldsymbol{r}) + \nabla \times \boldsymbol{A}(\boldsymbol{r})] = \nabla(\nabla \cdot \boldsymbol{A}) - \nabla^2 \boldsymbol{A}$$
ここで，$\nabla \cdot \boldsymbol{A} = 0$ となるように $\boldsymbol{A}$ を定めることにすると
$$\nabla^2 \boldsymbol{A} = -\boldsymbol{v}$$
という方程式を得る．これを各成分ごとに書くと
$$\nabla^2 A_i = -v_i \quad (i = 1, 2, 3)$$
なので，これもポアソン方程式である．したがって，$\boldsymbol{A}$ も ϕ もポアソン方程式の解として決定されるのである．

1.23　便利な積分公式

上で証明した一般的な積分定理に関連した積分公式を列挙しておく．
(1) 2 つの点 a と b の間の曲線 C に沿っての線積分は次式で与えられる．
$$\int_a^b (\nabla \phi) \cdot d\boldsymbol{l} = \phi(b) - \phi(a). \tag{1.90}$$

証明：
$$\int_a^b (\nabla \phi) \cdot d\boldsymbol{l} = \int_a^b \left(\frac{\partial \phi}{\partial x}\hat{i} + \frac{\partial \phi}{\partial y}\hat{j} + \frac{\partial \phi}{\partial z}\hat{k} \right) \cdot (dx\hat{i} + dy\hat{j} + dz\hat{k})$$
$$= \int_a^b \left(\frac{\partial \phi}{\partial x}dx + \frac{\partial \phi}{\partial y}dy + \frac{\partial \phi}{\partial z}dz \right)$$
$$= \int_a^b \left(\frac{\partial \phi}{\partial x}\frac{dx}{dt} + \frac{\partial \phi}{\partial y}\frac{dy}{dt} + \frac{\partial \phi}{\partial z}\frac{dz}{dt} \right) dt$$
$$= \int_a^b \left(\frac{d\phi}{dt} \right) dt = \phi(b) - \phi(a).$$

(2)
$$\oint_S \frac{\partial \varphi}{\partial n} da = \int_V \nabla^2 \varphi dV. \tag{1.91}$$

証明：式 (1.87) で $\psi = 1$ とおくと，$\partial\psi/\partial n = 0 = \nabla^2\psi$ なので，式 (1.91) が得られる．

(3) $$\int_V \nabla\varphi dV = \oint_S \varphi\hat{n}da. \tag{1.92}$$

証明：ガウスの定理 (1.78) で，$\boldsymbol{C}$ を定ベクトルとして $\boldsymbol{A} = \varphi\boldsymbol{C}$ とおく．すると
$$\int_V \nabla\cdot(\varphi\boldsymbol{C})dV = \int_S \varphi\boldsymbol{C}\cdot\hat{n}da$$
となるが
$$\nabla\cdot(\varphi\boldsymbol{C}) = \nabla\varphi\cdot\boldsymbol{C} = \boldsymbol{C}\cdot\nabla\varphi$$
であり，また
$$\varphi\boldsymbol{C}\cdot\hat{n} = \boldsymbol{C}\cdot(\varphi\hat{n})$$
であるから，
$$\int_V \boldsymbol{C}\cdot\nabla\varphi dV = \int_S \boldsymbol{C}\cdot(\varphi\hat{n})da$$
を得る．両辺の $\boldsymbol{C}$ を積分の外に出すと
$$\boldsymbol{C}\cdot\int_V \nabla\varphi dV = \boldsymbol{C}\cdot\int_S (\varphi\hat{n})da$$
となるが，ここで $\boldsymbol{C}$ は任意の定ベクトルであったので，この式は
$$\int_V \nabla\varphi dV = \oint_S \varphi\hat{n}da$$
を意味する．

(4) $$\int_V \nabla\times\boldsymbol{B}dV = \int_S \hat{n}\times\boldsymbol{B}da \tag{1.93}$$

証明：ガウスの定理 (1.78) で，$\boldsymbol{A} = \boldsymbol{B}\times\boldsymbol{C}$ とおく．ただしここで，$\boldsymbol{C}$ は定ベクトルとする．すると
$$\int_V \nabla\cdot(\boldsymbol{B}\times\boldsymbol{C})dV = \int_S (\boldsymbol{B}\times\boldsymbol{C})\cdot\hat{n}da$$
となるが，$\nabla\cdot(\boldsymbol{B}\times\boldsymbol{C}) = \boldsymbol{C}\cdot(\nabla\times\boldsymbol{B})$ かつ $(\boldsymbol{B}\times\boldsymbol{C})\cdot\hat{n} = \boldsymbol{C}\cdot(\hat{n}\times\boldsymbol{B})$，なので，これは
$$\int_V \boldsymbol{C}\cdot(\nabla\times\boldsymbol{B})dV = \int_S \boldsymbol{C}\cdot(\hat{n}\times\boldsymbol{B})da$$
と書き直せる．両辺で $\boldsymbol{C}$ を積分の外に出すと

$$C \cdot \int_V (\nabla \times B) dV = C \cdot \int_S (\hat{n} \times B) da$$

となるが，定ベクトル C は任意であったので，この式は

$$\oint_V \nabla \times B \, dV = \int_S \hat{n} \times B \, da$$

が成り立つことを意味する．

1.24　テンソル解析

　テンソルはベクトルを拡張したものである．テンソル解析の起源は1世紀以上前のガウスの曲面論に遡る．今日，テンソル解析の応用は理論物理学の分野 (例えば，一般相対論，力学および電磁気学) と工学のいくつかの分野（例えば，航空工学や流体力学）でみられる．このうち，一般相対論では曲がった空間でのテンソル解析が用いられ，工学では主にユークリッド空間でのテンソル解析が用いられる．この節では，テンソルの一般論を述べることにする．まずテンソルの定義を述べて，その後で**テンソル代数**と**テンソル解析**（**共変微分**）について簡潔に述べることにする．

　テンソルは座標変換によってその量がどのように変換されるか，その変換則によって定義される．N 次元空間のある座標系 $(x^1, x^2, \ldots, x^N)$ から別の座標系 $(x'^1, x'^2, \ldots, x'^N)$ への座標変換を考えることにする．ここで x^μ と書いたときの μ は成分を表す上つきの添数であって，μ 乗を意味するのではない．これまでは，3次元ベクトルの成分を表すのには下つき添数を用いてきたが，ここではより一般的な関係式においてある種の「バランス」を保つために上つき添数を用いることにする．ここでいう「バランス」の意味はすぐ後に説明することにする．座標変換によって，微分は次のように変換される：

$$dx^\mu = \frac{\partial x^\mu}{\partial x'^\nu} dx'^\nu. \tag{1.94}$$

ここでわれわれは，**アインシュタインの和の規約**を用いて数式を表した．すなわち，同じ添数が下つきと上つきそれぞれ一度ずつ，合計2回繰り返されて書かれたときには，その添数について和をとることにする．すなわち

$$\sum_{\mu=1}^N A_\mu A^\mu = A_\mu A^\mu$$

である．ただし，上つき添数だけが2回繰り返されて書かれたり，下つき添数だけが2回繰り返されて書かれたりしていても，それらについては和はとらないことにする．上つきと下つきと繰り返されて，和をとることを意味する添数は，**無効添数**とよばれる．もちろん，無効添数はその項の中に現れない別の添え字に書き直してもかまわない．

1.25 反変ベクトルと共変ベクトル

N 個の量 A^μ ($\mu = 1, 2, \ldots, N$) が,座標変換によって

$$A^\mu = \frac{\partial x^\mu}{\partial x'^\nu} A'^\nu \tag{1.95}$$

というように,座標の微分と同様に変換されるとき,それらの量を**反変ベクトル**,または **1 階の反変テンソル**とよぶ.

これに対して,座標系 $(x^1, x^2, \ldots, x^N)$ における N 個の量 A_μ ($\mu = 1, 2, \ldots, N$) が,別の座標系 $(x'^1, x'^2, \ldots, x'^N)$ における N 個の量 A'_ν ($\nu = 1, 2, \ldots, N$) と変換式

$$A_\mu = \frac{\partial x'^\nu}{\partial x^\mu} A'_\nu \tag{1.96}$$

によって関係づけられているとき,これらを**共変ベクトル**,または **1 階の共変テンソル**とよぶ.例えば,速度や加速度は反変ベクトルであり,スカラー場の勾配は共変ベクトルである.

以下では,「A^μ や A_μ を成分とするテンソル」というかわりに,簡単に「テンソル A^μ」とか「テンソル A_μ」ということにする.

1.26 2 階のテンソル

2 つの反変ベクトル A^μ と B^ν から,N^2 個の量 $A^\mu B^\nu$ を定義することができる.この操作は**テンソルの外積**とよばれる.これらの N^2 個の量は,**2 階の反変テンソル**の成分である.一般に,座標変換の下で N^2 個の量 $T^{\mu\nu}$ が

$$T^{\mu\nu} = \frac{\partial x^\mu}{\partial x'^\alpha} \frac{\partial x^\nu}{\partial x'^\beta} T'^{\alpha\beta} \tag{1.97}$$

というように,2 つの反変ベクトルの積のように変換されるとき,それらは 2 階の反変テンソルとよばれる.また,**2 階の共変テンソル**は,座標変換のもとで,2 つの共変ベクトルの積と同じく

$$T_{\mu\nu} = \frac{\partial x'^\alpha}{\partial x^\mu} \frac{\partial x'^\beta}{\partial x^\nu} T'_{\alpha\beta} \tag{1.98}$$

というように変換される量として定義される.これらに対して,**2 階の混合テンソル** T^μ_ν は次のように変換される量として定義される:

$$T^\mu_\nu = \frac{\partial x^\mu}{\partial x'^\alpha} \frac{\partial x'^\beta}{\partial x^\nu} T'^\alpha_\beta. \tag{1.99}$$

同様にして 3 つ以上のベクトルを掛け合わせることによって,3 階以上の**高階のテンソル**を定義することもできる.一般に k 階のテンソルは k 個の添数をもつ.

デカルト座標では,反変テンソルと共変テンソルの差はない.このことを速度ベクト

ルと勾配ベクトルを例にして説明する．速度ベクトルは反変ベクトルであり，その μ 成分はそのベクトルの x^μ 座標成分を表している．これに対して，勾配ベクトルの μ 成分は，そのベクトルの $x^\mu =$ 一定の曲面に垂直な方向の成分を表す．ところが，デカルト座標では　x^μ 座標の方向と $x^\mu =$ 一定の曲面に垂直な方向とは一致している．したがって，反変ベクトルと共変ベクトルとは差がないのである．しかし一般の座標系においては，これらは異なっており，共変テンソルの各成分は，その座標成分が一定である曲面に垂直な方向の成分であり，反変テンソルの各成分は，その座標の成分として，それぞれ与えられるのである．

2 つのテンソルの反変成分の**階数**と共変成分の階数がともに等しいとき，その 2 つのテンソルは**同じ型**であるという．

1.27　テンソルの基本的操作

(1) 等価性：2 つのテンソルは，それらの反変成分の階数と共変成分の階数がともに等しく，かつすべての成分が互いに等しいならば，そのときに限って，互いに等しいという．例えば，

$$A^{\alpha\beta}{}_\mu = B^{\alpha\beta}{}_\mu$$

がすべての α, β, μ に対して成り立つときに限りこれら 2 つのテンソルは等価である．

(2) 加法（減法）：2 つあるいは 3 つ以上のテンソルの同じ型のテンソルの和（差）は，それぞれの成分の和（差）をもつテンソルとして定義され，それらも同じ型である．テンソルの加法は交換法則と結合法則をみたす．

(3) テンソルの外積：2 つのテンソルの各成分を掛け合わせて，もとの 2 つのテンソルの階数の和の階数をもつテンソルをつくることができる．この操作はテンソルの**外積**とよばれる．例えば，$A_\mu{}^{\nu\alpha} B^\beta{}_\lambda = C_{\mu\lambda}{}^{\nu\alpha\beta}$ は $A_\mu{}^{\nu\alpha}$ と $B^\beta{}_\lambda$ の外積である．

(4) 縮約：混合テンソルの共変成分の添数と反変成分の添数とが等しくなっているときには，アインシュタインの規約に従って，その添数に対してはすべての成分について和をとる．その結果得られるテンソルはもとのものよりも階数が 2 つ低い．この操作は**縮約**とよばれる．例えば 4 階のテンソル $T^\mu{}_{\nu\rho}{}^\delta$ において，$\delta = \rho$ とすると，2 階のテンソル $T^\mu{}_{\nu\rho}{}^\rho$ が得られる．さらに縮約をとると，スカラー量 $T^\mu{}_{\mu\rho}{}^\rho$ が得られることになる．

(5) テンソルの内積：2 つのテンソルの内積は，それらの外積の縮約として定義される．例えば $A^{\alpha\beta}{}_\delta$ と $B^\mu{}_\nu$ という 2 つのテンソルの外積 $A^{\alpha\beta}{}_\delta B^\mu{}_\nu$ において，$\delta = \mu$ とすると，内積 $A^{\alpha\beta}{}_\mu B^\mu{}_\nu$ が得られる．

(6) 対称テンソルと反対称テンソル：テンソルの 2 つの反変成分あるいは 2 つの共変成分を入れ換えても値が等しいとき，すなわち

$$A^{\alpha\beta} = A^{\beta\alpha}$$

あるいは

$$A_{\alpha\beta} = A_{\beta\alpha}$$

であるとき，そのテンソルはその成分に関して**対称**であるという．また同様の入れ換えによって符号が変わるとき，すなわち

$$A^{\alpha\beta} = -A^{\beta\alpha}$$

あるいは

$$A_{\alpha\beta} = -A_{\beta\alpha}$$

であるとき，その成分に関して**反対称**であるという．対称性および反対称性は，反変成分どうしあるいは共変成分どうしの入れ換えに対して定義されるものであり，反変成分と共変成分の入れ換えに対しては定義されない．

1.28 商 の 規 則

$Q^{\alpha\cdots}{}_{\beta\cdots}$ というようにいくつかの上つき添数と下つき添数をもった量は，テンソルである場合もあるしテンソルではない場合もある．与えられた量がテンソルか否かは，次に述べる**商の規則**を用いることによって判定することができる．

量 X がテンソルか否かわかっていないものとする．このとき X と任意のテンソルとの内積がテンソルであるならば，X もまたテンソルである．

例えば，$X = P_{\lambda\mu\nu}$ とする．A^λ を任意の反変ベクトルとする．いま $A^\lambda P_{\lambda\mu\nu}$ があるテンソル $Q_{\mu\nu}$ であるとして，$A^\lambda P_{\lambda\mu\nu} = Q_{\mu\nu}$ とおく．すると

$$A^\lambda P_{\lambda\mu\nu} = \frac{\partial x'^\alpha}{\partial x^\mu}\frac{\partial x'^\beta}{\partial x^\nu} A'^\gamma P'_{\gamma\alpha\beta}$$

である．ところが仮定より

$$A'^\gamma = \frac{\partial x'^\gamma}{\partial x^\lambda} A^\lambda$$

であるので，これは

$$A^\lambda P_{\lambda\mu\nu} = \frac{\partial x'^\alpha}{\partial x^\mu}\frac{\partial x'^\beta}{\partial x^\nu}\frac{\partial x'^\gamma}{\partial x^\lambda} A^\lambda P'_{\gamma\alpha\beta}$$

と書き直せる．この等式は A^λ がどんな値であっても成立するものとしたので，

$$P_{\lambda\mu\nu} = \frac{\partial x'^\alpha}{\partial x^\mu}\frac{\partial x'^\beta}{\partial x^\nu}\frac{\partial x'^\gamma}{\partial x^\lambda} P'_{\gamma\alpha\beta}$$

が成立することになる．これは $P_{\lambda\mu\nu}$ が 3 階の反変テンソルであることを意味している．

1.29 線素と計量テンソル

これまでの議論では，共変テンソルと反変テンソルの間にはそれらの内積は座標変換で不変であること，すなわち

$$A'_\mu B'^\mu = \frac{\partial x^\alpha}{\partial x'^\mu}\frac{\partial x'^\mu}{\partial x^\beta} A_\alpha B^\beta = \frac{\partial x^\alpha}{\partial x^\beta} A_\alpha B^\beta = \delta^\alpha{}_\beta A_\alpha B^\beta = A_\alpha B^\alpha$$

であること以外は，何の制約もなかった．

共変テンソルと反変テンソルの間に関係がつけられていない空間は**アフィン空間**とよばれる．物理量は，それを共変テンソルで表すか反変テンソルで表すかにはよらない量であるべきである．すなわち物理量を表す空間では，共変テンソルと反変テンソルとは互いに関係がつけられている．このような空間を**計量空間**とよぶ．計量空間では，**計量テンソル** $g_{\mu\nu}$ によって，共変テンソルと反変テンソルとは互いに変換される．すなわち，計量空間では，それを共変テンソルとして表すか反変テンソルとして表すかによらない，テンソルという概念が定義できるのである．そこでは，共変テンソルと反変テンソルとは別のものではなく，1 つのテンソルに対する 2 通りの表示方法にすぎない．

計量テンソル $g_{\mu\nu}$ を導入するために，N 次元空間 V_N 内の線素を考えることにする．直交デカルト座標系では，線素（すなわち弧の長さの微分）は

$$ds^2 = dx^2 + dy^2 + dz^2 = (dx^1)^2 + (dx^2)^2 + (dx^3)^2$$

で与えられ，$dx^i dx^j$ といった項は必要ない．曲座標では ds^2 は，このように座標成分の微分の単純な 2 乗和では表すことはできない．例えば球座標では

$$ds^2 = dr^2 + r^2 d\theta^2 + r^2 \sin^2\theta d\phi^2$$

である．ただしいずれにせよ，座標 $x^1 = r$, $x^2 = \theta$, $x^3 = \phi$ の 2 次形式で表される．

この結果は直ちに，一般の N 次元ベクトル空間に拡張できる．V_N での線素 ds が，次の **2 次形式**で与えられるものとする．

$$ds^2 = \sum_{\mu=1}^{N}\sum_{\nu=1}^{N} g_{\mu\nu} dx^\mu dx^\nu = g_{\mu\nu} dx^\mu dx^\nu. \tag{1.100}$$

これは**計量形式**，あるいは単に**計量**とよばれる．先ほどの 3 次元空間での正方座標と球座標の場合には，$g_{\mu\nu}$ はそれぞれ，

$$\tilde{g} = (g_{\mu\nu}) = \begin{pmatrix} 1 & 0 & 0 \\ 0 & 1 & 0 \\ 0 & 0 & 1 \end{pmatrix}, \quad \tilde{g} = (g_{\mu\nu}) = \begin{pmatrix} 1 & 0 & 0 \\ 0 & r^2 & 0 \\ 0 & 0 & r^2 \sin^2\theta \end{pmatrix} \tag{1.101}$$

で与えられる．一般に N 次元直交座標系では，$\mu \neq \nu$ のときには $g_{\mu\nu} = 0$ である．特に直交デカルト座標では $g_{\mu\mu} = 1$ かつ $g_{\mu\nu} = 0$ $(\mu \neq \nu)$ である．一般のリーマン空間では，$g_{\mu\nu}$ は座標 x^μ $(\mu = 1, 2, \ldots, N)$ の関数である．

$g_{\mu\nu}$ と反変テンソル $dx^\mu dx^\nu$ との内積は，線素の 2 乗 ds^2 なのでスカラーである．したがって，商の規則によって $g_{\mu\nu}$ は共変テンソルであることがわかる．このことは，以下のようにして直接的に示すこともできる．まず

$$ds^2 = g_{\alpha\beta} dx^\alpha dx^\beta = g'_{\alpha\beta} dx'^\alpha dx'^\beta$$

である．ここで $dx'^\alpha = (\partial x'^\alpha / \partial x^\mu) dx^\mu$ なので，これは

$$g'_{\alpha\beta} \frac{\partial x'^\alpha}{\partial x^\mu} \frac{\partial x'^\beta}{\partial x^\nu} dx^\mu dx^\nu = g_{\mu\nu} dx^\mu dx^\nu$$

あるいは

$$\left(g'_{\alpha\beta} \frac{\partial x'^\alpha}{\partial x^\mu} \frac{\partial x'^\beta}{\partial x^\nu} - g_{\mu\nu} \right) dx^\mu dx^\nu = 0$$

と書き直せる．この方程式は，任意の dx^μ, dx^ν に対して成り立つべきなので，これは

$$g_{\mu\nu} = \frac{\partial x'^\alpha}{\partial x^\mu} \frac{\partial x'^\beta}{\partial x^\nu} g'_{\alpha\beta} \tag{1.102}$$

を意味する．したがって，$g_{\mu\nu}$ は 2 階のテンソルである．これは**計量テンソル**あるいは**基本テンソル**とよばれる．

反変テンソルと共変テンソルは，計量テンソルで表される変換によって移り変わる．例えば，共変ベクトル（1 階のテンソル）A_μ は反変ベクトル A^ν から

$$A_\mu = g_{\mu\nu} A^\nu \tag{1.103}$$

によって変換される．一般に計量 $g_{\mu\nu}$ の行列式はゼロではなく，上の式は A^ν について解くことができる．この答えを

$$A^\nu = g^{\nu\mu} A_\mu \tag{1.104}$$

と書くことにする．式 (1.103) と式 (1.104) を合わせると

$$A_\mu = g_{\mu\nu} g^{\nu\alpha} A_\alpha$$

が得られる．この方程式は任意の A_μ に対して成り立つので，

$$g_{\mu\nu} g^{\nu\alpha} = \delta_\mu{}^\alpha \tag{1.105}$$

が得られる．ここで，$\delta_\mu{}^\alpha$ は**クロネッカーのデルタ**である．したがって，$g^{\mu\nu}$ は $g_{\mu\nu}$ の逆行列である．$g^{\mu\nu}$ は $g_{\mu\nu}$ の**共役**（あるいは**逆**）**テンソル**とよばれる．しかし，$g^{\mu\nu}$ と $g_{\mu\nu}$ とは，計量テンソルという 1 つのテンソルの反変成分と共変成分の違いにすぎないことを忘れてはならない．計量テンソルの各成分を成分とする行列 $(g^{\mu\nu})$ と $(g_{\mu\nu})$ を考

えたとき，それらが互いに逆行列になっているということである．

こうして，テンソルの上つき添数は $g_{\mu\nu}$ によって下つきに下げることができ，下つき添数は $g^{\mu\nu}$ によって上つきに上げることができる．添数を上げ下げするとき，その添数がついていた位置を保ったまま上げ下げをしなければいけない．というのは添数の順番は，一般には交換できないからである（$T^{\mu\nu} \neq T^{\nu\mu}$）．次の例を参考にせよ：

$$A^p{}_q = g^{rp}A_{rq}, \quad A^{pq} = g^{rp}g^{sq}A_{rs}, \quad A^p{}_{rs} = g_{rq}A^{pq}{}_s.$$

1.30 随伴テンソル

与えられたテンソルから，それと計量テンソルとの内積をとることによって得られるテンソルを，もとのテンソルの**随伴テンソル**とよぶ．例えば

$$A_\alpha = g_{\alpha\beta}A^\beta, \quad A^\alpha = g^{\alpha\beta}A_\beta$$

なので，A^α と A_α は互いに随伴テンソルである．

1.31 リーマン空間での測地線

ユークリッド空間では，2 点間の最短経路は，その 2 点を結ぶ直線である．しかし一般の**リーマン空間**では，2 点間の最短経路（これは**測地線**とよばれる）が曲線で与えられることもある．測地線を求めるために，$x^\mu = f^\mu(t)$ で与えられるリーマン空間内の曲線を考え，この曲線上の 2 点間の距離

$$s = \int_P^Q \sqrt{g_{\lambda\mu}dx^\lambda dx^\mu} = \int_{t_1}^{t_2} \sqrt{g_{\lambda\mu}\dot{x}^\lambda \dot{x}^\mu}dt \tag{1.106}$$

を計算する．ここで t は測地線に沿ってその値を変えるパラメータであり，$\dot{x}^\lambda = dx^\lambda/dt$ である．2 点 P と Q を結ぶ測地線は，この 2 点を結ぶすべての曲線のうちで s の極値を与えるものである．この条件より，測地線の微分方程式

$$\frac{d}{dt}\left(\frac{\partial F}{\partial \dot{x}}\right) - \frac{\partial F}{\partial x} = 0 \tag{1.107}$$

が得られる．ここで，$F = \sqrt{g_{\alpha\beta}\dot{x}^\alpha \dot{x}^\beta}$ であり，

$$\frac{\partial F}{\partial x^\gamma} = \frac{1}{2}(g_{\alpha\beta}\dot{x}^\alpha \dot{x}^\beta)^{-1/2}\frac{\partial g_{\alpha\beta}}{\partial x^\gamma}\dot{x}^\alpha \dot{x}^\beta, \quad \frac{\partial F}{\partial \dot{x}^\gamma} = \frac{1}{2}(g_{\alpha\beta}\dot{x}^\alpha \dot{x}^\beta)^{-1/2}2g_{\alpha\gamma}\dot{x}^\alpha$$

であり，また

$$ds/dt = \sqrt{g_{\alpha\beta}\dot{x}^\alpha \dot{x}^\beta}$$

である．これらを，式 (1.107) に代入すると

1.31 リーマン空間での測地線

$$\frac{d}{dt}(g_{\alpha\gamma}\dot{x}^\alpha \dot{s}^{-1}) - \frac{1}{2}\frac{\partial g_{\alpha\beta}}{\partial x^\gamma}\dot{x}^\alpha \dot{x}^\beta \dot{s}^{-1} = 0, \quad \dot{s} = \frac{ds}{dt}$$

あるいは

$$g_{\alpha\gamma}\ddot{x}^\alpha + \frac{\partial g_{\alpha\gamma}}{\partial x^\beta}\dot{x}^\alpha \dot{x}^\beta - \frac{1}{2}\frac{\partial g_{\alpha\beta}}{\partial x^\gamma}\dot{x}^\alpha \dot{x}^\beta = g_{\alpha\gamma}\dot{x}^\alpha \ddot{s}\dot{s}^{-1}$$

が得られる．この式は，

$$\frac{\partial g_{\alpha\gamma}}{\partial x^\beta}\dot{x}^\alpha \dot{x}^\beta = \frac{1}{2}\left(\frac{\partial g_{\alpha\gamma}}{\partial x^\beta} + \frac{\partial g_{\beta\gamma}}{\partial x^\alpha}\right)\dot{x}^\alpha \dot{x}^\beta$$

と書き直すことにより，

$$g_{\alpha\gamma}\ddot{x}^\alpha + [\alpha\beta,\gamma]\dot{x}^\alpha \dot{x}^\beta = g_{\alpha\gamma}\dot{x}^\alpha \ddot{s}\dot{s}^{-1}$$

と書けることがわかる．パラメータ t として測地線の弧の長さをとると，この式はさらに簡単になる．この場合には $\dot{s} = 1$, $\ddot{s} = 0$ なので

$$g_{\alpha\gamma}\frac{d^2 x^\alpha}{ds^2} + [\alpha\beta,\gamma]\frac{dx^\alpha}{ds}\frac{dx^\beta}{ds} = 0 \tag{1.108}$$

となるのである．ここで関数

$$[\alpha\beta,\gamma] = \Gamma_{\alpha\beta,\gamma} = \frac{1}{2}\left(\frac{\partial g_{\alpha\gamma}}{\partial x^\beta} + \frac{\partial g_{\beta\gamma}}{\partial x^\alpha} - \frac{\partial g_{\alpha\beta}}{\partial x^\gamma}\right) \tag{1.109}$$

は，第1種のクリストッフェル記号とよばれる．

式 (1.108) に $g^{\rho\gamma}$ を掛けると

$$\frac{d^2 x^\rho}{ds^2} + \left\{\begin{array}{c}\rho \\ \alpha\beta\end{array}\right\}\frac{dx^\alpha}{ds}\frac{dx^\beta}{ds} = 0 \tag{1.110}$$

が得られる．ここで，関数

$$\left\{\begin{array}{c}\rho \\ \alpha\beta\end{array}\right\} = \Gamma^\rho{}_{\alpha\beta} = g^{\rho\gamma}[\alpha\beta,\gamma] \tag{1.111}$$

は，第2種クリストッフェル記号である．

式 (1.110) は N 連立方程式であり，それらの解として測地線が定められるのである．例として，ユークリッド空間では測地線は直線であることを，この式を解くことによって示してみよう．ユークリッド空間では $g_{\alpha\beta}$ は座標 x^μ によらないので，クリストッフェル記号は恒等的にゼロである．そのため，式 (1.110) は

$$\frac{d^2 x^\rho}{ds^2} = 0$$

となる．この解は，a_ρ と b_ρ を s によらない定数としたとき

$$x^\rho = a_\rho s + b_\rho$$

で与えられる．この解は，明らかに直線を表す．

クリストッフェル記号はテンソルではない．定義式 (1.109) と計量テンソルの変換則により，クリストッフェル記号は次のように変換されることが導かれる：

$$\bar{\Gamma}_{\mu\nu,\lambda} = \Gamma_{\alpha\beta,\gamma}\frac{\partial x^\alpha}{\partial \bar{x}^\mu}\frac{\partial x^\beta}{\partial \bar{x}^\nu}\frac{\partial x^\gamma}{\partial \bar{x}^\lambda} + g_{\alpha\beta}\frac{\partial x^\alpha}{\partial \bar{x}^\lambda}\frac{\partial^2 x^\beta}{\partial \bar{x}^\mu \partial \bar{x}^\nu}. \tag{1.112}$$

右辺第 2 項があるため，クリストッフェル記号はテンソルではないのである．

1.32 共 変 微 分

共変ベクトルは，

$$\bar{A}_\mu = \frac{\partial x^\nu}{\partial \bar{x}^\mu}A_\nu$$

によって変換される．ここで，右辺の係数は座標の関数であるので，ベクトル A_μ は各点ごとに変換則が異なることになる．このことにより，dA_μ はベクトルではないことになる．なぜならば，dA_μ は無限小とはいっても，異なる 2 点の間のベクトルの差を表しているからである．このことは，次のように直接示すこともできる．すなわち，

$$\frac{\partial \bar{A}_\mu}{\partial \bar{x}^\gamma} = \frac{\partial A_\nu}{\partial x^\beta}\frac{\partial x^\nu}{\partial \bar{x}^\mu}\frac{\partial x^\beta}{\partial \bar{x}^\gamma} + A_\nu\frac{\partial^2 x^\nu}{\partial \bar{x}^\mu \partial \bar{x}^\gamma} \tag{1.113}$$

であり，この右辺 2 項があるために，$\partial A_\nu/\partial x^\beta$ はテンソルの成分ではありえないのである．反変ベクトルの微分に対しても，同様にしてそれがテンソルではないことが示せる．しかし，以下のようにすると，微分 dA_μ にかわるテンソルを定義することができる．

式 (1.111) より

$$\bar{\Gamma}^\alpha{}_{\mu\gamma} = \Gamma^\rho{}_{\sigma\tau}\frac{\partial x^\sigma}{\partial \bar{x}^\mu}\frac{\partial x^\tau}{\partial \bar{x}^\gamma}\frac{\partial \bar{x}^\alpha}{\partial x^\rho} + \frac{\partial^2 x^\sigma}{\partial \bar{x}^\mu \partial \bar{x}^\gamma}\frac{\partial \bar{x}^\alpha}{\partial x^\sigma} \tag{1.114}$$

である．この式 (1.114) に $\bar{A}_\alpha$ を掛けて，式 (1.113) から引くと

$$\frac{\partial \bar{A}_\mu}{\partial \bar{x}^\gamma} - \bar{A}_\alpha\bar{\Gamma}^\alpha{}_{\mu\gamma} = \left(\frac{\partial A_\alpha}{\partial x^\beta} - A_\rho\Gamma^\rho{}_{\alpha\beta}\right)\frac{\partial x^\alpha}{\partial \bar{x}^\mu}\frac{\partial x^\beta}{\partial \bar{x}^\gamma} \tag{1.115}$$

が得られる．そこで，

$$A_{\alpha;\beta} = \frac{\partial A_\alpha}{\partial x^\beta} - A_\rho\Gamma^\rho{}_{\alpha\beta} \tag{1.116}$$

によって，$A_{\alpha;\beta}$ を定義すると，式 (1.115) は次のように書けることになる：

$$\bar{A}_{\mu;\gamma} = A_{\alpha;\beta}\frac{\partial x^\alpha}{\partial \bar{x}^\mu}\frac{\partial x^\beta}{\partial \bar{x}^\gamma}.$$

この変換式は，$A_{\alpha;\beta}$ が 2 階の共変テンソルであることを示している．このテンソル (1.116) を，A_α の x^β に対する共変微分とよぶ．デカルト座標では，クリストッフェル記号がゼロなので，**共変微分は通常の微分に一致する**．

1.32 共 変 微 分

反変微分は，計量テンソルによって添数を上げれば得られる：

$$A_\mu{}^{;\sigma} = g^{\sigma\alpha} A_{\mu;\alpha} \tag{1.117}$$

同様にして，高階のテンソルの共変微分も定めることができる．その際，次の規則を用いると用意である．

テンソル $T^{...}_{...}$ の x^μ に関する共変微分を得るには，通常の微分 $\partial T^{...}_{...}/\partial x^\mu$ から，各共変添数 $\nu(T^{...}_{...\nu})$ ごとに $\Gamma^\alpha_{\nu\mu} T^{...}_{...\alpha}$ を引き，各反変添数 $\nu(T^{...\nu...}_{...})$ ごとに $\Gamma^\nu_{\alpha\mu} T^{...\alpha...}_{...}$ を加えればよい．例えば，

$$T_{\mu\nu;\alpha} = \frac{\partial T_{\mu\nu}}{\partial x^\alpha} - \Gamma^\beta_{\mu\alpha} T_{\beta\nu} - \Gamma^\beta_{\nu\alpha} T_{\mu\beta},$$

$$T^\mu{}_{\nu;\alpha} = \frac{\partial T^\mu{}_\nu}{\partial x^\alpha} + \Gamma^\mu_{\beta\alpha} T^\beta{}_\nu - \Gamma^\beta_{\nu\alpha} T^\mu{}_\beta$$

となる．

計量テンソルの共変微分とクロネッカーのデルタの共変微分はともに，恒等的にゼロである．

2

常微分方程式

　物理学を研究するには，**微分方程式**を学ばなければならない．理論物理学の基礎と先端研究の多くの部分は，微分方程式を用いることによって，数学的に記述されているからである．本書では 3 つの章において微分方程式を解説する．本章では線形に帰着できる常微分方程式のみを扱うことにする．偏微分方程式と物理数学で用いられる特殊関数については，第 10 章と第 7 章でそれぞれ述べることにする．

　微分方程式は未知関数の微分を含んだ方程式であり，その解としてわれわれの知りたい物理現象が記述される．独立な変数が 1 つだけであり，その結果 dx/dt というような全微分だけしか現れない方程式を，**常微分方程式**とよぶ．これに対して，複数の独立な変数があり偏微分を含む微分方程式は**偏微分方程式**とよばれる．

　微分方程式に含まれる導関数のうち最も次数の高いものをその方程式の**階数**という．また，方程式を導関数の整数べきだけで表したときに，最高次の導関数のべき指数を，その微分方程式の**次数**という．例えば，

$$\frac{d^2y}{dx^2} + 3\frac{dy}{dx} + 2y = 9$$

は 2 階 1 次微分方程式である．また

$$\frac{d^3y}{dx^3} = \sqrt{1 + \left(\frac{dy}{dx}\right)^3}$$

は，両辺を 2 乗して右辺の 2 乗根を除くと

$$\left(\frac{d^3y}{dx^3}\right)^2 = 1 + \left(\frac{dy}{dx}\right)^3$$

と書き直せるので，3 階 2 次微分方程式である．

　微分方程式の各項が，従属変数そのもの，あるいはその微係数の 1 乗のいずれか 1 つだけで表せるとき，その微分方程式は**線形**であるという．例えば，

$$\frac{d^3y}{dx^3} + y\frac{dy}{dx} = 0$$

は，左辺の第 2 項に従属変数 y とその 1 階の微係数 dy/dx との積があるので，線形で

はない．これに対して
$$x^3 \frac{d^3y}{dx^3} + e^x \sin x \frac{dy}{dx} + y = \ln x$$
は線形である．線形方程式で特に従属変数 y と独立な項がないものを，**斉次（同次）微分方程式**という．上の線形方程式でもしも右辺の $\ln x$ をゼロとしたならば，斉次微分方程式となる．

線形斉次（同次）微分方程式の重要な性質は，もしも 2 つの解 y_1 と y_2 が得られたなら，それらの線形結合も方程式の解になっているということである．この性質は**重ね合わせの原理**とよばれる．後述の線形斉次方程式の項で証明することにする．

一見複雑にみえる微分方程式が，簡単な**変数変換**を行うと，より扱いやすい形に変換されることがしばしばある．

一般には微分方程式の解を求めることはたいへん難しい．解をあらわに書きくだすことができるのはごく限られた場合にすぎない．まずは 1 階の微分方程式から説明を始めることにする．1 階の微分方程式は必ず解くことができる．もっとも，その解がいつでもよく知られた関数で表されるとは限らない．一般に n 階の微分方程式の解には，n 個の任意定数（**積分定数**）が含まれる．

2.1　1 階常微分方程式

1 階微分方程式の一般形は
$$\frac{dy}{dx} = -\frac{f(x,y)}{g(x,y)}$$
あるいは
$$g(x,y)dy + f(x,y)dx = 0 \tag{2.1}$$
で与えられる．

2.1.1　変数分離法

$f(x,y)$ と $g(x,y)$ がそれぞれ $P(x)$ と $Q(y)$ と表されるときには，微分方程式は
$$Q(y)dy + P(x)dx = 0 \tag{2.2}$$
となり，それぞれの項を積分することによって，直ちに解が求められる．これを**変数分離法**という．

ここで，微係数 dy/dx を dy と dx の比であるかのようにみなして，それらを分離して独立に取り扱ってかまわないことに注意しよう．この変数分離の操作は，dy, dx をまずは有限な量 $\delta y, \delta x$ に置き換えて考えて，その後にそれらの無限小極限を考えれば，数学的にも正当化できる．

例 2.1

次の微分方程式を考える．
$$\frac{dy}{dx} = -y^2 e^x.$$
この式は
$$-\frac{dy}{y^2} = e^x dx$$
と変数分離できて，両辺をそれぞれ独立に積分すれば
$$\frac{1}{y} = e^x + c$$
が得られる．ここで c は積分定数である．

与えられた微分方程式が変数分離できない場合でも，変数変換をすることによって変数分離できるようになることがある．一般に，次の形の微分方程式は，変数変換によって変数分離可能である：
$$\frac{dy}{dx} = f(ax + by). \tag{2.3}$$
ここで f は任意の関数であり，a, b は定数である．この形の方程式では，$w = ax + by$ とおくと，$b\,dy/dx = dw/dx - a$ なので，
$$\frac{dw}{dx} - a = bf(w)$$
となる．これは
$$\frac{dw}{a + bf(w)} = dx$$
となり，変数分離される．

例 2.2

次の方程式を解け：
$$\frac{dy}{dx} = 8x + 4y + (2x + y - 1)^2.$$
解：$w = 2x + y$ とおくと，$dy/dx = dw/dx - 2$ であり，与えられた方程式は
$$\frac{dw}{dx} - 2 = 4w + (w - 1)^2$$
となり，これは
$$\frac{dw}{4w + (w - 1)^2 + 2} = dx$$
と変数分離できる．両辺を積分すれば，解が得られる．

次の形の斉次微分方程式も一般に，適当な変数変換によって，変数分離可能である：
$$\frac{dy}{dx} = f\left(\frac{y}{x}\right). \tag{2.4}$$
このことを次の例を用いて説明する．

例 2.3

次の方程式を解け：
$$\frac{dy}{dx} = \frac{y^2 + xy}{x^2}.$$

解：方程式の右辺は $(y/x)^2 + (y/x)$ なので，
$$v = \frac{y}{x}$$
の1変数関数である．左辺は，この v を用いると
$$\frac{dy}{dx} = \frac{d}{dx}(xv) = v + x\frac{dv}{dx}$$
となるので，与えられた方程式は
$$v + x\frac{dv}{dx} = v^2 + v$$
と変換される．これは
$$\frac{dv}{v^2} = \frac{dx}{x}$$
と変数分離されるので，両辺を積分すると c を積分定数として
$$-\frac{1}{v} = \ln x + c$$
を得る．この式より，
$$y = -\frac{x}{\ln x + c}$$
という解が得られる．

変数変換によって，まず斉次式に変換してから，上のような方法で変数分離して解く場合もある．次の例を参考にせよ．

例 2.4

次の方程式を解け：
$$\frac{dy}{dx} = \frac{y + x - 5}{y - 3x - 1}.$$

解：この方程式は，右辺の有理式の分子の定数項 -5 と分母の定数項 -1 がなければ斉次式となる．これらの定数項は，次のような変数変換をすれば消すことができる：
$$x' = x + \alpha, \quad y' = y + \beta.$$
定数項 α, β は，この変数変換によって，与えられた方程式が次の形の斉次形に変換されるように選ぶことにする：
$$\frac{dy'}{dx'} = \frac{y' + x'}{y' - 3x'}.$$

$dy'/dx' = dy/dx$ であるので,容易に $\alpha = -1$, $\beta = -4$ とすればよいことがわかるであろう.この変数変換の後に,再び $v = y'/x'$ とおくと,

$$\frac{dy'}{dx'} = \frac{d}{dx'}(x'v) = v + x'\frac{dv}{dx'}$$

であるから,与えられた方程式は

$$v + x'\frac{dv}{dx'} = \frac{v+1}{v-3}$$

となる.これは

$$\frac{v-3}{-v^2+4v+1}dv = \frac{dx'}{x'}$$

と変数分離できるので,両辺をそれぞれ積分することによって解を得ることができる.

例 2.5

スカイダイバーの落下を記述する方程式を解け.

解:ここでは簡単化のため,スカイダイバーが落下しはじめたときから,パラシュートが開いているものとしよう.パラシュートには,下向きに働く重力 mg と上向きに働く空気抵抗 kv^2 の2つの力が働く.ここで,m はスカイダイバーとパラシュートの総質量,g は重力加速度,k は正の定数である.鉛直下向きに y 座標をとり $v = dy/dt$ とすると,ニュートンの運動方程式は

$$m\frac{dv}{dt} = mg - kv^2$$

で与えられる.一般的には,空気抵抗の速度依存性は複雑である.しかし,速度が急激には変化しない場合には,それは速度のべき乗関数でよく近似できることが知られている.特に,音速 300 m/s 以下で運動する物体に働く空気抵抗力は v^2 に比例することが実験的に知られている.

このニュートンの運動方程式は変数分離可能であり

$$\frac{mdv}{mg - kv^2} = dt$$

となる.この式は

$$\frac{dv}{v^2 - (mg/k)} = -\frac{k}{m}dt$$

と書き直せる.ここで,$v_t^2 = mg/k$ とおくと,

$$\frac{1}{v^2 - (mg/k)} = \frac{1}{(v+v_t)(v-v_t)} = \frac{1}{2v_t}\left(\frac{1}{v-v_t} - \frac{1}{v+v_t}\right)$$

と**部分分数**に分けられるので,方程式は

$$\frac{1}{2v_t}\left(\frac{dv}{v-v_t} - \frac{dv}{v+v_t}\right) = -\frac{k}{m}dt$$

となる．両辺を積分すると，積分定数を c と書くと，

$$\frac{1}{2v_t} \ln\left(\frac{v_t - v}{v_t + v}\right) = -\frac{k}{m}t + c$$

を得る．

この式を，v について解くと，結局

$$v(t) = \frac{v_t[1 - B\exp(-2gt/v_t)]}{1 + B\exp(-2gt/v_t)}$$

と求められる．ここで，$B = \exp(2v_t c)$ は定数である．

$t \to \infty$ で $\exp(-2gt/v_t) \to 0$ なので，$v \to v_t$ であることがわかる．すなわち，スカイダイバーが十分な高空から落下した場合には，落下速度はある一定速度 v_t に収束するのである．この速度 v_t を**終端速度**という．地球大気中では，k の値は標準的なパラシュートに対しておよそ 30 kg/m である．

2.1.2 完全微分方程式

式 (2.1) の左辺が，ある関数 $u(x, y)$ の完全微分 du であるならば，この微分方程式は直ちに積分できて，

$$u(x, y) = c \tag{2.5}$$

という形の解が得られる．このようなとき，微分方程式 (2.1) は**完全微分方程式**であるという．式 (2.1) は，次の等式が成り立てば，完全微分方程式である：

$$\frac{\partial g(x, y)}{\partial x} = \frac{\partial f(x, y)}{\partial y}. \tag{2.6}$$

このことは，次のようにして示すことができる．式 (2.5) が解とすると，

$$d[u(x, y)] = 0$$

である．これは

$$\frac{\partial u}{\partial x}dx + \frac{\partial u}{\partial y}dy = 0 \tag{2.7}$$

である．

一般に微分可能な 2 変数関数では，偏微分を行う順番は可換であり

$$\frac{\partial}{\partial y}\left(\frac{\partial u}{\partial x}\right) = \frac{\partial}{\partial x}\left(\frac{\partial u}{\partial y}\right) \tag{2.8}$$

が成り立つ．ところが，いま方程式 (2.1) で式 (2.7) の関係が成り立つとしているので，

$$f(x, y) = \frac{\partial u}{\partial x}, \quad g(x, y) = \frac{\partial u}{\partial y} \tag{2.9}$$

であることになる．したがって，式 (2.8) より

$$\frac{\partial g(x,y)}{\partial x} = \frac{\partial f(x,y)}{\partial y}$$

となる．これが式 (2.6) である[*1]．

例 2.6

次の方程式が完全微分方程式であることを示し，一般解を求めよ：

$$x\frac{dy}{dx} + (x+y) = 0.$$

解：まずこの方程式を標準形に直すと

$$(x+y)dx + xdy = 0$$

となる．式 (2.6) が成り立つかどうか調べる．

$$\frac{\partial f}{\partial y} = \frac{\partial}{\partial y}(x+y) = 1$$

かつ

$$\frac{\partial g}{\partial x} = \frac{\partial x}{\partial x} = 1$$

なので，与えられた方程式は完全微分方程式である．したがって解は，式 (2.5) の形で与えられる．式 (2.9) より

$$\frac{\partial u}{\partial x} = x + y, \quad \frac{\partial u}{\partial y} = x$$

であるから，これらを x と y でそれぞれ積分して，

$$u(x,y) = \frac{x^2}{2} + xy + h(y), \quad u(x,y) = xy + k(x)$$

となる．ここで，$h(y)$, $k(x)$ はそれぞれ y と x の関数である．この 2 つが等しくなるためには

$$h(y) = 0, \quad k(x) = \frac{x^2}{2}$$

とすればよい．したがって，解は

$$\frac{x^2}{2} + xy = c$$

で与えられる．

[*1] 訳注：この議論は必要条件を示したにすぎない．十分条件であることを示すには，式 (2.6) のもとに，$f(x,y)$ と $g(x,y)$ を用いて $u(x,y)$ をあらわに表してみればよい．すなわち，

$$u(x,y) = \int f(x,y)dx + \int \left[g(x,y) - \frac{\partial}{\partial y}\int f(x,y)dx \right] dy.$$

次の形の微分方程式を考えることにする：

$$g(x, y)\frac{dy}{dx} + f(x, y) = k(x). \tag{2.10}$$

ただし，左辺は完全微分 $(d/dx)[u(x, y)]$ であるものとする．右辺は x だけの関数である．この微分方程式の解は

$$u(x, y) = \int k(x)dx \tag{2.11}$$

で与えられる．他方，式 (2.10) は

$$g(x, y)\frac{dy}{dx} + [f(x, y) - k(x)] = 0 \tag{2.10a}$$

とも書き直せる．式 (2.10) の左辺は仮定により完全微分なので，

$$\frac{\partial g}{\partial x} = \frac{\partial f}{\partial y}$$

である．したがって，式 (2.10a) も完全微分方程式である．このことは，完全微分方程式であるための条件式

$$\frac{\partial g(x, y)}{\partial x} = \frac{\partial}{\partial y}(f(x, y) - k(x)) = \frac{\partial f(x, y)}{\partial y}$$

が成り立っていることからもわかる．よってその解は

$$U(x, y) = c$$

という形で与えられる．ただし，U は

$$\frac{\partial U}{\partial y} = g(x, y)$$

かつ

$$\frac{\partial U}{\partial x} = f(x, y) - k(x)$$

の解である．当然，この解 $U(x, y) = c$ は，式 (2.11) と一致する．

2.1.3 積 分 因 子

与えられた積分方程式 (2.1) が完全微分方程式でない場合でも，適当な因子を掛けることによって，完全微分方程式にできる場合がある．このとき，この因子を**積分因子**とよぶ．式 (2.1) の形の微分方程式に対して，必ず積分因子が存在するのであるが，それを見つけることは一般には難しい．しかし，微分方程式が線形であり，

$$\frac{dy}{dx} + f(x)y = g(x) \tag{2.12}$$

という形で与えられているときには，積分因子が一般に

$$\exp\left(\int f(x)dx\right) \tag{2.13}$$

で与えられる．このことを以下で導く．いま仮に，求めたい積分因子を $R(x)$ と書くことにする．式 (2.12) に $R(x)$ を掛けると

$$R\frac{dy}{dx} + Rf(x)y = Rg(x)$$

すなわち

$$Rdy + Rf(x)ydx = Rg(x)dx$$

が得られる．この右辺は，このままで積分可能である．左辺が完全微分方程式であるための条件は

$$\frac{\partial}{\partial y}[Rf(x)y] = \frac{\partial R}{\partial x}$$

である．これより

$$\frac{dR}{dx} = Rf(x)$$

すなわち

$$\frac{dR}{R} = f(x)dx$$

が得られる．両辺を積分すると

$$\ln R = \int f(x)dx$$

となり，これより積分因子は

$$R = \exp\left(\int f(x)dx\right)$$

で与えられることが示されたことになる．以上のことより，式 (2.12) の一般解を書きくだすことが可能である．上で求めた積分因子を両辺に掛けると，式 (2.12) は $F(x) = \int f(x)dx$ として

$$\frac{d(ye^F)}{dx} = g(x)e^F$$

と書けることになる．この解は明らかに

$$y = e^{-F}\left[\int e^F g(x)dx + C\right]$$

で与えられる．

例 2.7

次の方程式は完全微分方程式ではないことを示せ：

$$x\frac{dy}{dx} + 2y + x^2 = 0.$$

また，この方程式を完全微分方程式にするための積分因子を見つけ，解を求めよ．

解： まず与えられた微分方程式を標準形に直すと

$$(2y + x^2)dx + xdy = 0$$

となる．ところが

$$\frac{\partial}{\partial y}(2y + x^2) = 2$$

かつ

$$\frac{\partial}{\partial x}x = 1$$

であるから，この方程式は完全微分方程式ではない．積分因子を求めるために，与えられた式を式 (2.12) の形に書き直す：

$$\frac{dy}{dx} + \frac{2y}{x} = -x.$$

これより，$f(x) = 2/x$ であり，したがって，求めたい積分因子は

$$\exp\left(\int \frac{2}{x}dx\right) = \exp(2\ln x) = x^2$$

であることがわかる．この積分因子を与えられた方程式に掛けると

$$x^2\frac{dy}{dx} + 2xy + x^3 = 0$$

となるが，これは

$$\frac{d}{dx}\left(x^2y + \frac{x^4}{4}\right) = 0$$

であるから，積分ができて

$$x^2y + \frac{x^4}{4} = c$$

となる．これを y について解くと

$$y = \frac{4c - x^4}{4x^2}$$

が得られる．

例 2.8

図 2.1 の回路図で示された回路を **RL 回路** という．この回路に流れる電流 $I(t)$ を時刻 t の関数として求めよ．

解： まずこの回路を流れる電流のみたす微分方程式を書きくださなければならない．抵抗 R とインダクタンス L はともに定数とする．抵抗を通過すると，電位は IR だけ下がり，インダクタンスを通過すると電位は LdI/dt だけ低下する．このことより，電気

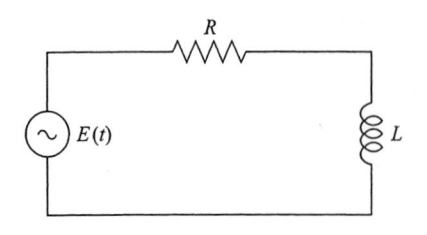

図 2.1 RL 回路.

回路のキルヒホッフの第 2 法則から

$$L\frac{dI(t)}{dt} + RI(t) = E(t)$$

という微分方程式が得られる．これは時刻 t を独立変数 x，電流 I を従属変数 y とみなすと，式 (2.12) の形になっている．ゆえに，この一般解は直ちに

$$I(t) = \frac{1}{L}e^{-Rt/L}\int e^{Rt/L}E(t)dt + ke^{-Rt/L}$$

と求められる．ここで，k は積分定数である．電位 E の時間依存性が与えられれば，積分を実行して I のあらわな表式を得ることができる．例えば定電位であるときには，

$$I(t) = \frac{1}{L}e^{-Rt/L}\left(E\frac{L}{R}e^{Rt/L}\right) + ke^{-Rt/L} = \frac{E}{R} + ke^{-Rt/L}$$

と求められる．k の値によらず，

$$t \to \infty \quad \text{に伴って} \quad I(t) \to \frac{E}{R} \quad \text{である}$$

ことがわかる．上の解で $t = 0$ とおくと，

$$k = I(0) - \frac{E}{R}$$

となる．この関係式により，積分定数 k の値は電流の初期値 $I(0)$ によって定められる．

2.1.4 ベルヌーイの方程式

次の非線形 1 階微分方程式は，**ベルヌーイの方程式**とよばれ，物理学のいろいろな問題で用いられる：

$$\frac{dy}{dx} + f(x)y = g(x)y^n. \tag{2.14}$$

ここで n は整数でなくてもかまわない．

この方程式は，指数 α を適当に選んで $w = y^\alpha$ という変数変換を施すと，線形方程式に変換することができる．実際 $\alpha = 1 - n$ として，

$$w = y^{1-n}$$

あるいは
$$y = w^{1/(1-n)}$$
とすればよい．この変数変換によって，ベルヌーイの方程式は
$$\frac{dw}{dx} + (1-n)f(x)w = (1-n)g(x)$$
と変換される．この式に，積分因子 $\exp(\int(1-n)f(x)dx)$ を掛ければ，完全微分方程式になる．

2.2　定数係数 2 階微分方程式

定数係数 n 階線形微分方程式の一般形は
$$\frac{d^n y}{dx^n} + p_1 \frac{d^{n-1}y}{dx^{n-1}} + \cdots + p_{n-1}\frac{dy}{dx} + p_n y = (D^n + p_1 D^{n-1} + \cdots + p_{n-1}D + p_n)y = f(x)$$
で与えられる．ここで，$p_1, p_2, \ldots$ は定数であり，$f(x)$ は x の関数であり，また $D \equiv d/dx$ である．$f(x) = 0$ のとき，方程式は**斉次（同次）**形であるといい，$f(x) \neq 0$ のときは，**非斉次（非同次）**形であるという．ここで，D は演算子であり，x の関数に作用したときだけ意味をもち，単独では意味をもたないことに注意せよ．

物理の問題で現れるこの形の微分方程式の多くは 2 階微分方程式の場合なので，ここでは次の形の 2 階微分方程式を詳しく調べることにする：
$$\frac{d^2y}{dt^2} + a\frac{dy}{dt} + by = (D^2 + aD + b)y = f(t). \tag{2.15}$$
ここで，a と b は定数であり，t は独立変数である．例えば，ばねにつながれた質点の運動方程式は，式 (2.15) の形で与えられる．その場合には，a は抵抗係数，b はフック則のばね定数，また $f(t)$ は質点に働く外力を表す．式 (2.15) はまた，インダクター，抵抗，コンデンサーがつながれ，電位が時間的に変化する電気回路の電流が従う方程式でもある．

微分方程式 (2.15) の解を求めるには，まず $f(t)$ をゼロとした
$$\frac{d^2y}{dt^2} + a\frac{dy}{dt} + by = (D^2 + aD + b)y = 0 \tag{2.16}$$
を解く必要がある．この方程式は，式 (2.15) に**随伴する斉次微分方程式**とよばれる．

2.2.1　線形方程式の解の性質

まず，線形方程式の解の一般的な性質について述べておく．簡単のため，まず 2 階の斉次微分方程式 (2.16) について述べることにする．いま，式 (2.16) の独立な 2 つの解を y_1 と y_2 とすると，A, B を任意定数として，
$$D(Ay_1 + By_2) = ADy_1 + BDy_2, \quad D^2(Ay_1 + By_2) = AD^2y_1 + BD^2y_2$$

が成り立つので，

$$(D^2 + aD + b)(Ay_1 + By_2) = A(D^2 + aD + b)y_1 + B(D^2 + aD + b)y_2 = 0$$

である．したがって，$y = Ay_1 + By_2$ は式 (2.16) の解である．これは 2 つの積分定数をもっているので，一般解である．この 2 つの解 y_1 と y_2 とが線形独立であるための，必要かつ十分条件は次式で定義される**ロンスキアン行列式**がゼロではないことである：

$$\begin{vmatrix} y_1 & y_2 \\ \dfrac{dy_1}{dt} & \dfrac{dy_2}{dt} \end{vmatrix} \neq 0.$$

同様に，$y_1, y_2, \ldots, y_n$ が n 階斉次線形微分方程式の解であるときには，その一般解は，$A_1, A_2, \ldots, A_n$ を任意定数として，

$$y = A_1 y_1 + A_2 y_2 + \cdots + A_n y_n$$

で与えられる．この事実は**重ね合わせの原理**とよばれる．

2.2.2　2 階微分方程式の一般解

微分方程式 (2.15) の解を 1 つ見つけたとする．この解を $y_p(t)$ と書くことにすると，

$$(D^2 + aD + b)y_p(t) = f(t) \tag{2.15a}$$

である．このとき，

$$y_c(t) = y(t) - y_p(t)$$

によって，$y_c(t)$ を定義すると，式 (2.15a) を式 (2.15) から辺々引くと

$$(D^2 + aD + b)y_c = 0$$

を得る．すなわち，$y_c(t)$ は随伴する斉次微分方程式 (2.16) を満たすことがわかる．$y_c(t)$ を非斉次形微分方程式 (2.15) の**補助関数**とよび，$y_p(t)$ を式 (2.15) の**特殊解**とよぶ．以上の考察より，2 階非斉次方程式 (2.15) の一般解は

$$y(t) = Ay_c(t) + By_p(t) \tag{2.17}$$

と表されることがわかる．

2.2.3　補助関数の求め方

補助関数は $f(t)$ とは独立である．$f(t)$ は系に加えられる外場からの影響を表すので，補助関数は，外場がない場合の系の自由な運動を記述する関数である．例えば，外力が加えられなくても，ばね振動子は初期に平衡点からずれているか，あるいは初速度がゼロでなければ振動する．同様に，初期 $t = 0$ にコンデンサーが帯電していれば，電位が

かけられていなくても，回路を流れる電流は時間変化する．

式 (2.16) を解いて $y_c(t)$ を求める準備として，まず次の線形 1 解微分方程式を解いてみよう：
$$a\frac{dy}{dt} + by = 0.$$
この方程式は，変数分離法によって解くことができて
$$y = Ae^{-bt/a}$$
が得られる．ここで A は積分定数である．この解の形から，式 (2.16) も
$$y = e^{pt}$$
の形をしているものと予想される．ここで p は定数である．この表式を，式 (2.16) に代入すると
$$e^{pt}(p^2 + ap + b) = 0$$
となる．したがって，$y = e^{pt}$ は
$$p^2 + ap + b = 0$$
がみたされれば，式 (2.16) の解であることになる．この式は，微分方程式 (2.16) の**補助方程式**あるいは**特性方程式**とよばれる．これを解くと
$$p_1 = \frac{-a + \sqrt{a^2 - 4b}}{2}, \quad p_2 = \frac{-a - \sqrt{a^2 - 4b}}{2} \tag{2.18}$$
が得られる．以下，この 2 根が 2 つの実根である場合，複素解である場合，重根である場合の 3 つの場合に分けて，考えることにする．

(i) 2 実根の場合 $(a^2 - 4b > 0)$

この場合には，2 つの独立な解 $y_1 = e^{p_1 t}$，$y_2 = e^{p_2 t}$ をもつので，式 (2.16) の一般解は，これらの線形結合
$$y = Ae^{p_1 t} + Be^{p_2 t} \tag{2.19}$$
で与えられる．ここで A, B は定数である．

例 2.9

微分方程式
$$(D^2 - 2D - 3)y = 0$$
を $t = 0$ で $y = 1$ かつ $y' = dy/dt = 2$ の条件のもとで解け．

解：特性方程式は $p^2 - 2p - 3 = 0$ である．この根は $p = -1$ と $p = 3$ である．したがって，一般解は
$$y = Ae^{-t} + Be^{3t}$$

で与えられる．定数 A, B は，$t=0$ での境界条件で定められる．$t=0$ で $y=1$ であるという条件より，
$$1 = A + B$$
である．また，
$$y' = -Ae^{-t} + 3Be^{3t}$$
であるから，$t=0$ で $y'=2$ であるという条件より，
$$2 = -A + 3B$$
である．この 2 つの式を連立させると
$$A = \frac{1}{4}, \quad B = \frac{3}{4}$$
と定まり，求める解は
$$y = \frac{1}{4}e^{-t} + \frac{3}{4}e^{3t}$$
となる．

(ii) 複素解の場合 ($a^2 - 4b < 0$)

特性方程式の解 p_1, p_2 が複素数であっても，式 (2.19) は一般解である．これらの解を実数で表すには，指数関数に対する**オイラーの関係式**を用いればよい．$r = -a/2$，$is = \sqrt{a^2 - 4b}/2$ とおくと，
$$e^{p_1 t} = e^{rt}e^{ist} = e^{rt}[\cos st + i \sin st],$$
$$e^{p_2 t} = e^{rt}e^{-ist} = e^{rt}[\cos st - i \sin st]$$
であり，一般解は
$$\begin{aligned} y &= Ae^{p_1 t} + Be^{p_2 t} \\ &= e^{rt}[(A+B)\cos st + i(A-B)\sin st] \\ &= e^{rt}[A_0 \cos st + B_0 \sin st] \end{aligned} \qquad (2.20)$$
で与えられる．ここで $A_0 = A + B$，$B_0 = i(A - B)$ とした．

解 (2.20) は，$B_0/A_0 = \tan \delta$ とおくと，次のようにも書き直せる．
$$y = (A_0^2 + B_0^2)^{1/2} e^{rt}(\cos\delta \cos st + \sin\delta \sin st) = Ce^{rt}\cos(st - \delta). \qquad (2.20\text{a})$$
ここで C と δ は定数である．この表式が便利なことが多い．

例 2.10

微分方程式
$$(D^2 + 4D + 13)y = 0$$

を，$t=0$ で $y=1$ かつ $y'=2$ という条件のもとで解け．

解：特性方程式は $p^2+4p+13=0$ であり，この根は $p=-2\pm 3i$ である．したがって式 (2.20) より，この一般解は
$$y=e^{-2t}(A_0\cos 3t+B_0\sin 3t)$$
である．$t=0$ で $y=1$ という条件より $A_0=1$ と定まる．また
$$y'=-2e^{-2t}(A_0\cos 3t+B_0\sin 3t)+3e^{-2t}(-A_0\sin 3t+B_0\cos 3t)$$
であるから，$t=0$ で $y'=2$ という条件から，$2=-2A_0+3B_0$ でなければならない．したがって $B_0=4/3$ と求められる．よって，与条件をみたす解は
$$y=\frac{e^{-2t}}{3}(3\cos 3t+4\sin 3t)$$
である．

(ii) 重根の場合

$a^2=4b$ の場合には，特性方程式の解は重根 $p=\alpha=-a/2$ である．したがって解は $y=Ae^{\alpha t}$ で与えられる．しかしこれは積分定数が 1 つしか含まないので，一般解ではない．一般解は以下のようにして求めることができる．v を t の関数として $y=ve^{\alpha t}$ とおく．すると
$$y'=v'e^{\alpha t}+\alpha ve^{\alpha t},\quad y''=v''e^{\alpha t}+2\alpha v'e^{\alpha t}+\alpha^2 ve^{\alpha t}$$
であるから，これらを微分方程式に代入すると
$$e^{\alpha}[v''+2\alpha v'+\alpha^2 v+a(v'+\alpha v)+bv]=0$$
となる．したがって，
$$v''+v'(a+2\alpha)+v(\alpha^2+a\alpha+b)=0$$
を満たせばよい．ところが
$$\alpha^2+a\alpha+b=0$$
かつ
$$a+2\alpha=0$$
であるから，
$$v''=0$$
となる．これより，A,B を積分定数とすれば，
$$v=At+B$$
と定められる．したがって，微分方程式 (2.16) の一般解は
$$y=(At+B)e^{\alpha t} \tag{2.21}$$
で与えられる．

例 2.11

微分方程式
$$(D^2 - 4D + 4)y = 0$$
を, $t = 0$ で $y = 1$ かつ $Dy = 3$ の条件のもとで解け.

解：特性方程式 $p^2 - 4p + 4 = (p-2)^2 = 0$ は重根 $p = 2$ をもつ. したがって, 一般解は式 (2.21) より
$$y = (At + B)e^{2t}$$
と与えられる. $t = 0$ で $y = 1$ なので, $B = 1$ である. また,
$$y' = 2(At + B)e^{2t} + Ae^{2t}$$
なので, $t = 0$ で $Dy = 3$ という条件より
$$3 = 2B + A$$
を満たさなければならない. したがって, $A = 1$ と定まり, 与条件をみたす解は
$$y = (t + 1)e^{2t}$$
と定められる.

2.2.4 特殊解の求め方

微分方程式 (2.15) の特殊解は, 右辺の $f(t)$ を考慮に入れた解である. 補助関数は遷移過程を表すので, 物理学の観点からいうと, 特殊解は十分時間が経ったときの系の応答を表すことになる.

特殊解を求めるには, まず任意定数を含む適当な解の関数形を仮定し, それが実際に与えられた方程式の解になっているように定数を定めるという方法がとられる. 仮定した解の関数形が正しくなければ, 微分方程式をみたすように定数を定めることができない. そのときには, 新たな関数形を仮定しなければならない. この方法は試行錯誤をしなければならないので, 正しい解を得るためには一般に時間がかかる. しかし幸いなことに, $f(t)$ の関数形に応じて, **試行関数**をどのように選べばよいか, 次のような解法の指針が知られている.

(1) $f(t)$ が t の多項式の場合.

$f(t)$ が t の多項式であり, その最高次数が t^n であるときには, 試行関数も t の n 次多項式とせよ. $f(t)$ が At^n というように, 最高次の 1 項だけであったとしても, 試行関数は一般には $n+1$ 項からなる t の n 次多項式としなければならない.

(2) $f(t) = Ae^{kt}$ の場合.

試行関数は $y = Be^{kt}$ とせよ.

2.2 定数係数2階微分方程式

(3) $f(t) = A\sin kt$ あるいは $A\cos kt$ の場合.
試行関数は $y = A\sin kt + C\cos kt$ とせよ．$f(t)$ が正弦関数か余弦関数のいずれかしか含んでいなくても，試行関数は，正弦関数と余弦関数の線形結合にしなければならない．

(4) $f(t) = Ae^{\alpha t}\sin\beta t$ あるいは $Ae^{\alpha t}\cos\beta t$ の場合.
試行関数は $y = e^{\alpha t}(B\sin\beta t + C\cos\beta t)$ とせよ．

(5) $f(t) = (t\text{ の }n\text{ 次多項式})\times e^{kt}$ である場合.
試行関数も $(t\text{ の }n\text{ 次多項式})\times e^{kt}$ とせよ．

(6) $f(t) = (t\text{ の }n\text{ 次多項式})\times \sin kt$ である場合.
試行関数は $y = \sum_{j=0}^{n}(B_j\sin kt + C_j\cos kt)t^j$ とせよ．

特殊解を見つけるには，まず補助関数を求めることが必要である．試行関数がこの補助関数と等価である場合は，補助関数に t をもう一度掛けたものを新たな試行関数にしなければならない．ここで，2つの関数が等価であるとは，その比が t によらない場合をいう．例えば，$-2e^{-t}$ と Ae^{-t} は等価であるが，e^{-t} と e^{-2t} は等価ではない．

2.2.5 特殊解と演算子 $D\ (= d/dt)$

特殊解を見つける別の方法について述べることにする．上述の方法に比べると，解の形を推測する必要がなく，試行関数を機械的にみつけることができる．

この方法は，**微分演算子** $D \equiv d(\ )/dt$ を用いるものである．この微分演算子は，行列表現をもたない**線形演算子**の興味深い簡単な例である．演算子 D は，次のような演算子代数の演算則をみたすことは明らかである：すなわち f と g を t の関数とし，a を定数とすると，次が成立する．

(i) $D(f+g) = Df + Dg$ (分配法則)，
(ii) $Daf = aDf$ (可換法則)，
(iii) $D^n D^m f = D^{n+m} f$ (指数法則)．

演算子 D の多項式
$$F(D) = a_0 D^n + a_1 D^{n-1} + \cdots + a_{n-1} D + a_n$$
を考える．これは，t の関数 $f(t)$ に対して
$$F(D)f(t) = a_0 D^n f + a_1 D^{n-1} f + \cdots + a_{n-1} Df + a_n f$$
というように作用する．また D^{-1} を
$$D^{-1} Df(t) = f(t)$$
となる演算子であるものとする．ところが
$$\int (Df)dt = f$$

であるから，D^{-1} は**積分演算**を意味する．すなわち微分の逆演算である．同様にして $D^{-m}f$ は，関数 $f(t)$ を t で m 回積分することを意味することにする．

線形演算子のこれらの性質を用いると，微分方程式 (2.15)

$$\frac{d^2y}{dt^2} + a\frac{dy}{dt} + by = (D^2 + aD + b)y = f(t)$$

の特殊解を見つけることができる．この式から，

$$y = \frac{1}{D^2 + aD + b}f(t) = \frac{1}{F(D)}f(t) \tag{2.22}$$

となる．ここで

$$F(D) = D^2 + aD + b$$

である．式 (2.22) には分母に複数の D があるので，このままでは右辺がどのような関数を表しているのか不明である．式 (2.22) の右辺を t の通常の関数で表すには，以下に述べる D に関する規則が役に立つ．

2.2.6 演算子 D の演算則

D のべき乗級数

$$G(D) = a_0 + a_1 D + \cdots + a_n D^n + \cdots$$

を考える．$D^n e^{\alpha t} = \alpha^n e^{\alpha t}$ なので，

$$G(D)e^{\alpha t} = (a_0 + a_1 D + \cdots + a_n D^n + \cdots)e^{\alpha t} = G(\alpha)e^{\alpha t}$$

である．したがって，次の演算則が得られる．

演算則 (a)：$G(\alpha)$ が収束するとき，$G(D)e^{\alpha t} = G(\alpha)e^{\alpha t}$ である．また $G(D) = 1/F(D)$ のとき，$F(\alpha) \neq 0$ ならば

$$\frac{1}{F(D)}e^{\alpha t} = \frac{1}{F(\alpha)}e^{\alpha t}$$

である．

さて，今度は $G(D)$ を t の 2 つの関数 $e^{\alpha t}, V(t)$ の積に演算してみる．

$$\begin{aligned}G(D)[e^{\alpha t}V(t)] &= [G(D)e^{\alpha t}]V(t) + e^{\alpha t}[G(D)V(t)] \\&= e^{\alpha t}[G(\alpha) + G(D)]V(t) = e^{\alpha t}G(D + \alpha)[V(t)].\end{aligned}$$

ゆえに次の演算則が結論される．

演算則 (b)：$G(D)[e^{\alpha t}V(t)] = e^{\alpha t}G(D + \alpha)[V(t)]$．

したがって，例えば

$$D^2[e^{\alpha t}t^2] = e^{\alpha t}(D + \alpha)^2[t^2]$$

が成り立つ．

演算則 (c): $G(D^2)\sin kt = G(-k^2)\sin kt$. したがって，例えば

$$\frac{1}{D^2}(\sin 3t) = -\frac{1}{9}\sin 3t$$

が成り立つ．

例 2.12

減衰振動：自然長が L のばねに，図 2.2 のように質量 m の球をぶら下げる．平衡に保ったときばねが d だけ伸びているものとする．このとき球の重心は，ばねの固定端から測って $L+d$ の位置にある．この平衡点からの球の重心の変位 y を測ることにする．すなわち平衡状態では $y=0$ であり，下向きを y の正の向きとする．球を下に引っ張ってから手を放すと，球はこの平衡点のまわりを上下に振動する．球には以下の力が働いている．

(1) 下向きの重力 mg.
(2) ばねの復元力 ky．これは必ず変位とは逆向きに働き，k はばね定数である（フックの法則）．球を平衡点から y だけ引き下げたときには，この復元力は $-k(d+y)$ である．

ゆえに，球に働く力の和は

$$mg - k(d+y) = mg - kd - ky$$

である．平衡点 $y=0$ では，これらの力が釣り合っているので，

$$kd = mg$$

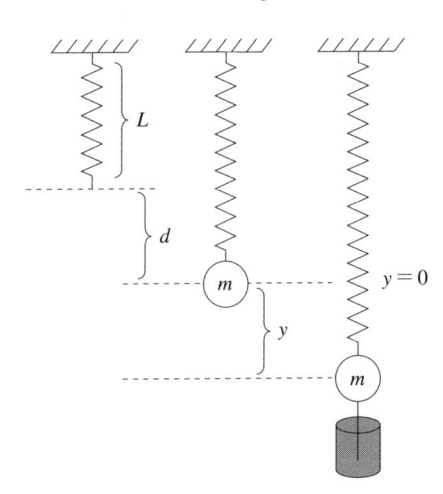

図 2.2 減衰振動子系.

である．したがって，ばねに働く正味の力は $-ky$ であり，球の運動は次のニュートンの運動方程式に従うことになる：

$$m\frac{d^2y}{dt^2} = -ky.$$

これが，球の自由振動の方程式である．球が，図 2.2 のように制動装置とつながれているときには，**減衰力**を考慮に入れなければならない．減衰力は $-bdy/dt$ と表されることが，実験的に知られている．ここで b は**減衰定数**である．したがって，減衰力も考慮に入れたときの球の運動方程式は

$$m\frac{d^2y}{dt^2} = -ky - b\frac{dy}{dt},$$

または

$$y'' + \frac{b}{m}y' + \frac{k}{m}y = 0$$

で与えられることになる．この微分方程式の特性方程式は

$$p^2 + \frac{b}{m}p + \frac{k}{m} = 0$$

であり，この根は

$$p_1 = -\frac{b}{2m} + \frac{1}{2m}\sqrt{b^2 - 4km}, \quad p_2 = -\frac{b}{2m} - \frac{1}{2m}\sqrt{b^2 - 4km}$$

で与えられる．以下では，3 つの場合に分けて，この微分方程式の解を導くことにする．それぞれ，異なった運動を記述する．

(1) 過減衰の場合 $b^2 - 4km > 0$.

解は

$$y(t) = c_1 e^{p_1 t} + c_2 e^{p_2 t}$$

の形である．定数 b と k はともに正なので，

$$\frac{1}{2m}\sqrt{b^2 - 4km} < \frac{b}{2m}$$

であり，したがって

$$p_1 = -\frac{b}{2m} + \frac{1}{2m}\sqrt{b^2 - 4km} < 0$$

である．また明らかに $p_2 < 0$ でもある．したがって，$t \to \infty$ で単調に $y(t) \to 0$ となる．このことは，振動することなく減衰し，平衡点で静止することを意味する．

(2) 臨界減衰の場合 $b^2 - 4km = 0$.

解は

$$y(t) = e^{-bt/2m}(c_1 + c_2 t)$$

の形である．b も m も正なので，(1) の場合と同様に $t \to \infty$ で $y(t) \to 0$ である．しかしこの場合は c_1 と c_2 が重要な役割を演じる．t が有限なときには $e^{-bt/2m} \neq 0$ であ

るから，$y(t)$ は $c_1 + c_2 t = 0$ のときに限ってゼロになる．つまり，$y = 0$ となるのは

$$t = -\frac{c_1}{c_2}$$

のときである．この式の右辺が正のときには，球は平衡点 $y = 0$ をそのときに通過する．これに対して右辺が負のときには，単調に減衰し，球は平衡点で静止する．

ここで $c_1 = y(0)$ である．つまり，c_1 は初期の球の位置を表している．また

$$y'(0) = c_2 - \frac{bc_1}{2m}$$

であるから，c_2 は

$$c_2 = y'(0) + \frac{by(0)}{2m}$$

で与えられる．

(3) 減衰振動の場合 $b^2 - 4km < 0$．

この場合には，特性方程式は複素根

$$p_1 = -\frac{b}{2m} + \frac{i}{2m}\sqrt{4km - b^2}, \quad p_2 = -\frac{b}{2m} - \frac{i}{2m}\sqrt{4mk - b^2}$$

をもち，運動方程式の解は

$$y(t) = e^{-bt/2m}\left[c_1 \cos\left(\frac{t}{2m}\sqrt{4km - b^2}\right) + c_2 \sin\left(\frac{t}{2m}\sqrt{4km - b^2}\right)\right]$$

の形である．これは

$$c = \sqrt{c_1^2 + c_2^2}, \quad \alpha = \tan^{-1}\left(\frac{c_2}{c_1}\right), \quad \omega = \frac{\sqrt{4km - b^2}}{2m}$$

とおくと，

$$y(t) = ce^{-bt/2m}\cos(\omega t - \alpha)$$

と書き直せる．臨界減衰の場合と同様に，$t \to \infty$ で $e^{-bt/2m} \to 0$ であるから，振動は時間とともに減衰する．球は振動数 $\omega/2\pi$ で振動しながら減衰していく．

2.3 オイラーの線形微分方程式

係数が定数ではなく，一般に j 階の微係数の係数が x^j の定数倍であるような線形の微分方程式

$$x^n \frac{d^n y}{dx^n} + p_1 x^{n-1}\frac{d^{n-1} y}{dx^{n-1}} + \cdots + p_{n-1} x \frac{dy}{dx} + p_n y = f(x) \quad (2.23)$$

は，**オイラー方程式**あるいは**コーシー方程式**の名前で知られている．この方程式は $x = e^t$ と変数変換すると，t を独立変数とした，定係数方程式に帰着される．このことは，次のように確かめることができる．$x = e^t$ とすると $dx/dt = x$ であり，

$$\frac{dy}{dx} = \frac{dy}{dt}\frac{dt}{dx} = \frac{1}{x}\frac{dy}{dt}$$

すなわち
$$x\frac{dy}{dx} = \frac{dy}{dt}$$

を得る．また，
$$\frac{d^2y}{dx^2} = \frac{d}{dx}\left(\frac{dy}{dx}\right) = \frac{d}{dt}\left(\frac{1}{x}\frac{dy}{dx}\right)\frac{dt}{dx} = \frac{1}{x}\frac{d}{dt}\left(\frac{1}{x}\frac{dy}{dt}\right)$$

なので，
$$x\frac{d^2y}{dx^2} = \frac{1}{x}\frac{d^2y}{dt^2} + \frac{dy}{dt}\frac{d}{dt}\left(\frac{1}{x}\right) = \frac{1}{x}\frac{d^2y}{dt^2} - \frac{1}{x}\frac{dy}{dt}$$

あるいは
$$x^2\frac{d^2y}{dx^2} = \frac{d^2y}{dt^2} - \frac{dy}{dt} = \frac{d}{dt}\left(\frac{d}{dt}-1\right)y$$

という関係式が得られる．同様にして
$$x^3\frac{d^3y}{dx^3} = \frac{d}{dt}\left(\frac{d}{dt}-1\right)\left(\frac{d}{dt}-2\right)y$$

であり，一般に
$$x^n\frac{d^ny}{dx^n} = \frac{d}{dt}\left(\frac{d}{dt}-1\right)\left(\frac{d}{dt}-2\right)\cdots\left(\frac{d}{dt}-n+1\right)y$$

である．これらを，オイラーの微分方程式 (2.23) に代入すると，方程式は
$$\frac{d^ny}{dt^n} + q_1\frac{d^{n-1}y}{dt^{n-1}} + \cdots + q_{n-1}\frac{dy}{dt} + q_n y = f(e^t)$$

の形に変換される．ここで $q_1, q_2, \ldots, q_n$ は定数である．

例 2.13

次の方程式を解け：
$$x^2\frac{d^2y}{dx^2} + 6x\frac{dy}{dx} + 6y = \frac{1}{x^2}.$$

解：$x = e^t$ とおくと
$$x\frac{dy}{dx} = \frac{dy}{dt}, \quad x^2\frac{d^2y}{dx^2} = \frac{d^2y}{dt^2} - \frac{dy}{dt}$$
なので，これらを代入すると，与えられた方程式は
$$\frac{d^2y}{dt^2} + 5\frac{dy}{dt} + 6y = e^{-2t}$$

となる．この微分方程式の特性方程式 $p^2 + 5p + 6 = (p+2)(p+3) = 0$ は 2 実根 $p_1 = -2$, $p_2 = -3$ をもつ．したがって，補助関数は $y_c = Ae^{-2t} + Be^{-3t}$ であり，ま

た特殊解は

$$y_p = \frac{1}{(D+2)(D+3)}e^{-2t} = \frac{1}{D+2} \times \frac{1}{(-2)+3}e^{-2t} = \frac{1}{D+2}e^{-2t} = e^{-2t}\int e^{2t}e^{-2t}dt\, te^{-2t}$$

で与えられる．ゆえに一般解は

$$y = Ae^{-2t} + Be^{-3t} + te^{-2t}$$

である．

2階のオイラー方程式は，一般に $p(x)$, $q(x)$, $f(x)$ が x の関数として与えられる線形2階微分方程式

$$D^2y + p(x)Dy + q(x)y = f(x)$$

の特別な場合である．この一般的な場合も，次の節で導入する級数展開の方法によって解くことができる．しかし特別な場合には，変数変換によって簡単に解くことができる．このことを，次の方程式を例にして示しておく：

$$D^2y + (4x - x^{-1})Dy + 4x^2y = 0.$$

すなわち

$$p(x) = (4x - x^{-1}), \quad q(x) = 4x^2, \quad f(x) = 0$$

の場合である．この式で，$x = z^{1/2}$ とすると，この方程式は定係数の微分方程式

$$\frac{d^2y}{dz^2} + 2\frac{dy}{dz} + y = 0$$

に変換されるのである．この定係数微分方程式の一般解は

$$y = (A + Bz)e^{-z}$$

と求められる．したがって，もとの方程式の一般解は $y = (A + Bx^2)e^{-x^2}$ と定められる．

2.4 級 数 解

物理学や工学の分野の問題で現れる微分方程式の多くは，その解を指数関数や正弦関数，余弦関数などの初等関数では表すことができない．しかし，それらの解を収束する**無限級数**で表すことはできる．この解法の基本を理解するために，まずは次の簡単な2階線形微分方程式を考えてみることにする：

$$\frac{d^2y}{dx^2} + y = 0.$$

この解が，$y = a_0 + a_1x + a_2x^2 + \cdots$ と表せるものと仮定する．さらに，この級数は，十分小さな x の値に対して収束し，項別の微分が可能であるものと仮定しよう．こうすると

$$\frac{dy}{dx} = a_1 + 2a_2 x + 3a_3 x^2 + \cdots$$

であり，また

$$\frac{d^2 y}{dx^2} = 2a_2 + 2 \times 3a_3 x + 3 \times 4a_4 x^2 + \cdots$$

である．これらの y と d^2y/dx^2 に対する級数表示を与えられた微分方程式に代入し，x のべき乗ごとにまとめると

$$(2a_2 + a_0) + (2 \times 3a_3 + a_1)x + (3 \times 4a_4 + a_2)x^2 + \cdots = 0$$

という恒等式が得られる．このように，x の級数が x の値によらずに恒等的にゼロであるためには，x のべきの各係数がすべてゼロでなければならない．すなわち

$$2a_2 + a_0 = 0, \quad 4 \times 5a_5 + a_3 = 0,$$
$$2 \times 3a_3 + a_1 = 0, \quad 5 \times 6a_6 + a_3 = 0,$$
$$3 \times 4a_4 + a_2 = 0, \quad \cdots$$

であり，これより

$$a_2 = -\frac{a_0}{2}, \quad a_3 = -\frac{a_1}{2 \times 3} = -\frac{a_1}{3!}, \quad a_4 = -\frac{a_2}{3 \times 4} = \frac{a_0}{4!}$$
$$a_5 = -\frac{a_3}{4 \times 5} = \frac{a_1}{5!}, \quad a_6 = -\frac{a_4}{5 \times 6} = -\frac{a_0}{6!}, \quad \cdots$$

となる．したがって，求めるべき解は

$$y = a_0 \left(1 - \frac{x^2}{2!} + \frac{x^4}{4!} - \frac{x^6}{6!} + - \cdots\right) + a_1 \left(x - \frac{x^3}{3!} + \frac{x^5}{5!} - + \cdots\right)$$

と表される．こうして求めた解は，a_0 と a_1 を定数とした通常の解 $y = a_0 \cos x + a_1 \sin x$ と等価であることがわかるであろう．

2.4.1 微分方程式の正則点と特異点

次の形の線形 2 階微分方程式は，物理の問題できわめて重要な役割を演じる．ここで詳しく論じることにする：

$$\frac{d^2 y}{dx^2} + P(x)\frac{dy}{dx} + Q(x)y = 0. \tag{2.24}$$

ここでは，いくつかの定義を述べ，この形の微分方程式に適応できるいくつかの重要な定理を述べておくことにする．ここで述べる定理は，若干の修正をすれば高階の微分方程式にも適応できる．関数 P と Q がともに，$x = \alpha$ のまわりでテーラー展開可能なとき，この方程式 (2.24) は**正則点** $x = \alpha$ をもつという．しかし，P と Q の少なくともいずれか一方が $x = \alpha$ のまわりでテーラー展開できないときには，方程式 (2.24) は $x = \alpha$ に**特異点**をもつという．このとき，$x = \alpha$ のまわりでテーラー展開可能な関数

$\lambda(x)$ と $\mu(x)$ を用いて
$$P = \frac{\lambda(x)}{x-\alpha} \quad Q = \frac{\mu(x)}{(x-\alpha)^2}$$
と表せるときには，$x=\alpha$ は**確定特異点**であるという．

2.4.2 フロベニウス–フックスの定理

フロベニウスとフックスは次のことを示した：

(1) $P(x)$ と $Q(x)$ が $x=\alpha$ で正則であるならば，微分方程式 (2.24) は次の形の 2 つの異なる解をもつ：
$$y = \sum_{\lambda=0}^{\infty} a_\lambda (x-\alpha)^\lambda \quad (a_0 \neq 0). \tag{2.25}$$

(2) $P(x)$ と $Q(x)$ がともに $x=\alpha$ で非正則であるが，$\lambda(x) = (x-\alpha)P(x)$ と $\mu(x) = (x-\alpha)^2 Q(x)$ がともに $x=\alpha$ で正則である (つまり $x=\alpha$ が**確定特異点**である) ならば，微分方程式は次の形の解を少なくとも 1 つもつ：
$$y = \sum_{\lambda=0}^{\infty} a_\lambda (x-\alpha)^{\lambda+\rho} \quad (a_0 \neq 0). \tag{2.26}$$

ここで，ρ はある定数である．この解は，$\lambda(x)$ と $\mu(x)$ がテーラー展開可能な x の範囲 $|x-\alpha| < \beta$ では収束する．

(3) $x=\alpha$ が $P(x)$ と $Q(x)$ の**不確定特異点**である，すなわち $\lambda(x)$ と $\mu(x)$ が $x=\alpha$ で非正則であるならば，微分方程式 (2.24) は正則な解をもたない．

これらの定理の証明は，例えば，E. L. Ince, *Ordinary Differential Equations*, Dover Publication Inc., New York, 1944 を参照せよ．

2 階微分方程式の確定特異点のまわりでの級数解を求めるには，まず解 (2.26) の指数 ρ を定めなければならない．これは，級数 (2.26) とその適当な微分を微分方程式に代入して，$x-\alpha$ の最低次の項の係数をゼロとすればよい．この結果，**決定方程式**とよばれる 2 次方程式が得られ，その根として ρ の値が定められる．最も簡単な場合には，このようにして決められた 2 つの ρ の値ごとに，2 つの異なる**級数解**が得られ，方程式の一般解はこの 2 つの級数解の線形結合として与えられる．次の例 2.14 で，ここで述べた解法を実際に実行してみせる．

例 2.14

次の微分方程式の一般解を求めよ．
$$4x\frac{d^2y}{dx^2} + 2\frac{dy}{dx} + y = 0.$$

解：原点は確定特異点であり，そのまわりでの級数解を $y = \sum_{\lambda=0}^{\infty} a_\lambda x^{\lambda+\rho}$ $(a_0 \neq 0)$ とする．すると

$$\frac{dy}{dx} = \sum_{\lambda=0}^{\infty} a_\lambda (\lambda + \rho) x^{\lambda+\rho-1}, \quad \frac{d^2y}{dx^2} = \sum_{\lambda=0}^{\infty} a_\lambda (\lambda + \rho)(\lambda + \rho - 1) x^{\lambda+\rho-2}$$

である．これらを微分方程式に代入する前に，方程式を

$$\left\{ 4x \frac{d^2y}{dx^2} + 2 \frac{dy}{dx} \right\} + \{y\} = 0$$

と書き直しておくとよい．この式に $a_\lambda x^{\lambda+\rho}$ を代入すると，はじめの括弧の中の各項は $x^{\lambda+\rho-1}$ というべきをもち，2番目の括弧の項は $x^{\lambda+\rho}$ のべきをもつ．上で仮定した形をもつ級数を微分方程式に代入したときの x の最低次の項は，最初の括弧の中で $y = a_0 x^\rho$ としたときに得られるものに等しい．$a_0 \neq 0$ なので，x の最低次の項の係数はゼロでなければならない．このことより，**決定方程式**

$$4\rho(\rho-1) + 2\rho = 2\rho(2\rho - 1) = 0$$

が得られる．この根は $\rho = 0$ と $\rho = 1/2$ である．

$x^{\lambda+\rho}$ のべきをもつ項は，最初の括弧で $y = a_{\lambda+1} x^{\lambda+\rho+1}$ としたものと，2番目の括弧の中で $y = a_\lambda x^{\lambda+\rho}$ としたものとから得られる．このようにして得られた項の係数の和をゼロとおくと

$$\{4(\lambda+\rho+1)(\lambda+\rho) + 2(\lambda+\rho+1)\} a_{\lambda+1} + a_\lambda = 0$$

を得る．ここで λ を n と置き直すと

$$a_{n+1} = -\frac{1}{2(\rho+n+1)(2\rho+2n+1)} a_n$$

となる．この係数の間の関係式は $n = 0, 1, 2, 3, \ldots$ に対して成立し，係数の**漸化式**とよばれる．決定方程式の最初の根 $\rho = 0$ を用いると，この漸化式は

$$a_{n+1} = -\frac{1}{2(n+1)(2n+1)} a_n$$

となり，したがって

$$a_1 = -\frac{a_0}{2}, \quad a_2 = -\frac{a_1}{12} = \frac{a_0}{4!}, \quad a_3 = -\frac{a_2}{30} = -\frac{a_0}{6!}, \ldots$$

となる．こうして微分方程式の級数解の一つが

$$a_0 \left(1 - \frac{x}{2!} + \frac{x^2}{4!} - \frac{x^3}{6!} + \cdots \right)$$

と求められる．決定方程式の2番目の根 $\rho = 1/2$ を用いると，漸化式は

$$a_{n+1} = -\frac{1}{(2n+3)(2n+2)} a_n$$

となり，任意定数 a_0 をここでは b_0 とおくことにすると，この漸化式より

$$a_1 = -\frac{b_0}{3\times 2} = -\frac{b_0}{3!}, \quad a_2 = -\frac{a_1}{5\times 4} = \frac{b_0}{5!}, \quad a_3 = -\frac{a_2}{7\times 6} = -\frac{b_0}{7!}, \cdots$$

と定まり，第 2 の級数解は

$$b_0 x^{1/2}\left(1 - \frac{x}{3!} + \frac{x^2}{5!} - \frac{x^3}{7!} + \cdots\right)$$

と定まる．与えられた微分方程式の一般解はこれら 2 つの級数解の線形結合で与えられるのである．

物理の問題では，独立変数 x が大きな値のときの解を求めたいときもある．そのようなときには，$x = 1/t$ と変数変換して，与えられた微分方程式を t についての方程式に直してから，t の値が小さいときの解を求めればよい．

例 2.14 では，決定方程式は 2 つの異なる根をもっていた．しかし別の可能性として，(a) 決定方程式が重根をもっている場合，(b) 決定方程式の 2 つの根の差が整数である場合，が考えられる．これらの場合について，一般的に考察してみることにする．その目的のために，物理数学で大変重要な次の微分方程式を考えることにしよう：

$$x^2 y'' + xg(x)y' + h(x)y = 0. \tag{2.27}$$

ここで，$g(x)$ と $h(x)$ は $x = 0$ で解析的であるものとする．この微分方程式の係数は $x = 0$ で解析的ではないので，その解は

$$y(x) = x^r \sum_{m=0}^{\infty} a_m x^m \quad (a_0 \neq 0) \tag{2.28}$$

という形である．まず $g(x), h(x)$ を級数展開する：

$$g(x) = g_0 + g_1 x + g_2 x^2 + \cdots, \quad h(x) = h_0 + h_1 x + h_2 x^2 + \cdots.$$

次に，級数 (2.28) を項別に微分して，

$$y'(x) = \sum_{m=0}^{\infty}(m+r)a_m x^{m+r-1}, \quad y''(x) = \sum_{m=0}^{\infty}(m+r)(m+r-1)a_m x^{m+r-2}$$

を得る．これらの級数を，微分方程式 (2.27) に代入すると

$$x^r[r(r-1)a_0 + \cdots] + (g_0 + g_1 x + \cdots)x^r(ra_0 + \cdots)$$
$$+ (h_0 + h_1 x + \cdots)x^r(a_0 + a_1 x + \cdots) = 0$$

となる．例 2.14 と同様にして，x の各べきの係数の和をゼロとおくと，未知係数 a_m の間の連立方程式が得られる．最低次は x^r であり．この係数の方程式は

$$[r(r-1) + g_0 r + h_0]a_0 = 0$$

である．$a_0 \neq 0$ と仮定したので，

$$r(r-1) + g_0 r + h_0 = 0$$

すなわち
$$r^2 + (g_0 - 1)r + h_0 = 0 \tag{2.29}$$

という方程式を得る．これが微分方程式 (2.27) の決定方程式である．ここで述べている級数展開の方法によって，**解の基本系**が得られる．すなわち，得られる解の一つは必ず式 (2.28) の形をしている．もう一つの解の形は，次の場合分けに従って，3 つの可能性がある．

    (1) 決定方程式が 2 つの異なる根をもち，その 2 つの差は整数ではない．
    (2) 決定方程式が重根をもつ．
    (3) 決定方程式の 2 根の差が整数である．

これら 3 つの場合についてそれぞれ議論することにする．

  (1) 差が整数ではない 2 根をもつ場合

これが最も簡単な場合である．r_1, r_2 を決定方程式 (2.29) の 2 根であるとする．漸化式に $r = r_1$ を代入して，係数 $a_1, a_2, \ldots$ を逐次定めていくと，級数解

$$y_1(x) = x^{r_1}(a_0 + a_1 x + a_2 x^2 + \cdots)$$

が得られる．同様にして，第 2 の根 $r = r_2$ を漸化式に代入すると，2 番目の級数解

$$y_2(x) = x^{r_2}(b_0 + b_1 x + b_2 x^2 + \cdots)$$

が得られる．y_1 と y_2 が線形独立であることは，$r_1 - r_2$ が整数ではないので y_1/y_2 は定数ではないことから明らかである．

  (2) 重根をもつ場合

決定方程式 (2.29) は，$(g_0 - 1)^2 - 4h_0 = 0$ のときに限り重根をもち，その重根は $r = (1 - g_0)/2$ で与えられる．(1) と同様にして，第 1 の級数解

$$y_1(x) = x^r(a_0 + a_1 x + a_2 x^2 + \cdots) \quad \left(r = \frac{1 - g_0}{2}\right) \tag{2.30}$$

が定められる．もう一つの解を求めるのに，**定数変化法**を用いることにする．すなわち，$u(x)$ を x の関数として，第 2 の解が

$$y_2(x) = u(x) y_1(x) \tag{2.31}$$

で与えられるものと仮定するのである．この y_2 とその微係数

$$y_2' = u' y_1 + u y_1', \quad y_2'' = u'' y_1 + 2u' y_1' + u y_1''$$

を微分方程式 (2.27) に代入すると

$$x^2(u'' y_1 + 2u' y_1' + u y_1'') + xg(u' y_1 + u y_1') + hu y_1 = 0$$

あるいは
$$x^2 y_1 u'' + 2x^2 y_1' u' + xgy_1 u' + (x^2 y_1'' + xgy_1' + hy_1)u = 0$$
という方程式を得る．y_1 は微分方程式 (2.27) の解なので，括弧の中は消えてしまう．したがって，この式は
$$x^2 y_1 u'' + 2x^2 y_1' u' + xgy_1 u' = 0$$
となる．両辺を $x^2 y_1$ で割って，g の級数展開を代入すると
$$u'' + \left(2\frac{y_1'}{y_1} + \frac{g_0}{x} + \cdots\right) u' = 0$$
となる．これ以降，$\cdots$ は定数項か x の正のべきからなる級数とする．式 (2.30) より
$$\frac{y_1'}{y_1} = \frac{x^{r-1}[ra_0 + (r+1)a_1 x + \cdots]}{x^r [a_0 + a_1 x + \cdots]} = \frac{1}{x}\frac{ra_0 + (r+1)a_1 x + \cdots}{a_0 + a_1 x + \cdots} = \frac{r}{x} + \cdots$$
である．したがって，上の式は
$$u'' + \left(\frac{2r + g_0}{x} + \cdots\right) u' = 0 \tag{2.32}$$
と書き直せる．$r = (1 - g_0)/2$ であるから，$(2r + g_0)/x$ は $1/x$ に等しい．したがって，両辺を u' で割れば
$$\frac{u''}{u'} = -\frac{1}{x} + \cdots$$
という方程式が得られる．これを積分すると
$$\ln u' = -\ln x + \cdots$$
あるいは
$$u' = \frac{1}{x} e^{(\cdots)}$$
を得る．指数関数を x で展開して，もう一度積分すれば，u は
$$u = \ln x + k_1 x + k_2 x^2 + \cdots$$
という形であることがわかる．これを式 (2.31) に代入すると，2 番目の解は
$$y_2(x) = y_1(x) \ln x + x^r \sum_{m=1}^{\infty} A_m x^m \tag{2.33}$$
という形であることがわかる．

(3) 2 根の差が整数の場合

決定方程式 (2.29) の 2 根の差が整数で，p を自然数として，$r_1 = r$，$r_2 = r - p$ と表される場合を考える．この場合でも，以前と同様に r_1 に対応した 1 番目の級数解
$$y_1(x) = x^{r_1}(a_0 + a_1 x + a_2 x^2 + \cdots)$$

を定めることができる．第 2 の解 y_2 を求めるには，上述の第 2 の場合と同様の計算をする．前半は第 2 の場合とまったく同じであり，式 (2.32) が得られる．この式 (2.32) の $2r + g_0$ を定めよう．決定方程式 (2.29) より，$-(r_1 + r_2) = g_0 - 1$ であることがわかる．いま $r_1 = r$ かつ $r_2 = r - p$ の場合なので，$g_0 - 1 = p - 2r$ である．したがって，式 (2.32) の中で $2r + g_0 = p + 1$ とすればよく，

$$\frac{u''}{u'} = -\left(\frac{p+1}{x} + \cdots\right)$$

という方程式になる．積分すると，

$$\ln u' = -(p+1)\ln x + \cdots$$

すなわち

$$u' = x^{-(p+1)} e^{(\cdots)}$$

が得られる．ここで $\cdots$ は x の正のべきの級数を表す．第 2 の場合と同様にして，指数関数を展開すると

$$u' = \frac{1}{x^{p+1}} + \frac{k_1}{x^p} + \cdots + \frac{k_p}{x} + k_{p+1} + k_{p+2}x + \cdots$$

という級数が得られる．これをもう一度積分すると

$$u = -\frac{1}{px^p} - \cdots + k_p \ln x + k_{p+1}x + \cdots \tag{2.34}$$

と定められるので，これに

$$y_1(x) = x^{r_1}(a_0 + a_1 x + a_2 x^2 + \cdots)$$

をかけて，$r_1 - p = r_2$ であることに注意すると，$y_2 = uy_1$ は次の形であることが結論される：

$$y_2(x) = k_p y_1(x) \ln x + x^{r_2} \sum_{m=0}^{\infty} a_m x^m. \tag{2.35}$$

決定方程式 (2.29) が重根をもつ場合，この第 2 の解は一般に**対数項**をもつのであるが，次の例で示すように，係数 k_p がゼロであり，したがって対数項がない場合もあり得る．

例 2.15

次のベッセルの微分方程式を解け：

$$x^2 y'' + xy' + \left(x^2 - \frac{1}{4}\right)y = 0.$$

解：式 (2.28) とその微分を与えられた微分方程式に代入すると

$$\sum_{m=0}^{\infty}\left[(m+r)(m+r-1)+(m+r)-\frac{1}{4}\right]a_m x^{m+r} + \sum_{m=0}^{\infty} a_m x^{m+r+2} = 0$$

が得られる．x^r の係数をゼロとおくと，決定方程式

$$r(r-1)+r-\frac{1}{4}=0$$

すなわち

$$r^2 = \frac{1}{4}$$

が得られる．決定方程式の 2 根 $r_1 = 1/2$ と $r_2 = -1/2$ の差は整数である．x^{s+r} の係数の和をゼロとすると，次の漸化式が得られる．

$$\left[(r+1)r+(r+1)-\frac{1}{4}\right]a_1 = 0 \quad (s=1). \tag{2.36}$$

$$\left[(s+r)(s+r-1)+s+r-\frac{1}{4}\right]a_s + a_{s-2} = 0 \quad (s=2,3,\ldots). \tag{2.36b}$$

$r = r_1 = 1/2$ とすると，式 (2.36) より $a_1 = 0$ となる．また式 (2.36b) は

$$(s+1)s a_s + a_{s-2} = 0$$

となる．この式から，$a_1 = 0$ より $a_3 = 0, a_5 = 0, \ldots$ と定まる．a_s に対する漸化式を解くと ($s = 2p$ と書き直すと)，

$$a_{2p} = -\frac{a_{2p-2}}{2p(2p+1)} \quad (p=1,2,\ldots)$$

となる．したがって，ゼロではない係数は

$$a_2 = -\frac{a_0}{3!}, \quad a_4 = -\frac{a_2}{4\times 5} = \frac{a_0}{5!}, \quad a_6 = -\frac{a_0}{7!}, \ldots$$

と定まり，解 y_1 が

$$y_1(x) = a_0 \sqrt{x} \sum_{m=0}^{\infty} \frac{(-1)^m x^{2m}}{(2m+1)!} = a_0 x^{-1/2} \sum_{m=0}^{\infty} \frac{(-1)^m x^{2m+1}}{(2m+1)!} = a_0 \frac{\sin x}{\sqrt{x}} \tag{2.37}$$

と求められる．式 (2.35) より，2 番目の解は

$$y_2(x) = k y_1(x) \ln x + x^{-1/2} \sum_{m=0}^{\infty} a_m x^m$$

の形であることがわかる．この級数とその微分とを与えられた微分方程式に代入すると，$\ln x$ と $k y_1$ を含んだ項はすべて打ち消されてしまうことがわかる．残りの方程式を簡単にすると，もとの微分方程式は

$$2kx y_1' + \sum_{m=0}^{\infty} m(m-1) a_m x^{m-1/2} + \sum_{m=0}^{\infty} a_m x^{m+3/2} = 0$$

となる．式 (2.37) より，$2kxy' = ka_0 x^{1/2} + \cdots$ であることがわかる．この等式で $x^{1/2}$ を含む式は，この右辺第 1 項だけであり，$a_0 \neq 0$ としているので，$k = 0$ でなければならないことになる．$x^{s-1/2}$ の係数の和は

$$s(s-1)a_s + a_{s-2} \qquad (s = 2, 3, \ldots)$$

である．これをゼロとおいた式を a_s について解くと

$$a_s = -\frac{a_{s-2}}{s(s-1)} \qquad (s = 2, 3, \ldots)$$

が得られ，これから

$$a_2 = -\frac{a_0}{2!}, \quad a_4 = -\frac{a_2}{4 \times 3} = \frac{a_0}{4!}, \quad a_6 = -\frac{a_0}{6!}, \quad \cdots$$
$$a_3 = -\frac{a_1}{3!}, \quad a_5 = -\frac{a_3}{5 \times 4} = \frac{a_1}{5!}, \quad a_7 = -\frac{a_1}{7!}, \quad \cdots$$

となる．奇数次数の項の和は，前に求めた y_1 の a_1/a_0 倍に等しいので，y_1 とは独立な解を求めるためには $a_1 = 0$ としてかまわない．こうして

$$y_2(x) = a_0 x^{-1/2} \sum_{m=0}^{\infty} \frac{(-1)^m x^{2m}}{(2m)!} = a_0 \frac{\cos x}{\sqrt{x}}$$

が求められる．

2.5 連立方程式

物理学や工学の問題において，2 つ以上の従属変数に対する**連立微分方程式**を解く必要が出てくることがある．このような連立微分方程式の一般解は，それぞれの従属変数を分離して解くことによって得ることができる．このことを次の例を用いて説明する．

$$\begin{cases} Dx + 2y + 3x = 0, \\ 3x + Dy - 2y = 0 \end{cases} \qquad (D = d/dt).$$

これは

$$\begin{cases} (D+3)x + 2y = 0, \\ 3x + (D-2)y = 0 \end{cases}$$

と書き直せる．この初めの方程式に $(D-2)$ を演算し，2 番目の方程式には 2 を掛けると

$$\begin{cases} (D-2)(D+3)x + 2(D-2)y = 0, \\ 6x + 2(D-2)y = 0 \end{cases}$$

となる．1 番目の方程式を 2 番目の方程式から辺々引くと

$$(D^2 + D - 6)x - 6x = (D^2 + D - 12)x = 0$$

が得られ，この方程式は容易に解けて，一般解

$$x(t) = Ae^{3t} + Be^{-4t}$$

が得られる．この $x(t)$ をもとの方程式に代入して，y について解けば，

$$y(t) = -3Ae^{3t} + \frac{1}{2}Be^{-4t}$$

と求められる．

2.6 ガンマ関数とベータ関数

前節の例の解法で示したように，微分方程式の級数解の係数を表すのに，**階乗の記号** $n! = n(n-1)(n-2)\cdots 3 \times 2 \times 1$ がたいへん便利である．しかし，この記号は n が正の整数でないときには意味をもたない．n が正の整数でないときにも意味をもつように，階乗を拡張した関数は**ガンマ関数**（あるいは**オイラー関数**）とよばれる．これは次のように積分を用いて定義される：

$$\Gamma(\alpha) = \int_0^\infty e^{-x} x^{\alpha-1} dx \quad (\alpha > 0). \tag{2.38}$$

この定義からすぐに

$$\Gamma(1) = \int_0^\infty e^{-x} dx = [-e^{-x}]_0^\infty = 1 \tag{2.39}$$

となることがわかる．また，**部分積分**を行うことにより

$$\Gamma(\alpha+1) = \int_0^\infty e^{-x} x^\alpha dx = [-e^{-x} x^\alpha]_0^\infty + \alpha \int_0^\infty e^{-x} x^{\alpha-1} dx = \alpha \Gamma(\alpha) \tag{2.40}$$

という関係式が得られる．$\alpha = n = $ 正の整数の場合には，この式 (2.39) を繰り返し用いると，式 (2.40) より

$$\Gamma(n+1) = n\Gamma(n) = n(n-1)\Gamma(n-1) = \cdots = n(n-1)\cdots 3 \times 2 \times \Gamma(1)$$
$$= n(n-1)\cdots 3 \times 2 \times 1 = n!$$

が得られる．したがって，ガンマ関数は特に変数が正の整数のときには階乗に帰着される．式 (2.40) によって，ガンマ関数の変数 α は任意の正の数に拡張できる．例えば $\alpha = 5/2$ に対しては，

$$\Gamma\left(\frac{7}{2}\right) = \left(\frac{5}{2}\right)\Gamma\left(\frac{5}{2}\right) = \left(\frac{5}{2}\right)\left(\frac{3}{2}\right)\Gamma\left(\frac{3}{2}\right) = \left(\frac{5}{2}\right)\left(\frac{3}{2}\right)\left(\frac{1}{2}\right)\Gamma\left(\frac{1}{2}\right)$$

となるので，$\Gamma(1/2)$ の値がわかれば，その値が定められる．$\Gamma(1/2)$ の値は次のようにして計算できる．式 (2.38) で $u = \sqrt{x}$ とおくと，

$$\Gamma(\alpha) = 2\int_0^\infty u^{2\alpha-1} e^{-u^2} du$$

となる．よって

$$\Gamma\left(\frac{1}{2}\right) = 2\int_0^\infty e^{-u^2} du = \sqrt{\pi}$$

と求められる．α が 0 と 1 の間のときのガンマ関数 $\Gamma(\alpha)$ の値は数表として与えられている．

式 (2.40) を用いると，$\alpha < 0$ に対しても $\Gamma(\alpha)$ を定義することができる．式 (2.40) より

$$\Gamma(\alpha) = \frac{\Gamma(\alpha+1)}{\alpha}$$

である．これを用いると，例えば，$\alpha = -3/2$ に対しても

$$\Gamma\left(-\frac{3}{2}\right) = -\frac{2}{3}\Gamma\left(-\frac{1}{2}\right) = -\frac{2}{3}\left(-\frac{2}{1}\right)\Gamma\left(\frac{1}{2}\right) = \frac{4}{3}\sqrt{\pi}$$

というように計算できる．ただし，$\alpha \to 0$ では積分 $\int_0^\infty e^{-x} x^{\alpha-1}$ は発散するので，$\Gamma(0)$ は定義できない．

ガンマ関数のほかに便利な関数として知られているものに，次式で定義される**ベータ関数**がある：

$$B(p,q) = \int_0^1 t^{p-1}(1-t)^{q-1} dt \quad (p,q > 0). \tag{2.41}$$

積分変数を $t = v/(1+v)$ によって t から v に変換すると，この定義式は

$$B(p,q) = \int_0^\infty v^{p-1}(1+v)^{-p-q} dv \tag{2.42}$$

とも書き表すことができる．また，式 (2.41) の積分で $t' = 1-t$ とおくことにより，$B(p,q) = B(q,p)$ であることがわかる．

ベータ関数は，ガンマ関数を用いて

$$B(p,q) = \frac{\Gamma(p)\Gamma(q)}{\Gamma(p+q)} \tag{2.43}$$

と表すことができる．以下，この関係式を証明する．まず $\Gamma(\alpha)$ の定義式 (2.38) の積分変数を $x = at$ $(a > 0)$ と変数変換して，直ちに

$$\frac{\Gamma(\alpha)}{a^\alpha} = \int_0^\infty e^{-at} t^{\alpha-1} dt \tag{2.44}$$

が得られる．この等式でさらに，$\alpha = p+q$, $a = 1+v$ とおくと，

$$\Gamma(p+q)(1+v)^{-p-q} = \int_0^\infty e^{-(1+v)t} t^{p+q-1} dt$$

となる．両辺に v^{p-1} を掛けて，v について 0 から ∞ まで積分すると

$$\Gamma(p+q)\int_0^\infty v^{p-1}(1+v)^{-p-q}dv = \int_0^\infty v^{p-1}dv \int_0^\infty e^{-(1+v)t}t^{p+q+1}dt$$

となる．式 (2.42) より左辺の積分は $B(p,q)$ にほかならない．また，右辺の 2 重積分の順序を交換すると

$$\Gamma(p+q)B(p,q) = \int_0^\infty dt\, e^{-t}t^{p+q-1}\int_0^\infty dv\, e^{-vt}v^{p-1}$$

$$= \int_0^\infty e^{-t}t^{p+q-1}\frac{\Gamma(p)}{t^p}dt \quad (\text{ここで，式 (2.44) を用いた})$$

$$= \Gamma(p)\int_0^\infty e^{-t}t^{q-1}dt = \Gamma(p)\Gamma(q)$$

となり，関係式 (2.43) が証明される．

例 2.16

積分
$$\int_0^\infty 3^{-4x^2}dx$$
を求めよ．

解：まず $3 = e^{\ln 3}$ なので，与えられた積分は

$$\int_0^\infty 3^{-4x^2}dx = \int_0^\infty (e^{\ln 3})^{(-4x^2)}dx = \int_0^\infty e^{-(4\ln 3)x^2}dx$$

と書き直せる．そこで $(4\ln 3)x^2 = z$ とおくと，積分は

$$\int_0^\infty e^{-z}d\left(\frac{z^{1/2}}{\sqrt{4\ln 3}}\right) = \frac{1}{2\sqrt{4\ln 3}}\int_0^\infty z^{-1/2}e^{-z}dz = \frac{\Gamma(\frac{1}{2})}{2\sqrt{4\ln 3}} = \frac{\sqrt{\pi}}{4\sqrt{\ln 3}}$$

と求められる．

3

行列代数

ベクトル解析と同様に，行列計算は自然科学と工学でたいへんよく使われる．物理学において行列が使われる典型的な例として，古典力学および量子力学の固有値問題の例と，連立線形方程式の解法の例があげられる．本章では，行列とそれに関連する概念を導入し，基本的な行列代数を説明する．第 5 章でも，行列表現をもついくつかの演算子について説明して，ベクトル空間のベクトルの変換とベクトル空間における線形演算子を扱うことにする．

3.1 行列の定義

行列とは，ある定められた加法則と乗法則に従う数を長方形あるいは列に順番に配置したものである．行列の成分である数は実数か複素数である．配置は通常は括弧で囲まれる．例えば，

$$\begin{pmatrix} 1 & 2 & 4 \\ 2 & -1 & 7 \end{pmatrix}$$

は 2 行 3 列の行列である．これはまた，$(2, 3)$ 型行列（あるいは 2×3 行列）ともよばれる．一般に (m, n) 型行列（$m \times n$ 行列）は m 行 n 列からなり，その成分を 2 重の添数を使って

$$\tilde{A} = \begin{pmatrix} a_{11} & a_{12} & a_{13} & \cdots & a_{1n} \\ a_{21} & a_{22} & a_{23} & \cdots & a_{2n} \\ \vdots & \vdots & \vdots & & \vdots \\ a_{m1} & a_{m2} & a_{m3} & \cdots & a_{mn} \end{pmatrix} \tag{3.1}$$

と表す．各成分 a_{ij} の初めの添数 i は行番号を，2 番目の添数 j は列番号を表す．例えば，a_{23} は 2 行目の第 3 列目の成分を表す．成分 a_{ij} は一般には，成分 a_{ji} とは異なることに注意する必要がある．

本書では，行列を表すのに式 (3.1) の $\tilde{A}$ のように，アルファベットの上に波印（チルダ記号）をつけて表すことにする．ただし，$\tilde{A}$ の成分を表す記号を明示したいときには，

(a_{ij}) とか $(a_{ij})_{mn}$ と表すこともある.

上では行列は数の配置であるとして定義したが,各成分が関数であるように拡張することもできる.例えば,$f_i(x)$ を x の関数としたとき 2×3 の行列

$$\begin{pmatrix} f_1(x) & f_2(x) & f_3(x) \\ f_4(x) & f_5(x) & f_6(x) \end{pmatrix}$$

を考えることもできる.また,ただ 1 つの行からなる行列は**行ベクトル**(あるいは**横ベクトル**)とよばれる.同様にただ 1 つの列からなる行列は**列ベクトル**(あるいは**縦ベクトル**)とよばれる.通常のベクトル $\boldsymbol{A} = A_1\hat{e}_1 + A_2\hat{e}_2 + A_3\hat{e}_3$ は,行ベクトルか列ベクトルとして表すことができる.

行数 m と列数 n が等しい行列は特に,n 次の**正方行列**とよばれる.

n 次の正方行列の左上から右下へ対角線上に配置している成分 $a_{11}, a_{22}, \ldots, a_{nn}$ は,**(主)対角成分**とよばれる.これに対して,正方行列の右上から左下への対角線上の成分は**反対角成分**とよばれることがある.

対角成分をすべて加え合わせた和は,**トレース**(あるいは**シュプール**または**跡**)とよばれ,

$$\operatorname{Tr}\tilde{A} = \sum_{i=1}^{n} a_{ii}$$

と表される.

対角成分がすべて 1 であり,非対角成分がすべてゼロである正方行列は**単位行列**とよばれ $\tilde{I}$ で表される.例えば,3 次の単位行列は

$$\tilde{I} = \begin{pmatrix} 1 & 0 & 0 \\ 0 & 1 & 0 \\ 0 & 0 & 1 \end{pmatrix}$$

である.

非対角成分がすべてゼロである正方行列を,**対角行列**とよぶ.また,すべての成分がゼロである行列を**ゼロ行列**とよび,$\tilde{0}$ と記す.これは通常の数の 0 ではなく,0 の配列である.

3.2 行列の基本的な代数演算

3.2.1 行列の等値

2 つの行列 $\tilde{A} = (a_{jk})$ と $\tilde{B} = (b_{jk})$ は,その型(すなわち行数と列数)が互いに等しく,各成分がすべて等しいとき,相等しいものと定義される.すなわち,すべての j, k に対して

$$a_{jk} = b_{jk}$$

であるとき，
$$\tilde{A} = \tilde{B}$$
である．

3.2.2 行列の加法

行列の加法は，型が等しいものの間でだけ定義される．行列 $\tilde{A} = (a_{jk})$ と $\tilde{B} = (b_{jk})$ が同じ次数であるとき，この2つの行列の和は同じ型をもつ行列
$$\tilde{C} = \tilde{A} + \tilde{B}$$
であり，その成分は
$$c_{jk} = a_{jk} + b_{jk} \tag{3.2}$$
で与えられる．すなわち，各成分をそれぞれ加えることによって，行列の和が定義されるのである．

例 3.1

行列 $\tilde{A}$ と $\tilde{B}$ が
$$\tilde{A} = \begin{pmatrix} 2 & 1 & 4 \\ 3 & 0 & 2 \end{pmatrix}, \quad \tilde{B} = \begin{pmatrix} 3 & 5 & 1 \\ 2 & 1 & -3 \end{pmatrix}$$
であるとき，
$$\tilde{C} = \tilde{A} + \tilde{B} = \begin{pmatrix} 2 & 1 & 4 \\ 3 & 0 & 2 \end{pmatrix} + \begin{pmatrix} 3 & 5 & 1 \\ 2 & 1 & -3 \end{pmatrix} = \begin{pmatrix} 2+3 & 1+5 & 4+1 \\ 3+2 & 0+1 & 2-3 \end{pmatrix}$$
$$= \begin{pmatrix} 5 & 6 & 5 \\ 5 & 1 & -1 \end{pmatrix}$$
である．

この定義より，行列の加法は交換法則と結合法則をみたすことは明らかである．すなわち，行列 $\tilde{A}, \tilde{B}, \tilde{C}$ が同じ次数であるとすると，
$$\tilde{A} + \tilde{B} = \tilde{B} + \tilde{A}, \quad \tilde{A} + (\tilde{B} + \tilde{C}) = (\tilde{A} + \tilde{B}) + \tilde{C} \tag{3.3}$$
が成り立つ．

同様にして，$\tilde{A} = (a_{jk})$ と $\tilde{B} = (b_{jk})$ が同じ型であるとき，この2つの行列の差
$$\tilde{D} = \tilde{A} - \tilde{B}$$
を，各成分が
$$d_{jk} = a_{jk} - b_{jk} \tag{3.4}$$
である行列として定義する．

3.2.3 行列と数の積

$\tilde{A} = (a_{jk})$ が行列であり,c が数(スカラー)であるとき,$\tilde{A}$ と c との積は

$$c\tilde{A} = \tilde{A}c = (ca_{jk}) \tag{3.5}$$

として定義される.すなわち,$c\tilde{A}$ は,行列 $\tilde{A}$ の各成分を c 倍した行列である.

この定義から,任意の行列と数に対して,

$$c(\tilde{A}+\tilde{B}) = c\tilde{A}+c\tilde{B}, \quad (c+k)\tilde{A} = c\tilde{A}+k\tilde{A}, \quad c(k\tilde{A}) = ck\tilde{A} \tag{3.6}$$

が成り立つことがわかる.

例 3.2

$$7\begin{pmatrix} a & b & c \\ d & e & f \end{pmatrix} = \begin{pmatrix} 7a & 7b & 7c \\ 7d & 7e & 7f \end{pmatrix}.$$

公式 (3.3) と (3.6) より,行列は**ベクトル空間**をなすことがわかる.行列のベクトル空間については第 5 章で詳しく説明する.

3.2.4 行列の乗法

$\tilde{A}$ と $\tilde{B}$ の 2 つの**行列の積**は,$\tilde{A}$ の列数と $\tilde{B}$ の行数とが等しいときに限って,定義することができる.積が定義できる行列の対は,互いに**整合している**ということがある.$\tilde{A} = (a_{jk})$ が $n \times s$ 行列であり,$\tilde{B} = (b_{jk})$ が $s \times m$ 行列であるとき,$\tilde{A}$ と $\tilde{B}$ は整合しており,これらの積 $\tilde{C} = \tilde{A}\tilde{B}$ は,各成分が次式で与えられるような $n \times m$ 行列である:

$$c_{ik} = \sum_{j=1}^{s} a_{ij} b_{jk}. \tag{3.7}$$

すなわち,行列 $\tilde{C} = \tilde{A}\tilde{B}$ の ik 成分は,行列 $\tilde{A}$ の i 行の成分と,行列 $\tilde{B}$ の k 列の成分をそれぞれ掛けて,その積をすべて加え合わせたものである.

例 3.3

$$\tilde{A} = \begin{pmatrix} 2 & 1 & 4 \\ -3 & 0 & 2 \end{pmatrix}, \quad \tilde{B} = \begin{pmatrix} 3 & 5 \\ 2 & -1 \\ 4 & 2 \end{pmatrix}$$

であるとき,

$$\tilde{A}\tilde{B} = \begin{pmatrix} 2 \times 3 + 1 \times 2 + 4 \times 4 & 2 \times 5 + 1 \times (-1) + 4 \times 2 \\ (-3) \times 3 + 0 \times 2 + 2 \times 4 & (-3) \times 5 + 0 \times (-1) + 2 \times 2 \end{pmatrix}$$

$$= \begin{pmatrix} 24 & 17 \\ -1 & -11 \end{pmatrix}.$$

一般には行列の乗法演算は**非可換**である．すなわち $\tilde{A}\tilde{B} \neq \tilde{B}\tilde{A}$ である．非可換であるばかりか，非正方行列では，$\tilde{A}\tilde{B}$ は定義できても $\tilde{B}\tilde{A}$ は定義できないこともある．

例 3.4
$$\tilde{A} = \begin{pmatrix} 1 & 2 \\ 3 & 4 \end{pmatrix}, \quad \tilde{B} = \begin{pmatrix} 3 \\ 7 \end{pmatrix}$$

であるとき，
$$\tilde{A}\tilde{B} = \begin{pmatrix} 1 & 2 \\ 3 & 4 \end{pmatrix} \begin{pmatrix} 3 \\ 7 \end{pmatrix} = \begin{pmatrix} 1 \times 3 + 2 \times 7 \\ 3 \times 3 + 4 \times 7 \end{pmatrix} = \begin{pmatrix} 17 \\ 37 \end{pmatrix}$$

であるが，
$$\tilde{B}\tilde{A} = \begin{pmatrix} 3 \\ 7 \end{pmatrix} \begin{pmatrix} 1 & 2 \\ 3 & 4 \end{pmatrix}$$

は定義できない．

行列の乗法は結合法則と分配法則をみたす：
$$(\tilde{A}\tilde{B})\tilde{C} = \tilde{A}(\tilde{B}\tilde{C}), \quad (\tilde{A} + \tilde{B})\tilde{C} = \tilde{A}\tilde{C} + \tilde{B}\tilde{C}.$$

この結合則を証明するには，まず行列の積 $\tilde{A}\tilde{B}$ を計算して，これに右から $\tilde{C}$ を掛ければよい：

$$\tilde{A}\tilde{B} = \sum_k a_{ik} b_{kj},$$
$$(\tilde{A}\tilde{B})\tilde{C} = \sum_j \left[\left(\sum_k a_{ik} b_{kj} \right) c_{js} \right] = \sum_k a_{ik} \left(\sum_j b_{kj} c_{js} \right) = \tilde{A}(\tilde{B}\tilde{C}).$$

行列の積は，通常の数の積とは多くの点で違っている．例えば，$\tilde{A}\tilde{B} = 0$ であっても $\tilde{A} = 0$ あるいは $\tilde{B} = 0$ とは限らない．特に，通常の数の積と比較して奇妙に思える例は，$\tilde{A}^2 = 0$ であっても $\tilde{A} \neq 0$ である場合があることである．例えば
$$\tilde{A} = \begin{pmatrix} 0 & 1 \\ 0 & 0 \end{pmatrix}$$

がその例である．

行列の掛け算の公式 (3.7) の定義をはじめてみたとき，おそらくどうしてこのように定義するのか不思議に感じることであろう．これは，線形変換を行列で表す場合を考えると自然に理解できる．このことを簡単な例を用いて説明することにする．平面上に (x_1, x_2) 座標系，(y_1, y_2) 座標系，(z_1, z_2) 座標系の 3 つがあり，それらは次の線形変換によって互いに関係づけられているものとしよう．

$$x_1 = a_{11} y_1 + a_{12} y_2, \quad x_2 = a_{21} y_1 + a_{22} y_2, \tag{3.8}$$
$$y_1 = b_{11} z_1 + b_{12} z_2, \quad y_2 = b_{21} z_1 + b_{22} z_2. \tag{3.9}$$

当然，(z_1, z_2) 座標から (x_1, x_2) 座標へ，1 回の線形変換で変換できるはずである．それを

$$x_1 = c_{11}z_1 + c_{12}z_2, \quad x_2 = c_{21}z_1 + c_{22}z_2 \tag{3.10}$$

と書くことにする．他方，式 (3.9) を式 (3.8) に代入すると，

$$x_1 = a_{11}(b_{11}z_1 + b_{12}z_2) + a_{12}(b_{21}z_1 + b_{22}z_2),$$
$$x_2 = a_{21}(b_{11}z_1 + b_{12}z_2) + a_{22}(b_{21}z_1 + b_{22}z_2)$$

を得る．これを式 (3.10) と比較すると，

$$c_{11} = a_{11}b_{11} + a_{12}b_{21}, \quad c_{12} = a_{11}b_{12} + a_{12}b_{22},$$
$$c_{21} = a_{21}b_{11} + a_{22}b_{21}, \quad c_{22} = a_{21}b_{12} + a_{22}b_{22}$$

が得られる．これは

$$c_{jk} = \sum_{i=1}^{2} a_{ji}b_{ik} \quad (j, k = 1, 2) \tag{3.11}$$

とまとめて表すことができるが，これはまさに式 (3.7) と同じ形式である．

変換 (3.8), (3.9), (3.10) を行列形式で

$$\tilde{X} = \tilde{A}\tilde{Y}, \quad \tilde{Y} = \tilde{B}\tilde{Z}, \quad \tilde{X} = \tilde{C}\tilde{Z}$$

と表すこともできる．ここで

$$\tilde{X} = \begin{pmatrix} x_1 \\ x_2 \end{pmatrix}, \quad \tilde{Y} = \begin{pmatrix} y_1 \\ y_2 \end{pmatrix}, \quad \tilde{Z} = \begin{pmatrix} z_1 \\ z_2 \end{pmatrix},$$
$$\tilde{A} = \begin{pmatrix} a_{11} & a_{12} \\ a_{21} & a_{22} \end{pmatrix}, \quad \tilde{B} = \begin{pmatrix} b_{11} & b_{12} \\ b_{21} & b_{22} \end{pmatrix}, \quad \tilde{C} = \begin{pmatrix} c_{11} & c_{12} \\ c_{21} & c_{22} \end{pmatrix}$$

である．こうすると，$\tilde{C} = \tilde{A}\tilde{B}$ であり，$\tilde{C}$ の成分は式 (3.11) で与えられる．

例 3.5

行列の積の応用例として，3 次元空間内の回転の行列表示を考えることにする．図 3.1 では (x_1, x_2, x_3) 座標系を x_3 座標のまわりに角度 θ だけ回転して，座標系 (x'_1, x'_2, x'_3) が得られる様子を表している．x'_1 は x_1 の x'_1 軸への射影と x_2 の x'_1 軸への射影の和である：

$$x'_1 = x_1 \cos\theta + x_2 \cos\left(\frac{\pi}{2} - \theta\right) = x_1 \cos\theta + x_2 \sin\theta.$$

同様にして，

$$x'_2 = x_1 \cos\left(\frac{\pi}{2} + \theta\right) + x_2 \cos\theta = -x_1 \sin\theta + x_2 \cos\theta,$$

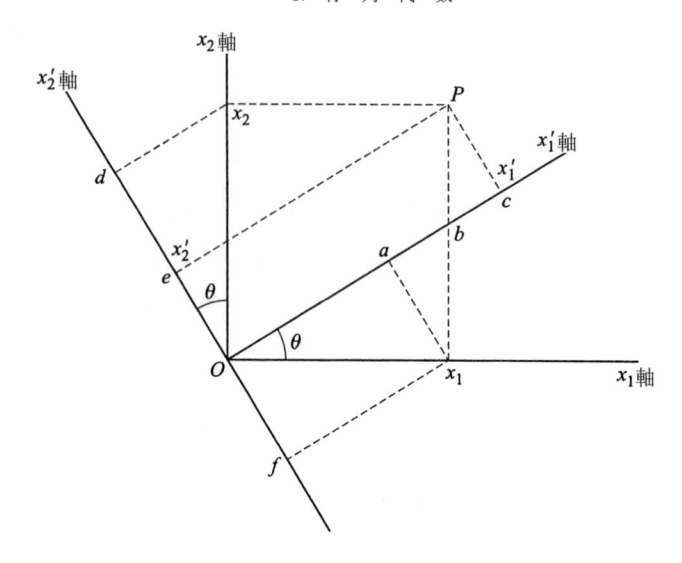

図 **3.1** 回転による座標変換.

$$x'_3 = x_3$$

である．これらの関係式は，行列

$$X' = \begin{pmatrix} x'_1 \\ x'_2 \\ x'_3 \end{pmatrix}, \quad X = \begin{pmatrix} x_1 \\ x_2 \\ x_3 \end{pmatrix}, \quad R_\theta = \begin{pmatrix} \cos\theta & \sin\theta & 0 \\ -\sin\theta & \cos\theta & 0 \\ 0 & 0 & 1 \end{pmatrix}$$

を用いると，

$$X' = R_\theta X$$

と簡単に表すことができる．

3.3 交 換 子

$\tilde{A}$ と $\tilde{B}$ がともに n 次の正方行列である場合は，積 $\tilde{A}\tilde{B}$ も $\tilde{B}\tilde{A}$ も定義できるが，それらは一般には異なった行列である．例えば

$$\begin{pmatrix} 1 & 2 \\ 1 & 3 \end{pmatrix} \begin{pmatrix} 1 & 0 \\ 1 & 2 \end{pmatrix} = \begin{pmatrix} 3 & 4 \\ 4 & 6 \end{pmatrix} \quad \text{であるが} \quad \begin{pmatrix} 1 & 0 \\ 1 & 2 \end{pmatrix} \begin{pmatrix} 1 & 2 \\ 1 & 3 \end{pmatrix} = \begin{pmatrix} 1 & 2 \\ 3 & 8 \end{pmatrix}$$

であるように，各成分がそれぞれ違って計算されるからである．

2つの積 $\tilde{A}\tilde{B}$ と $\tilde{B}\tilde{A}$ の差を，$\tilde{A}$ と $\tilde{B}$ の**交換子**とよび

$$[\tilde{A}, \tilde{B}] = \tilde{A}\tilde{B} - \tilde{B}\tilde{A} \tag{3.12}$$

と書く．明らかに
$$[\tilde{B}, \tilde{A}] = -[\tilde{A}, \tilde{B}] \tag{3.13}$$
である．2つの正方行列 $\tilde{A}$ と $\tilde{B}$ をその積が順序を交換しても等しく $\tilde{A}\tilde{B} = \tilde{B}\tilde{A}$ となるように選ぶこともできる．このような行列の対は，互いに**可換**であるという．可換な行列は**量子力学**で重要な役割を演じる．

$\tilde{A}$ と $\tilde{B}$ が可換であり，$\tilde{B}$ と $\tilde{C}$ が可換であっても，$\tilde{A}$ と $\tilde{C}$ とは可換とは限らないことに注意すべきである．

3.4 行列のべき乗

$\tilde{A}$ が正方行列であるとき，$\tilde{A}^2 = \tilde{A}\tilde{A}$，$\tilde{A}^3 = \tilde{A}\tilde{A}\tilde{A}$ であり，一般に n を正の整数とすると $\tilde{A}^n = \tilde{A}\tilde{A}\cdots\tilde{A}$（$n$ 回の積）である．また特に，$\tilde{A}^0 = \tilde{I}$ と定義することにする．

3.5 行列の関数

行列の関数を定義することもできる．ここでは，(べき指数が整数の) べき関数と指数関数について考えてみることにする．

行列のべき関数の簡単な例として，次のような多項式が考えられる：
$$f(\tilde{A}) = \tilde{A}^2 + 3\tilde{A}^5.$$
ここで，行列は正方行列であるときに限って，その2乗が定義できることに注意すべきである．すなわち，ここでは $\tilde{A}$ は正方行列であるものと仮定し，その2乗 $\tilde{A}\cdot\tilde{A}$ を $\tilde{A}^2$ と書いたのである．別の例として，行列のべき級数
$$\tilde{S} = \sum_{k=0}^{\infty} a_k \tilde{A}^k$$
を考えることもできる．ここで a_k はスカラー係数である．もちろん，この無限級数はその値が収束しなければ意味をもたない．ここで，行列の和の収束とは行列の各成分の和がすべて収束することを意味する．ただし，行列の収束についてはここでは詳しく論じない．ただ，次の無限級数はよく使われ，きわめて重要であることだけ述べておく[*1)]：
$$e^{\tilde{A}} = \sum_{n=0}^{\infty} \frac{\tilde{A}^n}{n!}.$$

3.6 行列の転置

$m \times n$ 行列 $\tilde{A}$ が与えられたとき，その行を列に，列を行に，それらの順番を変えずに変換して新たに得られる行列を，$\tilde{A}$ の**転置行列**とよび，$\tilde{A}^{\mathrm{T}}$ と書く：

[*1)] 訳注：$e^{\tilde{A}}$ は**指数演算子**とよばれる．

$$\tilde{A} = \begin{pmatrix} a_{11} & a_{12} & a_{13} & \cdots & a_{1n} \\ a_{21} & a_{22} & a_{23} & \cdots & a_{2n} \\ \vdots & \vdots & \vdots & & \vdots \\ a_{m1} & a_{m2} & a_{m3} & \cdots & a_{mn} \end{pmatrix}, \quad \tilde{A}^{\mathrm{T}} = \begin{pmatrix} a_{11} & a_{21} & a_{31} & \cdots & a_{m1} \\ a_{12} & a_{22} & a_{32} & \cdots & a_{m2} \\ \vdots & \vdots & \vdots & & \vdots \\ a_{n1} & a_{n2} & a_{n3} & \cdots & a_{nm} \end{pmatrix}.$$

したがって,転置行列は n 行 m 列である.もしも $\tilde{A}$ が (a_{jk}) と表されるなら,$\tilde{A}^{\mathrm{T}}$ は (a_{kj}) で表される:

$$\tilde{A} = (a_{jk}), \quad \tilde{A}^{\mathrm{T}} = (a_{kj}). \tag{3.14}$$

行ベクトルの転置は列ベクトルであり,反対に列ベクトルの転置は行ベクトルである.

例 3.6

$$\tilde{A} = \begin{pmatrix} 1 & 2 & 3 \\ 4 & 5 & 6 \end{pmatrix}, \quad \tilde{A}^{\mathrm{T}} = \begin{pmatrix} 1 & 4 \\ 2 & 5 \\ 3 & 6 \end{pmatrix}; \quad \tilde{B} = \begin{pmatrix} 1 & 2 & 3 \end{pmatrix}, \quad \tilde{B}^{\mathrm{T}} = \begin{pmatrix} 1 \\ 2 \\ 3 \end{pmatrix}.$$

明らかに $(\tilde{A}^{\mathrm{T}})^{\mathrm{T}} = \tilde{A}$,$(\tilde{A} + \tilde{B})^{\mathrm{T}} = \tilde{A}^{\mathrm{T}} + \tilde{B}^{\mathrm{T}}$ が成り立つ.また,行列の積の転置は,それぞれの行列の転置の順序を入れ換えた積に等しいこと,すなわち

$$(\tilde{A}\tilde{B})^{\mathrm{T}} = \tilde{B}^{\mathrm{T}}\tilde{A}^{\mathrm{T}} \tag{3.15}$$

が成り立つことを証明することができる.

証明:定義より

$$\begin{aligned} (\tilde{A}\tilde{B})^{\mathrm{T}}_{ij} &= (\tilde{A}\tilde{B})_{ji} \\ &= \sum_k A_{jk} B_{ki} \\ &= \sum_k B^{\mathrm{T}}_{ik} A^{\mathrm{T}}_{kj} \\ &= (\tilde{B}^{\mathrm{T}} \tilde{A}^{\mathrm{T}})_{ij} \end{aligned}$$

であるから,

$$(\tilde{A}\tilde{B})^{\mathrm{T}} = \tilde{B}^{\mathrm{T}}\tilde{A}^{\mathrm{T}}$$

である.公式 (3.15) が成り立つので,たとえ $\tilde{A} = \tilde{A}^{\mathrm{T}}$ かつ $\tilde{B} = \tilde{B}^{\mathrm{T}}$ であっても,$\tilde{A}$ と $\tilde{B}$ とが可換でなければ,$(\tilde{A}\tilde{B})^{\mathrm{T}} \neq \tilde{A}\tilde{B}$ である.

3.7 対称行列と反対称行列

正方行列 $\tilde{A} = (a_{jk})$ のすべての成分が

3.7 対称行列と反対称行列

$$a_{kj} = a_{jk} \tag{3.16}$$

をみたすとき，その行列は**対称行列**であるという．すなわち，対称行列 $\tilde{A}$ は，その転置行列と等しい（$\tilde{A} = \tilde{A}^{\mathrm{T}}$）．例えば

$$\tilde{A} = \begin{pmatrix} 1 & 5 & 7 \\ 5 & 3 & -4 \\ 7 & -4 & 0 \end{pmatrix}$$

は，$i = 1, 2, 3$ すべてに対して，i 行は i 列に等しいので，3 次の対称行列である．

他方 $\tilde{A}$ の成分がすべて

$$a_{kj} = -a_{jk} \tag{3.17}$$

をみたすとき，その行列は**反対称行列**（あるいは**歪対称行列**あるいは**交代行列**）であるという．したがって，$\tilde{A}$ が反対称行列ならば $\tilde{A}^{\mathrm{T}} = -\tilde{A}$ である．反対称行列の対角成分 a_{jj} は $a_{jj} = -a_{jj}$ をみたさなければならないので，ゼロでなければならないことになる．反対称行列の例として

$$\tilde{A} = \begin{pmatrix} 0 & -2 & 5 \\ 2 & 0 & 1 \\ -5 & -1 & 0 \end{pmatrix}$$

をあげておく．

任意の**実正方行列** $\tilde{A}$ は，対称行列 $\tilde{R}$ と反対称行列 $\tilde{S}$ の和として表すことができる．なぜなら，

$$\tilde{R} = \frac{1}{2}(\tilde{A} + \tilde{A}^{\mathrm{T}}) \quad \tilde{S} = \frac{1}{2}(\tilde{A} - \tilde{A}^{\mathrm{T}}) \tag{3.18}$$

とすればよいからである．

例 3.7

行列

$$\tilde{A} = \begin{pmatrix} 2 & 3 \\ 5 & -1 \end{pmatrix}$$

は

$$\tilde{R} = \frac{1}{2}(\tilde{A} + \tilde{A}^{\mathrm{T}}) = \begin{pmatrix} 2 & 4 \\ 4 & -1 \end{pmatrix}, \quad \tilde{S} = \frac{1}{2}(\tilde{A} - \tilde{A}^{\mathrm{T}}) = \begin{pmatrix} 0 & -1 \\ 1 & 0 \end{pmatrix}$$

を使って，$\tilde{A} = \tilde{R} + \tilde{S}$ と表すことができる．

2 つの対称行列の積は必ずしも対称とは限らない．これは公式 (3.15) が成り立つからである．すなわち，$\tilde{A} = \tilde{A}^{\mathrm{T}}$ かつ $\tilde{B} = \tilde{B}^{\mathrm{T}}$ であったとしても，この 2 つの行列が可換でないならば，$(\tilde{A}\tilde{B})^{\mathrm{T}} \neq \tilde{A}\tilde{B}$ であるからである．

正方行列の対角成分の上の成分がすべてゼロ，あるいは対角線の下の成分がすべてゼロであるとき，その行列は **3 角行列**であるという．次の 2 つの行列はともに 3 角行列の

例である：

$$\begin{pmatrix} 1 & 0 & 0 \\ 2 & 3 & 0 \\ 5 & 0 & 2 \end{pmatrix}, \quad \begin{pmatrix} 1 & 6 & -1 \\ 0 & 2 & 3 \\ 0 & 0 & 4 \end{pmatrix}.$$

行列 $\tilde{A}$ の行列式を $\det \tilde{A}$ と書く．$\det \tilde{A} = 0$ のとき，その行列 $\tilde{A}$ は**非正則**であるといい，$\det \tilde{A} \neq 0$ であるとき**正則**であるという．

3.8 ベクトルの積の行列表示

ベクトル解析で定義された**ベクトルの内積**は，行列を用いると次のように表すことができる．2 つのベクトル $\boldsymbol{A} = (A_1, A_2, A_3)$ と $\boldsymbol{B} = (B_1, B_2, B_3)$ が与えられたとき，これらの内積は

$$\tilde{A}\tilde{B}^{\mathrm{T}} = (A_1 A_2 A_3) \begin{pmatrix} B_1 \\ B_2 \\ B_3 \end{pmatrix} = A_1 B_1 + A_2 B_2 + A_3 B_3$$

と表せる．この式の転置 $\tilde{B}\tilde{A}^{\mathrm{T}}$ も 1×1 行列であり $\tilde{A}\tilde{B}^{\mathrm{T}}$ に等しいので，ベクトルの内積は $\tilde{B}\tilde{A}^{\mathrm{T}}$ とも表せる．

同様にして，**ベクトルの外積**も行列の積を用いて表されるはずである．まずベクトルの外積

$$\boldsymbol{A} \times \boldsymbol{B} = (A_2 B_3 - A_3 B_2)\hat{e}_1 + (A_3 B_1 - A_1 B_3)\hat{e}_2 + (A_1 B_2 - A_2 B_1)\hat{e}_3$$

は，列ベクトル

$$\begin{pmatrix} A_2 B_3 - A_3 B_2 \\ A_3 B_1 - A_1 B_3 \\ A_1 B_2 - A_2 B_1 \end{pmatrix}$$

で表すことができることに注意する．この列ベクトルは

$$\begin{pmatrix} A_2 B_3 - A_3 B_2 \\ A_3 B_1 - A_1 B_3 \\ A_1 B_2 - A_2 B_1 \end{pmatrix} = \begin{pmatrix} 0 & -A_3 & A_2 \\ A_3 & 0 & -A_1 \\ -A_2 & A_1 & 0 \end{pmatrix} \begin{pmatrix} B_1 \\ B_2 \\ B_3 \end{pmatrix}$$

あるいは

$$\begin{pmatrix} A_2 B_3 - A_3 B_2 \\ A_3 B_1 - A_1 B_3 \\ A_1 B_2 - A_2 B_1 \end{pmatrix} = \begin{pmatrix} 0 & B_3 & -B_2 \\ -B_3 & 0 & B_1 \\ B_2 & -B_1 & 0 \end{pmatrix} \begin{pmatrix} A_1 \\ A_2 \\ A_3 \end{pmatrix}$$

というように，2 つの行列の積に分解できる．したがって，ベクトルの外積は反対称行列と列ベクトルの積で表されるように思われる．しかしながら，このような表示は 3×3

行列の場合だけしか成り立たない．

同様に curl $\boldsymbol{A}$ は，デカルト座標で次のような**反対称行列演算子**を用いて表すことができる：

$$\nabla \times \boldsymbol{A} = \begin{pmatrix} 0 & -\dfrac{\partial}{\partial x_3} & \dfrac{\partial}{\partial x_2} \\ \dfrac{\partial}{\partial x_3} & 0 & -\dfrac{\partial}{\partial x_1} \\ -\dfrac{\partial}{\partial x_2} & \dfrac{\partial}{\partial x_1} & 0 \end{pmatrix} \begin{pmatrix} A_1 \\ A_2 \\ A_3 \end{pmatrix}.$$

同様にして，ベクトルのスカラー 3 重積やベクトル 3 重積を行列によって表すこともできる．

3.9 逆 行 列

与えられた行列 $\tilde{A}$ に対して，$\tilde{A}\tilde{B} = \tilde{B}\tilde{A} = \tilde{I}$ ($\tilde{I}$ は単位行列) となるような行列 $\tilde{B}$ が存在するとき，この行列 $\tilde{B}$ を行列 $\tilde{A}$ の**逆行列**という．

例 3.8

行列
$$\tilde{B} = \begin{pmatrix} 3 & 5 \\ 1 & 2 \end{pmatrix}$$
は，行列
$$\tilde{A} = \begin{pmatrix} 2 & -5 \\ -1 & 4 \end{pmatrix}$$
の逆行列である．なぜならば，
$$\tilde{A}\tilde{B} = \begin{pmatrix} 2 & -5 \\ -1 & 3 \end{pmatrix} \begin{pmatrix} 3 & 5 \\ 1 & 2 \end{pmatrix} = \begin{pmatrix} 1 & 0 \\ 0 & 1 \end{pmatrix} = \tilde{I}$$
かつ
$$\tilde{B}\tilde{A} = \begin{pmatrix} 3 & 5 \\ 1 & 2 \end{pmatrix} \begin{pmatrix} 2 & -5 \\ -1 & 3 \end{pmatrix} = \begin{pmatrix} 1 & 0 \\ 0 & 1 \end{pmatrix} = \tilde{I}$$
が成り立つからである．

逆行列があるとすればそれはただ 1 つである．すなわち，もしも $\tilde{B}$ と $\tilde{C}$ がともに行列 $\tilde{A}$ の逆行列であったならば，$\tilde{B} = \tilde{C}$ である．この証明は簡単である．$\tilde{B}$ が $\tilde{A}$ の逆行列であるとすると，$\tilde{B}\tilde{A} = \tilde{I}$ である．この等式の両辺に，右から $\tilde{C}$ を掛けると $(\tilde{B}\tilde{A})\tilde{C} = \tilde{I}\tilde{C} = \tilde{C}$ となる．他方，$(\tilde{B}\tilde{A})\tilde{C} = \tilde{B}(\tilde{A}\tilde{C}) = \tilde{B}\tilde{I} = \tilde{B}$ であるから，$\tilde{B} = \tilde{C}$ となる．行列 $\tilde{A}$ が逆行列をもつとき，その唯一の逆行列を $\tilde{A}^{-1}$ と書く．すなわち

$$\tilde{A}\tilde{A}^{-1} = \tilde{A}^{-1}\tilde{A} = \tilde{I} \tag{3.19}$$

である．

逆行列の逆行列はもとの行列であることは明らかである．すなわち

$$(\tilde{A}^{-1})^{-1} = \tilde{A} \tag{3.20}$$

である．また，行列の積の逆行列は，それぞれの逆行列を順序を反対にして掛けたものであること，すなわち

$$(\tilde{A}\tilde{B})^{-1} = \tilde{B}^{-1}\tilde{A}^{-1} \tag{3.21}$$

であることは次のようにして証明できる．等式 $\tilde{A}\tilde{A}^{-1} = \tilde{I}$ において，$\tilde{A}$ を $\tilde{A}\tilde{B}$ で置き換えると

$$\tilde{A}\tilde{B}(\tilde{A}\tilde{B})^{-1} = \tilde{I}$$

を得る．この両辺に左から $\tilde{A}^{-1}$ を掛けると

$$\tilde{B}(\tilde{A}\tilde{B})^{-1} = \tilde{A}^{-1}$$

が得られる．次にこの両辺に左から $\tilde{B}^{-1}$ を掛ければ，式 (3.21) が得られる．

3.10　逆行列 $\tilde{A}^{-1}$ の求め方

行列 $\tilde{A}$ の n 乗 (ただし n は正の整数とする) は $\tilde{A}^n = \tilde{A}\tilde{A}\cdots\tilde{A}$ (n 回積) で定義され，また $\tilde{A}^0 = \tilde{I}$ である．さらに，$\tilde{A}$ が逆行列をもつときには，

$$\tilde{A}^{-n} = (\tilde{A}^{-1})^n = \tilde{A}^{-1}\tilde{A}^{-1}\cdots\tilde{A}^{-1} \quad (n \text{ 回積})$$

によって，$\tilde{A}$ の負べきを定義することにする．

行列

$$\tilde{A} = \begin{pmatrix} a_{11} & a_{12} & a_{13} & \cdots & a_{1n} \\ a_{21} & a_{22} & a_{23} & \cdots & a_{2n} \\ \vdots & \vdots & \vdots & & \vdots \\ a_{n1} & a_{n2} & a_{n3} & \cdots & a_{nn} \end{pmatrix}$$

が与えられているものとする．この逆行列を

$$\tilde{A}^{-1} = \begin{pmatrix} a'_{11} & a'_{12} & a'_{13} & \cdots & a'_{1n} \\ a'_{21} & a'_{22} & a'_{23} & \cdots & a'_{2n} \\ \vdots & \vdots & \vdots & & \vdots \\ a'_{n1} & a'_{n2} & a'_{n3} & \cdots & a'_{nn} \end{pmatrix}$$

と書くことにする．$\tilde{A}\tilde{A}^{-1} = \tilde{I}$ であるから

$$a_{11}a'_{11} + a_{12}a'_{21} + \cdots + a_{1n}a'_{n1} = 1,$$
$$a_{11}a'_{12} + a_{12}a'_{22} + \cdots + a_{1n}a'_{n2} = 0,$$
$$\vdots$$
$$a_{n1}a'_{1n} + a_{n2}a'_{2n} + \cdots + a_{nn}a'_{nn} = 1 \tag{3.22}$$

が成り立たなければならない．この連立線形代数方程式 (3.22) の解は，**クラメルの公式**を用いると，$\tilde{A}$ の (j, k) 余因子を C_{jk} としたとき

$$a'_{jk} = \frac{C_{kj}}{\det \tilde{A}} \tag{3.23}$$

で与えられることがわかる．公式 (3.23) より，行列 $\tilde{A}$ が正則である (すなわち $\det \tilde{A} \neq 0$ である) ときに限って，逆行列 $\tilde{A}^{-1}$ が存在することがわかる．

3.11 連立線形方程式と逆行列

逆行列の応用として，n 個の未知変数 $(x_1, \ldots, x_n)$ に対する n 次元**連立線形方程式**を考えることにする：

$$a_{11}x_1 + a_{12}x_2 + \cdots + a_{1n}x_n = b_1,$$
$$a_{21}x_1 + a_{22}x_2 + \cdots + a_{2n}x_n = b_2,$$
$$\vdots$$
$$a_{n1}x_1 + a_{n2}x_2 + \cdots + a_{nn}x_n = b_n.$$

これは行列

$$\tilde{A} = \begin{pmatrix} a_{11} & a_{12} & a_{13} & \cdots & a_{1n} \\ a_{21} & a_{22} & a_{23} & \cdots & a_{2n} \\ \vdots & \vdots & \vdots & & \vdots \\ a_{n1} & a_{n2} & a_{n3} & \cdots & a_{nn} \end{pmatrix}, \quad \tilde{X} = \begin{pmatrix} x_1 \\ x_2 \\ \vdots \\ x_n \end{pmatrix}, \quad \tilde{B} = \begin{pmatrix} b_1 \\ b_2 \\ \vdots \\ b_n \end{pmatrix},$$

を用いると，

$$\tilde{A}\tilde{X} = \tilde{B} \tag{3.24}$$

と表される．この連立線形方程式の唯一の解は

$$\tilde{X} = \tilde{A}^{-1}\tilde{B} \tag{3.25}$$

で与えられることは，次のようにして証明することができる．$\tilde{A}$ が正則であるならば，それは唯一の逆行列 $\tilde{A}^{-1}$ をもつ．式 (3.24) の両辺に左から $\tilde{A}^{-1}$ を掛けると

$$\tilde{A}^{-1}(\tilde{A}\tilde{X}) = \tilde{A}^{-1}\tilde{B}$$

が得られる．ところが，上の左辺は

$$\tilde{A}^{-1}(\tilde{A}\tilde{X}) = (\tilde{A}^{-1}\tilde{A})\tilde{X} = \tilde{X}$$

である．よって式 (3.25) が示された．

3.12 行列の複素共役

$\tilde{A} = (a_{jk})$ が各成分が複素数である行列であるとき，その**複素共役**は $\tilde{A}^*$ で表される．$\tilde{A}^*$ の各成分は $\tilde{A}$ の対応する成分の複素共役である：

$$(\tilde{A}^*)_{jk} = a_{jk}^*. \tag{3.26}$$

3.13 エルミート共役

$\tilde{A} = (a_{jk})$ が各成分が複素数である行列であるとき，この行列の転置をとり，かつ複素共役をとったものを，もとの行列の**エルミート共役**とよび，$\tilde{A}^\dagger$ と書く．転置と複素共役とはいずれを先にとっても，結果は同じである：

$$\tilde{A}^\dagger = (\tilde{A}^\mathrm{T})^* = (\tilde{A}^*)^\mathrm{T}. \tag{3.27}$$

成分で書けば，

$$(\tilde{A}^\dagger)_{jk} = a_{kj}^* \tag{3.27a}$$

である．

行列 $\tilde{A}$ が $m \times n$ 行列であるならば，$\tilde{A}^\dagger$ は $n \times m$ 行列である．積の転置と同様にして，行列の積のエルミート共役は，それぞれの行列のエルミート共役を順序を逆にして掛ければ得られる．すなわち

$$(\tilde{A}\tilde{B})^\dagger = \tilde{B}^\dagger \tilde{A}^\dagger \tag{3.28}$$

が成り立つ．

3.14 エルミート行列と反エルミート行列

行列 $\tilde{A}$ が

$$\tilde{A}^\dagger = \tilde{A} \tag{3.29}$$

であるとき，**エルミート行列**とよばれる．次の2つの行列はともにエルミート行列であることはすぐにわかるであろう：

$$\begin{pmatrix} 1 & -i \\ i & 2 \end{pmatrix}, \quad \begin{pmatrix} 4 & 5+2i & 6+3i \\ 5-2i & 5 & -1-2i \\ 6-3i & -1+2i & 6 \end{pmatrix}.$$

ただしここで,$i = \sqrt{-1}$ である.定義から明らかなように,エルミート行列の対角成分は実数でなければならない.

エルミート行列を,その転置と複素共役とが等しい行列:

$$\tilde{A}^{\mathrm{T}} = \tilde{A}^* \quad (すなわち\ a_{kj} = a_{jk}^*) \tag{3.29a}$$

として定義することもある.これら 2 つの定義は等価である.いずれの定義でも,エルミート行列の対角成分は実数である.さらにいえることは,すべての**実対称行列**はエルミート行列であるということである.したがって,実エルミート行列は対称行列である.

2 つのエルミート行列の積は,その 2 つが可換でなければ,一般にはエルミート行列ではない.これは式 (3.28) が成り立つからである.すなわち,$\tilde{A}^\dagger = \tilde{A}$ かつ $\tilde{B}^\dagger = \tilde{B}$ であっても,$\tilde{A}$ と $\tilde{B}$ が可換でなければ,$(\tilde{A}\tilde{B})^\dagger \neq \tilde{A}\tilde{B}$ であるからである.

行列 $\tilde{A}$ が

$$\tilde{A}^\dagger = -\tilde{A} \tag{3.30}$$

をみたすとき,**反エルミート行列**(あるいは**歪エルミート行列**)とよばれる.反エルミート行列の対角成分はすべて,0 または純虚数でなければならない.次の行列は,反エルミート行列の例である.

$$\begin{pmatrix} 6i & 5+2i & 6+3i \\ -5+2i & -8i & -1-2i \\ -6+3i & 1-2i & 0 \end{pmatrix}.$$

表 3.1 に行列の転置,複素共役,エルミート共役についてまとめておいた.

表 3.1 行列に対する操作

操作	行列成分		$\tilde{A}$	$\tilde{B}$	$\tilde{B} = \tilde{A}$ の場合
転置	$\tilde{B} = \tilde{A}^{\mathrm{T}}$	$b_{ij} = a_{ji}$	$m \times n$	$n \times m$	対称行列 [a]
複素共役	$\tilde{B} = \tilde{A}^*$	$b_{ij} = a_{ij}^*$	$m \times n$	$m \times n$	実行列
エルミート共役	$\tilde{B} = \tilde{A}^{\mathrm{T}*}$	$b_{ij} = a_{ji}^*$	$m \times n$	$n \times m$	エルミート行列

[a] ただし正方行列に対してのみ.

3.15 (実)直交行列

次が成り立つ行列 $\tilde{A} = (a_{jk})_{mn}$ は**直交行列**とよばれる[*2]:

[*2] 訳注:通常,直交行列は正方行列に対してのみ定義する.以下では本書でも,正方行列の場合のみ議論する.(正方行列のときは式 (3.31a) と式 (3.31b) は $\tilde{A}^{\mathrm{T}} = \tilde{A}^{-1}$ と等価である.)

$$\tilde{A}\tilde{A}^{\mathrm{T}} = \tilde{I}_m, \tag{3.31a}$$

$$\tilde{A}^{\mathrm{T}}\tilde{A} = \tilde{I}_n. \tag{3.31b}$$

行列 $\tilde{A}$ が正方行列であるならば，上の 2 つの条件の一方が成り立てば他方も成り立ち，

$$\tilde{A}\tilde{A}^{\mathrm{T}} = \tilde{A}^{\mathrm{T}}\tilde{A} = \tilde{I} \tag{3.32}$$

と書けることになる．

　式 (3.32) の両辺の行列式を計算すると，$(\det \tilde{A})^2 = 1$ すなわち，$\det \tilde{A} = \pm 1$ を得る．この結果は，$\tilde{A}$ は正則であり逆行列 $\tilde{A}^{-1}$ が存在することを意味する．確かに，式 (3.32) の両辺に左から $\tilde{A}^{-1}$ を掛けると，

$$\tilde{A}^{-1} = \tilde{A}^{\mathrm{T}} \tag{3.33}$$

が得られる．逆行列がその転置行列で与えられるというこの性質をもって，直交行列の定義とすることもある．

　直交行列の成分は独立ではない．それらの間の関係式を得るために，まず $\tilde{A}\tilde{A}^{\mathrm{T}} = \tilde{I}$ の両辺の ij 成分を考えることにする：

$$\sum_{k=1}^{n} a_{ik} a_{jk} = \delta_{ij}. \tag{3.34a}$$

同様にして，$\tilde{A}^{\mathrm{T}}\tilde{A} = \tilde{I}$ の両辺の ij 成分をみると

$$\sum_{k=1}^{n} a_{ki} a_{kj} = \delta_{ij} \tag{3.34b}$$

が得られる．式 (3.34a) あるいは式 (3.34b) は合計 $n(n+1)/2$ 個の関係式を与える．したがって，n 次の実直交行列の独立な成分の数は $n^2 - n(n+1)/2 = n(n-1)/2$ である．

3.16　ユニタリ行列

行列 $\tilde{U} = (u_{jk})_{mn}$ が

$$\tilde{U}\tilde{U}^{\dagger} = \tilde{I}_m, \tag{3.35a}$$

$$\tilde{U}^{\dagger}\tilde{U} = \tilde{I}_n \tag{3.35b}$$

をみたすとき，**ユニタリ行列**とよばれる．行列 $\tilde{U}$ が正方行列であるならば，上の 2 つの条件の一方が成り立てば他方も成り立ち，

$$\tilde{U}\tilde{U}^{\dagger} = \tilde{U}^{\dagger}\tilde{U} = \tilde{I} \tag{3.36}$$

と書ける．ユニタリ行列は実直交行列を複素数に拡張したものである．例えば，

$$\frac{1}{2}\begin{pmatrix} 1 & -i \\ i & 1 \end{pmatrix}$$

のように，ユニタリ行列の成分は複素数である．定義 (3.35) より，実ユニタリ行列は直交行列であることになる．

式 (3.36) の両辺の行列式を計算すると，$\det \tilde{U}^\dagger = (\det \tilde{U})^*$ であるから，

$$(\det \tilde{U})(\det \tilde{U})^* = 1 \quad \text{すなわち} \quad |\det \tilde{U}| = 1 \tag{3.37}$$

を得る．このことから，ユニタリ行列の行列式は，絶対値が 1 の複素数であり，したがって，α を実数としたとき，$e^{i\alpha}$ という形に書けることがわかる．また，ユニタリ行列は正則であり逆行列があることもわかる．式 (3.35a) の両辺に左から $\tilde{U}^{-1}$ を演算すると，

$$\tilde{U}^\dagger = \tilde{U}^{-1} \tag{3.38}$$

が得られる．この性質をもって，ユニタリ行列の定義とすることもある．

ユニタリ行列の特別な場合である実直交行列と同様にして，一般にユニタリ行列の成分の間には次の関係式が成り立つ：

$$\sum_{k=1}^{n} u_{ik} u_{jk}^* = \delta_{ij}, \quad \sum_{k=1}^{n} u_{ki} u_{kj}^* = \delta_{ij}. \tag{3.39}$$

2 つのユニタリ行列の積はユニタリ行列である．このことは次のようにして証明することができる．いま $\tilde{U}_1$ と $\tilde{U}_2$ がユニタリ行列とする．すると

$$\tilde{U}_1 \tilde{U}_2 (\tilde{U}_1 \tilde{U}_2)^\dagger = \tilde{U}_1 \tilde{U}_2 (\tilde{U}_2^\dagger \tilde{U}_1^\dagger) = \tilde{U}_1 \tilde{U}_1^\dagger = \tilde{I} \tag{3.40}$$

であるので，$\tilde{U}_1 \tilde{U}_2$ もユニタリ行列であることになる．

3.17 回 転 行 列

例 3.5 について再び議論することにする．この例は，行列の有用性を示すうえで重要である．そこで扱った**回転行列**は，直交行列の例にもなっているからである．デカルト座標 (x_1, x_2, x_3) の点 P を考える（図 3.2 参照）．この座標系を x_3 軸のまわりに角度 θ だけ回転させて，新しい座標系を定義ことにする．この新しい座標系での，点 P の座標を (x'_1, x'_2, x'_3) と書くことにする．すると，点 P の位置ベクトル $\boldsymbol{r}$ は

$$\boldsymbol{r} = \sum_{i=1}^{3} x_i \hat{e}_i = \sum_{i=1}^{3} x'_i \hat{e}'_i \tag{3.41}$$

と書ける．式 (3.41) の両辺と $\hat{e}'_1$ との内積をとり，直交関係 $\hat{e}'_i \cdot \hat{e}'_j = \delta_{ij}$（$\delta_{ij}$ はクロネッカーのデルタ）を用いると $x'_1 = \boldsymbol{r} \cdot \hat{e}'_1$ を得る．同様にして，$x'_2 = \boldsymbol{r} \cdot \hat{e}'_2$, $x'_3 = \boldsymbol{r} \cdot \hat{e}'_3$

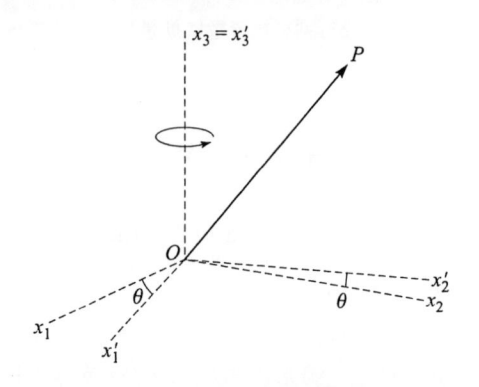

図 3.2 回転による座標変換.

を得る．これらの結果を用いると，

$$x'_i = \sum_{j=1}^{3} \hat{e}'_i \cdot \hat{e}_j x_j = \sum_{j=1}^{3} \lambda_{ij} x_j \qquad (j=1,2,3) \tag{3.42}$$

が得られる．ここで $\lambda_{ij} = \hat{e}'_i \cdot \hat{e}_j$ は**変換係数**とよばれる．これらは，新しい座標系の座標軸の，旧座標系の座標軸に対する方向余弦である：

$$\lambda_{ij} = \hat{e}'_i \cdot \hat{e}_j = \cos(x'_i, x_j) \qquad (i,j=1,2,3). \tag{3.42a}$$

関係式 (3.42) は次のように，行列を用いて表すことができる．

$$\begin{pmatrix} x'_1 \\ x'_2 \\ x'_3 \end{pmatrix} = \begin{pmatrix} \lambda_{11} & \lambda_{12} & \lambda_{13} \\ \lambda_{21} & \lambda_{22} & \lambda_{23} \\ \lambda_{31} & \lambda_{32} & \lambda_{33} \end{pmatrix} \begin{pmatrix} x_1 \\ x_2 \\ x_3 \end{pmatrix}. \tag{3.43a}$$

あるいはこれは，$\tilde{X}'$ と $\tilde{X}$ を列ベクトルとすると

$$\tilde{X}' = \tilde{\lambda}(\theta)\tilde{X}, \tag{3.43b}$$

とも表せる．ここで，$\tilde{\lambda}(\theta)$ は**変換行列**あるいは**回転行列**とよばれ，ベクトル $\boldsymbol{X}$ をベクトル $\boldsymbol{X}'$ に転換する**線形演算子**である（厳密にいうと，行列 $\tilde{\lambda}(\theta)$ は線形演算子 $\hat{\lambda}$ の**行列表示**である．線形演算子という概念は，行列よりもより一般的である）．

回転行列の 9 つの成分は独立ではなく，それらの間には 6 つの関係式がある．したがって独立な成分の数は 3 つである．この 6 つの関係式は，ベクトルの大きさは，新しい座標でも旧座標でも等しくなければならないという要請

$$\sum_{i=1}^{3}(x'_i)^2 = \sum_{i=1}^{3} x_i^2 \tag{3.44}$$

から得られる．式 (3.42) を用いると，上式の左辺は

$$\sum_{i=1}^{3}\left(\sum_{j=1}^{3}\lambda_{ij}x_j\right)\left(\sum_{k=1}^{3}\lambda_{ik}x_k\right) = \sum_{i=1}^{3}\sum_{j=1}^{3}\sum_{k=1}^{3}\lambda_{ij}\lambda_{ik}x_jx_k$$

となるが，和の順番を変えるとこれは

$$\sum_{k=1}^{3}\sum_{j=1}^{3}\left(\sum_{i=1}^{3}\lambda_{ij}\lambda_{ik}\right)x_jx_k$$

と書き直せる．この式は，

$$\sum_{i=1}^{3}\lambda_{ij}\lambda_{ik} = \delta_{jk} \qquad (j, k = 1, 2, 3) \tag{3.45}$$

が成り立つときに限って，式 (3.44) の右辺に等しくなる．式 (3.45) は λ_{ij} の間の 6 つの関係式を与える．これらの関係式は**直交条件**とよばれる．

回転が，図 3.2 のように x_3 軸のまわりの角度 θ の回転である場合には，例 3.5 でみたように

$$x_1' = x_1\cos\theta + x_2\sin\theta, \quad x_2' = -x_1\sin\theta + x_2\cos\theta, \quad x_3' = x_3 \tag{3.46}$$

である．ゆえに

$$\lambda_{11} = \cos\theta, \quad \lambda_{12} = \sin\theta, \quad \lambda_{13} = 0,$$
$$\lambda_{21} = -\sin\theta, \quad \lambda_{22} = \cos\theta, \quad \lambda_{23} = 0,$$
$$\lambda_{31} = 0, \quad \lambda_{32} = 0, \quad \lambda_{33} = 1.$$

である．これらの成分は，式 (3.42a) からも得ることができる．これら 9 つの成分のうち，3 成分だけが独立であり，直交条件 (3.45) がみたされることが容易に確かめられる．回転行列は

$$\tilde{\lambda}(\theta) = \begin{pmatrix} \cos\theta & \sin\theta & 0 \\ -\sin\theta & \cos\theta & 0 \\ 0 & 0 & 1 \end{pmatrix} \tag{3.47}$$

で与えられる．この転置は

$$\tilde{\lambda}^{\mathrm{T}}(\theta) = \begin{pmatrix} \cos\theta & -\sin\theta & 0 \\ \sin\theta & \cos\theta & 0 \\ 0 & 0 & 1 \end{pmatrix}$$

である．この 2 つの行列の積を計算すると

$$\tilde{\lambda}^{\mathrm{T}}(\theta)\tilde{\lambda}(\theta) = \begin{pmatrix} \cos\theta & \sin\theta & 0 \\ -\sin\theta & \cos\theta & 0 \\ 0 & 0 & 1 \end{pmatrix}\begin{pmatrix} \cos\theta & -\sin\theta & 0 \\ \sin\theta & \cos\theta & 0 \\ 0 & 0 & 1 \end{pmatrix} = \begin{pmatrix} 1 & 0 & 0 \\ 0 & 1 & 0 \\ 0 & 0 & 1 \end{pmatrix} = \tilde{I}$$

となり,確かに回転行列は直交条件をみたすことがわかる.$\tilde{\lambda}(\theta)$ が式 (3.47) の形のときに限らず,一般に直交条件をみたすことを直接示すこともできる.この証明は以下のようである.旧座標と新座標とを入れ換えれば,座標変換は逆変換になるはずであるから

$$(\tilde{\lambda}^{-1})_{ij} = \hat{e}_i^{旧} \cdot \hat{e}_j^{新} = \hat{e}_j^{新} \cdot \hat{e}_i^{旧} = \lambda_{ji} = (\tilde{\lambda}^{\mathrm{T}})_{ij}$$

である.したがって,回転行列は直交行列となる.直交行列の逆行列は,もとの行列の転置であることは明らかである.

式 (3.47) のような回転行列は,その回転角 θ の連続関数である.したがって,その行列式も θ の連続関数である.このことより,行列式はすべての θ に対して恒等的に 1 であることになる.他方,行列式が -1 であるような座標変換行列もある.これらは,座標軸を原点に対して反転し座標系を右手系から左手系に変換する座標変換に対応する.このような**パリティ変換**の例として

$$\tilde{P}_1 = \begin{pmatrix} -1 & 0 & 0 \\ 0 & 1 & 0 \\ 0 & 0 & 1 \end{pmatrix}, \quad \tilde{P}_3 = \begin{pmatrix} -1 & 0 & 0 \\ 0 & -1 & 0 \\ 0 & 0 & -1 \end{pmatrix}$$

があげられる.図 3.3 に示したように,これらは与えられた位置ベクトル $\boldsymbol{r}$ の奇数個の座標の符号を変える.

空間回転を行列を用いて表す利点は何であろうか.利点の一つは,座標変換を m 回繰り返したとき位置ベクトルがどのように変換されるかを表すのに,行列の積を計算すればよいことがあげられる.

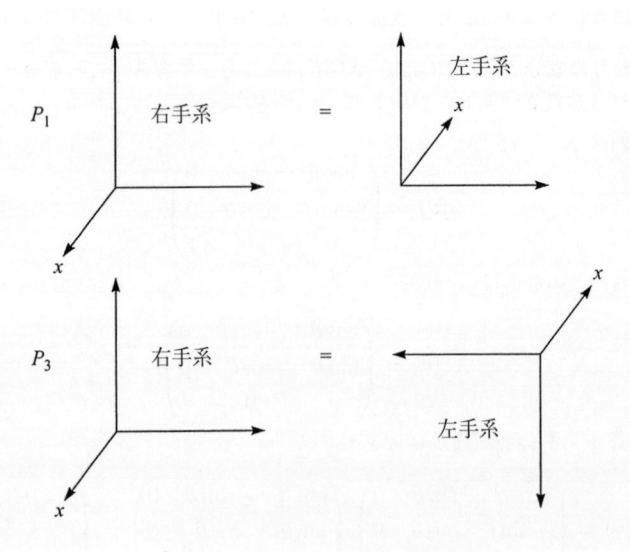

図 **3.3** 座標系のパリティ変換.

例えば，$\tilde{X}^{(1)} = \tilde{\lambda}_1 \tilde{X}$, $\tilde{X}^{(2)} = \tilde{\lambda}_2 \tilde{X}^{(1)}$, ..., であるとき，

$$\tilde{X}^{(m)} = \tilde{\lambda}_m \tilde{X}^{(m-1)} = (\tilde{\lambda}_m \tilde{\lambda}_{m-1} \cdots \tilde{\lambda}_1)\tilde{X} = \tilde{R}\tilde{X}$$

と書けるのである．ここで

$$\tilde{R} = \tilde{\lambda}_m \tilde{\lambda}_{m-1} \cdots \tilde{\lambda}_1$$

は，指定された m 種の回転変換をまとめて表す行列である．

例 3.9

座標軸 x_3 のまわりの座標軸 x_1, x_2 の回転変換を考える．角度 θ だけ回転した後に，同じ角度だけ逆向きに回転すれば (すなわち $-\theta$ だけ回転すれば) もとの座標系に戻るはずである．すなわち

$$\tilde{R}(-\theta)\tilde{R}(\theta) = \begin{pmatrix} 1 & 0 & 0 \\ 0 & 1 & 0 \\ 0 & 0 & 1 \end{pmatrix} = \tilde{R}^{-1}(\theta)\tilde{R}(\theta).$$

したがって，

$$\tilde{R}^{-1}(\theta) = \tilde{R}(-\theta) = \begin{pmatrix} \cos\theta & -\sin\theta & 0 \\ \sin\theta & \cos\theta & 0 \\ 0 & 0 & 1 \end{pmatrix} = \tilde{R}^{\mathrm{T}}(\theta)$$

である．この結果は，回転行列は直交行列であることも示している．

空間回転について 1 つ注を加えておく．これまでの議論では，空間内の位置ベクトルは固定されていて，座標軸が回転されるという状況を考えた．すなわち，回転行列は座標を旧座標系から新座標系へ変換するものとしてみなされた．この見方は，回転に対する受動的解釈とよばれる．というのは，同じ変換行列を，座標系は不変で，位置ベクトルを逆向きに同じ角度だけ回転する変換を表すものとしてみなすこともできるからである．すなわち，座標変換ではなく，ベクトル $\boldsymbol{X}$ を $\boldsymbol{X}'$ に変換する変換行列とみなすのである．後者の見方を能動的解釈とよぶ．

3.18 行列のトレース

正方行列 $\tilde{A}$ のトレースは，その対角成分の総和

$$\mathrm{Tr}\tilde{A} = \sum_k a_{kk}$$

として定義される．この定義より，有限個の行列の積のトレースは，行列を掛ける順番を循環的に変えても不変であることを示すことができる[*3)]．

[*3)] 訳注：例えば，$\mathrm{Tr}\tilde{A}\tilde{B} = \mathrm{Tr}\tilde{B}\tilde{A}$, $\mathrm{Tr}\tilde{A}\tilde{B}\tilde{C} = \mathrm{Tr}\tilde{B}\tilde{C}\tilde{A}$．これらは，有限行列に対して成立する．無限行列の場合は，両者のトレースが有限のときのみ成立する．反例として，運動量 $\tilde{p}$ と座標 $\tilde{x}$ は量子力学においてそれぞれ無限行列で表され，$[\tilde{p}, \tilde{x}] \equiv \tilde{p}\tilde{x} - \tilde{x}\tilde{p} = -\mathrm{i}\hbar\tilde{I}_\infty$ をみたし，$\mathrm{Tr}\tilde{p}\tilde{x} \neq \mathrm{Tr}\tilde{x}\tilde{p}$ である (実際，両者のトレースは有限ではない)．

3.19 直交ユニタリ変換

回転行列は直交行列なので，線形変換 (3.42) は**直交変換**とよばれる．直交変換の性質の一つに，変換によってベクトルの大きさは変わらないことがあげられる．物理学においてより便利な変換は，ユニタリ変換

$$\tilde{Y} = \tilde{U}\tilde{X} \tag{3.48}$$

である．ここで $\tilde{X}$ と $\tilde{Y}$ は $n \times 1$ の行ベクトルであり，$\tilde{U}$ は $n \times n$ のユニタリ行列である．ユニタリ変換の特性の一つは，この変換によって，ベクトルのノルムが一定であることがあげられる．このことは，式 (3.48) の両辺に左から $\tilde{Y}^\dagger (= \tilde{X}^\dagger \tilde{U}^\dagger)$ を掛けて，$\tilde{U}^\dagger \tilde{U} = \tilde{I}$ を用いれば，

$$\tilde{Y}^\dagger \tilde{Y} = \tilde{X}^\dagger \tilde{U}^\dagger \tilde{U} \tilde{X} = \tilde{X}^\dagger \tilde{X} \tag{3.49a}$$

すなわち

$$\sum_{k=1}^n y_k^* y_k = \sum_{k=1}^n x_k^* x_k \tag{3.49b}$$

が得られることから明らかである．変換行列 $\tilde{U}$ が特に実行列であるときには，$\tilde{U}$ は直交行列であり，したがって変換 (3.48) は直交変換となる．このときには式 (3.49) は

$$\tilde{Y}^T \tilde{Y} = \tilde{X}^T \tilde{X} \tag{3.50a}$$

あるいは

$$\sum_{k=1}^n y_k^2 = \sum_{k=1}^n x_k^2 \tag{3.50b}$$

に帰着される．

3.20 相似変換

ここでは，**相似変換**とよばれる線形変換について説明する．この変換は，行列の対角化の際にたいへん便利であることを後で述べる．相似変換の概念を説明するため，ある座標系 $Ox_1x_2x_3$ における 2 つのベクトル $\boldsymbol{r}$ と $\boldsymbol{R}$ を考える．この 2 つのベクトルは正方行列 $\tilde{A}$ によって

$$\boldsymbol{R} = \tilde{A}\boldsymbol{r} \tag{3.51a}$$

のように関係づけられているものとする．与えられた座標系を原点のまわりに回転させて新しい座標系 $Ox_1'x_2'x_3'$ をとる．ベクトル $\boldsymbol{r}$ と $\boldsymbol{R}$ 自身は座標系の回転によって不変であるが，それぞれの新しい座標系での成分は旧座標系での値とは異なっている．新しい座標系では

3.20 相似変換

$$\boldsymbol{R}' = \tilde{A}'\boldsymbol{r}' \tag{3.51b}$$

と表せるとする．新しい座標系での行列 $\tilde{A}'$ は，旧座標系での $\tilde{A}$ と同じ働きをするので，これらは互いに相似であるという．それでは，これら 2 つの行列 $\tilde{A}$ と $\tilde{A}'$ の間にはどのような関係があるだろうか．この答えは，座標変換の公式から得られる．前節でベクトルの新座標系での成分と旧座標系での成分とは式 (3.43) のような行列の方程式で関係づけられていることを学んだ．すなわち，座標変換を表す正則な行列を $\tilde{S}$ と書くと，2 つのベクトルは

$$\boldsymbol{r} = \tilde{S}\boldsymbol{r}' \quad \text{および} \quad \boldsymbol{R} = \tilde{S}\boldsymbol{R}'$$

と変換される．これらを用いると，式 (3.51a) は

$$\tilde{S}\boldsymbol{R}' = \tilde{A}\tilde{S}\boldsymbol{r}'$$

あるいは

$$\boldsymbol{R}' = \tilde{S}^{-1}\tilde{A}\tilde{S}\boldsymbol{r}'$$

と書き直せる．これを式 (3.51) と合わせると，**相似行列** $\tilde{A}'$ と $\tilde{A}$ の間の関係式

$$\tilde{A}' = \tilde{S}^{-1}\tilde{A}\tilde{S} \tag{3.52}$$

が得られる．式 (3.52) は**相似変換の公式**とよばれる．

 以上の議論を一般の n 次元ベクトルに拡張するのは容易である．一般に $\boldsymbol{r}$ と $\boldsymbol{R}$ を n 次元ベクトルとして，ある基底ベクトルのもとで，それらの成分が $n\times n$ の正方行列 $\tilde{A}$ を用いて，式 (3.51a) で関係づけられているとする．また別の基底ベクトルをとると，それらは式 (3.51b) で関係づけられるものとする．このとき $\tilde{A}$ と $\tilde{A}'$ との関係式は，式 (3.52) で与えられる．この $\tilde{A}$ から $\tilde{S}^{-1}\tilde{A}\tilde{S}$ への変換を**相似変換**とよぶ．

 相似変換は**基底変換**の公式であるから，ベクトルや行列を含むすべての等式は，この相似変換で不変である．このことを次の 2 つの例で示すことにしよう．

例3.10

 行列 $\tilde{A}, \tilde{B}, \tilde{C}$ の間に，関係式 $\tilde{A}\tilde{B} = \tilde{C}$ が成り立っているものとする．これら 3 つの行列が同じ相似変換で変換されるとき，この行列の関係式は不変であることを示せ．

解：与えられた 3 つの行列は，共に同じ相似変換で変換される：

$$\tilde{A}' = \tilde{S}\tilde{A}\tilde{S}^{-1}, \quad \tilde{B}' = \tilde{S}\tilde{B}\tilde{S}^{-1}, \quad \tilde{C}' = \tilde{S}\tilde{C}\tilde{S}^{-1}.$$

したがって，

$$\tilde{A}'\tilde{B}' = (\tilde{S}\tilde{A}\tilde{S}^{-1})(\tilde{S}\tilde{B}\tilde{S}^{-1}) = \tilde{S}\tilde{A}\tilde{I}\tilde{B}\tilde{S}^{-1} = \tilde{S}\tilde{A}\tilde{B}\tilde{S}^{-1} = \tilde{S}\tilde{C}\tilde{S}^{-1} = \tilde{C}'$$

が得られる．

例 3.11

関係式 $\tilde{A}\boldsymbol{R} = \tilde{B}\boldsymbol{r}$ は相似変換で不変なことを示せ.

解:行列 $\tilde{A}$ と $\tilde{B}$ は同じ相似変換によって

$$\tilde{A}' = \tilde{S}\tilde{A}\tilde{S}^{-1}, \quad \tilde{B}' = \tilde{S}\tilde{B}\tilde{S}^{-1}$$

と変換され,またベクトルは

$$\boldsymbol{R}' = \tilde{S}\boldsymbol{R}, \quad \boldsymbol{r}' = \tilde{S}\boldsymbol{r}$$

と変換される.したがって

$$\tilde{A}'\boldsymbol{R}' = (\tilde{S}\tilde{A}\tilde{S}^{-1})(\tilde{S}\boldsymbol{R}) = \tilde{S}\tilde{A}\boldsymbol{R}$$

かつ

$$\tilde{B}'\boldsymbol{r}' = (\tilde{S}\tilde{B}\tilde{S}^{-1})(\tilde{S}\boldsymbol{r}) = \tilde{S}\tilde{B}\boldsymbol{r}$$

である.よって

$$\tilde{A}'\boldsymbol{R}' = \tilde{B}'\boldsymbol{r}'$$

が得られる.

次の節で,互いに相似変換で変換される行列は同じ固有ベクトルをもつことを示す.そのため,相似変換は行列の対角化の際にきわめて有用である.

3.21 行列の固有値問題

前節で説明したように,線形変換は一般にあるベクトル $\boldsymbol{X} = (x_1, x_2, \ldots, x_n)$ を別のベクトル $\boldsymbol{Y} = (y_1, y_2, \ldots, y_n)$ に変換する.しかし,変換行列 $\tilde{A}$ に対して,特別なゼロでないベクトル $\boldsymbol{X}$ と定数 λ が存在して

$$\tilde{A}\boldsymbol{X} = \lambda \boldsymbol{X} \tag{3.53}$$

となることがある.すなわち,行列 $\tilde{A}$ によって表される変換(演算子)の作用が,特別なベクトル $\boldsymbol{X}$ に対しては,定数 λ を掛けることと等しくなる.このようなベクトル $\boldsymbol{X}$ を行列 $\tilde{A}$ の**固有ベクトル**といい,λ を**固有値**という.固有ベクトルは,それぞれの固有値に「属する」という.また,行列(あるいは演算子)の固有値全体の集合は,**固有値スペクトル**とよばれる.

行列の固有値と固有ベクトルを求める問題は,**固有値問題**とよばれる.固有値問題は,古典物理学と量子物理学のいずれにおいても多くのところで登場する.ここでは固有値問題の基本的な概念について述べることにする.

固有値問題の解法は 2 つの段階からなる.第 1 段階は与えられた行列の固有値 λ を

求めることであり，第 2 段階は，求めたそれぞれの固有値に対する固有ベクトルを計算することである．

3.21.1 固有値と固有ベクトルの決定

まず，n 次の正方行列は少なくとも 1 つ，最大 n 個の異なる実数ないしは複素数の固有値をもつことを示そう．そのために，式 (3.53) を次のように書き直す：

$$(\tilde{A} - \lambda \tilde{I})\boldsymbol{X} = 0. \tag{3.54}$$

この行列方程式は，ベクトル $\boldsymbol{X}$ の成分である n 個の未知変数 x_i に対する，n 次元連立斉次 (同次) 線形方程式である：

$$\begin{aligned}(a_{11} - \lambda)x_1 + a_{12}x_2 + \cdots + a_{1n}x_n &= 0, \\ a_{21}x_1 + (a_{22} - \lambda)x_2 + \cdots + a_{2n}x_n &= 0, \\ &\vdots \\ a_{n1}x_1 + a_{n2}x_2 + \cdots + (a_{nn} - \lambda)x_n &= 0.\end{aligned} \tag{3.55}$$

これが，ゼロでない解をもつためには，係数行列の行列式がゼロでなければならない．すなわち

$$\det(\tilde{A} - \lambda \tilde{I}) = \begin{vmatrix} a_{11} - \lambda & a_{12} & \cdots & a_{1n} \\ a_{21} & a_{22} - \lambda & \cdots & a_{2n} \\ \vdots & \vdots & \ddots & \vdots \\ a_{n1} & a_{n2} & \cdots & a_{nn} - \lambda \end{vmatrix} = 0. \tag{3.56}$$

この行列式を展開すると，λ に対する次の形の n 次の代数方程式が得られる：

$$c_0 \lambda^n + c_1 \lambda^{n-1} + c_2 \lambda^{n-2} + \cdots + c_{n-1}\lambda + c_n = 0. \tag{3.57}$$

ここで，係数 c_i は行列 $\tilde{A}$ の成分 a_{jk} の関数である．式 (3.56) あるいは式 (3.57) を，行列 $\tilde{A}$ に対する**特性方程式**（あるいは**固有方程式**）とよぶ．また，(3.57) の左辺を**特性多項式**（**固有多項式**）という．すなわち，正方行列 $\tilde{A}$ の固有値は，対応する特性方程式 (3.56) あるいは式 (3.57) の根である．

式 (3.56) より，特性方程式の係数 c_i のうちのいくつかは，容易に書きくだせることがわかる：

$$c_0 = (-1)^n, \quad c_1 = (-1)^{n-1}(a_{11} + a_{22} + \cdots + a_{nn}), \quad c_n = \det \tilde{A}. \tag{3.58}$$

特性方程式の n 個の根を $\lambda_1, \lambda_2, \ldots, \lambda_n$ と書くと，特性多項式は

$$c_0 \lambda^n + c_1 \lambda^{n-1} + c_2 \lambda^{n-2} + \cdots + c_{n-1}\lambda + c_n = (\lambda_1 - \lambda)(\lambda_2 - \lambda) \cdots (\lambda_n - \lambda)$$

と書けるので，これより

$$c_1 = (-1)^{n-1}(\lambda_1 + \lambda_2 + \cdots + \lambda_n), \quad c_n = \lambda_1 \lambda_2 \cdots \lambda_n \tag{3.59}$$

という関係が得られる．これを式 (3.58) と比較すると，行列の固有値について次の 2 つの重要な結論が得られることになる．

(1) 固有値の和は，行列のトレースに等しい：

$$\lambda_1 + \lambda_2 + \cdots + \lambda_n = a_{11} + a_{22} + \cdots + a_{nn} \equiv \mathrm{Tr}\tilde{A}. \tag{3.60}$$

(2) 固有値の積は，行列式に等しい：

$$\lambda_1 \lambda_2 \cdots \lambda_n = \det \tilde{A}. \tag{3.61}$$

固有値が求められれば，対応する固有ベクトルは連立方程式 (3.55) を解くことによって求めることができる．この連立方程式は斉次式なので，ベクトル $\boldsymbol{X}$ が $\tilde{A}$ の固有ベクトルと仮定すると，k をゼロでない定数としたとき $\boldsymbol{X}$ の定数倍 $k\boldsymbol{X}$ もまた固有ベクトルである．このことは次のようにして簡単に示すことができる．$\tilde{A}\boldsymbol{X} = \lambda \boldsymbol{X}$ の両辺に定数 k を掛けると，$k\tilde{A}\boldsymbol{X} = k\lambda\boldsymbol{X}$ を得るが，ここで $k\boldsymbol{A} = \boldsymbol{A}k$ であるから（行列は任意のスカラーと可換である）$\tilde{A}(k\boldsymbol{X}) = \lambda(k\boldsymbol{X})$ である．これは $k\boldsymbol{X}$ も行列 $\boldsymbol{A}$ の固有値 λ の固有ベクトルであることを意味している．しかし，$k\boldsymbol{X}$ は $\boldsymbol{X}$ に線形従属である．このような線形従属な固有ベクトルも数え上げることにすると，1 つの固有値に対する固有ベクトルは無限個になってしまう．そのため，固有ベクトルとしては線形独立なものだけを数えることにする．

一般には n 次行列のもつ線形独立な固有ベクトルの個数が n より少ない場合もありえる（特性多項式が重根をもつ場合には，固有ベクトルは線形従属となりえる）．特性多項式の解が m 重根をもつとき，その根は m 重縮退の固有値とよばれる．その場合，同じ固有値をもつ最大 m 個の線形独立な固有ベクトルが存在する．しかし本節では，n 個の線形独立な固有ベクトルをもつ**対角化可能な行列**だけを扱うことにする．

例 3.12

行列

$$\tilde{A} = \begin{pmatrix} 5 & 4 \\ 1 & 2 \end{pmatrix}$$

の (a) 固有値と (b) 固有ベクトルを求めよ．

解：(a) 固有値：特性方程式は

$$\det(\tilde{A} - \lambda \tilde{I}) = \begin{vmatrix} 5-\lambda & 4 \\ 1 & 2-\lambda \end{vmatrix} = \lambda^2 - 7\lambda + 6 = 0$$

であり，これは 2 つの根

をもつ.

(b) 固有ベクトル：$\lambda = \lambda_1$ に対して，連立方程式 (3.55) は

$$-x_1 + 4x_2 = 0$$
$$x_1 - 4x_2 = 0$$

となる．ゆえに $x_1 = 4x_2$ であり，

$$\boldsymbol{X}_1 = \begin{pmatrix} 4 \\ 1 \end{pmatrix}$$

が固有値 $\lambda_1 = 6$ に対応する固有ベクトルとなる．同様にして，固有値 $\lambda_2 = 1$ に対する固有ベクトルは

$$\boldsymbol{X}_2 = \begin{pmatrix} 1 \\ -1 \end{pmatrix}$$

と定められる．

例 3.13
$\tilde{A}$ が正則な行列であるとき，$\tilde{A}^{-1}$ の固有値は $\tilde{A}$ の固有値の逆数であり，$\tilde{A}$ の各固有ベクトルは $\tilde{A}^{-1}$ の固有ベクトルでもあることを示せ．

解：行列 $\tilde{A}$ の固有ベクトル X に対応する固有値を λ とする：

$$\tilde{A}X = \lambda X.$$

仮定より $\tilde{A}^{-1}$ が存在するので，上の式の両辺に左から $\tilde{A}^{-1}$ を掛けると

$$\tilde{A}^{-1}\tilde{A}X = \tilde{A}^{-1}\lambda X \implies X = \lambda \tilde{A}^{-1} X$$

となる．$\tilde{A}$ は正則なので λ はゼロではない．上の式を λ で割ると

$$\tilde{A}^{-1} X = \frac{1}{\lambda} X$$

を得る．この式は，$\tilde{A}$ のすべての固有値 λ に対して成り立つので，与題が証明されたことになる．

例 3.14
ユニタリ行列の固有値はすべて絶対値 1 であることを示せ．

解：$\tilde{U}$ をユニタリ行列とし，X を固有値 λ の固有ベクトルとする：

$$\tilde{U}X = \lambda X.$$

両辺のエルミート共役をとると，

$$X^\dagger \tilde{U}^\dagger = \lambda^* X^\dagger$$

となる．この 2 つの式を辺々掛け合わせると

$$X^\dagger \tilde{U}^\dagger \tilde{U} X = \lambda \lambda^* X^\dagger X$$

を得る．$\tilde{U}$ はユニタリ行列なので，$\tilde{U}^\dagger \tilde{U} = \tilde{I}$ であり，したがって上式は

$$X^\dagger X (|\lambda|^2 - 1) = 0$$

となる．$X^\dagger X$ は X のノルムの 2 乗であり，X がゼロベクトルでなければゼロではない．したがって $|\lambda|^2 = 1$ すなわち $|\lambda| = 1$ であり，与題が証明されたことになる．

例 3.15

相似な行列は同じ特性多項式をもち，よって同じ固有値をもつことを示せ (すなわち，行列の固有値は相似変換によって不変であることを示せ).

解：$\tilde{A}$ と $\tilde{B}$ が相似行列とする．つまり $\tilde{B} = \tilde{S}^{-1} \tilde{A} \tilde{S}$ となるような行列 $\tilde{S}$ が存在するものと仮定する．この関係式を，行列 $\tilde{B}$ の特性多項式 $|\tilde{B} - \lambda \tilde{I}|$ に代入すると，

$$|\tilde{B} - \lambda \tilde{I}| = |\tilde{S}^{-1} \tilde{A} \tilde{S} - \lambda \tilde{I}| = |\tilde{S}^{-1} (\tilde{A} - \lambda \tilde{I}) \tilde{S}|$$

となる．行列式の性質を用いると

$$|\tilde{S}^{-1} (\tilde{A} - \lambda \tilde{I}) \tilde{S}| = |\tilde{S}^{-1}| |\tilde{A} - \lambda \tilde{I}| |\tilde{S}|$$

であるから，

$$|\tilde{B} - \lambda \tilde{I}| = |\tilde{S}^{-1} (\tilde{A} - \lambda \tilde{I}) \tilde{S}| = |\tilde{S}^{-1}| |\tilde{A} - \lambda \tilde{I}| |\tilde{S}| = |\tilde{A} - \lambda \tilde{I}|$$

である．すなわち，$\tilde{A}$ の特性多項式と $\tilde{B}$ の特性多項式は等しい．よって，固有値はそれぞれ等しいことになる．

3.22 エルミート行列の固有値と固有ベクトル

シュレーディンガー方程式が複素関数の方程式であるので，**量子力学では複素変数を取り扱わなければならない**．量子力学のすべての**オブザーバブル**はまた**エルミート演算子**で表される．よって物理学では**随伴行列，エルミート行列，ユニタリ行列**が重要な役割を演じる．エルミート行列が重要である理由は次の 2 点である：(1) エルミート行列の固有値は実数である．(2) 異なる固有値に属する固有ベクトルは互いに直交するので，基底ベクトルとして用いることができる．ここではこれらの重要な性質を証明すること

にする.

(1) エルミート行列の固有値はすべて実数である.
$\tilde{H}$ をエルミート行列として X を固有値 λ に対応する非自明な固有値とする:

$$\tilde{H}X = \lambda X. \tag{3.62}$$

両辺のエルミート共役をとり,$\tilde{H}^\dagger = \tilde{H}$ を用いると,

$$X^\dagger \tilde{H} = \lambda^* X^\dagger \tag{3.63}$$

を得る.式 (3.62) に左から $X^\dagger$ を掛け,式 (3.63) に右から X を掛け,辺々引くと

$$(\lambda - \lambda^*)X^\dagger X = 0 \tag{3.64}$$

を得る.$X^\dagger X$ はゼロにはならないので,$\lambda^* = \lambda$ である.すなわち,λ は実数である.

(2) 異なる固有値をもつ固有ベクトルは互いに直交する.
X_1 と X_2 をそれぞれ固有値 λ_1 と λ_2 をもつ $\tilde{H}$ の固有ベクトルとする.すなわち

$$\tilde{H}X_1 = \lambda_1 X_1, \tag{3.65}$$

$$\tilde{H}X_2 = \lambda_2 X_2 \tag{3.66}$$

とする.式 (3.66) のエルミート共役をとり,上で証明した $\lambda^* = \lambda$ を用いると

$$X_2^\dagger \tilde{H} = \lambda_2 X_2^\dagger \tag{3.67}$$

が得られる.式 (3.65) に左から $X_2^\dagger$ を掛け,(3.67) に右から X_1 を掛け,辺々引くと

$$(\lambda_1 - \lambda_2)X_2^\dagger X_1 = 0 \tag{3.68}$$

を得る.$\lambda_1 \neq \lambda_2$ なので,$X_2^\dagger X_1 = 0$ すなわち X_1 と X_2 は直交する.

X が $\tilde{H}$ の固有ベクトルとすると,X をスカラー倍したベクトル cX も $\tilde{H}$ の固有ベクトルである.そこで各固有ベクトル X は定数 c を適当に選んで**規格化**することにする.こうして $\tilde{H}$ の固有ベクトルを**正規直交ベクトル**にすることができる.3 次元ベクトル空間で 3 つの直交単位ベクトル $\{\hat{e}_1, \hat{e}_2, \hat{e}_3\}$ が基底をなすように,$\tilde{H}$ の**正規直交固有ベクトル**はベクトル空間の基底をなす.

3.23 行列の対角化

$\tilde{A} = (a_{ij})$ を n 次の正方行列とする.この行列は,それぞれ固有値 λ_i をもつ,n 個の線形独立な固有ベクトル X_i をもつものと仮定する ($\tilde{A}X_i = \lambda_i X_i$).固有ベクトル

X_i を成分 $x_{1i}, x_{2i}, \ldots, x_{ni}$ をもつ列ベクトルとして表すと,固有値方程式は行列を用いて

$$\begin{pmatrix} a_{11} & a_{12} & \cdots & a_{1n} \\ a_{21} & a_{22} & \cdots & a_{2n} \\ \vdots & \vdots & & \vdots \\ a_{n1} & a_{n2} & \cdots & a_{nn} \end{pmatrix} \begin{pmatrix} x_{1i} \\ x_{2i} \\ \vdots \\ x_{ni} \end{pmatrix} = \lambda_i \begin{pmatrix} x_{1i} \\ x_{2i} \\ \vdots \\ x_{ni} \end{pmatrix} \tag{3.69a}$$

と表される.この行列方程式より

$$\sum_{k=1}^{n} a_{jk} x_{ki} = \lambda_i x_{ji} \tag{3.69b}$$

が得られる.

さて $\tilde{A}$ を対角化する.そのために次の操作をする.まず,各列がベクトル X_i であるような行列 $\tilde{S}$,

$$\tilde{S} = \begin{pmatrix} x_{11} & \cdots & x_{1i} & \cdots & x_{1n} \\ x_{21} & \cdots & x_{2i} & \cdots & x_{2n} \\ \vdots & & \vdots & & \vdots \\ x_{n1} & \cdots & x_{ni} & \cdots & c_{nn} \end{pmatrix}, \quad (\tilde{S})_{ij} = x_{ij} \tag{3.70}$$

を考える.ベクトル X_i は線形独立であるので,$\tilde{S}$ は正則行列であり $\tilde{S}^{-1}$ が存在する.そこで $\tilde{S}^{-1} \tilde{A} \tilde{S}$ を考えると,この行列は以下に示すように,対角行列でありその対角成分は $\tilde{A}$ の固有値である.

このことを示すために,まず対角成分が λ_i $(i = 1, 2, \ldots, n)$ である対角行列 $\tilde{B}$ を定義する:

$$\tilde{B} = \begin{pmatrix} \lambda_1 & & & \\ & \lambda_2 & & \\ & & \ddots & \\ & & & \lambda_n \end{pmatrix}. \tag{3.71}$$

そして

$$\tilde{S}^{-1} \tilde{A} \tilde{S} = \tilde{B} \tag{3.72a}$$

が成り立つことを示すことにする.式 (3.72a) は,左から $\tilde{S}$ を掛けると

$$\tilde{A} \tilde{S} = \tilde{S} \tilde{B} \tag{3.72b}$$

と書き直せる.この左辺の ji 成分を考えると

$$(\tilde{A} \tilde{S})_{ji} = \sum_{k=1}^{n} (\tilde{A})_{jk} (\tilde{S})_{ki} = \sum_{k=1}^{n} a_{jk} x_{ki} \tag{3.73a}$$

である．同様にして右辺の ji 成分は

$$(\tilde{S}\tilde{B})_{ji} = \sum_{k=1}^{n} (\tilde{S})_{jk}(\tilde{B})_{ki} = \sum_{k=1}^{n} x_{jk}\lambda_i \delta_{ki} = \lambda_i x_{ji} \qquad (3.73b)$$

である．式 (3.69b) より式 (3.73a) と式 (3.73b) は等しいので，式 (3.72a) が成り立つことになる．

与えられた行列 $\tilde{A}$ を対角化する行列 $\tilde{S}$ は唯一ではないことに注意すべきである．行列 $\tilde{S}$ を構成する際，固有ベクトル $X_1, X_2, \ldots, X_n$ をどの順番に配列してもよいからである．

$n \times n$ の行列 $\tilde{A}$ を対角化するための処方をまとめると次のようである．

ステップ 1　$\tilde{A}$ の n 個の線形独立な固有ベクトル $X_1, X_2, \ldots, X_n$ を求める．
ステップ 2　$X_1, X_2, \ldots, X_n$ を各列ベクトルとする行列 $\tilde{S}$ をつくる．
ステップ 3　$\tilde{S}$ の逆行列 $\tilde{S}^{-1}$ を求める．
ステップ 4　行列 $\tilde{S}^{-1}\tilde{A}\tilde{S}$ が，対角成分 $\lambda_1, \lambda_2, \ldots, \lambda_n$ をもつ対角行列になっている．ここで各成分 λ_i は固有ベクトル X_i に対応する固有値である．

例 3.16

行列

$$\tilde{A} = \begin{pmatrix} 3 & -2 & 0 \\ -2 & 3 & 0 \\ 0 & 0 & 5 \end{pmatrix}$$

を対角化する行列 $\tilde{S}$ を求めよ．

解： まず行列 $\tilde{A}$ の固有値と固有ベクトルを求めなければならない．$\tilde{A}$ の特性方程式は

$$\begin{vmatrix} 3-\lambda & -2 & 0 \\ -2 & 3-\lambda & 0 \\ 0 & 0 & 5-\lambda \end{vmatrix} = -(\lambda-1)(\lambda-5)^2 = 0$$

であり，したがって $\tilde{A}$ の固有値は $\lambda = 1$ と $\lambda = 5$ である．定義より，

$$\tilde{X} = \begin{pmatrix} x_1 \\ x_2 \\ x_3 \end{pmatrix}$$

が $(\lambda \tilde{I} - \tilde{A}) = 0$ すなわち

$$\begin{pmatrix} \lambda-3 & 2 & 0 \\ 2 & \lambda-3 & 0 \\ 0 & 0 & \lambda-5 \end{pmatrix} \begin{pmatrix} x_1 \\ x_2 \\ x_3 \end{pmatrix} = \begin{pmatrix} 0 \\ 0 \\ 0 \end{pmatrix}$$

の非自明な解であるときに限って,行列 $\tilde{A}$ の固有値 λ の固有ベクトルである.$\lambda = 5$ とすると,上の方程式は

$$\begin{pmatrix} 2 & 2 & 0 \\ 2 & 2 & 0 \\ 0 & 0 & 0 \end{pmatrix} \begin{pmatrix} x_1 \\ x_2 \\ x_3 \end{pmatrix} = \begin{pmatrix} 0 \\ 0 \\ 0 \end{pmatrix}$$

あるいは

$$\begin{pmatrix} 2x_1 + 2x_2 + 0x_3 \\ 2x_1 + 2x_2 + 0x_3 \\ 0x_1 + 0x_2 + 0x_3 \end{pmatrix} = \begin{pmatrix} 0 \\ 0 \\ 0 \end{pmatrix}$$

となる.これを解くと s と t を任意の定数としたとき

$$x_1 = -s, \quad x_2 = s, \quad x_3 = t$$

を得る.したがって,$\tilde{A}$ の固有値 $\lambda = 5$ に対応する固有ベクトルは,

$$\tilde{X} = \begin{pmatrix} -s \\ s \\ t \end{pmatrix} = \begin{pmatrix} -s \\ s \\ 0 \end{pmatrix} + \begin{pmatrix} 0 \\ 0 \\ t \end{pmatrix} = s \begin{pmatrix} -1 \\ 1 \\ 0 \end{pmatrix} + t \begin{pmatrix} 0 \\ 0 \\ 1 \end{pmatrix}.$$

の形のゼロベクトルではないベクトルであることになる.ここで,2 つのベクトル

$$\begin{pmatrix} -1 \\ 1 \\ 0 \end{pmatrix}, \quad \begin{pmatrix} 0 \\ 0 \\ 1 \end{pmatrix}$$

は線形独立なので,それらはともに,固有値 $\lambda = 5$ に対応する固有ベクトルである.

$\lambda = 1$ に対しては,解くべき方程式は

$$\begin{pmatrix} -2 & 2 & 0 \\ 2 & -2 & 0 \\ 0 & 0 & -4 \end{pmatrix} \begin{pmatrix} x_1 \\ x_2 \\ x_3 \end{pmatrix} = \begin{pmatrix} 0 \\ 0 \\ 0 \end{pmatrix}$$

あるいは

$$\begin{pmatrix} -2x_1 + 2x_2 + 0x_3 \\ 2x_1 - 2x_2 + 0x_3 \\ 0x_1 + 0x_2 - 4x_3 \end{pmatrix} = \begin{pmatrix} 0 \\ 0 \\ 0 \end{pmatrix}$$

であり,解は,t を任意の定数としたとき

$$x_1 = t, \quad x_2 = t, \quad x_3 = 0$$

である.したがって,固有値 $\lambda = 1$ に対応する固有ベクトルは,

$$\tilde{X} = \begin{pmatrix} t \\ t \\ 0 \end{pmatrix} = t \begin{pmatrix} 1 \\ 1 \\ 0 \end{pmatrix}$$

の形のゼロベクトルでないベクトルである．得られた 3 つの固有ベクトル

$$\tilde{X}_1 = \begin{pmatrix} -1 \\ 1 \\ 0 \end{pmatrix}, \quad \tilde{X}_2 = \begin{pmatrix} 0 \\ 0 \\ 1 \end{pmatrix}, \quad \tilde{X}_3 = \begin{pmatrix} 1 \\ 1 \\ 0 \end{pmatrix}$$

が線形独立であることは容易に示すことができる．ゆえに，これら 3 つのベクトルを列ベクトルとする行列 $\tilde{S}$ は

$$\tilde{S} = \begin{pmatrix} -1 & 0 & 1 \\ 1 & 0 & 1 \\ 0 & 1 & 0 \end{pmatrix}$$

となる．行列 $\tilde{S}^{-1}\tilde{A}\tilde{S}$ は，

$$\tilde{S}^{-1}\tilde{A}\tilde{S} = \begin{pmatrix} -1/2 & 1/2 & 0 \\ 0 & 0 & 1 \\ 1/2 & 1/2 & 0 \end{pmatrix} \begin{pmatrix} 3 & -2 & 0 \\ -2 & 3 & 0 \\ 0 & 0 & 5 \end{pmatrix} \begin{pmatrix} -1 & 0 & 1 \\ 1 & 0 & 1 \\ 0 & 1 & 0 \end{pmatrix} = \begin{pmatrix} 5 & 0 & 0 \\ 0 & 5 & 0 \\ 0 & 0 & 1 \end{pmatrix}$$

というように対角化されている．ここで，$\tilde{S}$ の列の順序は任意であることに注意すべきである．もしも $\tilde{S}$ 行列として

$$\tilde{S} = \begin{pmatrix} -1 & 1 & 0 \\ 1 & 1 & 0 \\ 0 & 0 & 1 \end{pmatrix}$$

とすると，対角行列は

$$\tilde{S}^{-1}\tilde{A}\tilde{S} = \begin{pmatrix} 5 & 0 & 0 \\ 0 & 1 & 0 \\ 0 & 0 & 5 \end{pmatrix}$$

となる．

例 3.17

行列

$$\tilde{A} = \begin{pmatrix} -3 & 2 \\ -2 & 1 \end{pmatrix}$$

が対角化できないことを示せ．

解： $\tilde{A}$ の特性方程式は

$$\begin{vmatrix} \lambda+3 & -2 \\ 2 & \lambda-1 \end{vmatrix} = (\lambda+1)^2 = 0$$

である．したがって，$\lambda=-1$ が $\tilde{A}$ の唯一の固有値である．$\lambda=-1$ に対応する固有ベクトルは

$$\begin{pmatrix} \lambda+3 & -2 \\ 2 & \lambda-1 \end{pmatrix} \begin{pmatrix} x_1 \\ x_2 \end{pmatrix} = \begin{pmatrix} 0 \\ 0 \end{pmatrix}$$

すなわち

$$\begin{pmatrix} 2 & -2 \\ 2 & -2 \end{pmatrix} \begin{pmatrix} x_1 \\ x_2 \end{pmatrix} = \begin{pmatrix} 0 \\ 0 \end{pmatrix}$$

の解である．これは

$$2x_1 - 2x_2 = 0$$
$$2x_1 - 2x_2 = 0$$

という連立方程式であるが，この解は $x_1=t$, $x_2=t$ である．したがって固有ベクトルは

$$\begin{pmatrix} t \\ t \end{pmatrix} = t \begin{pmatrix} 1 \\ 1 \end{pmatrix}$$

である．$\tilde{A}$ は線形独立な 2 つの固有ベクトルをもっていないのである．つまり，$\tilde{A}$ を対角化することはできない．

3.24 可換な行列の固有ベクトル

可換な行列の固有ベクトルに関する次の定理は，行列代数のみならず**量子力学**においてもたいへん重要である：

定理　可換な行列は共通の固有ベクトルをもつ．

以下，これを証明することにする．$\tilde{A}$ と $\tilde{B}$ をともに n 次の正方行列とし，可換であるとする：

$$\tilde{A}\tilde{B} - \tilde{B}\tilde{A} = [\tilde{A}, \tilde{B}] = 0.$$

行列 $\tilde{A}$ の**縮重度** 1 の固有値を λ とし，対応する固有ベクトルを X とする：

$$\tilde{A}X = \lambda X. \tag{3.74}$$

両辺に左から $\tilde{B}$ を掛けると

$$\tilde{B}\tilde{A}X = \lambda \tilde{B}X$$

を得る．$\tilde{B}\tilde{A} = \tilde{A}\tilde{B}$ なので，
$$\tilde{A}(\tilde{B}X) = \lambda(\tilde{B}X)$$
である．ここで $\tilde{B}$ は $n \times n$ 行列であり，X は $n \times 1$ 行列なので，$\tilde{B}X$ は $n \times 1$ 行列である．上の式は，$\tilde{B}X$ もまた，行列 $\tilde{A}$ の固有値 λ の固有ベクトルであることを表している．X は $\tilde{A}$ の非縮重固有ベクトルであると仮定しているので，同じ固有値をもつ固有ベクトルは，X の定数倍である．したがって，μ をあるスカラーとしたとき
$$\tilde{B}X = \mu X$$
である．ここまでで，次のことが証明されたことになる．

　　2つの行列が可換であるときは，その各々の非縮重固有ベクトルは両方の行列の共通の固有ベクトルになっている．

次に，λ を $\tilde{A}$ の**縮重度** k の固有値とし，$\tilde{A}$ は k 個の線形独立な固有ベクトルをもっているとする．固有値 λ に属するこれら k 個の固有ベクトルを $X_1, X_2, \ldots, X_k$ と書くことにする：
$$\tilde{A}X_i = \lambda X_i \quad (1 \leq i \leq k).$$
両辺に左から $\tilde{B}$ を掛けると
$$\tilde{A}(\tilde{B}X_i) = \lambda(\tilde{B}X_i)$$
が得られる．この結果は，$\tilde{B}X$ もまた，$\tilde{A}$ の同じ固有値 λ をもつ固有ベクトルであることを表している．

3.25　ケーリー–ハミルトンの定理

正方行列の逆行列を計算するのに，ケーリー–ハミルトンの**定理**が便利である．式 (3.57) で与えたように，n 次の正方行列 $\tilde{A}$ の特性方程式は，多項式
$$f(\lambda) = \sum_{i=0}^{n} c_i \lambda^{n-i} = 0$$
で与えられる．ここで λ は特性方程式 (3.56) で定まる固有値である．この $f(\lambda)$ の λ を行列 $\tilde{A}$ で置き換えると
$$f(\tilde{A}) = \sum_{i=0}^{n} c_i \tilde{A}^{n-i}$$
が得られる．ケーリー–ハミルトンの定理は
$$f(\tilde{A}) = 0 \quad \text{すなわち} \quad \sum_{i=0}^{n} c_i \tilde{A}^{n-i} = 0 \tag{3.75}$$
が成り立つという定理である[*4]．行列 $\tilde{A}$ は特性方程式をみたすのである．

[*4] 訳注：$\tilde{A}$ が対角化できる場合は，この定理の証明は自明であるが，一般の場合は少し面倒である．

式 (3.75) に A^{-1} を掛けると

$$\tilde{A}^{-1}f(\tilde{A}) = c_0\tilde{A}^{n-1} + c_1\tilde{A}^{n-2} + \cdots + c_{n-1}\tilde{I} + c_n\tilde{A}^{-1} = 0$$

が得られる．これを $\tilde{A}^{-1}$ について解くと，

$$\tilde{A}^{-1} = -\frac{1}{c_n}\left[\sum_{i=0}^{n-1} c_i \tilde{A}^{n-1-i}\right] \tag{3.76}$$

が得られる．この式を用いて，$\tilde{A}^{-1}$ を計算することができる．

3.26 慣性行列の回転モーメント

物理学の問題においては，行列を対角化することは「変数や座標系をうまくとって，問題を簡単にする」操作にほかならない．図 3.4 に示したように，回転する剛体の慣性モーメント行列 $\tilde{I}$ を考えることにする．ここで**剛体**とは，多粒子の集まりであり大きさをもつが，各粒子間の距離は常に一定であり時間的に変化しないものをいう．したがって，位置 $\boldsymbol{r}_\alpha = (x_{\alpha 1}, x_{\alpha 2}, x_{\alpha 3})$ に位置する質量を m_α と書き，剛体の回転速度を $\boldsymbol{\omega}$ とすると，座標系の原点のまわりの剛体の**角運動量**は，

$$\boldsymbol{L} = \sum_\alpha m_\alpha \boldsymbol{r}_\alpha \times \boldsymbol{v}_\alpha = \sum_\alpha m_\alpha \boldsymbol{r}_\alpha \times (\boldsymbol{\omega} \times \boldsymbol{r}_\alpha)$$

で与えられる．

ベクトル 3 重積を，公式

$$\boldsymbol{A} \times (\boldsymbol{B} \times \boldsymbol{C}) = \boldsymbol{B}(\boldsymbol{A} \cdot \boldsymbol{C}) - \boldsymbol{C}(\boldsymbol{A} \cdot \boldsymbol{B})$$

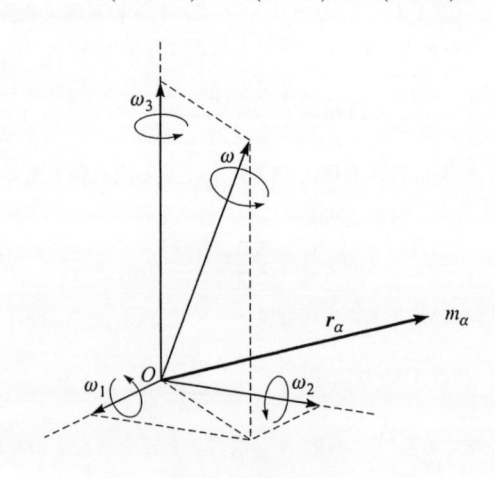

図 **3.4** 剛体の回転.

を用いて，展開すると

$$L = \sum_\alpha m_\alpha [r_\alpha^2 \boldsymbol{\omega} - \boldsymbol{r}_\alpha (\boldsymbol{r}_\alpha \cdot \boldsymbol{\omega})]$$

を得る．

ベクトル $\boldsymbol{r}_\alpha$ と $\boldsymbol{\omega}$ の成分を使って回転モーメントの i 成分を表すと

$$L_i = \sum_\alpha m_\alpha \left[\omega_i \sum_{k=1}^3 x_{\alpha k}^2 - x_{\alpha i} \sum_{j=1}^3 x_{\alpha j} \omega_j \right]$$

$$= \sum_j \omega_j \sum_\alpha m_\alpha \left[\delta_{ij} \sum_k x_{\alpha k}^2 - x_{\alpha i} x_{\alpha,j} \right] = \sum_j I_{ij} \omega_j$$

あるいは

$$\tilde{L} = \tilde{I} \tilde{\omega}$$

を得る．$\tilde{L}$ と $\tilde{\omega}$ はともに 3 次元の列ベクトルであり，$\tilde{I}$ は 3×3 の行列である．行列 $\tilde{I}$ は**慣性モーメント行列**とよばれる（ここでは単位行列と混同しないこと）．

一般には剛体の角運動量 $\boldsymbol{L}$ はその回転の角速度ベクトル $\boldsymbol{\omega}$ と平行ではなく，$\tilde{I}$ は非対角行列である．しかし，座標系を回転させて，すべての非対角成分 I_{ij} ($i \neq j$) をゼロにすることができる．このような向きに座標軸をとったとき，それらは**慣性主軸**とよばれる．角速度ベクトルの向きが慣性主軸の向きにあるときには，角運動量ベクトルと角速度ベクトルとは平行である．

剛体の形状が単純であり，特に対称な形をしているときには，慣性主軸の向きを容易に見つけることができる．

3.27 振動の基準モード

古典力学における行列の計算の応用例をもう一つあげることにする．それは，化学構造 O-C-O をもつ二酸化炭素の古典モデルの縦振動の計算である．特にこの計算は，実非対称行列の固有値と固有ベクトルの応用例としてわかりやすい．

このモデルでは，二酸化炭素の 3 原子を，図 3.5 のように古典的なバネで結合された 3 粒子とみなす．外力を加えるとこの結合振動子系は振動する．簡単化のため，縦振動だけを考えることにする．また，両端の酸素原子の間に直接的に働く相互作用は無視して，相互作用は隣接する原子間だけに働くものとする．この系の**ラグランジアン**は

$$L = \frac{1}{2} m (\dot{x}_1^2 + \dot{x}_3^2) + \frac{1}{2} M \dot{x}_2^2 - \frac{1}{2} k (x_2 - x_1)^2 - \frac{1}{2} k (x_3 - x_2)^2$$

である．ここで，酸素の質量を m，炭素の質量を M，またバネ定数を k とした．これをラグランジュ方程式

$$\frac{d}{dt} \left(\frac{\partial L}{\partial \dot{x}_i} \right) - \frac{\partial L}{\partial x_i} = 0 \quad (i = 1, 2, 3)$$

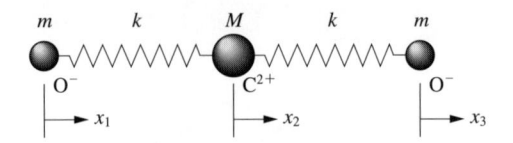

図 3.5 直線上に並んだ二酸化炭素の 3 原子.

に代入すると，運動方程式

$$\ddot{x}_1 = -\frac{k}{m}(x_1 - x_2) = -\frac{k}{m}x_1 + \frac{k}{m}x_2,$$
$$\ddot{x}_2 = -\frac{k}{M}(x_2 - x_1) - \frac{k}{M}(x_2 - x_3) = \frac{k}{M}x_1 - \frac{2k}{M}x_2 + \frac{k}{M}x_3,$$
$$\ddot{x}_3 = \frac{k}{m}x_2 - \frac{k}{m}x_3,$$

を得る．ただしここで，$\dot{x}_i, \ddot{x}_i$ はそれぞれ，x_i の時間に関する 1 階，および 2 階微分を表す．

$$\tilde{X} = \begin{pmatrix} x_1 \\ x_2 \\ x_3 \end{pmatrix}, \quad \tilde{A} = \begin{pmatrix} \dfrac{k}{m} & -\dfrac{k}{m} & 0 \\ -\dfrac{k}{M} & \dfrac{2k}{M} & -\dfrac{k}{M} \\ 0 & -\dfrac{k}{m} & \dfrac{k}{m} \end{pmatrix}$$

として，ベクトルの各成分を微分したものを，そのベクトルの微分と定義するならば，上の運動方程式は

$$\ddot{\tilde{X}} = -\tilde{A}\tilde{X}$$

と書ける．この行列方程式は，1 変数の微分方程式 $\ddot{x} = -ax$ (a は定数) と類似の形をしている．このことから

$$\tilde{X} = \tilde{C}e^{i\omega t}$$

とおくことにする．ここで ω は定数であり，

$$\tilde{C} = \begin{pmatrix} C_1 \\ C_2 \\ C_3 \end{pmatrix}$$

は定ベクトルである．これを上の行列方程式に代入すると，固有値方程式

$$\tilde{A}\tilde{C} = \omega^2 \tilde{C}$$

すなわち，

3.27 振動の基準モード

$$\begin{pmatrix} \dfrac{k}{m} & -\dfrac{k}{m} & 0 \\ -\dfrac{k}{M} & \dfrac{2k}{M} & -\dfrac{k}{M} \\ 0 & -\dfrac{k}{m} & \dfrac{k}{m} \end{pmatrix} \begin{pmatrix} C_1 \\ C_2 \\ C_3 \end{pmatrix} = \omega^2 \begin{pmatrix} C_1 \\ C_2 \\ C_3 \end{pmatrix} \qquad (3.77)$$

が得られる．したがって，ω としてとりうる値は，行列 $\tilde{A}$ の固有値の平方根であり，運動方程式の解はそれぞれ対応する固有ベクトルで表されることになる．**永年方程式**は

$$\begin{vmatrix} \dfrac{k}{m} - \omega^2 & -\dfrac{k}{m} & 0 \\ -\dfrac{k}{M} & \dfrac{2k}{M} - \omega^2 & -\dfrac{k}{M} \\ 0 & -\dfrac{k}{m} & \dfrac{k}{m} - \omega^2 \end{vmatrix} = 0$$

であり，これは

$$\omega^2 \left(-\omega^2 + \frac{k}{m} \right) \left(-\omega^2 + \frac{k}{m} + \frac{2k}{M} \right) = 0$$

となる．したがって，固有値は

$$\omega^2 = 0, \quad \frac{k}{m}, \quad \frac{k}{m} + \frac{2k}{M}$$

であり，それらはすべて実数である．対応する固有ベクトルは，固有値を式 (3.77) にそれぞれの固有値を代入すれば，次のように求められる：

(1) 式 (3.77) で $\omega^2 = 0$ とすると，$C_1 = C_2 = C_3$ と定まる．この解は振動モードではなく，系全体の**並進運動**を表し原子の相対運動はない（図 3.6(a) 参照）．

(2) 式 (3.77) で $\omega^2 = k/m$ とすると，$C_2 = 0, C_3 = -C_1$ を得る．これは，中心の質点 M は動かないで，両端の 2 原子が反対向きに同じ振幅で振動する**振動モード**を表す（図 3.6(b) 参照）．

(3) 式 (3.77) で $\omega^2 = k/n + 2k/M$ とすると，$C_1 = C_3, C_2 = -2C_1(m/M)$ という解を得る．この**振動モード**は，両端の 2 原子は同じ方向に同じ振幅で振動子，真中の原子はそれとは反対向きに異なる振幅で振動する運動を表す（図 3.6(c) 参照.)

(a) ●→   ●→   ●→

(b) ←●   ●   ●→

(c) ←●   ●→   ←●

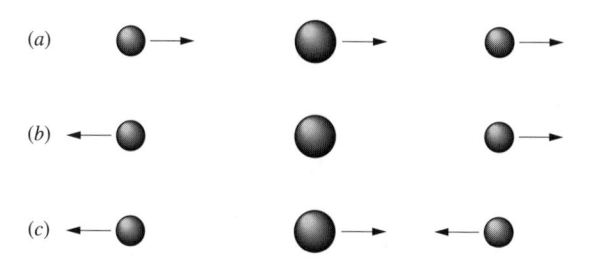

図 3.6 二酸化炭素の縦振動．

3.28 行列の直積

行列の**直積表現**が便利な場合がある. $m \times m$ の行列 $\tilde{A}$ と $n \times n$ の行列 $\tilde{B}$ が与えられたとき, $\tilde{A}$ と $\tilde{B}$ の直積は $mn \times mn$ 行列

$$\tilde{C} = \tilde{A} \otimes \tilde{B} = \begin{pmatrix} a_{11}\tilde{B} & a_{12}\tilde{B} & \cdots & a_{1m}\tilde{B} \\ a_{21}\tilde{B} & a_{22}\tilde{B} & \cdots & a_{2m}\tilde{B} \\ \vdots & \vdots & & \vdots \\ a_{m1}\tilde{B} & a_{m2}\tilde{B} & \cdots & a_{mm}\tilde{B} \end{pmatrix}$$

として定義される. 例えば,

$$\tilde{A} = \begin{pmatrix} a_{11} & a_{12} \\ a_{21} & a_{22} \end{pmatrix}, \quad \tilde{B} = \begin{pmatrix} b_{11} & b_{12} \\ b_{21} & b_{22} \end{pmatrix}$$

の場合には, この**直積**は

$$\tilde{A} \otimes \tilde{B} = \begin{pmatrix} a_{11}\tilde{B} & a_{12}\tilde{B} \\ a_{21}\tilde{B} & a_{22}\tilde{B} \end{pmatrix} = \begin{pmatrix} a_{11}b_{11} & a_{11}b_{12} & a_{12}b_{11} & a_{12}b_{12} \\ a_{11}b_{21} & a_{11}b_{22} & a_{12}b_{21} & a_{12}b_{22} \\ a_{21}b_{11} & a_{21}b_{12} & a_{22}b_{11} & a_{22}b_{12} \\ a_{21}b_{21} & a_{21}b_{22} & a_{22}b_{21} & a_{22}b_{22} \end{pmatrix}$$

で与えられる.

4

フーリエ級数とフーリエ積分

フーリエ級数は，正弦関数と余弦関数からなる無限級数である．連続関数であろうとなかろうと，ほとんどすべての周期関数を表現することができる．物理学や工学の問題に現れる周期関数はしばしば非常に複雑なので，それを単純な周期関数の和の形で表せると都合がよい．したがって，物理学者や工学者が研究を進める上で，フーリエ級数は非常に重要である．

本章では，まずフーリエ級数を扱う．フーリエ級数の基礎概念，特徴および計算技術を，具体例を図示しながら説明していく．そして次に，**フーリエ積分**と**フーリエ変換**を説明する．

4.1 周期関数

関数 $f(x)$ がすべての x に対して定義され，

$$f(x+P) = f(x) \tag{4.1}$$

をみたす最小の正定数 P が存在するとき，f を周期 P の**周期関数**という（図 4.1）．式 (4.1) より，すべての x とあらゆる整数 n に対して，

$$f(x+nP) = f(x)$$

が成り立つ．すなわち，周期関数は任意の長い周期をもち，その数は無限にある．P は**基本周期**ないし**最小周期**，あるいは単に**周期**とよばれる．

周期関数は，独立変数がとりうるすべての値に対して定義されている必要はない．例えば $\tan x$ は，$x = \pi/2 + n\pi$ に対しては定義されていないが，定義域においては π を基本周期とする周期関数である（$\tan(x+\pi) = \tan x$）．

例 4.1

(a) $\sin x$ の周期は 2π である．$\sin(x+2\pi)$, $\sin(x+4\pi)$, $\sin(x+6\pi)$, ... はすべて $\sin x$ に等しく，2π は P の最小値である．図 4.2 に示すように，ある正整数 n に対

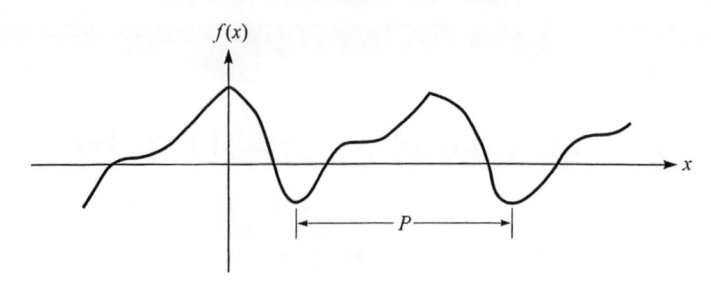

図 4.1 一般の周期関数.

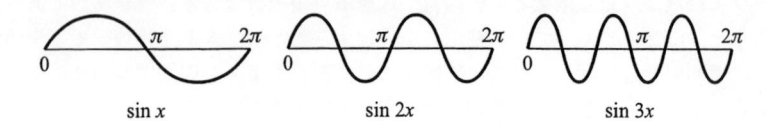

図 4.2 正弦関数.

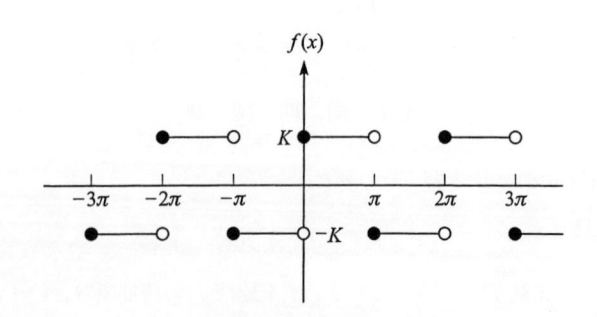

図 4.3 矩形波関数.

して，$\sin nx$ の周期は $2\pi/n$ である．

(b) 定数関数はあらゆる正の数を周期としてもつ．$f(x) = c$ (定数) はすべての実数 x に対して定義されているので，あらゆる正の数 P に対して $f(x+P) = c = f(x)$ が成り立つからである．また，この場合，$f(x)$ は基本周期をもたない．

(c)
$$f(x) = \begin{cases} K & \text{ただし } 2n\pi \leq x < (2n+1)\pi \\ -K & \text{ただし } (2n+1)\pi \leq x < (2n+2)\pi \end{cases} \quad (n = 0, \pm 1, \pm 2, \pm 3, \ldots)$$

は周期 2π の周期関数である（図 4.3）．

4.2 フーリエ級数とオイラー–フーリエの公式

一般の周期関数 $f(x)$ が区間 $-\pi \leq x \leq \pi$ で定義されているとき，$[-\pi, \pi]$ における $f(x)$ の**フーリエ級数**は，以下のような形の三角級数で定義される：

$$f(x) = \frac{1}{2}a_0 + a_1 \cos x + a_2 \cos 2x + \cdots + a_n \cos nx + \cdots$$
$$+ b_1 \sin x + b_2 \sin 2x + \cdots + b_n \sin nx + \cdots. \tag{4.2}$$

ここで，定数 $a_0, a_1, a_2, \ldots, b_0, b_1, b_2, \ldots$ は，$[-\pi, \pi]$ における $f(x)$ の**フーリエ係数**とよばれる．この展開が可能ならば，その問題は一挙に解きやすくなる．sin 項と cos 項は独立に，容易に扱えるからである．フランスの数学者ヨセフ・フーリエ（1768–1830）は，この展開を系統的に試みた．彼は 1807 年，熱伝導に関する論文をパリ科学アカデミーに投稿し，閉区間 $[-\pi, \pi]$ で定義されるあらゆる関数は式 (4.2) の級数の形に書けると主張した．また彼は，係数 a_n, b_n の積分公式も与えた．この積分公式自体は，1757 年にクレーロウ，1777 年にガウスがすでに発見していた．だがフーリエは，この積分公式はまったく任意の関数で定義でき，特定のフーリエ係数の組は，その区間で定義される特定の関数に対応すると主張して，数学の新しい道を開いた．しかし，フーリエの論文はアカデミーに却下された．級数の収束性が議論されておらず数学的厳密性に欠ける，というのが理由だった．

三角級数 (4.2) は，$f(x)$ を表す唯一の級数である．この級数の収束性と収束条件は，長らく議論されてきた難しい問題である．この問題は，ペーター・ギュスタフ・レヴェーネ・ディリクレ（ドイツの数学者，1805–1859）によって部分的に解かれた．後ほど簡単にふれよう．

とりあえず，級数 (4.2) は存在し，収束し，項別積分可能だと仮定しよう．両辺に $\cos mx$ を掛け，$-\pi$ から π まで積分すると，

$$\int_{-\pi}^{\pi} f(x) \cos mx \, dx = \frac{a_0}{2} \int_{-\pi}^{\pi} \cos mx \, dx + \sum_{n=1}^{\infty} a_n \int_{-\pi}^{\pi} \cos nx \cos mx \, dx$$
$$+ \sum_{n=1}^{\infty} b_n \int_{-\pi}^{\pi} \sin nx \cos mx \, dx \tag{4.3}$$

となる．ここで，以下の正弦関数と余弦関数の重要な性質：

$$\int_{-\pi}^{\pi} \cos mx \, dx = \int_{-\pi}^{\pi} \sin mx \, dx = 0 \quad (m = 1, 2, 3, \ldots)$$

$$\int_{-\pi}^{\pi} \cos mx \cos nx \, dx = \int_{-\pi}^{\pi} \sin mx \sin nx \, dx = \begin{cases} 0 & (n \neq m) \\ \pi & (n = m) \end{cases}$$

$$\int_{-\pi}^{\pi} \sin mx \cos nx \, dx = 0 \quad (\text{あらゆる } m, n > 0 \text{ に対して})$$

を用いると，式 (4.3) の右辺は係数が a_m の項以外はすべて消え，

$$a_n = \frac{1}{\pi} \int_{-\pi}^{\pi} f(x) \cos nx \, dx \quad (n \text{ は整数}) \tag{4.4a}$$

となる．a_0 は，この a_n の一般式で $n = 0$ とおけば得られる．

同様に，式 (4.2) の両辺に $\sin mx$ を掛けて $-\pi$ から π まで積分すると，

$$b_n = \frac{1}{\pi} \int_{-\pi}^{\pi} f(x) \sin nx \, dx \tag{4.4b}$$

が得られる．式 (4.4a) と式 (4.4b) は，**オイラー–フーリエの公式**として知られている．

定積分の定義により，$f(x)$ が一価かつ区間 $[-\pi, \pi]$ で連続ないし区分連続（その区間内の有限個の点での有限の跳びを除いて連続）ならば，式 (4.4a) および式 (4.4b) の積分は存在し，これらの式で $f(x)$ のフーリエ係数を計算できる．$f(x)$ が点 x_0 で有限の不連続性をもつ場合は，係数 a_0, a_n, b_n はまず $-\pi$ から x_0 まで，次に x_0 から π まで積分して得られる．すなわち，

$$a_n = \frac{1}{\pi} \left[\int_{-\pi}^{x_0} f(x) \cos nx \, dx + \int_{x_0}^{\pi} f(x) \cos nx \, dx \right], \tag{4.5a}$$

$$b_n = \frac{1}{\pi} \left[\int_{-\pi}^{x_0} f(x) \sin nx \, dx + \int_{x_0}^{\pi} f(x) \sin nx \, dx \right]. \tag{4.5b}$$

この手続きは，任意の有限個の不連続点がある場合に拡張できる．

例 4.2

区間 $[-\pi, \pi]$ における，以下の関数のフーリエ級数を求めよ：

$$f(x) = \begin{cases} -k & (-\pi < x < 0) \\ +k & (0 < x < \pi) \end{cases} \quad \text{かつ} \quad f(x + 2\pi) = f(x).$$

解：フーリエ係数は以下のように求まる：

$$a_n = \frac{1}{\pi} \left[\int_{-\pi}^{0} (-k) \cos nx \, dx + \int_{0}^{\pi} k \cos nx \, dx \right]$$

$$= \frac{1}{\pi} \left[-k \frac{\sin nx}{n} \Big|_{-\pi}^{0} + k \frac{\sin nx}{n} \Big|_{0}^{\pi} \right] = 0,$$

$$b_n = \frac{1}{\pi} \left[\int_{-\pi}^{0} (-k) \sin nx \, dx + \int_{0}^{\pi} k \sin nx \, dx \right]$$

$$= \frac{1}{\pi} \left[k \frac{\cos nx}{n} \Big|_{-\pi}^{0} - k \frac{\cos nx}{n} \Big|_{0}^{\pi} \right] = \frac{2k}{n\pi} (1 - \cos n\pi).$$

4.2 フーリエ級数とオイラー–フーリエの公式

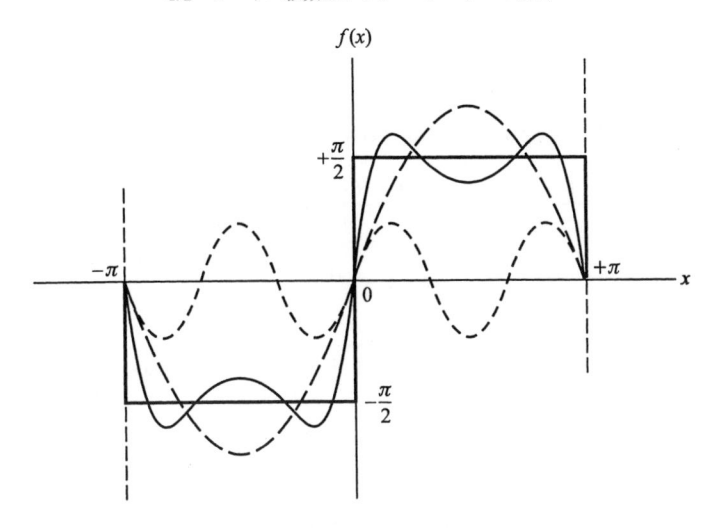

図 4.4 最初の 2 項の部分和.

n が奇数ならば $\cos n\pi = -1$, n が偶数ならば $\cos n\pi = 1$ より,

$$b_1 = 4k/\pi, \quad b_2 = 0, \quad b_3 = 4k/3\pi, \quad b_4 = 0, \quad b_5 = 4k/5\pi, \quad \ldots$$

となり, フーリエ級数は

$$\frac{4k}{\pi}\left(\sin x + \frac{1}{3}\sin 3x + \frac{1}{5}\sin 5x + \cdots\right)$$

で与えられる. 特に $k = \pi/2$ のとき, この級数は

$$2\sin x + \frac{2}{3}\sin 3x + \frac{2}{5}\sin 5x + \cdots$$

となる. 図 4.4 に最初の 2 項を破線で示し, その和を実線で示した. フーリエ級数展開の項を多く取り入れれば取り入れるほど, その和はますます $f(x)$ の形状に近づいていく. これを次の例で示す.

例 4.3

以下の関数のフーリエ級数を求めよ：

$$f(t) = \begin{cases} 0 & (-\pi < t < 0) \\ \sin t & (0 < t < \pi) \end{cases} \quad \text{ただし定義域は } -\pi < t < \pi.$$

解：

$$a_n = \frac{1}{\pi}\left[\int_{-\pi}^{0} 0 \cdot \cos nt\, dt + \int_{0}^{\pi} \sin t \cos nt\, dt\right]$$
$$= -\frac{1}{2\pi}\left[\frac{\cos(1-n)t}{1-n} + \frac{\cos(1+n)t}{1+n}\right]_{0}^{\pi} = \frac{1+\cos n\pi}{\pi(1-n^2)} \quad (n \neq 1),$$
$$a_1 = \frac{1}{\pi}\int_{0}^{\pi} \sin t \cos t\, dt = \frac{1}{\pi}\frac{\sin^2 t}{2}\bigg|_{0}^{\pi} = 0,$$
$$b_n = \frac{1}{\pi}\int_{0}^{\pi} \sin t \sin nt\, dt = \frac{1}{2\pi}\left[\frac{\sin(1-n)t}{1-n} - \frac{\sin(1+n)t}{1+n}\right]_{0}^{\pi} = 0 \quad (n \neq 1),$$
$$b_1 = \frac{1}{\pi}\int_{0}^{\pi} \sin^2 t\, dt = \frac{1}{\pi}\left[\frac{t}{2} - \frac{\sin 2t}{4}\right]_{0}^{\pi} = \frac{1}{2}.$$

よって，区間 $[-\pi, \pi]$ における $f(t)$ のフーリエ展開は以下のようになる：

$$f(t) = \frac{1}{\pi} + \frac{\sin t}{2} - \frac{2}{\pi}\left[\frac{\cos 2t}{3} + \frac{\cos 4t}{15} + \frac{\cos 6t}{35} + \frac{\cos 8t}{63} + \cdots\right].$$

最初の 3 項の部分和 $S_n (n = 1, 2, 3)$：$S_1 = 1/\pi$，$S_2 = 1/\pi + \sin t/2$，$S_3 = 1/\pi + \sin t/2 - 2\cos(2t)/3\pi$ を図 4.5 に示す．

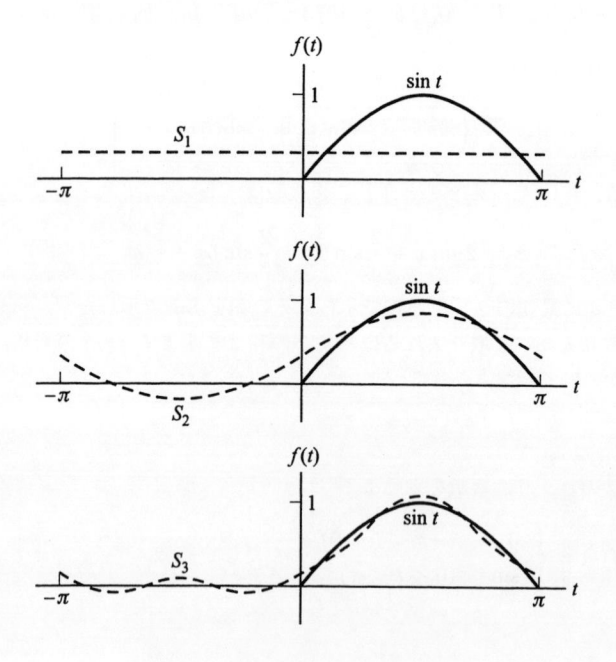

図 **4.5** 級数の最初の 3 項の部分和．

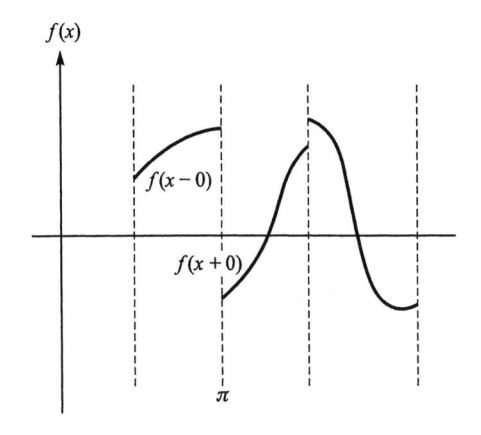

図 **4.6** 区分連続関数.

4.3 ギ ブ ズ 現 象

図 4.4 と図 4.5 は，フーリエ展開の 2 つの特徴的な性質を表している．すなわち，
    (a) 不連続点において，級数は跳びの前後の中間値をとる．
    (b) 不連続点のすぐ近くで，展開はもとの関数よりも余計に跳ぶ．この振る舞いは**ギブズ現象**として知られ，展開を有限次で止めたあらゆる近似で起こる．

4.4　フーリエ級数の収束性とディリクレ条件

フーリエ級数の収束性という厄介な問題が，まだ残っている．ある関数 $f(x)$ のフーリエ係数 a_n, b_n を式 (4.4a) と式 (4.4b) で決め，式 (4.2) でフーリエ級数を求めた場合，この級数は $f(x)$ に収束するであろうか？　この問題はディリクレによって部分的に解かれた．ここでは彼の研究を，しばしば**ディリクレの定理**とよばれる形にまとめ直したものを示す：
    (1) $f(x)$ が $[-\pi, \pi]$ で定義され，有限個の点を除いて一価で，
    (2) $f(x)$ が $[-\pi, \pi]$ の外側で周期 2π をもち（すなわち $f(x + 2\pi) = f(x)$），
    (3) $f(x)$ と $f'(x)$ が $[-\pi, \pi]$ で区分連続ならば，
式 (4.4a) と式 (4.4b) の係数 a_n, b_n で与えられる式 (4.2) の右辺の級数は，
    (i) x が連続点ならば $f(x)$ に，
    (ii) x が図 4.6 に示すような不連続点ならば $[f(x+0) + f(x-0)]/2$ に
収束する．ここで $f(x+0)$ と $f(x-0)$ は，それぞれ $f(x)$ の x における右極限 ($\lim_{\epsilon \to 0} f(x+\epsilon)$) と左極限 ($\lim_{\epsilon \to 0} f(x-\epsilon)$) を示す（ただし $\epsilon > 0$)．

ディリクレの定理の証明は非常に技巧的なので,ここでは省略する.なお,$f(x)$ に課せられた**ディリクレ条件** (1), (2), (3) は,十分条件であるが必要条件ではない.すなわち,これらの条件がみたされたときには収束性は保証されているが,みたされないときも,級数は収束するかもしれないし,しないかもしれない.一般に,実用上はディリクレ条件はみたされていると思ってよい.

4.5 片側フーリエ級数

奇関数 ($f(-x) = -f(x)$ をみたす関数) や偶関数 ($f(-x) = f(x)$ をみたす関数) では,フーリエ係数を決める計算の手間を省ける.奇関数 $f_\mathrm{o}(x)$ のフーリエ級数では,区間 $-\pi < x < \pi$ で級数展開すると,正弦関数の項だけが残る.すなわち,

$$a_n = \frac{1}{\pi} \int_{-\pi}^{\pi} f_\mathrm{o}(x) \cos nx\, dx = \frac{1}{\pi}\left[\int_{-\pi}^{0} f_\mathrm{o}(x) \cos nx\, dx + \int_0^{\pi} f_\mathrm{o}(x) \cos nx\, dx\right]$$
$$= \frac{1}{\pi}\left[-\int_0^{\pi} f_\mathrm{o}(x)\cos nx\, dx + \int_0^{\pi} f_\mathrm{o}(x)\cos nx\, dx\right] = 0 \quad (n = 0, 1, 2, \ldots), \tag{4.6a}$$

$$b_n = \frac{1}{\pi}\left[\int_{-\pi}^{0} f_\mathrm{o}(x) \sin nx\, dx + \int_0^{\pi} f_\mathrm{o}(x) \sin nx\, dx\right]$$
$$= \frac{2}{\pi}\int_0^{\pi} f_\mathrm{o}(x) \sin nx\, dx \quad (n = 1, 2, 3, \ldots) \tag{4.6b}$$

となる.ここで,$\cos(-nx) = \cos nx$ と $\sin(-nx) = -\sin nx$ を用いた.よって,奇関数 $f_\mathrm{o}(x)$ のフーリエ級数は以下のように書ける:

$$f_\mathrm{o}(x) = b_1 \sin x + b_2 \sin 2x + \cdots.$$

同様に,偶関数 $f_\mathrm{e}(x)$ のフーリエ級数では,cos 関数 (および定数) の項が残る.すなわち,$f_\mathrm{e}(x) \sin nx$ は奇関数なので $b_n = 0$ となり,a_n は

$$a_n = \frac{2}{\pi} \int_0^{\pi} f_\mathrm{e}(x) \cos nx\, dx \quad (n = 0, 1, 2, \ldots) \tag{4.7}$$

で与えられる.式 (4.6a), (4.6b), (4.7) のフーリエ係数 a_n, b_n は区間 $[-\pi, \pi]$ の半分の区間 $[0, \pi]$ で計算されており,この級数はしばしば**片側フーリエ級数**とよばれる.

(偶関数でも奇関数でもない) 任意の関数は,

$$f(x) = \frac{1}{2}[f(x) + f(-x)] + \frac{1}{2}[f(x) - f(-x)] = f_\mathrm{e}(x) + f_\mathrm{o}(x)$$

のように,偶関数 f_e と奇関数 f_o の組み合わせで表される.片側フーリエ級数は一般に区間 $[0, \pi]$ で定義されるが,反対の片側区間 $[-\pi, 0]$ で定義することもできる.

4.6 区間の変更

フーリエ展開は,区間 $-\pi < x < \pi$ や $0 < x < \pi$ 以外でも行える.多くの問題では,関数の周期はそれ以外である($2L$ とする).上記のフーリエ級数の定義は,変数変換を行うだけで任意の周期をもつ周期関数に拡張できる.区間 $-L < x < L$ で定義される周期 $2L$ の関数 $F(x)$ に新しい変数

$$z = \frac{\pi}{L}x \tag{4.8a}$$

を導入すると,

$$f(z) = f(\pi x/L) = F(x) \tag{4.8b}$$

となり,関数 $f(z)$ は区間 $-\pi < z < \pi$ で展開される.よって,$F(x)$ の展開係数は,式 (4.4a) と式 (4.4b) に式 (4.8a), (4.8b) を代入すれば以下のように求められる:

$$a_n = \frac{1}{L}\int_{-L}^{L} F(x)\cos\frac{n\pi}{L}x\, dx \quad (n = 0, 1, 2, \ldots), \tag{4.9a}$$

$$b_n = \frac{1}{L}\int_{-L}^{L} F(x)\sin\frac{n\pi}{L}x\, dx \quad (n = 1, 2, 3, \ldots). \tag{4.9b}$$

周期 2π 以外の関数も展開できるようになれば,フーリエ展開はますます有用になる.L が大きくなればなるほど,展開される関数の基本周期は大きくなり,$L \to \infty$ の極限では,もはや扱われる関数は周期的ではない.以下でみるように,この場合にフーリエ級数はフーリエ積分になる.

4.7 パーセヴァルの恒等式

関数 $f(x)$ がディリクレ条件をみたすとき,$f(x)$ のフーリエ級数の係数 a_n と b_n に対して,

$$\frac{1}{2L}\int_{-L}^{L}[f(x)]^2 dx = \left(\frac{a_0}{2}\right)^2 + \frac{1}{2}\sum_{n=1}^{\infty}(a_n^2 + b_n^2) \tag{4.10}$$

をパーセヴァルの恒等式という.この恒等式は簡単に証明できる.$f(x)$ のフーリエ級数は収束すると仮定すると,

$$f(x) = \frac{a_0}{2} + \sum_{n=1}^{\infty}\left(a_n\cos\frac{n\pi x}{L} + b_n\sin\frac{n\pi x}{L}\right)$$

となるが,両辺に $f(x)$ を掛けて $-L$ から L まで各項ごとに積分すると,

$$\int_{-L}^{L}[f(x)]^2 dx = \frac{a_0}{2}\int_{-L}^{L} f(x)dx$$
$$+ \sum_{n=1}^{\infty}\left[a_n \int_{-L}^{L} f(x)\cos\frac{n\pi x}{L}\,dx + b_n \int_{-L}^{L} f(x)\sin\frac{n\pi x}{L}\,dx\right]$$
$$= \frac{a_0^2}{2}L + L\sum_{n=1}^{\infty}(a_n^2 + b_n^2) \tag{4.11}$$

が得られる．ここで，以下の結果を使った：

$$\int_{-L}^{L} f(x)\cos\frac{n\pi x}{L}\,dx = La_n, \quad \int_{-L}^{L} f(x)\sin\frac{n\pi x}{L}\,dx = Lb_n, \quad \int_{-L}^{L} f(x)dx = La_0.$$

最終結果 (4.10) は，式 (4.11) の両辺を $2L$ で割れば得られる．

パーセヴァルの恒等式は，$f(x)$ の 2 乗平均と $f(x)$ のフーリエ係数の間の関係を示す：
- $[f(x)]^2$ の平均は $\int_{-L}^{L}[f(x)]^2 dx/2L$,
- $(a_0/2)$ の平均は $(a_0/2)^2$,
- $(a_n \cos nx)$ の平均は $a_n^2/2$,
- $(b_n \sin nx)$ の平均は $b_n^2/2$.

例 4.4

$f(x) = x$, $0 < x < 2$ を片側余弦級数に展開し，このフーリエ余弦級数に対応するパーセヴァルの恒等式を書きくだせ．

解：まず，$f(x)$ の定義を，図 4.7 に示す周期 4 の周期関数に拡張する．このとき $L = 2$ で，$b_n = 0$ であり，$n \neq 0$ に対しては

$$a_n = \frac{2}{L}\int_0^L f(x)\cos\frac{n\pi x}{L}\,dx = \frac{2}{2}\int_0^2 f(x)\cos\frac{n\pi x}{2}\,dx$$
$$= \left[x\left(\frac{2}{n\pi}\sin\frac{n\pi x}{2}\right) - 1\left(\frac{-4}{n^2\pi^2}\cos\frac{n\pi x}{2}\right)\right]_0^2$$
$$= \frac{4}{n^2\pi^2}(\cos n\pi - 1).$$

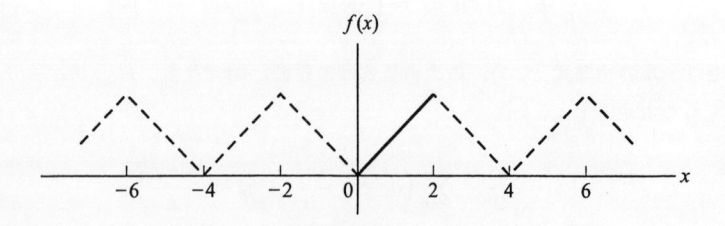

図 4.7

$n = 0$ に対しては
$$a_0 = \int_0^L x\,dx = 2$$
となり，以下の展開式が得られる：
$$f(x) = 1 + \sum_{n=1}^{\infty} \frac{4}{n^2\pi^2}(\cos n\pi - 1)\cos\frac{n\pi x}{2}.$$

今度は，パーセヴァルの恒等式を書きくだそう．まず，$[f(x)]^2$ の平均を計算する：
$$\frac{1}{2L}\int_{-L}^L [f(x)]^2 dx = \frac{1}{4}\int_{-2}^2 [f(x)]^2 dx = \frac{1}{4}\int_{-2}^2 x^2 dx = \frac{4}{3}.$$
こうして，平均は
$$\left(\frac{a_0}{2}\right)^2 + \frac{1}{2}\sum_{n=1}^{\infty}(a_n^2 + b_n^2) = \left(\frac{2}{2}\right)^2 + \frac{1}{2}\sum_{n=1}^{\infty}\frac{16}{n^4\pi^4}(\cos n\pi - 1)^2$$
で与えられ，パーセヴァルの恒等式は
$$\frac{4}{3} = 1 + \frac{32}{\pi^4}\left(\frac{1}{1^4} + \frac{1}{3^4} + \frac{1}{5^4} + \cdots\right)$$
あるいは
$$\frac{1}{1^4} + \frac{1}{3^4} + \frac{1}{5^4} + \cdots = \frac{\pi^4}{96}$$
となる．すなわち，パーセヴァルの恒等式は無限級数の和を求めるのに使える．上の結果より，
$$S = \frac{1}{1^4} + \frac{1}{2^4} + \frac{1}{3^4} + \frac{1}{4^4} + \cdots$$
で与えられる級数の和は，
$$S = \left(\frac{1}{1^4} + \frac{1}{3^4} + \frac{1}{5^4} + \cdots\right) + \left(\frac{1}{2^4} + \frac{1}{4^4} + \frac{1}{6^4} + \cdots\right)$$
$$= \left(\frac{1}{1^4} + \frac{1}{3^4} + \frac{1}{5^4} + \cdots\right) + \frac{1}{2^4}\left(\frac{1}{1^4} + \frac{1}{2^4} + \frac{1}{3^4} + \cdots\right) = \frac{\pi^4}{96} + \frac{S}{16}$$
より，$S = \pi^4/90$ になる．

4.8 フーリエ級数の別な形式

ここまで，ある関数のフーリエ級数を，式 (4.2) のような正弦関数と余弦関数の無限級数の形式：
$$f(x) = \frac{a_0}{2} + \sum_{n=1}^{\infty}\left(a_n\cos\frac{n\pi x}{L} + b_n\sin\frac{n\pi x}{L}\right)$$

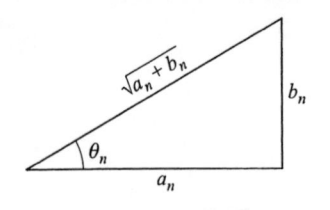

図 4.8

で書いてきた．これを別な形式に書き換えよう．本節では，2 つの別な形式を議論する．まず，$\pi/L = \alpha$ を用いて

$$a_n \cos n\alpha x + b_n \sin n\alpha x = \sqrt{a_n^2 + b_n^2} \left(\frac{a_n}{\sqrt{a_n^2 + b_n^2}} \cos n\alpha x + \frac{b_n}{\sqrt{a_n^2 + b_n^2}} \sin n\alpha x \right)$$

と書き，図 4.8 と見比べて

$$\cos \theta_n = \frac{a_n}{\sqrt{a_n^2 + b_n^2}} , \quad \sin \theta_n = \frac{b_n}{\sqrt{a_n^2 + b_n^2}} \quad \text{すなわち} \quad \theta_n = \tan^{-1} \left(\frac{b_n}{a_n} \right)$$

$$C_n = \sqrt{a_n^2 + b_n^2} , \quad C_0 = \frac{1}{2} a_0$$

を導入すると，三角恒等式

$$a_n \cos n\alpha x + b_n \sin n\alpha x = C_n \cos(n\alpha x - \theta_n)$$

が得られ，よってフーリエ級数は以下の形に書ける：

$$f(x) = C_0 + \sum_{n=1}^{\infty} C_n \cos(n\alpha x - \theta_n). \tag{4.12}$$

この新しい形式では，フーリエ級数は異なった振動数をもつ 1 種類の三角関数の振動成分の和として表される．振動数 $n\alpha$ の振動成分は，その三角関数の **n 次高調波**とよばれ，特に 1 次高調波は**基本成分**とよばれる．角度 θ_n は**位相角**，係数 C_n は**振幅**という．

オイラーの恒等式 $e^{\pm i\theta} = \cos \theta + i \sin \theta$ （ここで i は虚数単位：$i^2 = -1$）を用いると，$f(x)$ のフーリエ級数は複素形：

$$f(x) = \sum_{n=-\infty}^{\infty} c_n e^{in\pi x/L}, \tag{4.13a}$$

$$c_{\pm n} = a_n \mp i b_n = \frac{1}{2L} \int_{-L}^{L} f(x) e^{-in\pi x/L} dx \quad (n > 0). \tag{4.13b}$$

に変換される．式 (4.13a) は，ディリクレ条件がみたされ，$f(x)$ が x で連続な場合の表式である．$f(x)$ が x で不連続ならば，式 (4.13a) の左辺は $[f(x+0) + f(x-0)]/2$ で置き換えられる．

指数形式 (4.13a) は三角形式の変換では得られず，与えられた関数から直接構成されるので，独立な基本形式とみなせる．さらに，式 (4.13a) と式 (4.13b) で与えられる複素形式では，関数とそのフーリエ係数の表式の対称性が明示されている．実際，表式 (4.13a) と (4.13b) は，以下の対応で示されるように，本質的には同じ構造をもっている：

$$x \sim L, \ f(x) \sim c_n \equiv c(n), \ e^{in\pi x/L} \sim e^{-in\pi x/L}, \ \sum_{n=-\infty}^{\infty}(\ ) \sim \frac{1}{2L}\int_{-L}^{L}(\ )dx.$$

この**双対性**は重要である．フーリエ積分では，この双対性はより明確で基本的なものになる．

4.9 フーリエ級数の積分と微分

関数 $f(x)$ のフーリエ級数は常に各項ごとに積分することができ，$f(x)$ の積分に収束する新しい級数が得られる．$f(x)$ が x の連続関数かつ区間 $-\pi < x < \pi$ の外側で周期的（周期 2π）ならば，$f(x)$ のフーリエ級数の項別微分は $f'(x)$ のフーリエ級数になる（$f'(x)$ がディリクレ条件をみたす場合）．

4.10 振動する弦

4.10.1 横波の運動方程式

フーリエ級数は，**境界値問題**を解くのに役立つ．さまざまな応用があるが，例として振動する弦を考えよう．長さ L の弦が x 軸上の 2 点 $(0,0)$ と $(L,0)$ で固定され，y 軸に平行に横方向に変位するとしよう．外力が働いていない弦の連続的な運動を考える．振動は一つの面内で起こるとし，それが xy 面であるとすると，変位 y を x と t の関数として表せばよい．単位長さあたりの質量 ρ は弦全体にわたって一様で，弦は完全にしなやか（張力は伝えるが，曲げや捩れの応力は伝えない）とする．

弦が x 軸に沿った静止位置から引っ張られて伸びると，それに応じて張力も増える．その大きさを P とする．この張力は弦のどの場所でも接線方向に働く．図 4.9 に示すよ

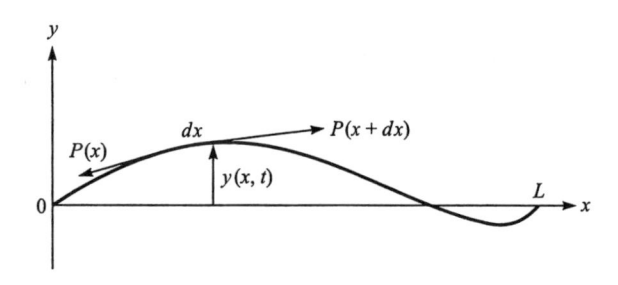

図 **4.9** 振動している弦．

うに，線要素 ds に対して力 $P(x)A$ が左側に働き，力 $P(x+dx)A$ が右側に働く．ただし A は弦の断面積である．α を x 軸との角度であるとすると，

$$F_x \approx AP\cos(\alpha + d\alpha) - AP\cos\alpha, \quad F_y \approx AP\sin(\alpha + d\alpha) - AP\sin\alpha$$

と書ける．変位が小さいと仮定して，

$$\cos\alpha \approx 1 - \alpha^2/2, \quad \sin\alpha \approx \alpha \approx \tan\alpha = dy/dx$$

のように α の2次まで展開すると，

$$F_y = AP\left[\left(\frac{dy}{dx}\right)_{x+dx} - \left(\frac{dy}{dx}\right)_x\right] = AP\frac{d^2y}{dx^2}dx$$

となる．ここでニュートンの第2法則を用いると，この線要素の横振動に対する運動方程式は

$$\rho A dx \frac{\partial^2 y}{\partial t^2} = AP\frac{\partial^2 y}{\partial x^2}dx \quad \text{すなわち} \quad \frac{\partial^2 y}{\partial x^2} = \frac{1}{v^2}\frac{\partial^2 y}{\partial t^2}, \quad v = \sqrt{\frac{P}{\rho}}$$

となる．すなわち，弦の縦方向の微小変位は，以下の偏微分波動方程式をみたす：

$$\frac{\partial^2 y}{\partial x^2} = \frac{1}{v^2}\frac{\partial^2 y}{\partial t^2} \quad (0 < x < L, \ t > 0). \tag{4.14}$$

境界条件は，$y(0,t) = y(L,t) = 0$, $\partial y/\partial t|_{t=0} = 0$, $y(x,0) = f(x)$ で与えられる．ただし $f(x)$ は弦の初期形状，v は弦に沿って伝わる波の速度である．

4.10.2 波動方程式の解

この境界値問題を解くために，変数分離を試みよう：

$$y(x,t) = X(x)T(t). \tag{4.15}$$

これを式 (4.14) に代入すると，

$$\frac{1}{X}\frac{d^2X}{dx^2} = \frac{1}{v^2T}\frac{d^2T}{dt^2}$$

となる．左辺は x のみ，右辺は t のみの関数なので，両辺は共通の定数にならなければならない．この定数を $-\lambda^2$ とすると，

$$\frac{d^2X}{dx^2} = -\lambda^2 X, \quad X(0) = X(L) = 0, \tag{4.16a}$$

$$\frac{d^2T}{dt^2} = -\lambda^2 v^2 T, \quad \left.\frac{dT}{dt}\right|_{t=0} = 0 \tag{4.16b}$$

と書ける．どちらの式も典型的な**固有値問題**である．すなわち，あるパラメータ λ を含む微分方程式が与えられたときに，ある境界条件をみたす解を探索する．もし非自明な

解が存在する λ の特別な値があれば，それを**固有値**とよび，それに対応する解を**固有解**あるいは**固有関数**とよぶ．

式 (4.16a) の一般解は，

$$X(x) = A_1 \sin(\lambda x) + B_1 \cos(\lambda x)$$

の形に書ける．境界条件を代入すると，

$$X(0) = 0 \Longrightarrow B_1 = 0,$$

$$X(L) = 0 \Longrightarrow A_1 \sin(\lambda L) = 0$$

が得られる．$A_1 = 0$ は自明な解 $X = 0$（すなわち $y = 0$）に帰着するので，$\sin(\lambda L) = 0$ でなけらばならない．すなわち，

$$\lambda L = n\pi \qquad (n = 1, 2, \ldots)$$

となり，以下の一連の固有値を得る：

$$\lambda_n = n\pi/L \qquad (n = 1, 2, \ldots).$$

これに対応する固有関数は，

$$X_n(x) = \sin(n\pi/L)x \quad (n = 1, 2, \ldots)$$

で与えられる．$T(t)$ に対する式 (4.16b) を解くには，先に求めた固有値 λ_n のうちの一つを用いなければならない．一般解は，以下の形をもつ：

$$T(t) = A_2 \cos(\lambda_n v t) + B_2 \sin(\lambda_n v t).$$

境界条件より，$B_2 = 0$ となる．

以上より，式 (4.14) の一般解は，以下の形の解の線形結合で表される：

$$y(x,t) = \sum_{n=1}^{\infty} A_n \sin\left(\frac{n\pi x}{L}\right) \cos\left(\frac{n\pi v t}{L}\right). \tag{4.17}$$

境界条件 $y(x,0) = f(x)$ を用いると，式 (4.17) は

$$f(x) = \sum_{n=1}^{\infty} A_n \sin\left(\frac{n\pi x}{L}\right)$$

と簡略化され，右辺の無限級数はフーリエ正弦級数にほかならない．A_n を求めるには，両辺に $\sin(m\pi x/L)$ を掛けて，x について 0 から L まで積分すればよい．すると

$$A_m = \frac{2}{L} \int_0^L f(x) \sin\left(\frac{m\pi x}{L}\right) dx \qquad (m = 1, 2, \ldots)$$

が得られる．ここで，以下の関係式を使った：

$$\int_0^L \sin\left(\frac{m\pi x}{L}\right) \sin\left(\frac{n\pi x}{L}\right) dx = \frac{L}{2}\delta_{mn}.$$

すなわち式 (4.17) は，

$$y(x,t) = \sum_{n=1}^{\infty} \left[\frac{2}{L} \int_0^L f(x) \sin\frac{n\pi x}{L} dx\right] \sin\frac{n\pi x}{L} \cos\frac{n\pi v t}{L} \tag{4.18}$$

と書ける．この級数の各項は振動の固有モードを表す．n 番目の基準モードの振動数 f_n は，$\cos(n\pi vt/L)$ の項から

$$2\pi f_n = n\pi v/L \quad \text{すなわち} \quad f_n = nv/2L$$

と与えられる．すべての振動数は最小振動数 f_1 の整数倍である．f_1 を**第 1 高調波**または**基本振動数**とよび，$f_2, f_3, \ldots$ を**第 2，第 3，$\ldots$ 高調波**（あるいは**第 1，第 2，$\ldots$ 倍音**）の振動数とよぶ．

4.11 RLC 回 路

フーリエ級数の応用例としてもう一つ，変動する電圧 $E(t)$ によって駆動される RLC 回路を考えよう．電圧の変化は周期的であるが，正弦波的である必要はない（図 4.10）．求めたいのは，回路を時刻 t に流れる電流 $I(t)$ である．

キルヒホッフの回路の第 2 法則より，印加電圧 $E(t)$ は回路に沿った電圧降下の和に等しい．すなわち，

$$L\frac{dI}{dt} + RI + \frac{Q}{C} = E(t)$$

となる．ただし Q は，コンデンサー C の全電荷である．$I = dQ/dt$ なので，上記の微分方程式をもう一度時間で微分すると，

$$L\frac{d^2 I}{dt^2} + R\frac{dI}{dt} + \frac{1}{C}I = \frac{dE}{dt}$$

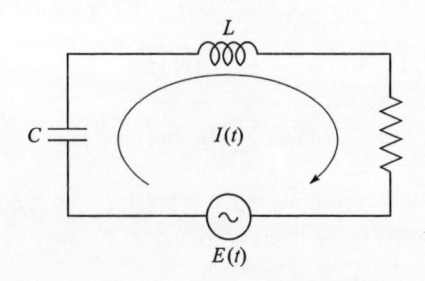

図 4.10 RLC 回路.

が得られる．定常条件下では電流 $I(t)$ も周期的で，$E(t)$ と同じ周期 P をもつ．$E(t)$ も $I(t)$ もフーリエ展開が可能だと仮定し，これらの展開を複素形式で書こう：

$$E(t) = \sum_{n=-\infty}^{\infty} E_n e^{in\omega t}, \quad I(t) = \sum_{n=-\infty}^{\infty} c_n e^{in\omega t} \quad \left(\omega = \frac{2\pi}{P}\right).$$

さらに，これらの級数は各項ごとに微分可能であると仮定しよう．すると

$$\frac{dE}{dt} = \sum_{n=-\infty}^{\infty} in\omega E_n e^{in\omega t}, \quad \frac{dI}{dt} = \sum_{n=-\infty}^{\infty} in\omega c_n e^{in\omega t}, \quad \frac{d^2 I}{dt^2} = \sum_{n=-\infty}^{\infty} (-n^2\omega^2) c_n e^{in\omega t}$$

となる．これらを 2 階微分方程式に代入し，同じ指数関数 $e^{in\alpha t}$ の係数どうしは等しいとおくと，

$$\left(-n^2\omega^2 L + in\omega R + \frac{1}{C}\right) c_n = in\omega E_n$$

が得られる．これを c_n について解いたのが次式である：

$$c_n = \frac{in\omega/L}{1/LC - n^2\omega^2 + i(R/L)n\omega} E_n.$$

ここで，$1/LC$ は回路の固有振動数で，R/L は回路の減衰係数である．$E(t)$ のフーリエ係数は

$$E_n = \frac{1}{P} \int_{-P/2}^{P/2} E(t) e^{-in\omega t} dt$$

で与えられ，回路を流れる電流 $I(t)$ は

$$I(t) = \sum_{n=-\infty}^{\infty} c_n e^{in\omega t}$$

で与えられる．

4.12 直交関数

ここまでに示したフーリエ級数の性質の多くは，正弦関数と余弦関数の**直交性**：

$$\int_0^L \sin\frac{m\pi x}{L} \sin\frac{n\pi x}{L} dx = 0, \quad \int_0^L \cos\frac{m\pi x}{L} \cos\frac{n\pi x}{L} dx = 0 \quad (m \neq n)$$

によっている．本章では，このような関数の直交性を一般化する．そのために，まず 3 次元空間の実ベクトルの基本性質を思い出そう．

2つのベクトル $\boldsymbol{A}$ と $\boldsymbol{B}$ は，$\boldsymbol{A}\cdot\boldsymbol{B} = 0$ をみたすとき**直交している**という．幾何学的意味や物理的意味はひとまず置いて，直交という概念を関数に拡張しよう．すなわち，ある関数 $A(x)$ を無限次元ベクトルとみなし，区間 (a,b) 内の各点での値を，その成分とする．2 つの関数 $A(x)$ と $B(x)$ は，

$$\int_a^b A(x)B(x)dx = 0 \tag{4.19}$$

をみたすとき，区間 (a, b) で直交しているという．式 (4.19) の左辺は $A(x)$ と $B(x)$ のスカラー積とよばれ，ディラック括弧記号を用いて $\langle A(x)|B(x)\rangle$ と表記される．括弧記号の前半部はブラ，後半部はケットとよばれ，合わせてブラケット（括弧）になる．

ベクトル $\boldsymbol{A}$ は，長さが 1 ($\boldsymbol{A}\cdot\boldsymbol{A} = A^2 = 1$) のとき，単位ベクトルまたは規格化されたベクトルとよばれる．この概念を拡張して，関数 $A(x)$ が

$$\langle A(x)|A(x)\rangle = \int_a^b A(x)A(x)dx = 1 \tag{4.20}$$

をみたすとき，区間 (a, b) で正規あるいは規格化されているという．

関数の組 $\varphi_i(x)$ $(i = 1, 2, 3, \ldots)$ が

$$\langle \varphi_m(x)|\varphi_n(x)\rangle = \int_a^b \varphi_m(x)\varphi_n(x)dx = \delta_{mn} \tag{4.20a}$$

をみたすとき，このような関数の組を区間 (a,b) における正規直交系という．例えば，$\varphi_m(x) = (2/\pi)^{1/2}\sin(mx)$ $(m = 1, 2, 3, \ldots)$ は，区間 $0 \leq x \leq \pi$ における正規直交系である．

3 次元ベクトル空間では，任意のベクトル $\boldsymbol{A}$ は単位ベクトル $\hat{e}_i$ $(i = 1, 2, 3)$ を用いて $\boldsymbol{A} = A_1\hat{e}_1 + A_2\hat{e}_2 + A_3\hat{e}_3$ という形に展開することができるが，これと同様に，正規直交系の組 φ_i を基底ベクトルとして関数 $f(x)$ を展開することができる．すなわち，

$$f(x) = \sum_{n=1}^{\infty} c_n \varphi_n(x) \quad (a \leq x \leq b) \tag{4.21}$$

の形に書ける．右辺の級数は正規直交級数とよばれ，この級数はフーリエ級数を一般化したものである．右辺の級数が $f(x)$ に収束すると仮定すると，両辺に $\varphi_m(x)$ を掛けて a から b まで積分して，

$$c_m = \langle f(x)|\varphi_m(x)\rangle = \int_a^b f(x)\varphi_m(x)dx \tag{4.21a}$$

が得られる．c_m は一般化されたフーリエ係数とよばれる．

4.13 多重フーリエ級数

2 変数ないし 3 変数関数のフーリエ展開は，さまざまな応用において有用である．ここでは 2 変数関数 $f(x,y)$ を考えよう．例えば，$f(x,y)$ は 2 重フーリエ正弦級数に展開できる：

$$f(x,y) = \sum_{m=1}^{\infty}\sum_{n=1}^{\infty} B_{mn} \sin\frac{m\pi x}{L_1} \sin\frac{n\pi y}{L_2}. \tag{4.22}$$

ただし展開係数は，

$$B_{mn} = \frac{4}{L_1 L_2} \int_0^{L_1} \int_0^{L_2} f(x,y) \sin\frac{m\pi x}{L_1} \sin\frac{n\pi y}{L_2} \, dxdy \qquad (4.22a)$$

で与えられる．この係数 B_{mn} の表式を得るには，$f(x,y)$ を

$$f(x,y) = \sum_{m=1}^{\infty} C_m \sin\frac{m\pi x}{L_1}, \qquad (4.23)$$

$$C_m = \sum_{n=1}^{\infty} B_{mn} \sin\frac{n\pi y}{L_2} \qquad (4.23a)$$

と書き直せばよい．すると式 (4.23) は，y をある定数に固定した 1 変数フーリエ級数とみなせるので，フーリエ係数 C_m は

$$C_m = \frac{2}{L_1} \int_0^{L_1} f(x,y) \sin\frac{m\pi x}{L_1} \, dx \qquad (4.24)$$

で与えられる．C_m は y の関数なので，式 (4.23a) を B_{mn} を展開係数とするフーリエ正弦級数と考えれば，その係数は

$$B_{mn} = \frac{2}{L_2} \int_0^{L_2} C_m \sin\frac{n\pi y}{L_2} \, dy$$

と書けるはずである．ここに式 (4.24) を代入すれば，式 (4.22a) が得られる．

同様の結果は余弦級数でも，正弦関数と余弦関数を両方含む級数でも得られる．さらに以上の考え方は，3 重ないしそれ以上のフーリエ級数にも拡張できる．この方法は，2 次元および 3 次元系の波動の伝播や熱伝導の問題などを解く際に役立つ．これらの応用は興味深いが，本書では扱わない．

4.14 フーリエ積分とフーリエ変換

ここまでに示したフーリエ級数の性質は，ディリクレ条件をみたす任意の周期関数の展開にあてはまる．だが，物理学や工学には，周期関数を含まない問題も多い．そこで，フーリエ級数法を非周期関数に拡張しよう．例 4.5 と例 4.6 に示すように，非周期関数は周期関数の周期が無限大になった極限とみなせる．

例 4.5

$$f_L(x) = \begin{cases} 0 & (-L/2 < x < -1), \\ 1 & (-1 < x < 1), \\ 0 & (1 < x < L/2) \end{cases}$$

という周期関数を考えよう．この関数の周期は $L \,(>2)$ である．図 4.11(a) に，$L = 4$ の場合を示した．L を 8 に増やすと，この関数は図 4.11(b) のようになり，$L \to \infty$ の

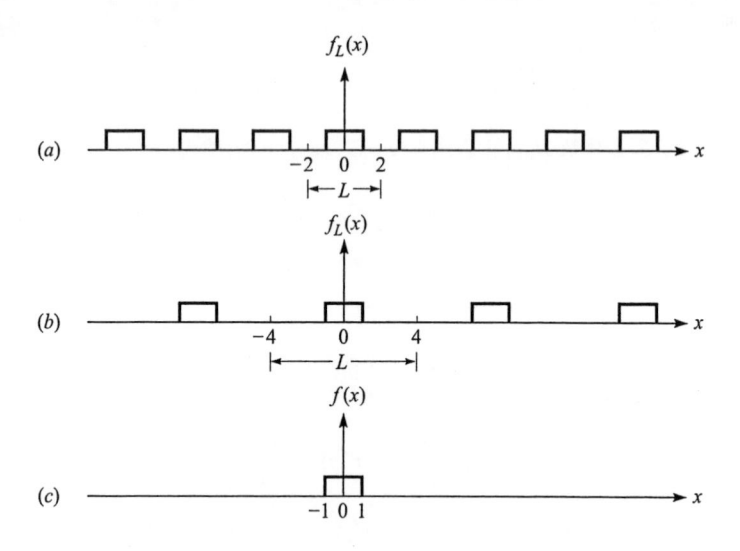

図 4.11 矩形波関数：(a) $L = 4$; (b) $L = 8$; (c) $L \to \infty$.

極限をとると，図 4.11(c) に示す非周期関数が得られる：

$$f(x) = \begin{cases} 1 & (-1 < x < 1), \\ 0 & (それ以外) \end{cases}$$

例 4.6

$$g_L(x) = e^{-|x|} \quad \left(-\frac{L}{2} < x < \frac{L}{2}\right)$$

という周期関数（図 4.12(a)）を考えよう．$L \to \infty$ の極限をとれば，非周期関数 $g(x) = \lim_{L \to \infty} g_L(x)$ （図 4.12(b)）が得られる．

与えられた関数の周期が無限になったときにフーリエ級数が近づく極限をみれば，非周期関数における表現がわかるはずである．そこで，周期関数 $f(x)$ のフーリエ級数を複素形で書く：

$$f(x) = \sum_{n=-\infty}^{\infty} c_n e^{i\omega x}, \tag{4.25}$$

$$c_n = \frac{1}{2L} \int_{-L}^{L} f(x) e^{-i\omega x} dx, \tag{4.26}$$

$$\omega = \frac{n\pi}{L} \quad (n \text{ は } 0 \text{ 以外の整数}). \tag{4.27}$$

ただし，$L \to \infty$ の極限をとるには，少々技巧を要する．この極限をまともにとると，c_n はゼロに近づくようにみえるからである．そこで式 (4.27) の助けを借りると，

4.14 フーリエ積分とフーリエ変換

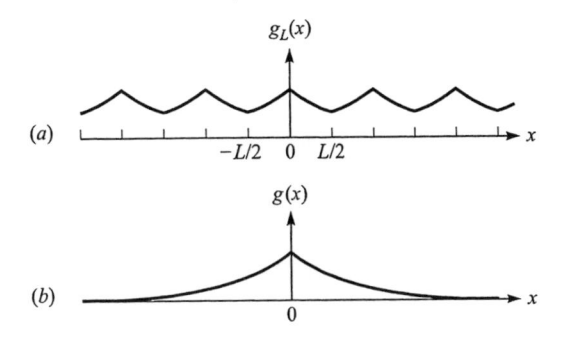

図 4.12 鋸歯波関数：(a) $-L/2 \leq x \leq L/2$; (b) $L \to \infty$.

$$\Delta\omega = \frac{\pi}{L}\Delta n$$

となる．離散化された ω の隣どうしの差は $\Delta n = 1$ とおけば得られ，

$$\frac{L}{\pi}\Delta\omega = 1$$

である．そこで，フーリエ級数の両辺に $(L/\pi)\Delta\omega$ を掛けると，

$$f(x) = \sum_{n=-\infty}^{\infty} \frac{L}{\pi} c_n e^{i\omega x} \Delta\omega,$$

$$\frac{L}{\pi} c_n = \frac{1}{2\pi} \int_{-L}^{L} f(x) e^{-i\omega x} dx$$

となり，厄介な係数 $1/L$ は消えた．ω を用いた表記では，$(L/\pi)c_n = c_L(\omega)$ と書くことにすると，

$$c_L(\omega) = \frac{1}{2\pi} \int_{-L}^{L} f(x) e^{-i\omega x} dx,$$

$$f(x) = \sum_{L\omega/\pi = -\infty}^{\infty} c_L(\omega) e^{i\omega x} \Delta\omega$$

が得られる．$L \to \infty$ の極限をとると，ω は離散分布から連続分布に変わって $\Delta\omega \to d\omega$ と書かれ，この和は積分の定義にほかならない．よって上記の 2 つの式は

$$c(\omega) = \lim_{L \to \infty} c_L(\omega) = \frac{1}{2\pi} \int_{-\infty}^{\infty} f(x) e^{-i\omega x} dx, \tag{4.28}$$

$$f(x) = \int_{-\infty}^{\infty} c(\omega) e^{i\omega x} d\omega \tag{4.29}$$

となる．この 1 組の式もフーリエ変換の一種であるが，

$$g(\omega) = \sqrt{2\pi}c(\omega)$$

と定義すると，式 (4.28) と式 (4.29) は容易に対称化でき，

$$g(\omega) = \frac{1}{\sqrt{2\pi}} \int_{-\infty}^{\infty} f(x')e^{-i\omega x'}dx', \tag{4.30}$$

$$f(x) = \frac{1}{\sqrt{2\pi}} \int_{-\infty}^{\infty} g(\omega)e^{i\omega x}d\omega \tag{4.31}$$

と書ける．関数 $g(\omega)$ は $f(x)$ の**フーリエ変換**とよばれ，$g(\omega) = F\{f(x)\}$ と書かれる．式 (4.31) は $g(\omega)$ の**フーリエ逆変換**であり，$f(x) = F^{-1}\{g(\omega)\}$ と書かれる．これも $f(x)$ の**フーリエ積分表示**とよばれることがある．指数関数 $e^{-i\omega x}$ は**変換の核**とよばれることがある．

$g(\omega)$ は，$f(x)$ が一定の条件をみたしている場合にのみ定義される．例えば，$f(x)$ はある有限の領域で積分可能でなければならない．実用的には，$f(x)$ が不連続点をもち，そこでゆるやかに無限大に発散しても大丈夫である．また，積分は無限遠で収束すべきで，$x \to \pm\infty$ で $f(x) \to 0$ になる必要がある．

非常に一般的なフーリエ変換可能性の十分条件として，$f(x)$ が**絶対可積分**であること，すなわち，積分 $\int_{-\infty}^{\infty} |f(x)|dx$ が存在することがあげられる．$|f(x)e^{-i\omega x}| = |f(x)|$ なので，$g(\omega)$ の積分は絶対収束し，したがって当然収束する．

$g(\omega)$ は一般に実変数 ω の複素関数である．よって，$f(x)$ が実関数ならば，次式が成り立つ：

$$g(-\omega) = g^*(\omega).$$

この性質から直ちに，以下の 2 つのことがわかる：
 (1) $f(x)$ が偶関数ならば，$g(\omega)$ は実関数，
 (2) $f(x)$ が奇関数ならば，$g(\omega)$ は純虚関数．

また，指数関数のかわりに正弦関数や余弦関数を使えば，対称性の低いフーリエ積分の表式が導かれる．

例 4.7

ガウス確率分布関数 $f(x) = Ne^{-\alpha x^2}$（N と α は定数）のフーリエ変換 $g(\omega)$ を求め，$f(x)$ と $g(\omega)$ を図示せよ．

解：$f(x)$ のフーリエ変換は，

$$g(\omega) = \frac{1}{\sqrt{2\pi}} \int_{-\infty}^{\infty} f(x)e^{-i\omega x}dx = \frac{N}{\sqrt{2\pi}} \int_{-\infty}^{\infty} e^{-\alpha x^2}e^{-i\omega x}dx$$

で与えられる．この積分は，変数変換で簡単になる．まず

$$-\alpha x^2 - i\omega x = -\left(\sqrt{\alpha}x + \frac{i\omega}{2\sqrt{\alpha}}\right)^2 - \frac{\omega^2}{4\alpha}$$

に注意して変数変換 $x\sqrt{\alpha} + i\omega/2\sqrt{\alpha} = u$ を行うと,

$$g(\omega) = \frac{N}{\sqrt{2\pi\alpha}} e^{-\omega^2/4\alpha} \int_{-\infty}^{\infty} e^{-u^2} du = \frac{N}{\sqrt{2\alpha}} e^{-\omega^2/4\alpha}$$

になる.$g(\omega)$ も原点で最大になる**ガウス確率分布関数**で,$\omega \to \pm\infty$ に向かって単調に減少する.さらに,図 4.13 に示すように,α を大きく(小さく)すると,$f(x)$ は急峻なピークをもつ(平坦になる)が,$g(\omega)$ は平坦になる(急峻なピークをもつ).この性質は,フーリエ変換では一般に成り立つ.量子力学では,この性質はハイゼンベルクの**不確定性原理**と関係があることを後で示す.

もとの関数 $f(x)$ は,$g(\omega)$ の表式と式 (4.31) から導ける.$g(\omega)$ を式 (4.31) に代入すると,

$$\frac{1}{\sqrt{2\pi}} \int_{-\infty}^{\infty} g(\omega) e^{i\omega x} d\omega = \frac{1}{\sqrt{2\pi}} \frac{N}{\sqrt{2\alpha}} \int_{-\infty}^{\infty} e^{-\omega^2/4\alpha} e^{i\omega x} d\omega$$
$$= \frac{1}{\sqrt{2\pi}} \frac{N}{\sqrt{2\alpha}} \int_{-\infty}^{\infty} e^{-\alpha'\omega^2} e^{-i\omega x'} d\omega$$

となる.ただし,$\alpha' = 1/4\alpha$,$x' = -x$ である.最後の積分は $g(\omega)$ の計算と同様の手法で評価でき,最終的に次式が得られる:

$$\frac{1}{\sqrt{2\pi}} \int_{-\infty}^{\infty} g(\omega) e^{i\omega x} d\omega = \frac{N}{\sqrt{2\alpha}} \frac{1}{\sqrt{2\alpha'}} e^{-x^2/4\alpha'}$$
$$= \frac{N}{\sqrt{2\alpha}} \sqrt{2\alpha} e^{-\alpha x^2} = N e^{-\alpha x^2} = f(x)$$

例 4.8

単一のパルスを表す箱型関数:

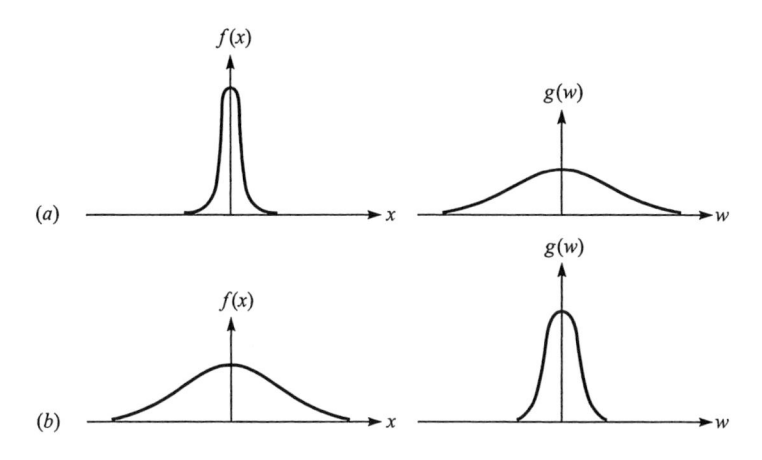

図 **4.13** ガウス確率分布関数:(a) α が大きい場合; (b) α が小さい場合.

$$f(x) = \begin{cases} 1 & (|x| \leq a), \\ 0 & (|x| > a) \end{cases}$$

のフーリエ変換 $g(\omega)$ を求め，$a = 3$ の場合の $f(x)$ と $g(\omega)$ のグラフを描け．

解：$f(x)$ のフーリエ変換は，図 4.14 に示すように

$$g(\omega) = \frac{1}{\sqrt{2\pi}} \int_{-\infty}^{\infty} f(x') e^{-i\omega x'} dx' = \frac{1}{\sqrt{2\pi}} \int_{-a}^{a} e^{-i\omega x'} dx'$$

$$= \frac{1}{\sqrt{2\pi}} \left. \frac{e^{-i\omega x'}}{-i\omega} \right|_{-a}^{a} = \sqrt{\frac{2}{\pi}} \frac{\sin \omega a}{\omega} \quad (\omega \neq 0)$$

となる．ただし $\omega = 0$ のときは，$g(\omega) = \sqrt{2/\pi}\, a$ となる．

$f(x)$ のフーリエ積分表示は

$$f(x) = \frac{1}{\sqrt{2\pi}} \int_{-\infty}^{\infty} g(\omega) e^{i\omega x} d\omega = \frac{1}{2\pi} \int_{-\infty}^{\infty} \frac{2\sin \omega a}{\omega} e^{i\omega x} d\omega$$

である．ここで，

$$\int_{-\infty}^{\infty} \frac{\sin \omega a}{\omega} e^{i\omega x} d\omega = \int_{-\infty}^{\infty} \frac{\sin \omega a \cos \omega x}{\omega} d\omega + i \int_{-\infty}^{\infty} \frac{\sin \omega a \sin \omega x}{\omega} d\omega$$

だが，第 2 項の被積分関数は奇関数なので積分はゼロになる．よって

$$f(x) = \frac{1}{\pi} \int_{-\infty}^{\infty} \frac{\sin \omega a \cos \omega x}{\omega} d\omega = \frac{2}{\pi} \int_{0}^{\infty} \frac{\sin \omega a \cos \omega x}{\omega} d\omega$$

となる．ただし最後の変形に，被積分関数が ω の偶関数であることを用いた．

フーリエ級数展開と同様に，フーリエ積分でも**ギブズ現象**がみられるはずである．この問題のフーリエ積分の近似として，積分の上限 ∞ をある定数 α に置き換えてみよう：

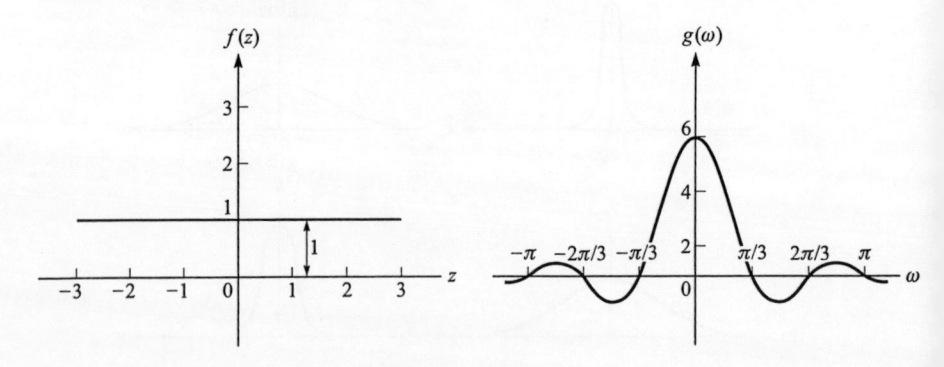

図 **4.14** 箱型関数．

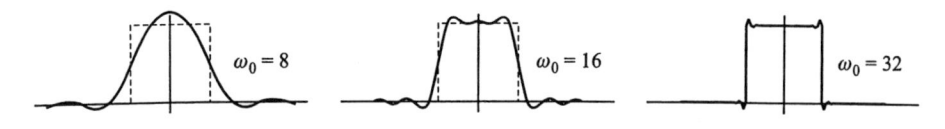

図 4.15 ギブズ現象.

$$\int_0^\alpha \frac{\sin\omega \cos\omega x}{\omega} d\omega.$$

ここで，$a=1$ とおいた．図 4.15 に，$f(x)$ の不連続点近傍での振動の様子を示した．この振動は $\alpha \to \infty$ の極限で消えるが，α を大きくするにつれて順次 $x=\pm 1$ に近づいていく．

例 4.9

持続時間 $2T$ 秒だけ切り出された，振動数 ω_0 の正弦波（と余弦波）$e^{i\omega t}$ を考えよう（図 4.16(a) 参照）：

$$f(t) = \begin{cases} e^{i\omega_0 t} & (|t| \leq T) \\ 0 & (|t| > T). \end{cases}$$

波を切り出すプロセスで，振幅の異なるさまざまな新しい振動数が生まれることが，フーリエ変換を行うとわかる．式 (4.30) より，

$$\begin{aligned} g(\omega) &= \frac{1}{\sqrt{2\pi}} \int_{-T}^{T} e^{i\omega_0 t} e^{-i\omega t} dt = \frac{1}{\sqrt{2\pi}} \int_{-T}^{T} e^{i(\omega_0-\omega)t} dt \\ &= \frac{1}{\sqrt{2\pi}} \frac{e^{i(\omega_0-\omega)t}}{i(\omega_0-\omega)} \bigg|_{-T}^{T} = \sqrt{\frac{2}{\pi}} T \frac{\sin(\omega_0-\omega)T}{(\omega_0-\omega)T} \end{aligned}$$

となる．図 4.16(b) に，この関数を模式的に図示した（$\lim_{x\to 0}(\sin x/x) = 1$ であることに注意）．このグラフで最も驚くべきことは，主な寄与は振動数 ω_0 近傍の振動数からきているが，無限個の振動数を含んでいることである．自然界でこのように波が切り出される現象として，例えば原子中の電子や核子が軌道間を遷移する際の光子の放射があげられる．原子から放射される光は，10^{-9} 秒程度続く定常振動である．その光をスペクトル分析すると，いくら分解能を上げてもそれ以上は減らせない最小の振動数の幅をスペクトル線はもっている．これは，**放射の自然線幅**として知られている．

基本振動数以外の振動数の相対的な割合はパルスの形状に依存し，振動数の広がりはパルスの持続時間 T に依存する．T が長くなるほど $g(\omega)$ の中央のピークは高くなり，幅 $\Delta\omega$ は狭くなる．中央のピークの振動数の幅のみを考えると，

$$\Delta\omega = 2\pi/T$$

を得る．両辺にプランク定数 h を掛けて T を Δt と書くことにすると，以下の表式を

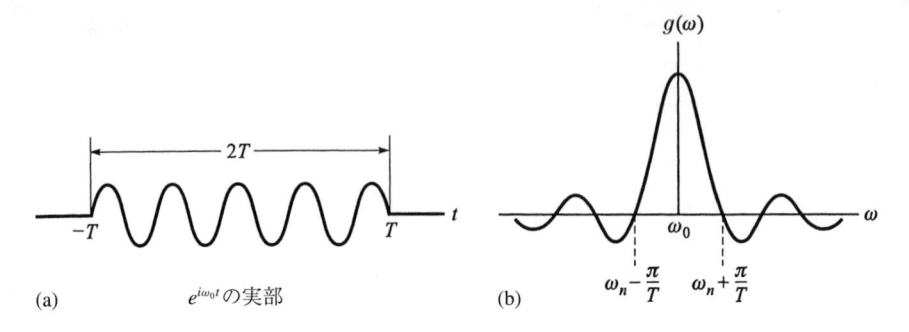

図 4.16 (a) 有限時間 $2T$ 持続する，切り出された調和波動 $e^{i\omega_0 t}$；(b) $|t| < T$ で $e^{i\omega_0 t}$，それ以外の時間でゼロの関数のフーリエ変換．

得る：

$$\Delta t \Delta E = h. \qquad (4.32)$$

有限時間続く波の連なりは，空間的にも有限の広がりをもつ．よって，原子から 10^{-9} 秒放射される光は，$3 \times 10^8 \times 10^{-9} = 3 \times 10^{-1}$m の広がりをもつ．このパルスの位置に関するフーリエ解析を行うと，波数 $k_0 (= 2\pi/\lambda_0 = \omega_0/v)$ のまわりに広がった，図 4.11(b) と同型のグラフが得られる．波の連なりの長さを $2a$ とすると，波数の広がりは以下に示すように $a\Delta k = 2\pi$ で与えられる．ここでは無限に続く平面波を，波束の広がりが $2a$ になるようにシャッターで切り出す．ただし $2a = 2vT$ で，シャッターが開いている時間を $2T$ とした．すると，

$$\psi(x) = \begin{cases} e^{ik_0 x} & (|x| \leq a), \\ 0 & (|x| > a) \end{cases}$$

が波の空間的な位置で，そのフーリエ変換は

$$\phi(k) = \frac{1}{\sqrt{2\pi}} \int_{-\infty}^{\infty} \psi(x) e^{-ikx} dx = \frac{1}{\sqrt{2\pi}} \int_{-a}^{a} e^{ik_0 x} e^{-ikx} dx$$
$$= \sqrt{\frac{2}{\pi}} a \frac{\sin(k_0 - k)a}{(k_0 - k)a}$$

で与えられる．この関数を図 4.17 にプロットした．形状は図 4.16(b) と同じであるが，k_0 のまわりに広がっているのは波数ベクトル（あるいは運動量）である．中心ピークの幅は $\Delta k = 2\pi/a$ で与えられる．

4.15 フーリエ正弦変換とフーリエ余弦変換

もし $f(x)$ が奇関数ならば，フーリエ変換は

4.15 フーリエ正弦変換とフーリエ余弦変換

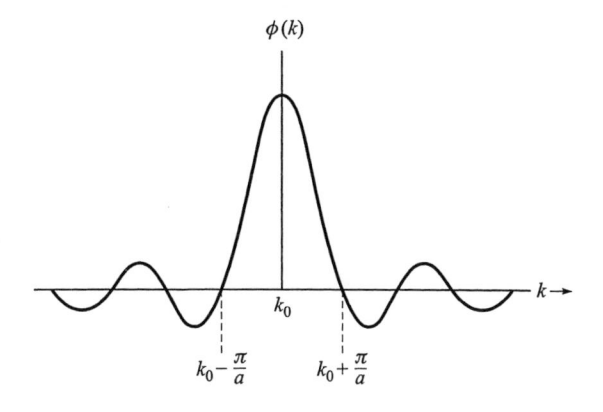

図 4.17 $|x| < a$ のみで有限値 e^{ikx} をもつ関数のフーリエ変換.

$$g(\omega) = \sqrt{\frac{2}{\pi}} \int_0^\infty f(x') \sin \omega x' \, dx', \quad f(x) = \sqrt{\frac{2}{\pi}} \int_0^\infty g(\omega) \sin \omega x \, d\omega \quad (4.33\text{a})$$

と簡便な形に書ける．同様に，もし $f(x)$ が偶関数ならば，フーリエ余弦変換を得る：

$$g(\omega) = \sqrt{\frac{2}{\pi}} \int_0^\infty f(x') \cos \omega x' \, dx', \quad f(x) = \sqrt{\frac{2}{\pi}} \int_0^\infty g(\omega) \cos \omega x \, d\omega. \quad (4.33\text{b})$$

これらの結果を導くために，まず式 (4.30) 右辺の指数関数を展開する：

$$g(\omega) = \frac{1}{\sqrt{2\pi}} \int_{-\infty}^\infty f(x') e^{-i\omega x'} dx'$$
$$= \frac{1}{\sqrt{2\pi}} \int_{-\infty}^\infty f(x') \cos \omega x' \, dx' - \frac{i}{\sqrt{2\pi}} \int_{-\infty}^\infty f(x') \sin \omega x' \, dx'.$$

もし $f(x)$ が奇関数ならば，$f(x) \cos \omega x$ は奇関数である．よって，最後の方程式の右辺第 2 項の積分はゼロになり，

$$g(\omega) = \frac{1}{\sqrt{2\pi}} \int_{-\infty}^\infty f(x') \cos \omega x' \, dx' = \sqrt{\frac{2}{\pi}} \int_0^\infty f(x') \cos \omega x' \, dx'$$

を得る．$g(-\omega) = g(\omega)$ なので，$g(\omega)$ は偶関数である．次に，式 (4.31) より

$$f(x) = \frac{1}{\sqrt{2\pi}} \int_{-\infty}^\infty g(\omega) e^{i\omega x} d\omega$$
$$= \frac{1}{\sqrt{2\pi}} \int_{-\infty}^\infty g(\omega) \cos \omega x \, d\omega + \frac{i}{\sqrt{2\pi}} \int_{-\infty}^\infty g(\omega) \sin \omega x \, d\omega$$

となる．$g(\omega)$ は偶関数なので $g(\omega) \sin \omega x$ は奇関数であり，右辺第 2 項の積分はゼロになり，

$$f(x) = \frac{1}{\sqrt{2\pi}} \int_{-\infty}^\infty g(\omega) \cos \omega x \, d\omega = \sqrt{\frac{2}{\pi}} \int_0^\infty g(\omega) \cos \omega x \, d\omega$$

となる．同様に，余弦関数を正弦関数に置き換えればフーリエ正弦変換が導かれる．

4.16 ハイゼンベルクの不確定性原理

上記の例から，もし $f(x)$ が鋭いピークをもてば $g(\omega)$ は平坦で，逆に $f(x)$ が平坦ならば $g(\omega)$ は鋭いピークをもつことがわかる．この性質はフーリエ変換で一般に成り立ち，あらゆる波動の伝播で重要である．電子工学で例をあげれば，歪みのない鋭いパルスを再現するには，広帯域で増幅を行わなければならない．

このフーリエ変換の一般的な性質を**量子力学**に応用すると，**ハイゼンベルクの不確定性原理**との関連がみえてくる．例 4.9 で，フーリエ変換の波数空間での広がり（Δk）と座標空間での広がり（a）の積は 2π に等しい（$a\Delta k \approx 2\pi$）ことをみた．波数 k は運動量 p と $p = \hbar k$（$\hbar = h/2\pi$）で結びついているので，この結果は特に重要である．空間に局在している粒子は，さまざまな運動量をもつ波を重ね合わせないと表現できない．したがって，粒子の位置と運動量は，同時に誤差なく測定することはできない．「位置測定の不確定性」と「運動量測定の不確定性」の積は，$\Delta x \Delta p \approx h$（ただし $\Delta x = a$）という関係式で決まる．これを，**ハイゼンベルクの不確定性原理**という．位置（運動量）の情報が精密になれば，運動量（位置）の情報の精度が反比例して落ちることは避けられない．どちらかを完全に知ることは，もう一方を完全に不確定にしないかぎり不可能である．これは物理的には，唯一の波数 k をもつ波は，無限の広がりをもつことに相当する．無限の広がりをもつ波で表される粒子（自由粒子）の存在確率はどの場所でも等しく，特定の位置はもたない．すなわち，波数の不確定性がゼロならば位置の不確定性は無限大である．

式 (4.32) は，ハイゼンベルクの不確定性原理の別な形の表現である．この式は，瞬間ごとの量子系の正確なエネルギーを，誤差なく知ることはできないことを示している．量子系のエネルギーをよい精度で測定するには，非常に長時間の測定が必要になる．言い換えれば，Δt だけ存在する非定常状態のエネルギーは，$h/\Delta t$ 以上の精度で決めることはできない．

不確定性原理を，自然を正確に知るには限界がある，と否定的にとらえるのは適切ではない．不確定性原理を積極的に役立てることもできる[1]．例えば，時間とエネルギーの**不確定性関係**をアインシュタインの質量とエネルギーの関係式（$E = mc^2$）と組み合わせると，$\Delta m \Delta t \approx h/c^2$ という関係式が得られる．この結果は宇宙論，特に物質の起源の探求に役立つ．

---

[1] 訳注：例えば湯川秀樹は，中間子の質量が電子の約 200 倍になることを，不確定性原理に基づいて予言した．

4.17 波束と群速度

エネルギー(すなわち,信号ないし情報)は一つの波ではなく,波の群として伝えられる.**位相速度**は光速 c よりも速くなることがあるが,**群速度**は常に c よりも遅い.エネルギーを場所から場所へ伝える波の群は,**波束**とよばれる.2つの波 φ_1 と φ_2 からなる単純な場合をまず考えよう.両者は,振幅は等しいが振動数と波長は少し違う:

$$\varphi_1(x,t) = A\cos(\omega t - kx),$$
$$\varphi_2(x,t) = A\cos[(\omega + \Delta\omega)t - (k + \Delta k)x].$$

ただし $\Delta\omega \ll \omega$ かつ $\Delta k \ll k$ である.各々は,x 方向に無限に広がった純粋な正弦波を表している.両者を加えると

$$\varphi = \varphi_1 + \varphi_2 = A\{\cos(\omega t - kx) + \cos[(\omega + \Delta\omega)t - (k + \Delta k)x]\}$$

となるが,三角恒等式

$$\cos A + \cos B = 2\cos\frac{A+B}{2}\cos\frac{A-B}{2}$$

を用いると,φ は以下のように書き直せる:

$$\varphi = 2\cos\frac{2\omega t - 2kx + \Delta\omega t - \Delta kx}{2}\cos\frac{-\Delta\omega t + \Delta kx}{2}$$
$$= 2\cos\frac{\Delta\omega t - \Delta kx}{2}\cos(\omega t - kx).$$

この合成波は,元々の振動数 ω で振動しているが,その振幅は図 4.18 に示すように変調されている.この合成波のある区間(例えば AB)は,**波束**とみなすことができる.この波束の速度 v_g を求めよう.1つの波束には,速度 v で動く基本波が何周期も含まれている.変調された振幅が伝わる速度 v_g は**群速度**とよばれ,変調された振幅の位相は一定になるという条件から決まる:

$$v_g = \frac{dx}{dt} = \frac{\Delta\omega}{\Delta k} \to \frac{d\omega}{dk}.$$

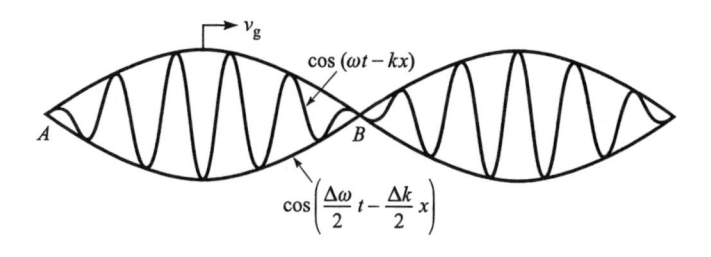

図 4.18 2つの波の重ね合わせ.

2つのほぼ同じ波が重ね合わされると，波の変調は無限に繰り返される．フーリエ変換を用いて，振動数 ω で振動する乱れのいかなる孤立した波束も，ω のまわりに分布した無限個の振動数の組み合わせで表されることを示す．まず，n 個の波を重ね合わせた系を考える：

$$\psi(x,t) = \sum_{j=1}^{n} A_j e^{i(k_j x - \omega_j t)}.$$

ただし A_j は個々の波の振幅を表す．n が無限大に近づくと，振動数は一様に分布するようになる．すると，和を積分で置き換えることが可能になり，

$$\psi(x,t) = \int_{-\infty}^{\infty} A(k) e^{i(kx-\omega t)} dk \tag{4.34}$$

を得る．振幅 $A(k)$ は，しばしば**波の分布関数**とよばれる．$\psi(x,t)$ がある特徴的な群速度で移動する波束を表すには，重ね合わさる波の伝播方向がごく小さな幅に収まっていなければならない．すなわち，振幅が $A(k) \neq 0$ をみたすのは，ある k_0 のまわりの小さな幅の k の値に限られるものとする：

$$A(k) \neq 0, \quad k_0 - \epsilon < k < k_0 + \epsilon, \quad \epsilon \ll k_0.$$

波束の時間的振る舞いは，振動数 ω の波数 k への依存性（$\omega = \omega(k)$：**分散関係**として知られる）で決まる．ω が k の変位に応じてゆるやかに変化するならば，$\omega(k)$ は k_0 のまわりのべき級数に展開できる：

$$\omega(k) = \omega(k_0) + \left.\frac{d\omega}{dk}\right|_0 (k-k_0) + \cdots = \omega_0 + \omega'(k-k_0) + O\left[(k-k_0)^2\right].$$

ただし，

$$\omega_0 = \omega(k_0), \quad \omega' = \left.\frac{d\omega}{dk}\right|_0$$

であり，添字 0 は $k = k_0$ での値を意味する．すると，式 (4.34) の指数関数の肩の変数は

$$\omega t - kx = (\omega_0 t - k_0 x) + \omega'(k-k_0)t - (k-k_0)x$$
$$= (\omega_0 t - k_0 x) + (k-k_0)(\omega' t - x)$$

と書き直せ，よって式 (4.34) は

$$\psi(x,t) = \exp[i(k_0 x - \omega_0 t)] \int_{k_0-\epsilon}^{k_0+\epsilon} A(k) \exp[i(k-k_0)(x - \omega' t)] dk \tag{4.35}$$

と書かれる．$k - k_0$ を新しい積分変数 y にとり，積分区間 2ϵ で $A(k)$ は k に関してゆっくり変化する関数であると仮定すると，式 (4.35) は

$$\psi(x,t) \approx \exp[i(k_0 x - \omega_0 t)] \int_{-\epsilon}^{\epsilon} A(k_0 + y) \exp[i(x - \omega' t)y] dy$$

4.17 波束と群速度

となる．$A(k_0 + y) \approx A(k_0)$ と近似して積分を実行すると，

$$\psi(x,t) = B(x,t)\exp[i(k_0 x - \omega_0 t)] \tag{4.36}$$

を得る．ただし $B(x,t)$ は次式で与えられる：

$$B(x,t) = 2A(k_0)\frac{\sin[\Delta k(x - \omega' t)]}{x - \omega' t}. \tag{4.37}$$

正弦関数の変数に小さな量 Δk が含まれているので，$B(x,t)$ は時間 t と座標 x に関してゆっくり変化する関数である．よって，$B(x,t)$ は振幅の小さい，近似的に単一の振動数をもつ波で，$(k_0 x - \omega_0 t)$ はその位相とみなせる．式 (4.37) の右辺の分子と分母に Δk を掛け，

$$z = \Delta k(x - \omega' t)$$

とおくと，$B(x,t)$ は

$$B(x,t) = 2A(k_0)\Delta k\frac{\sin z}{z}$$

となり，振幅の変化は係数 $\sin(z)/z$ で決まることがわかる．この係数は以下のような性質をもつ：

$$\lim_{z \to 0}\frac{\sin z}{z} = 1 \quad (z = 0 \text{ の不定形の場合}),$$

$$\frac{\sin z}{z} = 0 \quad (z = \pm\pi, \pm 2\pi, \ldots).$$

z の絶対値を大きくしていくと，関数 $\sin(z)/z$ は極大値と極小値を交互にとるが，その値は $z=0$ での最大値よりは小さく，急速にゼロに収束する．よって，振動数の近い波を重ね合わせると，有限の領域のみで振幅が有限値をとる波束が生成され，その振幅は $\sin(z)/z$ で表される（図 4.19）．

振幅の変調係数 $\sin(z)/z$ は，$z \to 0$ で最大値 1 をとるが，$z = \Delta k(x - \omega' t)$ と書けるので，$x - \omega' t = 0$ のとき $z = 0$ となる．よって，振幅の最大値は，速度

$$\frac{dx}{dt} = \omega' = \left.\frac{d\omega}{dk}\right|_0$$

で伝播する平面をなす．ω' は波束全体が移動する速度，すなわち群速度に相当する．

波束という概念は，**量子力学**でも重要な役割を担っている．電子やその他の物質粒子が波のような性質を伴うという考え方は，ルイス・ヴィクトル・ド・ブロイ（1892–1987）によって 1925 年に最初に提唱された．彼は，ボーア軌道の研究を通じてこの考え方に到達した．ラザフォードの α 粒子散乱実験の成功を受けて，原子核のまわりを電子が周回しているという衛星型の原子描像[*2]を，大半の物理学者が支持するようになった．しかし，古典電磁気学によると，電場中を向心加速度を受けながら運動する電荷は電磁波

[*2] 訳注：長岡–ラザフォード模型とよばれる．

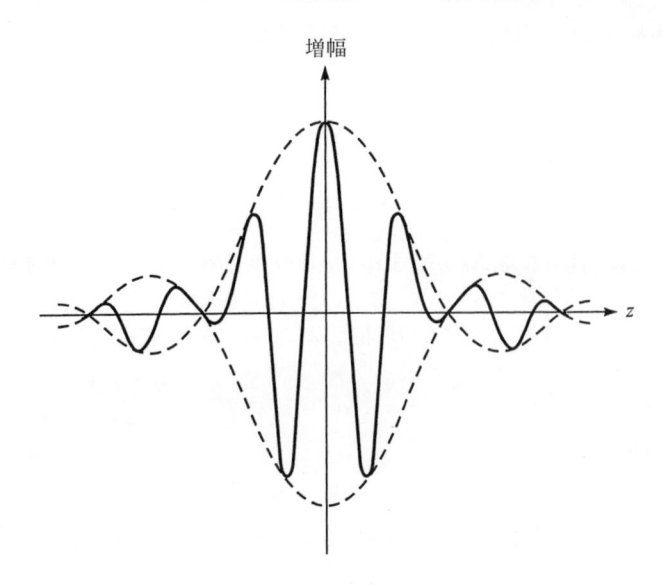

図 4.19 波束.

を放射し続け，電子はエネルギーを刻々と失って，たちまち原子核に落下してしまうはずである．だが，このようなことは実際は起こらない．さらに，原子は励起しないかぎり放射を起こさず，放射が起こるときも，そのスペクトルは古典電磁気学が教えるように連続ではなく，離散的である．ニールス・ボーア (1885–1962) は 1913 年，水素原子の放射スペクトルを説明する現象論を提唱した．ボーアの仮説によると，原子はいくつかの許された定常状態にのみ存在でき，その状態では放射は起こらない．電子が 2 つの許された定常状態の間を遷移するときにのみ，電磁波の放射や吸収が起こる．可能な定常状態は，電子の原子核まわりの角運動量が量子化されたもの，すなわち v を n 番目の許された軌道をまわる電子の速度，r をその半径として，$mvr = n\hbar$ と書けるものに限られる．ボーアはこの量子化条件の意味を明らかにしなかったが，ド・ブロイはこの条件を，各電子軌道に沿って定在波が立つ条件として説明しようとした．すなわちド・ブロイは，n 番目の軌道を占める定在波の波長を λ とすると，$n\lambda = 2\pi r$ という関係式が成り立つと考えた．これをボーアの量子化条件と組み合わせると，

$$\lambda = \frac{h}{mv} = \frac{h}{p}$$

を得る．ド・ブロイは，全エネルギー E，運動量 p のいかなる物質粒子も，波長は $\lambda = h/p$，振動数はプランクの式 $\nu = E/h$ で与えられる波を伴っていると考えた．今日では，この波は**ド・ブロイ波**または**物質波**とよばれている．物質波の物理的実体については量子力学の教科書を参考にしていただくことにして（ド・ブロイ自身は明確には述べていな

い),もっぱら物質波の(位相)速度について考えよう.この速度を u と書くと,

$$u = \lambda\nu = \frac{E}{p} = \frac{1}{p}\sqrt{p^2c^2 + m_0^2c^4} = c\sqrt{1 + \left(\frac{m_0c}{p}\right)^2} = \frac{c^2}{v}, \quad p = \frac{m_0v}{\sqrt{1-v^2/c^2}}$$

となり,有限の質量 m_0 をもつ粒子の物質波の速度 u は,常に真空中の光速 c よりも速い.ド・ブロイが提案したのは,個々の波を考えるかわりに,さまざまな振動数をもつ個々の波の重ね合わせでつくられる波束中の粒子を考えることであった.すると波束全体は,粒子と同じ速度 v で動いている.

ド・ブロイの物質波は,量子力学の基本概念の一つである.

4.18 熱 伝 導

今度は,フーリエ変換の古典力学への応用を考えよう.両端以外からの熱放射はない半無限の($x \geq 0$ に存在する)細い棒の,時刻 $t=0$ での温度分布を $f(x)$ とする.端点 $x=0$ での温度を突然 $T=0$ に落とし,それを保つ.任意の位置 x,時刻 t における温度 $T(x,t)$ を求めよう.まず,**熱伝導**の**境界値問題**を設定し,その一般解を調べる.

4.18.1 熱伝導方程式

媒質中の熱伝導方程式を書きくだすには,まず表面を横切る熱流(単位面積単位時間あたりに通過する熱量)を知る必要がある.厚さ Δn の平らな板があり,片側の温度を T,反対側の温度を $T + \Delta T$ とする(図 4.20).高温側から低温側に流れる熱流は,温度差 ΔT に正比例し,厚さ Δn に反比例する.すなわち,図 4.20 の領域 I から II に流れる熱流は,

$$-K\frac{\Delta T}{\Delta n}$$

に等しい.ここで比例係数 K は,媒質の**熱伝導率**とよばれる.負号は,$\Delta T > 0$ ならば熱は II から I に流れることに対応している.$\Delta n \to 0$ の極限で,II から I に流れる熱流は,

$$-K\frac{\partial T}{\partial n} = -K\nabla T$$

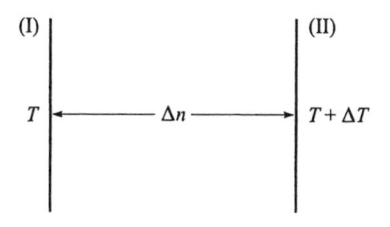

図 4.20 薄い板を通過する熱流.

と書ける．$\partial T/\partial n$（ベクトル表現では ∇T）は，温度分布の傾きに相当する量である．

これで，熱伝導方程式を導く準備が整った．V を，表面 S で囲まれた固体中の任意の領域の体積としよう．単位時間あたりに S に入ってくる総熱量は

$$\iint_S (K\nabla T)\cdot \hat{n} dS$$

と書ける．ただし $\hat{n}$ は，面積要素 dS に垂直で，外向きの単位ベクトルである．ガウスの定理を用いると，この量は

$$\iint_S (K\nabla T)\cdot \hat{n} dS = \iiint_V \nabla\cdot (K\nabla T) dV \tag{4.38}$$

と書き直せる．一方，体積 V に含まれる熱量は，

$$\iiint_V c\rho T dV$$

と書ける．ただし c は固体の比熱，ρ は固体の密度である．すると，熱量の時間変化率は

$$\frac{\partial}{\partial t}\iiint_V c\rho T dv = \iiint_V c\rho \frac{\partial T}{\partial t} dV \tag{4.39}$$

と書けるので，式 (4.38) と式 (4.39) の右辺を等置して，

$$\iiint_V \left[c\rho \frac{\partial T}{\partial t} - \nabla\cdot (K\nabla T)\right] dV = 0$$

を得る．V は任意なので，被積分関数（連続であると仮定する）はゼロにならなければならない：

$$c\rho \frac{\partial T}{\partial t} = \nabla\cdot (K\nabla T).$$

あるいは，K, c, ρ が定数ならば，$k = K/c\rho$ を用いて

$$\frac{\partial T}{\partial t} = k\nabla\cdot \nabla T = k\nabla^2 T \tag{4.40}$$

と書ける．これが，1822 年にフーリエが最初に導いた**熱伝導方程式**である．半無限の細い棒では，境界条件は

$$T(x,0) = f(x), \quad T(0,t) = 0, \quad |T(x,t)| < M \tag{4.41}$$

で与えられる．ただし最後の条件は，物理的な理由で温度はある一定値以上には高くなれないことを意味している．

式 (4.40) の解は，変数分離で求められる．

$$T = X(x)H(t)$$

とおくと，

$$XH' = kX''H \quad \text{すなわち} \quad X''/X = H'/kH$$

が得られる．両辺は定数でなければならないので，それを $-\lambda^2$ とおくことにしよう（もし $+\lambda^2$ とおくと，λ が実数の範囲では，境界条件をみたす解は存在しない）．すると，

$$X'' + \lambda^2 X = 0 , \quad H' + \lambda^2 k H = 0$$

と書けるので，これらの解は

$$X(x) = A_1 \cos \lambda x + B_1 \sin \lambda x , \quad H(t) = C_1 e^{-k\lambda^2 t}$$

となり，よって式 (4.40) の解は次式で与えられる：

$$T(x,t) = C_1 e^{-k\lambda^2 t}(A_1 \cos \lambda x + B_1 \sin \lambda x) = e^{-k\lambda^2 t}(A \cos \lambda x + B \sin \lambda x).$$

境界条件 (4.41) の第 2 式より $A = 0$ となるので，$T(x,t)$ は

$$T(x,t) = B e^{-k\lambda^2 t} \sin \lambda x$$

と簡単になる．λ の値には何の制限もついていないので，B を λ の関数 $B(\lambda)$ に置き換え，λ に関して 0 から ∞ まで積分しても，まだ方程式の解である：

$$T(x,t) = \int_0^\infty B(\lambda) e^{-k\lambda^2 t} \sin \lambda x \, d\lambda. \tag{4.42}$$

そこで境界条件 (4.41) の第 1 式を用いると，

$$f(x) = \int_0^\infty B(\lambda) \sin \lambda x \, d\lambda$$

となるので，フーリエ正弦変換より，

$$B(\lambda) = \frac{2}{\pi} \int_0^\infty f(u) \sin \lambda u \, du$$

が得られる．すなわち，半無限の細い棒に沿った温度分布は，

$$T(x,t) = \frac{2}{\pi} \int_0^\infty \int_0^\infty f(u) e^{-k\lambda^2 t} \sin \lambda u \sin \lambda x \, d\lambda du \tag{4.43}$$

で与えられる．そこで，

$$\sin \lambda u \sin \lambda x = \frac{1}{2}[\cos \lambda(u-x) - \cos \lambda(u+x)]$$

なる関係式を用いると，式 (4.43) は

$$T(x,t) = \frac{1}{\pi} \int_0^\infty \int_0^\infty f(u) e^{-k\lambda^2 t} [\cos \lambda(u-x) - \cos \lambda(u+x)] d\lambda du$$
$$= \frac{1}{\pi} \int_0^\infty f(u) \left[\int_0^\infty e^{-k\lambda^2 t} \cos \lambda(u-x) \, d\lambda - \int_0^\infty e^{-k\lambda^2 t} \cos \lambda(u+x) d\lambda \right] du$$

と書き直せる．さらに，

$$\int_0^\infty e^{-\alpha\lambda^2}\cos\beta\lambda\,d\lambda = \frac{1}{2}\sqrt{\frac{\pi}{\alpha}}e^{-\beta^2/4\alpha}$$

なる積分を用いると,次式が得られる:

$$T(x,t) = \frac{1}{2\sqrt{\pi kt}}\left[\int_0^\infty f(u)e^{-(u-x)^2/4kt}du - \int_0^\infty f(u)e^{-(u+x)^2/4kt}du\right].$$

あるいは,最初の積分で $(u-x)/2\sqrt{kt} = w$ とおき,2 番目の積分で $(u+x)/2\sqrt{kt} = w$ とおくと,以下のようになる:

$$T(x,t) = \frac{1}{\sqrt{\pi}}\left[\int_{-x/2\sqrt{kt}}^\infty e^{-w^2}f(2w\sqrt{kt}+x)dw - \int_{x/2\sqrt{kt}}^\infty e^{-w^2}f(2w\sqrt{kt}-x)dw\right].$$

4.19 多変数関数のフーリエ変換

フーリエ変換は,$f(x, y, z)$ のような多変数関数にも拡張できる.この関数をまず x に関するフーリエ積分に分解すると,

$$f(x, y, z) = \frac{1}{\sqrt{2\pi}}\int_{-\infty}^\infty \gamma(\omega_x, y, z)e^{i\omega_x x}d\omega_x$$

となる.γ はフーリエ変換である.同様に,この関数を y と z に関しても分解すると,以下のようになる:

$$f(x, y, z) = \frac{1}{(2\pi)^{3/2}}\int_{-\infty}^\infty g(\omega_x, \omega_y, \omega_z)e^{i(\omega_x x+\omega_y y+\omega_z z)}d\omega_x d\omega_y d\omega_z,$$

$$g(\omega_x, \omega_y, \omega_z) = \frac{1}{(2\pi)^{3/2}}\int_{-\infty}^\infty f(x, y, z)e^{-i(\omega_x x+\omega_y y+\omega_z z)}dxdydz.$$

$\omega_x, \omega_y, \omega_z$ を,長さ $\omega = \sqrt{\omega_x^2+\omega_y^2+\omega_z^2}$ のベクトルの成分であると考えれば,上記の結果はベクトル $\boldsymbol{\omega}$ についての表式として整理できる:

$$f(\boldsymbol{r}) = \frac{1}{(2\pi)^{3/2}}\int_{-\infty}^\infty g(\boldsymbol{\omega})e^{i\boldsymbol{\omega}\cdot\boldsymbol{r}}d\boldsymbol{\omega}, \tag{4.44}$$

$$g(\boldsymbol{\omega}) = \frac{1}{(2\pi)^{3/2}}\int_{-\infty}^\infty f(\boldsymbol{r})e^{-i\boldsymbol{\omega}\cdot\boldsymbol{r}}d\boldsymbol{r}. \tag{4.45}$$

4.20 フーリエ積分とデルタ関数

デルタ関数は物理の非常に有用な道具であるが,数学的には通常の関数ではない.この奇妙な「関数」は,フーリエ積分では自然に必要になる.式 (4.30) と式 (4.31) に戻って,$g(\omega)$ を $f(x)$ に代入すると,

4.20 フーリエ積分とデルタ関数

$$f(x) = \frac{1}{2\pi}\int_{-\infty}^{\infty} d\omega \int_{-\infty}^{\infty} dx' f(x') e^{i\omega(x-x')}$$

となる．さらに積分の順序を変えると，

$$f(x) = \int_{-\infty}^{\infty} dx' f(x') \frac{1}{2\pi}\int_{-\infty}^{\infty} d\omega e^{i\omega(x-x')} \tag{4.46}$$

となる．これが任意の関数に対して成り立つとすれば，この結果は，積分

$$\frac{1}{2\pi}\int_{-\infty}^{\infty} d\omega e^{i\omega(x-x')}$$

は x' の関数とみなせる，という驚くべき事実を意味している．この関数は，$x' = x$ 以外ではゼロで，x を含む任意の領域で x' に関して積分しても 1 になる．すなわちこの関数は，高さは無限大で幅は無限小のピークを $x = x'$ にもつ．この奇妙な関数は，最初に導入したポール・A・M・ディラックにちなんで，**ディラックのデルタ関数**とよばれている：

$$\delta(x-x') = \frac{1}{2\pi}\int_{-\infty}^{\infty} d\omega e^{i\omega(x-x')}. \tag{4.47}$$

この関数を用いると，式 (4.46) は

$$f(x) = \int_{-\infty}^{\infty} f(x')\delta(x-x')dx' \tag{4.48}$$

と書ける．式 (4.47) は，デルタ関数の積分表示である．この関数の振る舞いを以下にまとめよう：

$$\delta(x-x') = 0 \quad (x' \neq x), \tag{4.49a}$$

$$\int_a^b \delta(x-x')dx' = \begin{cases} 0 & (x > b \text{ または } x < a), \\ 1 & (a < x < b) \end{cases} \tag{4.49b}$$

$$f(x) = \int_{-\infty}^{\infty} f(x')\delta(x-x')dx'. \tag{4.49c}$$

特異点を原点にとるとしばしば便利で，この場合のデルタ関数は

$$\delta(x) = \frac{1}{2\pi}\int_{-\infty}^{\infty} d\omega e^{i\omega x} \tag{4.50}$$

と書かれる．この関数の小さい x と大きい x での振る舞いを両方調べるために，以下の手順で積分を実行して，この関数の別な表現を求めよう：

$$\delta(x) = \frac{1}{2\pi}\lim_{a\to\infty}\int_{-a}^{a} e^{i\omega x}d\omega = \lim_{a\to\infty}\frac{1}{2\pi}\left[\frac{e^{iax}-e^{-iax}}{ix}\right] = \lim_{a\to\infty}\frac{\sin ax}{\pi x}. \tag{4.51}$$

ただし a は正の実数である．この表式から直ちに，$\delta(-x) = \delta(x)$ であることがわかる．小さい x に対する振る舞いをみるには，x がゼロに向かう極限を考えればよく，

$$\lim_{x\to 0}\frac{\sin ax}{\pi x} = \frac{a}{\pi}\lim_{x\to 0}\frac{\sin ax}{ax} = \frac{a}{\pi}$$

となる．よって $\delta(0) = \lim_{a\to\infty}(a/\pi) \to \infty$，すなわち特異点でこの関数の値は無限大になる．大きな $|x|$ に対して $\sin(ax)/x$ は周期 $2\pi/a$ で振動し，この値は $1/|x|$ で小さくなる．しかし，a が無限大の極限では，この周期は無限に狭くなり，この関数は特異点における無限小の幅の無限大の跳びを除いては，全領域でゼロになる．さらに，式 (4.51) を全空間で積分すると，

$$\int_{-\infty}^{\infty}\lim_{a\to\infty}\frac{\sin ax}{\pi x}dx = \lim_{a\to\infty}\frac{2}{\pi}\int_{0}^{\infty}\frac{\sin ax}{x}dx = \frac{2}{\pi}\frac{\pi}{2} = 1$$

となる．よって，デルタ関数は特異点で無限大になるが，関数が占める面積は 1 の跳躍関数であると考えられる．このような性質をもつ通常の数学的な関数は存在しない．このようなおかしな関数が生じたのは，式 (4.46) で積分順序を勝手に交換したからである．それにもかかわらず，ディラックのデルタ関数は，象徴的に使う分にはこのうえなく便利な関数である．この関数は常に積分記号の中で使われるが，その形式的性質を用いて積分を実行することは，積分の順序をもう一度交換することと等価で，よって数学的に正しい表現に戻る．したがって，式 (4.49c) を用いて以下の式が得られる：

$$\int_{-\infty}^{\infty} f(x)\delta(x-x')dx = f(x').$$

式 (4.47) をデルタ関数として代入すると，上式の左辺の積分は

$$\int_{-\infty}^{\infty} f(x)\left\{\frac{1}{\sqrt{2\pi}}\int_{-\infty}^{\infty} d\omega e^{i\omega(x-x')}\right\}dx,$$

あるいは，$\delta(-x) = \delta(x)$ という性質を用いて

$$\int_{-\infty}^{\infty} f(x)\left\{\frac{1}{\sqrt{2\pi}}\int_{-\infty}^{\infty} d\omega e^{-i\omega(x-x')}\right\}dx$$

と書け，ここで積分の順序を変更すると，

$$\int_{-\infty}^{\infty} d\omega e^{i\omega x'}\left\{\frac{1}{\sqrt{2\pi}}\int_{-\infty}^{\infty} f(x)e^{-i\omega x}dx\right\}$$

が得られる．この表式を式 (4.30) および式 (4.31) と比較すると，この 2 重積分は $f(x')$ に等しく，数学的な表現になっていることがすぐにわかる．**デルタ関数がある計算の最終結果になることはなく，その変数に関する積分が行われて初めて意味をもつことに注意しよう．**

デルタ関数の特によく使われる性質を以下にあげる（ただし $a < b$）：

$$\int_a^b f(x)\delta(x-x')dx = \begin{cases} f(x') & (a<x'<b), \\ 0 & (x'<a \text{ または } x'>b), \end{cases} \quad (4.52\text{a})$$

$$\delta(-x) = \delta(x), \quad (4.52\text{b})$$

$$\delta'(x) = -\delta'(-x), \quad \delta'(x) = d\delta(x)/dx, \quad (4.52\text{c})$$

$$x\delta(x) = 0, \quad (4.52\text{d})$$

$$\delta(ax) = a^{-1}\delta(x) \quad (a>0), \quad (4.52\text{e})$$

$$\delta(x^2-a^2) = (2a)^{-1}[\delta(x-a)+\delta(x+a)] \quad (a>0), \quad (4.52\text{f})$$

$$\int \delta(a-x)\delta(x-b)dx = \delta(a-b), \quad (4.52\text{g})$$

$$f(x)\delta(x-a) = f(a)\delta(x-a). \quad (4.52\text{h})$$

ここにあげた性質のうち最初の6つは,両辺に連続で微分可能な関数 $f(x)$ を掛け,x について積分すれば示せる.例えば,$x\delta'(x)$ に $f(x)$ を掛けて x について積分すると,

$$\int f(x)x\delta'(x)dx = -\int \delta(x)\frac{d}{dx}[xf(x)]dx$$
$$= -\int \delta(x)[f(x)+xf'(x)]dx = -\int f(x)\delta(x)dx$$

となる.すなわち,積分の中に現れると,$x\delta'(x)$ は $-\delta(x)$ と同じ役割を果たす.

4.21 フーリエ積分におけるパーセヴァルの恒等式

フーリエ級数におけるパーセヴァルの恒等式に相当するものが,フーリエ積分にも存在する.$g(\alpha)$ と $G(\alpha)$ を,それぞれ $f(x)$ と $F(x)$ のフーリエ変換であるとすると,

$$\int_{-\infty}^{\infty} f(x)F^*(x)dx = \int_{-\infty}^{\infty} g(\alpha)G^*(\alpha)d\alpha \quad (4.53)$$

となることが示せる.ただし $F^*(x)$ は,$F(x)$ の複素共役である.特に,$F(x)=f(x)$ かつ $G(\alpha)=g(\alpha)$ のとき,次式が得られる:

$$\int_{-\infty}^{\infty} |f(x)|^2 dx = \int_{-\infty}^{\infty} |g(\alpha)|^2 d\alpha. \quad (4.54)$$

式 (4.54) あるいはより一般的な式 (4.53) は,フーリエ変換におけるパーセヴァルの恒等式として知られている.証明は一本道で,

$$\int_{-\infty}^{\infty} f(x)F^*(x)dx = \int_{-\infty}^{\infty}\left[\frac{1}{\sqrt{2\pi}}\int_{-\infty}^{\infty} g(\alpha)e^{-i\alpha x}d\alpha\right] \times \left[\frac{1}{\sqrt{2\pi}}\int_{-\infty}^{\infty} G^*(\alpha')e^{i\alpha' x}d\alpha'\right]dx$$
$$= \int_{-\infty}^{\infty} d\alpha \int_{-\infty}^{\infty} d\alpha' g(\alpha)G^*(\alpha')\left[\frac{1}{2\pi}\int_{-\infty}^{\infty} e^{ix(\alpha-\alpha')}dx\right]$$
$$= \int_{-\infty}^{\infty} d\alpha g(\alpha)\int_{-\infty}^{\infty} d\alpha' G^*(\alpha')\delta(\alpha'-\alpha) = \int_{-\infty}^{\infty} g(\alpha)G^*(\alpha)d\alpha.$$

パーセヴァルの恒等式は，$f(x)$ の物理的意味が知られている際に，変換された関数 $g(\alpha)$ の物理的意味を解釈するために役立つ．このことを，以下の例で示そう：

例 4.10

図 4.21 に描かれた関数を考えよう．この関数は，アンテナ内部の電流や，放射された電磁波中の電場や，減衰調和振動子の変位を表している：

$$f(t) = \begin{cases} 0 & (t < 0), \\ e^{-t/T}\sin\omega_0 t & (t > 0). \end{cases}$$

この関数のフーリエ変換 $g(\omega)$ は，

$$g(\omega) = \frac{1}{\sqrt{2\pi}}\int_{-\infty}^{\infty} f(t)e^{-i\omega t}dt = \frac{1}{\sqrt{2\pi}}\int_{-\infty}^{\infty} e^{-t/T}e^{-i\omega t}\sin\omega_0 t\,dt$$
$$= \frac{1}{2\sqrt{2\pi}}\left(\frac{1}{\omega+\omega_0-i/T} - \frac{1}{\omega-\omega_0-i/T}\right)$$

である．$f(t)$ が放射された電場なら，放射電力は $|f(t)|^2$ に比例し，放射された全エネルギーは $\int_0^\infty |f(t)|^2 dt$ に比例する．パーセヴァルの恒等式によると，この量は $\int_0^\infty |g(\omega)|^2 d\omega$ に等しい．よって，$|g(\omega)|^2$ は単位振動数幅あたりの放射エネルギーにほかならない．

パーセヴァルの恒等式は，定積分の評価にも使える．例として，例 4.8 をもう一度取り上げよう．問題の関数は

$$f(x) = \begin{cases} 1 & (|x| \leq a), \\ 0 & (|x| > a) \end{cases}$$

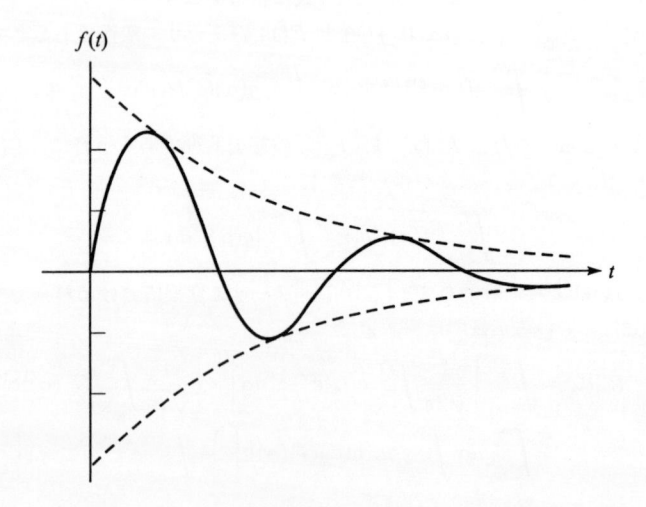

図 **4.21** 減衰する正弦波．

で与えられ，そのフーリエ変換は

$$g(\omega) = \sqrt{\frac{2}{\pi}} \frac{\sin \omega a}{\omega}$$

だったが，パーセヴァルの恒等式：

$$\int_{-\infty}^{\infty} \{f(x)\}^2 dx = \int_{-\infty}^{\infty} \{g(\omega)\}^2 d\omega$$

に上式を代入すると

$$\int_{-a}^{a} (1)^2 dx = \int_{-\infty}^{\infty} \frac{2}{\pi} \frac{\sin^2 \omega a}{\omega^2} d\omega$$

となり，以下の定積分が得られる：

$$\int_0^{\infty} \frac{\sin^2 \omega a}{\omega^2} d\omega = \frac{\pi a}{2}.$$

4.22 フーリエ変換における畳み込みの定理

関数 $f(x)$ と $H(x)$ の**畳み込み**は $f*H$ と書かれ，次式で定義される：

$$f*H = \int_{-\infty}^{\infty} f(u) H(x-u) du. \tag{4.55}$$

$g(\omega)$ は $f(x)$，$G(\omega)$ は $H(x)$ のフーリエ変換であるとすると，

$$\frac{1}{2\pi} \int_{-\infty}^{\infty} g(\omega) G(\omega) e^{i\omega x} d\omega = \int_{-\infty}^{\infty} f(u) H(x-u) du \tag{4.56}$$

となっていることが示せる．この関係式は，フーリエ変換における**畳み込みの定理**として知られている．すなわち，フーリエ変換の積 $g(\omega)G(\omega)$ のフーリエ変換は，もとの関数の畳み込みに等しい．

この定理の証明は難しくはない．フーリエ変換の定義を書きくだすと

$$g(\omega) = \frac{1}{\sqrt{2\pi}} \int_{-\infty}^{\infty} f(x) e^{-i\omega x} dx, \quad G(\omega) = \frac{1}{\sqrt{2\pi}} \int_{-\infty}^{\infty} H(x') e^{-i\omega x'} dx'$$

となるので，次式が成り立つ：

$$g(\omega) G(\omega) = \frac{1}{2\pi} \int_{-\infty}^{\infty} \int_{-\infty}^{\infty} f(x) H(x') e^{-i\omega(x+x')} dx dx'. \tag{4.57}$$

式 (4.57) の 2 重積分で $x+x'=u$ とおき，積分変数を (x, x') から (x, u) に変換しよう．すると，

$$dx dx' = \frac{\partial(x, x')}{\partial(x, u)} du dx$$

となるが，変換のヤコビアンは以下のように求められる：

$$\frac{\partial(x, x')}{\partial(x, u)} = \begin{vmatrix} \dfrac{\partial x}{\partial x} & \dfrac{\partial x}{\partial u} \\ \dfrac{\partial x'}{\partial x} & \dfrac{\partial x'}{\partial u} \end{vmatrix} = \begin{vmatrix} 1 & 0 \\ 0 & 1 \end{vmatrix} = 1.$$

よって，式 (4.57) は

$$\begin{aligned} g(\omega)G(\omega) &= \frac{1}{2\pi} \int_{-\infty}^{\infty} \int_{-\infty}^{\infty} f(x)H(u-x)e^{-i\omega u} dx du \\ &= \frac{1}{2\pi} \int_{-\infty}^{\infty} e^{-i\omega u} \left[\int_{-\infty}^{\infty} f(x)H(u-x) du \right] dx \\ &= F\left\{ \int_{-\infty}^{\infty} f(x)H(u-x) du \right\} = F\{f * H\} \end{aligned} \quad (4.58)$$

と変形されるが，これをフーリエ逆変換すると

$$f * H = F^{-1}\{g(\omega)G(\omega)\} = \frac{1}{2\pi} \int_{-\infty}^{\infty} g(\omega)G(\omega) e^{i\omega x} d\omega$$

となり，これは式 (4.56) にほかならない．また，式 (4.58) は

$$F\{f\}F\{H\} = F\{f * H\}, \quad g = F\{f\}, \quad G = F\{H\}$$

と書き直せるが，この結果は，$f(x)$ と $H(x)$ の畳み込みのフーリエ変換は，$f(x)$ と $H(x)$ のフーリエ変換の積に等しいことを意味している．これもしばしば，**畳み込みの定理**として扱われる．

畳み込みは，代数の交換則・推移則・分配則を満たしている．すなわち，関数 f_1, f_2, f_3 に対して，

$$\left. \begin{aligned} \text{交換則：} & \quad f_1 * f_2 = f_2 * f_1 \\ \text{推移則：} & \quad f_1 * (f_2 * f_3) = (f_1 * f_2) * f_3 \\ \text{分配則：} & \quad f_1 * (f_2 + f_3) = f_1 * f_2 + f_1 * f_3 \end{aligned} \right\} \quad (4.59)$$

が成立する．これらの関係式は容易に証明できる．例えば，交換則を証明するには，以下の畳み込みの定義式で $x - u = v$ とおけばよい：

$$f_1 * f_2 \equiv \int_{-\infty}^{\infty} f_1(u) f_2(x-u) du = \int_{-\infty}^{\infty} f_1(x-v) f_2(v) dv = f_2 * f_1.$$

例 4.11

積分方程式 $y(x) = f(x) + \int_{-\infty}^{\infty} y(u) r(x-u) du$ を解け．ただし，$f(x)$ と $r(x)$ は既知の関数で，$y(x)$, $f(x)$, $r(x)$ のフーリエ変換は存在する．

解：$y(x)$, $f(x)$, $r(x)$ のフーリエ変換を各々 $Y(\omega)$, $F(\omega)$, $R(\omega)$ と書こう．与えられた積分方程式の両辺をフーリエ変換すると，畳み込みの定理より以下の結果を得る：

$$Y(\omega) = F(\omega) + Y(\omega) R(\omega) \quad \text{すなわち} \quad Y(\omega) = \frac{F(\omega)}{1 - R(\omega)}.$$

最後の式の両辺をフーリエ逆変換すれば，$y(x)$ が得られる．

4.23 フーリエ変換の計算

フーリエ変換は,解きにくい**微分方程式**を比較的解きやすい簡単な方程式に変換する道具としてもしばしば用いられる.フーリエ変換を用いて 1 階および 2 階の微分方程式を解くには,1 階および 2 階微分を変換した表式が必要である.変数 x に対するフーリエ変換を行えば,以下の式が示せる:

$$\left.\begin{aligned}\text{(a)} \quad & F\left(\frac{\partial u}{\partial x}\right) = i\alpha F(u), \\ \text{(b)} \quad & F\left(\frac{\partial^2 u}{\partial x^2}\right) = -\alpha^2 F(u), \\ \text{(c)} \quad & F\left(\frac{\partial u}{\partial t}\right) = \frac{\partial}{\partial t} F(u). \end{aligned}\right\} \quad (4.60)$$

ただし,$x \to \pm\infty$ で,$u \to 0$,$\partial u/\partial x \to 0$ となるものとする.

証明:(a) フーリエ変換の定義より,

$$F\left(\frac{\partial u}{\partial x}\right) = \int_{-\infty}^{\infty} \frac{\partial u}{\partial x} e^{-i\alpha x} dx$$

となる.ただし,係数 $1/\sqrt{2\pi}$ は省略した.さらに部分積分を行うと,

$$F\left(\frac{\partial u}{\partial x}\right) = u e^{-i\alpha x}\Big|_{-\infty}^{\infty} + i\alpha \int_{-\infty}^{\infty} u e^{-i\alpha x} dx = i\alpha F(u).$$

(b) 式 (a) において $u = \partial v/\partial x$ とおくと,

$$F\left(\frac{\partial^2 v}{\partial x^2}\right) = i\alpha F\left(\frac{\partial v}{\partial x}\right) = (i\alpha)^2 F(v)$$

となるので,形式的に変数 v を u に置き換えれば,

$$F\left(\frac{\partial^2 u}{\partial x^2}\right) = -\alpha^2 F(u)$$

となる.なお,一般に $x \to \pm\infty$ で,$u, \partial u/\partial x, \ldots, \partial^{n-1} u/\partial x^{n-1} \to 0$ がみたされていれば,次式が導かれる:

$$F\left(\frac{\partial^n u}{\partial x^n}\right) = (i\alpha)^n F(u).$$

(c) 定義により,

$$F\left(\frac{\partial u}{\partial t}\right) = \int_{-\infty}^{\infty} \frac{\partial u}{\partial t} e^{-i\alpha x} dx = \frac{\partial}{\partial t} \int_{-\infty}^{\infty} u e^{-i\alpha x} dx = \frac{\partial}{\partial t} F(u).$$

例 4.12

以下の非斉次微分方程式を解け：

$$\left(\frac{d^2}{dx^2} + p\frac{d}{dx} + q\right) f(x) = R(x) \quad (-\infty \leq x \leq \infty).$$

ただし p と q は定数である．

解：両辺をフーリエ変換し，$f(x)$ のフーリエ変換を $g(\alpha)$，$R(x)$ のフーリエ変換を $G(\alpha)$ と書くと

$$(-\alpha^2 + ip\alpha + q)g(\alpha) = G(\alpha) \quad \text{すなわち} \quad g(\alpha) = \frac{G(\alpha)}{-\alpha^2 + ip\alpha + q}$$

が得られるので，最後の式の両辺を逆フーリエ変換して，

$$f(x) = \frac{1}{\sqrt{2\pi}} \int_{-\infty}^{\infty} e^{i\alpha x} g(\alpha) d\alpha = \frac{1}{\sqrt{2\pi}} \int_{-\infty}^{\infty} e^{i\alpha x} \frac{G(\alpha)}{-\alpha^2 + ip\alpha + q} d\alpha$$

となる．この複素積分は，複素関数論（第 7 章参照）を用いて容易に評価できる．

4.24 デルタ関数とグリーン関数法

グリーン関数法は，偏微分方程式の非常に有用な解法である．通常，初期条件が与えられている場合よりも境界条件が与えられている場合に用いられる．領域 D で定義された非斉次微分方程式：

$$L(x)f(x) - \lambda f(x) = R(x) \tag{4.61}$$

をこの方法で解き，その威力を示そう．ただし $L(x)$ は任意の微分オペレータ，λ は与えられた定数である．$f(x)$ と $R(x)$ がオペレータ L の**固有関数** u_n $(Lu_n = \lambda_n u_n)$ で展開できるならば，

$$f(x) = \sum_n c_n u_n(x), \quad R(x) = \sum_n d_n u_n(x)$$

と書け，これを式 (4.61) に代入すると，

$$\sum_n c_n(\lambda_n - \lambda)u_n(x) = \sum_n d_n u_n(x)$$

を得る．固有関数 u_n は線形独立なので，

$$c_n(\lambda_n - \lambda) = d_n \quad \text{すなわち} \quad c_n = d_n/(\lambda_n - \lambda)$$

でなければならない．さらに，固有関数の**直交性**より，

$$d_n = \int_D u_n^* R(x) dx$$

となるので，c_n は

$$c_n = \frac{1}{\lambda_n - \lambda} \int_D u_n^* R(x) dx$$

と書くことができ，以下の表式を得る：

$$f(x) = \int_D G(x, x') R(x') dx'. \tag{4.62}$$

ただし，$G(x, x')$ は

$$G(x, x') = \sum_n \frac{u_n(x) u_n^*(x')}{\lambda_n - \lambda} \tag{4.63}$$

で与えられ，**グリーン関数**とよばれる．G は x と x' に加えて λ にもよっていることを強調するために，$G(x, x'; \lambda)$ と表記する場合もある．

式 (4.62) で $R(x')$ を $\delta(x' - x_0)$ に置き換えてみると，

$$f(x) = \int_D G(x, x') \delta(x' - x_0) dx = G(x, x_0)$$

が得られる．よって $G(x, x')$ は，適切な境界条件のもとで以下の微分方程式の解になる：

$$LG(x - x') - \lambda G(x - x') = \delta(x - x'). \tag{4.64}$$

すなわち，グリーン関数は，単位点「源」$\boldsymbol{R(x, x') = \delta(x - x')}$ をもつ問題の解になっている．

例 4.13

微分方程式

$$\frac{d^2 u}{dx^2} - k^2 u = f(x) \tag{4.65}$$

を区間 $0 \leq x \leq l$ で，$u(0) = u(l) = 0$ という境界条件のもとで解け．ただし $f(x)$ は任意の関数である．

解：まず，$G(x, x')$ に関する以下の微分方程式を解く：

$$\frac{d^2 G(x, x')}{dx^2} - k^2 G(x, x') = \delta(x - x') \tag{4.66}$$

$x = x'$ 以外では $\delta(x - x') = 0$ なので，

$$\frac{d^2 G_<(x, x')}{dx^2} - k^2 G_<(x, x') = 0 \qquad (x < x')$$

$$\frac{d^2 G_>(x, x')}{dx^2} - k^2 G_>(x, x') = 0 \qquad (x > x')$$

を得る．よって，$x < x'$ に対する解は

$$G_< = A e^{kx} + B e^{-kx}$$

で与えられるが，境界条件 $u(0) = 0$ より $A + B = 0$ となり，

$$G_< = A(e^{kx} - e^{-kx}) \tag{4.67a}$$

と簡略化される．同様に，$x > x'$ に対する解は

$$G_> = Ce^{kx} + De^{-kx}$$

で与えられるが，境界条件 $u(l) = 0$ より $Ce^{kl} + De^{-kl} = 0$ となり，

$$G_> = C'[e^{k(x-l)} - e^{-k(x-l)}] \tag{4.67b}$$

で与えられる．ただし，$C' = Ce^{kl}$ である．

係数 A と C' は，以下の手順で決まる．まず，G は $x = x'$ で連続なので，

$$A(e^{kx'} - e^{-kx'}) = C'[e^{k(x'-l)} - e^{-k(x'-l)}] \tag{4.68}$$

となる．2番目の拘束条件は，式 (4.61) を $x' - \epsilon$ から $x' + \epsilon$ まで（ϵ は無限小の量）積分して得られる：

$$\int_{x'-\epsilon}^{x'+\epsilon} \left[\frac{d^2 G}{dx^2} - k^2 G \right] dx = \int_{x'-\epsilon}^{x'+\epsilon} \delta(x - x') dx = 1. \tag{4.69}$$

ところが，G の連続性より，左辺第2項は

$$\int_{x'-\epsilon}^{x'+\epsilon} k^2 G dx = k^2 (G_> - G_<) = 0$$

となるので，結局式 (4.64) は

$$\int_{x'-\epsilon}^{x'+\epsilon} \frac{d^2 G}{dx^2} dx = \frac{dG_>}{dx} - \frac{dG_<}{dx} = 1 \tag{4.70}$$

と簡略化される．さて，

$$\left. \frac{dG_<}{dx} \right|_{x=x'} = Ak(e^{kx'} + e^{-kx'}) , \quad \left. \frac{dG_>}{dx} \right|_{x=x'} = C'k[e^{k(x'-l)} + e^{-k(x'-l)}]$$

を式 (4.70) に代入すると，

$$C'k[e^{k(x'-l)} + e^{-k(x'-l)}] - Ak(e^{kx'} + e^{-kx'}) = 1 \tag{4.71}$$

となる．式 (4.68) と式 (4.71) を定数 A と C' について解くと，

$$A = \frac{1}{2k} \frac{\sinh k(x'-l)}{\sinh kl} , \quad C' = \frac{1}{2k} \frac{\sinh kx'}{\sinh kl}$$

となり，グリーン関数は

$$G(x, x') = \frac{1}{k} \frac{\sinh kx \sinh k(x'-l)}{\sinh kl} \tag{4.72}$$

で与えられ，$u(x)$ は次式で与えられる：

$$u(x) = \int_0^l G(x, x') f(x') dx'.$$

5

線形ベクトル空間

　古典力学で微積分が重要なのと同じくらいに，量子力学では**線形ベクトル空間**が非常に重要である．この章では線形ベクトル空間の基本的な考え方を説明する．3 次元ユークリッド空間 E_3 におけるベクトル計算はすでに第 1 章を読んで知っているものとする．この章ではベクトル計算の一般化として行列計算を導入する．第 1 章のベクトル計算の話よりは多少，抽象的で形式的な話になる．そのような抽象的な議論に慣れていない方は，前半の数節を我慢してじっくり読んでいただきたい．そうすれば後半の議論は比較的容易に理解できるはずである．

5.1　n 次元ユークリッド空間

　3 次元ユークリッド空間 E_3 のベクトル解析においては，順番づけされた 3 つの数の組 (a_1, a_2, a_3) に 2 つの意味がある．これは，ときには a_1, a_2, a_3 を座標とする空間中の点を意味する．またときには a_1, a_2, a_3 を座標軸に沿った長さとするベクトル（図 5.1）を意味する．3 次元空間中の点を表すのに 3 つの数の組を使うというアイディアは 17 世紀中頃に誕生した．19 世紀後半になると，物理や数学の分野では 4 次元空間中の点を表すのに 4 つの数の組 (a_1, a_2, a_3, a_4) を使い，5 次元空間中の点を表すのに 5 つの数の組 $(a_1, a_2, a_3, a_4, a_5)$ を使うといったように，概念が拡張されていった．

　以下では一般に n 次元空間 E_n を考える．n は正の整数である．3 次元を超える空間を幾何学的に視覚化するのは難しいが，解析的な性質や数値的な性質なら簡単に拡張することができる．

　E_n 内の点を表すには，順番づけられた n 個の数の組 $(a_1, a_2, a_3, \ldots, a_n)$ を使う．これは同時にその点の位置ベクトルも意味する．数は実数でも複素数でもよい．

　E_n 内の 2 つのベクトル $\boldsymbol{u} = (u_1, u_2, u_3, \ldots, u_n)$ と $\boldsymbol{v} = (v_1, v_2, v_3, \ldots, v_n)$ の対応する成分が互いに等しいとき，つまり

$$u_i = v_i \quad (i = 1, 2, \ldots, n) \tag{5.1}$$

が成り立つとき，2 つのベクトルは等しいといい，$\boldsymbol{u} = \boldsymbol{v}$ と書く．ベクトルの足し算は

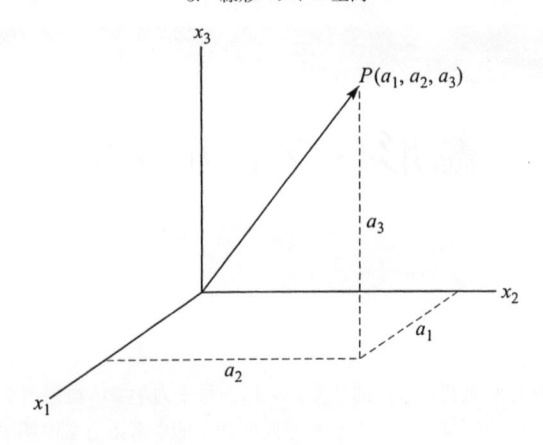

図 5.1 空間中の点 P と，その位置ベクトル $\boldsymbol{A}$．

$$\boldsymbol{u} + \boldsymbol{v} = (u_1 + v_1, u_2 + v_2, \ldots, u_n + v_n) \tag{5.2}$$

と定義する．スカラー量 k との掛け算は

$$k\boldsymbol{u} = (ku_1, ku_2, \ldots, ku_n) \tag{5.3}$$

で定義する．特に $k = -1$ のとき，ベクトルの負

$$-\boldsymbol{u} = (-u_1, -u_2, \ldots, -u_n) \tag{5.4}$$

を与える．これを使うと，ベクトルの引き算は $\boldsymbol{v} - \boldsymbol{u} = \boldsymbol{v} + (-\boldsymbol{u})$ と定義できる．E_n のゼロベクトルは $\boldsymbol{0} = (0, 0, \ldots, 0)$ と定義する．

ベクトルどうしの足し算，スカラーとベクトルの掛け算には以下の性質がある：

$$\boldsymbol{u} + \boldsymbol{v} = \boldsymbol{v} + \boldsymbol{u}, \tag{5.5a}$$
$$\boldsymbol{u} + (\boldsymbol{v} + \boldsymbol{w}) = (\boldsymbol{v} + \boldsymbol{u}) + \boldsymbol{w}, \tag{5.5b}$$
$$\boldsymbol{u} + \boldsymbol{0} = \boldsymbol{0} + \boldsymbol{u} = \boldsymbol{u}, \tag{5.5c}$$
$$a(b\boldsymbol{u}) = (ab)\boldsymbol{u}, \tag{5.5d}$$
$$a(\boldsymbol{u} + \boldsymbol{v}) = a\boldsymbol{u} + a\boldsymbol{v}, \tag{5.5e}$$
$$(a + b)\boldsymbol{u} = a\boldsymbol{u} + b\boldsymbol{u}. \tag{5.5f}$$

ただし $\boldsymbol{u}, \boldsymbol{v}, \boldsymbol{w}$ は E_n 内のベクトル，a と b はスカラーである．

E_3 内の 2 つのベクトルの**内積**の定義には 2 通りあった．一つは，2 つのベクトルの長さと，なす角度 $\theta = \angle(\boldsymbol{A}, \boldsymbol{B})$ を使って $\boldsymbol{A} \cdot \boldsymbol{B} = AB\cos\theta$ と定義する方法である．もう一つは，ベクトルの各成分を使って $\boldsymbol{A} \cdot \boldsymbol{B} = A_1B_1 + A_2B_2 + A_3B_3$ と定義する方法である．ここでは後者の定義を拡張して E_n における内積の定義とする．というのは，

次の節で線形ベクトル空間をさらに抽象化する際に一つ目の定義は不便だからである．

そこで E_n 内の 2 つの（複素数を成分とする抽象化された）ベクトル $\boldsymbol{u} = (u_1, u_2, u_3, \ldots, u_n)$ と $\boldsymbol{v} = (v_1, v_2, v_3, \ldots, v_n)$ の内積を

$$\boldsymbol{u} \cdot \boldsymbol{v} = u_1^* v_1 + u_2^* v_2 + \cdots + u_n^* v_n \tag{5.6}$$

と定義する．なお星印 $*$ は複素共役を表す．$\boldsymbol{u}$ を内積の**左因子**，$\boldsymbol{v}$ を**右因子**とよぶことがある．内積は右因子に関して線形で，左因子に関しては反線形である．つまり

$$\boldsymbol{u} \cdot (a\boldsymbol{v} + b\boldsymbol{w}) = a\boldsymbol{u} \cdot \boldsymbol{v} + b\boldsymbol{u} \cdot \boldsymbol{w}, \qquad (a\boldsymbol{u} + b\boldsymbol{v}) \cdot \boldsymbol{w} = a^*(\boldsymbol{u} \cdot \boldsymbol{v}) + b^*(\boldsymbol{u} \cdot \boldsymbol{w})$$

である．次のような内積の性質も n 次元空間の内積に拡張できるとする：

$$\boldsymbol{u} \cdot \boldsymbol{v} = (\boldsymbol{v} \cdot \boldsymbol{u})^*, \tag{5.7a}$$

$$\boldsymbol{u} \cdot \boldsymbol{u} \geq 0, \tag{5.7b}$$

$$\boldsymbol{u} \cdot \boldsymbol{u} = 0 \iff \boldsymbol{u} = \boldsymbol{0}. \tag{5.7c}$$

2 次元や 3 次元のユークリッド空間で成り立つことの多くは，そのまま n 次元空間 E_n で成り立つ．n 次元空間と，そこでのベクトルの足し算，スカラーとの掛け算，内積の 3 つの演算とをまとめて，**n 次元ユークリッド空間**とよぶ．

5.2　線形ベクトル空間の一般論

　線形ベクトル空間の概念をさらに一般化しよう．まず n 次元ユークリッド空間 E_n の重要な性質を抽象化する．いくつかの「要素」の集合がそれら抽象化された性質をみたすとする．すると，それらの「要素」は線形ベクトル空間 V_n を構成するベクトルとみなせるのである．

　どのような性質をみたすかを述べる前に，そのように一般化されたベクトルを表すための記号を導入する．ディラックに従って，一般化されたベクトルを $|\ \rangle$ と表し，これを**ケットベクトル**とよぶ．ケットベクトルに共役なベクトルを $\langle\ |$ と書き，これを**ブラベクトル**とよぶ．これらのよび名 (ディラック表記) は，後でブラベクトルとケットベクトルの内積を定義すると，それがブラケット（括弧）$\langle\ |\ \rangle$ となることからくる．しかし簡単のため，今後，単にベクトルといえばケットベクトル $|\ \rangle$ を意味するものとする．

　さて一般化されたベクトルに対して 2 つの基本的な演算を定義する．その演算とはベクトルどうしの「足し算」と，ベクトルとスカラーの「掛け算」である．

　　「足し算」とは，2 つのベクトル $|\psi_1\rangle$ と $|\psi_2\rangle$ に対して「和」のベクトルを 1 つ対応させる規則である．「和」を $|\psi_1\rangle + |\psi_2\rangle$ と書く．

　　スカラーとの「掛け算」とは，1 つのスカラー k と 1 つのベクトル $|\psi\rangle$ に

対して「積」のベクトルを 1 つ対応させる規則である．「積」を $k|\psi\rangle$ と書く．

上の 2 つの演算規則を基にして**線形ベクトル空間**の概念を一般化する．何らかの要素が n 個ある集合 $|1\rangle, |2\rangle, |3\rangle, \ldots, |\phi\rangle, \ldots, |\varphi\rangle$ を用意する．これらの要素が以下の公理（性質）をみたすとき，その集合がなす空間 V_n は線形ベクトル空間である．

公理 1 $|\phi\rangle$ と $|\varphi\rangle$ が空間 V_n の中にあるとし，k はスカラーとする．このとき $|\phi\rangle + |\varphi\rangle$ や $k|\phi\rangle$ も空間 V_n の中にある．これを**閉包の公理**という．

公理 2 $|\phi\rangle + |\varphi\rangle = |\varphi\rangle + |\phi\rangle$ である．つまり「足し算」の規則は**可換**である．

公理 3 $(|\phi\rangle + |\varphi\rangle) + |\psi\rangle = |\varphi\rangle + (|\phi\rangle + |\psi\rangle)$ である．つまり「足し算」の規則には**結合法則**が成り立つ．

公理 4 $k(|\phi\rangle + |\varphi\rangle) = k|\varphi\rangle + k|\phi\rangle$ である．つまりスカラーとの「掛け算」の規則にはベクトルに関する**分配法則**が成り立つ．

公理 5 $(k + \alpha)|\phi\rangle = k|\phi\rangle + \alpha|\phi\rangle$ である．つまりスカラーとの「掛け算」の規則にはスカラーに関する分配法則が成り立つ．

公理 6 $k(\alpha|\phi\rangle) = (k\alpha)|\phi\rangle$ である．つまりスカラーとの「掛け算」の規則には結合法則が成り立つ．

公理 7 空間 V_n には**ゼロベクトル** $|0\rangle$ が存在する．つまり V_n 中の任意のベクトル $|\phi\rangle$ について $|\phi\rangle + |0\rangle = |\phi\rangle$ が成り立つようなベクトル $|0\rangle$ が存在する．

公理 8 空間 V_n 中のベクトル $|\phi\rangle$ には，それぞれ「足し算」の規則に関する**逆ベクトル** $|-\phi\rangle$ が存在する．つまり $|\phi\rangle + |-\phi\rangle = |0\rangle$ となるような $|-\phi\rangle$ が存在する．

上の 8 つの抽象的な公理は，3 次元ユークリッド空間では当然のように成立するものばかりである．ここでは，これらの公理だけから出発したときにどのような性質が導けるかを議論する．

スカラー積に用いられる数 $a, b, \ldots$ の集合を「場」（あるいは「**スカラー場**」）とよぶ．スカラー場をもとに定義される空間の中のベクトルの集合を「**ベクトル場**」とよぶ．スカラー場が実数からなるとき，対応するベクトル場を**実数ベクトル場**という．スカラー場が複素数のときはベクトル場も**複素ベクトル場**である．ここで注意してほしいのは，ベクトルそのものは実数でも複素数でもないという点である．上の公理ではベクトルそのものの性質は何も指定されていないのである．上の 8 つの公理をみたすならベクトル自身は何でもよい．実際に，例 5.2 では行列を，5.17 節では関数をベクトルとみなすのである．そこで，これ以降はベクトルを矢印として考えないようにしてほしい．そういう理由から，ベクトルを表すのに v といった記号を故意に避け，ディラック表記のケットベクトル $|\rangle$ とブラベクトル $\langle|$ を使った．それは一般化されたベクトルであることを強調するためである．

位置ベクトル空間 E_3 は実数ベクトル場のよく知られた例であり，以下に 2 つの例を示す．これらは通常の典型的なベクトルであるので，今まで通りの記号を用いる．

例 5.1

3次元ユークリッド空間 E_3 の原点を通る任意の平面を V とする．V 上のすべての点の集合は線形ベクトル空間をなすことを示せ．つまり，E_3 内のベクトルの足し算の規則と，スカラーとベクトルの掛け算の規則に関して上の8つの公理をみたすことを示せ．

解：E_3 内のベクトルの足し算とスカラーとの掛け算の規則に関して，E_3 自身はもちろん線形ベクトル空間である．つまり E_3 内のすべての点に関して公理2から公理6が成り立つ．よって E_3 の中にある V 上のすべての点も公理2から公理6をみたす．後は公理1，公理7，公理8を示せばよい．

平面 V は原点を通るので，その式は
$$ax_1 + bx_2 + cx_3 = 0$$
の形に書ける．よって $\boldsymbol{u} = (u_1, u_2, u_3)$ と $\boldsymbol{v} = (v_1, v_2, v_3)$ が V 上の点であれば
$$au_1 + bu_2 + cu_3 = 0 \quad \text{かつ} \quad av_1 + bv_2 + cv_3 = 0$$
が成り立つ．辺々を足すと
$$a(u_1 + v_1) + b(u_2 + v_2) + c(u_3 + v_3) = 0$$
となる．これは点 $\boldsymbol{u} + \boldsymbol{v}$ も V 上にあることを示している．これで公理1がみたされることがわかった．次に，原点の位置ベクトルは**ゼロベクトル**である．原点は V 上にあるから公理7がみたされる．最後に，$au_1 + bu_2 + cu_3 = 0$ の辺々を -1 倍すると
$$a(-u_1) + b(-u_2) + c(-u_3) = 0$$
である．これは V 上のベクトルの**反対向きのベクトル** $-\boldsymbol{u} = (-u_1, -u_2, -u_3)$ が V 上にあることを示している．これで公理8がみたされることもわかった．

例 5.2

実数を要素とする $m \times n$ 行列すべての集合を V とする．行列の足し算の規則，行列とスカラーの掛け算の規則はいずれも閉包の公理，結合法則，分配法則をみたす．すべての要素がゼロの行列をゼロベクトルとすれば公理7がみたされる．任意の行列に対して，その要素の符号をすべて反転すれば逆ベクトルとして公理8をみたす．よって，行列の足し算，行列とスカラーの掛け算の2つの規則に関して $m \times n$ 行列全体の集合は線形ベクトル空間である．すなわち，mn 個の成分をもつ数ベクトルとみなすこともできる．この線形ベクトル空間を M_{mn} と書くことにする．

5.3 部 分 空 間

線形ベクトル空間 V を考える．W が V の部分集合で，かつ V における足し算と掛け算の規則に関して W が線形ベクトル空間であるとき，W を V の**部分空間**とよぶ．

例 5.1 で示したように，E_3 の原点を通る任意の面は E_3 の部分空間である．

例 5.3

2×2 行列全体の集合は線形ベクトル空間 M_{22} である．そのうちで，2 つの対角要素がゼロであるような行列全体の集合 W は M_{22} の部分空間であることを示せ．

解：W に属する 2 つの任意の 2×2 行列を

$$\tilde{X} = \begin{pmatrix} 0 & x_{12} \\ x_{21} & 0 \end{pmatrix}, \quad \tilde{Y} = \begin{pmatrix} 0 & y_{12} \\ y_{21} & 0 \end{pmatrix}$$

とする．また k をスカラーとする．すると

$$k\tilde{X} = \begin{pmatrix} 0 & kx_{12} \\ kx_{21} & 0 \end{pmatrix}, \quad \tilde{X}+\tilde{Y} = \begin{pmatrix} 0 & x_{12}+y_{12} \\ x_{21}+y_{21} & 0 \end{pmatrix}$$

はともに W の中にある．他の公理は簡単に示せて，部分空間であることがわかる．

5.4 線 形 結 合

ベクトル $|W\rangle$ がベクトル $|v_1\rangle, |v_2\rangle, \ldots, |v_r\rangle$ とスカラー $k_1, k_2, \ldots, k_r$ を使って

$$|W\rangle = k_1|v_1\rangle + k_2|v_2\rangle + \cdots + k_r|v_r\rangle$$

と表されるとき，ベクトル $|W\rangle$ をベクトル $|v_1\rangle, |v_2\rangle, \ldots, |v_r\rangle$ の**線形結合**とよぶ．例えば，E_3 中のベクトル $|W\rangle = (9, 2, 7)$ は $|v_1\rangle = (1, 2, -1)$ と $|v_2\rangle = (6, 4, 2)$ の線形結合で書ける．これを示すには

$$(9, 2, 7) = k_1(1, 2, -1) + k_2(6, 4, 2)$$

とおく．つまり

$$(9, 2, 7) = (k_1+6k_2, 2k_1+4k_2, -k_1+2k_2)$$

である．両辺の各要素を比較して

$$k_1+6k_2 = 9, \quad 2k_1+4k_2 = 2, \quad -k_1+2k_2 = 7$$

となる．これを解くと $k_1 = -3$, $k_2 = 2$ となる．よって

$$|W\rangle = -3|k_1\rangle + 2|v_2\rangle$$

のように線形結合で書ける．

5.5 線形独立,基底,次元

線形ベクトル空間 V の中のベクトルの集合 $|1\rangle, |2\rangle, \ldots, |n\rangle$ を考える.V の中の任意のベクトルが $|1\rangle, |2\rangle, \ldots, |n\rangle$ の線形結合で書けるとき,これら n 個のベクトルは線形ベクトル空間 V を張るという.また n 個のベクトルを線形ベクトル空間 V の**基底ベクトル**,あるいは単に**基底**とよぶ.例えば 3 つの単位ベクトル $|e_1\rangle = (1, 0, 0)$,$|e_2\rangle = (0, 1, 0)$,$|e_3\rangle = (0, 0, 1)$ は 3 次元ユークリッド空間 E_3 を張る.なぜなら E_3 の中の任意のベクトルは $|e_1\rangle, |e_2\rangle, |e_3\rangle$ の線形結合で表せるからである.一方,次の 3 つのベクトルは E_3 を張らない:$|1\rangle = (1, 1, 2)$,$|2\rangle = (1, 0, 1)$,$|3\rangle = (2, 1, 3)$.

基底ベクトルはさまざまな問題を解く際に非常に便利である.というのは,まず基底ベクトルの性質を調べておくと,その結果をベクトル空間全体に拡張できる場合が多いからである.したがって基底ベクトルの数は最小限にとどめておきたい.最小限の基底ベクトルの集合を探すには,**線形独立**という考え方を知っておく必要がある.

V の中のベクトルの集合 $|1\rangle, |2\rangle, \ldots, |n\rangle$ はいずれもゼロベクトルではないとする.次の条件がみたされるとき,これら n 個のベクトルは線形独立であるという.

$$\sum_{k=1}^{n} a_k |k\rangle = |0\rangle \tag{5.8}$$

をみたすような係数の組 $a_1, a_2, \ldots, a_n$ は,すべてがゼロというもの以外に存在しない,というのがその条件である.つまり,ゼロベクトルを n 個のベクトルの線形結合で書こうとしても,係数をすべてゼロにする以外に方法がないとき,それらのベクトルは線形独立である.例えば 2 次元ユークリッド空間 E_2 において x_1 軸に平行な 2 つのベクトル $|1\rangle$ と $|2\rangle$ は,以下の理由から線形独立ではない.2 つのベクトルは互いに平行であるから $|1\rangle = a|2\rangle$ と書けるはずである.a は正または負のスカラーである.右辺を左辺に移項すれば $|1\rangle - a|2\rangle = |0\rangle$ となる.つまり,$|1\rangle$ と $|2\rangle$ はゼロでない係数の組 $(1, -a)$ に対して式 (5.8) をみたす.よって $|1\rangle$ と $|2\rangle$ は線形独立ではない.

n 個のベクトル $|1\rangle, |2\rangle, \ldots, |n\rangle$ が,2 つ以上がゼロでない係数の組 $a_1, a_2, \ldots, a_n$ に対して式 (5.8) をみたすとき,これら n 個のベクトルは**線形従属**であるという.例えば $a_9 \neq 0$ とすると,ベクトル $|9\rangle$ は他のベクトルを使って

$$|9\rangle = \sum_{i=1, \neq 9}^{n} \frac{-a_i}{a_9} |i\rangle$$

と表せる.要するに,n 個のベクトルのうちの 1 つが残りの $n-1$ 個のベクトルの線形結合で書けるとき,それらのベクトルは線形従属である.

例 5.4

4 次元空間の 3 つのベクトル $|1\rangle = (2, -1, 0, 3)$,$|2\rangle = (1, 2, 5, -1)$,$|3\rangle =$

$(7, -1, 5, 8)$ は線形従属である.なぜなら $3|1\rangle + |2\rangle - |3\rangle = |0\rangle$ である.

例 5.5

3次元ユークリッド空間の3つの単位ベクトル $|e_1\rangle = (1, 0, 0)$, $|e_2\rangle = (0, 1, 0)$, $|e_3\rangle = (0, 0, 1)$ は線形独立である.これを示すために,まず式 (5.8) から出発する.今の場合

$$a_1|e_1\rangle + a_2|e_2\rangle + a_3|e_3\rangle = |0\rangle,$$

つまり

$$a_1(1, 0, 0) + a_2(0, 1, 0) + a_3(0, 0, 1) = (0, 0, 0)$$

である.これからすぐに

$$(a_1, a_2, a_3) = (0, 0, 0)$$

となる.よって $|1\rangle, |2\rangle, |3\rangle$ は互いに線形独立である.

例 5.6

2×2 行列全体がつくる線形ベクトル空間 M_{22} の4つの要素

$$|1\rangle = \begin{pmatrix} 1 & 0 \\ 0 & 0 \end{pmatrix}, \quad |2\rangle = \begin{pmatrix} 0 & 1 \\ 0 & 0 \end{pmatrix}, \quad |3\rangle = \begin{pmatrix} 0 & 0 \\ 1 & 0 \end{pmatrix}, \quad |4\rangle = \begin{pmatrix} 0 & 0 \\ 0 & 1 \end{pmatrix}$$

の集合を S とする.S は M_{22} を張る基底ベクトルで,互いに線形独立である.M_{22} の任意の要素は

$$\begin{pmatrix} a & b \\ c & d \end{pmatrix} = a\begin{pmatrix} 1 & 0 \\ 0 & 0 \end{pmatrix} + b\begin{pmatrix} 0 & 1 \\ 0 & 0 \end{pmatrix} + c\begin{pmatrix} 0 & 0 \\ 1 & 0 \end{pmatrix} + d\begin{pmatrix} 0 & 0 \\ 0 & 1 \end{pmatrix}$$
$$= a|1\rangle + b|2\rangle + c|3\rangle + d|4\rangle$$

と表されるので,S が M_{22} を張ることがわかる.また,

$$a|1\rangle + b|2\rangle + c|3\rangle + d|4\rangle = |0\rangle$$

とおく.これは

$$a\begin{pmatrix} 1 & 0 \\ 0 & 0 \end{pmatrix} + b\begin{pmatrix} 0 & 1 \\ 0 & 0 \end{pmatrix} + c\begin{pmatrix} 0 & 0 \\ 1 & 0 \end{pmatrix} + d\begin{pmatrix} 0 & 0 \\ 0 & 1 \end{pmatrix} = \begin{pmatrix} 0 & 0 \\ 0 & 0 \end{pmatrix}$$

であり,$a = b = c = d = 0$ しか答えがないから S は線形独立である.

さて,いよいよ一般の線形ベクトル空間の次元を定義しよう.われわれのまわりの空間は3次元である.この次元の考え方を線形ベクトル空間に拡張するには,どのようにすればよいだろうか.3次元ユークリッド空間 E_3 は3つの基底ベクトル $|e_1\rangle = (1, 0, 0)$,

$|e_2\rangle = (0, 1, 0)$, $|e_3\rangle = (0, 0, 1)$ によって張られる. この類推から, n 個の線形独立な基底ベクトルで張られる線形ベクトル空間の次元を n と定義し, その空間を V_n と書く. 特に場が実数のとき $V_n(R)$, 複素数のとき $V_n(C)$ と表す. 例えば M_{22} は 4 次元空間である. なぜなら, 例 5.6 に示したように, 任意の 2×2 行列は 4 つの線形独立な基底ベクトルの線形結合で書けるからである.

5.6 内積空間 (計量空間)

この節ではベクトルの**内積**(**スカラー積**)という演算を導入する. これによってベクトル空間の構造は非常に内容豊富なものになる. 内積が定義されている線形ベクトル空間を**内積空間**とか**計量ベクトル空間**とよぶ. 内積を定義することによって初めて本格的に物理学との関連が生まれる.

5.1 節において, n 次元ユークリッド空間 E_n の内積を式 (5.6) で定義した. これは 3 次元ユークリッド空間 E_3 における内積を一般化したものである. より一般の線形ベクトル空間では, E_n の内積の類推から公理的に内積を定義する. n 次元線形ベクトル空間の中の 2 つのベクトル $|U\rangle$ と $|W\rangle$ が n 個の基底ベクトルの線形結合として

$$|U\rangle = \sum_{i=1}^{n} u_i |i\rangle, \qquad |W\rangle = \sum_{i=1}^{n} w_i |i\rangle \tag{5.9}$$

と表せるとする. このとき 2 つのベクトルの内積を $\langle U|W\rangle$ と書き,

$$\langle U|W\rangle = \sum_{i=1}^{n} \sum_{j=1}^{n} u_i^* v_j \langle i|j\rangle \tag{5.10}$$

と定義する. $\langle U|$ を**内積の左因子**, $|W\rangle$ を**右因子**という[*1)]. 内積は次の公理をみたすものとする:

内積の公理 1 $\langle U|W\rangle = \langle W|U\rangle^*$ (反対称性もしくは歪対称性),
内積の公理 2 $\langle U|U\rangle \geq 0$ で, $\langle U|U\rangle = 0 \iff |U\rangle = |0\rangle$ (半正値性),
内積の公理 3 $\langle U|(|X\rangle + |W\rangle) = \langle U|X\rangle + \langle U|W\rangle$ (加法性),
内積の公理 4 $\langle aU|W\rangle = a^* \langle U|W\rangle$. $\langle U|bW\rangle = b\langle U|W\rangle$ (同次性).

ここで a と b はスカラーで, 星印 $*$ は複素共役である. 内積の公理 1 は 3 次元ユークリッド空間 E_3 の内積の性質とは異なっている. 複素ベクトル空間では, 内積は 2 つの因子の順番に依存するのである. 実ベクトル空間では, 内積の公理 1 と 4 における複素共役は特に何の影響も与えないので無視してよい. 複素ベクトル空間においても, 内積の公理 1 から $\langle U|U\rangle$ は実数であることがわかる. よって内積の公理 2 における不等式は意味をもつ.

内積は右因子に関して線形である:

[*1)] 訳注: 通常は, 左因子をブラ, 右因子をケットとよぶ.

$$\langle U|aW+bX\rangle = a\langle U|W\rangle + b\langle U|X\rangle.$$

また左要素に関しては**反線形**である:

$$\langle aU+bX|W\rangle = a^*\langle U|W\rangle + b^*\langle X|W\rangle.$$

2つのベクトルの内積がゼロになるとき,その2つのベクトルは**直交**しているという.ベクトルとそれ自身の内積(非負の実数値をとる)の平方根 $(\langle U|U\rangle)^{1/2} = \|U\|$ をそのベクトルの**ノルム**とか**長さ**とよぶ.ベクトルをそのノルムで割ると,ノルム1の単位ベクトルになる.この操作を**規格化**とよぶ.基底ベクトルがすべて単位ベクトルで,しかも互いに直交するとき,それを**正規直交基底**という.線形ベクトル空間の基底として正規直交基底をとっておくと非常に便利である.正規直交基底の場合,式 (5.10) の右辺で

$$\langle i|j\rangle = \delta_{ij} = \begin{cases} 1 & (i=j), \\ 0 & (i\neq j) \end{cases}$$

が成り立つ.よって式 (5.10) は

$$\langle U|W\rangle = \sum_i\sum_j u_i^* w_j \delta_{ij} = \sum_i u_i^* \left(\sum_j w_j \delta_{ij}\right) = \sum_i u_i^* w_i \qquad (5.11)$$

という式に帰着する.これは式 (5.6) と同じ形をしている.

内積の公理2から,ベクトル空間中の任意のベクトルに直交するベクトルはゼロベクトルしかないことがわかる.任意のベクトルと直交するということは自分自身とも直交するのだから $\langle U|U\rangle = 0$,つまり長さがゼロである.

次の節で,任意の基底から正規直交基底を導く手順を説明する.これは**グラム–シュミット**の**直交化**とよばれる操作である.

例 5.7

正規直交基底ベクトル $|1\rangle$ と $|2\rangle$ を使って $|U\rangle = (3-4i)|1\rangle + (5-6i)|2\rangle$,$|W\rangle = (1-i)|1\rangle + (2-3i)|2\rangle$ とする.式 (5.11) から,内積は

$$\langle U|U\rangle = (3+4i)(3-4i) + (5+6i)(5-6i) = 86$$
$$\langle W|W\rangle = (1+i)(1-i) + (2+3i)(2-3i) = 15$$
$$\langle U|W\rangle = (3+4i)(1-i) + (5+6i)(2-3i) = 35 - 2i = \langle W|U\rangle^*$$

と計算される.

例 5.8

2つの 2×2 行列を

$$\tilde{A} = \begin{pmatrix} a_{11} & a_{12} \\ a_{21} & a_{22} \end{pmatrix}, \qquad \tilde{B} = \begin{pmatrix} b_{11} & b_{12} \\ b_{21} & b_{22} \end{pmatrix}$$

とする．この 2 つの行列を線形ベクトル空間 M_{22} の中のベクトルとみなしたときの内積を求めよう．この 2 つの行列を基底ベクトル

$$|1\rangle = \begin{pmatrix} 1 & 0 \\ 0 & 0 \end{pmatrix}, \quad |2\rangle = \begin{pmatrix} 0 & 1 \\ 0 & 0 \end{pmatrix}, \quad |3\rangle = \begin{pmatrix} 0 & 0 \\ 1 & 0 \end{pmatrix}, \quad |4\rangle = \begin{pmatrix} 0 & 0 \\ 0 & 1 \end{pmatrix}$$

の線形結合で表すと

$$\tilde{A} = a_{11}|1\rangle + a_{12}|2\rangle + a_{21}|3\rangle + a_{22}|4\rangle, \quad \tilde{B} = b_{11}|1\rangle + b_{12}|2\rangle + b_{21}|3\rangle + b_{22}|4\rangle$$

となる．4 つの基底ベクトルが正規直交基底だとすると，$\tilde{A}$ と $\tilde{B}$ の内積は定義式 (5.10) より

$$\langle \tilde{A}|\tilde{B}\rangle = a_{11}^* b_{11} + a_{12}^* b_{12} + a_{21}^* b_{21} + a_{22}^* b_{22}$$

と得られる[*2)]．

例 5.9

2 次元ベクトル空間の中の $|U\rangle$ が，正規直交基底

$$|e_1\rangle = \begin{pmatrix} 1 \\ 0 \end{pmatrix}, \quad |e_2\rangle = \begin{pmatrix} 0 \\ 1 \end{pmatrix}$$

の線形結合で

$$|U\rangle = (1+i)|e_1\rangle + (\sqrt{3}+i)|e_2\rangle = \begin{pmatrix} 1+i \\ \sqrt{3}+i \end{pmatrix}$$

と書けるとする．$i = \sqrt{-1}$ は虚数単位である．このベクトルを新たに別の正規直交基底

$$|e_1'\rangle = \frac{1}{\sqrt{2}} \begin{pmatrix} 1 \\ 1 \end{pmatrix}, \quad |e_2'\rangle = \frac{1}{\sqrt{2}} \begin{pmatrix} 1 \\ -1 \end{pmatrix}$$

の線形結合で書き直してみよう．そこで

$$|U\rangle = u_1 |e_1'\rangle + u_2 |e_2'\rangle$$

とおいて，係数 u_1 と u_2 を決める．係数 u_1 を決めるには，上式の辺々と $\langle e_1'|$ の内積を計算する．すると，正規直交関係より右辺は u_1 となる．したがって

$$u_1 = \langle e_1'|U\rangle = \frac{1}{\sqrt{2}} \begin{pmatrix} 1 & 1 \end{pmatrix} \begin{pmatrix} 1+i \\ \sqrt{3}+i \end{pmatrix} = \frac{1}{\sqrt{2}}(1+\sqrt{3}+2i)$$

と求められる．同様に

$$u_2 = \frac{1}{\sqrt{2}}(1-\sqrt{3})$$

[*2)] 訳注：物理では行列の内積を使うことはない．したがって，行列とベクトルは質の異なる対象と考えた方がよい．

である.検算としてベクトルのノルムの2乗を計算してみよう.ベクトルのノルム(長さ)は正規直交基底(座標軸)のとり方に依存しないはずなので $\langle U|U\rangle = |1+i|^2 + |\sqrt{3}+i|^2 = 6$ になるはずである.実際に

$$|u_1|^2 + |u_2|^2 = \frac{1}{2}(1+2\sqrt{3}+3+4+1-2\sqrt{3}+3) = 6$$

となる.

5.7 グラム–シュミットの直交化

この節ではグラム–シュミットの直交化を取り上げる.これは線形独立な基底ベクトルから正規直交基底をつくる方法である.基本的な手順は以下の3つのステップである. $|1\rangle, |2\rangle, \ldots, |i\rangle, \ldots$ を線形独立な基底とする.これらから正規直交基底を構成するには以下のようにする:

手順1 まず $|1\rangle$ をノルム(長さ)で割って単位ベクトルにする:

$$|e_1\rangle = \frac{|1\rangle}{||1\rangle|}.$$

ここで $||1\rangle| = \sqrt{\langle 1|1\rangle}$ である.このベクトルが最初の正規直交基底ベクトルになる.明らかに

$$\langle e_1|e_1\rangle = \frac{\langle 1|1\rangle}{||1\rangle|^2} = 1$$

である.

手順2 次に $|2\rangle$ から $|e_1\rangle$ に直交するベクトルをつくる.それには以下のようにする.まず $\langle e_1|2\rangle$ を計算する.これはベクトル $|2\rangle$ のうちで $|e_1\rangle$ 方向の成分の大きさである.したがって $|e_1\rangle\langle e_1|2\rangle$ は $|2\rangle$ を $|e_1\rangle$ 方向に射影したベクトルである.これを $|2\rangle$ から引くと

$$|II\rangle = |2\rangle - |e_1\rangle\langle e_1|2\rangle$$

は $|e_1\rangle$ と直交する: $|II\rangle \perp |e_1\rangle$.これは

$$\langle e_1|II\rangle = \langle e_1|2\rangle - \langle e_1|e_1\rangle\langle e_1|2\rangle = 0$$

によって確かめられる.最後に $|II\rangle$ をノルム(長さ)で割って単位ベクトルにする:

$$|e_2\rangle = \frac{|II\rangle}{||II\rangle|}.$$

これで $|e_1\rangle$ と直交する単位ベクトルが構成できた.このベクトルが2番目の正規直交基底ベクトルである.

手順3 3番目の正規直交ベクトルをつくるには,まず

$$|III\rangle = |3\rangle - |e_1\rangle\langle e_1|3\rangle - |e_2\rangle\langle e_2|3\rangle$$

を計算する．これは $|e_1\rangle$ と $|e_2\rangle$ の両方に直交する．このベクトルを，そのノルムで割って単位ベクトルにすれば $|e_3\rangle$ になる．

以上の手順を繰り返せば正規直交基底 $|e_1\rangle, |e_2\rangle, \ldots, |e_n\rangle$ を構成できる．これがグラム–シュミットの直交化である．

5.8 コーシー–シュワルツの不等式

E_3 の中でゼロでない 2 つのベクトル $\boldsymbol{A}$ と $\boldsymbol{B}$ を考える．それらのなす角を θ とすると，内積は $\boldsymbol{A} \cdot \boldsymbol{B} = AB\cos\theta$ である．辺々を 2 乗して不等式 $\cos^2\theta \leq 1$ を使うと

$$(\boldsymbol{A} \cdot \boldsymbol{B})^2 \leq A^2 B^2 \quad \text{つまり} \quad |\boldsymbol{A} \cdot \boldsymbol{B}| \leq AB$$

となる．これをコーシー–シュワルツの不等式とよぶ．内積の公理 1 から 4 に従う内積空間でも，コーシー–シュワルツの不等式に対応する不等式がある．これは

$$|\langle U|W\rangle| \leq |U||W| \tag{5.13}$$

と書ける．ここで $|U\rangle$ と $|W\rangle$ はともに内積空間の中のゼロでないベクトルで，$|U| = \sqrt{\langle U|U\rangle}$, $|W| = \sqrt{\langle W|W\rangle}$ である．

不等式 (5.13) は以下のように証明できる．まず，任意のスカラー α について以下の不等式が成り立つ：

$$\begin{aligned} 0 \leq |U + \alpha W|^2 &= \langle U + \alpha W | U + \alpha W\rangle \\ &= \langle U|U\rangle + \langle \alpha W|U\rangle + \langle U|\alpha W\rangle + \langle \alpha W|\alpha W\rangle \\ &= |U|^2 + \alpha^* \langle W|U\rangle + \alpha \langle U|W\rangle + |\alpha|^2 |W|^2. \end{aligned}$$

ここで $\alpha = \lambda(\langle U|W\rangle)^*/|\langle U|W\rangle|$ とおく．なお λ は実数とする．$\langle U|W\rangle = 0$ のときはこのようにおけないが，その場合は証明したい不等式 (5.13) は明らかに成り立つので問題ない．$\langle U|W\rangle \neq 0$ の場合に上のような α を代入すると，$\langle U|W\rangle^* = \langle W|U\rangle$ に注意して

$$0 \leq |U|^2 + 2\lambda |\langle U|W\rangle| + \lambda^2 |W|^2$$

という不等式が得られる．右辺は実数 λ に関する 2 次式で，その係数はすべて実数である．その 2 次式が任意の実数 λ に関して正またはゼロとなるためには，判別式がゼロまたは負のはずである．つまり

$$4|\langle U|W\rangle|^2 - 4|U|^2|W|^2 \leq 0$$

である．移項して平方根をとれば

$$|\langle U|W\rangle| \leq |U||W|$$

となり，コーシー–シュワルツの不等式が証明された．

　コーシー–シュワルツの不等式を使うと，もう1つ重要な不等式

$$|U+W| \leq |U| + |W| \tag{5.14}$$

を導くことができる．これは **3角不等式** とよばれる．というのは，ユークリッド空間の中のベクトルについてこの不等式を視覚化すると，3角形の3辺の間の不等式になるからである．この不等式の証明は特に工夫を要しない．任意のベクトル $|U\rangle$ と $|W\rangle$ について

$$\begin{aligned}
|U+W|^2 &= \langle U+W|U+W\rangle = |U|^2 + |W|^2 + \langle U|W\rangle + \langle W|U\rangle \\
&= |U|^2 + |W|^2 + \langle U|W\rangle + (\langle U|W\rangle)^* \\
&= |U|^2 + |W|^2 + 2\,\mathrm{Re}\langle U|W\rangle \\
&\leq |U|^2 + |W|^2 + 2|\langle U|W\rangle|
\end{aligned}$$

となる．ここで右辺にコーシー–シュワルツの不等式を使うと

$$|U+W|^2 \leq |U|^2 + |W|^2 + 2|U||W| = (|U|+|W|)^2$$

となる．これから3角不等式

$$|U+W| \leq |U| + |W|$$

が導かれる．

　5.17節で議論するように，範囲 $a \leq x \leq b$ で定義される実連続関数の集合は線形ベクトル空間 V を構成する．f と g を V の中の実連続関数とする．内積は

$$\langle f|g\rangle = \int_a^b f(x)g(x)dx$$

で与えられる．するとコーシー–シュワルツの不等式から

$$|\langle f|g\rangle|^2 \leq |f|^2 |g|^2,$$

つまり

$$\left(\int_a^b f(x)g(x)dx\right)^2 = \int_a^b f(x)^2 dx \int_a^b g(x)^2 dx$$

が得られる．

5.9　双対ベクトルと双対空間

　この節では双対空間の概念を導入する．まず内積の性質で次の点を強調しておく．内積 $\langle u|v\rangle$ において

5.9 双対ベクトルと双対空間

を代入すると
$$|v\rangle = \alpha|w\rangle + \beta|z\rangle$$

$$\langle u|v\rangle = \alpha\langle u|w\rangle + \beta\langle u|z\rangle$$

となる．これは α と β の 1 次関数である．ところが，

$$|u\rangle = \alpha|p\rangle + \beta|q\rangle$$

を内積の左要素に代入すると

$$\langle u|v\rangle = (\langle v|u\rangle)^* = \alpha^*(\langle v|p\rangle)^* + \beta^*(\langle v|q\rangle)^* = \alpha^*\langle p|v\rangle + \beta^*\langle q|v\rangle$$

となる．これは α と β の 1 次関数ではない．

このような非対称性をなくすために，ブラベクトル $\langle|$ は，ケットベクトル $|\rangle$ と別のベクトル空間を構成するとみなすことができる．ブラベクトルの空間をケットベクトルの空間の双対空間とよぶ．線形ベクトル空間とその双対空間の間には 1 対 1 対応があるとする．ケットベクトル $|v\rangle$ に対応するブラベクトル $\langle v|$ を $|v\rangle$ の**双対ベクトル**という．双対ベクトルには常に同じラベル v をつけるものとする．

あるベクトル空間の中のベクトル $|v\rangle$ と，双対空間の中のベクトル $\langle u|$ の積を

$$\langle u|\cdot|v\rangle \equiv \langle u|v\rangle$$

と定義する．ここで双対空間中のベクトルを

$$\langle u| = \alpha^*\langle p| + \beta^*\langle q|$$

と書いて内積に代入すると

$$\langle u|v\rangle = \alpha^*\langle p|v\rangle + \beta^*\langle q|v\rangle$$

となる．これは先ほどと同じ結果ではあるが，双対ベクトルの展開係数 α^* と β^* に関して 1 次関数になっているとみなせる．こうしてケットベクトルとブラベクトルの間の非対称性が解消される．なお，上の計算から $\alpha|p\rangle + \beta|q\rangle$ の双対ベクトルが $\alpha^*\langle p| + \beta^*\langle q|$ であることがみてとれる．

このように，双対空間の概念を導入すると，そもそも内積はベクトル空間とその双対空間の間でとるものと定義できる．つまり 2 つの異なるベクトル空間の要素の間の掛け算が内積である．ベクトル空間の中の任意のベクトル $|u\rangle$ がケットベクトルの基底の線形結合で書けるのとまったく同じように，双対空間の中のベクトル $\langle u|$ はブラベクトルの基底の線形結合で書ける．

ケットベクトルを行列で表現するときには縦ベクトルを使う．ケットベクトルの基底 $|i\rangle$ は，i 行目が 1 でそれ以外はすべてゼロという縦ベクトルで表される．これに対して，双対ベクトルであるブラベクトルは横ベクトルを使って表現できる．ブラベクトルの基底 $\langle i|$ は，i 列目が 1 でそれ以外はすべてゼロという横ベクトルで表される．基底ブラベクトルの横ベクトル（$1 \times n$ 行列）と，基底ケットベクトルの縦ベクトル（$n \times 1$ 行列）の掛け算が確かに正規直交関係を生み出すことは簡単に確かめられる．

5.10 線 形 演 算 子

線形ベクトル空間において**線形変換**という概念は便利なものである．線形変換の表し方として**線形演算子**がある．

まず線形変換（線形写像）の考え方を復習しておこう．線形ベクトル空間 V と W を考える．ある関数 T が V の中の各ベクトルに W の中の各ベクトルを 1 つずつ対応させるとき，T は V から W への写像であるといい，$T: V \to W$ と表す．写像 T によって V の中のベクトル $|v\rangle$ が W の中のベクトル $|w\rangle$ に対応づけられるとき，$|w\rangle$ を $|v\rangle$ の T による像といい，$|w\rangle = T|v\rangle$ と書く．写像 T が次の性質をみたすとき T は線形変換であるという：

(1) V の中の任意のベクトル $|u\rangle$ と $|v\rangle$ に対して $T(|u\rangle + |v\rangle) = T|u\rangle + T|v\rangle$ が成り立つ．

(2) 任意のスカラー k と，V の中の任意のベクトル $|v\rangle$ に対して $T(k|v\rangle) = kT|v\rangle$ が成り立つ．

簡単な具体例で説明しよう．E_2 の中のベクトル $|v\rangle = (x, y)$ を考える．これを $T|v\rangle = (x, x+y, x-y)$ へ写す変換は E_2 から E_3 への写像である．例えば $|v\rangle = (1, 1)$ の T による像は $T|v\rangle = (1, 2, 0)$ である．この変換が線形であることは簡単に確かめられる．2 つのベクトル $|u\rangle = (x_1, y_1)$ と $|v\rangle = (x_2, y_2)$ の和は

$$|u\rangle + |v\rangle = (x_1 + x_2, y_1 + y_2)$$

である．これを T で変換すると

$$T(|u\rangle + |v\rangle) = (x_1 + x_2, (x_1 + x_2) + (y_1 + y_2), (x_1 + x_2) - (y_1 + y_2))$$
$$= (x_1, x_1 + y_1, x_1 - y_1) + (x_2, x_2 + y_2, x_2 - y_2)$$
$$= T|u\rangle + T|v\rangle$$

となり，1 つ目の性質が確認できる．さらに，スカラー k に対して

$$T(k|u\rangle) = (kx_1, kx_1 + ky_1, kx_1 - ky_2) = k(x_1, x_1 + y_1, x_1 - y_1) = kT|u\rangle$$

となり，2 つ目の性質も成り立つ．よって T は線形変換である．

線形変換 T が，線形ベクトル空間 V から V 自身への写像 $T: V \to V$ のとき，T を V への線形演算子とよぶ．例えば 3 次元ユークリッド空間 E_3 において，ある軸のまわりに全空間を回転するような変換は E_3 から E_3 への写像なので，E_3 への演算子である．第 3 章で述べたように**回転**は 3×3 行列の行列 (λ_{ij}) $(i, j = 1, 2, 3)$ で表される．E_3 中の任意のベクトル $\boldsymbol{x} = (x_1, x_2, x_3)$ が回転によって $\boldsymbol{x}' = (x_1', x_2', x_3')$ へ

5.10 線形演算子

写されるとすると，その変換は

$$\begin{cases} x'_1 = \lambda_{11}x_1 + \lambda_{12}x_2 + \lambda_{13}x_3, \\ x'_2 = \lambda_{21}x_1 + \lambda_{22}x_2 + \lambda_{23}x_3, \\ x'_3 = \lambda_{31}x_1 + \lambda_{32}x_2 + \lambda_{33}x_3, \end{cases} \tag{5.15}$$

と表現される．行列形式では

$$\boldsymbol{x}' = \tilde{\lambda}(\theta)\boldsymbol{x} \tag{5.16}$$

である．ここで θ は回転角，また

$$\boldsymbol{x} = \begin{pmatrix} x_1 \\ x_2 \\ x_3 \end{pmatrix}, \quad \boldsymbol{x}' = \begin{pmatrix} x'_1 \\ x'_2 \\ x'_3 \end{pmatrix}, \quad \tilde{\lambda}(\theta) = \begin{pmatrix} \lambda_{11} & \lambda_{12} & \lambda_{13} \\ \lambda_{21} & \lambda_{22} & \lambda_{23} \\ \lambda_{31} & \lambda_{32} & \lambda_{33} \end{pmatrix}$$

である．例えば x_3 軸まわりの回転は

$$\tilde{\lambda}(\theta) = \begin{pmatrix} \cos\theta & -\sin\theta & 0 \\ \sin\theta & \cos\theta & 0 \\ 0 & 0 & 1 \end{pmatrix}$$

と書ける．式 (5.16) は，E_3 の中のベクトル $\boldsymbol{x}$ に E_3 の中のベクトル $\boldsymbol{x}'$ を対応させる写像なので，$\tilde{\lambda}(\theta)$ は演算子である．また行列で表現されることからわかるように線形演算子である．

　おおまかにいうと，V の中のベクトルに作用して V の中の別のベクトルに変換するものはすべて演算子である．抽象的にいうと，線形ベクトル空間 V の中のベクトル $|v\rangle$ に V の中の別のベクトル $|u\rangle$ を対応させる写像が演算子である．このとき演算子 $\underline{L}$ の働きを $|u\rangle = \underline{L}|v\rangle$ で表す．写像が定義されているベクトルの集合，つまり $\underline{L}|v\rangle$ が意味をもつような $|v\rangle$ の集合を演算子 $\underline{L}$ の**定義域**とよぶ．また $|u\rangle = \underline{L}|v\rangle$ で表せるベクトル $|u\rangle$ の集合を演算子 $\underline{L}$ の**値域**とよぶ．次の条件が成り立つとき $\underline{L}$ は線形演算子であるという：$\underline{L}$ の定義域の中の任意のベクトル $|u\rangle$，$|w\rangle$ と，任意のスカラー α，β について $\alpha|u\rangle + \beta|w\rangle$ が $\underline{L}$ の定義域の中にあり，かつ

$$\underline{L}(\alpha|u\rangle + \beta|w\rangle) = \alpha\underline{L}|u\rangle + \beta\underline{L}|w\rangle$$

である．次の条件が成り立つとき $\underline{L}$ は**有界**であるという：$\underline{L}$ の定義域が線形ベクトル空間 V 全体であり，かつ V の中の任意のベクトル $|v\rangle$ に対して

$$|\underline{L}|v\rangle| < C\||v\rangle|$$

となるような定数 C が存在する．以下ではもっぱら線形かつ有界な演算子のみを扱う．

5.11 演算子の行列表現

線形で有界な演算子は行列で表現することができる.線形ベクトル空間 V の次元が有限の数であれば表現行列は有限次元になるが,V が無限次元であれば無限次元の表現行列になる.

V の正規直交基底を $|1\rangle, |2\rangle, \ldots$ とする.V の中の任意のベクトル $|\varphi\rangle$ は正規直交基底の線形結合

$$|\varphi\rangle = \alpha_1|1\rangle + \alpha_2|2\rangle + \cdots$$

の形に書ける.このベクトルに演算子 L が作用したとする.$L|\varphi\rangle$ もやはり V の中のベクトルだから,線形結合

$$L|\varphi\rangle = \beta_1|1\rangle + \beta_2|2\rangle + \cdots$$

の形に書けるはずである.一方,演算子の線形性から

$$L|\varphi\rangle = \alpha_1 L|1\rangle + \alpha_2 L|2\rangle + \cdots$$

だから,

$$\beta_1|1\rangle + \beta_2|2\rangle + \cdots = \alpha_1 L|1\rangle + \alpha_2 L|2\rangle + \cdots$$

である.辺々と $\langle 1|$ の内積をとると,正規直交性から左辺は β_1 だけが残る.つまり

$$\beta_1 = \langle 1|L|1\rangle \alpha_1 + \langle 1|L|2\rangle \alpha_2 + \cdots = \gamma_{11}\alpha_1 + \gamma_{12}\alpha_2 + \cdots$$

が得られる.同様に

$$\beta_2 = \langle 2|L|1\rangle \alpha_1 + \langle 2|L|2\rangle \alpha_2 + \cdots = \gamma_{21}\alpha_1 + \gamma_{22}\alpha_2 + \cdots$$

$$\beta_3 = \langle 3|L|1\rangle \alpha_1 + \langle 3|L|2\rangle \alpha_2 + \cdots = \gamma_{31}\alpha_1 + \gamma_{32}\alpha_2 + \cdots$$

となる.

まとめると,一般に

$$\gamma_{ij} = \langle i|L|j\rangle \tag{5.17}$$

を使って

$$\beta_i = \sum_j \gamma_{ij}\alpha_j$$

と表せる.これはちょうど α_j を要素とする縦ベクトルに γ_{ij} を要素とする行列を掛けて β_i を要素とする縦ベクトルを得た形になっている.つまり,正規直交基底 $|1\rangle, |2\rangle, \ldots$ を使って,演算子 L が $\gamma_{ij} = \langle i|L|j\rangle$ を要素とする行列の形に表現できた.

演算子 L を行列に表現するにはどのような基底を使ってもよい.必ずしも正規直交基底でなくてもよい.もちろん基底が違えば,同じ演算子でも表現行列は違ってくる.

5.12 線形演算子の代数

ケットベクトルの線形ベクトル空間 V の中で 2 つの**線形演算子** A と B を定義する．V の中の任意のベクトル $|\rangle$ に対して

$$A|\rangle = B|\rangle$$

となるとき 2 つの演算子は等しいといい，$A = B$ と表す．

任意のベクトル $|\rangle$ に対して $A|\rangle + B|\rangle$ を対応させる演算子を，演算子 A と B の足し算といい，

$$C = A + B$$

と書く．つまり

$$C|\rangle = (A + B)|\rangle = A|\rangle + B|\rangle$$

である．演算子 A と B の掛け算

$$D = AB$$

は，ケットベクトルにまず B が演算し，それから A が演算する写像を表す．つまり

$$D = (AB)|\rangle = A(B|\rangle)$$

である．足し算 $A + B$，掛け算 AB はいずれも線形演算子である．

例 5.10

A, B が線形演算子なら AB も線形演算子である．なぜなら

$$(AB)(\alpha|u\rangle + \beta|v\rangle) = A[\alpha(B|u\rangle) + \beta(B|v\rangle)] = \alpha(AB)|u\rangle + \beta(AB)|v\rangle$$

である．また，一般に

$$C(A + B) = CA + CB$$

である．なぜなら

$$C(A + B)|v\rangle = C(A|v\rangle + B|v\rangle) = CA|v\rangle + CB|v\rangle$$

である．

一般に $AB \neq BA$ である．左辺と右辺の差を A と B の**交換子**とよび，$[A, B]$ と書く．つまり

$$[A, B] = AB - BA \tag{5.18}$$

である．交換子がゼロになるような演算子の組を，互いに**可換**な演算子という．

演算子の等式

$$B = \alpha A = A\alpha$$

は，任意のベクトル $|\rangle$ について

$$B|\rangle = \alpha A|\rangle$$

となっていることを意味する．任意のベクトルについて

$$A|\rangle = \alpha|\rangle$$

であれば

$$A = \alpha E$$

と書く．ここで E は任意のベクトルに対して

$$E|\rangle = |\rangle$$

となる演算子で，**恒等演算子**あるいは**単位演算子**とよぶ．$A = \alpha$ というような式は本来は無意味なので注意していただきたい[*3]．

例 5.11

演算子 $A = x$ と $B = d/dx$ の交換関係を調べよう．任意の関数 $f(x)$ に対して，

$$ABf(x) = x\frac{d}{dx}f(x)$$

および

$$BAf(x) = \frac{d}{dx}xf(x) = \left(\frac{dx}{dx}\right)f + x\frac{df}{dx} = f + x\frac{df}{dx} = (E + AB)f$$

となる．したがって

$$(AB - BA)f(x) = -Ef(x)$$

である．つまり

$$\left[x, \frac{d}{dx}\right] = x\frac{d}{dx} - \frac{d}{dx}x = -E$$

である．

[*3] 訳注：物理学では，例えば $A + \alpha E$ のことを略して単に $A + \alpha$ と書くことが多い．

演算子の掛け算を定義したので，**演算子のべき乗**も定義できる．例えば

$$A^m|\rangle = \underbrace{AA\cdots A}_{m\;回}|\rangle$$

である．演算子の足し算や掛け算を組み合わせるとさまざまな演算子の関数がつくられる．多くの演算子はべき乗展開の形で定義できる．例えば**演算子の指数関数**は

$$\exp A \equiv E + A + \frac{1}{2!}A^2 + \frac{1}{3!}A^3 + \cdots$$

で定義される．一般に線形演算子の関数も線形演算子である．

ケットベクトル $|\rangle$ への演算子 A の作用がわかれば，ブラベクトル $\langle|$ への作用を定義できる．演算子はブラベクトルへ右から演算するものとする．つまり $\langle|A$ と書き，任意のベクトル $|u\rangle$ と $\langle v|$ に対して

$$\left(\langle u|A\right)|v\rangle \equiv \langle u|\left(A|v\rangle\right)$$

が成り立つということで定義する．上の式を $\langle u|A|v\rangle$ と書く．

5.13 演算子の固有値と固有ベクトル

あるベクトルに演算子 A が演算すると，その結果は一般には違うベクトルになる．しかし中には特別なベクトル $|v\rangle$ があって，A が演算するとそのベクトルのスカラー倍になることがある．つまり

$$A|v\rangle = \alpha|v\rangle$$

である．これを演算子 A の**固有値方程式**という．スカラー α を演算子 A の**固有値**とよぶ．またベクトル $|v\rangle$ を演算子 A の固有値 α に属する**固有ベクトル**という．線形演算子には一般に複数の固有値と固有ベクトルがある．そこで添字で区別して

$$A|v_k\rangle = \alpha_k|v_k\rangle$$

と書くことにする．すべての固有値の集合 $\{\alpha_k\}$ を演算子 A の**スペクトル**という[*4)]．スペクトルは離散的な場合もあれば連続的な場合もあり，部分的に離散的だったり連続的だったりする場合もある．一般に 1 つの固有ベクトルは 1 つの固有値だけに属する．しかし複数の互いに線形独立な固有ベクトルが 1 つの固有値に属する場合もあり，そのとき固有値は**縮退**（あるいは**縮重**）しているという．縮退している固有値に属する固有ベクトルの数を固有値の**縮退度**（あるいは**縮重度**）とよぶ．

[*4)] 訳注：対角行列の固有値はその対角成分そのものである．また，すべての対角行列は互いに可換なので，演算に際しては普通の数の組と同じように扱える．したがって，固有値は行列の特徴を「数」としてとらえるための手掛かりを与える大切な量である．このことは量子力学と観測値との関係を議論する際に重要になる．

5.14 いくつかの特別な演算子

演算子の中には，ある特別な性質をもっていて，そのために物理で重要な役割を果たすものがある．以下でいくつかを取り上げる．

5.14.1 逆演算子

演算子 $\underset{\sim}{A}$ に対して，$\underset{\sim}{X}\underset{\sim}{A} = \underset{\sim}{E}$ をみたすような演算子 $\underset{\sim}{X}$ を $\underset{\sim}{A}$ の**左逆**とよぶ．ここではこれを $\underset{\sim}{A}_L{}^{-1}$ と書くことにする．つまり $\underset{\sim}{A}_L{}^{-1}\underset{\sim}{A} = \underset{\sim}{E}$ である．同様に**右逆**は

$$\underset{\sim}{A}\underset{\sim}{A}_R{}^{-1} \equiv \underset{\sim}{E}$$

で定義される．

一般に $\underset{\sim}{A}_L{}^{-1}$, $\underset{\sim}{A}_R{}^{-1}$ のどちらか，あるいはどちらも，一意に決まるとは限らない．逆に存在しない場合もある．しかし，もし $\underset{\sim}{A}_L{}^{-1}$, $\underset{\sim}{A}_R{}^{-1}$ が同時に存在すれば，それらは一意で，かつ互いに等しい．それを $\underset{\sim}{A}^{-1}$ と書く．つまり

$$\underset{\sim}{A}_L{}^{-1} = \underset{\sim}{A}_R{}^{-1} = \underset{\sim}{A}^{-1}$$

であり，

$$\underset{\sim}{A}\underset{\sim}{A}^{-1} = \underset{\sim}{A}^{-1}\underset{\sim}{A} = \underset{\sim}{E} \tag{5.19}$$

が成り立つ．$\underset{\sim}{A}^{-1}$ を演算子 $\underset{\sim}{A}$ の逆演算子とよぶ．明らかに演算子 $\underset{\sim}{A}$ は $\underset{\sim}{A}^{-1}$ の逆演算子である．

逆演算子が存在するような演算子は**正則**であるという．逆が存在しない演算子は**特異的**であるという．演算子 $\underset{\sim}{A}$ が正則であるための必要十分条件は，各ベクトル $|u\rangle$ に対して $|u\rangle = \underset{\sim}{A}|v\rangle$ をみたすベクトル $|v\rangle$ がただ 1 つ存在するということである．

線形演算子の逆もまた線形演算子である．証明は簡単である．まず

$$|u_1\rangle = \underset{\sim}{A}|v_1\rangle, \qquad |u_2\rangle = \underset{\sim}{A}|v_2\rangle$$

とおく．$\underset{\sim}{A}$ の逆演算子が存在するなら

$$|v_1\rangle = \underset{\sim}{A}^{-1}|u_1\rangle, \qquad |v_2\rangle = \underset{\sim}{A}^{-1}|u_2\rangle$$

である．よって

$$c_1|v_1\rangle = c_1\underset{\sim}{A}^{-1}|u_1\rangle, \qquad c_2|v_2\rangle = c_2\underset{\sim}{A}^{-1}|u_2\rangle$$

となる．したがって

$$A^{-1}(c_1|u_1\rangle + c_2|u_2\rangle) = A^{-1}(c_1A|v_1\rangle + c_2A|v_2\rangle)$$
$$= A^{-1}A(c_1|v_1\rangle + c_2|v_2\rangle)$$
$$= c_1|v_1\rangle + c_2|v_2\rangle,$$

つまり
$$A^{-1}(c_1|u_1\rangle + c_2|u_2\rangle) = c_1A^{-1}|u_1\rangle + c_2A^{-1}|u_2\rangle$$

が成り立つ．よって A^{-1} は線形演算子である．

演算子の掛け算の逆演算子は，それぞれの演算子の逆演算子を反対の順番に掛けたものである．つまり
$$(AB)^{-1} = B^{-1}A^{-1} \tag{5.20}$$

である．この証明も単純である．逆演算子の定義から
$$AB(AB)^{-1} = E$$

である．両辺に左から A^{-1} を，続いて B^{-1} を掛ければ式 (5.20) が得られる．

5.14.2 随伴演算子

内積空間 V の中の任意のベクトル $|u\rangle$ と $|v\rangle$ に対して
$$\langle u|X|v\rangle = (\langle v|A|u\rangle)^*$$

をみたすような演算子 X を演算子 A の随伴演算子とよび，$A^\dagger$ で表す．つまり
$$\langle u|A^\dagger|v\rangle \equiv (\langle v|A|u\rangle)^* \tag{5.21}$$

である．
$\langle |A^\dagger$ は $A|\rangle$ の双対ベクトルである．また
$$(A^\dagger)^\dagger = A \tag{5.22}$$

である．これは以下のように証明できる．$A^\dagger$ を B と書く．すると $(A^\dagger)^\dagger$ は $B^\dagger$ である．ここで式 (5.21) より，任意のベクトル $|u\rangle$ と $|v\rangle$ に対して
$$\langle v|B^\dagger|u\rangle = (\langle u|B|v\rangle)^*$$

である．ところが
$$(\langle u|B|v\rangle)^* = (\langle u|A^\dagger|v\rangle)^* = ((\langle v|A|u\rangle)^*)^* = \langle v|A|u\rangle$$

である．つまり，任意のベクトル $|u\rangle$ と $|v\rangle$ に対して

$$\langle v|B^\dagger|u\rangle = \langle v|A|u\rangle$$

であるから $B^\dagger = A$, つまり式 (5.22) が成り立つ.

また
$$(AB)^\dagger = B^\dagger A^\dagger \tag{5.23}$$

も簡単に証明できる．任意のベクトル $|u\rangle$ と $|v\rangle$ に対して，$\langle v|B^\dagger$ と $B|v\rangle$ は互いに双対ベクトルであり，$\langle u|A^\dagger$ と $A|u\rangle$ も互いに双対ベクトルである．よって

$$\langle v|B^\dagger A^\dagger|u\rangle = (\langle v|B^\dagger)(A^\dagger|u\rangle) = \left[(\langle u|A)(B|v\rangle)\right]^*$$
$$= (\langle u|AB|v\rangle)^* = \langle v|(AB)^\dagger|u\rangle$$

となる．よって式 (5.23) が成り立つ.

5.14.3 エルミート演算子

演算子 H の随伴演算子 $H^\dagger$ が H に等しいとき，つまり

$$H = H^\dagger \tag{5.24}$$

が成り立つとき，H は**エルミート**であるという．また

$$H = -H^\dagger$$

のとき，H は**反エルミート**あるいは**歪エルミート**であるという.

エルミート演算子は以下のような重要な性質をもっている：

(1) 固有値は実数である．H がエルミート演算子であるとする．その固有値を α, それに属する固有ベクトルを $|v\rangle$ とすると

$$H|v\rangle = \alpha|v\rangle$$

である．定義より
$$\langle v|H|v\rangle = \langle v|H^\dagger|v\rangle = (\langle v|H|v\rangle)^*$$

が成り立つ．つまり
$$\alpha\langle v|v\rangle = \alpha^*\langle v|v\rangle$$

である．$\langle v|v\rangle \neq 0$ であるから
$$\alpha = \alpha^*,$$

つまり固有値 α は実数である.

(2) 異なる固有値に属する固有ベクトルは直交する．エルミート演算子 $\underline{H}$ の2つの異なる固有値を α と β とし，それぞれに属する固有ベクトルを $|u\rangle$ と $|v\rangle$ とおく．つまり

$$\underline{H}|u\rangle = \alpha|u\rangle, \qquad \underline{H}|v\rangle = \beta|v\rangle$$

とする．$\underline{H}$ はエルミートであるから

$$\langle u|\underline{H}|v\rangle = (\langle v|\underline{H}|u\rangle)^*$$

が成り立つ．よって

$$(\alpha^* - \beta)\langle u|v\rangle = (\alpha - \beta)\langle u|v\rangle = 0$$

となる．よって，$\alpha \neq \beta$ なら

$$\langle v|u\rangle = 0$$

となり，$|u\rangle$ と $|v\rangle$ は直交する．

(3) エルミート演算子のすべての固有ベクトルの集合は**完全系**である．各固有ベクトルをそのノルムで割って規格化しておこう．すると固有ベクトルは互いに直交しているのであるから，エルミート演算子の固有ベクトルは正規直交基底であり，ベクトル空間を張ることができる．

5.14.4 ユニタリ演算子

正則演算子 $\underline{U}$ とその逆演算子 $\underline{U}^{-1}$ を使って，ある演算子 $\underline{A}$ から $\underline{U}^{-1}\underline{A}\underline{U}$ という演算子をつくることを**相似変換**（3.20 節参照）という．任意のエルミート演算子 $\underline{A}$ に対して，相似変換した結果も常にエルミート演算子となるとき，演算子 $\underline{U}$ は**ユニタリ**であるという．つまり

$$\underline{A}^\dagger = \underline{A}$$

のときに

$$\left(\underline{U}^{-1}\underline{A}\underline{U}\right)^\dagger = \underline{U}^{-1}\underline{A}\underline{U}$$

となるような演算子 $\underline{U}$ をユニタリ演算子とよぶ．ここで式 (5.23) を使うと上式の左辺は

$$\left(\underline{U}^{-1}\underline{A}\underline{U}\right)^\dagger = \underline{U}^\dagger \underline{A}^\dagger \left(\underline{U}^{-1}\right)^\dagger = \underline{U}^\dagger \underline{A} \left(\underline{U}^{-1}\right)^\dagger$$

となる．つまり，ユニタリ演算子は

$$\underline{U}^\dagger \underline{A} \left(\underline{U}^{-1}\right)^\dagger = \underline{U}^{-1}\underline{A}\underline{U}$$

をみたす．両辺に左から $\underline{U}$ を，右から $\underline{U}^\dagger$ を掛けると

$$UU^\dagger A \left(U^{-1}\right)^\dagger U^\dagger = AUU^\dagger$$

となる．さらに

$$\left(U^{-1}\right)^\dagger U^\dagger = \left(UU^{-1}\right)^\dagger = E$$

なので

$$\left(UU^\dagger\right) A = A \left(UU^\dagger\right)$$

となる．これが任意のエルミート演算子 A について成り立つためには

$$UU^\dagger = E$$

つまり

$$U^{-1} = U^\dagger \tag{5.25}$$

である．

　ユニタリ演算子の大きな特徴に，ベクトルの**内積の保存**がある．ユニタリ演算子によってベクトル $|u\rangle$ が $|u'\rangle = U|u\rangle$ へ，ベクトル $|v\rangle$ が $|v'\rangle = U|v\rangle$ へ変換されるとする．このとき

$$\langle u'|v'\rangle = \langle Uu|Uv\rangle = \langle u|U^\dagger U|v\rangle = \langle u|v\rangle$$

となる．つまり，ユニタリ変換してもベクトルの内積は変化しない．特に，同じベクトルの間の内積はノルムの 2 乗であるから，ユニタリ変換はベクトルのノルムを変化させないことがわかる．よって，線形ベクトル空間のユニタリ変換は 3 次元ユークリッド空間の**回転**に似た変換と考えられる（回転ではベクトルの長さや内積は不変である）．

　任意のユニタリ演算子 U に対して，

$$U = \exp\left(i\varepsilon H\right) \tag{5.26}$$

となるエルミート演算子が存在する[*5]．なお ε は実数パラメータである．逆に任意のエルミート演算子から式 (5.26) によってユニタリ演算子がつくられる．H がエルミートなら

$$U^\dagger = \exp\left((i\varepsilon H)^\dagger\right) = \exp\left(-i\varepsilon H\right) = U^{-1}$$

となり，確かに U はユニタリである．

　ユニタリ演算子には他にも以下のような性質がある：

(1) ユニタリ演算子の固有値は絶対値が 1（ユニモジュラー）である．つまり $U|v\rangle = \alpha|v\rangle$ なら $|\alpha| = 1$ である．

[*5] 訳注：演算子の指数関数は，指数関数のテーラー展開を使って定義できる

(2) ユニタリ演算子の異なる固有値に属する固有ベクトルは互いに直交する．
(3) ユニタリ演算子の掛け算もまたユニタリ演算子である．

5.14.5　射影演算子

$|u\rangle\langle v|$ という形の記号は便利である．これがケットベクトル $|\ \rangle$ に左からかかると $|u\rangle\langle v|\ $ となり，$|u\rangle$ に平行で大きさが $\langle v|\ \rangle$ のベクトルが出てくる．また $\langle\ |$ に右からかかると，$\langle v|$ に平行で大きさ $\langle\ |u\rangle$ のベクトルが出てくる．つまり $|u\rangle\langle v|$ はベクトルにベクトルを対応させる演算子の働きをする．このような演算子を射影演算子とよぶ．射影演算子は線形演算子の性質をみたす．これは内積の線形性を使って示すことができる．また射影演算子について

$$(|u\rangle\langle v|)^\dagger = |v\rangle\langle u|$$

が成り立つ．

射影演算子の中でも特に重要なのは $P_j = |j\rangle\langle j|$ の形の演算子である．ここで $|j\rangle$ は正規直交基底のベクトルである．この演算子の働きを調べるために，任意のベクトルを基底ベクトルの線形結合

$$|u\rangle = \sum_{j=1}^n u_j |j\rangle \tag{5.27}$$

と書こう．ここで線形結合の定数 u_j を求めるには左から $\langle j|$ を演算すればよい．つまり $u_j = \langle j|u\rangle$ である．これを式 (5.27) に代入すると

$$|u\rangle = \sum_{j=1}^n (\langle j|u\rangle)|j\rangle = \sum_{j=1}^n |j\rangle\langle j|u\rangle = \left(\sum_{j=1}^n |j\rangle\langle j|\right)|u\rangle$$

と書くことができる．この式は任意の $|u\rangle$ について成り立つから

$$E = \sum_{j=1}^n |j\rangle\langle j| = \sum_{j=1}^n P_j \tag{5.28}$$

が得られる．

個々の射影演算子 P_j は，ベクトル $|u\rangle$ から $|j\rangle$ の方向の成分をもったベクトルを取り出すという働きをする．実際に

$$P_j |u\rangle = |j\rangle\langle j|u\rangle = u_j |j\rangle$$

である．つまり任意の $|u\rangle$ に対して，$P_j|u\rangle$ は単位ベクトル $|j\rangle$ と係数 u_j の掛け算である．これは $|u\rangle$ の $|j\rangle$ 方向の成分のベクトルである．

$P_j = |j\rangle\langle j|$ が $|j\rangle$ に演算すれば $|j\rangle$ そのものが出る．また $|j\rangle$ 以外の基底ベクトルに演算すれば，正規直交性からゼロベクトルとなる．よってすべての基底ベクトルは P_j

の固有ベクトルで，$j, k = 1, 2, \ldots, n$ に対して

$$P_k|j\rangle = \delta_{kj}|j\rangle$$

である．この正規直交基底を使って射影演算子を行列表現すると

$$P_1 = \begin{pmatrix} 1 & 0 & 0 & \cdots \\ 0 & 0 & 0 & \cdots \\ 0 & 0 & 0 & \cdots \\ \vdots & \vdots & \vdots & \ddots \end{pmatrix}, \quad P_2 = \begin{pmatrix} 0 & 0 & 0 & \cdots \\ 0 & 1 & 0 & \cdots \\ 0 & 0 & 0 & \cdots \\ \vdots & \vdots & \vdots & \ddots \end{pmatrix},$$

$$\ldots, \quad P_n = \begin{pmatrix} 0 & 0 & 0 & \cdots \\ 0 & 0 & 0 & \cdots \\ 0 & 0 & 0 & \cdots \\ \vdots & \vdots & \vdots & \ddots \\ & & & & 1 \end{pmatrix}$$

となる．

射影演算子はブラベクトルにも同様に演算する．結果は

$$\langle u|P_j = \langle u|j\rangle\langle j| = u_j^*\langle j|$$

である．

5.15 基 底 変 換

基底ベクトルの選び方はかなり任意である．基底ベクトルが違えばベクトルや演算子の表現が変わってくる．しかし，どのような表現でも物理的結果は変わらないはずである．この節では，ある基底ベクトルの組 $|\varphi_1\rangle, |\varphi_2\rangle, \ldots, |\varphi_n\rangle$ から別の基底ベクトルの組 $|\xi_1\rangle, |\xi_2\rangle, \ldots, |\xi_n\rangle$ への変換を考えよう．

正規直交基底 $|\varphi_1\rangle, |\varphi_2\rangle, \ldots, |\varphi_n\rangle$ から別の正規直交基底 $|\xi_1\rangle, |\xi_2\rangle, \ldots, |\xi_n\rangle$ をつくるには，ユニタリ変換

$$|\xi_i\rangle = U|\varphi_i\rangle \qquad (i = 1, 2, \ldots, n) \tag{5.29}$$

を使う．ベクトル $|X\rangle = \sum_{i=1}^n a_i |\varphi_i\rangle$ は，このユニタリ変換によって

$$|X'\rangle = U|X\rangle = U\sum_{i=1}^n a_i|\varphi_i\rangle = \sum_{i=1}^n a_i U|\varphi_i\rangle = \sum_{i=1}^n a_i|\xi_i\rangle$$

に変換される．演算子 U には逆演算子 U^{-1} があり，

$$\varphi_i = U^{-1}|\xi_i\rangle \qquad (i = 1, 2, \ldots, n)$$

によって定義される.

　演算子 U がユニタリ演算子であることは以下のようにして確かめられる. ベクトル $|X\rangle = \sum_{i=1}^n a_i|\varphi_i\rangle$ と $|Y\rangle = \sum_{i=1}^n b_i|\varphi_i\rangle$ の内積は

$$\langle X|Y\rangle = \sum_{i,j=1}^n a_i^* b_j \langle \varphi_i|\varphi_j\rangle = \sum_{i,j=1}^n a_i^* b_j,$$

$$\langle UX|UY\rangle = \sum_{i,j=1}^n a_i^* b_j \langle \xi_i|\xi_j\rangle = \sum_{i,j=1}^n a_i^* b_j$$

となるので $U^\dagger U = E$, つまり

$$U^{-1} = U^\dagger$$

である.

　2つのベクトルの内積はベクトル空間の基底の選び方によらない. ユニタリ変換はベクトルの内積を変化させないからである. 量子力学では, 内積は物理的に観測可能な量を表している. 期待値や確率などである. それが基底の選び方によらないのは自然である.

　基底が違えば演算子の行列表現も当然違う. どのように違ってくるのかを調べよう. 演算子 A によってベクトル $|X\rangle$ がベクトル $|Y\rangle$ に変換されるとする. つまり

$$|Y\rangle = A|X\rangle \tag{5.30}$$

とする. ここでベクトルを基底ベクトルの組 $|\varphi_1\rangle, |\varphi_2\rangle, \ldots, |\varphi_n\rangle$ の線形結合で表して, $|X\rangle = \sum_{j=1}^n a_j|\varphi_j\rangle$ と $|Y\rangle = \sum_{i=1}^n b_i|\varphi_i\rangle$ と書く. すると式 (5.30) は

$$\sum_{i=1}^n b_i|\varphi_i\rangle = A \sum_{j=1}^n a_j|\varphi_j\rangle = \sum_{j=1}^n a_j A|\varphi_j\rangle$$

と書ける. 両辺に左からブラベクトル $\langle\varphi_i|$ を掛けて内積をとると

$$b_i = \sum_{j=1}^n a_j \langle\varphi_i|A|\varphi_j\rangle = \sum_{j=1}^n a_j A_{ij} \tag{5.31}$$

となる. 一方, 同じベクトル $|X\rangle$ と $|Y\rangle$ を別の基底ベクトルの組 $|\xi_1\rangle, |\xi_2\rangle, \ldots, |\xi_n\rangle$ の線形結合で表して, $|X\rangle = \sum_{i=1}^n a_i'|\xi_i\rangle$ と $|Y\rangle = \sum_{i=1}^n b_i'|\xi_i\rangle$ と書く. すると式 (5.31) と同様にして

$$b_i' = \sum_{j=1}^n a_j' \langle\xi_i|A|\xi_j\rangle = \sum_{j=1}^n a_j' A_{ij}'$$

となる. 表現行列 A_{ij} と A_{ij}' の関係は

である。これを行列の掛け算の形で書くと

$$A'_{ij} = \langle \xi_i | A | \xi_j \rangle = \langle U\varphi_i | A | U\varphi_j \rangle = \langle \varphi_i | U^\dagger A U | \varphi_j \rangle = \left(U^\dagger A U \right)_{ij}$$

$$A'_{ij} = \left(U^\dagger A U \right)_{ij} = \sum_{r=1}^{n} \sum_{s=1}^{n} \left(U^\dagger \right)_{ir} A_{rs} U_{sj} = \sum_{r=1}^{n} \sum_{s=1}^{n} U^*_{ri} A_{rs} U_{sj} \qquad (5.32)$$

となる．式 (5.32) によって，ある基底による演算子の行列表現から別の基底による表現へ変換できる．

5.16 可換な演算子

演算子の積は一般には交換しない．しかし**可換**な演算子もあり，これは量子力学では重要な意味をもっている．以下では**エルミート演算子**に限って話を進める．エルミート演算子は量子力学で重要な役割を演じるからである．

エルミート演算子の固有値はすべて実数で，固有ベクトルは直交完全系をなす．可換なエルミート演算子の固有ベクトルはすべて共通である．逆に共通の固有ベクトルをもつエルミート演算子は可換である．これを証明しよう．2つのエルミート演算子 A と B が可換だとする．演算子 A の固有値 α に属する固有ベクトルを $|v\rangle$ とすれば

$$A|v\rangle = \alpha|v\rangle \qquad (5.33)$$

である．このとき

$$B|v\rangle = \beta|v\rangle \qquad (5.34)$$

となることを示せばよい．式 (5.33) に左から演算子 B を掛けると

$$B(A|v\rangle) = \alpha B|v\rangle$$

となる．左辺に $BA = AB$ を代入すると

$$A(B|v\rangle) = \alpha(B|v\rangle)$$

である．この式は，ベクトル $B|v\rangle$ が演算子 A の固有値 α に属する固有ベクトルであることを示している．固有値 α が縮退していない場合，$B|v\rangle$ は A の固有ベクトル $|v\rangle$ に線形従属する．つまり，係数 $a \neq 0$, $b \neq 0$ について

$$a(B|v\rangle) + b|v\rangle = 0$$

となる．これから

$$B|v\rangle = -(b/a)|v\rangle = \beta|v\rangle$$

が得られる.

固有値 α が縮退している場合，話は少々複雑になる．ここでは証明なしで結果だけ述べる．以下のような 3 つの可能性がある：

(1) 演算子 A の縮退している固有ベクトル（縮退している固有値に属する，互いに線形従属な固有ベクトル）が，同時に演算子 B の縮退している固有ベクトルでもある．

(2) 演算子 A の縮退している固有ベクトルが，演算子 B の異なる固有値に属する．このとき演算子 B によって**縮退が解けた**という．

(3) 演算子 A の縮退している固有ベクトルはいずれも演算子 B の固有ベクトルではない．しかしそれらの適当な線形結合をとると，演算子 A の縮退している固有ベクトルが演算子 B の異なる固有値に属するようになる．もちろん演算子 B によって縮退は解ける．

5.17 関数空間

5.8 節で例示したように，関数を線形ベクトル空間の中のベクトルと見なせる．この節では関数のベクトル空間について詳しく述べる．ある区間 $a \leq x \leq b$ で連続な関数すべての集合を考える．その集合に属する 2 つの関数を足すと

$$h(x) = f(x) + g(x) \qquad (a \leq x \leq b)$$

となり，関数 $h(x)$ も同じ集合に属する．なお，ここで足し算は通常の「x における f の関数値と g の関数値を足し算」を意味する．

また，上の集合に属する関数 $f(x)$ に数 k を掛けると

$$p(x) = k \cdot f(x) \qquad (a \leq x \leq b)$$

となり，関数 $p(x)$ も同じ集合に属する．ここで掛け算記号・も通常の「x における f の関数値と k の掛け算」を意味する．

以下が成り立つことは明らかである．

(1) 2 つの連続関数を足すと，その結果もまた連続関数である．

(2) 連続関数にスカラーを掛けると，その結果もまた連続関数である．

(3) 区間 $a \leq x \leq b$ で恒等的にゼロであるような関数は連続関数である．また任意の関数にゼロ関数を足しても，関数が変化しない．

(4) 任意の連続関数 $f(x)$ に対して連続関数 $(-1)f(x)$ が存在し，

$$f(x) + [(-1)f(x)] = 0$$

をみたす．

これらを線形ベクトル空間の公理 1〜8（5.2 節）と比較すると，ある区間で連続な関数全体の集合は線形ベクトル空間であることが明らかとなる．このような空間を**関数空間**とよぶ．この抽象的な空間を F と書くことにする．

ある関数 $f(x)$ の値全体の集合は F の中のベクトル $|f\rangle$ とみなせる．ある点 x における関数値 $f(x)$ は，この抽象的なベクトル $|f\rangle$ の「指標 x」の成分として扱う．これは，有限次元空間のベクトル $\vec{a}$ の「指標 i」の成分として a_i という値があるのと似ている．ただし，有限次元空間では指標 i が $1, 2, \ldots, N$ という離散的な値をとるのに対し，関数 $f(x)$ の指標 x は連続変数である点が異なる．つまり関数 $f(x)$ というベクトルには無限個の成分がある．ここでいう関数の「成分」とは，連続空間の中の点 x における関数値である．

ここで 2 つの疑問が生じる．1 つ目の疑問は正規直交基底の問題である．ベクトルの成分とは基底ベクトルの方向の成分である．それでは，関数というベクトルの空間の基底ベクトルはどのように選べるだろうか．残念ながら，この疑問に対する答は後回しにせざるをえない．しかし，いったん基底が選ばれてしまえば，後は成分値だけを使ってすべての計算が進む．基底変換をしないかぎりは，どのような基底が選ばれているのかを気にする必要はない．

2 つ目の疑問は，無限次元空間で**内積**をどう定義するかという問題である．例えば $f(x)$ を長さ L の弦の点 x における平衡位置からのずれを表すとする．弦は $x = 0$ と $x = L$ で固定されているとする．弦の全長を N 等分し，等分点 x_i $(i = 1, 2, \ldots, N)$ における弦のずれを $f(x_i) \equiv f_i$ とする．N を有限の値に固定しておけば，関数 f は有限 N 次元ベクトル空間の要素とみなせる．f_i はその N 個の成分である．この場合，内積は

$$\langle f|g\rangle = \sum_{i=1}^{N} f_i g_i$$

で定義される．なお，弦の振動の場合にはずれは実数値なので，複素共役をとる必要はない．

連続変数に近づけるためには分割数 N を増やしていけばよい．しかし単純に極限 $N \to \infty$ をとったのでは，内積は無限個の足し算になって発散してしまう．この困難を避けるために，内積の定義に係数 $\Delta = L/N$ を掛けておく．この係数を掛けておいても内積の公理（5.6 節）はすべてみたされる．このとき，$N \to \infty$ の極限で内積は

$$\langle f|g\rangle = \lim_{\substack{N \to \infty \\ \Delta \to 0}} \sum_{i=1}^{N} f_i g_i \Delta \to \int_0^L f(x) g(x) dx$$

という積分で表される．このように，関数空間のベクトル（関数）の内積は関数の掛け算の積分である．この内積がゼロになるとき関数は直交する．関数の 2 乗の積分が 1 になるようにすれば，関数は規格化できる．こうして，有限次元空間とまったく同じように無限次元空間の関数の正規直交基底を議論できるようになった．

5.17 関数空間

例えば次のような関数は正規直交基底をなしている．区間 $0 \leq x \leq L$ において定義され，区間の両端ではゼロになる関数の空間で

$$|e_m\rangle = \sqrt{\frac{2}{L}} \sin \frac{m\pi x}{L} \quad (m = 1, 2, \ldots, \infty)$$

という関数の集合は

$$\langle e_m | e_n \rangle = \frac{2}{L} \int_0^L \sin \frac{m\pi x}{L} \sin \frac{n\pi x}{L} dx = \delta_{mn}$$

という正規直交性をもっている．詳しくは 4.9 節を参照していただきたい．

これまでは実数関数を扱ったが，量子力学では複素関数が現れる．複素関数の場合，内積の定義を変更する必要がある．式 (5.6) からの類推で，複素関数の内積は

$$\langle f | g \rangle = \int_0^L f^*(x) g(x) dx$$

と定義する．ここで f^* は f の複素共役である．例えば

$$f_m(x) = \frac{1}{\sqrt{2\pi}} e^{imx} \quad (m = 0, \pm 1, \pm 2, \ldots)$$

という関数の集合は，周期 2π で有限のノルムの関数全体の空間を張る．この関数の集合は，複素関数に対する内積に関して正規直交基底になっている．複素共役を使った内積が定義された線形ベクトル空間を，**ヒルベルト**空間とよぶ．

212 ページの 1 つ目の疑問に戻って，正規直交関数の集合はどのように求められるだろうか．一般に，エルミート演算子の固有値方程式を解くと，固有関数の集合は正規直交基底を与える．簡単な例を示そう．まず微分演算子 $D = d(\ )/dx$ を考える．関数 $f(x)$，つまりベクトル $|f\rangle$ への演算は

$$Df(x) = \frac{df(x)}{dx}, \quad D|f\rangle = \frac{d|f\rangle}{dx}$$

となる．しかし D はエルミートではない．というのは $\langle f | D | g \rangle \neq (\langle g | D | f \rangle)^*$，つまり

$$\int_0^L f^*(x) \frac{dg(x)}{dx} dx \neq \left(\int_0^L g^*(x) \frac{df(x)}{dx} dx \right)^*$$

だからである．実際に，部分積分を使うと

$$\left(\int_0^L g^*(x) \frac{df(x)}{dx} dx \right)^* = \int_0^L g(x) \frac{df^*(x)}{dx} dx$$

$$= [g(x) f^*(x)]_{x=0}^L - \int_0^L f^*(x) \frac{dg(x)}{dx} dx$$

となる．微分演算子 D がエルミート演算子でない理由は 2 つある．まず，区間の端点での項 $[g(x) f^*(x)]_{x=0}^L$ が存在する．また右辺の第 2 項の積分に負符号がついている．次のようにすると，この 2 つの問題点を避けることができる．

(1) 演算子 $-iD$ を使う．係数 i のために複素共役による負符号が出て，右辺の第 2 項の負符号を打ち消す．
(2) 関数を周期 L の周期関数 $f(0) = f(L)$ に限定する．

よって $-iD$ は周期関数に対してエルミート演算子である．

そこで，この演算子の固有値方程式として

$$-i\frac{df(x)}{dx} = \lambda f(x)$$

を考える．λ が固有値である．積分すると

$$f(x) = Ae^{i\lambda x}$$

となる．ここで $f(x)$ は周期関数でなければならないから

$$e^{i\lambda L} = e^{i\lambda 0} = 1$$

である．これから，固有値

$$\lambda = 2\pi m/L \qquad (m = 0, \pm 1, \pm 2, \ldots)$$

が得られる．また規格化条件より

$$A = \frac{1}{\sqrt{L}}$$

である．結局，

$$f_m(x) = \frac{1}{\sqrt{L}} e^{2\pi i m x/L} \qquad (m = 0, \pm 1, \pm 2, \ldots)$$

という正規直交基底が求まる．

　量子力学においては，固有値方程式がシュレーディンガー方程式で表され，エルミート演算子はハミルトニアン演算子である．古典力学において n 個の自由度 $q_1, q_2, \ldots, q_n$ で記述される系を量子化すると，その量子力学系はある時刻において波動関数 $\psi(q_1, q_2, \ldots, q_n)$ で記述される．この波動関数は

$$\langle \psi | \psi \rangle = \int |\psi(q_1, q_2, \ldots, q_n)|^2 dq_1 dq_2 \cdots dq_n = 1$$

と規格化される．ここで積分は，各積分変数がとりうる値の範囲全体にわたってとる．そのように規格化された波動関数すべての集合はヒルベルト空間 H を張る．この系のとる状態はすべてヒルベルト空間の中のベクトルとして表現される．逆に，このヒルベルト空間の中の任意のベクトルは量子力学系の状態を表す．

　波動関数は変数 $q_1, q_2, \ldots, q_n$ 以外に時間 t にも依存する．しかし変数 $q_1, q_2, \ldots, q_n$ への依存性と時間変数 t への依存性は本質的に違う．ヒルベルト空間 H は変数 $q_1, q_2, \ldots, q_n$ のみの関数によって構成される．例えば内積は変数 $q_1, q_2, \ldots, q_n$ に

関してのみ積分する．ヒルベルト空間の中のベクトルは $\psi(q_1, q_2, \ldots, q_n)$ の形で与えられ，時間には依存しない．異なる時間 $t_1, t_2, \ldots$ において系のとる状態は，ヒルベルト空間 H の中の異なるベクトル $\psi_1(q_1, q_2, \ldots, q_n)$, $\psi_2(q_1, q_2, \ldots, q_n)$, $\ldots$ で表される．

6

複素関数

 複素関数論は解析学の中でも基本的な課題の一つである．物理学や工学にとって非常に便利な道具となっている．この章には，その重要な複素関数論の中でも特に大事だと思われる部分をまとめた．

6.1 複　素　数

 現在知られている数の体系は，長い年月をかけて徐々に発展してきたものである．歴史的には，まず数を数えるのに**自然数**（正の整数 $1, 2, \ldots$）が使われた．次にゼロと負の**整数**が導入された．これは $x+3=2$ といった方程式の解として考案されたのである．さらに $bx=a$（ただし a と b は整数で，$b \neq 0$）の方程式の解として，**有理数**（つまり分数）が導入され，そして $x^2 = 2$ の解や円周率のように分数で表すことのできない**無理数**が導入された．

 ここまではすべて実数の体系である．ところが実数だけではまだ足りない．例えば $x^2+1=0$ のような方程式の解は実数では表せない．2乗すると -1 になるような実数は存在しないので，$\sqrt{-1}$ を直観的に理解するのは難しい．オイラーは 1777 年に $i = \sqrt{-1}$ という記号を導入した．その後ガウスが，**複素数**を表すのに $a+ib$（a, b はともに実数）という表記法を使った．今日では $i = \sqrt{-1}$ は**虚数単位**とよばれている．

 虚数単位 i を使うと，方程式 $x^2+1=0$ の解は $x = \pm i$ と書ける．足し算や掛け算において，i は実数とまったく同じように扱えるものと仮定する．

 一般に**複素数**を**デカルト座標表示**で

$$z = x + iy \tag{6.1}$$

と書くことにしよう．ここで x をこの**複素数**の**実部**，y を**虚部**とよび，それぞれ $\mathrm{Re}\, z$ と $\mathrm{Im}\, z$ で表す．例えば $z = -3 + 2i$ なら $\mathrm{Re}\, z = -3$ で $\mathrm{Im}\, z = +2$ である．実部がゼロで虚部がゼロでないような数（$x=0$, $y \neq 0$）を**純虚数**とよぶ．

 複素数 $z = x + iy$ に対して，別の複素数

$$z^* = x - iy \tag{6.2}$$

を z の「複素共役」（略して「共役」）とよび,「z スター」と読む（本によっては $\bar{z}$ と書いて「z バー」と読ませるものもある）．複素共役は，複素数の中で i を $-i$ に置き換える操作と考えればよい．

6.1.1 複素数の四則演算

2つの複素数 $z_1 = x_1 + iy_1$ と $z_2 = x_2 + iy_2$ の実部と虚部がともに等しい（$x_1 = x_2$ かつ $y_1 = y_2$）ときに，これら複素数が等しいとして $z_1 = z_2$ と書く．

複素数の四則演算は実数の演算とまったく同様に行う．i^2 が出てきたときにそれを -1 と置き換えればよい．2つの複素数 $z_1 = x_1 + iy_1$ と $z_2 = x_2 + iy_2$ に対する四則演算は以下のとおり．

(1) 足し算：
$$z_1 + z_2 = (x_1 + iy_1) + (x_2 + iy_2) = (x_1 + x_2) + i(y_1 + y_2).$$

(2) 引き算：
$$z_1 - z_2 = (x_1 + iy_1) - (x_2 + iy_2) = (x_1 - x_2) + i(y_1 - y_2).$$

(3) 掛け算：
$$z_1 z_2 = (x_1 + iy_1)(x_2 + iy_2) = (x_1 x_2 - y_1 y_2) + i(x_1 y_2 + x_2 y_1).$$

(4) 割り算：
$$\frac{z_1}{z_2} = \frac{x_1 + iy_1}{x_2 + iy_2} = \frac{(x_1 + iy_1)(x_2 - iy_2)}{(x_2 + iy_2)(x_2 - iy_2)} = \frac{x_1 x_2 + y_1 y_2}{x_2^2 + y_2^2} + i\frac{x_2 y_1 - x_1 y_2}{x_2^2 + y_2^2}.$$

6.1.2 複素数の極座標表示

すべての実数は直線（x 軸）上の点として視覚化できる．それに対して，複素数は実部と虚部という2つの実数を含んでいるので，2次元平面（xy 平面）上の点として表せる．複素数を表示するための平面のことを z 平面とか**複素平面**とよぶ（他に「**ガウス平面**」とか「**アルガン表示**」ともよばれる）．図 6.1 の複素平面に複素数 z とその複素共役 z^* を表した．

複素平面上の点 (x, y) を極座標 (r, θ) で表すことによって，複素数 $z = x + iy$ を

$$z = r(\cos\theta + i\sin\theta)$$

と書き直せる．さらにオイラーの公式

$$e^{i\theta} = \cos\theta + i\sin\theta$$

を使って，複素数の極座標表示

$$z = r(\cos\theta + i\sin\theta) = re^{i\theta}, \quad r = \sqrt{x^2 + y^2} = \sqrt{zz^*} \qquad (6.3)$$

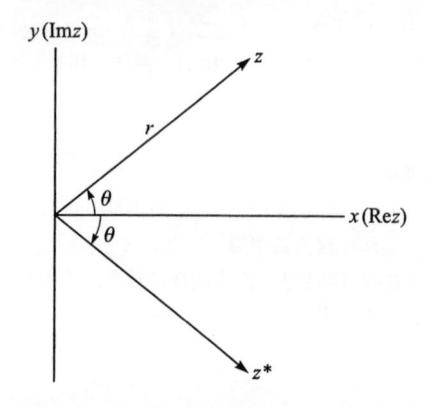

図 6.1 複素平面上に表された複素数とその複素共役．複素数の実部と虚部を，それぞれ複素平面の x 座標と y 座標に対応させる．

を導入する．ここで r を z の**絶対値**とか**モジュラス**（modulus）とよび，$|z|$ あるいは $\mathrm{mod}\, z$ と書く．また θ は**位相角**とか**偏角**（argument）とよび，$\arg z$ と書く．任意の複素数 $z \neq 0$ に対して位相角は $0 \leq \theta < 2\pi$ の範囲の一つだけの値をとることに決める．

絶対値には以下の性質がある．複素数 $z_1, z_2, \ldots, z_m$ に対して

(1) $|z_1 z_2 \cdots z_m| = |z_1||z_2| \cdots |z_m|$.
(2) $\left|\dfrac{z_1}{z_2}\right| = \dfrac{|z_1|}{|z_2|}$, ただし $z_2 \neq 0$.
(3) $|z_1 + z_2 + \cdots + z_m| \leq |z_1| + |z_2| + \cdots + |z_m|$.
(4) $|z_1 \pm z_2| \geq |z_1| - |z_2|$.

複素数 $z = re^{i\theta}$ において $r = 1$ のとき絶対値が $|z| = 1$ となる．これを**ユニモジュラー**とよぶ．このような数は複素平面上で半径 1 の円周上に存在するとみなすとよい．この円周上の特別な点として

$$\theta = 0 \qquad (1)$$
$$\theta = \pi/2 \qquad (i)$$
$$\theta = \pi \qquad (-1)$$
$$\theta = -\pi/2 \qquad (-i)$$

があげられる．この 4 点はすぐに思い起こせるようになっていただきたい．

複素数の計算では極座標表示をした方が便利なことがある．例えば 2 つの複素数を掛けるには，絶対値どうしを掛けて位相角どうしを足せばよい．割り算をするには絶対値どうしを割り算して位相角どうしを引き算すればよい．つまり

$$z_1 z_2 = (r_1 e^{i\theta_1})(r_2 e^{i\theta_2}) = r_1 r_2 e^{i(\theta_1 + \theta_2)}, \quad \frac{z_1}{z_2} = \frac{r_1 e^{i\theta_1}}{r_2 e^{i\theta_2}} = \frac{r_1}{r_2} e^{i(\theta_1 - \theta_2)}$$

である．それに対して極座標表示の複素数を足し算するには，いったんデカルト座標表示に戻ってから実部と虚部をそれぞれ足し算し，その後で極座標表示に戻すという手順を踏む必要がある．

複素数 z を複素平面上の位置ベクトルとみなすと，z に $e^{i\alpha}$（α は実数）を掛けるという演算は，ベクトル z を反時計回りに角度 α だけ回転する操作と解釈できる．そこで $e^{i\alpha}$ を，ベクトルを回転する演算子とみなすことにしよう．同様に，2つの複素数の掛け算は長さの変換および回転とみなせる．つまり2つの複素数を $z_1 = r_1 e^{i\theta_1}$ と $z_2 = r_2 e^{i\theta_2}$ を掛けると，結果は $z_1 z_2 = r_1 r_2 e^{i(\theta_1+\theta_2)}$ となる．これは長さが $r_1 r_2$，位相角が $\theta_1 + \theta_2$ のベクトルである．

例 6.1

$(1+i)^8$ を計算せよ．

解：極座標表示を使うと簡単に計算できる．まず $z = 1+i$ を極座標表示 $z = r(\cos\theta + i\sin\theta)$ すると $r\cos\theta = 1$, $r\sin\theta = 1$ より $r = \sqrt{2}$, $\theta = \pi/4$ となる．つまり
$$z = \sqrt{2}\left(\cos\frac{\pi}{4} + i\sin\frac{\pi}{4}\right) = \sqrt{2}e^{i\pi/4}$$
である．したがって
$$(1+i)^8 = \left(\sqrt{2}e^{i\pi/4}\right)^8 = 16 e^{2\pi i} = 16$$
が得られる．

例 6.2

以下を示せ：
$$\left(\frac{1+\sqrt{3}i}{1-\sqrt{3}i}\right)^{10} = \frac{1}{2} + i\frac{\sqrt{3}}{2}.$$

解：これも極座標表示を使うのが便利である．計算は以下のとおり：
$$\left(\frac{1+\sqrt{3}i}{1-\sqrt{3}i}\right)^{10} = \left(\frac{2e^{\pi i/3}}{2e^{-\pi i/3}}\right)^{10} = \left(e^{2\pi i/3}\right)^{10} = e^{20\pi i/3}$$
$$= e^{6\pi i} e^{2\pi i/3} = 1 \times \left(\cos\frac{2\pi}{3} + i\sin\frac{2\pi}{3}\right) = -\frac{1}{2} + i\frac{\sqrt{3}}{2}.$$

6.1.3 ド・モアブルの定理と複素数の根

2つの複素数 $z_1 = r_1 e^{i\theta_1}$ と $z_2 = r_2 e^{i\theta_2}$ の掛け算の結果を極座標表示すると
$$z_1 z_2 = r_1 r_2 e^{i(\theta_1+\theta_2)} = r_1 r_2 [\cos(\theta_1+\theta_2) + i\sin(\theta_1+\theta_2)]$$
となる．より一般には

$$z_1 z_2 \cdots z_n = r_1 r_2 \cdots r_n e^{i(\theta_1 + \theta_2 + \cdots + \theta_n)}$$
$$= r_1 r_2 \cdots r_n [\cos(\theta_1 + \theta_2 + \cdots + \theta_n) + i \sin(\theta_1 + \theta_2 + \cdots + \theta_n)]$$

である．特に $z_1 = z_2 = \cdots = z_n$ がすべて $z = re^{i\theta}$ に等しい場合には

$$z^n = (re^{i\theta})^n = r^n (\cos\theta + i \sin\theta)^n$$
$$= r^n e^{in\theta} = r^n [\cos(n\theta) + i \sin(n\theta)]$$

である．これから

$$(\cos\theta + i \sin\theta)^n = \cos(n\theta) + i \sin(n\theta) \tag{6.4}$$

が得られる．この結果は**ド・モアブルの定理**として知られている．以上から，**複素数のべき乗の公式**は

$$z^n = r^n (\cos\theta + i \sin\theta)^n = r^n [\cos(n\theta) + i \sin(n\theta)] \tag{6.5}$$

となる．

これを使うと，**複素数の n 乗根**の公式も難なく導ける．方程式 $w^n = z$ をみたす複素数 w を z の n 乗根とよび，$w = z^{1/n}$ と書く．$z = r(\cos\theta + i \sin\theta)$ とすると，まず

$$w_0 = \sqrt[n]{r} \left(\cos\frac{\theta}{n} + i \sin\frac{\theta}{n} \right)$$

は $w_0^n = z$ であるから z の n 乗根の一つである．しかし，これ以外にも

$$w_k = \sqrt[n]{r} \left(\cos\frac{\theta + 2\pi k}{n} + i \sin\frac{\theta + 2\pi k}{n} \right) \quad (k = 1, 2, \ldots, n-1)$$

に対して $w_k^n = z$ が成り立つ．これらはすべて z の n 乗根である．したがって n 乗根の公式として

$$w_k = \sqrt[n]{r} \left(\cos\frac{\theta + 2\pi k}{n} + i \sin\frac{\theta + 2\pi k}{n} \right) \quad (k = 0, 1, 2, \ldots, n-1) \tag{6.6}$$

が得られる．特に $k = 0$ の解，つまり w_0 を z の**主要根**とよぶ．

n 乗根は次のように視覚化できる．複素平面で原点を中心とする半径 $\sqrt[n]{r}$ の円を描き，その円周上に頂点をもつ正 n 角形を描く．その正 n 角形の頂点が n 乗根に対応する．

例 6.3

8 の 3 乗根を求めよ．

解：8 を極座標表示すると $z = 8 + i0 = r(\cos\theta + i \sin\theta)$ から $r = 2$ であり位相角は $\theta = 0$ である．公式 (6.6) を使うと 8 の 3 乗根は

$$2 \left(\cos\frac{2k\pi}{3} + i \sin\frac{2k\pi}{3} \right) \quad (k = 0, 1, 2),$$

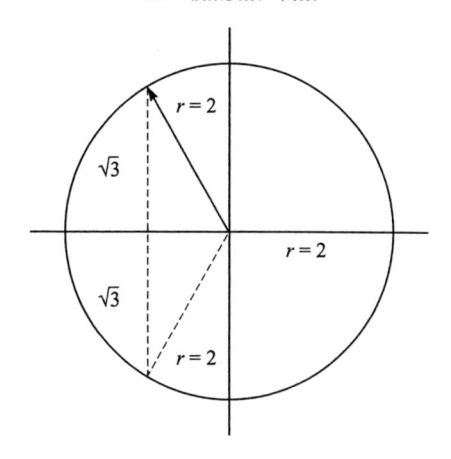

図 **6.2** 複素平面上に表した 8 の 3 乗根.

つまり,

$$\begin{array}{ll} 2 & (k=0,\ \theta=0°) \\ -1+i\sqrt{3} & (k=1,\ \theta=120°) \\ -1-i\sqrt{3} & (k=2,\ \theta=240°) \end{array}$$

である.これを複素平面で表すと図 6.2 となる.

6.2 複素変数の関数

複素数 $z = x + iy$ の実部 x と虚部 y が変数として変化すると,z 全体も変数とみなせる.すると z を変数とする関数を考えることができる.複素変数 z の値それぞれに,複素変数 w の 1 つまたは複数の値を対応づけ,w を z の関数とよぶ.記号で $w = f(z)$ とか $w = g(z)$ のように書く.変数 z を**独立変数**,変数 w を**従属変数**とよぶことがある.

z の値のそれぞれに対して w の値が 1 つずつ対応する場合,w は z の **1 価関数**といい,$f(z)$ は 1 価であるという.逆に w の複数の値が対応する場合,w は z の**多価関数**という.例えば $w = z^2$ は 1 価関数であるが,$w = \sqrt{z}$ は 2 価関数である.この章では,特に断らないかぎり関数はすべて 1 価関数とする.

6.3 複素関数と写像

複素関数 $w = f(z)$ の従属変数 w も複素数なので,デカルト座標表示で

$$w = u + iv = f(x + iy) \tag{6.7}$$

と書ける．ここで u と v は実数である．式 (6.7) の右辺は x と y の 2 変数関数とみなすこともできる．左辺の実部と虚部を分けて書くと，式 (6.7) は

$$u = u(x, y), \qquad v = v(x, y) \tag{6.8}$$

と等価である．

1 価の複素関数 $w = f(z)$ は，複素平面上の z で表される点から，別の複素平面上の w で表される点への写像とみなせる．多価関数であれば z の各点から複数の点への写像になる．写像の考え方をはっきりさせるために，以下で 2 つの例を考えよう．

例 6.4

$w = z^2 = r^2 e^{2i\theta}$ はどのような写像か．

解：これは 1 価関数である．写像は一意的（1 つの値には 1 つの値だけが対応する）であるが，1 対 1 対応ではない．z と $-z$ が同じ点に写像されるので 2 対 1 対応である．例えば図 6.3 に示されるように，点 $z = -2 + i$ と点 $z = 2 - i$ はともに点 $w = 3 - 4i$ に写像される．また点 $z = 1 - 3i$ と点 $z = -1 + 3i$ はともに点 $w = -8 - 6i$ に写像される．

z 平面上の点 $P(-2, 1)$ と点 $Q(1, -3)$ を結ぶ直線は，複素関数 $w = z^2$ によって，w 平面上の像である点 $P'(3, -4)$ と点 $Q'(-8, -6)$ を結ぶ曲線に写像される．この曲線の方程式を求めてみよう．まず z 平面上の点 $P(-2, 1)$ と点 $Q(1, -3)$ を結ぶ直線の方程式を求める．助変数を使って直線 PQ を表すと

$$\frac{x - (-2)}{1 - (-2)} = \frac{y - 1}{-3 - 1} = t, \quad \text{すなわち} \quad x = 3t - 2, \quad y = 1 - 4t$$

となる．つまり直線 PQ の方程式は $z = 3t - 2 + i(1 - 4t)$ である．これを $w = z^2$ で写像すると，w 平面上の曲線の方程式は

$$w = z^2 = [3t - 2 + i(1 - 4t)]^2 = 3 - 4t - 7t^2 + i(-4 + 22t - 24t^2)$$

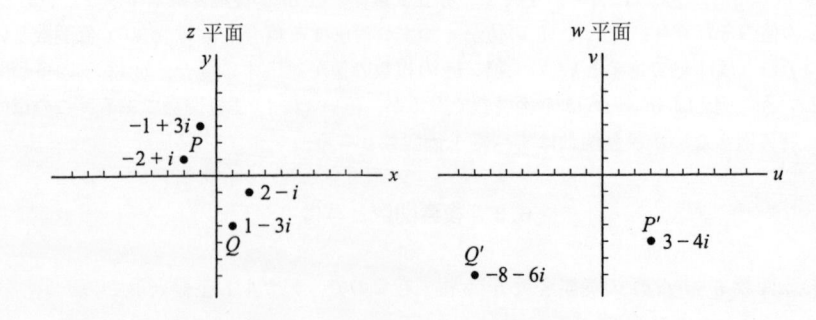

図 6.3　複素関数 $w = z^2$ による写像．

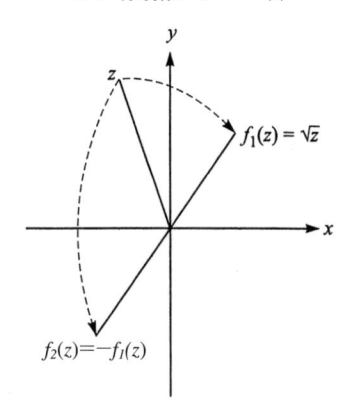

図 6.4 複素関数 $w = \sqrt{z}$ によって，1 つの点 z が 2 つの点 $f_1(z)$ と $f_2(z)$ に写像される．

となり，これから

$$u = 3 - 4t - 7t^2, \qquad v = -4 + 22t - 24t^2$$

が得られる．この曲線のグラフを描くには，助変数 t にいろいろな値を代入すればよい．

場合によっては z 平面と w 平面を重ねてみると便利なことがある．すると写像された点がもとの点と同じ平面上に描かれるので，$w = f(z)$ は複素平面からそれ自身（またはその一部）への写像ということができる．

例 6.5

$w = f(z) = \sqrt{z}$ はどのような写像か．

解： 複素変数 $z = re^{i\theta}$ には，2 つの平方根 $f_1(re^{i\theta}) = \sqrt{r}e^{i\theta/2}$ と $f_2 = -f_1 = \sqrt{r}e^{i(\theta+2\pi)/2}$ がある．この関数は 2 価関数なので，写像は 1 対 2 対応である．これを図 6.4 に示した．なお簡単のため z 平面と $w = f(z)$ 平面を重ねてある．

6.4 分岐線とリーマン面

例 6.5 の関数 $w = \sqrt{z}$ をもう少し詳しく調べてみる．変数 z を変化させて，それに対応する点が複素平面の原点のまわりに反時計回りに動いたと考えよう（図 6.5）．出発点 A の位相角が $\theta = \theta_1$ だとすると，そこでは $w = \sqrt{r}e^{i\theta_1/2}$ である．変数 z を変化させて，対応する点が図 6.5 の曲線上を 1 周して点 A に戻ったとする．このとき，位相角は $\theta = \theta_1 + 2\pi$ となるので，$w = \sqrt{r}e^{i(\theta_1+2\pi)/2} = -\sqrt{r}e^{i\theta_1/2}$ となる．つまり z 平面上を 1 周してもとの点に戻ってきても $w = \sqrt{z}$ はもとに戻らず，符号が変わってしまう．z 平面

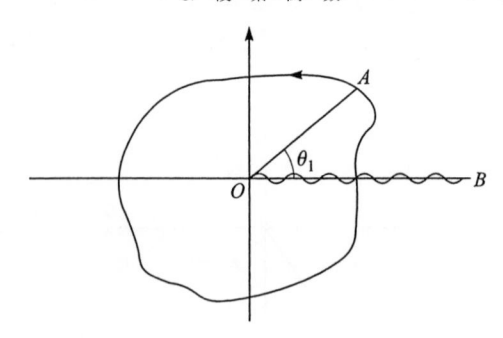

図 6.5 点 z が原点のまわりを 1 回転しても，複素関数 $w = \sqrt{z}$ の値はもとに戻らない．波線が $w = \sqrt{z}$ の分岐切断線．

上をもう 1 周すると位相角は $\theta = \theta_1 + 4\pi$ となるので，$w = \sqrt{r}e^{i(\theta_1+4\pi)/2} = \sqrt{r}e^{i\theta_1/2}$ となる．つまり，z 平面上を 2 周して初めて w がもとの値に戻る．

これを解釈するために，2 価関数 $w = \sqrt{z}$ には 2 つの「**分枝**」があると考えよう．位相角が $0 \leq \theta < 2\pi$ の範囲では値域は一方の分枝にあり，位相角が $2\pi \leq \theta < 4\pi$ の範囲では値域がもう一方の分枝にあるとする．それぞれの分枝の中に限れば，w は 1 価関数である．1 価関数の性質を保つために，2 つの分枝の間に仮想的に仕切り（図 6.5 の波線 OB）を用意し，この線は越えないものとする．この仮想的な仕切りのことを**分岐線**とか**分岐切断線**とよび，点 O を**分岐点**という．点 O から始まる線はどれでも分岐線として使える．

上の考え方では複素関数の値域を 2 つの分枝に分割した．リーマン（G.F.B. Riemann, 1826–1866）は，それとは別の解釈の仕方を提案した．リーマンの考え方では逆に定義域を 2 倍に拡大する．z 平面を 2 枚のシートが上下に重なったものであると考えるのである．線 OB に沿って 2 枚のシートに切れ目を入れ，下のシートの切れ目の下側と，上のシートの切れ目の上側を糊づけする．下のシートの点 A から出発して図 6.5 の曲線に沿って 1 周すると，線 OB を横切る際に糊づけされた箇所を通って上のシートに移る．到着した点は z 平面上の同じ点 A のようにみえても，実は違うシート上の違う点であるとみなす．こう考えれば $w = \sqrt{z}$ の値がもとに戻らないのも自然であると思える．さらに，上のシートの切れ目の下側を下のシートの切れ目の上側に糊づけする（このとき最初の糊づけ箇所は透視する）．こうすれば，もう 1 周したときに上のシートから下のシートへ戻ってくるのである．

この 2 つのシートを関数 $\sqrt{z}$ の**リーマン面**とよぶ．各シートの値域が関数の各分枝に相当する．各シート上に限れば関数は 1 価である．リーマン面の考え方を使うと，多価関数を切れ目なく連続的に扱えるので便利である．

6.5 複素関数の微分

6.5.1 複素関数の極限と連続性

複素関数の極限の定義は，実数変数の関数の場合とほとんど同じである．以下の2つの条件が同時に成り立つときに，関数 $f(z)$ の $z \to z_0$ での極限値は w_0 であるといい，

$$\lim_{z \to z_0} f(z) = w_0 \tag{6.9}$$

と書く．2つの条件とは

　　(1) 関数 $f(z)$ は $z = z_0$ 近傍で定義されており，1価関数である．ただし $z = z_0$ 直上では定義されていなくてもよい．

　　(2) 任意の正の数 ε に対して，次の状況をみたす正の数 δ が存在する：$0 < |z - z_0| < \delta$ の範囲では $|f(z) - w_0| < \varepsilon$．

という内容である．2つ目の条件で注意する必要があるのは，複素平面 z 上でどの方向から z_0 に近づこうとも，$f(z)$ が同じ値 w_0 に収束しなければならないことである．

例 6.6

　　(a) 複素関数 $f(z) = z^2$ に対して $\lim_{z \to z_0} f(z) = z_0^2$ を証明せよ．

　　(b) 複素関数

$$f(z) = \begin{cases} z^2 & (z \neq z_0) \\ 0 & (z = z_0) \end{cases}$$

に対して $\lim_{z \to z_0} f(z)$ を求めよ．

解：(a) 極限値の存在条件のうち1つ目は明らかに成り立つ．そこで2つ目の条件として，任意の $\varepsilon > 0$ に対して次のような状況をみたす δ を求める必要がある：$0 < |z - z_0| < \delta$ の範囲では必ず $|z^2 - z_0^2| < \varepsilon$（ただし，一般には δ は ε に依存してもよい）．そこで $\delta \leq 1$ の範囲で δ を求めよう．このとき不等式 $0 < |z - z_0| < \delta$ から

$$|z^2 - z_0^2| = |z - z_0||z + z_0| < \delta|z + z_0| = \delta|z - z_0 + 2z_0|$$
$$< \delta(|z - z_0| + 2|z_0|) < \delta(1 + 2|z_0|)$$

が成り立つ（2行目へ移る際の不等式では 218 ページの，複素数の性質 (3) を使っている）．したがって δ を 1 か $\varepsilon/(1 + 2|z_0|)$ のいずれか小さい方とすれば，$0 < |z - z_0| < \delta$ の範囲では必ず $|z^2 - z_0^2| < \varepsilon$ が成り立つ．これで問題が証明できた．

　(b) この問題は，問題 (a) とまったく同じ扱いができる．というのは，問題 (a) において関数 $f(z)$ が z_0 直上でどのような値をとるかはまったく問題外である．問題 (b) のように $f(z_0) = 0$ であろうとも問題 (a) と同じ議論ができる．したがって $\lim_{z \to z_0} f(z) = z_0^2$ である．$z \to z_0$ における極限値と z_0 直上での関数値とは無関係なのである．

複素関数の連続性の定義も，実数変数の関数とほとんど同じである．任意の ε に対して次のような状況をみたす δ が存在するとき，関数 $f(z)$ は z_0 で連続であるという．すなわち $0 < |z - z_0| < \delta$ の範囲では $|f(z) - f(z_0)| < \varepsilon$（極限の定義と異なるのは，極限値 w_0 ではなく z_0 直上での値 $f(z_0)$ が使われている点である）．言い換えると，関数 $f(z)$ が $z = z_0$ において連続であるためには，以下の3つの条件が成り立つ必要がある．

(1) 極限値 $\lim_{z \to z_0} f(z) = w_0$ が存在する．
(2) 関数値 $f(z_0)$ が存在する．つまり，関数 $f(z)$ は $z = z_0$ で定義されている．
(3) $w_0 = f(z_0)$ である．つまり，極限値と $z = z_0$ での関数値は等しい．

例えば複素多項式 $f(z) = \alpha_0 + \alpha_1 z^1 + \alpha_2 z^2 + \cdots + \alpha_n z^n$（ただし係数 α_i は複素数でもよい）は，いたるところで連続である．多項式の商は，分母がゼロでないところでは連続である．

z 平面上の領域 R の中のあらゆる点で関数 $f(z)$ が連続のとき，関数 $f(z)$ は領域 R で連続であるという．

z 平面内で $f(z)$ が連続でない点を不連続点とよび，関数 $f(z)$ はその点で不連続であるという．極限値 $\lim_{z \to z_0} f(z)$ が存在し，その極限値が $f(z_0)$ と異なるとき，この関数は $z = z_0$ で不連続である．しかし，この不連続点は**除去可能不連続点**であるという．というのは，$f(z_0)$ を極限値 $\lim_{z \to z_0} f(z)$ に等しいと定義し直せば連続にできるからである．

無限遠方 $z = \infty$ における関数 $f(z)$ の連続性を調べるには，$z = 1/w$ と変数変換して，$f(1/w)$ の $w = 0$ における連続性を調べればよい．

6.5.2 複素関数の微分と解析関数

ある複素関数 $f(z)$ が z 平面内の領域 R において連続かつ1価とする．このとき，領域 R 内の点 z_0 における**微分係数**は

$$f'(z_0) = \lim_{\Delta z \to 0} \frac{f(z_0 + \Delta z) - f(z_0)}{\Delta z} \tag{6.10}$$

と定義される．ただし，極限値が $\Delta z \to 0$ の極限のとり方に依存してはいけない[*1)]．つまり $z = z_0 + \Delta z$ は z_0 近傍の任意の点である．微分係数 $f'(z_0)$ をあらためて z の関数 $f'(z)$ と考え，これを**導関数** $f'(z) \equiv df/dz$ とよぶ．

z_0 の近傍のすべての点 z で導関数 $f'(z)$ が存在するとき，関数 $f(z)$ は z_0 において**解析的**（あるいは**正則**）であるという．z 平面上の領域 R の中のあらゆる点で関数 $f(z)$ が解析的であるとき，関数 $f(z)$ は領域 R で解析的（あるいは正則）であるという．

関数 $f(z)$ が点 $z = z_0$ で解析的であるためには，その点で1価で連続であることが必要である．これは式 (6.10) から直接示せる．微分係数 $f'(z_0)$ が存在するためには

[*1)] 訳注：実関数の微分係数の定義においても，Δx が正の側からゼロに近づいた場合と負の側から近づいた場合で極限値が違ってはいけない．その考え方を拡張して複素関数の微分係数を定義している．

$$\lim_{\Delta z \to 0}[f(z_0 + \Delta z) - f(z_0)] = \lim_{\Delta z \to 0} \frac{f(z_0 + \Delta z) - f(z_0)}{\Delta z} \lim_{\Delta z \to 0} \Delta z = 0,$$

つまり

$$\lim_{\Delta z \to 0} f(z_0 + \Delta z) = f(z_0)$$

となる．したがって関数 $f(z)$ は，微分が存在する点 z_0 では必ず連続でなければならない．ただし，以下の例に示すように，逆は真とは限らない．

例 6.7

複素関数 $f(z) = z^*$ はいたるところで連続であるが，導関数 dz^*/dz はどの点にも存在しない．定義より

$$\frac{dz^*}{dz} = \lim_{\Delta z \to z} \frac{(z + \Delta z)^* - z^*}{\Delta z} = \lim_{\Delta x, \Delta y \to 0} \frac{(x + iy + \Delta x + i\Delta y)^* - (x + iy)^*}{\Delta x + i\Delta y}$$

$$= \lim_{\Delta x, \Delta y \to 0} \frac{x - iy + \Delta x - i\Delta y - (x - iy)}{\Delta x + i\Delta y} = \lim_{\Delta x, \Delta y \to 0} \frac{\Delta x - i\Delta y}{\Delta x + i\Delta y}$$

となる．ここで $\Delta x, \Delta y \to 0$ の極限をとるときに $\Delta y = 0$ に固定して $\Delta x \to 0$ とすると，$\lim_{\Delta x \to 0} \Delta x/\Delta x = 1$ が極限値のはずである．ところが $\Delta x = 0$ に固定して $\Delta y \to 0$ とすると，$\lim_{\Delta y \to 0} -i\Delta x/(i\Delta x) = -1$ が極限値のはずである．つまり極限値が $\Delta z \to 0$ の極限のとり方に依存している．したがってあらゆる点で導関数が存在せず，$f(z) = z^*$ はいたるところで非解析的である．

例 6.8

関数 $f(z) = 2z^2 - 1$ の $z_0 = 1 - i$ における微分係数 $f'(z_0)$ を計算せよ．

解：計算は以下のとおり：

$$f'(z_0) = f'(1-i) = \lim_{z \to 1-i} \frac{(2z^2 - 1) - [2(1-i)^2 - 1]}{z - (1-i)}$$

$$= \lim_{z \to 1-i} \frac{2[z - (1-i)][z + (1-i)]}{z - (1-i)}$$

$$= \lim_{z \to 1-i} 2[z + (1-i)] = 4(1-i).$$

極限値は極限のとり方に依存しないことに注意．

複素関数の和・積・商を微分する規則は，一般に実関数とまったく同じである．つまり，$f'(z_0)$ と $g'(z_0)$ が存在するとき以下のようになる：

(1) $(f + g)'(z_0) = f'(z_0) + g'(z_0),$
(2) $(fg)'(z_0) = f'(z_0)g(z_0) + f(z_0)g'(z_0),$
(3) $g'(z_0) \neq 0$ なら $\left(\dfrac{f}{g}\right)'(z_0) = \dfrac{f'(z_0)g(z_0) - f(z_0)g'(z_0)}{g(z_0)^2}.$

6.5.3 コーシー–リーマン条件

z_0 の近傍のすべての点 z で導関数 $f'(z)$ が存在するとき,関数 $f(z)$ は z_0 において解析的であるという.そして z 平面上の領域 R の中のあらゆる点で関数 $f(z)$ が解析的であるとき,関数 $f(z)$ は領域 R で解析的であるという.

関数 $f(z)$ が解析的かどうかを調べるために,コーシーとリーマンは簡単かつ重要な方法を発見した.以下で,関数 $f(z)$ が解析的であるための**コーシー–リーマン条件**を導く.そのためにまず式 (6.10)

$$f'(z_0) = \lim_{\Delta z \to 0} \frac{f(z_0 + \Delta z) - f(z_0)}{\Delta z}$$

に戻って考えよう.複素関数 $f(z)$ を実部と虚部に分けて $f(z) = u(x, y) + iv(x, y)$ と表すと,微分係数の定義は

$$f'(z_0) = \lim_{\Delta x, \Delta y \to 0} \frac{u(x + \Delta x, y + \Delta y) - u(x, y) + i\,(v\text{ についても同様})}{\Delta x + i\Delta y}$$

と書き直せる.さて $\Delta z = \Delta x + i\Delta y$ を 2 次元の z 平面上でゼロに近づけるには,無数の通り道(経路)がある.以下では特に 2 つの道を考える.x 軸に沿った道と y 軸に沿った道である.まず x 軸に沿って $\Delta z \to 0$ の極限をとってみよう.つまり $\Delta y = 0$ に固定して $\Delta x \to 0$ とする.このとき

$$f'(z_0) = \lim_{\Delta x \to 0} \left[\frac{u(x + \Delta x, y) - u(x, y)}{\Delta x} + i\frac{v(x + \Delta x, y) - v(x, y)}{\Delta x} \right]$$
$$= \frac{\partial u}{\partial x} + i\frac{\partial v}{\partial x}$$

となる.一方 y 軸に沿って $\Delta z \to 0$ の極限をとると,$\Delta x = 0$ に固定して $\Delta y \to 0$ とするから

$$f'(z_0) = \lim_{\Delta y \to 0} \left[\frac{u(x, y + \Delta y) - u(x, y)}{i\Delta y} + i\frac{v(x, y + \Delta y) - v(x, y)}{i\Delta y} \right]$$
$$= -i\frac{\partial u}{\partial y} + \frac{\partial v}{\partial y}$$

となる.

関数 $f(z)$ が解析的であるためには,少なくとも上の 2 つの微分が一致する必要がある.したがって,$f(z)$ が解析的であるための必要条件は

$$\frac{\partial u}{\partial x} + i\frac{\partial v}{\partial x} = -i\frac{\partial u}{\partial y} + \frac{\partial v}{\partial y},$$

あるいは,実部と虚部を分けて

$$\frac{\partial u}{\partial x} = \frac{\partial v}{\partial y} \quad \text{かつ} \quad \frac{\partial u}{\partial y} = -\frac{\partial v}{\partial x} \tag{6.11}$$

である.式 (6.11) の 2 つの条件をコーシー–リーマン条件とよぶ.この条件はフランス

の数学者コーシー (A.L. Cauchy, 1789–1857) が発見した．その後，ドイツの数学者リーマンは解析関数の理論を構築する際に，この条件をその基本に据えたのである．以上から，領域 R において関数 $f(z) = u(x,y) + iv(x,y)$ が解析的なら，領域 R のすべての点で実関数 $u(x,y)$ と $v(x,y)$ はコーシー–リーマン条件をみたす．

例 6.9

複素関数 $f(z) = z^2 = x^2 - y^2 + 2ixy$ は，あらゆる点で導関数 $f'(z)$ が存在する．導関数は $f'(z) = 2z$ である．実際に，

$$\frac{\partial u}{\partial x} = 2x = \frac{\partial v}{\partial y} \quad \text{かつ} \quad \frac{\partial u}{\partial y} = -2y = -\frac{\partial v}{\partial x}$$

であり，あらゆる点でコーシー–リーマン条件がみたされる．

$u(x,y)$ と $v(x,y)$ がコーシー–リーマン条件 (6.11) をみたしても，その点で微分係数が存在しないという場合もある．例えば

$$f(z) = u(x,y) + iv(x,y) = \begin{cases} z^5/|z|^4 & (z \neq 0) \\ 0 & (z = 0) \end{cases}$$

は，$z = 0$ においてコーシー–リーマン条件 (6.11) をみたす．しかし微分係数 $f'(0)$ は存在しない（計算は特に工夫を要しないが，煩雑なので省略する）．したがって $f(z)$ は $z = 0$ で非解析的である．

ただし，以下のようにいくつか条件を加えれば，コーシー–リーマン条件は解析性の十分条件にもなる：

> 複素関数 $f(z) = u(x,y) + iv(x,y)$ の実部 $u(x,y)$ と虚部 $v(x,y)$ がともに，領域 R のあらゆる点で連続，かつ 1 階の偏微分も連続で，しかもコーシー–リーマン条件 (6.11) をみたすとき，関数 $f(z)$ は領域 R で解析的である．

これを証明するには，2 変数の実関数の微分について次の事実を知っておく必要がある．点 (x_0, y_0) 近傍の領域 R において，ある 2 変数の実関数 $h(x,y)$ が連続，かつ $\partial h/\partial x$ と $\partial h/\partial y$ も連続なら，以下の条件をみたす関数 $H(\Delta x, \Delta y)$ が存在する．すなわち極限 $(\Delta x, \Delta y) \to (0,0)$ において $H(\Delta x, \Delta y) \to 0$ で，かつ

$$h(x_0 + \Delta x, y_0 + \Delta y) - h(x_0, y_0) = \frac{\partial h(x_0, y_0)}{\partial x}\Delta x + \frac{\partial h(x_0, y_0)}{\partial y}\Delta y$$
$$+ H(\Delta x, \Delta y)\sqrt{(\Delta x)^2 + (\Delta y)^2}.$$

この結果を使って

$$\lim_{\Delta z \to 0} \frac{f(z_0 + \Delta z) - f(z_0)}{\Delta z}$$

を計算してみよう．ただし z_0 は領域 R の中の任意の点とし，また $\Delta z = \Delta x + i\Delta y$ である．実部と虚部を分けて計算すると

$$f(z_0 + \Delta z) - f(z_0)$$
$$= [u(x_0 + \Delta x, y_0 + \Delta y) - u(x_0, y_0)] + i[v(x_0 + \Delta x, y_0 + \Delta y) - v(x_0, y_0)]$$
$$= \frac{\partial u(x_0, y_0)}{\partial x}\Delta x + \frac{\partial u(x_0, y_0)}{\partial y}\Delta y + H(\Delta x, \Delta y)\sqrt{(\Delta x)^2 + (\Delta y)^2}$$
$$+ i\left[\frac{\partial v(x_0, y_0)}{\partial x}\Delta x + \frac{\partial v(x_0, y_0)}{\partial y}\Delta y + G(\Delta x, \Delta y)\sqrt{(\Delta x)^2 + (\Delta y)^2}\right]$$

となる．ここで，極限 $(\Delta x, \Delta y) \to (0, 0)$ において $H(\Delta x, \Delta y) \to 0$ かつ $G(\Delta x, \Delta y) \to 0$ である．

コーシー−リーマン条件を使ってさらに計算を進めると

$$f(z_0 + \Delta z) - f(z_0) = \left[\frac{\partial u(x_0, y_0)}{\partial x} + i\frac{\partial v(x_0, y_0)}{\partial x}\right](\Delta x + i\Delta y)$$
$$+ [H(\Delta x, \Delta y) + iG(\Delta x, \Delta y)]\sqrt{(\Delta x)^2 + (\Delta y)^2}$$

となり，したがって

$$\frac{f(z_0 + \Delta z) - f(z_0)}{\Delta z} = \frac{\partial u(x_0, y_0)}{\partial x} + i\frac{\partial v(x_0, y_0)}{\partial x}$$
$$+ [H(\Delta x, \Delta y) + iG(\Delta x, \Delta y)]\frac{\sqrt{(\Delta x)^2 + (\Delta y)^2}}{\Delta x + i\Delta y}$$

が得られる．ところで

$$\left|\frac{\sqrt{(\Delta x)^2 + (\Delta y)^2}}{\Delta x + i\Delta y}\right| = 1$$

である．つまり，この係数は $\Delta z \to 0$ で定数に収束する．一方 $H(\Delta x, \Delta y) \to 0$ かつ $G(\Delta x, \Delta y) \to 0$ なので，結局

$$\lim_{\Delta z \to 0} \frac{f(z_0 + \Delta z) - f(z_0)}{\Delta z} = \frac{\partial u(x_0, y_0)}{\partial x} + i\frac{\partial v(x_0, y_0)}{\partial x}$$

となり，極限値が存在する．つまり微分係数 $f'(z_0)$ が存在する．こうして z_0 の近傍の領域 R 内のあらゆる点で $f(z)$ が微分可能とわかった．つまり $f(z)$ は z_0 で解析的である．

以上から，コーシー−リーマン条件は $f(z) = u(x, y) + iv(x, y)$ が解析的であるための必要十分条件であることがわかった．関数 $f(z)$ が z 平面上で無限遠点を除くすべての点で解析的であるとき，$f(z)$ を**整関数**とよぶ．関数 $f(z)$ が点 $z = z_0$ で微分できないとき，その点で**特異である**といい，点 z_0 を関数 $f(z)$ の**特異点**とよぶ．

6.5.4 調和関数

関数 $f(z) = u(x, y) + iv(x, y)$ が z 平面上のある領域で解析的であれば，その領域のあらゆる点でコーシー–リーマン条件

$$\frac{\partial u}{\partial x} = \frac{\partial v}{\partial y} \quad \text{かつ} \quad \frac{\partial u}{\partial y} = -\frac{\partial v}{\partial x}$$

が成り立つ．コーシー–リーマン条件の第1式の辺々を x で，第2式の辺々を y で偏微分すると

$$\frac{\partial^2 u}{\partial x^2} = \frac{\partial^2 v}{\partial x \partial y} \quad \text{かつ} \quad \frac{\partial^2 u}{\partial y^2} = -\frac{\partial^2 v}{\partial y \partial x}$$

となる．ここで，関数 u と v には2階の偏微分が存在すると仮定した．実は，関数 $f(z)$ がある領域 R で解析的なら，そこで何回でも微分でき，微分した結果は連続関数なのである（証明は省略する）．上の2式の右辺に共通の偏微分があることから，領域 R 内で

$$\frac{\partial^2 u}{\partial x^2} + \frac{\partial^2 u}{\partial y^2} = 0 \tag{6.12a}$$

が成り立つことがわかる．

同様に，コーシー–リーマン条件の第1式の辺々を y で，第2式の辺々を x で偏微分してから引き算すると

$$\frac{\partial^2 v}{\partial x^2} + \frac{\partial^2 v}{\partial y^2} = 0 \tag{6.12b}$$

が得られる．

式 (6.12a) と (6.12b) は2つの独立変数 x と y に関する**ラプラスの偏微分方程式**である．2階の偏微分が存在し，ラプラス方程式をみたすような関数を総称して**調和関数**とよぶ．

以上からわかるように，関数 $f(z) = u(x, y) + iv(x, y)$ が解析的なら，その実部 u と虚部 v はともに調和関数である．2つの関数 u と v は**共役調和関数**とよばれる．なお，ここでいう「共役」は複素数の共役 z^* とは無関係である．

2つの共役調和関数の片方だけがわかれば，コーシー–リーマン条件 (6.11) を使ってもう一方が求められる．

6.5.5 特異点

関数 $f(z)$ が解析的でない点を，その関数の**特異点**とよぶ．特異点ではコーシー–リーマン条件が成り立たない．以下に示すように特異点にはさまざまな種類がある．

 (1) **孤立特異点**：特異点 z_0 を中心とする半径 δ の円 $|z - z_0| = \delta$ を描いて，円の中には z_0 以外に特異点がないようにできるとき，つまりそのような数 δ が存在するとき，$z = z_0$ を孤立特異点とよぶ．そのような円を描けないときには $z = z_0$ は非孤立特異点という．

 (2) **極**：適当な正の整数 n を用意して $\lim_{z \to z_0}(z - z_0)^n f(z) = A \neq 0$ のように

できるとき，つまり $(z-z_0)^n$ という因子によって特異性が打ち消されるとき，$z=z_0$ を n 位の極とよぶ．特に $n=1$ なら単純な極という．例えば $f(z)=1/(z-2)$ では $z=2$ が単純な極である．それに対して $f(z)=1/(z-2)^3$ では $z=2$ は 3 位の極である．

(3) **真性特異点**：いかなる正の整数 n をもってきても $(z-z_0)^n$ によって特異性を打ち消せないとき，その点を真性特異点とよぶ．例えば $f(z)=e^{1/(z-2)}$ は $z=2$ が真性特異点である．

(4) **分岐点**：関数 $f(z)$ の引き数 z を変化させて，ある点 z_0 のまわりをちょうど 1 周したとする．このとき関数値 $f(z)$ がもとの値に戻らなければ，z_0 は関数 $f(z)$ の分岐点である．つまりその関数は多価関数である．例えば $f(z)=\sqrt{z}$ では $z=0$ が分岐点である．

(5) **除去可能特異点**：z_0 が特異点だとしても，極限値 $\lim_{z\to z_0} f(z)$ が存在すれば，その特異点は除去可能である．例えば関数 $f(z)=\sin(z)/z$ は $z=0$ が特異点だが，極限値 $\lim_{z\to 0}\sin(z)/z=1$ が存在するので，取り除ける特異点である．

(6) **無限遠点**における特異点：関数 $f(z)$ に無限遠点 $z=\infty$ で特異点があるというのは，関数 $f(1/w)$ に $w=0$ で同じ種類の特異点があるということである．例えば $f(z)=z^2$ では $z=\infty$ が 2 位の極である．なぜなら $f(1/w)=w^{-2}$ では $w=0$ が 2 位の極だからである．

6.6 複素数の初等関数

6.6.1 指数関数 e^z (あるいは $\exp(z)$)

指数関数は非常に重要な関数である．他のすべての初等関数を定義する際の基礎にもなるからである．複素数の指数関数を定義するにあたっては，実数の指数関数の性質がそのまま成り立つように工夫する．特に以下の 3 つの性質が，**複素数の指数関数**でも成り立つようにしたい．

(1) 指数関数 e^z は 1 価関数で，いたるところで解析的である．
(2) 指数関数 e^z の微分は指数関数である．つまり $de^z/dz = e^z$．
(3) 複素数 $z=z+iy$ の虚部 y をゼロにすれば e^z は実数の指数関数 e^x に等しくなる．

以上の性質が成り立つようにするには，e^z をどのように定義すればよいであろうか．以下で複素数の指数関数の適切な定義を探す．ここで次のことを思い出そう．すなわち，導関数 $f'(z)$ を求めるときに Δz を x 軸に沿ってゼロにすると，つまり $\Delta y=0$ に固定して $\Delta x \to 0$ の極限をとると，導関数は

$$f'(z) = \frac{df}{dz} = \frac{\partial u}{\partial x} + i\frac{\partial v}{\partial x}$$

と書ける．そこで指数関数 e^z を実部と虚部に分けて

$$e^z = u + iv$$

と表したときに，本節（232 ページ）の条件 (1), (2), (3) をみたすためには

$$\frac{\partial u}{\partial x} + i\frac{\partial v}{\partial x} = u + iv$$

が成り立つ必要がある．実部と虚部をそれぞれ等しいとおくと

$$\frac{\partial u}{\partial x} = u, \tag{6.13}$$

$$\frac{\partial v}{\partial x} = v \tag{6.14}$$

となる．

まず $u(x, y)$ の x 依存性を求める．式 (6.13) を解くと

$$u = e^x \phi(y) \tag{6.15}$$

となる．ここで $\phi(y)$ は y の任意の関数である．

次に本節の条件 (1), (2), (3) をみたす $\phi(y)$ を求める．指数関数 e^z が解析的であることから，コーシー–リーマン条件 (6.11) をみたす必要がある．コーシー–リーマン条件の第 2 式と，式 (6.14) を使うと

$$-\frac{\partial u}{\partial y} = v$$

が成り立つ．辺々を y でもう一度微分すると

$$\frac{\partial^2 u}{\partial y^2} = -\frac{\partial v}{\partial y} = -\frac{\partial u}{\partial x}$$

となる．なお，2 つ目の等号においてはコーシー–リーマン条件の第 1 式を用いた．最後に式 (6.13) を用いて，結局

$$\frac{\partial^2 u}{\partial y^2} = -u$$

が得られる．これに式 (6.15) を代入すると $\phi(y)$ に関する微分方程式が

$$e^x \phi''(y) = -e^x \phi(y), \quad \text{つまり} \quad \phi''(y) = -\phi(y)$$

となる．これは単純な線形微分方程式で，その解は

$$\phi(y) = A\cos y + B\sin y$$

の形になる．ここで A と B は積分定数である．

以上から $u(x, y)$ は

$$\begin{aligned} u &= e^x \phi(y) \\ &= e^x (A\cos y + B\sin y) \end{aligned}$$

と求められる．さらに $v(x,y)$ は
$$v = -\frac{\partial u}{\partial y} = -e^x(-A\sin y + B\cos y)$$
となる．まとめると
$$e^z = u + iv = e^x[(A\cos y + B\sin y) + i(A\sin y - B\cos y)]$$
が得られる．

最後に本節の条件 (1), (2), (3) から，$y=0$ で e^z が e^x に帰着しなければならない．上式の辺々に $y=0$ を代入すると
$$e^x = e^x(A - iB)$$
となり，これから
$$A = 1 \quad \text{および} \quad B = 0$$
が得られる．結局，複素数の指数関数は
$$e^z = e^{x+iy} = e^x(\cos y + i\sin y) \tag{6.16}$$
でなければならない．この表式は条件 (1), (2), (3) をみたしているので，これを指数関数の定義として採用する．この関数は z 平面全体（無限遠点を除く）で解析的なので，整関数である．また
$$e^{z_1}e^{z_2} = e^{z_1+z_2} \tag{6.17}$$
という性質をみたす．

ここで注意してほしいのは，式 (6.16) は複素数の極座標表示 (6.3) の形をしている点である．つまり e^z の絶対値が e^x，位相角が y であること
$$\mod e^z \equiv |e^z| = e^x \quad \text{および} \quad \arg e^z = y$$
がわかる．

式 (6.16) で $x=0$ とおくとオイラーの公式 $e^{iy} = \cos y + i\sin y$ に帰着する．ここで $y = 2\pi$ とすれば $\cos 2\pi = 1$ および $\sin 2\pi = 0$ となるので，
$$e^{2\pi i} = 1$$
が得られる．同様に
$$e^{\pm \pi i} = -1, \quad e^{\pm \pi i/2} = \pm i$$
となる．以上と式 (6.17) から
$$e^{z+2\pi i} = e^z e^{2\pi i} = e^z$$
となる．こうして，指数関数 e^z は虚数周期 $2\pi i$ の周期関数であることがわかる．つまり
$$e^{z \pm 2\pi n i} = e^z \qquad (n = 0, 1, 2, \ldots) \tag{6.18}$$
である．この周期性から，関数 $w = f(z) = e^z$ の値は $0 \leq y < 2\pi$ という帯状の領域の値の繰り返しになる．この長さ無限大の帯状の領域を e^z の**主分枝**という．

6.6.2 三角関数

オイラーの公式を逆に解くと，実数 x に対して
$$\cos x = \frac{1}{2}(e^{ix}+e^{-ix}), \quad \sin x = \frac{1}{2i}(e^{ix}-e^{-ix})$$
が成り立つ．そこでこれを複素数にも拡張して，**複素数の三角関数を**
$$\cos z = \frac{1}{2}(e^{iz}+e^{-iz}), \quad \sin z = \frac{1}{2i}(e^{iz}-e^{-iz}) \tag{6.19}$$
と定義することにする．その他の三角関数は
$$\tan z = \frac{\sin z}{\cos z}, \quad \cot z = \frac{\cos z}{\sin z}, \quad \sec z = \frac{1}{\cos z}, \quad \cosec z = \frac{1}{\sin z}$$
で定義できる（もちろん分母がゼロになる点は除く）．

以上の三角関数の定義に基づけば，以下のような公式が複素数についても成り立つことが簡単にわかる：
$$\sin(-z) = -\sin z, \quad \cos(-z) = \cos z, \quad \cos^2 z + \sin^2 z = 1,$$
$$\cos(z_1 \pm z_2) = \cos z_1 \cos z_2 \mp \sin z_1 \sin z_2,$$
$$\sin(z_1 \pm z_2) = \sin z_1 \cos z_2 \pm \cos z_1 \sin z_2,$$
$$\frac{d\cos z}{dz} = -\sin z, \quad \frac{d\sin z}{dz} = \cos z.$$

指数関数 e^z が z 平面全体で解析的なので，三角関数 $\sin z$ と $\cos z$ もともに z 平面全体で解析的である．また $\tan z$ と $\sec z$ は $\cos z$ がゼロになる点を除いて解析的，$\cot z$ と $\cosec z$ は $\sin z$ がゼロになる点を除いて解析的である．$\cos z$ と $\sec z$ は偶関数，それ以外の三角関数は奇関数である．指数関数が虚数に関して周期関数なので，三角関数も周期的である．まとめると
$$\cos(z \pm 2n\pi) = \cos z, \quad \sin(z \pm 2n\pi) = \sin z$$
$$\tan(z \pm 2n\pi) = \tan z, \quad \cot(z \pm 2n\pi) = \cot z$$
である．この性質も複素数にそのまま拡張できる．

複素数に拡張できる性質として，もう一つ重要なものがある．$\sin z$ と $\cos z$ のゼロ点は，実数の三角関数とまったく同じで
$$\sin z = 0 \iff z = n\pi \quad (n \text{ は整数}),$$
$$\cos z = 0 \iff z = (2n+1)\pi/2 \quad (n \text{ は整数})$$
である．

複素数の三角関数を実部と虚部に分けて $u(x,y)+iv(x,y)$ と書くこともできる．例えば $\cos z$ について具体的に計算してみよう．式 (6.19) の定義から

$$\cos z = \frac{1}{2}(e^{iz} + e^{-iz}) = \frac{1}{2}(e^{i(x+iy)} + e^{-i(x+iy)}) = \frac{1}{2}(e^{-y}e^{ix} + e^{y}e^{-ix})$$
$$= \frac{1}{2}[e^{-y}(\cos x + i\sin x) + e^{y}(\cos x - i\sin x)]$$
$$= \cos x \frac{e^{y} + e^{-y}}{2} - i\sin x \frac{e^{y} - e^{-y}}{2}$$

となる．さらに実数の双曲線関数の定義を使うと

$$\cos z = \cos(x + iy) = \cos x \cosh y - i \sin x \sinh y$$

と書ける．同様に $\sin z$ についても

$$\sin z = \sin(x + iy) = \sin x \cosh y + i \cos x \sinh y$$

が成り立つ．特に，上の式で $x = 0$ とおくと

$$\cos(iy) = \cosh y, \quad \sin(iy) = i \sinh y$$

が得られる．

以上のように，実数の正弦余弦関数と複素数の正弦余弦関数はほとんと同じであるが，一つ大きな違いがある．実数の正弦余弦関数は下限が -1，上限が 1 である．しかし複素数の正弦余弦関数はいくらでも大きな値をとりうる．例えば，極限 $y \to \pm\infty$ では $\cos(iy) = (e^{-y} + e^{y})/2 \to \infty$ となる．

6.6.3　対数関数

実数の自然対数 $y = \ln x$ は，指数関数 $e^{y} = x$ の逆関数として定義される．**複素数の自然対数**も同じように定義することにしよう．つまり対数 $w = \ln z$ は，ゼロでない複素数 $z \neq 0$ に対して

$$e^{w} = z \tag{6.20}$$

をみたすような w であるとする．

対数 w を実部と虚部に分けて $w = u + iv$ とし，一方 $z = re^{i\theta} = |z|e^{i\theta}$ とおくと

$$e^{w} = e^{u+iv} = e^{u}e^{iv} = re^{i\theta}$$

からわかるように，

$$e^{u} = r = |z|, \quad つまり \quad u = \ln r = \ln |z|$$

および

$$v = \theta = \arg z$$

である．まとめると

$$w = \ln z = \ln r + i\theta = \ln |z| + i \arg z$$

である．

ところで，z の位相角を 2π の整数倍だけ変化させても z の値は変わらない．したがって，z の 1 つの値に対して無限個の w が対応する．つまり $w = \ln z$ は無限多価関数である．z の**主位相角**を θ_1 とすると，つまり区間 $0 \leq \theta < 2\pi$ にある位相角を θ_1 とすると，上の式は

$$\ln z = \ln |z| + i(\theta_1 + 2n\pi) \qquad (n = 0, \pm 1, \pm 2, \ldots) \qquad (6.21)$$

と書き直せる．それぞれの n の値に対応して，多価関数の分枝が 1 つずつある．n を固定しておけば自然対数は実質的に 1 価関数とみなせる．$n = 0$ に対応する分枝を**対数関数の主分枝**あるいは**主値**とよぶ．1 つの分枝に限れば，対数関数は解析的である．なぜなら，以下のようにして導関数が求められるからである．式 (6.20) を微分すると

$$\frac{dz}{dw} = e^w = z, \quad つまり \quad \frac{dw}{dz} = \frac{d\ln z}{z} = \frac{1}{z}$$

となる．つまり n を固定しておけば $z = 0$ を除くすべての z 平面上で $\ln z$ の導関数が存在する．

元々，実数の対数関数 $y = \ln x$ は定義域が $x > 0$ であった．対数関数を複素数に拡張しておくと，負の数の対数関数も以下の例のようにして計算できる．

例 6.10

-4 の対数関数を式 (6.21) に従って計算すると

$$\ln(-4) = \ln |-4| + i\arg(-4) = \ln 4 + i(\pi + 2n\pi)$$

となる．主値は $\ln 4 + i\pi$ という複素数である．このように，負の数の対数関数は複素数になる．逆に値域を実数に限ってしまうと定義域は $x > 0$ とならざるをえないのである．

6.6.4　双曲線関数

この節ではこれまでにいくつかの初等関数を取り上げた．最後に**複素数の双曲線関数**について手短かに述べる．複素数の双曲線関数は，指数関数を使って

$$\cosh z = \frac{1}{2}(e^z + e^{-z}), \qquad \sinh z = \frac{1}{2}(e^z - e^{-z})$$

と定義される．このほかの双曲線関数は，分母がゼロになる点を除いて

$$\tanh z = \frac{\sinh z}{\cosh z}, \qquad \coth z = \frac{\cosh z}{\sinh z}$$
$$\operatorname{sech} z = \frac{1}{\cosh z}, \qquad \operatorname{cosech} z = \frac{1}{\sinh z}$$

と定義される．

指数関数 e^z と e^{-z} はともに整関数なので，それから定義される $\cosh z$ と $\sinh z$ も

整関数である．$\tanh z$ と $\mathrm{sech}\, z$ の特異点は $\cosh z$ のゼロ点のみ，$\coth z$ と $\mathrm{cosech}\, z$ の特異点は $\sinh z$ のゼロ点のみで，それ以外の点では解析的である．

三角関数と同じように，双曲線関数の公式も実数と複素数で共通である（ただ x を z に置き換えればよい）．ここではこれ以上，詳しくは述べない．

6.7 複 素 積 分

複素積分は非常に重要な考え方である．応用上では，例えば実数関数の積分の多くは複素積分を使わないと計算できない．理論上も，解析関数に関する基本的な定理の証明が，複素積分を使うと非常に簡単化されることがある．

複素積分において最も基本的な定理はコーシーの**積分定理**である．この定理からコーシーの**積分公式**という重要な公式が導かれる．これらについてこの節で述べる．

6.7.1 複素平面上の線積分

実数関数の不定積分と同じように，複素関数の不定積分 $\int f(z)dz$ は，微分すると $f(z)$ になるような関数すべてを意味している．一方，実数関数の定積分を複素関数の定積分に拡張すると，複素平面上の曲線に沿った積分となる．これを具体的に調べるために，まず曲線を用意する．複素数 z をある実数パラメータ t によって変化させることにして $z(t) = x(t) + iy(t)$ と表す．パラメータ t は $a \leq t \leq b$ の範囲を動くものとする．t が a から b へと変化するにつれ，点 (x, y) は複素平面上で曲線を描く．この曲線上のすべての点で接線が存在するとき，この曲線は**滑らか**であるという．言い換えると，$a < t < b$ の範囲で dx/dt と dy/dt がともに連続で，しかも同時にゼロになることがないとき，$(x(t), y(t))$ で表される曲線は滑らかである．

この曲線に沿った複素積分は以下のようにして定義される．図 6.6 に示されているように，複素平面上に滑らかな曲線 C を考える．曲線 C の長さは有限とする（数学的には**求長可能曲線**という）．ある複素関数 $f(z)$ が曲線 C 上のすべての点で連続であるとする．曲線 C 上に任意に $z_1, z_2, \ldots, z_{n-1}$ という $n-1$ 個の点をとって曲線 C を n

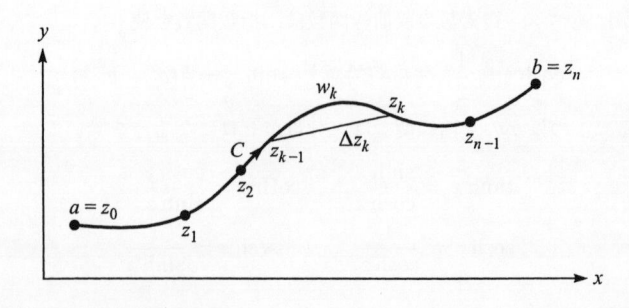

図 **6.6** 複素線積分の積分路．$z_0, z_1, \ldots, z_n$ で曲線を n 分割したところ．

分割する．なお，端の点を $a = z_0$ および $b = z_n$ と書くことにする．分割された n 個の部分のうち z_{k-1} と z_k ($k = 1, 2, \ldots, n$) を結ぶ部分を取り出す．この部分の上で任意の点 w_k を選ぶ（例えば $w_k = z_{k-1}$ でもよいし，$w_k = z_k$ でもよい）．他の部分でも同じように w_k を選び，

$$S_n = \sum_{k=1}^{n} f(w_k)\Delta z_k, \quad \text{ただし} \quad \Delta z_k = z_k - z_{k-1}$$

という和を計算する．

次に分割数 n を増やしてゆく．このとき，z_{k-1} と z_k によって分割された部分の直線距離 $|\Delta z_k|$ の最大値がゼロになるようにしておく．そのようにして $n \to \infty$ の極限をとったとき，和 S_n がある有限の極限値に収束したとする．この極限値が z_k や w_k の選び方にまったく依存しないとき，この極限値を複素関数 $f(z)$ の C に沿った積分とよび，

$$\int_C f(z)dz \quad \text{あるいは} \quad \int_a^b f(z)dz \tag{6.22}$$

と書く．この積分は**線積分**（曲線 C が**積分路**）とよばれることが多い．本によっては，C が閉じた曲線のとき（つまり端点 a と b が一致するとき）に限って**周回積分**とよんでいる．閉曲線に沿った周回積分を特に $\oint f(z)dz$ という記号で書く．

線積分の存在について，次の基本的な定理がある．すなわち C が区分的に滑らかで，かつ関数 $f(z)$ が連続なら，積分 $\int_C f(z)dz$ は存在する．以下ではこの定理を証明なしに使う．

複素関数を実部と虚部に分けて $f(z) = u(x,y) + iv(x,y)$ とおくと，複素線積分は実数の線積分に分解できて

$$\int_C f(z)dz = \int_C (u+iv)(dx+idy) = \int_C (udx - vdy) + i\int_C (vdx + udy) \tag{6.23}$$

となる．ここで積分路 C は開いていても閉じていてもよいが，いずれにしても積分の向きは指定しなければいけない．逆向きに積分すると積分値の符号が反転する．式 (6.23) から，複素積分は実平面上の曲線に沿った線積分に帰着することがわかる．したがって以下の性質がある：

(1) $\int_C [f(z) + g(z)]dz = \int_C f(z)dz + \int_C g(z)dz$,
(2) 定数 k に対して $\int_C kf(z)dz = k\int_C f(z)dz$ （k は実数でも複素数でもよい），
(3) $\int_a^b f(z)dz = -\int_b^a f(z)dz$,
(4) $\int_a^b f(z)dz = \int_a^m f(z)dz + \int_m^b f(z)dz$,
(5) C 上での $|f(z)|$ の最大値を M，C の長さを L とすると $|\int_C f(z)dz| \leq ML$.

最後の性質 (5) は，複素線積分の絶対値の上限が必要なときに大変役に立つ．そこで簡単に証明しておこう．複素線積分の定義に戻って

$$\int_C f(z)dz = \lim_{n \to \infty} \sum_{k=1}^{N} f(w_k)\Delta z_k$$

とする．右辺で極限をとる前の値の絶対値をとると

$$\left|\sum_{k=1}^{N} f(w_k)\Delta z_k\right| \leq \sum_{k=1}^{N} |f(w_k)||\Delta z_k| \leq M\sum_{k=1}^{N} |\Delta z_k| \leq ML$$

という上限値が得られる．なお，ここで以下の2つの事実を用いた．すなわち C 上のあらゆる点で $|f(z)| \leq M$ である；$|\Delta z_k|$ は z_{k-1} と z_k の間の直線距離なので，それらの和 $\sum |\Delta z_k|$ は最大で曲線 C の長さを越えない．さて上の式の両辺で $n \to \infty$ の極限をとれば性質 (5) が得られる．より一般に

$$\left|\int_C f(z)dz\right| \leq \int_C |f(z)||dz| \tag{6.24}$$

も証明できる．

例 6.11

点 $z=0$ と点 $z=1+2i$ を結んだ直線を積分路 C とする．このとき $\int_C (z^*)^2 dz$ を計算せよ．

解：まず被積分関数は

$$(z^*)^2 = (x-iy)^2 = x^2 - y^2 - 2xyi$$

と書き直せる．したがって式 (6.23) より

$$\int_C (z^*)^2 dz = \int_C [(x^2-y^2)dx + 2xydy] + i\int_C [-2xydx + (x^2-y^2)dy]$$

となる．ここで積分路 C の方程式は $y=2x$ である．つまり積分路 C 上では y を $2x$ に置き換えてよいので，これを上の式に代入すると

$$\int_C (z^*)^2 dz = \int_0^1 5x^2 dx + i\int_0^1 (-10x^2)dx = \frac{5}{3} - i\frac{10}{3}$$

となる．

例 6.12

積分路 C は中心 z_0，半径 r の円周上を反時計回りに積分するものとする．このとき

$$\int_C \frac{dz}{(z-z_0)^{n+1}}$$

を求めよ．なお n は整数とする．

解：$z-z_0 = re^{i\theta}$ とおく．積分路 C 上を1周するとき（図 6.7(a)），位相角 θ は 0 から 2π まで変化する．そこで $z-z_0 = re^{i\theta}$ を z から θ への変数変換と考えると

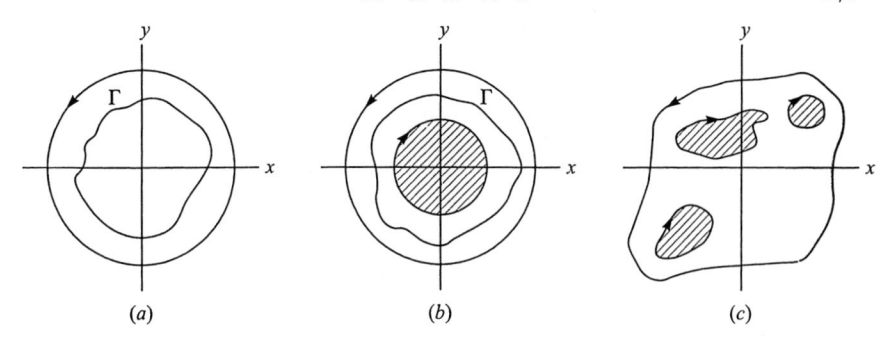

図 6.7 単連結領域 (a) および多重連結領域 (b) と (c). 多重連結領域には，斜線で示された穴が開いている．

$dz = rie^{i\theta}d\theta$ となる．よって求めたい積分は

$$\int_0^{2\pi} \frac{rie^{i\theta}d\theta}{r^{n+1}e^{i(n+1)\theta}} = \frac{i}{r^n}\int_0^{2\pi} e^{-in\theta}d\theta$$

となる．ここで $n = 0$ の場合は

$$i\int_0^{2\pi} d\theta = 2\pi i$$

となる．一方 $n \neq 0$ の場合は

$$\frac{i}{r^n}\int_0^{2\pi}(\cos n\theta - i\sin n\theta)d\theta = 0$$

のようにゼロになる．この結果は重要で，以下でも使うことになる．

6.7.2 コーシーの積分定理

コーシーの積分定理は，理論上も応用上もさまざまな形で利用される重要な定理である．ある**単連結領域**とその周縁 C で複素関数 $f(z)$ が解析的であるとき，

$$\oint_C f(z)dz = 0 \tag{6.25}$$

である．ここで「単連結領域」とは以下のような意味である．ある領域 R 内の任意の閉曲線を縮めていくと，領域 R の外に出ることなく1点に押し込められるとき，その領域 R を単連結であるという．要するに単連結領域には穴が開いていない（図 6.7(a)）．これに対して**多重連結領域**には，図 6.7 (b) と (c) のようにいくつかの穴が開いている．

コーシーの積分定理の厳密な証明は長々としており，本書の範囲を越えるので，ここでは証明の大筋を述べるにとどめる．式 (6.23) をさらに変形すると，周回積分はベクトル場 $\boldsymbol{A}$ と $\boldsymbol{B}$ を使って

$$\oint_C f(z)dz = \oint_C (udx - vdy) + i\oint_C (vdx + udy)$$
$$= \oint_C \boldsymbol{A}(\boldsymbol{r}) \cdot d\boldsymbol{r} + i\oint_C \boldsymbol{B}(\boldsymbol{r}) \cdot d\boldsymbol{r}$$

と表せる．ここでベクトル場は

$$\boldsymbol{A}(\boldsymbol{r}) = u\hat{e}_1 - v\hat{e}_2, \qquad \boldsymbol{B}(\boldsymbol{r}) = v\hat{e}_1 + u\hat{e}_2$$

とする．$\hat{e}_1$ と $\hat{e}_2$ は，それぞれ x 軸と y 軸方向の単位ベクトルである．ここで**ストークスの定理** (1.80) を使うと

$$\oint_C f(z)dz = \iint_R d\boldsymbol{a} \cdot (\nabla \times \boldsymbol{A} + i\nabla \times \boldsymbol{B})$$
$$= \iint_R dxdy \left[-\left(\frac{\partial v}{\partial x} + \frac{\partial u}{\partial y}\right) + i\left(\frac{\partial u}{\partial x} - \frac{\partial v}{\partial y}\right) \right]$$

と変形できる．ここで $\iint_R$ は，C で囲まれた領域 R での面積分である．また，$d\boldsymbol{a}$ は大きさが $dxdy$ で z 方向を向いたベクトルを表す．領域 R で $f(z)$ が解析的ならコーシー–リーマン条件をみたすので，上式の被積分関数は実部，虚部ともにゼロになる．こうして**コーシーの積分定理**が証明できた．

コーシーの定理は，以下のようにすれば多重連結領域においても成り立つ．簡単のため 2 重連結領域（図 6.8）を考えよう．この領域 R は 2 つの閉曲線 C_1 と C_2 に挟まれた領域とみなせる．複素関数 $f(z)$ が C_1，C_2 上，およびそれらに挟まれた領域 R 内のすべての点で解析的とする．図 6.8 のように領域 R に切れ目 AF を入れる．すると $ABDEAFGHFA$ で囲まれる領域は単連結領域である．したがってコーシーの定理が成り立ち，

$$\oint_C f(z)dz = \oint_{ABDEAFGHFA} f(z)dz = 0$$

である．左辺を分解すると

$$\int_{ABDEA} f(z)dz + \int_{AF} f(z)dz + \int_{FGHF} f(z)dz + \int_{FA} f(z)dz = 0$$

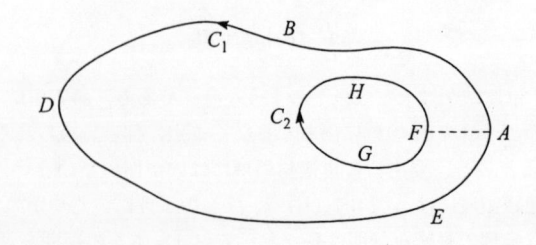

図 6.8 コーシーの定理は 2 重連結領域でも成り立つ．C_2 の内側に穴が開いていてもよい．

となる．ところが $\int_{AF} f(z)dz = -\int_{FA} f(z)dz$ である．したがって

$$\int_{ABDEA} f(z)dz + \int_{FGHF} f(z)dz = 0,$$

つまり

$$\oint_C f(z)dz = \oint_{C_1} f(z)dz + \oint_{C_2} f(z)dz \tag{6.26}$$

である．ここで C_1 と C_2 はともに「正の向き」に積分する．「正の向き」とは，領域 R を常に左に見ながら進む向きである．したがって，領域 R の外周 C_1 は反時計回りに，内周 C_2 は時計回りに積分することになる．

ところで，C_2 も反時計回りに積分すると

$$\oint_{C_1} f(z)dz - \oint_{C_2} f(z)dz = 0, \quad \text{つまり} \quad \oint_{C_1} f(z)dz = \oint_{C_2} f(z)dz$$

となる．これからわかるように，積分路 C_1 を変形して積分路 C_2 としても積分の値は変わらない．一般に，被積分関数が解析的な領域の中で積分路をどのように変形しても，積分値はまったく変化しない．図 6.9 のように解析的でない領域（斜線部の穴）や特異点（黒丸）を超えて積分路を変形することはできない．しかし図 6.9 の中央の図にあるように，同じ場所を逆向きに積分する部分は互いに打ち消し合う．その結果，元々の積分路が n 個の穴や特異点を囲んでいるとき，その積分は穴や特異点を取り囲む n 個の別々の積分路に沿った積分に置き換えられる．つまり，式 (6.26) を多重連結領域にも一般化して

$$\oint_C f(z)dz = \sum_{k=1}^{n} \oint_{C_k} f(z)dz$$

とできる．

コーシーの定理の逆は**モレラの定理**という．ここでは定理を述べるにとどめる．

> モレラの定理：単連結領域 R 内で $f(z)$ が連続で，かつ R 内のあらゆる単連結領域の周縁 C を積分路とする積分がゼロになるとき，関数 $f(z)$ は領域 R 内で解析的である．

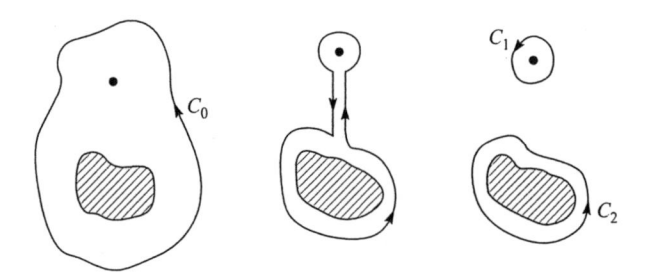

図 **6.9** 積分路を解析的でない領域や特異点のまわりを取り囲むように変形する．

例 6.13

単連結領域の周縁を C とする．周回積分 $\oint_C dz/(z-a)$ を次の 2 つの場合に計算せよ：(a) $z=a$ が積分路 C の外にあるとき；(b) $z=a$ が C の中にあるとき．

解：(a) 被積分関数は 1 位の極 $z=a$ だけが特異点である．$z=a$ が積分路 C の外にあるとき，積分路に囲まれた領域のいたるところで $f(z)=1/(z-a)$ は解析的である．したがってコーシーの定理より

$$\oint_C \frac{dz}{z-a} = 0$$

である．

(b) 点 $z=a$ が積分路 C の中にある場合，図 6.10 のように $z=a$ を中心とする半径 ε の円 Γ を考える．円 Γ が積分路 C の中に完全に入るように半径 ε を調節する．積分路 C と円 Γ で挟まれた領域では $f(z)$ は解析的である．よって式 (6.26) から

$$\oint_C \frac{dz}{z-a} = \oint_\Gamma \frac{dz}{z-a}$$

のように積分路を変更できる．円 Γ の周上では $|z-a|=\varepsilon$ つまり $z-a=\varepsilon e^{i\theta}$ である．そこで積分変数を z から θ へ変換すると $dz = i\varepsilon e^{i\theta} d\theta$ なので

$$\oint_\Gamma \frac{dz}{z-a} = \int_0^{2\pi} \frac{i\varepsilon e^{i\theta} d\theta}{\varepsilon e^{i\theta}} = i\int_0^{2\pi} d\theta = 2\pi i$$

と計算される．

6.7.3 コーシーの積分公式

コーシーの積分定理からはいくつかの重要な結果が導かれるが，そのうちの一つが**コーシーの積分公式**である．これは以下のような公式である：

単連結領域 R 内で複素関数 $f(z)$ は解析的であるとする．領域 R の中の任意の閉曲線 C をとり，点 $z=z_0$ が C に囲まれるとする．このとき

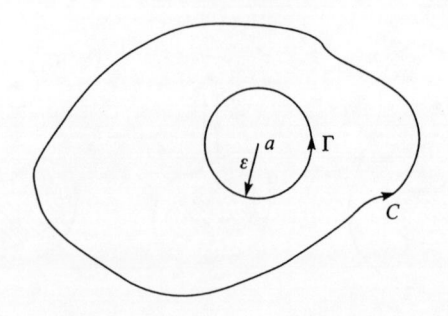

図 6.10 $z=a$ が積分路の内側にある場合，積分路を C から Γ に変更する．

6.7 複素積分

$$f(z_0) = \frac{1}{2\pi i} \oint_C \frac{f(z)}{z-z_0} dz \qquad (6.27)$$

が成り立つ．ただし積分路は正の向き（反時計回り）にまわるものとする．

この公式は以下のように証明できる．閉曲線 C の中で $z = z_0$ を中心とする半径 r の円 Γ をとる（図 6.11）．このとき式 (6.26) より

$$\oint_C \frac{f(z)}{z-z_0} dz = \oint_\Gamma \frac{f(z)}{z-z_0} dz$$

のように積分路を変更できる．円 Γ の周上では $|z-z_0| = r$ つまり $z - z_0 = re^{i\theta}$ ($0 \leq \theta < 2\pi$) である．そこで積分変数を z から θ へ変換すると $dz = ire^{i\theta}d\theta$ なので

$$\oint_\Gamma \frac{f(z)}{z-z_0} dz = \int_0^{2\pi} \frac{f(z_0+re^{i\theta})ire^{i\theta}}{re^{i\theta}} d\theta = i\int_0^{2\pi} f(z_0+re^{i\theta})d\theta$$

となる．さて，積分路 Γ が C の中に含まれている限りは Γ の半径 r はどんな値でもよい．よって極限 $r \to 0$ をとっても値は変わらないはずである．したがって

$$\oint_C \frac{f(z)}{z-z_0} dz = \lim_{r\to 0} i\int_0^{2\pi} f(z_0+re^{i\theta})d\theta$$
$$= i\int_0^{2\pi} \lim_{r\to 0} f(z_0+re^{i\theta})d\theta = i\int_0^{2\pi} f(z_0)d\theta = 2\pi i f(z_0)$$

と計算される．この結果から，コーシーの積分公式

$$f(z_0) = \frac{1}{2\pi i} \oint_C \frac{f(z)}{z-z_0} dz$$

が証明された．コーシーの積分公式は多重連結領域についても成り立つが，証明はここでは述べない．

コーシーの積分公式 (6.27) は，点 z_0 が閉曲線 C の内側のどこにあっても成り立つ式である．この点を強調するために z_0 を変数にして

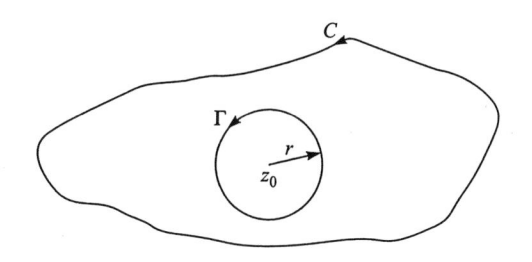

図 **6.11** コーシーの積分公式の証明．任意の閉曲線の内側に半径 r の円 Γ を用意する．

$$f(z) = \frac{1}{2\pi i} \oint_C \frac{f(z')}{z'-z} dz'$$

の形に書いておくと，公式として便利である．コーシーの積分公式は，次の例のように具体的に積分を計算する際に非常に便利である．

例 6.14

半径 1 の円を積分路 C とする．円の中心が (a) $z = i$ の場合と (b) $z = -i$ の場合のそれぞれについて $\oint_C e^z dz/(z^2+1)$ を計算せよ．

解：(a)　計算したい積分を

$$\oint_C \left(\frac{e^z}{z+i} \right) \frac{dz}{z-i}$$

と書き直す．するとコーシーの積分公式 (6.27) で $f(z) = e^z/(z+i)$, $z_0 = i$ とすればよいことがわかる．関数 $f(z)$ は $z = i$ を中心とする半径 1 の円の内部と周上のすべての点で解析的である．したがって積分公式 (6.27) から

$$\oint_C \left(\frac{e^z}{z+i} \right) \frac{dz}{z-i} = 2\pi i f(i) = 2\pi i \frac{e^i}{2i} = -\pi(\cos 1 + i \sin 1)$$

が答えである．

(b)　この場合は $f(z) = e^z/(z-i)$, $z_0 = -i$ とすればよい．上と同様にして

$$\oint_C \left(\frac{e^z}{z-i} \right) \frac{dz}{z+i} = -\pi(\cos 1 - i \sin 1)$$

が答えである．

6.7.4　導関数に対するコーシーの積分公式

コーシーの積分公式 (6.27) を使うと，解析関数 $f(z)$ の任意の次数の導関数が積分公式

$$f^{(n)}(z_0) = \frac{n!}{2\pi i} \oint_C \frac{f(z)}{(z-z_0)^{n+1}} dz \tag{6.28}$$

で与えられることを示せる（次ページ*2)）．ここで n は正の整数である．この公式は，任意の次数の導関数がさらに微分可能なことを示している．つまり解析関数の導関数はすべての次数で解析的である．

式 (6.28) は n に関する帰納法で証明できる．そこでまず $n = 1$ の場合

$$f'(z_0) = \frac{1}{2\pi i} \oint_C \frac{f(z)}{(z-z_0)^2} dz$$

について証明する．図 6.12 に示されるように，積分路 C で囲まれる領域 R の中に点 z_0 と $z_0 + h$ をとる．微分係数 $f'(z_0)$ は

6.7 複素積分

$$f'(z_0) = \lim_{h \to 0} \frac{f(z_0 + h) - f(z_0)}{h}$$

で定義される．コーシーの積分公式を使って右辺を変形すると

$$f'(z_0) = \lim_{h \to 0} \frac{f(z_0 + h) - f(z_0)}{h}$$
$$= \lim_{h \to 0} \frac{1}{2\pi i h} \oint_C \left\{ \frac{1}{z - (z_0 + h)} - \frac{1}{z - z_0} \right\} f(z) dz$$

となる．さて，右辺の被積分関数は

$$\frac{1}{h} \left[\frac{1}{z - (z_0 + h)} - \frac{1}{z - z_0} \right] = \frac{1}{(z - z_0)^2} + \frac{h}{(z - z_0 - h)(z - z_0)^2}$$

と変形できる．したがって

$$f'(z_0) = \frac{1}{2\pi i} \oint_C \frac{f(z)}{(z - z_0)^2} dz + \frac{1}{2\pi i} \lim_{h \to 0} h \oint_C \frac{f(z)}{(z - z_0 - h)(z - z_0)^2} dz$$

である．

右辺の第2項の $h \to 0$ での極限値がゼロであることを示せば，$n = 1$ の場合について証明したことになる．これを証明するために，z_0 を中心とする半径 δ の小円 Γ を描く（図 6.12）．$h \to 0$ の極限を考える際には $|h|$ が非常に小さくなるので，$|h| < \delta/2$ とおいてもよいだろう．このとき点 $z_0 + h$ も小円 Γ の中にある．すると右辺第2項の被積分関数は，積分路 C と小円 Γ で挟まれた領域では解析的なので，積分路を変更できて

$$\frac{1}{2\pi i} \lim_{h \to 0} h \oint_C \frac{f(z)}{(z - z_0 - h)(z - z_0)^2} dz = \frac{1}{2\pi i} \lim_{h \to 0} h \oint_\Gamma \frac{f(z)}{(z - z_0 - h)(z - z_0)^2} dz$$

となる．この右辺がゼロになることを示す．まず，新しい積分路 Γ 上では $|z - z_0| = \delta$

[*2)] 訳注：256 ページにおいて，解析関数が

$$f(z) = \sum_{k=0}^{\infty} \frac{f^{(k)}(z_0)}{k!} (z - z_0)^k$$

の形にテーラー展開できることが示される．この形に展開されることがわかれば，その係数として現れる微分係数が式 (6.28) で与えられることは，以下のように理解することもできる．まず準備として $(z - z_0)^n$ という関数を，$z = z_0$ を囲む積分路 C に沿って積分する．例 6.12 からわかるように，結果は

$$\oint_C (z - z_0)^n dz = 2\pi i \delta_{n,-1} = \begin{cases} 0 & (n \neq -1), \\ 2\pi i & (n = -1) \end{cases}$$

である．式 (6.28) に戻ると，

$$\oint_C \frac{f(z)}{(z - z_0)^{n+1}} dz = \sum_{k=0}^{\infty} \frac{f^{(k)}(z_0)}{k!} \oint_C (z - z_0)^{k-n-1} dz$$
$$= \sum_{k=0}^{\infty} 2\pi i \delta_{k-n-1,-1} \frac{f^{(k)}(z_0)}{k!} = 2\pi i \frac{f^{(n)}(z_0)}{n!}$$

である．つまり求めたい導関数の項を $z - z_0$ の -1 次にしてから積分するので式 (6.28) の形になるのである．

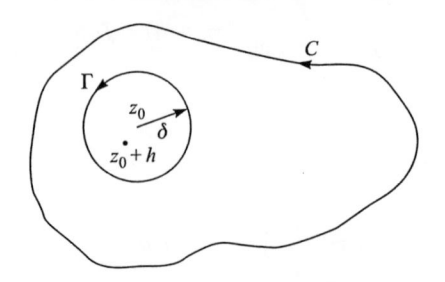

図 6.12 高階微分に対するコーシーの積分公式の証明.

である.また $|z-z_0-h| \geq |z-z_0|-|h| = \delta - |h| > \delta - \delta/2 = \delta/2$ が成り立つ.さらに $f(z)$ は積分路 Γ 上では解析的なので $|f(z)|$ は発散せず,有限の最大値が存在するはずである.これを M とすれば $|f(z)| \leq M$ である.最後に積分路 Γ の長さは $2\pi\delta$ である.以上を用いると,式 (6.24) の不等式から

$$\left|\frac{h}{2\pi i}\oint_\Gamma \frac{f(z)}{(z-z_0-h)(z-z_0)^2}dz\right| \leq \frac{|h|}{2\pi}\oint_\Gamma \frac{|f(z)|}{|z-z_0-h||z-z_0|^2}|dz|$$
$$\leq \frac{|h|}{2\pi}\frac{M}{(\delta/2)(\delta^2)}\oint_\Gamma |dz|$$
$$= \frac{|h|M}{\pi\delta^3}2\pi\delta = \frac{2|h|M}{\delta^2} \xrightarrow[h\to 0]{} 0$$

となる.これで式 (6.28) の $n=1$ の場合である

$$f'(z_0) = \frac{1}{2\pi i}\oint_C \frac{f(z)}{(z-z_0)^2}dz$$

が証明できた.

次に $n=2$ の場合を証明するには,$n=1$ の場合の式を用いて

$$\frac{f'(z_0+h)-f'(z_0)}{h} = \frac{1}{2\pi ih}\oint_C \left\{\frac{1}{(z-z_0-h)^2} - \frac{1}{(z-z_0)^2}\right\}f(z)dz$$
$$= \frac{2!}{2\pi i}\oint_C \frac{f(z)}{(z-z_0)^3}dz + \frac{h}{2\pi i}\oint_C \frac{3(z-z_0)-2h}{(z-z_0-h)^2(z-z_0)^3}f(z)dz$$

とする.両辺で極限 $h\to 0$ をとったときに右辺の第 2 項がゼロになることを示せば,式 (6.28) を $n=2$ の場合に証明したことになる.ゼロになることを示すのは $n=1$ の場合とほぼ同じである.積分路を C から Γ に変更し

$$\left|\frac{h}{2\pi i}\oint_\Gamma \frac{3(z-z_0)-2h}{(z-z_0-h)^2(z-z_0)^3}f(z)dz\right| = \frac{|h|}{2\pi}\frac{M}{(\delta/2)^2\delta^3}2\pi\delta = \frac{4|h|M}{\delta^4} \xrightarrow[h\to 0]{} 0$$

とする.なお M は積分路 Γ 上での $|[3(z-z_0)-2h]f(z)|$ の最大値とする.

同様にして,$n=3, 4, \ldots$ の場合を証明できる.一般に $f^{(n)}(z_0)$ に対する積分公式

を用いて $f^{(n+1)}(z_0)$ に対する積分公式を証明できるが，ここではこれ以上述べない．

導関数に対する式 (6.28) の積分公式は，以下の例のような形で積分の計算に利用できる．

例 6.15

積分
$$\oint_C \frac{e^{2z}}{(z+1)^4} dz$$
を計算せよ．なお，積分路 C は -1 を通過しない任意の閉曲線とする．以下の2つの場合が考えられる．まず閉曲線 C が -1 を囲まない場合，被積分関数は閉曲線上およびその内側で解析的である．この場合はコーシーの積分定理により積分値はゼロとなる．次に閉曲線 C の内側に点 -1 がある場合，導関数に対するコーシーの積分公式が利用できる．この場合に積分値を計算せよ．

解: 式 (6.28) において $f(z) = e^{2z}$ とすると
$$f^{(3)}(-1) = \frac{3!}{2\pi i} \oint_C \frac{e^{2z}}{(z+1)^4} dz$$
である．ここで $f^{(3)}(-1) = 8e^{-2}$ なので
$$\oint_C \frac{e^{2z}}{(z+1)^4} dz = \frac{2\pi i}{3!} f^{(3)}(-1) = \frac{8\pi}{3} e^{-2} i$$
が得られる．

6.8 解析関数の級数表示

以下で，**解析関数の級数表示**という非常に重要な概念を説明する．まず前提として複素級数の収束性を議論する必要がある．実数の級数に関する定義や定理は，ほとんど変更なしに複素数の級数にも適用できる．

6.8.1 複素数列

複素数列とは，正の整数 n に対して1つずつ複素数 z_n を対応させて番号づけした列
$$z_1, z_2, \ldots, z_n, \ldots$$
である．それぞれの複素数 z_n は数列の「項」とよばれる．例えば $i, i^2, \ldots, i^n, \ldots$ や $1+i, (1+i)/2, (1+i)/4, (1+i)/8, \ldots$ などが複素数列である．2つ目の複素数列では第 n 項は $(1+i)/2^{n-1}$ と表せる．

複素数列 $z_1, z_2, \ldots, z_n, \ldots$ が以下の条件をみたすとき，この数列は極限値 l に**収束する**という．その条件とは以下のとおり．まず任意の小さな正の数 $\varepsilon > 0$ を用意する．

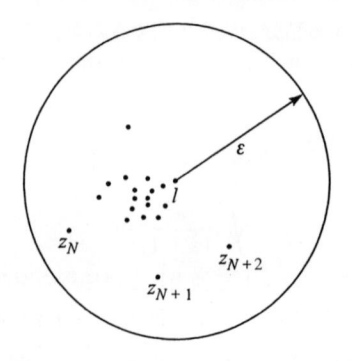

図 6.13 収束する複素数列. l を中心として半径 ε の円内に $z_N, z_{N+1}, \ldots$ がすべて入る.

ある正の数 N が存在して,それ以上のすべての整数 $n \geq N$ に対して $|z_n - l| < \varepsilon$ が成り立つ(図 6.13),つまりどのような ε に対してもそのような N が存在するというのが収束の条件である.このとき

$$\lim_{n \to \infty} z_n = l$$

と書く.言い換えると,$n \geq N$ の各項 z_n (つまり $z_N, z_{N+1}, z_{N+2}, \ldots$)が,$l$ を中心とする半径 ε の円の中にすべて入っているということである.一般には,N は ε に依存してもよい.以下の例で具体的に考えてみよう.

例 6.16

あらゆる z について $\lim_{n \to \infty}(1 + z/n) = 1$ であることを,極限値の定義を使って証明せよ.

解:任意の $\varepsilon > 0$ に対して

N より大きいすべての整数 n について $\left|1 + \dfrac{z}{n} - 1\right| < \varepsilon$ が成り立つ

という条件をみたすような数 N を見つければよい.上の不等式は

$$|z/n| < \varepsilon$$

だから,

$$N \equiv |z|/\varepsilon$$

とすれば $n > N$ に対して上の不等式がみたされる.よって $1 + z/n$ が 1 に収束することが証明できた.

複素数列の各項を実部と虚部に分けて $z_n = x_n + iy_n$ とすると，複素数列 $z_1, z_2, \ldots,$ z_n を 2 つの実数列 $x_1, x_2, \ldots, x_n$ と $y_1, y_2, \ldots, y_n$ に分けて考察できる．実部の数列が A に収束し，虚部の数列が B に収束するとき，複素数列 $z_1, z_2, \ldots, z_n$ は $A + iB$ に収束する．以下の例で具体的に考えてみよう．

例 6.17

ある複素数列の一般項が

$$z_n = \frac{n^2 - 2n + 3}{3n^2 - 4} + i\frac{2n - 1}{2n + 1}$$

で与えられたとする．実部と虚部に分けて $z_n = x_n + iy_n$ とすると

$$x_n = \frac{n^2 - 2n + 3}{3n^2 - 4} = \frac{1 - (2/n) + (3/n^2)}{3 - 4/n^2},$$

$$y_n = \frac{2n - 1}{2n + 1} = \frac{2 - 1/n}{2 + 1/n}$$

となる．極限 $n \to \infty$ において $x_n \to 1/3$, $y_n \to 1$ に収束するので，複素数列 z_n は $1/3 + i$ に収束する．

6.8.2 複 素 級 数

以下では各項が複素関数であるような級数

$$f_1(z) + f_2(z) + f_3(z) + \cdots + f_n(z) + \cdots \tag{6.29}$$

を考える．最初の n 項だけの和を級数 (6.29) の**第 n 部分和**とよび，

$$S_n(z) = f_1(z) + f_2(z) + f_3(z) + \cdots + f_n(z)$$

という記号で表す．第 $n + 1$ 項以降の和を，第 n 部分和に対する級数 (6.29) の**剰余**という．

無限級数 (6.29) に対して，その部分和の数列 $S_1, S_2, \ldots$ を考えよう．この部分和の数列が収束するとき，**級数 (6.29) が収束する**という．逆に部分和の数列が収束しないとき，つまり数列が発散するとき，**級数が発散**するという．数学的に厳密にいうと，級数 (6.29) は以下の条件のときに領域 R で級数和 $S(z)$ に収束するという．その条件とは，領域 R 内の点 z を固定したときに，任意の $\varepsilon > 0$ に対して次のような整数 N が存在するというものである（なお，N は一般には ε に依存してもよい）．あらゆる整数 $n > N$ について

$$|S_n(z) - S(z)| < \varepsilon$$

が成り立つ．このとき

$$\lim_{n \to \infty} S_n(z) = S(z)$$

と書ける．部分和と級数和の差 $R_n(z) \equiv S(z) - S_n(z)$ は，第 $n+1$ 項以降の剰余である．級数が収束するためには $n \to \infty$ で $|R_n(z)| \to 0$ でなければならない．

級数 (6.29) の各項の絶対値の級数

$$|f_1(z)| + |f_2(z)| + |f_3(z)| + \cdots + |f_n(z)| + \cdots$$

が収束するとき，級数 (6.29) は**絶対収束**するという．級数 (6.29) が収束するが絶対収束しないとき，**条件収束**するという．絶対収束する級数では，項の順序を入れ換えて足し算の順番を変えても級数の値は決して変わらない．それに対して，条件収束する級数では項の順序を変えると級数の値が変わることがあるだけでなく，級数が発散に転じてしまうこともある．

複素数列と同様に，複素級数も実部と虚部に分けて 2 つの実数級数として扱える．級数の収束性の定義を用いると，次の定理を比較的容易に証明できる．

級数
$$f_1(z) + f_2(z) + f_3(z) + \cdots + f_n(z) + \cdots$$
が収束するための必要十分条件は，各項の実部の級数と虚部の級数

$$\sum_{n=1}^{\infty} \mathrm{Re}\, f_n \quad \text{および} \quad \sum_{n=1}^{\infty} \mathrm{Im}\, f_n$$

がいずれも収束することである．さらに，上の 2 つの級数がそれぞれ $R(z)$ と $I(z)$ に収束するなら，もとの級数 $f_1(z) + f_2(z) + f_3(z) + \cdots + f_n(z) + \cdots$ は $R(z) + iI(z)$ に収束する．

無限級数が収束するかどうかを判定する方法はいくつかあるが，おそらく最も有用なのは，よく知られた比検定であろう．**比検定**は実数級数だけでなく複素数の級数にも適用できる．

6.8.3 比 検 定

以下の条件が成り立つとき，級数 $f_1(z) + f_2(z) + f_3(z) + \cdots + f_n(z) + \cdots$ は絶対収束する：

$$0 < |r(z)| \equiv \lim_{n \to \infty} \left| \frac{f_{n+1}(z)}{f_n(z)} \right| < 1 \tag{6.30}$$

逆に $|r(z)| > 1$ なら級数は発散する．ちょうど $|r(z)| = 1$ のときには，この方法からは収束か発散かを知ることはできない．

例 6.18

複素級数

$$S = \sum_{n=0}^{\infty}(2^{-n} + ie^{-n}) = \sum_{n=0}^{\infty} 2^{-n} + i\sum_{n=0}^{\infty} e^{-n}$$

が収束するかどうかを調べよう．実部と虚部の級数についてそれぞれ比検定を適用すると

$$\lim_{n\to\infty}\left|\frac{2^{-(n+1)}}{2^{-n}}\right| = \frac{1}{2} < 1,$$

$$\lim_{n\to\infty}\left|\frac{e^{-(n+1)}}{e^{-n}}\right| = \frac{1}{e} < 1$$

となり，いずれも収束する．したがって複素級数 S も収束する．実部と虚部の級数値をそれぞれ求めて，

$$S = \frac{1}{1-1/2} + i\frac{1}{1-e^{-1}} = 2 + i\frac{e}{e-1}$$

が複素級数の収束値であることが示せる．

6.8.4 一様収束とワイエルシュトラスの M 検定法

数列を項別積分したり項別微分したりできるための条件を求めるには，**一様収束**という概念が必要になる．

> ある領域 R（開領域でも閉領域でもよい）において以下の条件が成り立つとき，関数の級数が極限関数 $S(z)$ に一様収束するという．その条件とは，任意の ε に対して次の不等式をみたす整数 N が存在する．ただし N は ε に依存してもよいが，z に依存してはならない．不等式とは
>
> すべての整数 $n > N$ に対して　$|S(z) - S_n(z)| < \varepsilon$
>
> である．なお，S_n は第 n 項までの部分和である．

つまり領域内のすべての点 z において同じように収束するのが一様収束である．一様収束するかどうかを判定する方法の一つに**ワイエルシュトラスの M 検定法**がある．これは一様収束するための十分条件である．

> 以下の条件をみたす正の定数の数列 $\{M_n\}$ が存在し，かつ級数
>
> $$M_1 + M_2 + \cdots + M_n + \cdots$$
>
> が収束するとき，関数の級数
>
> $$f_1(z) + f_2(z) + f_3(z) + \cdots + f_n(z) + \cdots$$
>
> は領域 R において一様収束する．数列 $\{M_n\}$ がみたすべき条件とは，あらゆる正の整数 n に対して，また領域 R の中のすべての点 z に対して $|f_n(z)| < M_n$ が成り立つことである．

例として級数
$$\sum_{n=1}^{\infty} u_n(z) = \sum_{n=1}^{\infty} \frac{z^n}{n\sqrt{n+1}}$$
の $|z| \leq 1$ における一様収束性を判定してみよう．級数の各項の絶対値は，$|z| \leq 1$ において
$$|u_n(z)| = \frac{|z|^n}{n\sqrt{n+1}} \leq \frac{1}{n^{3/2}}$$
で抑えられる．そこで $M_n = 1/n^{3/2}$ とおく．無限級数 $\sum M_n$ は指数 3/2 のリーマンのツェータ関数で，収束することがわかっている．したがってワイエルシュトラスの M 判定法より，問題の級数は $|z| \leq 1$ で一様収束（かつ絶対収束）する．

6.8.5 べき級数とテーラー級数

べき級数は複素解析において最も重要な道具の一つである．収束半径（以下に定義する）がゼロでないべき級数は解析関数だからである．例えばべき級数
$$S = \sum_{n=0}^{\infty} a_n z^n \tag{6.31}$$
は，収束する限りは明らかに解析関数である．したがって絶対収束するかどうかだけが問題となる．そこで比判定法を適用すると，
$$\lim_{n \to \infty} \left| \frac{a_{n+1} z^{n+1}}{a_n z^n} \right| < 1 \quad \text{つまり} \quad |z| < R \equiv \lim_{n \to \infty} \frac{|a_n|}{|a_{n+1}|}$$
のとき，級数 (6.31) は絶対収束する．ここで R を収束半径とよぶ．原点を中心とするちょうど半径 R の円の内側のすべての点で級数 (6.31) が収束するからである．同様に，級数
$$S = \sum_{n=0}^{\infty} a_n (z - z_0)^n$$
は z_0 を中心とする半径 R の円の内側で絶対収束する．

　式 (6.31) はちょうど原点のまわりの**テーラー展開**になっていることに注意しよう．このテーラー展開で与えられる関数の，原点における n 階の微分係数は $f^{(n)}(0) = a_n n!$ である．つまり式 (6.31) はそのような関数の定義になっている．無限個の係数 $\{a_n\}$ の選び方によって，さまざまな微分係数をもった関数を定義できる．もちろん原点ではなく $z = z_0$ のまわりにテーラー展開することも可能である．

　テーラー（B. Taylor, 1685–1731, イギリスの数学者）の定理によると，複素解析においてはすべての解析関数に対して少なくとも 1 つのテーラー展開が対応している．

　　単純閉曲線 C が囲む領域 R 全面において，関数 $f(z)$ は解析的とする．また点 z と a はともに閉曲線 C の中にあるとする．このとき関数 $f(z)$ は点 a

6.8 解析関数の級数表示

のまわりでテーラー展開できて,

$$f(z) = f(a) + f'(a)(z-a) + f''(a)\frac{(z-a)^2}{2!} + \cdots$$
$$+ f^{(n)}(a)\frac{(z-a)^n}{n!} + R_n \tag{6.32}$$

となる．ここで残差（剰余）R_n は

$$R_n(z) = (z-a)^{n+1}\frac{1}{2\pi i}\oint_C \frac{f(w)dw}{(w-a)^{n+1}(w-z)}$$

で与えられる．

以下の証明では，簡単のため C を点 a を中心とした円とする．$f(z)$ が解析的な領域で積分路 C は自由に変形できるので，最終的には円である必要はない．まずコーシーの積分公式 (6.27) を

$$f(z) = \frac{1}{2\pi i}\oint_C \frac{f(w)dw}{w-z} = \frac{1}{2\pi i}\oint_C \frac{f(w)}{w-a}\left[\frac{1}{1-(z-a)/(w-a)}\right]dw \tag{6.33}$$

と書き直す．積分変数の点 w は円周 C 上にあり，一方 z は円周内にあるので

$$\left|\frac{z-a}{w-a}\right| < 1$$

が成り立つ．この不等式は後で使うので記憶に留めておいていただきたい．ところで等比級数の公式から

$$1 + q + q^2 + \cdots + q^n = \frac{1-q^{n+1}}{1-q} = \frac{1}{1-q} - \frac{q^{n+1}}{1-q}$$

となるので

$$\frac{1}{1-q} = 1 + q + q^2 + \cdots + q^n + \frac{q^{n+1}}{1-q}$$

が得られる．ここで $q = (z-a)/(w-a)$ とおくと式 (6.33) の被積分関数は

$$\frac{1}{1-[(z-a)/(w-a)]} = 1 + \frac{z-a}{w-a} + \left(\frac{z-a}{w-a}\right)^2 + \cdots + \left(\frac{z-a}{w-a}\right)^n$$
$$+ \frac{[(z-a)/(w-a)]^{n+1}}{(w-z)/(w-a)}$$

と書き直せる．式 (6.33) の積分に関しては z と a は定数なので，$z-a$ のべき乗は積分の外に出せる．したがって式 (6.33) は

$$f(z) = \frac{1}{2\pi i}\oint_C \frac{f(w)dw}{w-a} + \frac{z-a}{2\pi i}\oint_C \frac{f(w)dw}{(w-a)^2} + \cdots$$
$$+ \frac{(z-a)^n}{2\pi i}\oint_C \frac{f(w)dw}{(w-a)^2n+1} + R_n(z)$$

となる．ただし
$$R_n(z) = (z-a)^{n+1} \frac{1}{2\pi i} \oint_C \frac{f(w)dw}{(w-a)^{n+1}(w-z)}$$
である．公式 (6.28) を使うと
$$f(z) = f(a) + \frac{z-a}{1!}f'(a) + \frac{(z-a)^2}{2!}f''(a) + \cdots + \frac{(z-a)^n}{n!}f^{(n)}(a) + R_n(z)$$
と書ける．

この展開が収束する必要十分条件は $\lim_{n \to \infty} R_n(z) = 0$ である．この条件は簡単に証明できる．まず，点 w は円周 C 上にあり，点 z は C の中にあるので $|w-z| > 0$ であることに注意する．関数 $f(z)$ は C 内および C 上で解析的なので，C 上のすべての w に対して $f(z)/(w-z)$ の絶対値は
$$\left|\frac{f(w)}{w-z}\right| < M$$
のように抑えられる．ここで M は適当な正の数である．円周 C の半径を r とすると $|w-a| = r$ であり，また C の長さは $2\pi r$ である．したがって
$$\begin{aligned}|R_n| &= \frac{|z-a|^{n+1}}{2\pi}\left|\oint_C \frac{f(w)dw}{(w-a)^{n+1}(w-z)}\right| \\ &\leq \frac{|z-a|^{n+1}}{2\pi}\oint_C \left|\frac{f(w)}{(w-a)^{n+1}(w-z)}\right||dw| \\ &< \frac{|z-a|^{n+1}}{2\pi}M\frac{1}{r^{n+1}}2\pi r = Mr\left|\frac{z-a}{r}\right|^{n+1} \overset{n \to \infty}{\to} 0\end{aligned}$$
である．これで証明が完成した．

以上から，点 a を中心として $f(z)$ が解析的な任意の円内において
$$f(z) = f(a) + f'(a)(z-a) + f''(a)\frac{(z-a)^2}{2!} + \cdots + f^{(n)}(a)\frac{(z-a)^{n-1}}{n!} + \cdots$$
と展開できることがわかった．これを関数 $f(z)$ の a のまわりの**テーラー級数**という．特に $a = 0$ の場合を**マクローリン級数**とよぶ．マクローリン（C. Maclaurin, 1968–1746）はスコットランドの数学者である．

点 a を中心として $f(z)$ が解析的な領域で描ける最大の円を，$f(z)$ の収束円という．$f(z)$ のテーラー級数は収束円の内側のすべての点で $f(z)$ に収束し，その外側では必ず発散する．

6.8.6　初等関数のテーラー級数

複素関数のテーラー級数は，よく知られている実関数のテーラー級数とほとんど同じである．実関数のテーラー級数の変数を複素変数に置き換えるだけで，実関数を複素平

面に「解析接続」できる．以下にいくつかの初等関数のテーラー級数をあげる．なお，多価関数の場合は主値のテーラー級数である：

$$e^z = \sum_{n=0}^{\infty} \frac{z^n}{n!} = 1 + z + \frac{z^2}{2!} + \cdots \qquad (|z| < \infty),$$

$$\sin z = \sum_{n=0}^{\infty} (-1)^n \frac{z^{2n+1}}{(2n+1)!} = z - \frac{z^3}{3!} + \frac{z^5}{5!} - \cdots \qquad (|z| < \infty),$$

$$\cos z = \sum_{n=0}^{\infty} (-1)^n \frac{z^{2n}}{(2n)!} = 1 - \frac{z^2}{2!} + \frac{z^4}{4!} - \cdots \qquad (|z| < \infty),$$

$$\sinh z = \sum_{n=0}^{\infty} \frac{z^{2n+1}}{(2n+1)!} = z + \frac{z^3}{3!} + \frac{z^5}{5!} + \cdots \qquad (|z| < \infty),$$

$$\cosh z = \sum_{n=0}^{\infty} \frac{z^{2n}}{(2n)!} = 1 + \frac{z^2}{2!} + \frac{z^4}{4!} + \cdots \qquad (|z| < \infty),$$

$$\ln(1+z) = \sum_{n=1}^{\infty} (-1)^{n+1} \frac{z^n}{n} = z - \frac{z^2}{2} + \frac{z^3}{3} - \cdots \qquad (|z| < 1).$$

例 6.19
関数 $f(z) = (1-z)^{-1}$ を $z = a$ のまわりで展開せよ．

解：
$$\frac{1}{1-z} = \frac{1}{(1-a)-(z-a)} = \frac{1}{1-a} \frac{1}{1-(z-a)/(1-a)}$$
$$= \frac{1}{1-a} \sum_{n=0}^{\infty} \left(\frac{z-a}{1-a}\right)^n.$$

以上で，解析関数が

(1) 何度でも微分できる．
(2) 常にテーラー級数で表せる．

という驚くべき性質を併せもっていることがわかった．一般の実関数については2つの性質が同時に成り立つとは限らない．何度でも微分できるが，べき級数では表せないという実関数は存在する．

例 6.20
関数 $f(z) = \ln(1+z)$ を $z = a$ のまわりで展開せよ．

解： $f(z)$ を $z = 0$ のまわりに展開したマクローリン級数は知っているものとする．すると

$$\ln(1+z) = \ln(1+a+z-a) = \ln(1+a)\left(1+\frac{z-a}{1+a}\right)$$
$$= \ln(1+a) + \ln\left(1+\frac{z-a}{1+a}\right)$$
$$= \ln(1+a) + \left(\frac{z-a}{1+a}\right) - \frac{1}{2}\left(\frac{z-a}{1+a}\right)^2 + \frac{1}{3}\left(\frac{z-a}{1+a}\right)^3 - \cdots$$

が得られる．

例 6.21

多価関数 $f(z) = \ln(1+z)$ の $f(0) = 0$ の分枝を考える．
(a) 関数 $f(z)$ を $z = 0$ のまわりのテーラー級数で表し，その収束領域を求めよ．
(b) $\ln[(1+z)/(1-z)]$ を $z = 0$ のまわりのテーラー級数で表せ．

解：(a) 導関数と $z = 0$ における高階の微分係数は以下のとおり：

$$f(z) = \ln(1+z) \qquad\qquad f(0) = 0,$$
$$f'(z) = (1+z)^{-1} \qquad\qquad f'(0) = 1,$$
$$f''(z) = -(1+z)^{-2} \qquad\qquad f''(0) = -1,$$
$$f'''(z) = 2(1+z)^{-3} \qquad\qquad f'''(0) = 2!,$$
$$\vdots$$
$$f^{(n+1)}(z) = (-1)^n n!(1+z)^{-(n+1)} \qquad f^{(n+1)}(0) = (-1)^n n!.$$

したがって
$$f(z) = \ln(1+z) = f(0) + f'(0)z + \frac{f''(0)}{2!}z^2 + \frac{f'''(0)}{3!}z^3 + \cdots$$
$$= z - \frac{z^2}{2} + \frac{z^3}{3} - \frac{z^4}{4} + \cdots$$

である．つまり一般に第 n 項は $u_n = (-1)^{n+1} z^n/n$ となる．収束性を調べるために比判定法を使うと
$$\lim_{n\to\infty}\left|\frac{u_{n+1}}{u_n}\right| = \lim_{n\to\infty}\left|\frac{nz}{n+1}\right| = |z|$$

となる．したがって上のテーラー級数は $|z| < 1$ のときに絶対収束する．

(b) $\ln[(1+z)/(1-z)] = \ln(1+z) - \ln(1-z)$ である．$\ln(1+z)$ のテーラー級数において z を $-z$ に置き換えると
$$\ln(1-z) = -z - \frac{z^2}{2} - \frac{z^3}{3} - \frac{z^4}{4} - \cdots$$

となる．$\ln(1+z)$ の展開から $\ln(1-z)$ の展開を引くと

$$\ln\frac{1+z}{1-z} = 2\left(z + \frac{z^3}{3} + \frac{z^5}{5} + \cdots\right) = \sum_{n=0}^{\infty} \frac{2z^{2n+1}}{2n+1}$$

が得られる．

6.8.7　ローラン級数

複素関数の応用において，非解析的な点のまわりで関数を展開する必要のある場合が多い．テーラー級数は解析的な点のまわりの展開にしか使えない．非解析的な点のまわりではローラン級数とよばれる新たな展開が必要になる．以下では，図 6.14 で示されるような領域で関数 $f(z)$ の展開を考える．つまり a を中心とする同心円 C_1 と C_2 で挟まれる環状の領域，および C_1 と C_2 の上のすべての点で，関数 $f(z)$ は 1 価で解析的とする．C_1 の外側と C_2 の内側には特異点があってもよいことにする．

ローラン（H. Laurent, 1841–1908, フランスの数学者）は以下の定理を証明した．図 6.14 のような円環上で，関数 $f(z)$ は

$$f(z) = \sum_{n=-\infty}^{\infty} a_n(z-a)^n \tag{6.34}$$

と展開できる．ここで展開係数は

$$a_n = \frac{1}{2\pi i}\oint_C \frac{f(w)dw}{(w-a)^{n+1}} \qquad (n=0, \pm 1, \pm 2, \ldots) \tag{6.35}$$

で与えられる（次ページ*3)）．積分路 C は同心円 C_1 と C_2 で挟まれる領域の中を，中央の穴を囲みながら反時計回りにまわる曲線とする（つまり C は C_1 と C_2 に挟まれる任意の閉曲線とすればよい）．

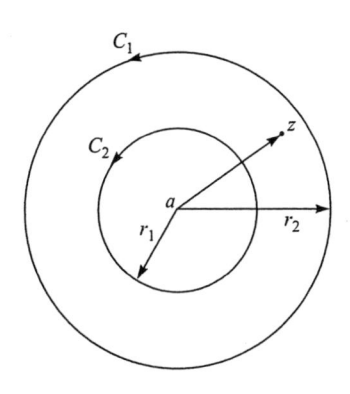

ローランの定理は以下のように証明できる．円環上の点 z においては，コーシーの積

図 6.14　ローランの定理．C_2 の内側に特異点があるような場合に，C_1 と C_2 で挟まれた円環上で関数を展開する．

分公式 (6.27) により関数 $f(z)$ は

$$f(z) = \frac{1}{2\pi i} \oint_{C_1} \frac{f(w)dw}{w-z} + \frac{1}{2\pi i} \oint_{C_2} \frac{f(w)dw}{w-z}$$

と表される．ここで，図 6.8 に示したように，外側の円 C_1 は反時計回りに，内側の円 C_2 は時計回りにまわる．図 6.14 のように内側の積分路も反時計回りにまわることにすると，第 2 項の符号を変えて

$$f(z) = \frac{1}{2\pi i} \oint_{C_1} \frac{f(w)dw}{w-z} - \frac{1}{2\pi i} \oint_{C_2} \frac{f(w)dw}{w-z}$$

となる．さてここで第 1 項と第 2 項の被積分関数をそれぞれ

$$\frac{1}{w-z} = \frac{1}{w-a}\frac{1}{1-(z-a)/(w-a)}$$

$$-\frac{1}{w-z} = \frac{1}{z-w} = \frac{1}{z-a}\frac{1}{1-(w-a)/(z-a)}$$

と書き直す．つまり

$$\begin{aligned}f(z) &= \frac{1}{2\pi i} \oint_{C_1} \frac{f(w)dw}{w-z} - \frac{1}{2\pi i} \oint_{C_2} \frac{f(w)dw}{w-z} \\ &= \frac{1}{2\pi i} \oint_{C_1} \frac{f(w)}{w-a}\frac{1}{1-(z-a)/(w-a)}dw \\ &\quad + \frac{1}{2\pi i} \oint_{C_2} \frac{f(w)}{z-a}\frac{1}{1-(w-a)/(z-a)}dw\end{aligned}$$

---

*3) 訳注：式 (6.34) の形に展開されることがわかれば，その係数が式 (6.35) で与えられることは，以下のように理解することもできる．まず準備として $(z-a)^n$ という関数を，$z=a$ を囲む積分路 C に沿って積分する．例 6.12 からわかるように，結果は

$$\oint_C (z-a)^n dz = 2\pi i \delta_{n,-1} = \begin{cases} 0 & (n \neq -1), \\ 2\pi i & (n = -1) \end{cases}$$

である．式 (6.34) に戻ると，

$$\oint_C f(z)dz = \sum_{n=-\infty}^{\infty} a_n \oint_C (z-a)^n dz = \sum_{n=-\infty}^{\infty} a_n (2\pi i \delta_{n,-1}) = 2\pi i a_{-1}$$

である．これが式 (6.35) の $n = -1$ の場合に相当する．もし a_3 を求めたければ，式 (6.34) の展開を $(z-a)^4$ で割って

$$\frac{f(z)}{(z-a)^4} = \sum_{n=-\infty}^{\infty} a_n (z-a)^{n-4}$$

とする．こうすれば $(z-a)^{-1}$ の係数が a_3 となるからである．つまり

$$\oint_C \frac{f(z)}{(z-a)^4} dz = \sum_{n=-\infty}^{\infty} a_n \oint_C (z-a)^{n-4} dz = \sum_{n=-\infty}^{\infty} a_n (2\pi i \delta_{n-4,-1}) = 2\pi i a_3$$

となる．まとめると，求めたい係数の項を $z-a$ の -1 次にしてから積分するので式 (6.35) の形になるのである．

6.8 解析関数の級数表示

となる．ここで
$$\frac{1}{1-q} = 1 + q + q^2 + \cdots + q^{n-1} + \frac{q^n}{1-q}$$
という恒等式を使って，第1項，第2項の被積分関数の2つ目の分数を展開すると，

$$f(z) = \frac{1}{2\pi i} \oint_{C_1} \frac{f(w)}{w-a} \left[1 + \frac{z-a}{w-a} + \cdots + \left(\frac{z-a}{w-a}\right)^{n-1} \right.$$
$$\left. + \frac{(z-a)^n/(w-a)^n}{1-(z-a)/(w-a)} \right] dw$$
$$+ \frac{1}{2\pi i} \oint_{C_2} \frac{f(w)}{z-a} \left[1 + \frac{w-a}{z-a} + \cdots + \left(\frac{w-a}{z-a}\right)^{n-1} \right.$$
$$\left. + \frac{(w-a)^n/(z-a)^n}{1-(w-a)/(z-a)} \right] dw$$
$$= \frac{1}{2\pi i} \oint_{C_1} \frac{f(w)dw}{w-a} + \frac{z-a}{2\pi i} \oint_{C_1} \frac{f(w)dw}{(w-a)^2} + \cdots$$
$$+ \frac{(z-a)^{n-1}}{2\pi i} \oint_{C_1} \frac{f(w)dw}{(w-a)^n} + R_{n1}$$
$$+ \frac{1}{2\pi i(z-a)} \oint_{C_2} f(w)dw + \frac{1}{2\pi i(z-a)^2} \oint_{C_2} (w-a)f(w)dw + \cdots$$
$$+ \frac{1}{2\pi i(z-a)^n} \oint_{C_2} (w-a)^{n-1} f(w)dw + R_{n2}$$

と変形される．ここで
$$R_{n1} = \frac{(z-a)^n}{2\pi i} \oint_{C_1} \frac{f(w)dw}{(w-a)^n(w-z)}$$
$$R_{n2} = \frac{1}{2\pi i(z-a)^n} \oint_{C_2} \frac{(w-a)^n f(w)dw}{z-w}$$
である．

これを証明したい式 (6.34) および式 (6.35) と見比べると，R_{n1} と R_{n2} の和が級数の残差であることがわかる．そこで $\lim_{n\to\infty} R_{n1} = 0$ と $\lim_{n\to\infty} R_{n2} = 0$ を証明すれば，ローランの定理を証明できたことになる．前者の $\lim_{n\to\infty} R_{n1} = 0$ は，テーラー級数の導出のところですでに証明されている．後者の $\lim_{n\to\infty} R_{n2} = 0$ を証明するには，w が C_2 上にあり，z は C_2 の上か外側にあることに注意する．すると

$$|w-a| = r_1, \quad |z-a| = \rho \quad \text{とおくと} \quad |z-w| = |(z-a)-(w-a)| \geq \rho - r_1$$

という不等式が成り立つ．また，円周 C_2 上での関数の絶対値の最大値を M とする．つまり
$$|f(w)| \leq M$$

である．以上から

$$|R_{n2}| = \left| \frac{1}{2\pi i (z-a)^n} \oint_{C_2} \frac{(w-a)^n f(w) dw}{z-w} \right|$$

$$\leq \frac{1}{|2\pi i||z-a|^n} \oint_{C_2} \frac{|w-a|^n |f(w)||dw|}{|z-w|}$$

すなわち

$$|R_{n2}| \leq \frac{r_1^n M}{2\pi \rho^n (\rho - r_1)} \oint_{C_2} |dw| = \frac{M}{2\pi} \left(\frac{r_1}{\rho}\right)^n \frac{2\pi r_1}{\rho - r_1}$$

で抑えられる．ここで $r_1/\rho < 1$ なので，上の不等式の右辺は $n \to \infty$ でゼロに収束する．以上から $\lim_{n\to\infty} R_{n2} = 0$ を証明できた．結局，

$$f(z) = \frac{1}{2\pi i} \oint_{C_1} \frac{f(w)dw}{w-a} + \left[\frac{1}{2\pi i} \oint_{C_1} \frac{f(w)dw}{(w-a)^2}\right](z-a)$$
$$+ \left[\frac{1}{2\pi i} \oint_{C_1} \frac{f(w)dw}{(w-a)^3}\right](z-a)^2 + \cdots$$
$$+ \left[\frac{1}{2\pi i} \oint_{C_2} f(w)dw\right] \frac{1}{z-a}$$
$$+ \left[\frac{1}{2\pi i} \oint_{C_2} (w-a)f(w)dw\right] \frac{1}{(z-a)^2} + \cdots$$

という無限級数が得られる．最後に，$f(z)$ は C_1 と C_2 で囲まれた領域では解析的なので，その範囲では積分路 C_1 と C_2 を自由に変更できる（ただし C_1 が C_2 を囲むようにしなければならない）．こうして式 (6.35) の係数が得られる．以上でローランの定理の証明が終わった．

ローラン級数のうちで $z-a$ の正のべき乗の項の係数は式 (6.28) の右辺と同じ形をしているが，テーラー級数のように

$$\frac{f^{(n)}(a)}{n!}$$

で置き換えることはできない点に注意していただきたい．C_2 の内側（つまり C の内側）の全域では $f(z)$ が解析的ではない．したがって $f^{(n)}(a)$ が存在せず，コーシーの一般化された積分公式 (6.28) を使うことはできないのである．

現実には，関数のローラン展開は式 (6.34) から求めるより，関数の性質を使って式変形することが多い．特に多項式の商の形の関数の場合，いくつかの部分分数に展開してから分母を2項定理で展開する方が簡単なことが多い．ご存知とは思うが，2項展開

$$(s+t)^n = s^n + ns^{n-1}t + \frac{n(n-1)}{2!}s^{n-2}t^2 + \frac{n(n-1)(n-2)}{3!}s^{n-3}t^3 + \cdots$$

は $|s| > |t|$ なら任意の n に対して成り立つ．$|s| \leq |t|$ なら負でない整数 n に対して成り立つ．

与えられた領域での関数のローラン展開は一意的に決まる．よって，何らかの手続きで求めた展開がローラン級数の形をしていれば，それは必ず正しいローラン展開になっている．

例 6.22

関数 $f(z) = (7z-2)/[(z+1)z(z-2)]$ を $1 < |z+1| < 3$ の領域でローラン展開せよ．

解：まず関数を部分分数に展開して

$$f(z) = \frac{-3}{z+1} + \frac{1}{z} + \frac{2}{z-2}$$

とする．円環領域 $1 < |z+1| < 3$ の中心は $z = -1$ なので，$z+1$ のべき乗の展開を求めたい．そこで上の表式の第 2 項と第 3 項を変形して

$$f(z) = \frac{-3}{z+1} + \frac{1}{(z+1)-1} + \frac{2}{(z+1)-3}$$

とする．ところで $[(z+1)-3]^{-1}$ を $z+1$ のまわりに 2 項展開すると，$|z+1| > 3$ でないと収束しない．しかし問題では $|z+1| < 3$ において収束する展開を必要としている．そこで第 3 項は -3 のまわりに 2 項展開する．つまり

$$\begin{aligned} f(z) &= \frac{-3}{z+1} + \frac{1}{(z+1)-1} + \frac{2}{-3+(z+1)} \\ &= -3(z+1)^{-1} + [(z+1)-1]^{-1} + 2[-3+(z+1)]^{-1} \\ &= \cdots + (z+1)^{-2} - 2(z+1)^{-1} - \frac{2}{3} - \frac{2}{9}(z+1) \\ &\quad - \frac{2}{27}(z+1)^2 - \cdots \quad (1 < |z+1| < 3 \text{ のとき}) \end{aligned}$$

となる．

例 6.23

以下の 2 つの関数の特異点の種類を述べよ．また，特異点のまわりのローラン級数を求め，収束範囲を述べよ：

$$\text{(a)} \quad e^{3z}(z+1)^{-3}, \quad \text{(b)} \quad (z+2)\sin\frac{1}{z+2}.$$

解：(a) $z = -1$ は 3 位の極である．$z+1 = u$ とおくと $z = -1$ のまわりの展開を $u = 0$ のまわりの展開として求められる．そこで $z = u - 1$ を代入して，ローラン級数は

$$\frac{e^{3z}}{(z+1)^3} = \frac{e^{3(u-1)}}{u^3} = e^{-3}\frac{e^{3u}}{u^3}$$
$$= e^{-3}\frac{1}{u^3}\left(1 + 3u + \frac{(3u)^2}{2!} + \frac{(3u)^3}{3!} + \frac{(3u)^4}{4!} + \cdots\right)$$
$$= e^{-3}\left(\frac{1}{(z+1)^3} + \frac{3}{(z+1)^2} + \frac{9}{2(z+1)} + \frac{9}{2} + \frac{27}{8}(z+1) + \cdots\right)$$

と求められる．この級数は $z \neq -1$ のすべての点で収束する．

(b) $z = -2$ は真性特異点である．$z+2 = u$ とおくと $z = -2$ のまわりの展開を $u = 0$ のまわりの展開として求められる．そこで $z = u - 2$ を代入して，ローラン級数は

$$(z+2)\sin\frac{1}{z+2} = u\sin\frac{1}{u} = u\left(\frac{1}{u} - \frac{1}{3!u^3} + \frac{1}{5!u^5} + \cdots\right)$$
$$= 1 - \frac{1}{6(z+2)^2} + \frac{1}{120(z+2)^4} - \cdots$$

と求められる．この級数は $z \neq -2$ のすべての点で収束する．

6.9 留 数 積 分

以下で**留数積分**について述べる．留数積分は実数関数の積分や複素関数の積分を計算するのによく用いられる．まず**留数**の理論を簡単に述べる．次に，留数積分を使って，物理学や工学によく登場する実数関数の定積分を計算してみる．

6.9.1 留　数

1価関数 $f(z)$ が $z = a$ の近傍で解析的なら，コーシーの積分定理より，$z = a$ の近傍の任意の積分路 C に対して

$$\oint_C f(z)dz = 0$$

が成り立つ．しかし積分路 C の内側の $z = a$ に $f(z)$ の極や孤立真性特異点が存在すると，上の積分は一般にはゼロにならない．このとき，$f(z)$ を $z = a$ のまわりのローラン級数として

$$f(z) = \sum_{n=\infty}^{\infty} a_n(z-a)^n = a_0 + a_1(z-a) + a_2(z-a)^2 + \cdots + \frac{a_{-1}}{z-a} + \frac{a_{-2}}{(z-a)^2} + \cdots$$

と表せる．ここで展開係数は

$$a_n = \frac{1}{2\pi i}\oint_C \frac{f(z)}{(z-a)^{n+1}}dz \qquad (n = 0, \pm 1, \pm 2, \ldots)$$

で与えられる．ローラン級数の中で $(z-a)$ の負のべき乗の項すべての和，つまり $a_1/(z-a) + a_2/(z-a)^2 + \cdots$, の部分を $f(z)$ の $z = a$ における**主要部**，あるいは

$f(z)$ の**特異部**とよぶ.

係数の中でも特に $n = -1$ の項は

$$a_{-1} = \frac{1}{2\pi i} \oint_C f(z) dz$$

で与えられる.これを書き直すと

$$\oint_C f(z) dz = 2\pi i a_{-1} \qquad (6.36)$$

となる[*4].つまり a_{-1} がわかれば $f(z)$ の積分が計算できる.ここで積分路は単連結の閉じた曲線 C を反時計回りにまわるものとする.なお曲線 C は $0 < |z-a| < D$ の領域の中に存在し,$z = a$ を囲まなければならない.D は特異点 $z = a$ から最も近い特異点までの距離である.係数 a_{-1} は $f(z)$ の $z = a$ における**留数**とよばれる.以降は

$$a_{-1} = \operatorname*{Res}_{z=a} f(z) \qquad (6.37)$$

という記号を使う.

先にみたように,ローラン展開 (6.34) は係数の積分公式 (6.35) を用いずに求められる.何らかの方法で留数 a_{-1} を計算できれば,式 (6.36) から直ちに周回積分が得られる.この点を以下の簡単な例でみてみよう.

例 6.24

関数 $f(z) = z^{-4} \sin z$ を周回積分せよ.積分路は原点を中心とする単位円 C 上の反時計回りとする.

解: 正弦関数のマクローリン展開

$$\sin z = \sum_{n=0}^{\infty} (-1)^n \frac{z^{2n+1}}{(2n+1)!} = z - \frac{z^3}{3!} + \frac{z^5}{5!} - \cdots$$

を使うと,関数 $f(z)$ のローラン展開は

$$f(z) = \frac{\sin z}{z^4} = \frac{1}{z^3} - \frac{1}{3!z} + \frac{z}{5!} - \frac{z^3}{7!} + \cdots$$

となる.したがって $f(z)$ には $z = 0$ に 3 位の極がある.対応する留数は $a_{-1} = -1/3!$ である.式 (6.36) から積分は

$$\oint_C \frac{\sin z}{z^4} dz = 2\pi i a_{-1} = -i\frac{\pi}{3}$$

と求められる.

極の留数を求める標準的な方法は,以下のような簡単なものである.$f(z)$ に $z = a$

[*4] 訳注:260 ページの訳注を参照.

において 1 位の極がある場合，ローラン級数は

$$f(z) = \sum_{n=-1}^{\infty} a_n(z-a)^n = \frac{a_{-1}}{z-a} + a_0 + a_1(z-a) + a_2(z-a)^2 + \cdots$$

となる．ここで $a_{-1} \neq 0$ である．両辺に $z-a$ を掛けると

$$(z-a)f(z) = a_{-1} + (z-a)[a_0 + a_1(z-a) + \cdots]$$

となるから

$$\operatorname*{Res}_{z=a} f(z) = a_{-1} = \lim_{z \to a}(z-a)f(z) \tag{6.38}$$

という公式が得られる．

もう一つ有用な公式が以下のようにして得られる．関数 $f(z)$ が

$$f(z) = \frac{p(z)}{q(z)}$$

という形に書けているとする．ここで $p(z)$ と $q(z)$ は $z=a$ で解析的で，また $z=a$ で $p(z) \neq 0$ かつ $q(z) = 0$ とする．つまり $q(z)$ には $z=a$ で単純なゼロ点があるとする．したがって $q(z)$ はテーラー展開して

$$q(z) = (z-a)q'(a) + \frac{(z-a)^2}{2!}q''(a) + \cdots$$

という形に書ける．よって

$$\begin{aligned}
\operatorname*{Res}_{z=a} f(z) &= \lim_{z \to a}(z-a)\frac{p(z)}{q(z)} \\
&= \lim_{z \to a}\frac{(z-a)p(z)}{(z-a)[q'(a)+(z-a)q''(a)/2+\cdots]} \\
&= \frac{p(a)}{q'(a)}
\end{aligned} \tag{6.39}$$

という公式が得られる．

例 6.25

関数 $f(z) = (4-3z)/z(z-1)$ は $z=0$ と $z=1$ を除いて解析的である．$z=0$ と $z=1$ には単純な極がある．この 2 つの極における留数を求めよ．

解：$p(z) = 4-3z$, $q(z) = z(z-1)$ とすると $z=0$ と $z=1$ のそれぞれで式 (6.39) を使える条件をみたしている．したがって式 (6.39) から

$$\operatorname*{Res}_{z=0} f(z) = \left[\frac{4-3z}{2z-1}\right]_{z=0} = -4, \quad \operatorname*{Res}_{z=1} f(z) = \left[\frac{4-3z}{2z-1}\right]_{z=1} = 1$$

と求められる．

次に高位の極の留数を求める公式を考えてみよう．関数 $f(z)$ に $z = a$ において $m (> 1)$ 位の極があるとする．対応するローラン級数は

$$f(z) = \frac{a_{-m}}{(z-a)^m} + \cdots + \frac{a_{-2}}{(z-a)^2} + \frac{a_{-1}}{(z-a)^1} + a_0 + a_1(z-a) + a_2(z-a)^2 + \cdots$$

という形に書ける．ここで $a_{-m} \neq 0$ である．また $z = a$ の近傍では $z = a$ 直上を除いて解析的とする．両辺に $(z-a)^m$ を掛けると

$$(z-a)^m f(z)$$
$$= a_{-m} + a_{-m+1}(z-a) + a_{-m+2}(z-a)^2 + \cdots + a_{-1}(z-a)^{m-1}$$
$$+ (z-a)^m [a_0 + a_1(z-a) + \cdots]$$

となる．これは左辺の関数 $(z-a)^m f(z)$ を $z = a$ のまわりでテーラー展開した形になっている．ここから留数 a_{-1} を引き出すためには，辺々を $m-1$ 回微分して

$$\frac{d^{m-1}}{dz^{m-1}}[(z-a)^m f(z)] = (m-1)! a_{-1} + m(m-1)\cdots 2 a_0 (z-a) + \cdots$$

とする．極限 $z \to a$ をとって

$$\lim_{z \to a} \frac{d^{m-1}}{dz^{m-1}}[(z-a)^m f(z)] = (m-1)! a_{-1}$$

となる．つまり公式として

$$\operatorname*{Res}_{z=a} f(z) = \frac{1}{(m-1)!} \lim_{z \to a} \left\{ \frac{d^{m-1}}{dz^{m-1}}[(z-a)^m f(z)] \right\} \tag{6.40}$$

が得られる．

関数 $f(z)$ が有理関数の場合は，一般に部分分数に展開して留数を求められる．

6.9.2 留数定理

ここまでは，積分路の中に特異点が一つだけあるような関数の周回積分を求めるために，留数の方法を使ってきた．ここでは，単連結の積分路 C が孤立特異点をいくつも囲む場合を考えよう．

それぞれの特異点のまわりに小さな円を描く．円は十分に小さくて，それぞれ 1 つの特異点しか囲まないものとする（図 6.15）．これらの小円と積分路 C をあわせると，穴の開いた多連結領域の境界線とみなせる．この多連結領域の中では関数 $f(z)$ は解析的なので，コーシーの定理が適用できる．したがって

$$\frac{1}{2\pi i} \left[\oint_C f(z) dz + \oint_{C_1} f(z) dz + \cdots + \oint_{C_m} f(z) dz \right] = 0$$

となる．このとき小円上は領域を左にみながら積分する．つまり特異点のまわりは時計回りにまわる．

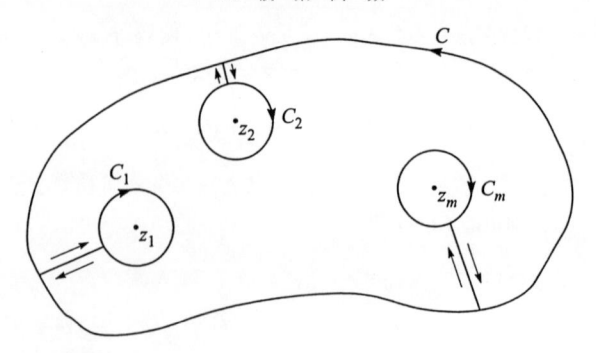

図 6.15 留数定理の証明．複数の特異点を囲む場合は，それぞれの留数の寄与の足し合わせになる．

そこで小円上の積分の向きを逆にして特異点のまわりを反時計回りにまわると，小円の積分の項の符号が変わる．したがって

$$\frac{1}{2\pi i}\oint_C f(z)dz = \frac{1}{2\pi i}\oint_{C_1} f(z)dz + \frac{1}{2\pi i}\oint_{C_2} f(z)dz + \cdots + \frac{1}{2\pi i}\oint_{C_m} f(z)dz$$

となる．ここで積分路はすべて反時計回りである．さて右辺の積分は特異点のまわりの積分だから，それぞれの留数が積分値である．つまり左辺の積分は積分路 C に囲まれた特異点の留数の和になることを表している．こうして**留数定理**が証明された．

関数 $f(z)$ が曲線 C の中に有限個の孤立特異点 $z = a_1, a_2, \ldots, a_m$ をもっているとする．また，それ以外の場所では C で囲まれる領域内でも C の上でも解析的とする．このとき

$$\oint_C f(z)dz = 2\pi i \sum_{j=1}^{m} \operatorname*{Res}_{z=a_j} f(z) = 2\pi i(r_1 + r_2 + \cdots + r_m) \qquad (6.41)$$

である．ここで r_j は $f(z)$ の $z = a_j$ における留数である．

例 6.26

関数 $f(z) = (4-3z)/z(z-1)$ には $z=0$ と $z=1$ に 1 位の極があり，留数はそれぞれ -4 と 1 である（例 6.25 参照）．したがって，$z=0$ と $z=1$ を 2 つとも囲む任意の曲線 C に対して

$$\oint_C \frac{4-3z}{z(z-1)}dz = 2\pi i(-4+1) = -6\pi i$$

である．曲線 C が $z=0$ だけを囲み，$z=1$ は外にある場合は，

$$\oint_C \frac{4-3z}{z(z-1)} dz = 2\pi i(-4) = -8\pi i$$

である.なお,積分路はいずれも反時計回りにまわる.

6.10 実数関数の定積分の計算

複雑な実数関数の定積分のある種のものは,留数定理を使うと簡単にしかもエレガントに計算できる.ここで一つ問題となるのは,留数定理を使うためには積分路は閉じていなければならないという点である.実際に計算したい積分は,多くの場合は積分路が閉じていない.そこで留数定理を使うためには積分路を付け足して閉じる必要がある.計算できるかどうかは,どのように積分路を閉じるかにかかってくる.つまり,新たに付け加えた積分路の部分がどのような寄与をするかを知っておく必要がある.

積分路を付け足して閉じるには何通りもの方法が知られている.以下に,最もよく使われるものをあげる.

6.10.1 有理関数の無限積分 $\int_{-\infty}^{\infty} f(x)dx$

表題の**無限積分**[*5)]は,数学的には

$$\int_{-\infty}^{\infty} f(x)dx = \lim_{a \to -\infty} \int_a^0 f(x)dx + \lim_{b \to \infty} \int_0^b f(x)dx \qquad (6.42)$$

という2つの極限の和を意味している.2つの極限値がともに存在すれば,2つの独立な積分路をつなぎ合わせて

$$\int_{-\infty}^{\infty} f(x)dx = \lim_{r \to \infty} \int_{-r}^{r} f(x)dx \qquad (6.43)$$

と書くのである.

ここで以下のことを仮定する.関数 $f(x)$ は実数の有理関数(多項式の分数の形)とする.その分母はすべての x に対してゼロにならない.また,分母の多項式の次数は分子の多項式の次数よりも2次以上高次とする.すると式 (6.42) の極限が存在することを証明できる.そこで式 (6.43) から出発する.

式 (6.43) を直接計算するかわりに,

$$\oint_C f(z)dz$$

という周回積分を考える.ここで積分路 C は2つの部分からなる.まず x 軸(実軸)

[*5)] 積分の上限や下限が無限大の場合,あるいは積分区間の端で被積分関数が発散している場合,厳密な意味では定積分を定義できない.しかし,式 (6.42) のように極限値として定義することはできる.このように定義した定積分を「広義の積分」とか「無限積分」とよぶ.

上を $-r$ から r まで進む部分,そして,原点を中心とする半径 r の半円で上半面をまわる(または下半面をまわる)部分 Γ である(図 6.16).極限 $r \to \infty$ をとると,上の周回積分は式 (6.43) に収束するのである.特に $f(x)$ が偶関数なら,

$$\int_0^\infty f(x)dx$$

を計算するのにも使える.

どうしてこのように計算できるのかを述べよう.関数 $f(x)$ は有理関数なので,それを複素関数に拡張した $f(z)$ には有限個の極(分母のゼロ点)があり,そのうちのいくつかは上半面に存在する.図 6.16 の積分路 C で r を十分大きくすれば,上半面にある極をすべて囲めるはずである.すると留数定理により

$$\oint_C f(z)dz = \int_\Gamma f(z)dz + \int_{-r}^r f(x)dx = 2\pi i \sum_{\text{上半面}} \operatorname{Res} f(z)$$

となる.つまり

$$\int_{-r}^r f(x)dx = 2\pi i \sum_{\text{上半面}} \operatorname{Res} f(z) - \int_\Gamma f(z)dz$$

である.

ここで

$$\lim_{r \to \infty} \int_\Gamma f(z)dz = 0$$

を証明しよう.まず $f(z)$ の分母は分子よりも 2 次以上高次の多項式であることを使うと,十分大きい k と r をとって

$$|f(z)| < k/|z|^2 = k/r^2$$

とできる.そこで式 (6.24) から

$$\left|\int_\Gamma f(z)dz\right| \leq \int_\Gamma |f(z)||dz| < \frac{k}{r^2}\int_\Gamma |dz| = \frac{k}{r^2}\pi r = \frac{k\pi}{r}$$

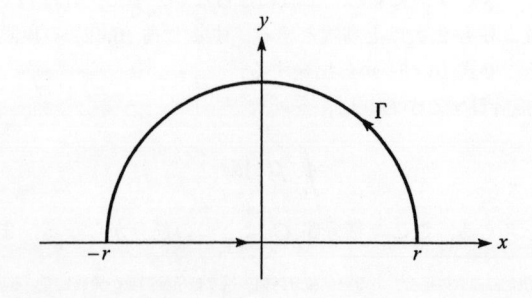

図 6.16 周回積分の積分路.式 (6.45) のかわりに,このような積分路を計算する.

となる.なお,$\int_\Gamma |dz|$ は半円の周なので πr とした.上の式から,半円部分の積分は $r \to \infty$ でゼロになる.したがって

$$\int_{-\infty}^{\infty} f(x)dx = 2\pi i \sum_{\text{上半面}} \text{Res}\, f(z) \qquad (6.44)$$

が得られた.

例 6.27

式 (6.44) を使って

$$\int_0^\infty \frac{dx}{1+x^4} = \frac{\pi}{2\sqrt{2}}$$

を示せ.

解: 被積分関数は偶関数だから

$$\int_0^\infty \frac{dx}{1+x^4} = \frac{1}{2}\int_{-\infty}^\infty \frac{dx}{1+x^4}$$

である.したがって,式 (6.44) によれば複素関数 $f(z) = 1/(1+z^4)$ の上半面にある極の留数を計算すればよい.$f(z) = 1/(1+z^4)$ の極は

$$z_1 = e^{i\pi/4}, \quad z_2 = e^{3\pi i/4}, \quad z_3 = e^{-3\pi i/4}, \quad z_4 = e^{-\pi i/4}$$

の 4 点あり,いずれも 1 位の極である.初めの 2 点 z_1 と z_2 が上半面にある(図 6.17).式 (6.39) から

$$\operatorname*{Res}_{z=z_1} f(z) = \left[\frac{1}{(1+z^4)'}\right]_{z=z_1} = \left[\frac{1}{4z^3}\right]_{z=z_1} = \frac{1}{4}e^{-3\pi i/4} = -\frac{1}{4}e^{\pi i/4}$$

$$\operatorname*{Res}_{z=z_2} f(z) = \left[\frac{1}{(1+z^4)'}\right]_{z=z_2} = \left[\frac{1}{4z^3}\right]_{z=z_2} = \frac{1}{4}e^{-9\pi i/4} = \frac{1}{4}e^{-\pi i/4}$$

となる.したがって式 (6.44) から

$$\int_{-\infty}^\infty \frac{dx}{1+x^4} = \frac{2\pi i}{4}(-e^{\pi i/4} + e^{-\pi i/4}) = \pi \sin\frac{\pi}{4} = \frac{\pi}{\sqrt{2}}$$

である.結局

$$\int_0^\infty \frac{dx}{1+x^4} = \frac{1}{2}\int_{-\infty}^\infty \frac{dx}{1+x^4} = \frac{\pi}{2\sqrt{2}}$$

が得られる.

例 6.28

$$\int_{-\infty}^\infty \frac{x^2 dx}{(x^2+1)^2(x^2+2x+2)} = \frac{7\pi}{50}$$

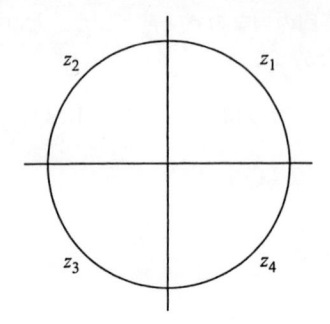

図 **6.17** 複素関数 $f(z) = 1/(1+z^4)$ の 4 つの極.

を示せ.

解：被積分関数を複素関数に拡張して

$$f(z) = \frac{z^2}{(z^2+1)^2(z^2+2z+2)}$$

を考える. $f(z)$ の上半面の極は, 2 位の極 $z=i$ と 1 位の極 $z=-1+i$ である.

2 位の極 $z=i$ の留数は式 (6.40) から

$$\lim_{z \to i} \frac{d}{dz}\left[(z-i)^2 \frac{z^2}{(z+i)^2(z-i)^2(z^2+2z+2)}\right] = \frac{9i-12}{100}$$

と計算できる. 1 位の極 $z=-1+i$ の留数の方は式 (6.38) から

$$\lim_{z \to -1+i}(z+1-i)\frac{z^2}{(z^2+1)^2(z+1-i)(z+1+i)} = \frac{3-4i}{25}$$

である. 以上から

$$\int_{-\infty}^{\infty} \frac{x^2 dx}{(x^2+1)^2(x^2+2x+2)} = 2\pi i\left(\frac{9i-12}{100} + \frac{3-4i}{25}\right) = \frac{7\pi}{50}$$

となる.

6.10.2 $\sin\theta$ と $\cos\theta$ の有理関数の積分 $\int_0^{2\pi} G(\sin\theta, \cos\theta) d\theta$

表題のような積分を, 留数積分を使って計算する方法を述べる. 被積分関数 $G(\sin\theta, \cos\theta)$ は $\sin\theta$ と $\cos\theta$ の実有理関数とする. また $0 \leq \theta \leq 2\pi$ の範囲で有限とする. このとき $z = e^{i\theta}$ とおいて, これを θ から z への変数変換とみなす. すると

$$dz = ie^{i\theta}d\theta, \quad \text{すなわち} \quad d\theta = dz/iz$$

$$\sin\theta = (z-z^{-1})/2i, \quad \cos\theta = (z+z^{-1})/2$$

となる．被積分関数は

$$G((z-z^{-1})/2i,\ (z+z^{-1})/2) = f(z)$$

と z の関数に書き換えられる．ここで $f(z)$ は z の有理関数のはずである．積分変数 θ が 0 から 2π まで変化する間に z は単位円 $|z|=1$ の周上を反時計回りに 1 回まわる（図 6.18）．この積分路を C と書くと

$$\int_0^{2\pi} G(\sin\theta,\ \cos\theta)d\theta = \oint_C f(z)\frac{dz}{iz}$$

と変換される．この右辺を留数積分すれば，一般に左辺のような積分を計算できる．

例 6.29

$$\int_0^{2\pi} \frac{d\theta}{3 - 2\cos\theta + \sin\theta}$$

を計算せよ．

解：上と同じように $z = e^{i\theta}$ と変数変換すると

$$\int_0^{2\pi} \frac{d\theta}{3 - 2\cos\theta + \sin\theta} = \oint_C \frac{1}{3 - (z+z^{-1}) + \frac{z-z^{-1}}{2i}} \frac{dz}{iz}$$
$$= \oint_C \frac{2dz}{(1-2i)z^2 + 6iz - 1 - 2i}$$

となる．なお，積分路 C は図 6.18 のとおりである．この被積分関数の極を求めるには，分母のゼロ点を求めればよい．2 次方程式の解の公式から

$$z = \frac{-6i \pm \sqrt{(6i)^2 - 4(1-2i)(-1-2i)}}{2(1-2i)} = 2-i,\ (2-i)/5$$

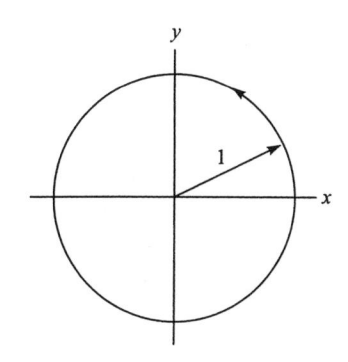

図 **6.18** 単位円を反時計回りにまわる積分路を使って計算する．

である. つまり, 被積分関数には

$$f(z) = \frac{2}{(1-2i)z^2 + 6iz - 1 - 2i} = \frac{2}{[z-(2-i)][z-(2-i)/5]}$$

という形の 2 つの 1 位の極がある. 後者の $(2-i)/5$ の方だけが積分路 C に囲まれる. そこでその留数を求めると, 式 (6.39) から

$$\operatorname*{Res}_{z=(2-i)/5} f(z) = \left[\frac{2}{[(1-2i)z^2 + 6iz - 1 - 2i]'}\right]_{z=(2-i)/5}$$

$$= \left[\frac{2}{2(1-2i)z + 6i}\right]_{z=(2-i)/5} = \frac{1}{2i}$$

と得られる. 結局

$$\int_0^{2\pi} \frac{d\theta}{3 - 2\cos\theta + \sin\theta} = \oint_C \frac{2dz}{(1-2i)z^2 + 6iz - 1 - 2i} = 2\pi i \frac{1}{2i} = \pi$$

となる.

6.10.3 $\displaystyle\int_{-\infty}^{\infty} f(x) \begin{Bmatrix} \sin mx \\ \cos mx \end{Bmatrix} dx$ **の形のフーリエ積分**

表題のような積分も留数積分で計算できる. なお $m > 0$ とする. また, $f(x)$ は 6.10.1 項で述べたように以下の条件をみたすとする. 関数 $f(x)$ は実数の有理関数 (多項式の分数の形) とする. その分母はすべての x に対してゼロにならない. また, 分母の多項式の次数は分子の多項式の次数よりも 2 次以上高次とする.

ここでは表題のような積分を直接計算するかわりに

$$\oint_C f(z) e^{imz} dz$$

という複素積分を計算する. 積分路 C は図 6.16 の形とする. 最終的に

$$\int_{-\infty}^{\infty} f(x) e^{imx} dx = 2\pi i \sum_{\text{上半面}} \operatorname{Res}[f(z) e^{imz}] \qquad (m > 0) \tag{6.45}$$

という公式を導く. 式 (6.45) の辺々の実部と虚部をとることにより

$$\int_{-\infty}^{\infty} f(x) \cos mx \, dx = -2\pi \sum_{\text{上半面}} \operatorname{Im} \operatorname{Res}[f(z) e^{imz}] \tag{6.46}$$

$$\int_{-\infty}^{\infty} f(x) \sin mx \, dx = 2\pi \sum_{\text{上半面}} \operatorname{Re} \operatorname{Res}[f(z) e^{imz}] \tag{6.47}$$

が計算できる.

式 (6.45) を導くためには, 図 6.16 の半円部分 Γ の積分が $r \to \infty$ の極限でゼロになることを示せばよい. 以下のように証明できる. 半円 Γ は上半面 $(\operatorname{Im} z = y \geq 0)$ に

ある．また $m>0$ である．したがって

$$|e^{imz}| = |e^{imx}||e^{-my}| = e^{-my} \leq 1$$

である．これから，式 (6.45) の被積分関数の絶対値は

$$|f(z)e^{imz}| = |f(z)||e^{imz}| \leq |f(z)|$$

となる．つまり

$$\left|\int_\Gamma f(z)dz\right| \leq \int_\Gamma |f(z)e^{imz}||dz| \leq \int_\Gamma |f(z)||dz|$$

である．結局，式 (6.44) を証明したときと同様にして，$r \to \infty$ でゼロになることがわかる．こうして式 (6.45) が証明できた．

例 6.30

$$\int_{-\infty}^{\infty} \frac{\cos mx}{k^2+x^2}dx = \frac{\pi}{k}e^{-km}, \qquad \int_{-\infty}^{\infty} \frac{\sin mx}{k^2+x^2}dx = 0$$

を示せ．ただし $m>0, k>0$ とする．

解：周回積分

$$\oint_C \frac{e^{imz}}{k^2+z^2}dz$$

を計算すればよい．複素関数 $f(z) = e^{imz}/(k^2+z^2)$ には上半面の $z=ik$ に 1 位の極がある．その留数は，式 (6.39) から

$$\operatorname*{Res}_{z=ik} \frac{e^{imz}}{k^2+z^2} = \left[\frac{e^{imz}}{2z}\right]_{z=ik} = \frac{e^{-mk}}{2ik}$$

と計算される．したがって

$$\int_{-\infty}^{\infty} \frac{e^{imx}}{k^2+x^2}dx = 2\pi i \frac{e^{-mk}}{2ik} = \frac{\pi}{k}e^{-mk}$$

となる．これから問題の 2 式が得られる．

6.10.4 その他の形の異常積分

定積分

$$\int_A^B f(x)dx$$

において，被積分関数 $f(x)$ が積分区間の途中の点 a において発散する場合 ($\lim_{x\to a}|f(x)| = \infty$) をここで議論する．このとき，問題の積分は実際には

$$\int_A^B f(x)dx = \lim_{\varepsilon \to 0} \int_A^{a-\varepsilon} f(x)dx + \lim_{\eta \to 0} \int_{a+\eta}^B f(x)dx$$

という異常積分を意味している．ここで ε と η は独立に正の方からゼロに近づかなければならない．しかし場合によっては以下のようなことが起こる．ε と η を独立にゼロに近づけたときにはいずれの極限値も存在しないが，同時にゼロに近づけて

$$\lim_{\varepsilon \to 0} \left[\int_A^{a-\varepsilon} f(x)dx + \int_{a+\varepsilon}^B f(x)dx \right]$$

とすると極限値が存在するという場合である．この極限値を**コーシーの積分主値**とよび，

$$\mathrm{pr.v.} \int_A^B f(x)dx$$

と書く．

実軸上に極のある関数の無限積分を，複素積分を使って計算しよう．それには，極を中心とする微小な半円を積分路にとって極を避けるようにする．以下の例で具体的に説明しよう．

例 6.31
$$\int_0^\infty \frac{\sin x}{x} dx = \frac{\pi}{2}$$

を示せ．

解：関数 $\sin z/z$ は無限遠で思わしい振る舞いをしないので，かわりに $f(z) = e^{iz}/z$ を考える．この関数は $z=0$ に 1 位の極がある．そこで図 6.19 の積分路 C つまり $ABDEFGA$ に沿った複素積分を計算する．この積分路の中には特異点がないから，コーシーの積分定理より

$$\oint_C \frac{e^{iz}}{z} dz = 0,$$

つまり

$$\int_{-R}^{-\varepsilon} \frac{e^{ix}}{x} dx + \int_{C_2} \frac{e^{iz}}{z} dz + \int_\varepsilon^R \frac{e^{ix}}{x} dx + \int_{C_1} \frac{e^{iz}}{z} dz = 0 \tag{6.48}$$

である．

まず大きな半円 C_1 上の積分が $R \to \infty$ の極限でゼロになることを示そう．$z = Re^{i\theta}$ によって z から θ へ変数変換すると $dz = iRe^{i\theta}d\theta$，つまり $dz/z = id\theta$ となる．したがって

$$\left| \int_{C_1} \frac{d^{iz}}{z} dz \right| = \left| \int_0^\pi e^{iz} i d\theta \right| \leq \int_0^\pi |e^{iz}| d\theta$$

となる．右辺の被積分関数は

6.10　実数関数の定積分の計算

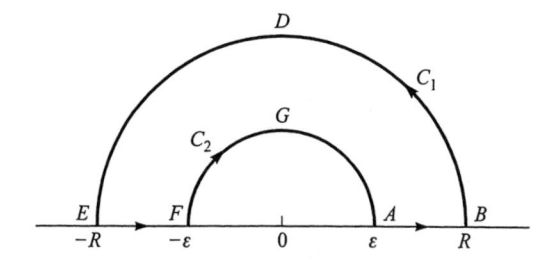

図 **6.19**　実軸上の極を避けるために小さな半円 C_2 を積分路に加える.

$$|e^{iz}| = |e^{iR(\cos\theta + i\sin\theta)}| = |e^{iR\cos\theta}||e^{-R\sin\theta}| = e^{-R\sin\theta}$$

と変形できる．これを用いると

$$\int_0^\pi |e^{iz}|d\theta = \int_0^\pi e^{-R\sin\theta}d\theta = 2\int_0^{\pi/2} e^{-R\sin\theta}d\theta$$
$$= 2\left[\int_0^\varepsilon e^{-R\sin\theta}d\theta + \int_\varepsilon^{\pi/2} e^{-R\sin\theta}d\theta\right]$$

となる．ここで ε は 0 以上 $\pi/2$ 以下のどんな値でもかまわない．被積分関数 $e^{-R\sin\theta}$ はこの区間では単調減少関数である．したがって右辺の 2 つの積分のうち，前者の被積分関数は最大でも 1 にしかならず，また後者の被積分関数は最大でも $e^{-R\sin\varepsilon}$ である．このことから右辺の積分全体は

$$2\left[\int_0^\varepsilon d\theta + e^{-R\sin\varepsilon}\int_\varepsilon^{\pi/2} d\theta\right] = 2\left[\varepsilon + e^{-R\sin\varepsilon}\left(\frac{\pi}{2} - \varepsilon\right)\right] < 2\varepsilon + \pi e^{-R\sin\varepsilon}$$

で抑えられる．結局

$$\left|\int_{C_1} \frac{e^{iz}}{z}dz\right| < 2\varepsilon + \pi e^{-R\sin\varepsilon}$$

という不等式が成り立つ．まず ε を非常に小さな値にとる．そして ε をその微小量に固定したうえで R を大きくする．すると上の不等式の右辺の第 2 項はいくらでも小さくできる．したがって C_1 に沿った積分は $R \to \infty$ でゼロに近づく．

次に，小さな半円 C_2 に沿った積分が $\varepsilon \to 0$ の極限で定数に近づくことを示す．$z = \varepsilon e^{i\theta}$ によって z から θ へ変数変換する．すると

$$\int_{C_2} \frac{e^{iz}}{z}dz = \lim_{\varepsilon \to 0}\int_\pi^0 \frac{\exp(i\varepsilon e^{i\theta})}{\varepsilon e^{i\theta}}i\varepsilon e^{i\theta}d\theta = -\lim_{\varepsilon \to 0}\int_0^\pi i\exp(i\varepsilon e^{i\theta})d\theta = -\pi i$$

と計算される．したがって式 (6.48) は極限 $R \to \infty$，$\varepsilon \to 0$ で

$$\int_{-R}^{-\varepsilon} \frac{e^{ix}}{x}dx - \pi i + \int_\varepsilon^R \frac{e^{ix}}{x}dx = 0$$

という式に帰着する．左辺の第1項で x を $-x$ に置き換え，それを第3項と組み合わせると
$$\int_\varepsilon^R \frac{e^{ix}-e^{-ix}}{x}dx - \pi i = 0$$
となる．つまり
$$2i\int_\varepsilon^R \frac{\sin x}{x}dx = \pi i$$
である．最後に $R\to\infty$ と $\varepsilon\to 0$ の極限をとって
$$\int_0^\infty \frac{\sin x}{x}dx = \frac{\pi}{2}$$
が得られる．

7

特殊関数

この章では2階微分方程式の解に現れる関数を扱う．登場する微分方程式は物理学の問題で使われるやや特殊なものである．そのため方程式の解は**特殊関数**とよばれている．

7.1 ルジャンドルの微分方程式

まずルジャンドルの微分方程式から始める．ルジャンドル（A.M. Legendre, 1752–1833）はフランスの数学者である．**ルジャンドルの微分方程式**は

$$(1-x^2)\frac{d^2y}{dx^2} - 2x\frac{dy}{dx} + \nu(\nu+1)y = 0 \tag{7.1}$$

という形をしている．ここで ν は正の定数またはゼロである．この定数は古典力学や量子力学で重要な意味をもっている．量子力学で**中心力ポテンシャル**の中の運動を議論する際に使われるのをご存知の読者も多いであろう．一般に，古典力学・電磁気学・熱力学・量子力学などで球対称性のある場合にルジャンドルの微分方程式が現れる．

式 (7.1) を $1-x^2$ で割ると標準形

$$\frac{d^2y}{dx^2} - \frac{2x}{1-x^2}\frac{dy}{dx} + \frac{\nu(\nu+1)}{1-x^2}y = 0$$

になる．左辺の各項の係数は $x=0$ で解析的なので原点は特異点ではない（2.4.2 項参照）．よって解は原点のまわりの級数

$$y = \sum_{m=0}^{\infty} a_m x^m \tag{7.2}$$

の形に書けるはずである．これを式 (7.1) に代入すると

$$(1-x^2)\sum_{m=2}^{\infty} m(m-1)a_m x^{m-2} - 2x\sum_{m=1}^{\infty} m a_m x^{m-1} + k\sum_{m=0}^{\infty} a_m x^m = 0$$

となる．なお $\nu(\nu-1)$ を k と書いた．さらに第1項を展開すると上式は

$$\sum_{m=2}^{\infty} m(m-1)a_m x^{m-2} - \sum_{m=2}^{\infty} m(m-1)a_m x^m$$
$$- \sum_{m=1}^{\infty} 2m a_m x^m + \sum_{m=0}^{\infty} k a_m x^m = 0$$

となる．これを具体的に書きくだすと

$$2 \times 1 a_2 + 3 \times 2 a_3 x + 4 \times 3 a_4 x^2 + \cdots + (s+2)(s+1) a_{s+2} x^s + \cdots$$
$$-2 \times 1 a_2 x^2 - \cdots \qquad -s(s-1) a_s x^s - \cdots$$
$$-2 \times 1 a_1 x - 2 \times 2 a_2 x^2 - \cdots \qquad -2s a_s x^s - \cdots$$
$$+k a_0 \quad + k a_1 x \quad + k a_2 x^2 + \cdots \qquad + k a_s x^s + \cdots = 0$$

となる．式 (7.2) が方程式 (7.1) の解であるためには，上の式が x の恒等式である必要がある．よって x の各次数の係数の和はゼロになる．$k = \nu(\nu+1)$ に注意すると，まず x^0 の係数から

$$2a_2 + \nu(\nu+1)a_0 = 0, \tag{7.3a}$$

x^1 の係数から

$$6a_3 + [-2 + \nu(\nu+1)]a_1 = 0, \tag{7.3b}$$

一般の次数 x^s ($s = 2, 3, \ldots$) では

$$(s+2)(s+1)a_{s+2} + [-s(s-1) - 2s + \nu(\nu+1)]a_s = 0 \tag{7.4}$$

となる．式 (7.4) の左辺第 2 項の $[\cdots]$ の中を因数分解すると

$$(\nu - s)(\nu + s + 1)$$

となる．よって式 (7.4) から

$$a_{s+2} = -\frac{(\nu-s)(\nu+s+1)}{(s+2)(s+1)} a_s \qquad (s = 0, 1, 2, \ldots) \tag{7.5}$$

が得られる．これは漸化式である．s 次の係数 a_s がわかれば 2 次だけ後の係数 a_{s+2} が求まる．ただし a_0 と a_1 だけは任意定数として残る．具体的には

$$a_2 = -\frac{\nu(\nu+1)}{2!}a_0, \qquad a_3 = -\frac{(\nu-1)(\nu+2)}{3!}a_1,$$
$$a_4 = -\frac{(\nu-2)(\nu+3)}{4 \cdot 3}a_2, \qquad a_5 = -\frac{(\nu-3)(\nu+4)}{3!}a_3,$$
$$= \frac{(\nu-2)\nu(\nu+1)(\nu+3)}{4!}a_0, \qquad = \frac{(\nu-3)(\nu-1)(\nu+2)(\nu+4)}{5!}a_1$$

のように続く．これらを式 (7.2) の級数展開に代入すると

$$y(x) = a_0 y_0(x) + a_1 y_1(x) \tag{7.6}$$

7.1 ルジャンドルの微分方程式

の形にまとめられる。ここで

$$y_0(x) = 1 - \frac{\nu(\nu+1)}{2!}x^2 + \frac{(\nu-2)\nu(\nu+1)(\nu+3)}{4!}x^4 - \cdots \tag{7.7a}$$

$$y_1(x) = x - \frac{(\nu-1)(\nu+2)}{3!}x^3 + \frac{(\nu-3)(\nu-1)(\nu+2)(\nu+4)}{5!}x^5 - \cdots \tag{7.7b}$$

である。この 2 つの級数はいずれも $|x| < 1$ で収束する。式 (7.7a) は x の偶関数,式 (7.7b) は x の奇関数だから y_0/y_1 は一定ではない。よって y_1 と y_2 は互いに線形独立な関数である。2 階の微分方程式の解は 2 つの線形独立な関数の線形結合で書けるから,これは一般解である。つまり,式 (7.6) は方程式 (7.1) の区間 $-1 < x < 1$ における一般解である。

多くの問題では,ルジャンドルの微分方程式の変数 ν は正の整数 n である。このとき式 (7.5) の右辺は $s = n$ に対してゼロになる。よって $a_{n+2} = a_{n+4} = \cdots = 0$ である。n が偶数なら $y_0(x)$ は n 次の多項式である。また n が奇数なら $y_1(x)$ の方が n 次の多項式である。これらの多項式に適当な定数を掛けた式を**ルジャンドル多項式**とよぶ。ルジャンドル多項式は実用面で非常に重要であるから,ここで詳しく述べておこう。

まず式 (7.5) を

$$a_s = -\frac{(s+2)(s+1)}{(n-s)(n+s+1)}a_{s+2} \tag{7.8}$$

と書き直す。これを使って,ゼロでない係数を最高次の係数 a_n で表す。a_n は全体にかかる係数であるから任意に選べる。通常は $n = 0$ のときに $a_n = 1$ とし,n が 1 以上のときに

$$a_n = \frac{(2n)!}{2^n(n!)^2} = \frac{1 \times 3 \times 5 \times \cdots \times (2n-1)}{n!} \tag{7.9}$$

と選ぶ。こうしておくと,すべてのルジャンドル多項式が $x = 1$ で 1 になるからである。式 (7.9) を式 (7.8) に代入して

$$\begin{aligned} a_{n-2} &= -\frac{n(n-1)}{2(2n-1)}a_n = -\frac{n(n-1)(2n)!}{2(2n-1)2^n(n!)^2} \\ &= -\frac{n(n-1)2n(2n-1)(2n-2)!}{2(2n-1)2^n n(n-1)!n(n-1)(n-2)!} \\ &= -\frac{(2n-2)!}{2^n(n-1)!(n-2)!} \end{aligned}$$

となる。同様に

$$a_{n-4} = -\frac{(n-2)(n-3)}{4(2n-3)}a_{n-2} = \frac{(2n-4)!}{2^n 2!(n-2)!(n-4)!}$$

である。こうして続けると一般項が

$$a_{n-2m} = (-1)^m \frac{(2n-2m)!}{2^n m!(n-m)!(n-2m)!} \tag{7.10}$$

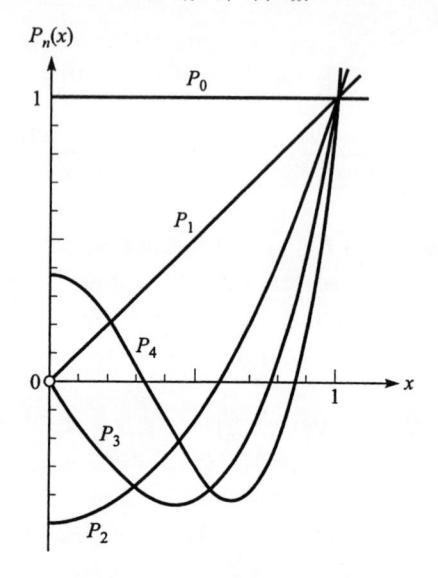

図 7.1 ルジャンドル多項式の概形.

と求まる．この一般項を使って得られるルジャンドル多項式を $P_n(x)$ と書く．式 (7.10) より

$$P_n(x) = \sum_{m=0}^{M} (-1)^m \frac{(2n-2m)!}{2^n m!(n-m)!(n-2m)!} x^{n-2m}$$
$$= \frac{(2n)!}{2^n (n!)^2} x^n - \frac{(2n-2)!}{2^n (n-1)!(n-2)!} x^{n-2} + \cdots \qquad (7.11)$$

となる．なお，n が偶数の場合は $M = n/2$，n が奇数の場合は $M = (n-1)/2$ である．特に低次のルジャンドル多項式は

$$P_0(x) = 1, \qquad P_1(x) = x, \qquad P_2(x) = \frac{1}{2}(3x^2 - 1),$$
$$P_3(x) = \frac{1}{2}(5x^3 - 3x), \qquad P_4(x) = \frac{1}{8}(35x^4 - 30x^2 + 3),$$
$$P_5(x) = \frac{1}{8}(63x^5 - 70x^3 + 15x)$$

となる．概形を図 7.1 に示す．

7.1.1 ロドリーグの公式

上で定義したルジャンドル多項式は

$$P_n(x) = \frac{1}{2^n n!} \frac{d^n}{dx^n} (x^2 - 1)^n \qquad (7.12)$$

の形に表せる．これを**ルジャンドル多項式に対するロドリーグの公式**とよぶ．実際に微分を実行して確認しよう．そのために関数の積の n 階微分に対する**ライプニッツの公式**を使う（証明は省略する）．関数 u の n 階微分を u_n, v の n 階微分を v_n と書くと

$$(uv)_n = uv_n + {}_nC_1 u_1 v_{n-1} + \cdots + {}_nC_r u_r v_{n-r} + \cdots + u_n v$$

というのがライプニッツの公式である．ここで，${}_nC_r$ は 2 項係数で $n!/[r!(n-r)!]$ で与えられる．

まず式 (7.12) が $n=0$ と $n=1$ の場合に成り立つのはすぐに確認できる．次に

$$z = (x^2 - 1)^n / 2^n n!$$

とおく．これを 1 回だけ微分すると $Dz = 2nx(x^2-1)^{n-1}/2^n n!$ となる．ここで，D は微分演算子，すなわち $D = d/dx$ である．この式を書き直すと

$$(x^2 - 1)Dz = 2nxz \tag{7.13}$$

となる．ライプニッツの公式を使って，式 (7.13) の両辺を $n+1$ 回微分して整理すると

$$(1-x^2)D^{n+2}z - 2xD^{n+1}z + n(n+1)D^n z = 0$$

となる．ここで $y_n = D^n z$ とおくと，y_n は

$$(1-x^2)D^2 y_n - 2xDy + n(n+1)y = 0$$

をみたす．つまり y_n はルジャンドルの微分方程式の解である．また $(x^2-1)^n$ は x の $2n$ 次の多項式なので，それを n 回だけ微分した y_n は x の n 次の多項式である．以上から y_n は P_n に比例することがわかる．

あとは，どこか 1 点で両者が等しいことを示せばよい．ところで $(x^2-1)^n$ を展開したときの n 次の項の係数は，n が偶数のとき $(-1)^{n/2} {}_nC_{n/2}$, n が奇数のときゼロである．よって，それを n 回だけ微分した多項式 $y_n(x)$ の最低次は，n が偶数のとき x^0, n が奇数のとき x^1 である．これから，n が奇数のとき

$$y_n(0) = 0,$$

n が偶数のとき

$$y_n(0) = \frac{1}{2^n n!}(-1)^{n/2} {}_nC_{n/2} n! = \frac{(-1)^{n/2} n!}{2^n [(n/2)!]^2}$$

である．式 (7.11) と比較して，n の偶奇にかかわらず

$$y_n(0) = P_n(0)$$

であることがわかる．

7.1.2 母関数と漸化式

$|z|<1$ において $\Phi(x,z) = (1-2xz+z^2)^{-1/2}$ という 2 変数関数を考えよう.この関数を z に関して展開したときの z^n の項の係数が,実はルジャンドル多項式 $P_n(x)$ になっている.つまり,$|z|<1$ において

$$\Phi(x,z) = \frac{1}{\sqrt{1-2xz+z^2}} = \sum_{n=0}^{\infty} P_n(x) z^n \tag{7.14}$$

となる.関数 $\Phi(x,z)$ を**ルジャンドル多項式の母関数**とよぶ.

式 (7.14) を証明しよう.範囲は $|x|<1$ に限ることにする.そこで

$$x = \cos\theta \quad (-\pi < \theta < \pi)$$

とおくと

$$z^2 - 2xz + 1 = (z-e^{i\theta})(z-e^{-i\theta})$$

と書き直せる.よって $|z|<1$ において z に関して展開できることがわかる.

そこで,式 (7.14) の左辺を $[1-z(2x-z)]^{-1/2}$ の形にして,$z(2x-z)$ に関して展開すると

$$[1-z(2x-z)]^{-1/2} = 1 + \frac{1}{2}z(2x-z) + \frac{1\times 3}{2^2 \times 2!} z^2 (2x-z)^2$$
$$+ \frac{1\times 3\times \cdots \times (2n-1)}{2^n n!} z^n (2x-z)^n + \cdots$$

となる.この展開の各項から z^n 次の係数を集めると

$$\frac{1\times 3\times \cdots \times (2n-1)}{2^n n!}(2^n x^n)$$
$$+ \frac{1\times 3\times \cdots \times (2n-3)}{2^{n-1}(n-1)!}[-(n-1)2^{n-1}x^{n-1}] + \cdots$$

となる.式 (7.11) と見比べると上式が $P_n(x)$ であることがわかる.

母関数の展開式 (7.14) を使うと**ルジャンドル多項式の漸化式**が導ける.式 (7.14) の両辺を z に関して微分すると

$$(x-z)(1-2xz+z^2)^{-3/2} = \sum_{n=1}^{\infty} n z^{n-1} P_n(x),$$

つまり

$$(x-z)(1-2xz+z^2)^{-1/2} = (1-2xz+z^2) \sum_{n=1}^{\infty} n z^{n-1} P_n(x)$$

となる.再び式 (7.14) を使うと

$$(x-z)\left[P_0(x) + \sum_{n=1}^{\infty} P_n(x) z^n\right] = (1-2xz+z^2) \sum_{n=1}^{\infty} n z^{n-1} P_n(x) \tag{7.15}$$

である．両辺の z^n 次の係数を比べて漸化式

$$(2n+1)xP_n(x) = (n+1)P_{n+1}(x) + nP_{n-1}(x) \tag{7.16}$$

が得られる．これを使うと P_0 と P_1 から P_2 を，P_1 と P_2 から P_3 を，というように低次の多項式を素早く計算できる．

漸化式はさまざまな証明に使えて便利である．以下に，その他の漸化式をいくつかあげておく：

$$xP_n'(x) - P_{n-1}'(x) = nP_n(x), \tag{7.16a}$$

$$P_n'(x) - xP_{n-1}'(x) = nP_{n-1}(x), \tag{7.16b}$$

$$(1-x^2)P_n'(x) = nP_{n-1}(x) - nxP_n(x), \tag{7.16c}$$

$$(2n+1)P_n(x) = P_{n+1}'(x) - P_{n-1}'(x). \tag{7.16d}$$

このうち式 (7.16b) はロドリーグの公式 (7.12) を使って証明できる．式 (7.12) の両辺を x で微分すると

$$P_n'(x) = \frac{1}{2^n n!} \frac{d^n}{dx^n} \frac{d}{dx}(x^2-1)^n$$

$$= \frac{1}{2^{n-1}(n-1)!} \frac{d^n}{dx^n}[x(x^2-1)^{n-1}]$$

となる．最後の式にライプニッツの公式を使うと

$$P_n'(x) = \frac{1}{2^{n-1}(n-1)!} x \frac{d^n}{dx^n}(x^2-1)^{n-1} + \frac{n}{2^{n-1}(n-1)!} \frac{d^{n-1}}{dx^{n-1}}(x^2-1)^{n-1}$$

$$= xP_{n-1}'(x) + nP_{n-1}(x)$$

となり，式 (7.16b) が証明された．式 (7.16) と式 (7.16b) を使うと他の 3 つの式は次のようにして導ける．

(1) まず式 (7.16) を x に関して微分する．式 (7.16b) を使って $P_{n+1}'(x)$ を消去すると式 (7.16a) が得られる．

(2) 式 (7.16a) と式 (7.16b) の辺々を加えると式 (7.16d) が得られる．

(3) 式 (7.16a) と式 (7.16b) から $P_{n-1}'(x)$ を消去すると式 (7.16c) が得られる．

例 7.1

図 7.2 の点 Q に正の電荷 q がある．このとき点 P における電位 V_P を求めよ．なお無限遠方で電位がゼロとする．この例題で母関数の展開式 (7.14) の物理的意味が明らかになる．

解：点 P の原点からの距離を r，半直線 OP が x 軸となす角度を θ とおいて極座標 (r, θ) を用いる．電位は距離 PQ に反比例するから

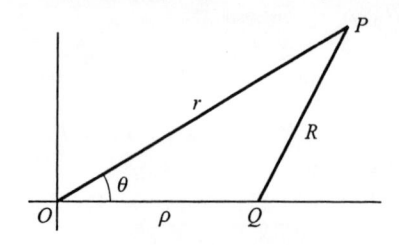

図 7.2 x 軸上の点 Q に電荷 q がある.

$$V_P = \frac{q}{R} = q(\rho^2 - 2r\rho\cos\theta + r^2)^{-1/2}$$

である. $r < \rho$ の場合は, $z = r/\rho$ として

$$V_P = \frac{q}{\rho}(1 - 2z\cos\theta + z^2)^{-1/2}$$

である. これを式 (7.14) のように展開すると

$$V_P = \frac{q}{\rho}\sum_{n=0}^{\infty}\left(\frac{r}{\rho}\right)^n P_n(\cos\theta)$$

となる. 同様に $r > \rho$ の場合には

$$V_P = \frac{q}{\rho}\sum_{n=0}^{\infty}\left(\frac{\rho}{r}\right)^{n+1} P_n(\cos\theta)$$

となる.

ルジャンドル多項式を極座標の角度 θ で表しておくと便利な場合が多々ある. それには x を $\cos\theta$ に置き換える. ただ, これでは $\cos\theta$ のべき乗が現れて少し不便である. 母関数 (7.14) を使うと, より便利な形に展開できる. すなわち, $\cos\theta$ のべき乗のかわりに $\cos n\theta$ の形に表せる.

まず母関数 (7.14) に

$$x = \cos\theta = \frac{e^{i\theta} + e^{-i\theta}}{2}$$

を代入する. すると

$$\sum_{n=0}^{\infty} z^n P_n(\cos\theta) = [1 - z(e^{i\theta} + e^{-i\theta}) + z^2]^{-1/2}$$
$$= [(1 - ze^{i\theta})(1 - ze^{-i\theta})]^{-1/2}$$

となる. 右辺を展開するために 2 項定理を使うと

7.1 ルジャンドルの微分方程式

$$(1 - ze^{i\theta})^{-1/2} = \sum_{n=0}^{\infty} a_n z^n e^{ni\theta}, \qquad (1 - ze^{-i\theta})^{-1/2} = \sum_{n=0}^{\infty} a_n z^n e^{-ni\theta}$$

となる．ただし

$$a_n = \frac{1 \times 3 \times 5 \times \cdots \times (2n-1)}{2 \times 4 \times 6 \times \cdots \times (2n)} \quad (n \geq 1 \text{ のとき}), \qquad a_0 = 1 \tag{7.17}$$

である．上の 2 つの展開の積の展開を求めたい．これは**コーシー積**の形をしている．コーシー積とは以下のようなものである．

無限級数 $\sum_{n=0}^{\infty} u_n(x)$ と $\sum_{n=0}^{\infty} v_n(x)$ のコーシー積とは

$$\sum_{n=0}^{\infty} s_n(x) = \sum_{n=0}^{\infty} \sum_{k=0}^{n} u_k(x) v_{n-k}(x)$$

の形の無限級数である．ここで

$$s_n(x) = \sum_{k=0}^{n} u_k(x) v_{n-k}(x) = u_0(x) v_n(x) + \cdots + u_n(x) v_0(x)$$

である．

今の問題の場合には，コーシー積は

$$\begin{aligned}
\sum_{n=0}^{\infty} z^n P_n(\cos\theta) &= \sum_{n=0}^{\infty} \sum_{k=0}^{n} (a_{n-k} z^{n-k} e^{(n-k)i\theta})(a_k z^k e^{-ki\theta}) \\
&= \sum_{n=0}^{\infty} \left(z^n \sum_{k=0}^{n} a_k a_{n-k} e^{(n-2k)i\theta} \right)
\end{aligned} \tag{7.18}$$

となる．したがって

$$P_n(\cos\theta) = \sum_{k=0}^{n} a_k a_{n-k} e^{(n-2k)i\theta}$$

である．ここで $k=j$ と $k=n-j$ の項は，指数の肩の符号が反転する以外は同じ形をしている．この 2 つの項をペアにしてまとめると，ルジャンドル多項式の展開が

$$\begin{aligned}
P_n(\cos\theta) &= a_0 a_n (e^{ni\theta} + e^{-ni\theta}) + a_1 a_{n-1} (e^{(n-2)i\theta} + e^{-(n-2)i\theta}) + \cdots \\
&= 2[a_0 a_n \cos n\theta + a_1 a_{n-1} \cos(n-2)\theta + \cdots]
\end{aligned} \tag{7.19}$$

と得られる．n が奇数のとき項の数 $(n+1)$ は偶数なので，すべての項がペアを組む．このとき，式 (7.19) の最後の項は

$$a_{(n-1)/2} a_{(n+1)/2} \cos\theta$$

である．一方 n が偶数のとき項の数は奇数なので，中央の項はペアを組まない．このとき，式 (7.19) の最後の項は定数

$$a_{n/2}a_{n/2}$$

となる．係数 (7.17) を使って実際に展開式 (7.19) を計算してみると，低次のルジャンドル多項式は

$$\left.\begin{array}{l}P_0(\cos\theta) = 1, \qquad P_1(\cos\theta) = \cos\theta, \\ P_2(\cos\theta) = (3\cos 2\theta + 1)/4, \\ P_3(\cos\theta) = (5\cos 3\theta + 3\cos\theta)/8, \\ P_4(\cos\theta) = (35\cos 4\theta + 20\cos 2\theta + 9)/64, \\ P_5(\cos\theta) = (63\cos 5\theta + 35\cos 3\theta + 30\cos\theta)/128, \\ P_6(\cos\theta) = (231\cos 6\theta + 126\cos 4\theta + 105\cos 2\theta + 50)/512\end{array}\right\} \quad (7.20)$$

のようになる．

7.1.3 直 交 性

ルジャンドル多項式の集合 $\{P_n(x)\}$ は $-1 \leq x \leq 1$ の範囲で直交している．以下で

$$\int_{-1}^{+1} P_n(x)P_m(x)dx = \begin{cases} 2/(2n+1) & (m=n), \\ 0 & (m \neq n) \end{cases} \quad (7.21)$$

を示す．

(1) $m \neq n$ の場合

ルジャンドル多項式はルジャンドルの微分方程式 (7.1) をみたしている．これを $P_m(x)$ について

$$\frac{d}{dx}[(1-x^2)P'_m(x)] + m(m+1)P_m(x) = 0, \quad (7.22)$$

$P_n(x)$ について

$$\frac{d}{dx}[(1-x^2)P'_n(x)] + n(n+1)P_n(x) = 0 \quad (7.23)$$

と書き直す．式 (7.22) に $P_n(x)$ を，式 (7.23) に $P_m(x)$ を掛けて引き算すると

$$P_m\frac{d}{dx}[(1-x^2)P'_n] - P_n\frac{d}{dx}[(1-x^2)P'_m] + [n(n+1) - m(m+1)]P_mP_n = 0$$

となる．左辺の第 1 項と第 2 項は

$$\frac{d}{dx}[(1-x)^2(P_mP'_n - P'_mP_n)]$$

とまとめられる．つまり

$$\frac{d}{dx}[(1-x)^2(P_mP'_n - P'_mP_n)] + [n(n+1) - m(m+1)]P_mP_n = 0$$

となる．上式を -1 から $+1$ まで x について積分すると

$$\left[(1-x)^2(P_m P_n' - P_m' P_n)\right]_{x=-1}^{+1}$$
$$+[n(n+1) - m(m+1)]\int_{-1}^{1} P_m(x)P_n(x)dx = 0$$

が得られる．左辺の第1項においては $x = \pm 1$ で $(1-x^2) = 0$ となり，P_m や P_n の関数値は有限だからこの項はゼロである．第2項の積分の前の係数は $m \neq n$ だからゼロではない．よって積分がゼロにならなければならず

$$\int_{-1}^{1} P_m(x)P_n(x)dx = 0 \qquad (m \neq n)$$

が得られる．

(2) $m = n$ の場合

このときには漸化式 (7.16a)

$$nP_n(x) = xP_n'(x) - P_{n-1}'(x)$$

を使う．これに $P_n(x)$ を掛けて，x について -1 から $+1$ まで積分すると

$$n\int_{-1}^{1}[P_n(x)]^2 dx = \int_{-1}^{1} xP_n(x)P_n'(x)dx - \int_{-1}^{1} P_n(x)P_{n-1}'(x)dx \qquad (7.24)$$

となる．まず右辺の第2項がゼロになることを示そう．漸化式 (7.16d) を使うと

$$P_{n-1}'(x) = (2n+1)P_{n-2}(x) + P_{n-3}'(x)$$

となる．よって

$$\int_{-1}^{1} P_n(x)P_{n-1}'(x)dx$$
$$= (2n+1)\int_{-1}^{1} P_n(x)P_{n-2}(x)dx + \int_{-1}^{1} P_n(x)P_{n-3}'(x)dx$$

となるが，右辺の第1項は上で示した直交性からゼロである．つまり

$$\int_{-1}^{1} P_n(x)P_{n-1}'(x)dx = \int_{-1}^{1} P_n(x)P_{n-3}'(x)dx$$
$$= \int_{-1}^{1} P_n(x)P_{n-5}'(x)dx = \cdots$$

となる．n が奇数のときは最終的に

$$\int_{-1}^{1} P_n(x)P_{n-1}'(x)dx = \int_{-1}^{1} P_n(x)P_0'(x)dx = 0$$

となる．また n が偶数のときには最終的に

$$\int_{-1}^{1} P_n(x)P'_{n-1}(x)dx = \int_{-1}^{1} P_n(x)P'_1(x)dx = \int_{-1}^{1} P_n(x)P_0(x)dx = 0$$

である．いずれにしても式 (7.24) の右辺の第 2 項はゼロになる．次に式 (7.24) の右辺の第 1 項は部分積分して

$$\int_{-1}^{1} xP_n(x)P'_n(x)dx = \left[\frac{x}{2}[P_n(x)]^2\right]_{x=-1}^{+1} - \frac{1}{2}\int_{-1}^{1}[P_n(x)]^2 dx$$
$$= 1 - \frac{1}{2}\int_{-1}^{1}[P_n(x)]^2 dx$$

となる．この結果を式 (7.24) に代入して

$$n\int_{-1}^{1}[P_n(x)]^2 dx = 1 - \frac{1}{2}\int_{-1}^{1}[P_n(x)]^2 dx,$$

これを整理して

$$\int_{-1}^{1}[P_n(x)]^2 dx = \frac{2}{2n+1}$$

が得られる．

同じ結果は母関数

$$\frac{1}{\sqrt{1-2xz+z^2}} = \sum_{n=0}^{\infty} P_n(x)z^n$$

からも得られる．両辺を 2 乗すると

$$\frac{1}{1-2xz+z^2} = \sum_{m=0}^{\infty}\sum_{n=0}^{\infty} P_m(x)P_n(x)z^{m+n},$$

これを -1 から $+1$ まで積分して

$$\int_{-1}^{1}\frac{dx}{1-2xz+z^2} = \sum_{m=0}^{\infty}\sum_{n=0}^{\infty}\left\{\int_{-1}^{1} P_m(x)P_n(x)\right\}z^{m+n},$$

となる．まず右辺において

$$\int_{-1}^{1} P_m(x)P_n(x)dx = 0 \qquad (m \neq n)$$

は証明済みであるから

$$\int_{-1}^{1}\frac{dx}{1-2xz+z^2} = \sum_{n=0}^{\infty}\left\{\int_{-1}^{1}[P_n(x)]^2\right\}z^{2n},$$

となる．次に，左辺は具体的に積分できて

$$\int_{-1}^{1} \frac{dx}{1-2xz+z^2} = -\frac{1}{2z}\int_{-1}^{1}\frac{d(1-2xz+z^2)}{1-2xz+z^2}$$
$$= -\frac{1}{2z}\Big[\ln(1-2xz+z^2)\Big]_{x=-1}^{+1}$$
$$= \frac{1}{z}\ln\left(\frac{1+z}{1-z}\right)$$

となる．さらにこれを z に関して展開すると

$$\sum_{n=0}^{\infty}\frac{2z^{2n}}{2n+1} = \sum_{n=0}^{\infty}\left\{\int_{-1}^{1}[P_n(x)]^2\right\}z^{2n},$$

である．両辺で z^{2n} の係数を比較して $\int_{-1}^{1}[P_n(x)]^2 dx = 2/(2n+1)$ が求まる．

ルジャンドル多項式は区間 $[-1,1]$ で完全直交系をなす（この意味については 4.12 節や 5.17 節を参照）．したがって，フーリエ展開と同じような形で

$$f(x) = \sum_{i=0}^{\infty} c_i P_i(x)$$

のように関数をルジャンドル多項式で展開することができる．ただし $f(x)$ は区間 $[-1,1]$ で定義されているものとする．展開係数 c_i は，フーリエ展開の係数を式 (4.21a) で求めたのと同じようにして得られる．この点についてはこれ以上は詳しく述べない．

実はルジャンドルの微分方程式にはもう 1 種類の解がある．ただし，この解は $|x|>1$ の範囲が現れる問題でしか必要ないので，ここでは簡単にふれるだけにしておく．ルジャンドルの微分方程式には無限遠方に確定特異点がある．このまわりの解を求めるには $x^2 = t$ という変数変換をする．このとき

$$\frac{dy}{dx} = \frac{dy}{dt}\frac{dt}{dx} = 2t^{1/2}\frac{dy}{dt} \quad \text{および} \quad \frac{d^2y}{dx^2} = \frac{d}{dx}\left(\frac{dy}{dx}\right) = 2\frac{dy}{dt} + 4t\frac{d^2y}{dt^2}$$

となる．よってルジャンドルの微分方程式は

$$t(1-t)\frac{d^2y}{dt^2} + \left(\frac{1}{2}-\frac{3}{2}t\right)\frac{dy}{dt} + \frac{\nu(\nu+1)}{4}y = 0$$

と変形される．これは超幾何微分方程式

$$x(1-x)\frac{d^2y}{dx^2} + [\gamma-(\alpha+\beta+1)x]\frac{dy}{dx} - \alpha\beta y = 0$$

の $\alpha = -\nu/2$，$\beta = (1+\nu)/2$，$\gamma = 1/2$ の場合である．これを解くことはここでは行わないが，この解を ν 次の**第 2 種ルジャンドル関数**とよび，通常 $Q_\nu(x)$ と表す．

これに対して，一般の正またはゼロの定数 ν に対する $P_\nu(x)$ を**第 1 種ルジャンドル関数**とよぶ（定数 ν が整数 n のとき，これはルジャンドル多項式 $P_n(x)$ に帰着する）．以上から，ルジャンドルの微分方程式の一般解は

$$y = AP_\nu(x) + BQ_\nu(x)$$

となる．A と B は任意の定数である．

7.2 ルジャンドル陪関数

整数次のルジャンドル陪関数はルジャンドルの陪微分方程式

$$(1-x^2)y'' - 2xy' + \left\{n(n+1) - \frac{m^2}{1-x^2}\right\}y = 0 \qquad (m^2 \leq n^2) \tag{7.25}$$

の解である(ルジャンドルの陪微分方程式は例えば式 (10.32a) に現れる). n は正の整数またはゼロ, m は一般に整数とする. 式 (7.25) は級数展開で解けるが, そうするよりもルジャンドル多項式との関係を述べる方が役立つだろう. そこで次のように解く. 解を

$$y = (1-x^2)^{m/2} u(x)$$

とおいて式 (7.25) に代入すると, $u(x)$ に関する微分方程式は

$$(1-x^2)u'' - 2(m+1)xu' + [n(n+1) - m(m+1)]u = 0 \tag{7.26}$$

となる. $m=0$ のときはルジャンドルの微分方程式に帰着するので, 解 $u(x)$ は $P_n(x)$ である. 一般の場合には式 (7.26) を x に関して微分して

$$(1-x^2)(u')'' - 2[(m+1)+1]x(u')' + [n(n+1) - (m+1)(m+2)]u' = 0 \tag{7.27}$$

となる. 式 (7.26) と式 (7.27) はほとんど同じ形をしている. 違う点は u が u' に置き換わった点と m が1だけ増えた点である. つまり $P_n(x)$ が $m=0$ のときの解ならば $P_n'(x)$ は $m=1$ のときの解であり, $P_n''(x)$ は $m=2$ のときの解である. こうして $0 \leq m \leq n$ の整数 m のときの解は $(d^m/dx^m)P_n(x)$ とわかる. つまり

$$y = (1-x^2)^{m/2} \frac{d^m}{dx^m} P_n(x) \tag{7.28}$$

はルジャンドルの陪微分方程式 (7.25) の解である. 式 (7.28) で与えられる関数を**ルジャンドル陪多項式**とよび,

$$P_n^m(x) = (1-x^2)^{m/2} \frac{d^m}{dx^m} P_n(x) \tag{7.29}$$

と表す[*1]. なお, 本によっては定義に係数 $(-1)^m$ を含める場合もある.

式 (7.25) において m を負の整数にしても m^2 は変化しない. したがって m が負の場合は m が正の場合と同じ解である. よって多くの本では $-n \leq m < 0$ の場合の $P_n^m(x)$ を $P_n^{|m|}(x)$ と等しいと定義している. $m=0$ のときは明らかに $P_n^0(x) = P_n(x)$ である.

最後に, $x = \cos\theta$ と変数変換するとルジャンドルの陪微分方程式 (7.25) は

[*1] 訳注: $m > n$ の場合には, x の n 次式 $P_n(x)$ を $n+1$ 回以上微分するとゼロになってしまうので無意味である.

$$\frac{1}{\sin\theta}\frac{d}{d\theta}\left(\sin\theta\frac{dy}{d\theta}\right)\left\{n(n+1)-\frac{m^2}{\sin^2\theta}\right\}y=0 \qquad (7.30)$$

と書き直される．ルジャンドル陪多項式 (7.29) は

$$P_n^m(\cos\theta)=\sin^m\theta\frac{d^m}{d(\cos\theta)^m}P_n(\cos\theta)$$

と表される．

7.2.1　直　交　性

　ルジャンドル陪多項式 $P_n^m(x)$ もルジャンドル多項式 $P_n(x)$ と同様に $-1\leq x\leq 1$ で直交している．特に

$$\int_{-1}^{1}P_m^s(x)P_n^s(x)dx=\frac{2}{2n+1}\frac{(n+s)!}{(n-s)!}\delta_{mn} \qquad (7.31)$$

が成り立つ．以下でこれを証明しよう．

　ルジャンドル陪多項式はルジャンドルの陪微分方程式 (7.25) をみたすから

$$\frac{d}{dx}\left\{(1-x^2)\frac{dP_m^s}{dx}\right\}+\left\{m(m+1)-\frac{s^2}{1-x^2}\right\}P_m^s=0, \qquad (7.32)$$

$$\frac{d}{dx}\left\{(1-x^2)\frac{dP_n^s}{dx}\right\}+\left\{n(n+1)-\frac{s^2}{1-x^2}\right\}P_n^s=0 \qquad (7.33)$$

が成り立つ．式 (7.32) を P_n^s 倍，式 (7.33) を P_m^s 倍して引き算すると

$$P_m^s\frac{d}{dx}\left\{(1-x^2)\frac{dP_n^s}{dx}\right\}-P_n^s\frac{d}{dx}\left\{(1-x^2)\frac{dP_m^s}{dx}\right\}$$
$$=\{m(m+1)-n(n+1)\}P_m^sP_n^s$$

となる．左辺は

$$\frac{d}{dx}\left\{(1-x^2)\left(P_m^s\frac{dP_n^s}{dx}-P_n^s\frac{dP_m^s}{dx}\right)\right\}$$

とまとめられる．一方，右辺の係数は $(m-n)(m+n+1)$ と因数分解できる．よって両辺を -1 から $+1$ まで積分すると

$$(m-n)(m+n+1)\int_{-1}^{1}P_m^sP_n^sdx$$
$$=\left[(1-x^2)\left(P_m^s\frac{dP_n^s}{dx}-P_n^s\frac{dP_m^s}{dx}\right)\right]_{x=-1}^{1}=0 \qquad (7.34)$$

となるので，$m\neq n$ のとき

$$\int_{-1}^{1}P_m^s(x)P_n^s(x)dx=0$$

が得られる．

次に式 (7.31) の $m=n$ の場合を計算しよう．式 (7.12) と式 (7.29) から

$$P_n^s(x) = (1-x^2)^{s/2}\frac{d^s}{dx^s}P_n(x) = \frac{(1-x^2)^{s/2}}{2^n n!}\frac{d^{s+n}}{dx^{s+n}}(x^2-1)^n$$

となる．よって

$$\int_{-1}^1 [P_n^s(x)]^2 dx = \frac{1}{2^{2n}(n!)^2}\int_{-1}^1 (1-x^2)^s D^{n+s}\{(x^2-1)^n\}$$
$$\times D^{n+s}\{(x^2-1)^n\}dx$$

である．なお $D^k \equiv d^k/dx^k$ とした．右辺を部分積分すると

$$\frac{1}{2^{2n}(n!)^2}\Big[(1-x^2)^s D^{n+s}\{(x^2-1)^n\}D^{n+s-1}\{(x^2-1)^n\}\Big]_{x=-1}^1$$
$$-\frac{1}{2^{2n}(n!)^2}\int_{-1}^1 D[(1-x^2)^s D^{n+s}\{(x^2-1)^n\}]D^{n+s-1}\{(x^2-1)^n\}dx$$

となる．第 1 項はゼロになるので

$$\int_{-1}^1 [P_n^s(x)]^2 dx$$
$$= \frac{-1}{2^{2n}(n!)^2}\int_{-1}^1 D[(1-x^2)^s D^{n+s}\{(x^2-1)^n\}]D^{n+s-1}\{(x^2-1)^n\}dx$$
(7.35)

である．式 (7.35) の右辺をさらに何度も部分積分する．そのとき部分積分の第 1 項（境界項）に現れる $D^p[(1-x^2)^s D^{n+s}\{(x^2-1)^n\}]$ は $p<s$ のとき必ず因子 $(1-x^2)$ を含む．また $p\geq s$ のときは $D^{n+s-p}\{(x^2-1)^n\}$ が $(1-x^2)$ を含む．よって部分積分の境界項は常にゼロになる．結局，$n+s$ 回の部分積分の後で

$$\int_{-1}^1 [P_n^s(x)]^2 dx$$
$$= \frac{(-1)^{n+s}}{2^{2n}(n!)^2}\int_{-1}^1 D^{n+s}[(1-x^2)^s D^{n+s}\{(x^2-1)^n\}](x^2-1)^n dx$$
(7.36)

が得られる．ここで $D^{n+s}\{(x^2-1)^n\}$ は $n-s$ 次の多項式なので，$(1-x^2)^s D^{n+s}\{(x^2-1)^n\}$ は $n-s+2s = n+s$ 次の多項式である．それを $n+s$ 回だけ微分した $D^{n+s}[(1-x^2)^s D^{n+s}\{(x^2-1)^n\}]$ はゼロ次の多項式，つまり定数である．この定数は微分する前の多項式の最高次の係数から計算できる．まず $D^{n+s}\{(x^2-1)^n\}$ の最高次は

$$D^{n+s}(x^{2n}) = 2n(2n-1)(2n-2)\cdots(n-s+1)x^{n-s} = \frac{(2n)!}{(n-s)!}x^{n-s}$$

である．したがって $(1-x^2)^s D^{n+s}\{(x^2-1)^n\}$ の最高次は

$$(-x^2)^s D^{n+s}(x^{2n}) = (-1)^s \frac{(2n)!}{(n-s)!} x^{n+s}$$

となる．これを $n+s$ 回だけ微分すると

$$D^{n+s}[(1-x^2)^s D^{n+s}\{(x^2-1)^n\}] = (-1)^s (2n)! \frac{(n+s)!}{(n-s)!}$$

が得られる．これを式 (7.36) に代入して

$$\begin{aligned}
\int_{-1}^{1} [P_n^s(x)]^2 dx &= \frac{(-1)^{n+s}}{2^{2n}(n!)^2} \int_{-1}^{1} (-1)^s (2n)! \frac{(n+s)!}{(n-s)!} (x^2-1)^n dx \\
&= \frac{2^n n! (2n-1)!!}{2^{2n}(n!)^2} \frac{(n+s)!}{(n-s)!} (-1)^n \int_{-1}^{1} (x^2-1)^n dx \\
&= \frac{(2n-1)!!}{2^n n!} \frac{(n+s)!}{(n-s)!} \int_{-1}^{1} (1-x^2)^n dx \\
&= \frac{2}{2n+1} \frac{(n+s)!}{(n-s)!}
\end{aligned} \qquad (7.37)$$

となる．なお，最後の積分は $x = \cos\theta$ と変数変換すればよい[*2]．

7.3 エルミートの微分方程式

エルミートの微分方程式は

$$y'' - 2xy' + 2\nu y = 0 \qquad (7.38)$$

である[*3]．なお $y' = dy/dx$ である．エルミートの微分方程式は**調和振動子**ポテンシャ

[*2] 訳注：$x = \cos\theta$ と変数変換すると

$$\int_{-1}^{1} (1-x^2)^n dx = \int_{0}^{\pi} \sin^{2n+1}\theta \, d\theta$$

となる．右辺の被積分関数を $\sin^{2n}\theta$ と $\sin\theta$ に分けて部分積分すると

$$\begin{aligned}
\int_{0}^{\pi} \sin^{2n+1}\theta \, d\theta &= -\left[\sin^{2n}\theta \cos\theta\right]_{\theta=0}^{\pi} + 2n \int_{0}^{\pi} \sin^{2n-1}\theta \cos^2\theta \, d\theta \\
&= 2n \int_{0}^{\pi} \sin^{2n-1}\theta (1-\sin^2\theta) d\theta
\end{aligned}$$

が得られる．つまり

$$\int_{0}^{\pi} \sin^{2n+1}\theta \, d\theta = \frac{2n}{2n+1} \int_{0}^{\pi} \sin^{2n-1}\theta \, d\theta$$

である．これを繰り返せば

$$\int_{-1}^{1} (1-x^2)^n dx = \int_{0}^{\pi} \sin^{2n+1}\theta \, d\theta = \frac{2^n n!}{(2n+1)!!} \int_{0}^{\pi} \sin\theta \, d\theta = \frac{2^{n+1} n!}{(2n+1)!!}$$

が得られる．

[*3] エルミートの微分方程式を $y'' - xy' + \nu y = 0$ とする本もある．式 (7.38) において $x = \bar{x}/\sqrt{2}$ と変数変換すればよい．

ルに対するシュレーディンガー方程式を解くときに現れる．

$x = 0$ は特異点ではないので，解を

$$y = a_0 + a_1 x + a_2 x^2 + \cdots = \sum_{j=0}^{\infty} a_j x^j \tag{7.39}$$

と展開できる（2.4.2 項参照）．これを項別微分すると

$$y' = \sum_{j=0}^{\infty} j a_j x^{j-1}, \qquad y'' = \sum_{j=0}^{\infty} (j+1)(j+2) a_{j+2} x^j$$

となる．これらの展開を式 (7.38) に代入すると

$$\sum_{j=0}^{\infty} \left[(j+1)(j+2) a_{j+2} + 2(\nu - j) a_j \right] x^j = 0$$

である．これから係数の漸化式

$$a_{j+2} = \frac{2(j - \nu)}{(j+1)(j+2)} a_j \tag{7.40}$$

が得られる．

式 (7.38) のパラメータ ν が正の整数 n のとき有限次の多項式が得られる．式 (7.40) から

$$a_{n+2} = a_{n+4} = \cdots = 0$$

である．n が偶数の場合は

$$a_2 = (-1) \frac{2n}{2!} a_0,$$
$$a_4 = (-1) \frac{2(n-2)}{4 \times 3} a_2 = (-1)^2 \frac{2^2 n(n-2)}{4!} a_0,$$
$$a_6 = (-1) \frac{2(n-4)}{6 \times 5} a_4 = (-1)^3 \frac{2^3 n(n-2)(n-4)}{6!} a_0,$$

と続く．最高次の係数は

$$a_n = (-1)^{n/2} \frac{2^{n/2} n(n-2)(n-4) \cdots 4 \times 2}{n!} a_0$$

である．一方 $a_1 = 0$ とすれば奇数次の係数はすべてゼロになる．これらを展開式 (7.39) に代入すると有限次の多項式の形の解が得られる．これを n 次の**エルミート多項式**とよび，$H_n(x)$ と書く．係数 a_0 は任意であるが，通常は

$$a_0 = \frac{(-1)^{n/2} 2^{n/2} n!}{n(n-2) \cdots 4 \times 2} = \frac{(-1)^{n/2} n!}{(n/2)!}$$

とする．すると

$$H_n(x) = (2x)^n - n(n-1)(2x)^{n-2} + \frac{n(n-1)(n-2)(n-3)}{2!}(2x)^{n-4} + \cdots \quad (7.41)$$

となる*4). n が奇数の場合は $a_0 = 0$ とし,

$$a_1 = \frac{(-1)^{(n-1)/2} 2n!}{[(n-1)/2]!}$$

と選べば,やはり式 (7.41) の形に書ける. 低次のエルミート多項式は

$$H_0(x) = 1, \qquad H_1(x) = 2x, \qquad H_2(x) = 4x^2 - 2,$$
$$H_3(x) = 8x^3 - 12x, \qquad H_4(x) = 16x^4 - 48x^2 + 12,$$
$$H_5(x) = 32x^5 - 160x^3 + 120x,$$

となっている.

7.3.1 ロドリーグの公式

エルミート多項式は

$$H_n(x) = (-1)^n e^{x^2} \frac{d^n}{dx^n} e^{-x^2} \quad (7.42)$$

と表すこともできる. これをエルミート多項式に対するロドリーグの公式という*5). この公式を証明しよう. 簡単のため $q = e^{-x^2}$, $D = d/dx$ と書くと

$$Dq + 2xq = 0$$

となる. これを $n+1$ 回だけ微分する. ライプニッツの公式を使うと

$$D^{n+2}q + 2xD^{n+1}q + 2(n+1)D^n q = 0$$

である. ここで $u = (-1)^n D^n q$ とおくと

$$u'' + 2xu' + 2(n+1)u = 0 \quad (7.43)$$

と書ける. さらに $u = e^{-x^2} y$ とおく. すると

$$u' = e^{-x^2}(y' - 2xy),$$
$$u'' = e^{-x^2}(y'' - 2y - 4xy' + 4x^2 y)$$

である. よって式 (7.43) は

---

*4) 訳注: 295 ページの訳注 3 で述べたエルミートの微分方程式 $y'' - xy' + \nu y = 0$ の解 $\tilde{H}_n(x)$ は $\tilde{H}_n(x) = 2^{-n/2} H_n(x/\sqrt{2})$ で与えられる.

*5) 訳注: 295 ページの訳注 3 で述べたエルミートの微分方程式 $y'' - xy' + \nu y = 0$ の解 $\tilde{H}_n(x)$ に対するロドリーグの公式は

$$\tilde{H}_n(x) = (-1)^n e^{x^2/2} \frac{d^n}{dx^n} e^{-x^2/2}$$

となる.

$$y'' - 2xy' + 2ny = 0$$

と書き直せる．これで

$$y = (-1)^n e^{x^2} D^n e^{-x^2}$$

がエルミートの微分方程式 (7.38) の解であることがわかった．

後は $y = (-1)^n e^{x^2} D^n e^{-x^2}$ が n 次の多項式で，その最低次の係数が $H_n(x)$ と同じであることを示せばよい．e^{-x^2} を 1 回だけ微分すると，指数の微分から x の 1 次が e^{-x^2} に掛かる．さらに微分すると e^{-x^2} に掛かる関数の最高次は x^2 である．同様にすれば $D^n e^{-x^2}$ の最高次は $x^n e^{-x^2}$ であることがわかる．よって $y = (-1)^n e^{x^2} D^n e^{-x^2}$ は n 次の多項式である．

次に，n が偶数のとき上式 y の最低次は定数項である．展開式

$$e^{-x^2} = \sum_{k=0}^{\infty} \frac{(-1)^k}{k!} x^{2k}$$

の中で上式 y の最低次，すなわち定数項に寄与するのは $k = n/2$ の項 $(-1)^{n/2} x^n / (n/2)!$ である．この項を n 回だけ微分すると定数項となり，その係数は $(-1)^{n/2} n! / (n/2)!$ である．よって $(-1)^n e^{x^2} D^n e^{-x^2}$ の定数項は $(-1)^{n/2} n! / (n/2)!$ となり，偶数次の $H_n(x)$ の係数 a_0 と一致する．一方，n が奇数のとき最低次は x の 1 次である．上と同様に計算すると $(-1)^n e^{x^2} D^n e^{-x^2}$ の最低次の係数は

$$\frac{(-1)^{(n-1)/2}(n+1)!}{[(n+1)/2]!} = \frac{(-1)^{(n-1)/2}(n+1)n!}{(n+1)/2 \times [(n-1)/2]!} = \frac{(-1)^{(n-1)/2} 2n!}{[(n-1)/2]!}$$

となり，奇数次の $H_n(x)$ の係数 a_1 と一致する．以上からロドリーグの公式 (7.42) が証明できた．

7.3.2 漸　化　式

ロドリーグの公式 (7.42) の両辺を微分すると

$$H_n'(x) = (-1)^n 2x e^{x^2} D^n e^{-x^2} + (-1)^n e^{x^2} D^{n+1} e^{-x^2}$$

となる．これは

$$H_n'(x) = 2x H_n(x) - H_{n+1}(x) \tag{7.44}$$

という漸化式の形に書き直せる．式 (7.44) をさらに微分すると

$$H_n''(x) = 2H_n(x) + 2x H_n'(x) - H_{n+1}'(x)$$

となる．ここで $H_n(x)$ はエルミートの微分方程式 (7.38) の解なのであるから

$$H_n''(x) - 2x H_n'(x) + 2n H_n(x) = 0$$

をみたす．上の2つの式から $H_n''(x)$ を消去すると

$$2xH_n'(x) - 2nH_n(x) = 2H_n(x) + 2xH_n'(x) - H_{n+1}'(x)$$

となる．整理すると

$$H_{n+1}'(x) = 2(n+1)H_n(x) \tag{7.45}$$

という漸化式が得られる．漸化式 (7.44) で n を $n+1$ に置き換えると

$$H_{n+1}'(x) = 2xH_{n+1}(x) - H_{n+2}(x)$$

となる．これを式 (7.45) と組み合わせて $H_{n+1}'(x)$ を消去すると

$$H_{n+2}(x) = 2xH_{n+1}(x) - 2(n+1)H_n(x) \tag{7.46}$$

という漸化式が得られる．これを使うと高次のエルミート多項式を素早く計算できる．

7.3.3 母関数

ロドリーグの公式 (7.42) を使うとエルミート多項式の母関数を求められる．母関数は

$$\Phi(x,t) = e^{2tx-t^2} = e^{x^2-(t-x)^2} = \sum_{k=0}^{\infty} \frac{H_k(x)}{k!} t^k \tag{7.47}$$

である[*6)]．式 (7.47) の両辺を t に関して n 回だけ微分すると

$$e^{x^2} \frac{\partial^n}{\partial t^n} e^{-(t-x)^2} = e^{x^2}(-1)^n \frac{\partial^n}{\partial x^n} e^{-(t-x)^2} = \sum_{k=0}^{\infty} \frac{H_{n+k}(x)}{k!} t^k$$

となる．ここで $t=0$ とおくとロドリーグの公式 (7.42) を再現する．このことから式 (7.47) とロドリーグの公式 (7.42) が等価であることがわかる．

7.3.4 直交エルミート関数

エルミート多項式を使って

$$F_n(x) = e^{-x^2/2} H_n(x) \tag{7.48}$$

という関数を定義する．この関数には直交関係がある．これを以下で示そう．その準備として関数 $F_n(x)$ に対する微分方程式を導く．$H_n(x) = e^{x^2/2} F_n(x)$ であるから

$$H_n'(x) = e^{x^2/2}(F_n'(x) + xF_n(x))$$
$$H_n''(x) = e^{x^2/2}[F_n''(x) + 2xF_n'(x) + (1+x^2)F_n(x)]$$

[*6)] 訳注：295 ページの訳注 3 で述べたエルミートの微分方程式 $y'' - xy' + \nu y = 0$ の解 $\tilde{H}_n(x)$ の母関数は

$$\tilde{\Phi}(x,t) = e^{tx-t^2/2} = \sum_{k=0}^{\infty} \frac{\tilde{H}_k(x)}{k!} t^k$$

である．

である．これをエルミートの微分方程式 (7.38) に代入して

$$F_n''(x) + (2n+1-x^2)F_n(x) = 0 \qquad (7.49)$$

が得られる．

いよいよ集合 $\{F_n(x)\}$ の $-\infty < x < \infty$ における直交性を示そう．式 (7.49) に $F_m(x)$ を掛けると

$$F_m(x)F_n''(x) + (2n+1-x^2)F_m(x)F_n(x) = 0$$

となる．この式で m と n を入れ換えると

$$F_n(x)F_m''(x) + (2m+1-x^2)F_n(x)F_m(x) = 0$$

である．上の 2 式を引き算してから $-\infty$ から ∞ まで積分すると

$$2(m-n)\int_{-\infty}^{\infty} F_m(x)F_n(x)dx = \int_{-\infty}^{\infty}(F_m F_n'' - F_n F_m'')dx$$

となる．右辺を部分積分すると

$$\left[F_m F_n' - F_n F_m'\right]_{-\infty}^{\infty} - \int_{-\infty}^{\infty}(F_m' F_n' - F_n' F_m')dx$$

となる．$F_n(x)$ には $e^{-x^2/2}$ という因子が掛かっているので第 1 項は $-\infty$ でも ∞ でもゼロになる．第 2 項はもちろんゼロである．結局，$m \neq n$ の場合に

$$I_{m,n} \equiv \int_{-\infty}^{\infty} F_m(x)F_n(x)dx = 0 \qquad (7.50)$$

を示せた．

次に $m = n$ の場合は

$$I_{n,n} = \int_{-\infty}^{\infty} e^{-x^2} H_n(x) H_n(x) dx = \int_{-\infty}^{\infty} e^{x^2} D^n(e^{-x^2}) D^n(e^{-x^2}) dx$$

を計算すればよい．被積分関数を $e^{x^2}D^n(e^{-x^2})$ と $D^n(e^{-x^2})$ に分けて部分積分すると

$$I_{n,n} = -\int_{-\infty}^{\infty} [e^{x^2} D^{n+1}(e^{-x^2}) + 2xe^{x^2} D^n(e^{-x^2})]D^{n-1}(e^{-x^2})dx$$

となる．ここで $u = (-1)^n D^n(e^{-x^2})$ に対する式 (7.43) を思い出すと

$$D^{n+1}(e^{-x^2}) + 2xD^n(e^{-x^2}) + 2nD^{n-1}(e^{-x^2}) = 0$$

である．これを使って

$$I_{n,n} = \int_{-\infty}^{\infty} 2ne^{x^2} D^{n-1}(e^{-x^2}) D^{n-1}(e^{-x^2}) dx = 2nI_{n-1,n-1}$$

という漸化式が得られる．よって $I_{n,n} = 2^n n! I_{0,0}$ である．ここで $I_{0,0}$ はガウス積分で

$$I_{0,0} = \int_{-\infty}^{\infty} e^{-x^2} dx = \Gamma(1/2) = \sqrt{\pi}$$

である．結局

$$I_{n,n} = \int_{-\infty}^{\infty} e^{-x^2} H_n(x) H_n(x) dx = 2^n n! \sqrt{\pi} \tag{7.51}$$

となる．

母関数を使っても同じ結果が得られる．エルミート多項式の母関数

$$e^{2tx-t^2} = \sum_{n=0}^{\infty} \frac{H_n(x) t^n}{n!}, \quad e^{2sx-s^2} = \sum_{m=0}^{\infty} \frac{H_m(x) s^m}{m!}$$

2つを掛け合わせると

$$e^{2tx-t^2+2sx-s^2} = \sum_{m=0}^{\infty} \sum_{n=0}^{\infty} \frac{H_m(x) H_n(x) s^m t^n}{m! n!}$$

となる．両辺に e^{-x^2} を掛けて $-\infty$ から ∞ まで積分すると

$$\int_{-\infty}^{\infty} e^{-[(x+s+t)^2 - 2st]} dx = \sum_{m=0}^{\infty} \sum_{n=0}^{\infty} \frac{s^m t^n}{m! n!} \int_{-\infty}^{\infty} e^{-x^2} H_m(x) H_n(x) dx$$

である．この式の左辺のガウス積分を計算すると

$$e^{2st} \int_{-\infty}^{\infty} e^{-(x+s+t)^2} dx = e^{2st} \sqrt{\pi} = \sqrt{\pi} \sum_{m=0}^{\infty} \frac{2^m s^m t^m}{m!}$$

となる．上の2式の右辺の展開係数を見比べると直交関係が得られる．

以上から $[1/(2^n n! \sqrt{\pi})]^{1/2} e^{-x^2} H_n(x)$ という関数の集合は正規直交系をなしていることがわかる．これは同時に完全系でもあるが，ここではこれ以上は述べない．

7.4 ラゲールの微分方程式

ラゲールの微分方程式は

$$x \frac{d^2 y}{dx^2} + (1-x) \frac{dy}{dx} + \nu y = 0 \tag{7.52}$$

である．この方程式とその解（**ラゲール関数**）は量子力学の問題（例えば**水素原子**の問題）に登場する．原点 $x=0$ は確定特異点なので，解はそのまわりで

$$y(x) = \sum_{k=0}^{\infty} a_k x^{k+\rho} \tag{7.53}$$

の形に展開できる（2.4.2 項参照）．この展開式を式 (7.52) に代入すると

$$\sum_{k=0}^{\infty}[(k+\rho)^2 a_k x^{k+\rho-1} + (\nu - k - \rho)a_k x^{k+\rho}] = 0 \qquad (7.54)$$

となる．最低次 $x^{\rho-1}$ の項の係数から指数方程式 $\rho^2 = 0$ が得られる．よって式 (7.54) は

$$\sum_{k=0}^{\infty}[k^2 a_k x^{k-1} + (\nu - k)a_k x^k] = 0$$

と簡単化される．第 1 項と第 2 項の次数をそろえて

$$\sum_{k=0}^{\infty}\left[(k+1)^2 a_{k+1} + (\nu - k)a_k\right] x^k = 0$$

である．よって係数の漸化式

$$a_{k+1} = \frac{k-\nu}{(k+1)^2} a_k \qquad (7.55)$$

が得られる．ν が整数 n のとき，$a_{n+1} = a_{n+2} = \cdots = 0$ となるので式 (7.53) は有限次の多項式である．係数は

$$a_1 = \frac{-n}{1^2}a_0 = -na_0, \qquad a_2 = \frac{-(n-1)}{2^2}a_1 = \frac{n(n-1)}{(2!)^2}a_0,$$
$$a_3 = \frac{-(n-2)}{3^2}a_2 = \frac{-n(n-1)(n-2)}{(3!)^2}a_0$$

と続く．一般項は

$$a_k = (-1)^k \frac{n!}{(n-k)!(k!)^2} a_0 \qquad (7.56)$$

である．通常は $a_0 = n!$ と選ぶ[*7]．このときラゲールの微分方程式 (7.52) の多項式解は

$$L_n(x) = (-1)^n \left\{ x^n - \frac{n^2}{1!}x^{n-1} + \frac{n^2(n-1)^2}{2!}x^{n-2} - \cdots + (-1)^n n! \right\} \qquad (7.57)$$

と書ける．これを n 次の**ラゲール多項式**とよぶ．低次のラゲール多項式は

$$L_0(x) = 1, \qquad L_1(x) = 1 - x, \qquad L_2(x) = 2 - 4x + x^2,$$
$$L_3(x) = 6 - 18x + 9x^2 - x^3$$

となる．

[*7] 訳注：$a_0 = 1$ とする場合も多い．この場合のラゲール多項式 $\tilde{L}_n(x)$ と式 (7.57) の $L_n(x)$ は $\tilde{L}_n(x) = L_n(x)/n!$ という関係にある．

7.4.1 母関数

ラゲール多項式の母関数は

$$\Phi(x,z) = \frac{e^{-xz/(1-z)}}{1-z} = \sum_{n=0}^{\infty} \frac{L_n(x)}{n!} z^n \tag{7.58}$$

である[*8]．実際に展開してみれば低次の係数が一致することを確認できるはずである．また，母関数 (7.58) が

$$x \frac{\partial^x \Phi}{\partial x^2} + (1-x) \frac{\partial \Phi}{\partial x} + z \frac{\partial \Phi}{\partial z} = 0$$

をみたすことも簡単に示せる．これに式 (7.58) の右辺 $\Phi = \sum_{n=0}^{\infty} [L_n(x)/n!] z^n$ を代入すると $L_n(x)$ がラゲールの微分方程式 (7.52) をみたすことがわかる．こうして式 (7.58) がラゲール多項式の母関数であることがわかる．

母関数 (7.58) において z を複素数とみなす．z^{-n-1} を掛けてから z の複素平面上を原点のまわりで周回積分すると

$$L_n(x) = \frac{n!}{2\pi i} \oint \frac{e^{-xz/(1-z)}}{(1-z)z^{n+1}} dz \tag{7.59}$$

が得られる．これはラゲール多項式の積分表示である．

母関数 (7.58) を x と z で微分すると漸化式

$$\left. \begin{array}{l} L_{n+1}(x) = (2n+1-x) L_n(x) - n^2 L_{n-1}(x), \\ n L_{n-1}(x) = n L'_{n-1}(x) - L'_n(x) \end{array} \right\} \tag{7.60}$$

が得られる．

7.4.2 ロドリーグの公式

ラゲール多項式に対するロドリーグの公式は

$$L_n(x) = e^x \frac{d^n}{dx^n}(x^n e^{-x}) \tag{7.61}$$

である．積分表示 (7.59) を使ってこれを証明しよう．z から s への変数変換

$$\frac{xz}{1-z} = s - x, \quad \text{つまり} \quad z = \frac{s-x}{s}$$

を行うと，式 (7.59) は

$$L_n(x) = \frac{n! e^x}{2\pi i} \oint \frac{s^n e^{-s}}{(s-x)^{n+1}} ds$$

と変形される．ただし積分路は複素 s 平面上で $s=x$ を囲む閉曲線である．ここで高階

[*8] 訳注：訳注 7 に与えられたラゲール多項式 $\tilde{L}_n(x)$ に対しては $\Phi(x,z) = \sum_{n=0}^{\infty} \tilde{L}_n(x) z^n$ である．

導関数に対するコーシーの積分公式 (6.28) を使うとロドリーグの公式 (7.61) が導ける.

母関数 (7.58) からも式 (7.61) を得られる. 母関数を z に関して n 回だけ微分してから $z=0$ とおくと

$$L_n(x) = \lim_{z \to 0} \frac{\partial^n}{\partial z^n} \left[(1-z)^{-1} \exp\left(\frac{-xz}{1-z}\right) \right]$$
$$= e^x \lim_{z \to 0} \frac{\partial^n}{\partial z^n} \left[(1-z)^{-1} \exp\left(\frac{-x}{1-z}\right) \right]$$

となる. ここで

$$\lim_{z \to 0} \frac{\partial^n}{\partial z^n} \left[(1-z)^{-1} \exp\left(\frac{-x}{1-z}\right) \right] = \frac{d^n}{dx^n}(x^n e^{-x})$$

である. よって式 (7.61) が成り立つ.

7.4.3 直交ラゲール関数

ラゲール多項式 $L_n(x)$ 自体は直交関数系ではないが, 関数 $e^{-x/2}L_n(x)$ の集合が $0 \leq x < \infty$ で直交性を示す. これを証明しよう. ラゲール多項式はラゲールの微分方程式 (7.52) をみたすから

$$xL_m''(x) + (1-x)L_m'(x) + mL_m(x) = 0$$
$$xL_n''(x) + (1-x)L_n'(x) + nL_n(x) = 0$$

が成り立つ. 第1式に $L_n(x)$, 第2式に $L_m(x)$ を掛けて引き算すると

$$x(L_n L_m'' - L_m L_n'') + (1-x)(L_n L_m' - L_m L_n') = (n-m)L_m L_n,$$

つまり

$$x\frac{d}{dx}(L_n L_m' - L_m L_n') + (1-x)(L_n L_m' - L_m L_n') = (n-m)L_m L_n$$

となる. 両辺に e^{-x} を掛けると左辺は1つにまとまり

$$\frac{d}{dx}[xe^{-x}(L_n L_m' - L_m L_n')] = (n-m)e^{-x}L_m L_n$$

となる. これを 0 から ∞ まで積分して

$$(n-m)\int_0^\infty e^{-x} L_m(x) L_n(x) dx = \left[xe^{-x}(L_n L_m' - L_m L_n')\right]_{x=0}^\infty = 0$$

が得られる. したがって $m \neq n$ のとき

$$\int_0^\infty e^{-x} L_m(x) L_n(x) dx = 0 \tag{7.62}$$

である.

ロドリーグの公式 (7.61) を使っても式 (7.62) が導ける．m が正の整数のとき

$$\int_0^\infty e^{-x} x^m L_n(x) dx = \int_0^\infty x^m \frac{d^n}{dx^n}(x^n e^{-x}) dx$$

$$= (-1)^m m! \int_0^\infty \frac{d^{n-m}}{dx^{n-m}}(x^n e^{-x}) dx \qquad (7.63)$$

となる．なお，2つ目の等式では m 回の部分積分を行っている．$n > m$ のとき式 (7.63) の右辺の積分はゼロになる．$L_m(x)$ は x に関して m 次の多項式だから，$n > m$ に対して

$$\int_0^\infty e^{-x} L_m(x) L_n(x) dx = 0$$

である．もちろん同じ議論は $n < m$ に対しても成り立つ．こうして式 (7.62) が導ける．
 $n = m$ の場合は次のように計算できる．式 (7.63) は $n = m$ の場合

$$\int_0^\infty e^{-x} x^n L_n(x) dx = (-1)^n n! \int_0^\infty x^n e^{-x} dx$$

$$= (-1)^n n! \Gamma(n+1) = (-1)^n (n!)^2$$

となる．ここで，左辺の積分の中の x^n を $L_n(x)$ に入れ換えても，その x の低次の項は式 (7.64) の議論から積分に寄与しない．多項式 $L_n(x)$ の x^n 次の係数は $(-1)^n$ だから

$$\int_0^\infty e^{-x} [L_n(x)]^2 dx = (n!)^2 \qquad (7.64)$$

が得られる．以上から $\{e^{-x/2} L_n(x)/n!\}$ という関数の集合は正規直交系をなす[*9]．

7.5 ラゲールの陪多項式

ラゲールの微分方程式 (7.52) を m 回だけ微分すると，ライプニッツの公式から

$$x \frac{d^{m+2}}{dx^{m+2}} y + (m+1-x) \frac{d^{m+1}}{dx^{m+1}} y + (n-m) \frac{d^m}{dx^m} y = 0$$

となる．なお $\nu = n$ とおいた．$z = d^m y / dx^m$ と書くと

$$x \frac{d^2 z}{dx^2} + (m+1-x) \frac{dz}{dx} + (n-m) z = 0 \qquad (7.65)$$

という方程式が得られる．これは**ラゲールの陪微分方程式**とよばれる．多項式

$$z = \frac{d^m}{dx^m} L_n(x) \equiv L_n^m(x) \qquad (m \leq n) \qquad (7.66)$$

はラゲールの陪微分方程式の解である．これを $n-m$ 次の**ラゲール陪多項式**とよぶ[*10]．$m = 0$ のときラゲール多項式 $L_n(x)$ に帰着する．

[*9] 訳注：302 ページの訳注 7 に与えられたラゲール多項式 $\tilde{L}_n(x)$ を使えば $\{e^{-x/2} \tilde{L}_n(x)\}$ が正規直交系をなす．

[*10] 訳注：$L_n^m(x)$ を $L_{n-m}^{(m)}(x)$ と表すこともある．

ラゲール多項式 $L_n(x)$ に対するロドリーグの公式 (7.61) をもとにすると

$$L_n^m(x) = \frac{d^m}{dx^m} L_n(x) = \frac{d^m}{dx^m} \left\{ e^x \frac{d^n}{dx^n} (x^n e^{-x}) \right\} \tag{7.67}$$

であることがわかる．これを使うとラゲール陪多項式のさまざまな性質が導ける．低次の多項式をあげておく：

$$L_0^0(x) = 1, \quad L_1^0(x) = 1-x, \quad L_1^1(x) = -1,$$
$$L_2^0(x) = 2 - 4x + x^2, \quad L_2^1(x) = -4 + 2x, \quad L_2^2(x) = 2.$$

7.5.1 母関数

ラゲール多項式の母関数は

$$\frac{1}{1-t} \exp\left(\frac{-xt}{1-t}\right) = \sum_{n=0}^{\infty} L_n(x) \frac{t^n}{n!}$$

である．これを x に関して m 回だけ微分すると

$$(-1)^m (1-t)^{-1} \left(\frac{t}{1-t}\right)^m \exp\left(\frac{-xt}{1-t}\right) = \sum_{n=m}^{\infty} \frac{L_n^m(x)}{n!} t^n, \tag{7.68}$$

あるいは

$$(-1)^m \frac{1}{(1-t)^{m+1}} \exp\left(\frac{-xt}{1-t}\right) = \sum_{n=0}^{\infty} \frac{L_{n+m}^m(x)}{(n+m)!} t^n$$

となる[*11]．

7.5.2 整数次のラゲール陪関数

量子力学において重要な関数としてラゲール陪関数

$$G_n^m(x) = e^{-x/2} x^{(m-1)/2} L_n^m(x) \qquad (m \leq n) \tag{7.69}$$

がある．この関数は $x \to \infty$ で $|G_n^m(x)| \to 0$ となるので，波動関数の遠方での境界条件をみたしている．この関数は微分方程式

[*11] 訳注：305 ページの訳注 10 で述べた表し方では

$$(-1)^m \frac{1}{(1-t)^{m+1}} \exp\left(\frac{-xt}{1-t}\right) = \sum_{n=0}^{\infty} \frac{L_n^{(m)}(x)}{(n+m)!} t^n$$

となる．さらに $(-1)^m L_n^{(m)}(x)/(n+m)!$ をラゲール陪多項式とよぶことも多い．これを $\tilde{L}_n^{(m)}(x)$ と表すことにすると

$$\frac{e^{-xt/(1-t)}}{(1-t)^{m+1}} = \sum_{n=0}^{\infty} \tilde{L}_n^{(m)}(x) t^n$$

である．$\tilde{L}_n^{(m)}(x)$ において $m=0$ とすると 302 ページの訳注 7 の $\tilde{L}_n(x)$ に帰着する．

$$x^2\frac{d^2u}{dx^2} + 2x\frac{du}{dx} + \left[\left(n - \frac{m-1}{2}\right)x - \frac{x^2}{4} - \frac{m^2-1}{4}\right]u = 0 \qquad (7.70)$$

の解である．この方程式に $u = e^{-x/2}x^{(m-1)/2}z$ を代入すると z に対する微分方程式がラゲールの陪微分方程式 (7.65) になる．よって $u = G_n^m(x)$ は方程式 (7.70) の解であることがわかる．微分方程式 (7.70) は**水素原子**の波動関数を求めるときに登場する．次のような形の積分が量子力学でよく現れる：

$$I_{n,m}^{(p)} = \int_0^\infty G_n^k(x)x^p G_m^k(x)dx = \int_0^\infty e^{-x}x^{k+p-1}L_n^k(x)L_m^k(x)dx.$$

なお p も整数である．ここではこれ以上は追求しない．興味のある読者は Henry Margenau and George M.Murphy, *The Mathematics of Physics and Chemistry*, Van Nostrand, 1956 [佐藤次彦・国宗真訳，物理と化学のための数学，共立出版，1959/61] を参照していただきたい．

7.6 ベッセルの微分方程式

微分方程式

$$x^2\frac{d^2y}{dx^2} + x\frac{dy}{dx} + (x^2 - \alpha^2)y = 0 \qquad (7.71)$$

を**ベッセルの微分方程式**とよび，その解を**ベッセル関数**という．なお α は正またはゼロの定数である．ベッセル（F.W. Bessel, 1784–1864，ドイツの数学者・天文学者）が天文学上の計算を行うのに使った微分方程式である．数理物理や工学において円柱座標を用いた境界値問題で頻繁に登場する（そのためベッセル関数を**円柱関数**とよぶこともある．例えば式 (10.24) を参照）．ベッセル関数は本を 1 冊書けるほど内容が豊富な特殊関数である．

原点 $x = 0$ は確定特異点で，それ以外に特異点はない．原点のまわりで

$$y(x) = \sum_{m=0}^\infty a_m x^{m+\rho} \qquad (a_0 \neq 0) \qquad (7.72)$$

と級数展開した形の解を求める（2.4.2 項参照）．展開式 (7.72) を微分方程式 (7.71) に代入すると

$$\sum_{k=0}^\infty (k+\rho)(k+\rho-1)a_k x^{k+\rho} + \sum_{k=0}^\infty (k+\rho)a_k x^{k+\rho}$$
$$+ \sum_{k=0}^\infty a_k x^{k+\rho+2} - \alpha^2 \sum_{k=0}^\infty a_k x^{k+\rho} = 0$$

となる．これが恒等式として成り立つには左辺の x の各次数の係数がゼロになる必要がある．よって

(x^ρ の係数)
$$[\rho(\rho-1)+\rho-\alpha^2]a_0 = 0, \tag{7.73a}$$

($x^{\rho+1}$ の係数)
$$[(\rho+1)\rho+(\rho+1)-\alpha^2]a_1 = 0, \tag{7.73b}$$

($x^{\rho+2}, x^{\rho+3}, \ldots$ の係数)
$$[(k+\rho)(k+\rho-1)+(k+\rho)-\alpha^2]a_k + a_{k-2} = 0 \tag{7.73c}$$

となる．第1式 (7.73a) から指数方程式

$$\rho(\rho-1)+\rho-\alpha^2 = (\rho+\alpha)(\rho-\alpha) = 0$$

が得られる．その根は $\rho = \pm\alpha$ である．まず正の場合 $\rho = \alpha$ に対応する解について考える．$\rho = +\alpha$ のとき式 (7.73b) が成り立つには $a_1 = 0$ でなければならない．式 (7.73c) からは漸化式

$$(k+2\alpha)ka_k + a_{k-2} = 0 \quad \text{つまり} \quad a_k = \frac{-1}{k(k+2\alpha)}a_{k-2} \tag{7.74}$$

が得られる．ここで $a_1 = 0$ かつ $\alpha \geq 0$ であるから $a_3 = a_5 = \cdots = 0$ である．$k = 2m$ の係数は式 (7.74) から

$$a_{2m} = -\frac{1}{4m(m+\alpha)}a_{2m-2} \quad (m = 1, 2, \ldots) \tag{7.75}$$

となる．こうして $a_2, a_4, \ldots$ が順に求められる．一般項は

$$a_{2m} = \frac{(-1)^m}{2^{2m}m!(\alpha+m)(\alpha+m-1)\cdots(\alpha+2)(\alpha+1)}a_0$$

である．分母の因子

$$(\alpha+m)(\alpha+m-1)\cdots(\alpha+2)(\alpha+1)$$

は階乗に似ているが，α は一般には整数ではないので $\alpha!/(\alpha+m)!$ の形には書けない．そこでガンマ関数 $\Gamma(\alpha+1)$ を使って書き直す（$\alpha = -1, -2, -3, \ldots$ 以外では $\Gamma(\alpha+1)$ は定義されている）．ガンマ関数は $\Gamma(z+1) = z\Gamma(z)$ という漸化式をみたすので

$$a_{2m} = \frac{(-1)^m}{2^{2m}m!\Gamma(\alpha+m+1)}\Gamma(\alpha+1)a_0$$

と書ける．係数 a_0 は任意であるが

$$a_0 = \frac{1}{2^\alpha \Gamma(\alpha+1)}$$

と選んでおくと便利である．そうすると係数が

$$a_{2m} = \frac{(-1)^m}{2^{\alpha+2m}m!\Gamma(\alpha+m+1)}, \qquad a_{2m+1} = 0$$

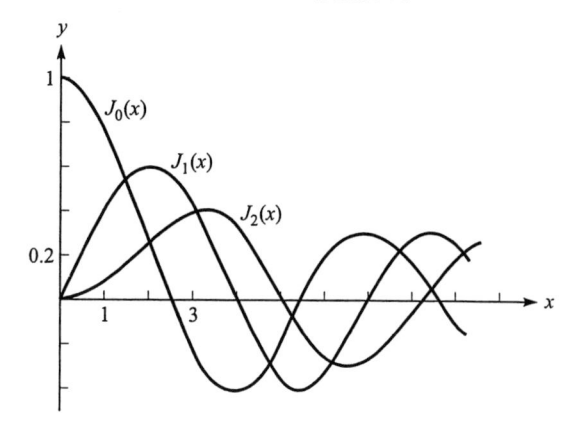

図 **7.3** 整数次の第 1 種ベッセル関数の概形.

となる．よって級数解 (7.72) は

$$y(x) = x^\alpha \left[\frac{1}{2^\alpha \Gamma(\alpha+1)} - \frac{x^2}{2^{\alpha+2}\Gamma(\alpha+2)} + \frac{x^4}{2^{\alpha+4}2!\Gamma(\alpha+3)} - \cdots \right]$$

$$= \sum_{m=0}^{\infty} \frac{(-1)^m}{m!\Gamma(\alpha+m+1)} \left(\frac{x}{2}\right)^{\alpha+2m} \tag{7.76}$$

となる．この無限級数で定義される関数を α 次の第 1 種ベッセル関数とよび，$J_\alpha(x)$ と書く．ベッセルの微分方程式には原点以外に特異点がないので，収束性に関する比判定の方法を用いると，すべての x で級数 (7.76) が収束することがわかる．

α が整数 n のとき，式 (7.76) は整数次のベッセル関数

$$J_n(x) = x^n \sum_{m=0}^{\infty} \frac{(-1)^m x^{2m}}{2^{2m+n} m!(n+m)!} \tag{7.76a}$$

を与える．低次のベッセル関数の概形を図 7.3 に示す．三角関数 $\cos\theta$ や $\sin\theta$ に似ていることにお気づきだろう．また，n を固定したとき方程式 $J_n(x) = 0$ には無数の根があることも図 7.3 からわかる．

さて式 (7.73a) から得られる指数方程式には解がもう 1 つあった．$\rho = -\alpha$ である．このとき係数の漸化式は式 (7.74) のかわりに

$$a_k = \frac{-1}{k(k-2\alpha)} a_{k-2} \tag{7.77}$$

となる．α が整数でなければ $\rho = \alpha$ の場合と同様にして

$$J_{-\alpha}(x) = \sum_{m=0}^{\infty} \frac{(-1)^m}{m!\Gamma(-\alpha+m+1)} \left(\frac{x}{2}\right)^{-\alpha+2m} \tag{7.78}$$

が得られる．これは $J_\alpha(x)$ と線形独立な解である．よってベッセルの微分方程式の一般解は

$$y(x) = AJ_\alpha(x) + BJ_{-\alpha}(x) \tag{7.79}$$

となる．ここで A と B は任意の定数である．

α が正の整数 n のときは等式 $J_{-n}(x) = (-1)^n J_n(x)$ を示せる．つまり $J_n(x)$ と $J_{-n}(x)$ は線形独立ではない．よって式 (7.79) は一般解ではない．実際に係数の漸化式 (7.77) は $k = 2\alpha$ のときに破綻する．よって解は他の方法で見つけなくてはならない．また $\alpha = 0$ の場合は指数方程式が重解をもつので，やはり 2 つ目の解は級数の形では得られない．これについては 7.6.1 項で扱う．

α が半奇数 $n + 1/2$ （n は整数）のとき，ベッセル関数 $J_\alpha(x)$ は三角関数を使って有限級数で表せる．例えば

$$J_{1/2}(x) = \left(\frac{2}{\pi x}\right)^{1/2} \sin x,$$

$$J_{-1/2}(x) = \left(\frac{2}{\pi x}\right)^{1/2} \cos x,$$

$$J_{3/2}(x) = \left(\frac{2}{\pi x}\right)^{1/2} \left(\frac{\sin x}{x} - \cos x\right),$$

$$J_{-3/2}(x) = \left(\frac{2}{\pi x}\right)^{1/2} \left(-\frac{\cos x}{x} - \sin x\right),$$

$$J_{5/2}(x) = \left(\frac{2}{\pi x}\right)^{1/2} \left[\left(\frac{3}{x^2} - 1\right) \sin x - \frac{3}{x} \cos x\right],$$

$$J_{-5/2}(x) = \left(\frac{2}{\pi x}\right)^{1/2} \left[\left(\frac{3}{x^2} - 1\right) \cos x + \frac{3}{x} \sin x\right],$$

である．関数 $J_{(n+1/2)}(x)$ と $J_{-(n+1/2)}(x)$ （n は正の整数またはゼロ）を特に球ベッセル関数とよぶ．波動を極座標で扱う際に重要な関数である．7.7 節で再び述べる．

7.6.1　第 2 種ベッセル関数

上にも述べたように，ベッセルの微分方程式 (7.71) において定数 α が整数 n のとき，**第 1 種ベッセル関数** $J_n(x)$ と $J_{-n}(x)$ は線形独立ではない．以下で線形独立な 2 つ目の解を求めよう．まず $n = 0$ の場合から始める．このときベッセルの微分方程式は

$$xy'' + y' + xy = 0 \tag{7.80}$$

と書ける．指数方程式 (7.73a) は $\rho = 0$ を重解としてもつ．すると式 (2.33) から，2 つ目の解は

$$y_2(x) = J_0(x) \ln(x) + \sum_{m=1}^{\infty} A_m x^m \tag{7.81}$$

の形をしているはずである．これから

$$y_2' = J_0' \ln x + \frac{J_0}{x} + \sum_{m=1}^{\infty} m A_m x^{m-1},$$

$$y_2'' = J_0'' \ln x + \frac{2J_0'}{x} - \frac{J_0}{x^2} + \sum_{m=1}^{\infty} m(m-1) A_m x^{m-2}$$

となる．これらを式 (7.80) に代入する．J_0 は $xJ_0'' + J_0' + xJ_0 = 0$ を満たすから $\ln x$ の項は消える．J_0/x の項も打ち消し合うので，結果として

$$2J_0' + \sum_{m=1}^{\infty} m(m-1) A_m x^{m-1} + \sum_{m=1}^{\infty} m A_m x^{m-1} + \sum_{m=1}^{\infty} A_m x^{m+1} = 0$$

が得られる．また，式 (7.76a) から

$$J_0'(x) = \sum_{m=1}^{\infty} \frac{(-1)^m 2m x^{2m-1}}{2^{2m}(m!)^2} = \sum_{m=1}^{\infty} \frac{(-1)^m}{2^{2m-1} m!(m-1)!} x^{2m-1}$$

である．これを代入して整理すると

$$\sum_{m=1}^{\infty} \frac{(-1)^m}{2^{2m-1} m!(m-1)!} x^{2m-1} + \sum_{m=1}^{\infty} m^2 A_m x^{m-1} + \sum_{m=1}^{\infty} A_m x^{m+1} = 0$$

となる．

まず $A_1 = A_3 = \cdots = 0$ となることを示す．上の式において x^0 次の係数は左辺の第2項 $m=1$ の場合，つまり A_1 である．右辺は恒等的にゼロであるから $A_1 = 0$ となる．一般に，x^{2s} 次の係数に左辺の第1項は寄与しないから，第2項と第3項の係数をゼロとおいて

$$(2s+1)^2 A_{2s+1} + A_{2s-1} = 0 \qquad (s = 1, 2, \ldots)$$

である．つまり $A_{2s+1} = -A_{2s-1}/(2s+1)^2$ であるが，$A_1 = 0$ であるから $A_3 = A_5 = \cdots = 0$ となる．

次に x^{2s+1} の係数をゼロとおく．$s=0$ のとき

$$-1 + 4A_2 = 0, \quad \text{つまり} \quad A_2 = \frac{1}{4}$$

が得られる．一般には

$$\frac{(-1)^{s+1}}{2^{s+1}(s+1)!s!} + (2s+2)^2 A_{2s+2} + A_{2s} = 0$$

である．$s=1$ に対しては

$$\frac{1}{8} + 16 A_4 + A_2 = 0, \quad \text{つまり} \quad A_4 = -\frac{3}{128}$$

となる．同様に続ければ

$$A_{2m} = \frac{(-1)^{m-1}}{2^m (m!)^2}\left(1 + \frac{1}{2} + \frac{1}{3} + \cdots + \frac{1}{m}\right) \qquad (m = 1, 2, \ldots) \tag{7.82}$$

が得られる．ここで

$$h_m = 1 + \frac{1}{2} + \frac{1}{3} + \cdots + \frac{1}{m}$$

という記号を使うと，式 (7.81) は

$$\begin{aligned}y_2(x) &= J_0(x)\ln x + \sum_{m=1}^{\infty}\frac{(-1)^{m-1}h_m}{2^{2m}(m!)^2}x^{2m} \\ &= J_0(x)\ln x + \frac{1}{4}x^2 - \frac{3}{128}x^4 + \cdots\end{aligned} \tag{7.83}$$

となる．

$J_0(x)$ と $y_2(x)$ は，$\alpha = 0$ の場合のベッセルの微分方程式 (7.80) の線形独立な解である．よってこの2つで解の基本系を構成する．もちろん，y_2 のかわりに $a(y_2 + bJ_0)$ (a はゼロでない定数，b は一般の定数）の形の特解を使ってもよい．よく使われるのは $a = 2/\pi$, $b = \gamma - \ln 2$ という定数である．なお $\gamma = 0.57721566490\cdots$ は**オイラー定数**で，

$$\gamma \equiv \lim_{s\to\infty}\left(1 + \frac{1}{2} + \frac{1}{3} + \cdots + \frac{1}{s} - \ln s\right)$$

で定義される．こうして得られる特解

$$Y_0(x) = \frac{2}{\pi}\left[J_0(x)\left(\ln\frac{x}{2} + \gamma\right) + \sum_{m=1}^{\infty}\frac{(-1)^{m-1}h_m}{2^{2m}(m!)^2}x^{2m}\right] \tag{7.84}$$

を 0 次の**第 2 種ベッセル関数**あるいは**ノイマン関数**とよぶ．

$\alpha = 1, 2, \ldots$ に対しても，式 (2.35) から出発して $J_\alpha(x)$ と線形独立な解を同じように導ける．これらの解には必ず対数関数の項が含まれている．したがって原点付近で発散している．$x \neq 0$ しか対象としないような問題にのみ適用できる．

上の議論では，ベッセルの微分方程式の 2 つ目の解は α が整数かそうでないかによってまったく違う式で定義されている．これは数学的にも美しくないし数値計算上も不便である．α が整数かどうかによらない定義の方がよい．通常は

$$Y_\alpha(x) = \frac{J_\alpha(x)\cos\alpha\pi - J_{-\alpha}(x)}{\sin\alpha\pi}, \qquad Y_n(x) = \lim_{\alpha\to n}Y_\alpha(x) \tag{7.85}$$

と定義する．これを α 次の第 2 種ベッセル関数という．別名，α 次のノイマン関数といい，$N_\alpha(x)$ と書くことも多い（ノイマン (C. Neumann, 1832–1925) はドイツの数学者・物理学者）．負の整数次の第 2 種ベッセル関数には

$$Y_{-n}(x) = (-1)^n Y_n(x)$$

という関係式がある．低次の第 2 種ベッセル関数を図 7.4 に示す．

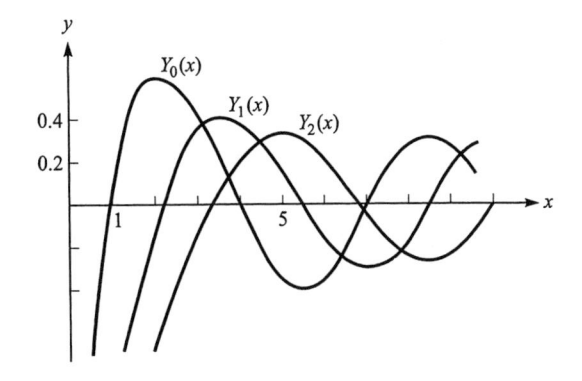

図 **7.4** 整数次の第 2 種ベッセル関数の概形.

こうして，ベッセルの微分方程式 (7.71) の一般解は

$$y(x) = c_1 J_\alpha(x) + c_2 Y_\alpha(x)$$

と表されることがわかった．問題によっては，すべての実数 x に対して解が複素数になる方が便利な場合がある．そこで

$$\left.\begin{array}{l} H_\alpha^{(1)} = J_\alpha(x) + iY_\alpha(x) \\ H_\alpha^{(2)} = J_\alpha(x) - iY_\alpha(x) \end{array}\right\} \quad (7.86)$$

という形の関数を使うこともある．この 2 つの関数も互いに線形独立である．これらは**第 3 種ベッセル関数**とか**第 1 種および第 2 種ハンケル関数**とよばれる（ハンケル (H. Hankel, 1839–1873) はドイツの数学者）．

7.6.2 鎖の微小振動

ベッセル関数が物理学に応用される例として古典力学の問題を解いてみよう．天井から吊り下げられた鎖の微小振動である．この問題は**ベルヌーイ**が早くも 1732 年に考察している．

図 7.5 のように長さ l の鎖が天井から自分の重さで吊り下がっている．平衡状態では鉛直方向に伸びている．鎖の線密度 ρ は一様で，どの点でも曲がるとする．鉛直方向上向きを x 軸にとり，平衡状態での鎖の下端を原点とする．以下では平衡状態からの微小なずれによる xy 平面内での鎖の振動を考察する．つまり高さ x における鎖のずれ y を $y(x,t)$ の形で求める．これは第 4 章で考察した弦の振動とほとんど同じであるが，重要な違いが 2 点ある．まず，鎖においては張力 T は定数ではない．ある点における張力は，その点より下に続く鎖の重さに等しい．もう 1 点，下端が自由端なのが弦と異なる．弦においては両端とも固定端であった．

$y(x,t)$ に対する方程式を導こう．そのために，まず鎖の微小区間 $[x, x+dx]$ に対す

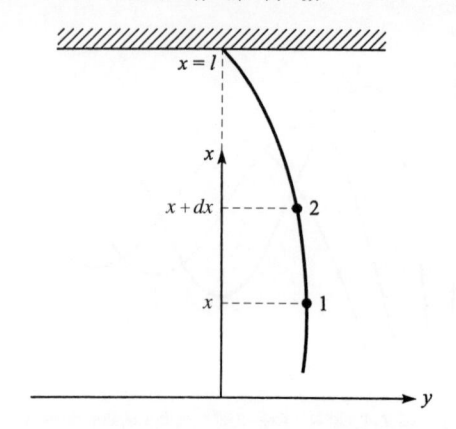

図 7.5 天井から吊り下げられた鎖.点 1 と点 2 に挟まれた微小区間に対する運動方程式をたてる.

る水平方向のニュートンの運動方程式をたてる.この微小区間に働く力は図 7.5 の点 1 における張力の水平成分と点 2 における水平成分の差である.4.10.1 項と同様に考えて

$$\left(T\frac{\partial y}{\partial x}\right)_{x+dx} - \left(T\frac{\partial y}{\partial x}\right)_x = \rho dx \frac{\partial^2 y}{\partial t^2},$$

つまり

$$\rho dx \frac{\partial^2 y}{\partial t^2} = \frac{\partial}{\partial x}\left(T\frac{\partial y}{\partial x}\right)dx$$

となる.これより

$$\rho \frac{\partial^2 y}{\partial t^2} = \frac{\partial}{\partial x}\left(T\frac{\partial y}{\partial x}\right)$$

が得られる.ここで $T = \rho g x$ である.これを上の式に代入すると偏微分方程式

$$\frac{\partial^2 y}{\partial t^2} = g\frac{\partial y}{\partial x} + gx\frac{\partial^2 y}{\partial x^2}$$

が導かれる.ここで y は x と t の 2 変数関数である.ρ が打ち消されるので,鎖の振動は線密度によらないことがわかる.

この偏微分方程式を解くには,第 10 章で述べるように変数分離を行う.つまり $y(x,t) = u(x)f(t)$ という形の解を探すことにする.これを上の偏微分方程式に代入すると $uf'' = gfu' + gxfu''$ となる.両辺を uf で割ると

$$\frac{f''(t)}{f(t)} = g\frac{u'(x)}{u(x)} + gx\frac{u''(x)}{u(x)}$$

である.この式の左辺は t のみの関数,右辺は x のみの関数である.両者が恒等的に等しいためには,両者とも定数でなければならない.この定数を $-\omega^2$ と書くことにする

と，上の式は

$$f''(t) + \omega^2 f(t) = 0,$$
$$xu''(x) + u'(x) + (\omega^2/g)u(x) = 0$$

という2つの常微分方程式に分離できる．第1式の方は直ちに解けて，解は $f(t) = C\cos(\omega t - \delta)$ である．ここで C と δ は定数である．この解が振動を表すはずなので，定数 ω が実数であることがわかる．

$u(x)$ に対する微分方程式は見慣れない形をしている．これを解くには，まず

$$x = gz^2/(4\omega^2), \qquad w(z) = u(x)$$

という変数変換を行う．すると $w(z)$ に対する微分方程式は0次のベッセルの微分方程式

$$zw''(z) + w'(z) + zw(z) = 0$$

になる．上で述べたように，この方程式の一般解は

$$w(z) = AJ_0(z) + BY_0(z)$$

である．もとの変数に戻すと

$$u(x) = AJ_0\left(2\omega\sqrt{\frac{x}{g}}\right) + BY_0\left(2\omega\sqrt{\frac{x}{g}}\right)$$

である．

最後に境界条件から定数を定める．まず解は有界な関数である．ところが $x \to 0$ において $Y_0(2\omega\sqrt{x/g}) \to -\infty$ である．よって $B = 0$ でなければならない．こうして

$$y(x,t) = AJ_0\left(2\omega\sqrt{\frac{x}{g}}\right)\cos(\omega t - \delta)$$

が得られる．なお，定数の積 AC をあらためて A と書いた．下端の運動は単振動 $y(0,t) = A\cos(\omega t - \delta)$ となる．これから定数 A と δ を決定できる．最後に，鎖の上端は天井に固定されているから $y(l,t) = 0$ である．よって

$$J_0\left(2\omega\sqrt{\frac{l}{g}}\right) = 0$$

となる．これから鎖の基準振動数 ω が

$$\omega_n = \sqrt{\frac{g}{l}}\frac{\alpha_n}{2}$$

と得られる．ここで α_n は $J_0(x) = 0$ の解であり，可算無限個ある．

7.6.3 母関数

整数次の第1種ベッセル関数に対する母関数は

$$\Phi(x,t) = e^{(x/2)(t-t^{-1})} = \sum_{n=-\infty}^{\infty} J_n(x) t^n \qquad (7.87)$$

である．これを使うとベッセル関数のさまざまな性質が証明できる．それらの性質は整数次でなくても成り立つ場合が多い．

式 (7.87) を証明するには関数 $e^{xt/2}$ と $e^{-x/2t}$ をそれぞれ展開する．これらの関数の $t=0$ のまわりのローラン展開（6.8.7 項参照）は

$$e^{xt/2} = \sum_{k=0}^{\infty} \frac{(xt/2)^k}{k!}, \qquad e^{-x/2t} = \sum_{m=0}^{\infty} \frac{(-x/2t)^m}{m!}$$

である．両者を掛けて

$$e^{x(t-t^{-1})/2} = \sum_{k=0}^{\infty} \sum_{m=0}^{\infty} \frac{(-1)^m}{k!m!} \left(\frac{x}{2}\right)^{k+m} t^{k-m} \qquad (7.88)$$

となる．

例えば t^0 次の項の係数は $k=m$ の場合のみが寄与するから

$$\sum_{k=0}^{\infty} \frac{(-1)^k}{(k!)^2} \left(\frac{x}{2}\right)^{2k} = J_0(x)$$

となり，確かに0次の第1種ベッセル関数を与える．同様に t^n 次の項の係数は $k=m+n$ の場合のみが寄与するので

$$\sum_{m=0}^{\infty} \frac{(-1)^m}{(m+n)!m!} \left(\frac{x}{2}\right)^{2m+n} = J_n(x)$$

となる．以上から，ローラン展開 (7.88) の係数が式 (7.87) のように整数次の第1種ベッセル関数になることが証明できた．

7.6.4 積分表示

母関数を使うと $J_n(x)$ を定積分で表すことができる．母関数 (7.87) において $t=e^{i\theta}$ とおくと

$$e^{x(t-t^{-1})/2} = e^{x(e^{i\theta} - e^{-i\theta})/2} = e^{ix\sin\theta}$$
$$= \cos(x\sin\theta) + i\sin(x\sin\theta)$$

となる．これを式 (7.87) の左辺に代入し，右辺に $t=e^{i\theta}$ を代入すると

$$\cos(x\sin\theta) + i\sin(x\sin\theta) = \sum_{n=-\infty}^{\infty} J_n(x) e^{in\theta}$$
$$= \sum_{n=-\infty}^{\infty} J_n(x)\cos n\theta + i\sum_{n=-\infty}^{\infty} J_n(x)\sin n\theta$$

となる。ここで $J_{-n}(x) = (-1)^n J_n(x)$, $\cos n\theta = \cos(-n\theta)$, $\sin n\theta = -\sin(-n\theta)$ を使い，上式の実部と虚部をそれぞれ等しいとおくと

$$\cos(x\sin\theta) = J_0(x) + 2\sum_{n=1}^{\infty} J_{2n}(x)\cos 2n\theta,$$

$$\sin(x\sin\theta) = 2\sum_{n=1}^{\infty} J_{2n-1}(x)\sin(2n-1)\theta$$

が得られる．上の 2 式はちょうど $\cos(x\sin\theta)$ と $\sin(x\sin\theta)$ のフーリエ正弦級数と余弦級数の形をしている．面白いことに，そのフーリエ級数の係数がベッセル関数であることがわかる．そこで，上の第 1 式に $\cos k\theta$ を掛けて 0 から π まで積分すると

$$\frac{1}{\pi}\int_0^{\pi} \cos k\theta \cos(x\sin\theta)d\theta = \begin{cases} J_k(x) & (k=0, 2, 4, \ldots), \\ 0 & (k=1, 3, 5, \ldots) \end{cases}$$

が得られる．同様に，第 2 式に $\sin k\theta$ を掛けて 0 から π まで積分すると

$$\frac{1}{\pi}\int_0^{\pi} \sin k\theta \sin(x\sin\theta)d\theta = \begin{cases} 0 & (k=0, 2, 4, \ldots), \\ J_k(x) & (k=0, 2, 4, \ldots) \end{cases}$$

が得られる．両者を足し算して，正の整数次のベッセル関数の積分表示

$$J_n(x) = \frac{1}{\pi}\int_0^{\pi} \cos(n\theta - x\sin\theta)d\theta \tag{7.89}$$

が得られる．

7.6.5 漸 化 式

物理学の問題では第 1 種ベッセル関数 $J_n(x)$ の方が有用である．原点において有限の値をとるからである．以下では第 1 種ベッセル関数やその導関数の間の漸化式を導く．

(1) $J_{n+1}(x) = \dfrac{2n}{x}J_n(x) - J_{n-1}(x).$ \hfill (7.90)

証明：母関数 (7.87) の両辺を t に関して微分すると

$$\frac{x}{2}\left(1 + \frac{1}{t^2}\right)e^{x(t-t^{-1})/2} = \sum_{n=-\infty}^{\infty} nJ_n(x)t^{n-1},$$

つまり

$$\frac{x}{2}\left(1 + \frac{1}{t^2}\right)\sum_{n=-\infty}^{\infty} J_n(x)t^n = \sum_{n=-\infty}^{\infty} nJ_n(x)t^{n-1}$$

となる．さらに左辺を展開すれば，上式は

$$\frac{x}{2}\sum_{n=-\infty}^{\infty} J_n(x)t^n + \frac{x}{2}\sum_{n=-\infty}^{\infty} J_n(x)t^{n-2} = \sum_{n=-\infty}^{\infty} nJ_n(x)t^{n-1}$$

となる．つまり

$$\frac{x}{2}\sum_{n=-\infty}^{\infty}J_n(x)t^n + \frac{x}{2}\sum_{n=-\infty}^{\infty}J_{n+2}(x)t^n = \sum_{n=-\infty}^{\infty}(n+1)J_{n+1}(x)t^n$$

である．両辺の t^n 次の係数を等しいとおくと

$$\frac{x}{2}J_n(x) + \frac{x}{2}J_{n+2}(x) = (n+1)J_{n+1}(x)$$

が得られる．n を $n-1$ で置き換えると式 (7.90) が得られる．

(2) $xJ_n'(x) = nJ_n(x) - xJ_{n+1}(x)$. (7.91)

証明：ベッセル関数の展開式 (7.76)，つまり

$$J_n(x) = \sum_{k=0}^{\infty}\frac{(-1)^k}{k!\Gamma(n+k+1)2^{n+2k}}x^{n+2k}$$

の両辺を x に関して微分すると

$$J_n'(x) = \sum_{k=0}^{\infty}\frac{(n+2k)(-1)^k}{k!\Gamma(n+k+1)2^{n+2k}}x^{n+2k-1}$$

となる．右辺の $(n+2k)$ を n と $2k$ に分けて，

$$xJ_n'(x) = nJ_n(x) + x\sum_{k=1}^{\infty}\frac{(-1)^k}{(k-1)!\Gamma(n+k+1)2^{n+2k-1}}x^{n+2k-1}$$

が得られる．右辺の和において $k=m+1$ とおくと

$$xJ_n'(x) = nJ_n(x) - x\sum_{m=0}^{\infty}\frac{(-1)^m}{m!\Gamma(n+m+2)2^{n+2m+1}}x^{n+2m+1}$$
$$= nJ_n(x) - xJ_{n+1}(x)$$

が導かれる．

(3) $xJ_n'(x) = -nJ_n(x) + xJ_{n-1}(x)$. (7.92)

証明：ベッセル関数の展開式 (7.76) に x^n を掛けて

$$x^nJ_n(x) = \sum_{k=0}^{\infty}\frac{(-1)^k}{k!\Gamma(n+k+1)2^{n+2k}}x^{2n+2k}$$

とする．この式の両辺を x に関して微分すると，まず左辺は

$$\frac{d}{dx}(x^nJ_n(x)) = x^nJ_n'(x) + nx^{n-1}J_n(x)$$

となる．次に右辺は

$$\frac{d}{dx}\sum_{k=0}^{\infty}\frac{(-1)^k x^{2n+2k}}{2^{n+2k}k!\Gamma(n+k+1)} = \sum_{k=0}^{\infty}\frac{(-1)^k x^{2n+2k-1}}{2^{n+2k-1}k!\Gamma(n+k)}$$
$$= x^n \sum_{k=0}^{\infty}\frac{(-1)^k x^{(n-1)+2k}}{2^{(n-1)+2k}k!\Gamma((n-1)+k+1)}$$
$$= x^n J_{n-1}(x)$$

である．両者を等しいとおいて

$$x^n J_n'(x) + n x^{n-1} J_n(x) = x^n J_{n-1}(x)$$

が得られる．両辺で x^{n-1} の因子を打ち消すと式 (7.92) となる．

(4) $J_n'(x) = [J_{n-1}(x) - J_{n+1}(x)]/2.$ \hfill (7.93)

証明：式 (7.91) と式 (7.92) を加えて $2x$ で割ると式 (7.93) が得られる．
なお，式 (7.91) から式 (7.92) を引くと $J_n'(x)$ がキャンセルされて

$$xJ_{n+1}(x) + xJ_{n-1}(x) = 2nJ_n(x)$$

となる．これは式 (7.90) にほかならない．

例 7.2

恒等式 $J_0'(x) = J_{-1}(x) = -J_1(x)$ を示せ．

解：漸化式 (7.93) を使うと

$$J_0'(x) = [J_{-1}(x) - J_1(x)]/2$$

が得られる．さらに $J_{-n}(x) = (-1)^n J_n(x)$，つまり $J_{-1}(x) = -J_1(x)$ を使うと求める恒等式となる．

例 7.3

恒等式

$$J_3(x) = \left(\frac{8}{x^2} - 1\right) J_1(x) - \frac{4}{x} J_0(x)$$

を示せ．

解：漸化式 (7.90) において $n=2$ とおくと

$$J_3(x) = \frac{4}{x} J_2(x) - J_1(x)$$

となる．同様に $n=1$ とおくと
$$J_2(x) = \frac{2}{x}J_1(x) - J_0(x)$$
となる．第 2 式を第 1 式に代入すると求める式が得られる．

例 7.4
積分 $\int_0^t xJ_0(x)dx$ を計算せよ．

解：$xJ_1(x)$ を x に関して微分すると
$$\frac{d}{dx}(xJ_1(x)) = J_1(x) + xJ_1'(x)$$
となる．一方，式 (7.92) で $n=1$ とおくと $xJ_1'(x) = -J_1(x) + xJ_0(x)$ が得られる．よって
$$\frac{d}{dx}(xJ_1(x)) = xJ_0(x)$$
である．両辺を積分して
$$\int_0^t xJ_0(x)dx = \Big[xJ_1(x)\Big]_{x=0}^t = tJ_1(t)$$
が得られる．

7.6.6　近　似　式

x が非常に小さいときや非常に大きいときに，**第 1 種ベッセル関数 $J_n(x)$** の近似式を求めよう．おおまかにいって，x が非常に大きいときにはベッセル関数は減衰振動に似た振る舞いをする．これは以下のようにするとわかる．まずベッセルの微分方程式 (7.71)，つまり
$$x^2 y'' + xy' + (x^2 - \alpha^2)y = 0$$
を x^2 で割って
$$y'' + \frac{1}{x}y' + \left(1 - \frac{\alpha^2}{x^2}\right)y = 0$$
が得られる．x が非常に大きいときには，α^2/x^2 の項を無視すると，微分方程式は
$$y'' + \frac{1}{x}y' + y = 0$$
となる．ここで $y(x) = x^{-1/2}u(x)$ とおくと
$$y' = x^{-1/2}u' - \frac{1}{2}x^{-3/2}u$$
$$y'' = x^{-1/2}u'' - x^{-3/2}u' + \frac{3}{4}x^{-5/2}u$$
となる．これを y に対する微分方程式に代入すれば u に対する微分方程式が

$$u'' + \left(\frac{1}{4x^2} + 1\right)u = 0$$

と得られる. 再び x が非常に大きいとして $1/4x^2$ を無視すると $u'' = -u$ となるので, 解は

$$u = A\cos x + B\sin x$$

である. つまり x が非常に大きいときの近似解は

$$y = x^{-1/2}(A\cos x + B\sin x) = Cx^{-1/2}\cos(x + \delta)$$

である. より精密な議論をすると漸近公式

$$J_n(x) \simeq \left(\frac{2}{\pi x}\right)^{1/2} \cos\left(x - \frac{\pi}{4} - \frac{n\pi}{2}\right) \tag{7.94}$$

が得られる.

逆に $x \simeq 0$ においては展開式 (7.76) の初項をとって

$$J_n(x) \simeq \frac{x^n}{2^n \Gamma(n+1)} \tag{7.95}$$

となる.

7.6.7 直　交　性

ベッセル関数の**直交性**は数理物理学において広く使われる性質である. 2つの異なる定数 λ と μ が, ある（以下に述べる）条件をみたすとき

$$\int_0^1 x J_n(\lambda x) J_n(\mu x) dx = 0 \qquad (\lambda \neq \mu)$$

が成り立つ（これを「直交性」とよぶ理由はこの章の最後で明らかになる）. まず初めに

$$\int_0^1 x J_n(\lambda x) J_n(\mu x) dx = \frac{\mu J_n(\lambda) J_n'(\mu) - \lambda J_n(\mu) J_n'(\lambda)}{\lambda^2 - \mu^2} \tag{7.96}$$

を示そう. ベッセルの微分方程式 (7.71) で変数を x から λx に変換すると

$$x^2 y'' + xy' + (\lambda^2 x^2 - n^2)y = 0$$

となる. この微分方程式の解は $J_n(\lambda x)$ である. この解を y_1 と書くことにする. 同様に, 方程式 $x^2 y'' + xy' + (\mu^2 x^2 - n^2)y = 0$ の解 $J_n(\mu x)$ を y_2 と書く. つまり

$$x^2 y_1'' + xy_1' + (\lambda^2 x^2 - n^2)y_1 = 0$$
$$x^2 y_2'' + xy_2' + (\mu^2 x^2 - n^2)y_2 = 0$$

である. 第 1 式に y_2, 第 2 式に y_1 を掛けて引き算すると

$$x^2(y_2 y_1'' - y_1 y_2'') + x(y_2 y_1' - y_1 y_2') = (\mu^2 - \lambda^2)x^2 y_1 y_2$$

が得られる．両辺を x で割ると

$$x\frac{d}{dx}(y_2 y_1' - y_1 y_2') + (y_2 y_1' - y_1 y_2') = (\mu^2 - \lambda^2)xy_1 y_2,$$

つまり

$$\frac{d}{dx}\{x(y_2 y_1' - y_1 y_2')\} = (\mu^2 - \lambda^2)xy_1 y_2$$

となる．両辺を 0 から 1 まで積分すれば

$$(\mu^2 - \lambda^2)\int_0^1 xy_1 y_2 dx = \left[x(y_2 y_1' - y_1 y_2')\right]_{x=0}^1 = (y_2 y_1' - y_1 y_2')\Big|_{x=1}$$

である．ここで $y_1 = J_n(\lambda x)$, $y_2 = J_n(\mu x)$ とおくと $y_1' = \lambda J_n'(\lambda x)$, $y_2' = \mu J_n'(\mu x)$ である．$\lambda \neq \mu$ のとき式 (7.96) が得られる．

さてここで $\mu \to \lambda$ の極限をとる．ロピタルの規則[*12)]を使うと

$$\int_0^1 x(J_n(\lambda x))^2 dx = \lim_{\mu \to \lambda} \frac{J_n(\lambda)J_n'(\mu) + \mu J_n(\lambda)J_n''(\mu) - \lambda J_n'(\mu)J_n'(\lambda)}{-2\mu}$$
$$= \frac{\lambda(J_n'(\lambda))^2 - J_n(\lambda)J_n'(\lambda) - \lambda J_n(\lambda)J_n''(\lambda)}{2\lambda}$$

が得られる．一方でベッセル関数は

$$\lambda^2 J_n''(\lambda) + \lambda J_n'(\lambda) + (\lambda^2 - n^2)J_n(\lambda) = 0$$

をみたす．これを $J_n''(\lambda)$ に関して解いて上の積分値に代入すると，公式

$$\int_0^1 x(J_n(\lambda x))^2 dx = \frac{1}{2}\left[(J_n'(\lambda))^2 + \left(1 - \frac{n^2}{\lambda^2}\right)(J_n(x))^2\right] \tag{7.97}$$

が得られる．

最後に，λ と μ が方程式 $RJ_n(x) + SxJ_n'(x) = 0$（R と S は定数）の異なる解ならば

$$RJ_n(\lambda) + S\lambda J_n'(\lambda) = 0, \qquad RJ_n(\mu) + S\mu J_n'(\mu) = 0$$

である．この 2 つから，$R \neq 0$, $S \neq 0$ なら

$$\mu J_n(\lambda)J_n'(\mu) - \lambda J_n(\mu)J_n'(\lambda) = 0$$

である．これを式 (7.96) に代入すれば

[*12)] 訳注：有界で微分可能な関数 $f(x)$ と $g(x)$ があり $g(a) = 0$ とする．このとき $\lim_{x \to a} f(x)/g(x)$ を求めるには，まず $f'(a)$ と $g'(a)$ を計算する．$g'(a) \neq 0$ なら $\lim_{x \to a} f(x)/g(x) = f'(a)/g'(a)$ である．$g'(a) = 0$ なら $f''(a)$ と $g''(a)$ を計算する．$g''(a) \neq 0$ なら $\lim_{x \to a} f(x)/g(x) = f''(a)/g''(a)$ である．このようにして極限値を計算する手法をロピタルの規則とよぶ．

$$\int_0^1 x J_n(\lambda x) J_n(\mu x) dx = 0 \qquad (7.98)$$

が得られる．つまり関数 $\sqrt{x}J_n(\lambda x)$ と $\sqrt{x}J_n(\mu x)$ は区間 $[0,1]$ において直交する．言い換えると，関数 $J_n(\lambda x)$ と $J_n(\mu x)$ は重み関数 x に関して直交する．式 (7.98) は $R=0$ かつ $S\neq 0$ の場合や，$R\neq 0$ かつ $S=0$ の場合にも成り立つ．このとき λ と μ は $J_n(x)=0$ か $J_n'(x)=0$ の異なる根であればよい．

7.7 球ベッセル関数

物理学ではよく

$$\frac{1}{r^2}\frac{d}{dr}\left(r^2\frac{dR}{dr}\right) + \left[k^2 - \frac{l(l+1)}{r^2}\right]R = 0 \qquad (l=0,1,2,\ldots) \qquad (7.99)$$

という形の微分方程式にお目にかかる．例えばこれは動径方向の波動方程式である．ヘルムホルツ型の偏微分方程式を極座標で表したときの動径成分は式 (7.99) の形になる．式 (7.99) において $x=kr$, $y(x)=R(r)$ とおいて r から x へ変数変換すると

$$x^2 y'' + 2xy' + [x^2 - l(l+1)]y = 0 \qquad (l=0,1,2,\ldots) \qquad (7.100)$$

という微分方程式に変形される．なお $y'=dy/dx$ である．微分方程式 (7.100) はベッセルの微分方程式 (7.71) とほとんど同じ形をしている．そこで

$$y(x) = w(x)/\sqrt{x}$$

を代入すると

$$x^2 w'' + xw' + \left[x^2 - \left(l+\frac{1}{2}\right)^2\right]w = 0 \qquad (l=0,1,2,\ldots) \qquad (7.101)$$

となる．これは $l+1/2$ 次のベッセルの微分方程式である．よって微分方程式 (7.100) の一般解は式 (7.79) より

$$y(x) = A\frac{J_{l+1/2}}{\sqrt{x}} + B\frac{J_{-l-1/2}}{\sqrt{x}}$$

となる．ここで $j_l(x) \equiv CJ_{l+1/2}/\sqrt{x}$ という関数を定義して，**第 1 種球ベッセル関数**とよぶ．ここで C は任意の定数であるが，通常は $C=\sqrt{\pi/2}$ ととる（理由は後述する）．つまり

$$j_l(x) = \sqrt{\pi/2x}\, J_{l+1/2}(x) \qquad (7.102)$$

である．同様に，第 2 種ベッセル関数を使って

$$n_l(x) = \sqrt{\pi/2x}\, Y_{l+1/2}(x)$$

という関数を定義し，これを**第 2 種球ベッセル関数**という．

球ベッセル関数 $j_l(x)$ は $j_0(x)$ を使って表せる．まずベッセル関数に戻ると

$$\frac{d}{dx}(x^{-\alpha}J_\alpha(x)) = -x^{-\alpha}J_{\alpha+1}(x),$$

つまり

$$J_{\alpha+1}(x) = -x^\alpha \frac{d}{dx}(x^{-\alpha}J_\alpha(x))$$

が成り立つ．この恒等式の証明は簡単である．級数展開 (7.76) を使うと

$$\frac{d}{dx}(x^{-\alpha}J_\alpha(x)) = \frac{d}{dx}\sum_{m=0}^\infty \frac{(-1)^m x^{2m}}{2^{\alpha+2m}m!\Gamma(\alpha+m+1)}$$

$$= x^{-\alpha}\sum_{m=1}^\infty \frac{(-1)^m x^{\alpha+2m-1}}{2^{\alpha+2m-1}(m-1)!\Gamma(\alpha+m+1)}$$

$$= x^{-\alpha}\sum_{m=0}^\infty \frac{(-1)^{m+1}}{m!\Gamma(\alpha+m+2)}\left(\frac{x}{2}\right)^{\alpha+2m+1} = -x^{-\alpha}J_{\alpha+1}(x)$$

となるからである．さて，上で証明した式で $\alpha = l+1/2$ とおいてから両辺を $x^{l+3/2}$ で割ると

$$\frac{J_{l+3/2}(x)}{x^{l+3/2}} = -\frac{1}{x}\frac{d}{dx}\left[\frac{J_{l+1/2}(x)}{x^{l+1/2}}\right]$$

つまり

$$\frac{j_{l+1}(x)}{x^{l+1}} = -\frac{1}{x}\frac{d}{dx}\left[\frac{j_l(x)}{x^l}\right] = \left(-\frac{1}{x}\frac{d}{dx}\right)^2 \left[\frac{j_{l-1}(x)}{x^{l-1}}\right] = \cdots$$

となる．以上から

$$j_l(x) = x^l \left(-\frac{1}{x}\frac{d}{dx}\right)^l j_0(x) \qquad (l = 1, 2, 3, \ldots) \tag{7.103}$$

が導かれる．こうして，$j_0(x)$ が決まれば $j_l(x)$ は式 (7.103) より一意的に定まる．

さて式 (7.102) に戻って，定数 C を $\sqrt{\pi/2}$ と選ぶ理由を $l = 0$ の場合に着目して述べる．微分方程式 (7.100) において $l = 0$ とおくと

$$xy'' + 2y' + xy = 0$$

となる．これを級数展開によって解くと，$\sin(x)/x$ と $\cos(x)/x$ が解であることがわかる（実際に代入してみれば確認できる）．そこで，通常は

$$j_0(x) = \sin(x)/x, \qquad n_0(x) = -\cos(x)/x$$

と定義する．一方で展開式 (7.76) から

$$J_{1/2}(x) = \sum_{m=0}^\infty \frac{(-1)^m (x/2)^{1/2+2m}}{m!\Gamma(m+3/2)}$$

$$= \frac{(x/2)^{1/2}}{(1/2)\sqrt{\pi}}\left(1 - \frac{x^2}{3!} + \frac{x^4}{5!} - \cdots\right) = \frac{(x/2)^{1/2}}{(1/2)\sqrt{\pi}}\frac{\sin x}{x}$$

$$= \sqrt{\frac{2}{\pi x}}\sin x$$

である．これと $j_0(x)$ とを比べて $C = \sqrt{\pi/2}$, つまり $j_0(x) = \sqrt{\pi/2x}J_{1/2}(x)$ と選べばよいことがわかる．

7.8 ストゥルム–リュウヴィル系

微分方程式
$$\frac{d}{dx}\left(r(x)\frac{dy}{dx}\right) + (q(x) + \lambda p(x))y = 0 \qquad (a \leq x \leq b) \tag{7.104}$$

を境界条件
$$k_1 y(a) + k_2 y'(a) = 0, \qquad l_1 y(b) + l_2 y'(b) = 0 \tag{7.104a}$$

のもとで解くという問題を**ストゥルム–リュウヴィル境界値問題**という．式 (7.104) の形の微分方程式を総称して**ストゥルム–リュウヴィル方程式**とよぶ．ルジャンドルの微分方程式やベッセルの微分方程式など多くの 2 階微分方程式が式 (7.104) の形に書ける[*13]．

ルジャンドルの微分方程式 (7.1) は
$$[(1-x^2)y']' + \nu(\nu+1)y = 0$$

と書ける．$r(x) = 1-x^2$, $q(x) = 0$, $p(x) = 1$, $\lambda = \nu(\nu+1)$ とおくとストゥルム–リュウヴィル方程式であることがわかる．ベッセルの微分方程式 (7.71) は，x を βx (β はゼロでない定数）に置き換えると
$$x^2 y''(\beta x) + xy'(\beta x) + (\beta^2 x^2 - \alpha^2)y(\beta x) = 0$$

となる．これを x で割ると
$$[xy'(\beta x)]' + \left(-\frac{\alpha^2}{x} + \beta^2 x\right)y(\beta x) = 0$$

と書ける．$r(x) = x$, $q(x) = -\alpha^2/x$, $p(x) = x$, $\lambda = \beta^2$ とおくと，これもストゥルム–リュウヴィル方程式であることがわかる．

ストゥルム–リュウヴィル境界値問題 (7.104) と (7.104a) は，一般に λ が特定の値をとるときにしか解がない．その特定の値（一般に複数ある）を**ストゥルム–リュウヴィル系の固有値**という．対応する解を**ストゥルム–リュウヴィル系の固有関数**という．1 つの固有値に対して固有関数が 1 つしかない場合を**縮退がない**という．逆に，1 つの固有値に固有関数がいくつも対応する場合を**縮退がある**という．

区間 $[a, b]$ で関数 $p(x) \geq 0$ とする．このときストゥルム–リュウヴィル系には以下の 2 つの性質がある．まず，関数 $r(x)$ と $q(x)$ が実関数のとき固有値は実数である．次に，固有関数の集合は区間 $[a, b]$ において $p(x)$ を重み関数とする直交系をなす．よって，それは適当に規格化すると正規直交系にできる．以下でこの 2 つの性質を証明する．

[*13] 訳注：以下に示すように，直交性などがまとめて一般的に証明できる．

性質 1 関数 $r(x)$ と $q(x)$ が実関数なら，ストゥルム–リュウヴィル系の固有値は実数である．

ストゥルム–リュウヴィル境界値問題 (7.104) と (7.104a) において $r(x), q(x), p(x)$, k_1, k_2, l_1, l_2 はすべて実数とする．ただし λ と $y(x)$ は複素数であってもよいとする．式 (7.104) と (7.104a) の複素共役をとると

$$\frac{d}{dx}\left(r(x)\frac{dy^*}{dx}\right) + (q(x) + \lambda^* p(x))y^* = 0 \qquad (a \leq x \leq b), \tag{7.105}$$

$$k_1 y(a)^* + k_2 y'(a)^* = 0, \qquad l_1 y(b)^* + l_2 y'(b)^* = 0 \tag{7.105a}$$

が得られる．式 (7.104) に y^*，式 (7.105) に y を掛けて引き算すると

$$\frac{d}{dx}\left[r(x)(yy'^* - y^*y')\right] = (\lambda - \lambda^*)p(x)yy^*$$

となる．両辺を a から b まで積分し，境界条件 (7.104a) と (7.105a) を使うと

$$(\lambda - \lambda^*)\int_a^b p(x)|y|^2 dx = \left[r(x)(yy'^* - y^*y')\right]_{x=a}^b = 0$$

が得られる．区間 $a \leq x \leq b$ において $p(x) \geq 0$ なので左辺の積分は正である．よって $\lambda = \lambda^*$，つまり λ は実数である．

性質 2 異なる固有値に対応する固有関数は，区間 $[a,b]$ において $p(x)$ を重み関数として直交する．

互いに異なる固有値 λ_1 と λ_2 に属する固有関数をそれぞれ y_1 と y_2 とする．つまり

$$\frac{d}{dx}\left(r(x)\frac{dy_1}{dx}\right) + (q(x) + \lambda p(x))y_1 = 0 \qquad (a \leq x \leq b), \tag{7.106}$$

$$k_1 y_1(a) + k_2 y_1'(a) = 0, \qquad l_1 y_1(b) + l_2 y_1'(b) = 0 \tag{7.106a}$$

$$\frac{d}{dx}\left(r(x)\frac{dy_2}{dx}\right) + (q(x) + \lambda p(x))y_2 = 0 \qquad (a \leq x \leq b), \tag{7.107}$$

$$k_1 y_2(a) + k_2 y_2'(a) = 0, \qquad l_1 y_2(b) + l_2 y_2'(b) = 0 \tag{7.107a}$$

である．式 (7.106) に y_2，式 (7.107) に y_1 を掛けて引き算すると

$$\frac{d}{dx}\left[r(x)(y_1 y_2' - y_2 y_1')\right] = (\lambda_1 - \lambda_2)p(x)y_1 y_2$$

が得られる．両辺を a から b まで積分し，境界条件 (7.106a) と (7.107a) を使うと

$$(\lambda_1 - \lambda_2)\int_a^b p(x)y_1 y_2 dx = \left[r(x)(y_1 y_2' - y_2 y_1')\right]_{x=a}^b = 0$$

となる．ここで $\lambda_1 \neq \lambda_2$ だから

$$\int_a^b p(x)y_1 y_2 dx = 0$$

が得られる．つまり y_1 と y_2 は $p(x)$ を重み関数として直交している．

さらに $\int_a^b p(x)y^2 dx = 1$ となるように固有関数を規格化すれば，固有関数の集合は正規直交系をなす．よって区間 $[a,b]$ で与えられた関数をこの正規直交系で展開できるのである．

前述したようにルジャンドルの微分方程式はストゥルム–リュウヴィル方程式の一種である．このとき $r(x) = 1 - x^2$, $q(x) = 0$, $p(x) = 1$ である．$x = \pm 1$ において $r(x) = 0$ だから，式 (7.104) より直ちに $y(\pm 1) = 0$ である．よって区間 $-1 \le x \le 1$ におけるストゥルム–リュウヴィル問題に境界条件は必要ない．固有値は $\lambda = n(n+1)$ ($n = 0, 1, 2, 3, \ldots$) である．対応する固有関数 y_n は整数次のルジャンドル多項式 $P_n(x)$ である．性質 2 から，$n \neq m$ のときに

$$\int_{-1}^1 P_n(x) P_m(x) dx = 0$$

が成り立つことがわかる．

ベッセルの微分方程式は

$$[x J_n'(\beta x)]' + \left(-\frac{n^2}{x} + \beta^2 x\right) J_n(\beta x) = 0$$

の形のストゥルム–リュウヴィル方程式に書けることも述べた．このとき $r(x) = x$, $q(x) = -n^2/x$, $p(x) = x$ である．典型的な問題としてはベッセルの微分方程式を区間 $0 \le x \le b$ で考え，境界条件

$$J_n(\beta b) = 0$$

を課す．よってベッセル関数のゼロ点を α_m として $\beta_m = \alpha_m/b$ である．つまり固有値が $\lambda_m = \beta_m^2 = \alpha_m^2/b^2$ となる．性質 2 から $k \neq l$ のときに

$$\int_0^b x J_n(\lambda_k x) J_n(\lambda_l x) dx = 0$$

が成り立つ．これは 7.6.7 項で述べたベッセル関数の「直交性」である．

8

変分法

　現在の形に整えられた**変分法**は，物理学の**変分原理**を取り扱う有力な方法で，現代物理学の発展に伴って重要性を増している．この変分法は，単純な計算法では扱えない**極値問題**（最大値と最小値を求める問題）の研究から生まれた．被積分関数が x, y および y の 1 階微分 $y'(x) = dy/dx$ の関数になっている積分：

$$I = \int_{x_1}^{x_2} f\{y(x), y'(x); x\} dx \tag{8.1}$$

を考え，この変分法を詳しく調べてみよう．ここで，被積分関数 f の引数の中のセミコロンは，独立変数 x を従属変数 $y(x)$ とその微分 $y'(x)$ から区別する．積分 I を最大または最小にする関数 $y(x)$ を求めることが，変分法の基本的な問題である．

　f は従属変数 $y(x)$ の関数形に依存し，**汎関数**とよばれる．汎関数と積分の両端は与えられており，$x = x_1$ で $y = y_1$，$x = x_2$ で $y = y_2$ となる．微分計算によって解ける単純な極値問題とは違って，関数 $y(x)$ は未定で積分 I が極値をとるようにさまざまに変化する．もし $y(x)$ が I を最小にする曲線ならば，その近傍のどのような曲線をとっても，I はそれよりも大きくなるだろう．

　「近傍の曲線」を明確に定義するには，$y(x)$ のパラメータ表現

$$y(\epsilon, x) = y(0, x) + \epsilon \eta(x) \tag{8.2}$$

を行えばよい．ただし $\eta(x)$ は，1 階微分が連続な任意の関数で，ϵ は任意の小さなパラメータである．曲線 (8.2) が (x_1, y_1) と (x_2, y_2) を通るには，$\eta(x_1) = \eta(x_2) = 0$ であればよい（図 8.1）．すると，積分 I もパラメータ ϵ の関数になる：

$$I(\epsilon) = \int_{x_1}^{x_2} f\{y(\epsilon, x), y'(\epsilon, x); x\} dx. \tag{8.3}$$

そこで，積分 I は $y(x) = y(0, x)$ のとき極値をとる，すなわち $I(\epsilon)$ が $\epsilon = 0$ で極値をとるならば，積分 I の極値を評価するのは非常に簡単になり，必要条件は

$$\left. \frac{\partial I}{\partial \epsilon} \right|_{\epsilon=0} = 0 \tag{8.4}$$

8.1 オイラー–ラグランジュ方程式

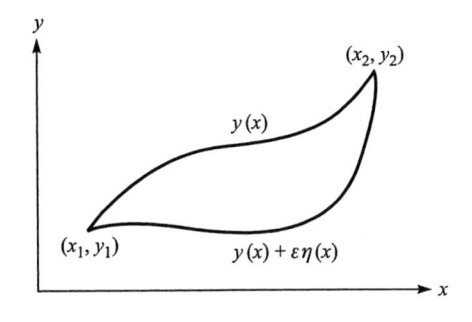

図 8.1

があらゆる関数 $\eta(x)$ に対して成り立つことである．十分条件は非常に面倒なので，ここでは考えない．興味ある読者は，変分法の数学の教科書を参照されたい．

積分の**極値問題**は，幾何学や物理学でよく現れる．最も単純な例として，与えられた 2 点間の最短曲線（あるいは最短距離）を求める問題がある．これは平面上では直線であるが，2 点が一般の曲面上にある場合，最短の曲線を与える方程式は**測地線**とよばれ，極値問題の解として与えられる．

8.1 オイラー–ラグランジュ方程式

$y(x)$ を求めるために，**極値条件** (8.4) の微分を行おう：

$$\frac{\partial I}{\partial \epsilon} = \frac{\partial}{\partial \epsilon} \int_{x_1}^{x_2} f\{y(\epsilon,x), y'(\epsilon,x); x\} dx$$

$$= \int_{x_1}^{x_2} \left(\frac{\partial f}{\partial y} \frac{\partial y}{\partial \epsilon} + \frac{\partial f}{\partial y'} \frac{\partial y'}{\partial \epsilon} \right) dx. \tag{8.5}$$

積分の上限と下限は固定されているので，微分操作は被積分関数のみに対して行われる．式 (8.2) より，

$$\frac{\partial y}{\partial \epsilon} = \eta(x), \quad \frac{\partial y'}{\partial \epsilon} = \frac{d\eta}{dx}$$

となるが，これらの結果を式 (8.5) に代入すると，次式が得られる：

$$\frac{\partial I}{\partial \epsilon} = \int_{x_1}^{x_2} \left(\frac{\partial f}{\partial y} \eta(x) + \frac{\partial f}{\partial y'} \frac{d\eta}{dx} \right) dx. \tag{8.6}$$

部分積分を行うと，右辺第 2 項は

$$\int_{x_1}^{x_2} \frac{\partial f}{\partial y'} \frac{d\eta}{dx} dx = \frac{\partial f}{\partial y'} \eta(x) \bigg|_{x_1}^{x_2} - \int_{x_1}^{x_2} \frac{d}{dx}\left(\frac{\partial f}{\partial y'}\right) \eta(x) dx$$

となるが，$\eta(x_1) = \eta(x_2) = 0$ なので，右辺の積分の外に出た項はゼロになり，式 (8.6) は以下のように変形される：

$$\frac{\partial I}{\partial \epsilon} = \int_{x_1}^{x_2} \left[\frac{\partial f}{\partial y}\frac{\partial y}{\partial \epsilon} - \frac{d}{dx}\left(\frac{\partial f}{\partial y'}\right)\frac{\partial y}{\partial \epsilon}\right] dx$$
$$= \int_{x_1}^{x_2} \left(\frac{\partial f}{\partial y} - \frac{d}{dx}\frac{\partial f}{\partial y'}\right)\eta(x)dx. \tag{8.7}$$

ここで，$\partial f/\partial y$ と $\partial f/\partial y'$ はまだ ϵ の関数であることに注意しよう．ただし，$\epsilon = 0$ ならば $y(\epsilon, x) = y(x)$ となり，ϵ への依存性はなくなる．

そこで，$\partial I/\partial \epsilon|_{\epsilon=0}$ がゼロになるには，$\eta(x)$ は任意の関数なので，式 (8.7) の被積分関数は $\epsilon = 0$ に対してゼロにならなければならない：

$$\frac{d}{dx}\frac{\partial f}{\partial y'} - \frac{\partial f}{\partial y} = 0. \tag{8.8}$$

式 (8.8) は，**オイラー–ラグランジュ方程式**として知られている．この式は，積分 I が極値をもつための必要条件だが，十分条件ではない．したがって，オイラー–ラグランジュ方程式の解が，積分を最小にする曲線であるとは限らない．一般には，この解が本当に積分を最小にする曲線なのかどうかをいちいち確かめなければならないが，物理学的ないし幾何学的考察から，得られた曲線が積分を最小ないし最大にしているかどうかわかることも多い．

さて，全微分の定義により，

$$\frac{df}{dx} = \frac{\partial f}{\partial x} + \frac{\partial f}{\partial y}y' + \frac{\partial f}{\partial y'}y''$$

となり，また

$$\frac{d}{dx}\left(y'\frac{\partial f}{\partial y'}\right) = y''\frac{\partial f}{\partial y'} + y'\frac{d}{dx}\frac{\partial f}{\partial y'}$$

となることに注意して，以上と式 (8.8) を組み合わせると，以下の方程式

$$\frac{d}{dx}\left(f - y'\frac{\partial f}{\partial y'}\right) - \frac{\partial f}{\partial x} = 0 \tag{8.8a}$$

が得られる．これはしばしば，**第 2 種オイラー–ラグランジュ方程式**とよばれる．もし，関数 f が x に陽によらなければ，この方程式の両辺を積分して

$$f - y'\frac{\partial f}{\partial y'} = c \tag{8.8b}$$

と書ける．ただし c は積分定数である．

オイラー–ラグランジュ方程式は，f が複数の従属変数に関する汎関数の場合

$$f = f\{y_1(x), y_1'(x), y_2(x), y_2'(x), \ldots; x\}$$

に拡張できる．式 (8.2) にならって

$$y_i(\epsilon, x) = y_i(0, x) + \epsilon\eta_i(x) \qquad (i = 1, 2, \ldots, n)$$

ととると，まったく同様の計算により，

$$\frac{\partial I}{\partial \epsilon} = \sum_i \int_{x_1}^{x_2} \left(\frac{\partial f}{\partial y_i} - \frac{d}{dx} \frac{\partial f}{\partial y'_i} \right) \eta_i(x) dx$$

が得られる．関数 $\eta_i(x)$ はすべて互いに独立なので，$\epsilon = 0$ において上式がゼロになるためには，括弧の中がすべて独立にゼロにならなければならない：

$$\frac{d}{dx} \frac{\partial f}{\partial y'_i} - \frac{\partial f}{\partial y_i} = 0 \qquad (i = 1, 2, \ldots, n) \tag{8.9}$$

例 8.1

 所要時間最小化問題：この問題は，変分法が用いられた史上初の問題であり，ヨハン・ベルヌーイが 1696 年に初めて解いた．図 8.2 に示すように，ある場所 P_1 に静止している粒子が，より低い場所 P_2 に重力場中で動いていくとき，所要時間を最小にする軌跡を求めよ．

解：粒子の位置 P は O からさほど離れておらず，重力は一定で，摩擦は無視できるとする．このとき，粒子の全エネルギーは保存する：

$$0 + mgy_1 = \frac{1}{2} m \left(\frac{ds}{dt} \right)^2 + mg(y_1 - y).$$

ただし，左辺は P_1 における運動エネルギーと位置エネルギーの和，右辺は $P(x,y)$ における運動エネルギーと位置エネルギーの和である．上式を ds/dt について解くと，

$$\frac{ds}{dt} = \sqrt{2gy}$$

となるので，粒子が P_1 から P_2 まで動く所要時間は，

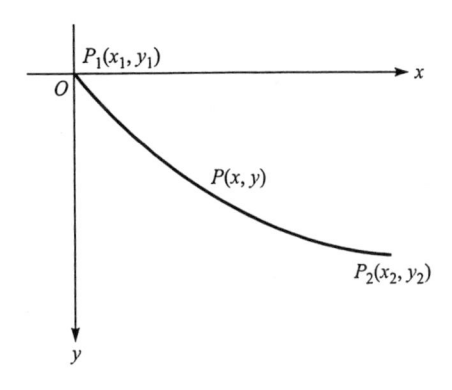

図 **8.2**

$$t = \int_{t_1}^{t_2} dt = \int_{P_1}^{P_2} \frac{ds}{\sqrt{2gy}}$$

で与えられる．線要素 ds は

$$ds = \sqrt{dx^2 + dy^2} = \sqrt{1+y'^2}dx, \quad y' = dy/dx$$

と書かれるので，以上より次式が得られる：

$$t = \int_{t_1}^{t_2} dt = \int_{P_1}^{P_2} \frac{ds}{\sqrt{2gy}} = \frac{1}{\sqrt{2g}} \int_{x_1}^{x_2} \frac{\sqrt{1+y'^2}}{\sqrt{y}} dx.$$

ここで，オイラー–ラグランジュ方程式を用いる．定数は最終結果に影響を与えないので，汎関数 f を

$$f = \frac{\sqrt{1+y'^2}}{\sqrt{y}}$$

とおくことができ，f は x に陽によらないので，式 (8.8b) より

$$f - y'\frac{\partial f}{\partial y'} = \frac{\sqrt{1+y'^2}}{\sqrt{y}} - y'\left[\frac{y'}{\sqrt{1+y'^2}\sqrt{y}}\right] = c$$

となるが，さらに計算すると

$$\sqrt{1+y'^2}\sqrt{y} = \frac{1}{c}$$

と単純化される．$1/c = \sqrt{a}$ とおき，y' について解くと，

$$y' = \frac{dy}{dx} = \sqrt{\frac{a-y}{y}}$$

となるが，dx について解き，積分すると

$$\int dx = \int \sqrt{\frac{y}{a-y}} dy$$

を得る．ここでさらに

$$y = a\sin^2\theta = \frac{a}{2}(1-\cos 2\theta)$$

とおくと，次式が得られる：

$$x = 2a\int \sin^2\theta d\theta = a\int(1-\cos 2\theta)d\theta = \frac{a}{2}(2\theta - \sin 2\theta) + k.$$

すなわち，最短経路のパラメータ表示は

$$y = b(1-\cos\phi), \quad x = b(\phi - \sin\phi) + k$$

で与えられる．ただし，$b = a/2$, $\phi = 2\theta$ である．この経路は原点を通るので $k = 0$ となり，結局

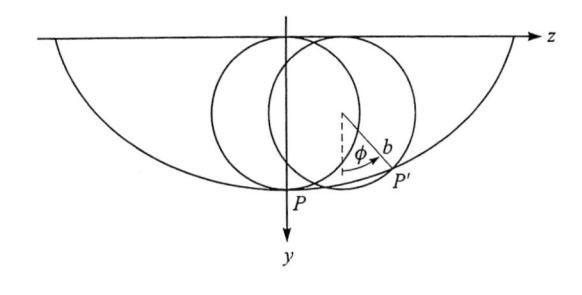

8.2 制約条件つき変分問題

$$y = b(1 - \cos\phi), \quad x = b(\phi - \sin\phi)$$

が得られる．定数 b は，粒子が $P_2(x_2, y_2)$ を通るという条件から求められる．求められた経路は**サイクロイド**であり，これは半径 b の円が x 軸に沿って転がるとき，円周上の定点 P' が描く軌跡にほかならない（図 8.3）．

　ある面上の任意の 2 点を結ぶ最短経路を表す線は，**測地線**とよばれる．測地線は平面上では直線であり，球面上では大円である．

8.2　制約条件つき変分問題

式 (8.1) の形で与えられる積分

$$I = \int_{x_1}^{x_2} F\{y(x), y'(x); x\} dx$$

の最小値または最大値を，別な積分

$$J = \int_{x_1}^{x_2} G\{y(x), y'(x); x\} dx \tag{8.10}$$

がある定数値をとるという条件下で求める問題がある．この種の問題の簡単なものとしては，ある長さの曲線が囲む最大の面積を求めたり，一定の長さの鎖がポテンシャルエネルギーを最小にする形状を求める問題があげられる．

　このような問題で用いられる**ラグランジュ乗数法**は，以下の定理に基づいている．

　　$F(x, y)$ の停留値を $G(x, y) = $ 定数という条件下で求める問題は，ある定数 λ に対して，$F(x, y) + \lambda G(x, y)$ の**停留値**を制約条件なしで求める問題と等価である．ただし，$\partial G/\partial x$ も $\partial G/\partial y$ も停留点ではゼロにならないものとする．

ここで，定数 λ を**ラグランジュ乗数**という．この定理の背景にある考え方を知るために，$G(x, y) = 0$ ならば y は x の関数として一意的に $y = g(x)$ と表され，連続な微分 $g'(x)$

をもつと仮定しよう．このとき，

$$F(x, y) = F[x, g(x)]$$

と書ける．これが極大または極小になるのは x に関する微分がゼロになるとき

$$\frac{\partial F}{\partial x} + \frac{\partial F}{\partial y}\frac{dy}{dx} = 0 \quad \text{あるいは} \quad F_x + F_y g'(x) = 0 \tag{8.11}$$

である．また，$G[x, g(x)] = 0$ より，

$$\frac{\partial G}{\partial x} + \frac{\partial G}{\partial y}\frac{dy}{dx} = 0 \quad \text{あるいは} \quad G_x + G_y g'(x) = 0 \tag{8.12}$$

となるが，式 (8.11) と式 (8.12) から $g'(x)$ を消去すると，

$$F_x - \frac{F_y}{G_y}G_x = 0 \tag{8.13}$$

となる．ただし，$G_y = \partial G/\partial y \neq 0$ とする．$\lambda = -F_y/G_y$ と定義すると，

$$F_y + \lambda G_y = \frac{\partial F}{\partial y} + \lambda \frac{\partial G}{\partial y} = 0 \tag{8.14}$$

となり，これと式 (8.13) より

$$F_x + \lambda G_x = \frac{\partial F}{\partial x} + \lambda \frac{\partial G}{\partial x} = 0 \tag{8.15}$$

が得られる．ここで

$$H(x, y) = F(x, y) + \lambda G(x, y)$$

と定義すると，式 (8.14) と式 (8.15) はそれぞれ

$$\frac{\partial H(x, y)}{\partial x} = 0 \quad \frac{\partial H(x, y)}{\partial y} = 0$$

と書ける．これが，**ラグランジュ乗数法**の背景をなす基本概念である．

　積分 I を $J = $ 定数 という条件下で最小にする問題を解くには，ラグランジュ乗数法を用いるのが自然である．

$$I + \lambda J = \int_{x_1}^{x_2}[F(y, y'; x) + \lambda G(y, y'; x)]dx$$

という積分を構成し，制約条件を付けずに極値を考える．すると，積分の値を極値にする関数 $y(x)$ は，以下の方程式をみたす：

$$\frac{d}{dx}\frac{\partial(F + \lambda G)}{\partial y'} - \frac{\partial(F + \lambda G)}{\partial y} = 0. \tag{8.16}$$

あるいは，

$$\left[\frac{d}{dx}\left(\frac{\partial F}{\partial y'}\right) - \frac{\partial F}{\partial y}\right] + \lambda\left[\frac{d}{dx}\left(\frac{\partial G}{\partial y'}\right) - \frac{\partial G}{\partial y}\right] = 0. \tag{8.16a}$$

例 8.2

等周問題：与えられた周長 l をもち，最大の面積を囲む曲線 C を求めよ．

解：曲線 C に囲まれる面積は

$$F = \frac{1}{2}\int_C (xdy - ydx) = \frac{1}{2}\int_c (xy' - y)dx$$

と表され，曲線 C の周長は

$$G = \int_C \sqrt{1+y'^2}\,dx = l$$

で与えられるので，最大化すべき関数 H は

$$H = \int_C \left[\frac{1}{2}(xy'-y) + \lambda\sqrt{1+y'^2}\right]dx$$

となり，オイラー–ラグランジュ方程式は

$$\frac{d}{dx}\left(\frac{1}{2}x + \frac{\lambda y'}{\sqrt{1+y'^2}}\right) + \frac{1}{2} = 0$$

と与えられる．両辺を積分して整理すると

$$\frac{\lambda y'}{\sqrt{1+y'^2}} = -x + c_1$$

となるので，y' について解くと

$$y' = \frac{dy}{dx} = \pm\frac{x-c_1}{\sqrt{\lambda^2-(x-c_1)^2}}$$

が得られる．これをさらに積分すると

$$y - c_2 = \pm\sqrt{\lambda^2 - (x-c_1)^2}$$

となるが，これは円の方程式にほかならない：

$$(x-c_1)^2 + (y-c_2)^2 = \lambda^2.$$

8.3　ハミルトンの原理とラグランジュの運動方程式

古典力学は，変分法の最も重要な応用対象の一つである．この場合，式 (8.1) の汎関数 f に相当するのは，力学系の**ラグランジアン** L である．**保存系**におけるラグランジアン L は，系の運動エネルギーとポテンシャルエネルギーの差として定義される：

$$L = T - V.$$

このとき**時刻** t は独立変数であり，**一般化座標** $q_i(t)$ は従属変数である．系の配位や状態さえ特定できれば，いかなるパラメータや量の組でも一般化座標として使える．したがって一般化座標は，距離や角度といった幾何的な量である必要はない．適当な条件下では，電流でも一般化座標になりうる．

式 (8.1) は，**作用**（または**作用積分**）として知られる形式：

$$I = \int_{t_1}^{t_2} L(q_i(t), \dot{q}_i(t); t) dt, \quad \dot{q} = \frac{dq}{dt} \tag{8.17}$$

に書かれ，式 (8.4) は

$$\delta I = \left. \frac{\partial I}{\partial \epsilon} \right|_{\epsilon=0} \delta \epsilon = \delta \int_{t_1}^{t_2} L(q_i(t), \dot{q}_i(t); t) dt = 0 \tag{8.18}$$

となる．ただし $q_i(t)$ は（したがって $\dot{q}_i(t)$ も），$\delta q_i(t_1) = \delta q_i(t_2) = 0$ という条件のもとで変化するものとする．式 (8.18) は，古典力学における**ハミルトンの原理**の数学的な表現である．このように，変分法を用いて力学を扱う場合には，ラグランジアン L は既知で，q_i の値は t_1 と t_2 では固定されているが，その中間の時刻では任意の値をとるものとする．

ハミルトンの原理によると，**保存力学系**では，**配位空間**における時刻 t_1 での位置から時刻 t_2 での位置への系の運動は，作用積分 (8.17) が停留値をもつような軌跡に沿って起こる．この場合の**オイラー–ラグランジュ方程式**は，**ラグランジュの運動方程式**として知られている：

$$\frac{d}{dt}\frac{\partial L}{\partial \dot{q}_i} - \frac{\partial L}{\partial q_i} = 0. \tag{8.19}$$

ラグランジュの運動方程式は，**ニュートンの運動方程式**（微分方程式の形式で書かれた第 2 法則）から導けるが，ニュートンの運動方程式はラグランジュの運動方程式から導くこともできる．すなわち，両者は等価である．しかし，ハミルトンの原理はいろいろな物理現象，特にニュートン方程式を通常は立てられないような，場を含む問題にも応用できる．したがって，ハミルトンの原理はニュートン方程式よりも基礎的な概念だと考えられており，しばしば古典力学のさまざまな形式を導き出すための基本仮説として導入される．

例 8.3

振動回路：ラグランジュ形式の動力学の一般性を示すために，図 8.4 に示す **LC 回路**（**コイル–コンデンサー回路**）に応用しよう．ある瞬間にコンデンサー C に蓄積されている電荷を $Q(t)$，コイルを流れる電流を $I(t) = \dot{Q}(t)$ とする．**キルヒホッフの法則**によると，回路に沿った電圧降下は

$$L\frac{dI}{dt} + \frac{1}{C}\int I(t) dt = 0.$$

あるいは Q についての式に書き直すと

8.3 ハミルトンの原理とラグランジュの運動方程式

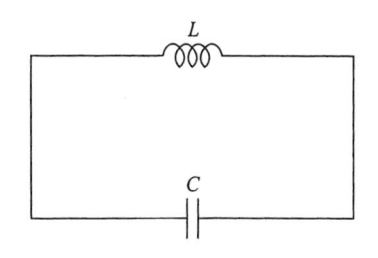

図 8.4 LC 回路.

$$L\ddot{Q} + \frac{1}{C}Q = 0$$

となるが，この方程式は簡単な**力学振動子**の運動方程式：

$$m\ddot{x} + kx = 0$$

とまったく同じ形をしている．電気回路がさらに**抵抗** R も含んでいる場合は，キルヒホッフの法則により

$$L\ddot{Q} + R\dot{Q} + \frac{1}{C}Q = 0$$

を得るが，この方程式は**減衰振動子**の運動方程式：

$$m\ddot{x} + b\dot{x} + kx = 0$$

とまったく同じ形をしている．ただし b は**減衰定数**である．

　これらの方程式の対応する項を見比べると，力学的な物理量と電気的な物理量の間には，以下のような対応関係があることがわかる：

x	変位	Q	電荷（一般化座標）
$\dot{x}$	速度	$\dot{Q} = I$	電流
m	質量	L	インダクタンス
$1/k$	k：バネ定数	C	キャパシタンス
b	減衰定数	R	電気抵抗
$m\dot{x}^2/2$	運動エネルギー	$L\dot{Q}^2/2$	コイルに蓄えられたエネルギー
$kx^2/2$	ポテンシャルエネルギー	$Q^2/2C$	コンデンサーに蓄えられたエネルギー

電荷 Q が電気回路の一般化座標の役割を果たし，$T = L\dot{Q}^2/2$ かつ $V = Q^2/2C$ であると初めから知っていれば，系のラグランジアン L は

$$L = T - V = \frac{1}{2}L\dot{Q}^2 - \frac{1}{2}Q^2/C$$

となり，ラグランジュの運動方程式は

$$L\ddot{Q} + \frac{1}{C}Q = 0$$

と求められるが，これは**キルヒホッフの法則**から得られる方程式にほかならない．

例 8.4

摩擦のない半径 b の円形の針金が，周上の1点を中心に一定の角速度 ω で水平面上を回転している．この針金の上を質量 m のビーズが自由に運動するとき，このビーズは長さ $l = g/\omega^2$ の振子と同じ振動をすることを示せ．

解： 図 8.5 に示すように，円形の針金は原点 O のまわりに xy 面上で回転している．回転は反時計回りとし，C を円形の針金の中心とし，角 θ と ϕ を図のようにとる．針金は角速度 ω で回転しているので $\phi = \omega t$ と書け，ビーズの座標 (x, y) は以下のように与えられる：

$$x = b\cos\omega t + b\cos(\theta + \omega t),$$
$$y = b\sin\omega t + b\sin(\theta + \omega t).$$

このとき，一般化座標は θ である．水平面上でのビーズのポテンシャルエネルギーはゼロにとることができ，運動エネルギーは

$$T = \frac{1}{2}m(\dot{x}^2 + \dot{y}^2) = \frac{1}{2}mb^2[\omega^2 + (\dot{\theta} + \omega)^2 + 2\omega(\dot{\theta} + \omega)\cos\theta]$$

と与えられるが，これはビーズのラグランジアンにほかならない．この表式をラグランジュの方程式：

$$\frac{d}{d\theta}\left(\frac{\partial L}{\partial \dot{\theta}}\right) - \frac{\partial L}{\partial \theta} = 0$$

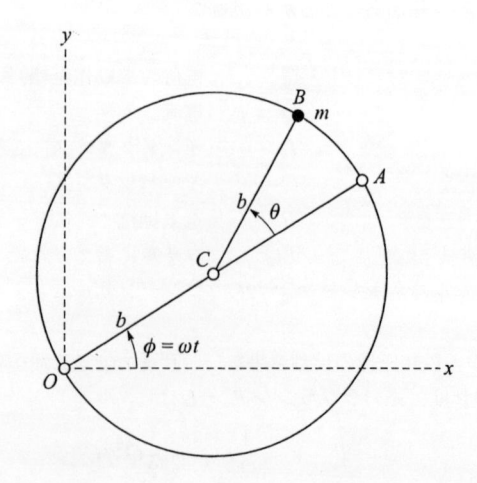

図 8.5

8.4 レイリー–リッツの方法

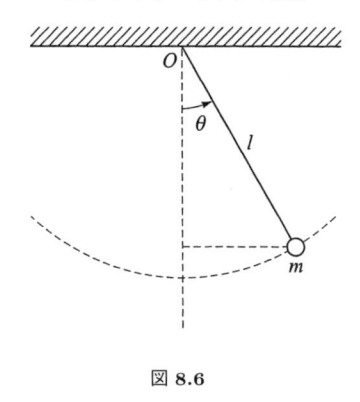

図 8.6

に代入し,多少の計算を行うと次式を得る：

$$\ddot{\theta} + \omega^2 \sin\theta = 0.$$

この方程式を,長さ l の単純振動子(図 8.6)のラグランジュの運動方程式：

$$\ddot{\theta} + (g/l)\sin\theta = 0$$

と比較すると,ビーズは直線 OA のまわりで長さ $l = g/\omega^2$ の振子のように振動することがわかる.

8.4 レイリー–リッツの方法

ハミルトンの原理は力学系の運動を,作用積分 (8.17) が停留値をとる**配位空間**上の軌跡：

$$\delta I = \delta \int_{t_1}^{t_2} L(q_i(t), \dot{q}_i(t); t)dt = 0 \tag{8.18}$$

として包括的にとらえる.ただし,$\delta q_i(t_1) = \delta q_i(t_2) = 0$ である.古典力学では通常,この原理はラグランジュの運動方程式とハミルトンの運動方程式を変分法に基づいて導く際に用いられるので,数値計算の道具になるとは意識しないことが多い.だが,物理の別の分野では,変分法に基づく定式化はより積極的に用いられている.例えば量子力学では,近似的な基底状態のエネルギーを変分法を用いて求める.本節では,古典力学においてもハミルトンの原理が数値計算に使えることを示すために,**レイリー–リッツの方法**を紹介する.レイリー–リッツの方法は,変分形式で書かれた問題の近似解を,変分方程式から直接求める手続きである.

ラグランジアンは,一般化座標 q とその時間微分 $\dot{q}$ の関数として表される.この近似解法の基本的な発想は,q の近似解として時間といくつかのパラメータに依存するものをとり,パラメータをハミルトンの原理をみたすように調整することである.レイリー–

リッツの方法では，ある完全系をなす関数の組 $\{f_i(t)\}$ を選び，解はこれらの関数のうちの有限個の1次結合で書けると仮定する．1次結合の係数が，ハミルトンの原理 (8.18) をみたすように決めるパラメータである．q の変分は積分の両端でゼロにならなければならず，この条件をみたすようにパラメータを変分する必要がある．

以上をまとめると，ある与えられた系が作用積分

$$I = \int_{t_1}^{t_2} L(q_i(t), \dot{q}_i(t); t) dt \quad \dot{q} = \frac{dq}{dt}$$

で記述されるとき，レイリー–リッツの方法では試行解を以下の形にとる：

$$q = \sum_{i=1}^{n} a_i f_i(t). \tag{8.20}$$

この試行解は時刻 t_1, t_2 で適切な条件をみたし，a_i は未定係数，f_i は任意に選ばれる関数である．この試行解を作用積分 I に代入し，積分を実行すると，I の係数 $\{a_i\}$ に関する表式が得られる．そして I が，仮定された解に対して

$$\frac{\partial I}{\partial a_i} = 0 \tag{8.21}$$

をみたすという**停留条件**を要請する．このようにして得られた n 次連立方程式を解けば，係数 $\{a_i\}$ の値が決まる．この方法をわかりやすく説明するために，2つの簡単な例に応用してみよう．

例 8.5

質量 M の質点をバネ定数 k のバネにつけた簡単な調和振動子を考える．試行解として，変位 x が t の関数として以下のような形をもつとする：

$$x(t) = \sum_{n=1}^{\infty} A_n \sin n\omega t.$$

境界条件は，$t = 0$ と $t = 2\pi/\omega$ で $x = 0$ となるものとする．すると，ポテンシャルエネルギーと運動エネルギーはおのおの

$$V = \frac{1}{2}kx^2 = \frac{1}{2}k \sum_{n=1}^{\infty} \sum_{m=1}^{\infty} A_n A_m \sin n\omega t \sin m\omega t,$$

$$T = \frac{1}{2}M\dot{x}^2 = \frac{1}{2}M\omega^2 \sum_{n=1}^{\infty} \sum_{m=1}^{\infty} A_n A_m nm \cos n\omega t \cos m\omega t$$

と与えられ，作用積分 I は以下の形になる：

$$I = \int_0^{2\pi/\omega} L dt = \int_0^{2\pi/\omega} (T-V) dt = \frac{\pi}{2\omega} \sum_{n=1}^{\infty} (kA_n^2 - Mn^2 A_n^2 \omega^2).$$

ハミルトンの原理をみたすには，A_n の値を I が極値をとるように選ばなければならない:

$$\frac{\partial I}{\partial A_n} = \frac{\pi}{\omega}(k - n^2\omega^2 M)A_n = 0.$$

この問題に物理的に適した解は以下のようになり，厳密解と一致する:

$$A_1 \neq 0, \quad \omega^2 = k/M; \quad A_n = 0 \quad (n = 2, 3, \ldots).$$

例 8.6

2番目の例として，鉛直方向（y 方向とする）を向いた放物線形の針金（形状は $y = ax^2$ と書ける）に沿って自由に動く質量 M のビーズを考える．この場合のラグランジアンは

$$L = T - V = \frac{1}{2}M(\dot{x}^2 + \dot{y}^2) - Mgy = \frac{1}{2}M(1 + 4a^2x^2)\dot{x}^2 - Mgax^2$$

となるが，変位 x の近似解として

$$x = A\sin\omega t$$

を仮定すると，作用積分は

$$I = \int_0^{2\pi/\omega} L\,dt = \int_0^{2\pi/\omega}(T - V)\,dt = A^2\left[\frac{\omega^2(1 + a^2A^2)}{2} - ga\right]\frac{M\pi}{\omega}$$

となり，極値条件 $dI/dA = 0$ より，近似解は以下のように与えられる:

$$\omega = \frac{\sqrt{2ga}}{1 + a^2A^2}.$$

この節で紹介したレイリー–リッツの方法は，変分原理に基づいて境界値問題の近似解を探すために考案された**一般化されたレイリー–リッツの方法**の特殊な場合である．一般化された方法では，例えば**ストゥルム–リュウヴィル系**の固有値や固有関数が求められる．

8.5　ハミルトンの原理と正準運動方程式

ニュートンが17世紀に初めて定式化した古典力学は，ニュートン力学として知られている．ニュートン力学の物理の本質は，ニュートンの運動の3法則に尽き，第2法則が運動方程式に相当する．その後，古典力学はいくつかの異なった形式に書き直された．すなわち，**ラグランジュ形式，ハミルトン形式，ハミルトン–ヤコビ形式**である．

ラグランジュ力学の物理の本質は，力学系のラグランジアン L とラグランジュ方程式（すなわち運動方程式）にある．ラグランジアン L は，互いに独立な一般化座標 q_i と，対応する一般化速度 $\dot{q}_i$ に関して定義される．本節で扱う**ハミルトン力学**では，系の状態を**ハミルトン関数**（あるいは**ハミルトニアン**）H で記述する．ハミルトニアンは**一般化座標** q_i と対応する**一般化運動量** p_i で定義され，運動方程式は**ハミルトン方程式**あるい

は正準方程式：

$$\dot{q}_i = \frac{\partial H}{\partial p_i}, \quad \dot{p}_i = -\frac{\partial H}{\partial q_i} \quad (i=1, 2, \ldots, n) \tag{8.22}$$

で与えられる．

ハミルトンの運動方程式はハミルトンの原理から導出できるが，その前に一般化運動量とハミルトニアンを定義しよう．q_i に対応する一般化運動量 p_i は

$$p_i = \frac{\partial L}{\partial \dot{q}_i} \tag{8.23}$$

で定義され，系のハミルトニアンは

$$H = \sum_i p_i \dot{q}_i - L \tag{8.24}$$

で定義される．$\dot{q}_i$ が定義式 (8.24) に陽に現れているが，定義式 (8.23) より $\dot{q}_i$ は一般化座標 q_i，一般化運動量 p_i と時刻 t を用いて表されるので，H は q_i, p_i, t の関数である．$H = H(q_i, p_i, t)$ と書かれ，いまや q と p は等価である．n 個の独立な q で張られる**配位空間**のように，$2n$ 個の変数 $q_1, q_2, \ldots, q_n, p_1, p_2, \ldots, p_n$ で張られる $2n$ 次元の空間を考えることができる．この空間は**位相空間**とよばれ，統計力学と非線形振動子を研究する際に特に役立つ．この空間上の点の時間発展はハミルトン方程式で記述される．

これで，ハミルトンの原理からハミルトン方程式を導く準備が整った．元々のハミルトンの原理は配位空間での軌跡に関するものなので，この原理を位相空間に拡張するために，作用 I の被積分関数が一般化座標と一般化運動量とそれらの時間微分の関数になるように修正しなければならない．このとき，作用 I の値は，位相空間内に系が描く点の軌跡から求められる．このために，まず式 (8.24) を L について解くと

$$L = \sum_i p_i \dot{q}_i - H$$

となるが，これを式 (8.18) に代入すると

$$\delta I = \delta \int_{t_1}^{t_2} \left(\sum_i p_i \dot{q}_i - H(p_i, q_i, t) \right) dt = 0 \tag{8.25}$$

が得られる．q_i は，依然 $\delta q_i(t_1) = \delta q_i(t_2) = 0$ という条件のもとで変化するが，p_i にはこのような端点に関する束縛条件はない．

変分を実行すると，次式を得る：

$$\int_{t_1}^{t_2} \sum_i \left(p_i \delta \dot{q}_i + \dot{q}_i \delta p_i - \frac{\partial H}{\partial q_i} \delta q_i - \frac{\partial H}{\partial p_i} \delta p_i \right) dt = 0. \tag{8.26}$$

ただし，$\delta \dot{q}_i$ は δq_i と

$$\delta \dot{q}_i = \frac{d}{dt} \delta q_i \tag{8.27}$$

という関係式で結びついている．そこで，$p_i \delta \dot{q}_i dt$ の項を部分積分しよう．式 (8.27) と δq_i の端点条件を用いると，

$$\int_{t_1}^{t_2} \sum_i p_i \delta \dot{q}_i dt = \int_{t_1}^{t_2} \sum_i p_i \frac{d}{dt} \delta q_i dt$$

$$= \sum_i p_i \delta q_i \bigg|_{t_1}^{t_2} - \int_{t_1}^{t_2} \sum_i \dot{p}_i \delta q_i dt$$

$$= -\int_{t_1}^{t_2} \sum_i \dot{p}_i \delta q_i dt$$

となる．これを式 (8.26) に代入すると，次式を得る：

$$\int_{t_1}^{t_2} \sum_i \left[\left(\dot{q}_i - \frac{\partial H}{\partial p_i} \right) \delta p_i - \left(\dot{p}_i + \frac{\partial H}{\partial q_i} \right) \delta q_i \right] dt = 0. \tag{8.28}$$

ハミルトンの原理を位相空間における変分原理とみなすと，δq_i と δp_i はともに任意なので，式 (8.28) の両者の係数は独立にゼロにならなければならず，これは $2n$ 本のハミルトン方程式にほかならない．

例 8.7
1 次元調和振動子のハミルトンの運動方程式を求めよ．

解：
$$T = \frac{1}{2} m \dot{x}^2 , \quad V = \frac{1}{2} k x^2 ; \quad p = \frac{\partial H}{\partial \dot{x}} = \frac{\partial T}{\partial \dot{x}} = m \dot{x}$$

より，この系のハミルトニアンは次式のように書ける：

$$H = p \dot{x} - L = T + V = \frac{1}{2m} p^2 + \frac{1}{2} K x^2.$$

すると，ハミルトン方程式は以下のようになる：

$$\dot{x} = \frac{\partial H}{\partial p} = \frac{p}{m} , \quad \dot{p} = -\frac{\partial H}{\partial x} = -Kx.$$

1 番目の方程式を用いると，2 番目の方程式は

$$\frac{d}{dt}(m\dot{x}) = -Kx \quad \text{あるいは} \quad m\ddot{x} + Kx = 0$$

となるが，これはなじみ深い調和振動子の運動方程式にほかならない．

8.6　変形されたハミルトンの原理とハミルトン–ヤコビの方程式

ハミルトン–ヤコビの方程式は，運動方程式を積分する一般論の基礎になっている．現代量子力学の発見以前のボーアの原子論は，ハミルトン–ヤコビの理論に基づいていた．

この理論は，光学や正準摂動論でも重要な役割を果たしている．古典力学の教科書ではハミルトン–ヤコビの方程式は**正準変換**によって導かれることが多いが，本書ではハミルトン–ヤコビ方程式はハミルトンの原理（あるいはその変形版）から直接導かれることを示そう．

ハミルトンの原理を定式化する際には，与えられた時間 t_1 と t_2 に力学系がとる2つの与えられた場所 $q_i(t_1)$ と $q_i(t_2)$ の間の軌跡に沿った**作用**

$$I = \int_{t_1}^{t_2} L(q_i(t), \dot{q}_i(t); t)dt, \quad \dot{q} = dq/dt$$

を考えた．作用の変分をとる際には，両端が固定された（すなわち $\delta q_i(t_1) = \delta q_i(t_2) = 0$ をみたす）互いに近い軌跡どうしで作用の値を比較する．これらの軌跡の中に作用が極値をとるものが唯一存在し，それが真の力学的な軌跡を与える．

以下では，作用という概念の別な側面を考える．I を真の軌跡に沿った運動を特徴づける物理量とみなし，共通の出発点 $q_i(t_1)$ をもつが，時刻 t_2 において異なる終点をもつ軌跡どうしの I の値を比較する．言い換えれば，真の軌跡に対する作用 I を，積分の上端の座標の関数としてとらえる．すなわち，

$$I = I(q_i, t)$$

とする．ただし q_i は系の終点の座標，t は終点に到達する時刻である．

$q_i(t_2)$ を系が時刻 t_2 に到達する終点の座標であるとすると，点 $q_i(t_2)$ の近傍の座標は $q_i(t_2) + \delta q_i$ と書ける．ただし δq_i は微小量とする．系を $q_i(t_2) + \delta q_i$ に到達させる軌跡の作用と，系を $q_i(t_2)$ に到達させる軌跡の作用の差は，

$$\delta I = \int_{t_1}^{t_2} \sum_i \left[\frac{\partial L}{\partial q_i} \delta q_i + \frac{\partial L}{\partial \dot{q}_i} \delta \dot{q}_i \right] dt \tag{8.29}$$

で与えられる，ただし δq_i は，同じ時刻 t における両者の軌跡の q_i の値の違いを意味し，同様に $\delta \dot{q}_i$ は，t における $\delta \dot{q}_i$ の値の違いを意味する．

ここで，式 (8.29) の右辺第2項を部分積分すると，

$$\int_{t_1}^{t_2} \frac{\partial L}{\partial \dot{q}_i} \delta \dot{q}_i dt = \frac{\partial L}{\partial \dot{q}_i} \delta q_i - \int_{t_1}^{t_2} \frac{d}{dt}\left(\frac{\partial L}{\partial \dot{q}_i}\right) \delta q_i dt$$

$$= p_i \delta q_i - \int_{t_1}^{t_2} \frac{d}{dt}\left(\frac{\partial L}{\partial \dot{q}_i}\right) \delta q_i dt \tag{8.30}$$

となる．ここで，両方の軌跡の出発点は一致し，$\delta q_i(t_1) = 0$ となることを用いた．また，$\delta q_i(t_2)$ をここでは単に δq_i と書いている．式 (8.30) を式 (8.29) に代入すると，次式が得られる：

$$\delta I = \sum_i p_i \delta q_i + \int_{t_1}^{t_2} \sum_i \left[\frac{\partial L}{\partial q_i} - \frac{d}{dt}\left(\frac{\partial L}{\partial \dot{q}_i}\right) \right] \delta q_i dt. \tag{8.31}$$

真の軌跡はラグランジュの運動方程式をみたすので，右辺第2項の被積分関数はゼロになり，結局積分自体もゼロになる．よって，ある一定の時刻で，系の終点の座標変位に対する作用 I の変化量は

$$\delta I = \sum_i p_i \delta q_i \tag{8.32}$$

で与えられ，これより

$$\frac{\partial I}{\partial q_i} = p_i \tag{8.33}$$

が得られる．すなわち，**作用の一般化座標による偏微分は，対応する一般化運動量に等しい**．

軌跡を与えられた時刻 t_1 に与えられた点 $q_i(t_1)$ で始まり，与えられた点 $q_i(t_2)$ でさまざまな時刻 $t_2 = t$ に終わるものとみなすことで，作用 I は時刻に陽に依存する関数：

$$I = I(q_i, t)$$

とみなせる．すると，I の時間による全微分は

$$\frac{dI}{dt} = \frac{\partial I}{\partial t} + \sum_i \frac{\partial I}{\partial q_i} \dot{q}_i = \frac{\partial I}{\partial t} + \sum p_i \dot{q}_i \tag{8.34}$$

となる．一方，作用の定義より $dI/dt = L$ なので，これを式 (8.34) に代入して

$$\frac{\partial I}{\partial t} = L - \sum_i p_i \dot{q}_i = -H \quad \text{あるいは} \quad \frac{\partial I}{\partial t} + H(q_i, p_i, t) = 0 \tag{8.35}$$

を得る．式 (8.33) で与えられているように，ハミルトニアン H の中の運動量 p_i を $\partial I/\partial q_i$ に置き換えると，**ハミルトン–ヤコビの方程式**：

$$H\left(q_i, \frac{\partial I}{\partial q_i}, t\right) + \frac{\partial I}{\partial t} = 0 \tag{8.36}$$

が得られる．**保存系**では，ハミルトニアン H は時間を陽に含まず，$H = E$（系の全エネルギー）と書ける．よって式 (8.35) より，作用 I は時間 t に $-Et$ という形で依存する．すなわち，作用は2項に分離し，一方は q_i のみに依存し，他方は t のみに依存する：

$$I(q_i, t) = I_0(q_i) - Et. \tag{8.37}$$

関数 $I_0(q_i)$ はしばしば**縮約された作用**とよばれ，ハミルトン–ヤコビの方程式 (8.36) は，以下のように単純化される：

$$H(q_i, \partial I_0/\partial q_i) = E. \tag{8.38}$$

例 8.8

ハミルトン–ヤコビの方法の実例を示すために，電荷 Ze をもつ**原子核**のまわりを回転

図 8.7

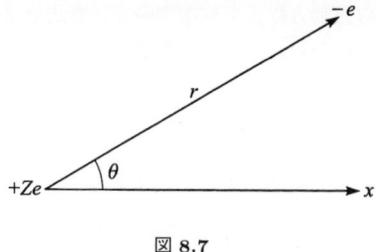

する電荷 $-e$ の**電子**の運動（図 8.7）を考えよう．原子核の質量 M は電子の質量 m よりもはるかに大きいので，原子核は静止していると考えても大きな誤差はない．こうして，この問題は中心力による運動の問題になり，運動は完全に一平面上で起こる．原子核に対する電子の相対位置を指定するために，電子が運動している平面で極座標 r, θ を導入すると，運動エネルギーとポテンシャルエネルギーはおのおの

$$T = \frac{1}{2}m(\dot{r}^2 + r^2\dot{\theta}^2), \quad V = -\frac{Ze^2}{r}$$

となり，ラグランジアンは

$$L = T - V = \frac{1}{2}m(\dot{r}^2 + r^2\dot{\theta}^2) + \frac{Ze^2}{r}$$

で与えられるので，一般化運動量は

$$p_r = \frac{\partial L}{\partial \dot{r}} = m\dot{r}, \quad p_\theta = \frac{\partial L}{\partial \dot{\theta}} = mr^2\dot{\theta}$$

となり，ハミルトニアンは

$$H = \frac{1}{2m}\left(p_r^2 + \frac{p_\theta^2}{r^2}\right) - \frac{Ze^2}{r}$$

で与えられる．ハミルトニアンの p_r と p_θ を各々 $\partial I/\partial r$ と $\partial I/\partial \theta$ で置き換え，式 (8.36) と見比べて，**ハミルトン–ヤコビの方程式**が得られる：

$$\frac{1}{2m}\left[\left(\frac{\partial I}{\partial r}\right)^2 + \frac{1}{r^2}\left(\frac{\partial I}{\partial \theta}\right)^2\right] - \frac{Ze^2}{r} + \frac{\partial I}{\partial t} = 0.$$

8.7 複数の独立変数をもつ変分問題

式 (8.1) の汎関数 f に含まれる独立変数は 1 つだけであるが，しばしば f は複数の独立変数を含む．そこでこの章の理論を複数の独立変数をもつ場合に拡張しよう：

$$I = \iiint_V f\{u, u_x, u_y, u_z; x, y, z\}dxdydz. \tag{8.39}$$

8.7 複数の独立変数をもつ変分問題

ただし V はある有限の体積で，その境界 S 上で $u(x, y, z)$ は決まった値をもち，$u_x = \partial u/\partial x$ などと書かれる．この場合の変分問題は，微小変化に対して I が**停留値**をとるような $u(x, y, z)$ の関数形をみつけることである．

式 (8.2) を一般化して，

$$u(x, y, z, \epsilon) = u(x, y, z, 0) + \epsilon \eta(x, y, z) \tag{8.40}$$

とおく．ただし $\eta(x,y,z)$ は，境界 S 上でゼロになる任意の性質のよい（すなわち微分可能な）関数である．すると，式 (8.40) より

$$u_x(x, y, z, \epsilon) = u_x(x, y, z, 0) + \epsilon \eta_x$$

となり，同様の表現が u_y, u_z についても得られる．停留値条件は，

$$\left.\frac{\partial I}{\partial \epsilon}\right|_{\epsilon=0} = \iiint_V \left(\frac{\partial f}{\partial u}\eta + \frac{\partial f}{\partial u_x}\eta_x + \frac{\partial f}{\partial u_y}\eta_y + \frac{\partial f}{\partial u_z}\eta_z \right) dxdydz = 0$$

で与えられる．次に，$(\partial f/\partial u_i)\eta_i$ の各項を部分積分すると，積分記号の外に出た項は要請により境界でゼロになる．若干の計算を行うと，

$$\iiint_V \left\{ \frac{\partial f}{\partial u} - \frac{\partial}{\partial x}\frac{\partial f}{\partial u_x} - \frac{\partial}{\partial y}\frac{\partial f}{\partial u_y} - \frac{\partial}{\partial z}\frac{\partial f}{\partial u_z} \right\} \eta(x, y, z) dxdydz = 0$$

を最終的に得る．$\eta(x,y,z)$ は任意の関数なので，括弧の中にある項はゼロとおくことができ，**オイラー–ラグランジュ方程式**が得られた：

$$\frac{\partial f}{\partial u} - \frac{\partial}{\partial x}\frac{\partial f}{\partial u_x} - \frac{\partial}{\partial y}\frac{\partial f}{\partial u_y} - \frac{\partial}{\partial z}\frac{\partial f}{\partial u_z} = 0. \tag{8.41}$$

ただし式 (8.41) における $\partial/\partial x$ という表記は，y, z を定数とみなすという点では偏微分的だが，x に関しては，直接的に依存する項にも間接的に依存する項にも作用するという点では全微分的である：

$$\frac{\partial}{\partial x}\frac{\partial f}{\partial u_x} = \frac{\partial^2 f}{\partial x \partial u_x} + \frac{\partial^2 f}{\partial u \partial u_x}u_x + \frac{\partial^2 f}{\partial u_x^2}u_{xx} + \frac{\partial^2 f}{\partial u_y \partial u_x}u_{xy} + \frac{\partial^2 f}{\partial u_z \partial u_x}u_{xz}. \tag{8.42}$$

例 8.9

シュレーディンガーの波動方程式：古典力学の運動方程式は，ハミルトンの原理から導かれるオイラー–ラグランジュの微分方程式である．同様に，**量子力学の基礎方程式**であるシュレーディンガー方程式も，ある変分原理から導かれるオイラー–ラグランジュの微分方程式になっている．N 粒子系においてこの変分原理は，以下のような形をとる：

$$\delta \int L d\tau = 0, \tag{8.43}$$

$$L = \sum_{i=1}^{N} \frac{\hbar^2}{2m_i} \left(\frac{\partial \psi^*}{\partial x_i} \frac{\partial \psi}{\partial x_i} + \frac{\partial \psi^*}{\partial y_i} \frac{\partial \psi}{\partial y_i} + \frac{\partial \psi^*}{\partial z_i} \frac{\partial \psi}{\partial z_i} \right) + V \psi^* \psi. \tag{8.44}$$

ただし，束縛条件は

$$\int \psi^* \psi d\tau = 1 \tag{8.45}$$

である．m_i は i 番目の粒子の質量，V は系のポテンシャルエネルギー，$d\tau$ は $3N$ 次元空間における体積要素である．

束縛条件 (8.45) を，ラグランジュ乗数を $-E$ として取り入れると

$$\delta \int (L - E\psi^*\psi) d\tau = 0 \tag{8.46}$$

となり，変分計算を実行すると，N 粒子系のシュレーディンガー方程式を得る：

$$\sum_{i=1}^{N} \frac{\hbar^2}{2m_i} \nabla_i^2 \psi + (E - V)\psi = 0. \tag{8.47}$$

ただし ∇_i^2 は，粒子 i に作用するラプラス演算子である．ハミルトニアン演算子 $\hat{H}$ を用いると，式 (8.47) は

$$\hat{H}\psi = E\psi, \quad \hat{H} = -\sum_{i=1}^{N} \frac{\hbar^2}{2m_i} \nabla_i^2 + V \tag{8.48}$$

と書くことができ，E は系の全エネルギーにほかならない．これと式 (8.45) より，系の全エネルギーは

$$E = \int \psi^* \hat{H} \psi d\tau \tag{8.49}$$

で与えられる．また，作用を部分積分すると，

$$\int L d\tau = \int \psi^* \hat{H} \psi d\tau$$

となるので，変分原理は $\delta \int \psi^* (\hat{H} - E)\psi d\tau = 0$ という形にも定式化できる．

9

ラプラス変換

ラプラス変換の手法は常微分方程式や偏微分方程式を解くのに便利である．ラプラス変換を使うと微分方程式を単なる代数方程式に変換できる．微分方程式を直接解くには，一般解を探してから次に積分定数を評価するという手順を踏む．ラプラス変換の手法を用いると，その煩雑な手順を避けられるのである．ラプラス変換による解法は連立方程式や積分方程式にも拡張できる．多くの場合，他の解法よりも簡単に解を得られる．この章ではまずラプラス変換を定義する．次に初等関数のラプラス変換を実際に計算する．最後に物理学の簡単な問題をラプラス変換で解いてみる．

9.1 ラプラス変換の定義

関数 $f(x)$ のラプラス変換 $L[f(x)]$ は

$$L[f(x)] = \int_0^\infty e^{-px}f(x)dx = F(p) \tag{9.1}$$

という積分で定義する（もちろん積分が存在する場合にのみ定義できる）．式 (9.1) は変数 p の関数なので $F(p)$ と書いた．関数 $F(p)$ を関数 $f(x)$ の**ラプラス変換**とよぶ．

式 (9.1) は**ラプラス変換演算子** L の定義とみなすこともできる．演算子 L は関数 $f(x)$ を $F(p)$ に変換する演算である．L は線形演算子である．つまり

$$\begin{aligned}L[c_1f(x) + c_2g(x)] &= \int_0^\infty e^{-px}(c_1f(x) + c_2g(x))dx \\ &= c_1\int_0^\infty e^{-px}f(x)dx + c_2\int_0^\infty e^{-px}g(x)dx \\ &= c_1L[f(x)] + c_2L[g(x)]\end{aligned}$$

が成り立つ．ここで c_1 と c_2 は任意の定数で，$g(x)$ は $x > 0$ で定義される任意の関数である．

関数 $F(p)$ の**逆ラプラス変換**は $L[f(x)] = F(p)$ をみたすような関数 $f(x)$ である．逆ラプラス変換の演算子を L^{-1} として

$$L^{-1}[F(p)] = f(x) \tag{9.2}$$

と書く．つまり，代数方程式 $ax = b$ を解くと $x = a^{-1}b$ になるのと同じような感覚で式 (9.1) から式 (9.2) を導くのである．

以下の簡単な例を使って，ラプラス変換の計算を具体的に説明しよう．

例 9.1

$L[e^{ax}]$ を計算せよ．ただし a は定数とする．

解：ラプラス変換は

$$L[e^{ax}] = \int_0^\infty e^{-px} e^{ax} dx = \int_0^\infty e^{-(p-a)x} dx$$

で与えられる．$p \leq a$ のとき被積分関数の指数は正かゼロなので，積分は発散する．$p > a$ のとき積分は収束し，

$$L[e^{ax}] = \int_0^\infty e^{-(p-a)x} dx = \left. \frac{e^{-(p-a)x}}{-(p-a)} \right|_0^\infty = \frac{1}{p-a}$$

となる．

この例をもとにすると，一般の関数 $f(x)$ に対してラプラス変換 (9.1) が存在するかどうかを議論できる．

9.2 ラプラス変換の存在

以下の定理を証明できる．

2 つの条件
(1) $f(x)$ は任意の有限区間 $0 \leq x \leq X$ で区分的に連続．
(2) $x \geq X$ において $|f(x)| \leq Me^{ax}$ となるような定数 M と a が存在．
が同時に成り立つとき，$p > a$ でラプラス変換 $L[f(x)]$ が存在する．

条件 (2) をみたす関数 $f(x)$ は $x \to \infty$ で**指数関数のオーダー**であるという．

上の 2 つの条件は，ラプラス変換が存在するための十分条件である．つまり $p > a$ で積分が有限になることが次のように示せる：

$$\left| \int_0^X f(x) e^{-px} dx \right| \leq \int_0^X |f(x)| e^{-px} dx \leq \int_0^X Me^{ax} e^{-px} dx$$

$$\leq M \int_0^\infty e^{-(p-a)x} dx = \frac{M}{p-a}.$$

この証明から，ラプラス変換の積分が単に収束するだけでなく絶対収束することがわかる．極限 $p \to \infty$ で $M/(p-a) \to 0$ となることに注意していただきたい．つまり，上の2つの条件 (1) と (2) をみたす関数 $f(x)$ に対して常に

$$\lim_{p \to \infty} F(p) = 0 \tag{9.3}$$

となる．対偶として次のこともいえる．すなわち $\lim_{p \to \infty} F(p) \neq 0$ となるような関数 $F(p)$ は，条件 (1) と (2) をみたす関数 $f(x)$ のラプラス変換ではありえない．

ラプラス変換では指数関数のオーダーの関数が中心的な役割を果たす．ある関数が指数関数のオーダーかどうかは簡単に判定できる．定数 b をうまく選ぶと極限値

$$\lim_{x \to \infty} \left[e^{-bx} |f(x)| \right] \tag{9.4}$$

が存在するようにできるとき，関数 $f(x)$ は指数関数のオーダー (e^{-bx} のオーダー) である．これは以下のように示せる．式 (9.4) の極限値を $K \neq 0$ とする．x を大きくすれば $|e^{-bx} f(x)|$ の値を K にいくらでも近づけられる．したがって

$$|e^{-bx} f(x)| < 2K$$

で抑えられるはずである．よって，x を十分大きくすると

$$|f(x)| < 2K e^{bx},$$

つまり

$$|f(x)| < M e^{bx}, \quad \text{ただし} \quad M = 2K$$

とできる．したがって $f(x)$ は指数関数のオーダーである．

逆に，どんな定数 c に対しても

$$\lim_{x \to \infty} \left[e^{-cx} |f(x)| \right] = \infty \tag{9.5}$$

となるとき関数 $f(x)$ は指数関数のオーダーではない．これは以下のように示せる．ある定数 b を選ぶと，$x \geq X$ において

$$|f(x)| < M e^{bx}$$

とできると仮定しよう．すると

$$|e^{-2bx} f(x)| < M e^{-bx}$$

である．すると $c = 2b$ とすれば $|e^{-cx} f(x)| < M e^{-bx}$ となる．極限 $x \to \infty$ で $e^{-cx} f(x) \to 0$ となり，式 (9.5) に矛盾する．

例 9.2

x^3 は $x \to \infty$ で指数関数のオーダーであることを示せ．

解： 極限値
$$\lim_{x \to \infty}(e^{-bx}x^3) = \lim_{x \to \infty}\frac{x^3}{e^{bx}}$$
が存在するように b をうまく選べるかどうかを調べる．$b>0$ のときロピタルの規則から
$$\lim_{x \to \infty}\frac{x^3}{e^{bx}} = \lim_{x \to \infty}\frac{3x^2}{be^{bx}} = \lim_{x \to \infty}\frac{6x}{b^2 e^{bx}} = \lim_{x \to \infty}\frac{6}{b^3 e^{bx}} = 0$$
である．したがって x^3 は $x \to \infty$ で指数関数のオーダーである．

9.3 初等関数のラプラス変換

定義式 (9.1) に基づいて，多項式，指数関数，三角関数のラプラス変換を計算してみよう．

(1) $x>0$ において $f(x)=1$ となる関数．

定義から
$$L[1] = \int_0^\infty e^{-px}dx = \frac{1}{p} \qquad (p>0)$$
である．

(2) $f(x)=x^n$．ただし n は正の整数．

定義から
$$L[x^n] = \int_0^\infty e^{px}x^n dx$$
である．部分積分
$$\int uv' dx = uv - \int vu' dx$$
において
$$u = x^n, \qquad v' = e^{-px}, \qquad v = -\frac{1}{p}e^{-px}$$
とおく．すると
$$\int_0^\infty e^{-px}x^n dx = \left[\frac{-x^n e^{-px}}{p}\right]_0^\infty + \frac{n}{p}\int_0^\infty e^{-px}x^{n-1}dx$$
となる．$p>0$ かつ $n>0$ のとき右辺の第 1 項はゼロである．したがって
$$\int_0^\infty e^{-px}x^n dx = \frac{n}{p}\int_0^\infty e^{-px}x^{n-1}dx,$$
つまり
$$L[x^n] = \frac{n}{p}L[x^{n-1}]$$

が得られる．さらに $n>1$ のとき

$$L[x^{n-1}] = \frac{n-1}{p} L[x^{n-2}]$$

である．これを繰り返して

$$L[x^n] = \frac{n(n-1)(n-2)\cdots 2 \cdot 1}{p^n} L[x^0]$$

となる．ここで (1) から

$$L[x^0] = L[1] = \frac{1}{p}$$

となり，したがって

$$L[x^n] = \frac{n!}{p^{n+1}} \qquad (p>0)$$

である．

(3) $f(x) = e^{ax}$．ただし a は実定数．

例 9.1 に示したように，

$$L[e^{ax}] = \int_0^\infty e^{-px} e^{ax} dx = \frac{1}{p-a}$$

である．$p>a$ のとき収束する．

(4) $f(x) = \sin ax$．ただし a は実定数．

定義より

$$L[\sin ax] = \int_0^\infty e^{-px} \sin ax dx$$

である．部分積分

$$\int uv' dx = uv - \int vu' dx$$

において

$$u = e^{-px}, \qquad v' = \sin ax, \qquad v = -\frac{\cos ax}{a}$$

とおく．すると

$$\int_0^\infty e^{-px} \sin ax dx = -\frac{1}{a} \left[e^{-px} \cos ax \right]_0^\infty - \frac{p}{a} \int_0^\infty e^{-px} \cos ax dx$$

となる．右辺の第 2 項をさらに部分積分すると

$$\int_0^\infty e^{-px} \sin ax dx = -\frac{1}{a} \left[e^{-px} \cos ax \right]_0^\infty - \frac{p}{a^2} \left[e^{-px} \sin ax \right]_0^\infty$$

$$-\frac{p^2}{a^2} \int_0^\infty e^{-px} \sin ax dx$$

となる．右辺の第 3 項を左辺に移項して整理すると，結局

$$L[\sin ax] = \int_0^\infty e^{-px} \sin ax dx = -\left[\frac{e^{-px}(a\cos ax + p\sin ax)}{p^2 + a^2} \right]_0^\infty$$

である．さて p を正とすると $x \to \infty$ で $e^{-px} \to 0$ である．一方 $\sin ax$ と $\cos ax$ は $x \to \infty$ で上限値と下限値がある．したがって $x \to \infty$ で上式の括弧の中はゼロである．つまり $x = 0$ のときの寄与のみが残って，

$$L[\sin ax] = -0 + \frac{1(a+0)}{p^2 + a^2} = \frac{a}{p^2 + a^2} \qquad (p > 0)$$

が得られる．

(5) $f(x) = \cos ax$．ただし a は実定数．
前項と同様にすると

$$L[\cos ax] = \int_0^\infty e^{-px} \cos ax\, dx = \left[\frac{e^{-px}(a \sin ax - p \cos ax)}{p^2 + a^2} \right]_0^\infty$$
$$= \frac{p}{p^2 + a^2} \qquad (p > 0)$$

が得られる．

(6) $f(x) = \cosh ax$．ただし a は実定数．
ラプラス変換の線形性を使うと

$$L[\cosh ax] = L\left[\frac{e^{ax} + e^{-ax}}{2} \right] = \frac{1}{2} L[e^{ax}] + \frac{1}{2} L[e^{-ax}]$$
$$= \frac{1}{2}\left(\frac{1}{p-a} + \frac{1}{p+a} \right) = \frac{p}{p^2 - a^2}$$

である．

(7) $f(x) = x^k$．ただし k は実数で $k > -1$．
定義より

$$L[x^k] = \int_0^\infty e^{-px} x^k\, dx$$

である．ここで $px = u$ とおいて x から u へ変数変換すると，$dx = p^{-1} du$，また $x^k = u^k / p^k$ である．よって

$$L[x^k] = \int_0^\infty e^{-px} x^k\, dx = \frac{1}{p^{k+1}} \int_0^\infty u^k e^{-u}\, du = \frac{\Gamma(k+1)}{p^{k+1}}$$

が得られる．ガンマ関数を定義する積分は $k > -1$ においてのみ収束する．

ラプラス変換の手法を使って微分方程式を解く際には，逆ラプラス変換も重要になる．以下の例で具体的に説明する．

例 9.3

以下の2つの逆ラプラス変換を計算せよ．

(a)
$$L^{-1}\left[\frac{5}{p+2} \right].$$

(b)
$$L^{-1}\left[\frac{1}{p^s}\right] \quad (s>0).$$

解: (a) $L[e^{ax}] = 1/(p-a)$ を思い起こそう.つまり $L^{-1}[1/(p-a)] = e^{ax}$ である.したがって
$$L^{-1}\left[\frac{5}{p+2}\right] = 5L^{-1}\left[\frac{1}{p+2}\right] = 5e^{-2x}$$
が得られる.

(b)
$$L[x^k] = \frac{\Gamma(k+1)}{p^{k+1}}$$
を思い起こそう.つまり
$$L\left[\frac{x^k}{\Gamma(k+1)}\right] = \frac{1}{p^{k+1}}$$
である.これより
$$L^{-1}\left[\frac{1}{p^{k+1}}\right] = \frac{x^k}{\Gamma(k+1)}$$
である.ここで $k+1 = s$ とおくと
$$L^{-1}\left[\frac{1}{p^s}\right] = \frac{x^{s-1}}{\Gamma(s)}$$
が得られる.

9.4 シフト(平行移動)定理

ラプラス変換を物理の問題に適用するに際に,指数関数が掛け合わさった関数を扱う場合が多い.ある関数のラプラス変換が計算できたとしよう.それに指数関数が掛かった関数のラプラス変換は,新たな計算をすることなく直ちに求められる.これを以下に示そう.

9.4.1 第1シフト定理

次の定理を証明しよう.

$L[f(x)] = F(p) \; (p > b)$ とする.このとき $L[e^{ax}f(x)] = F(p-a)$ $(p > a+b)$ である.

関数 $F(p-a)$ は関数 $F(p)$ を a だけ右へ移動したものになっている.このため,この定理をシフト定理とよぶ.

証明は単純である.ラプラス変換の定義 (9.1) より,

$$L[f(x)] = \int_0^\infty e^{-px} f(x) dx = F(p)$$

である．よって

$$L[e^{ax} f(x)] = \int_0^\infty e^{-px} \{e^{ax} f(x)\} dx = \int_0^\infty e^{-(p-a)x} f(x) dx = F(p-a)$$

が得られる．以下の例で，実際にこの定理を使ってみよう．

例 9.4

以下を示せ．

(a) $\quad L[e^{-ax} x^n] = \dfrac{n!}{(p+a)^{n+1}} \qquad (p > -a).$

(b) $\quad L[e^{-ax} \sin bx] = \dfrac{b}{(p+a)^2 + b^2} \qquad (p > -a).$

解：(a) 352 ページの (2) より

$$L[x^n] = n!/p^{n+1} \qquad (p > 0)$$

である．シフト定理を使うと

$$L[e^{-ax} x^n] = \dfrac{n!}{(p+a)^{n+1}} \qquad (p > -a)$$

が得られる．

(b) 353 ページの (4) より

$$L[\sin bx] = \dfrac{b}{p^2 + b^2} \qquad (p > 0)$$

である．シフト定理を使うと

$$L[e^{-ax} \sin bx] = \dfrac{b}{(p+a)^2 + b^2} \qquad (p > -a)$$

が得られる．

逆ラプラス変換はラプラス変換の逆操作である．したがって，ラプラス変換の公式はすべて逆ラプラス変換の公式に書き直せる．つまり

$$L^{-1}[F(p)] = f(x) \text{ ならば } L^{-1}[F(p-a)] = e^{ax} f(x) \text{ である．}$$

が成り立つ．

9.4.2 第 2 シフト定理

第 1 シフト定理は p をシフトする定理であった．2 つ目のシフト定理は x を a だけシフトするものである．定理は以下のとおり．

$L[f(x)] = F(p)$ とする．ただし $x < 0$ において $f(x) = 0$ とする．また $g(x) = f(x - a)$ とする．このとき

$$L[g(x)] = e^{-ap} L[f(x)] = e^{-ap} F(p)$$

である．

この定理を証明するには，ラプラス変換の定義 (9.1)

$$F(p) = L[f(x)] = \int_0^\infty e^{-px} f(x) dx$$

から出発する．これより

$$e^{-ap} F(p) = e^{-ap} L[f(x)] = \int_0^\infty e^{-p(x+a)} f(x) dx$$

である．ここで $u = x + a$ とおいて，積分変数を x から u へ変換する．すると

$$e^{-ap} F(p) = \int_0^\infty e^{-p(x+a)} f(x) dx = \int_a^\infty e^{-pu} f(u-a) du$$
$$= \int_0^a e^{-pu} 0 du + \int_a^\infty e^{-pu} f(u-a) du$$
$$= \int_0^\infty e^{-pu} g(u) du = F[g(u)]$$

が得られる．

例 9.5

関数

$$g(x) = \begin{cases} 0 & (x < 5), \\ x - 5 & (x \geq 5) \end{cases}$$

に対して

$$L[g(x)] = e^{-5p}/p^2$$

となることを示せ．証明にあたっては

$$f(x) = \begin{cases} 0 & (x < 0), \\ x & (x \geq 0) \end{cases}$$

のラプラス変換を用いよ．

解：問題の関数は

である．ここで 352 ページの (2) より

$$L[f(x)] = 1/p^2$$

がわかっている．したがって第2シフト定理より

$$L[g(x)] = e^{-5p}L[f(x)] = e^{-5p}/p^2$$

である．

9.5 ヘビサイドの階段関数

ヘビサイドの階段関数

$$U(x-a) = \begin{cases} 0 & (x < a), \\ 1 & (x \geq a) \end{cases}$$

を使うと，さまざまな不連続関数をラプラス変換できる．

階段関数を使って第2シフト定理を書き直すと以下のようになる．

$x < 0$ に対して $f(x) = 0$ とする．$L[f(x)] = F(p)$ のとき

$$L[U(x-a)f(x-a)] = e^{-ap}F(p)$$

である．

証明は単純である．まずラプラス変換の定義から

$$L[U(x-a)f(x-a)] = \int_0^\infty e^{-px}U(x-a)f(x-a)dx$$
$$= \int_0^a e^{-px}0dx + \int_a^\infty e^{-px}f(x-a)dx$$

である．ここで $x - a = u$ とおいて，積分変数を x から u へ変換する．すると

$$L[U(x-a)f(x-a)] = \int_a^\infty e^{-px}f(x-a) = \int_0^\infty e^{-p(u+a)}f(u)du$$
$$= e^{-ap}\int_0^\infty e^{-pu}f(u)du = e^{-ap}F(p)$$

が得られる．

これに対応して，逆ラプラス変換について次の定理が成り立つ．

$x < 0$ で $f(x) = 0$ とする. $L^{-1}[F(p)] = f(x)$ のとき
$$L^{-1}[e^{-ap}F(p)] = U(x-a)f(x-a)$$
である.

9.6 周期関数のラプラス変換

$f(x)$ を周期 $P > 0$ の周期関数とする. つまり $f(x+P) = f(x)$ である. このとき
$$L[f(x)] = \frac{1}{1-e^{-pP}}\int_0^P e^{-px}f(x)dx$$
である.

これを証明するには, $f(x)$ のラプラス変換の定義から出発する:
$$L[f(x)] = \int_0^\infty e^{-px}f(x)dx = \int_0^P e^{-px}f(x)dx + \int_P^{2P} e^{-px}f(x)dx$$
$$+ \int_{2P}^{3P} e^{-px}f(x)dx + \cdots.$$

右辺の第 2 項において $x = u + P$ と変数変換する. 第 3 項においては $x = u + 2P$ と変換し, 以下の項についても同様にする. すると
$$L[f(x)] = \int_0^P e^{-px}f(x)dx + \int_0^P e^{-p(u+P)}f(u+P)du$$
$$+ \int_0^P e^{-p(u+2P)}f(u+2P)du + \cdots$$

となる. $f(x)$ は周期関数だから, 右辺第 2 項において $f(u+P) = f(u)$, 第 3 項において $f(u+2P) = f(u)$ と書ける. また, 積分変数を u から x に書き直す. すると
$$L[f(x)] = \int_0^P e^{-px}f(x)dx + \int_0^P e^{-p(x+P)}f(x)dx$$
$$+ \int_0^P e^{-p(x+2P)}f(x)dx + \cdots$$
$$= \int_0^P e^{-px}f(x)dx + e^{-pP}\int_0^P e^{-px}f(x)dx$$
$$+ e^{-2pP}\int_0^P e^{-px}f(x)dx + \cdots$$
$$= (1 + e^{-pP} + e^{-2pP} + \cdots)\int_0^P e^{-px}f(x)dx$$
$$= \frac{1}{1-e^{-pP}}\int_0^P e^{-px}f(x)dx$$

が得られる.

9.7 導関数のラプラス変換

$x \geq 0$ において $f(x)$ は連続で指数関数のオーダーとする．つまり x を大きくすると $|f(x)| \leq Me^{bx}$ である．また，導関数 $f'(x)$ は任意の区間 $0 \leq x \leq k$ において区分的に連続とする．このとき

$$L[f'(x)] = pL[f(x)] - f(0) \qquad (p > b)$$

である．

これを証明するには，部分積分を使う．公式

$$\int uv' dx = uv - \int u'v dx$$

において $u = e^{-px}$, $v' = f'(x)$ とおくと

$$L[f'(x)] = \int_0^\infty e^{-px} f'(x) dx = \left[e^{-px} f(x)\right]_0^\infty - \int_0^\infty (-p) e^{-px} f(x) dx$$

である．ここで，x を大きくとると $|f(x)| \leq Me^{bx}$ であるから，$|f(x)e^{-px}| \leq Me^{(b-p)x}$ となる．$p > b$ においては，極限 $x \to \infty$ で $Me^{(b-p)x} \to 0$ であるから $f(x)e^{-px} \to 0$ となる．一方 $f(x)$ は $x = 0$ で連続であるから，極限 $x \to 0$ で $e^{-px} f(x) \to f(0)$ である．以上から部分積分の右辺の第1項が計算できて

$$L[f'(x)] = pL[f(x)] - f(0) \qquad (p > b)$$

である．

この結果は，以下のように拡張できる．関数 $f(x)$ の $n-1$ 階導関数 $f^{(n-1)}(x)$ は連続とする．また n 階導関数は任意の区間 $0 \leq x \leq K$ で区分的に連続とする．さらに $f(x), f'(x), \ldots, f^{(n)}(x)$ は $x > 0$ で指数関数のオーダーとする．このとき

$$L[f^{(n)}(x)] = p^n L[f(x)] - p^{n-1} f(0) - p^{n-2} f'(0) - \cdots - f^{(n-1)}(0)$$

である．

例 9.6

微分方程式 $y'' + y = f$ の初期値問題 $y(0) = y'(0) = 0$ を解け．ただし $t < 0$ で $f(t) = 0$, $t \geq 0$ で $f(t) = 1$ とする．

解： ここでは，ラプラス変換を使ってこの微分方程式を解いてみよう．微分方程式の辺々をラプラス変換すると

$$L[y''] + L[y] = L[f] = L[1]$$

である．ここで

$$L[y''] = pL[y'] - y'(0) = p\{pL[y] - y(0)\} - y'(0)$$
$$= p^2 L[y] - py(0) - y'(0)$$
$$= p^2 L[y]$$

となる．また

$$L[1] = 1/p$$

である．よって，ラプラス変換した微分方程式は

$$p^2 L[y] + L[y] = 1/p$$

となる．つまり

$$L[y] = \frac{1}{p(p^2+1)} = \frac{1}{p} - \frac{p}{p^2+1}$$

となる．辺々を逆ラプラス変換して

$$y = L^{-1}\left[\frac{1}{p}\right] - L^{-1}\left[\frac{p}{p^2+1}\right]$$

である．さて，352 ページの (1) と 354 ページの (5) から

$$L^{-1}\left[\frac{1}{p}\right] = 1 \qquad かつ \qquad L^{-1}\left[\frac{p}{p^2+1}\right] = \cos t$$

となる．よって，微分方程式の解は

$$y = \begin{cases} 0 & (t < 0), \\ 1 - \cos t & (t \geq 0) \end{cases}$$

である．

9.8 積分で定義される関数のラプラス変換

$L[f(x)] = F(p)$ とする．このとき $g(x) = \int_0^x f(u)du$ のラプラス変換は $L[g(x)] = F(p)/p$ である．

同様に，$L^{-1}[F(p)] = f(x)$ なら $L[F(p)/p] = g(x)$ である．

証明は簡単である．$g(x) = \int_0^x f(u)du$ とすると $g(0) = 0$ かつ $g'(x) = f(x)$ である．よって

$$L[g'(x)] = L[f(x)]$$

となる．ところで前節の公式から

$$L[g'(x)] = pL[g(x)] - g(0) = pL[g(x)]$$

である．したがって

$$pL[g(x)] = L[f(x)], \quad \text{つまり} \quad L[g(x)] = \frac{1}{p}L[f(x)] = \frac{F(p)}{p}$$

が得られる．逆ラプラス変換をすれば

$$L^{-1}[F(p)/p] = g(x)$$

が得られる．

例 9.7

$g(x) = \int_0^x \sin au \, du$ とすると

$$L[g(x)] = L\left[\int_0^x \sin au \, du\right] = \frac{1}{p} L[\sin au] = \frac{a}{p(p^2 + a^2)}$$

である．

9.9 その他の積分変換

ラプラス変換は**積分変換**の一種である．一般に関数 $f(x)$ の積分変換 $T[f(x)]$ は

$$T[f(x)] = \int_a^b f(x) K(p, x) dx = F(p) \tag{9.6}$$

で定義される．ここで $K(p, x)$ はある定められた関数で，積分変換の核とよばれる．微分方程式の境界値問題を解くための積分変換として，以下のような**積分核**がある．

ラプラス変換では $K(p, x) = e^{-px}$, $a = 0, b = \infty$ とおく：

$$L[f(x)] = \int_0^\infty e^{-px} f(x) dx = F(p).$$

フーリエ正弦・余弦変換では $K(p, x) = \sin px$ あるいは $K(p, x) = \cos px$, $a = 0, b = \infty$ とおく：

$$L[f(x)] = \int_0^\infty f(x) \left\{\begin{array}{c} \sin px \\ \cos px \end{array}\right\} dx = F(p).$$

複素フーリエ変換では $K(p, x) = e^{ipx}$, $a = -\infty, b = \infty$ とおく：

$$L[f(x)] = \int_{-\infty}^\infty e^{ipx} f(x) dx = F(p).$$

ハンケル変換では $K(p,x) = xJ_n(px)$, $a=0$, $b=\infty$ とおく．ただし $J_n(px)$ は n 次の**第1種ベッセル関数**である：

$$L[f(x)] = \int_0^\infty f(x)xJ_n(x)dx = F(p).$$

メリン変換では $K(p,x) = x^{p-1}$, $a=0$, $b=\infty$ とおく：

$$L[f(x)] = \int_0^\infty f(x)x^{p-1}dx = F(p).$$

ラプラス変換はこの章の主題であった．フーリエ変換は第4章で扱った．ハンケル変換やメリン変換は，本書ではこれ以上詳しくは述べない．

10

偏微分方程式

これまでの章ですでに**偏微分方程式**が何度か登場した．この章では，物理学や工学の分野でよく出てくる偏微分方程式の簡単な解き方をいくつか紹介する．一般に偏微分方程式を解くのは常微分方程式を解くよりはるかに難しい．偏微分方程式の一般論はとても本書で扱えるものではない．ここでは可解でしかも物理的に興味深い偏微分方程式だけを取り上げることにする．

未知の多変数関数とその偏微分を含む方程式を総称して偏微分方程式とよぶ．方程式に含まれる偏微分の階数で最大のものを**偏微分方程式の階数**という．例えば

$$3y^2 \frac{\partial u}{\partial x} + \frac{\partial u}{\partial y} = 2u,$$

は 1 階の偏微分方程式，

$$\frac{\partial^2 u}{\partial x \partial y} = 2x - y$$

は 2 階の偏微分方程式である．ここで x と y は独立変数で，$u(x, y)$ が求める関数である．上の 2 つの偏微分方程式はともに線形である．なぜなら u とその偏微分の 1 次の項しか存在しない．つまり u^2 や $u \times \partial u/\partial x$ のような項を含んでいない．以下では非線形の偏微分方程式は取り扱わない．

第 2 章でみたように，常微分方程式の一般解は，方程式の階数と同じ数の積分定数を含んでいる．一方，**偏微分方程式の一般解**は，方程式の階数と同じ数の任意関数を含む．一般解の任意関数を適当に指定すると**特解**になる．与えられた初期条件をみたす特解を求める問題を**境界値問題**とか**初期値問題**とよぶ．これまでみてきたように，境界値問題は往々にして固有値問題に帰着する．

10.1 線形 2 階偏微分方程式

物理学の問題は，ある程度の近似をすると線形 2 階偏微分方程式になることが多い．簡単のため以下では 2 変数の線形 2 階偏微分方程式に限定する．方程式の形は一般的に

$$A \frac{\partial^2 u}{\partial x^2} + B \frac{\partial^2 u}{\partial x \partial y} + C \frac{\partial^2 u}{\partial y^2} + D \frac{\partial u}{\partial x} + E \frac{\partial u}{\partial y} + Fu = G \tag{10.1}$$

と書ける．ただし $A, B, C, \ldots, G$ は x と y に依存してもよい．

G が恒等的にゼロのとき式 (10.1) は**斉次**であるといい，それ以外は**非斉次**であるという．線形斉次偏微分方程式に $u_1, u_2, \ldots, u_n$ という解があるとき $c_1 u_1 + c_2 u_2 + \cdots + c_n u_n$（$c_1, c_2, \ldots$ は定数）も解である．この性質は**重ね合わせの原理**とよばれ，非線形方程式にはない性質である．$G = 0$ とおいた線形斉次偏微分方程式の一般解に非斉次方程式の特解を加えると，非斉次方程式の一般解が得られる．

式 (10.1) で $G = 0$ とおいた斉次方程式は 2 次曲線の一般形

$$ax^2 + bxy + cy^2 + dx + ey + f = 0$$

に似ている．その類推から，式 (10.1) の係数が

$$\left.\begin{array}{l} B^2 - 4AC < 0 \\ B^2 - 4AC = 0 \\ B^2 - 4AC > 0 \end{array}\right\} \text{をみたすとき，式 (10.1) は} \left\{\begin{array}{l} \text{楕円型} \\ \text{放物型} \\ \text{双曲型} \end{array}\right.$$

であるという．この分類によると，例えば 2 次元のラプラス方程式

$$\frac{\partial^2 u}{\partial x^2} + \frac{\partial^2 u}{\partial y^2} = 0$$

は楕円型（$A = C = 1, B = D = E = F = G = 0$）である．また

$$\frac{\partial^2 u}{\partial x^2} - \alpha \frac{\partial u}{\partial y} = 0 \quad (\alpha \text{ は実定数})$$

は放物型，そして

$$\frac{\partial^2 u}{\partial x^2} - \alpha^2 \frac{\partial^2 u}{\partial y^2} = 0 \quad (\alpha \text{ は実定数})$$

は双曲型である．

以下で，物理学において重要となる線形 2 階偏微分方程式をいくつかあげる．

(1) ラプラス方程式：

$$\nabla^2 u = 0. \tag{10.2}$$

ここで ∇^2 はラプラシアンである．電荷のない空間での**静電ポテンシャル**はラプラス方程式 (10.2) に従う．また物質のない空間での**重力ポテンシャル**，湧き出しや吸い込みのない非圧縮性流体の**速度ポテンシャル**もラプラス方程式に従う．

(2) ポアソン方程式：

$$\nabla^2 u = \rho(x, y, z). \tag{10.3}$$

右辺の関数 $\rho(x, y, z)$ を湧き出し密度とよぶ．例えば u が電荷のある空間の**静電ポテンシャル**を表すとすると，ρ は電荷密度分布に比例する．また**重力ポテンシャル**の場合，ρ は質量密度分布に比例する．

(3) **波動方程式**：

$$\nabla^2 u = \frac{1}{v^2}\frac{\partial^2 u}{\partial t^2}. \tag{10.4}$$

弦の横振動，粒子束の縦振動，電磁波の伝播はすべて波動方程式に従う．弦の横振動では u が弦の平衡位置からのずれを表す．粒子束では u は平衡位置からの縦方向（波の進行方向）へのずれを表す．また電磁波では電場 $\boldsymbol{E}$ や磁場 $\boldsymbol{H}$ が u に相当する．

(4) **熱伝導方程式**：

$$\frac{\partial u}{\partial t} = \alpha \nabla^2 u. \tag{10.5}$$

ここで u は時刻 t での固体の温度を表す．定数 α は**熱拡散係数**とよばれ，固体の熱伝導度・熱容量・密度分布と関係している．式 (10.5) は**拡散方程式**としても使える．その場合 u は拡散物質の密度分布である．

上式 (10.2)–(10.5) はすべて定数係数の線形偏微分方程式で，式 (10.3) 以外は斉次である．

例 10.1

ラプラス方程式は物理のほとんどの分野で登場する．簡単な例として**非圧縮性流体**の運動があげられる．流体の速度分布 $\boldsymbol{v}(x,y,z,t)$ と密度分布 $\rho(x,y,z,t)$ は必ず連続の方程式

$$\frac{\partial \rho}{\partial t} + \nabla \cdot (\rho \boldsymbol{v}) = 0$$

をみたす．密度が一様で時間によらないときには

$$\nabla \cdot \boldsymbol{v} = \operatorname{div} \boldsymbol{v} = 0$$

となる．さらに流体の運動に渦がない場合（$\nabla \times \boldsymbol{v} = \operatorname{rot} \boldsymbol{v} = 0$ のとき），速度ベクトルはスカラー関数 V の勾配

$$\boldsymbol{v} = -\nabla V = -\operatorname{grad} V$$

で表せる．すると連続の方程式は

$$\nabla \cdot \boldsymbol{v} = \nabla \cdot (-\nabla V) = 0, \quad \text{つまり} \quad \nabla^2 V = \Delta V = 0$$

というラプラス方程式に帰着する．スカラー関数 V を速度ポテンシャルとよぶ．

例 10.2

ポアソン方程式に従う物理量のよい例として**静電ポテンシャル**があげられる．一様で等方な媒質中で 2 つの点電荷 q と q' の間に働く静電力はクーロンの法則

10.1 線形 2 階偏微分方程式

$$\boldsymbol{F} = C\frac{qq'}{r^2}\hat{r}$$

で与えられる．ここで r は電荷間の距離，$\hat{r}$ は力の向きの単位ベクトルである．C は単位系に依存する定数である．ガウス単位系では $C=1$，SI 単位系では $C=1/4\pi\varepsilon_0$ となる．定数 ε_0 は真空の誘電率とよばれる．

静電荷 q' が力 $\boldsymbol{F}$ を受けていると感じるとき，そこには電場 $\boldsymbol{E}$ があると考え，電荷 q' はその電場から力を受けているとみなす．電場の大きさは

$$\boldsymbol{E} = \lim_{q'\to 0}\frac{\boldsymbol{F}}{q'}$$

で定義される．ここで極限 $\lim_{q'\to 0}$ をとるのは，試験電荷 q' の影響でまわりの電荷分布が変わることがないようにするためである．この定義とクーロンの法則より，電荷 q から距離 r だけ離れた点での電場は

$$\boldsymbol{E} = C\frac{q}{r^2}\hat{r}$$

である．両辺の回転をとると

$$\nabla \times \boldsymbol{E} = \mathrm{rot}\,\boldsymbol{E} = 0$$

となる．つまり電場は保存力の場であることがわかる．したがってポテンシャル関数 ϕ が存在して

$$\boldsymbol{E} = -\nabla\phi$$

が成り立つ．両辺の発散をとると

$$\nabla\cdot(\nabla\phi) = -\nabla\cdot\boldsymbol{E},$$

つまり

$$\nabla^2\phi = -\nabla\cdot\boldsymbol{E}$$

となる．

右辺の $\nabla\cdot\boldsymbol{E}$ はガウスの法則から $\nabla\cdot\boldsymbol{E} = 4\pi C\rho$ となる．これを示そう．空間中に体積 τ の領域をとる．この領域中に電荷分布 $\rho(\boldsymbol{r})$ があるとする．この領域の表面 S 上の微小面積要素を $d\boldsymbol{s}$ と表す．ベクトル $d\boldsymbol{s}$ の大きさは微小要素の面積とし，その向きは微小要素の法線方向外向きとする．表面 S 上の場所 $\boldsymbol{r}$ における電場は，領域内の電荷からの寄与を積分して

$$\boldsymbol{E}(\boldsymbol{r}) = \iiint_\tau C\frac{\rho(\boldsymbol{r}')}{|\boldsymbol{r}-\boldsymbol{r}'|^2}\widehat{\boldsymbol{r}-\boldsymbol{r}'}dV'$$

である．両辺を表面 S 全域にわたって積分すると

$$\iint_S \boldsymbol{E}\cdot d\boldsymbol{s} = C\iiint_\tau dV'\rho(\boldsymbol{r}')\iint_S \frac{\widehat{\boldsymbol{r}-\boldsymbol{r}'}\cdot d\boldsymbol{s}}{|\boldsymbol{r}-\boldsymbol{r}'|^2}$$

となる．ここで面積積分は S 上の点 r に関する積分，体積積分は領域内の点 r' に関する積分である．まず右辺を簡単化する．右辺の被積分関数の中の $\widehat{r-r'}\cdot d\bm{s}$ は，S 上の点 r に位置する微小要素 $d\bm{s}$ を，$\widehat{r-r'}$ に垂直な平面へ射影した面積を意味している．この面積を $|r-r'|^2$ で割ると，領域内の点 r' と表面 S 上の微小要素 $d\bm{s}$ が張る立体角になる．この立体角を $d\Omega$ と書く．この考察から

$$\iint_S \frac{\widehat{r-r'}\cdot d\bm{s}}{|r-r'|^2} = \iint_S d\Omega = 4\pi$$

である．なぜなら，領域内の点 r' とそれを囲む領域の表面全体が張る立体角の合計は 4π だからである．以上から

$$\iint_S \bm{E}\cdot d\bm{s} = 4\pi C \iiint_\tau \rho(r')dV'$$

となる．次に左辺を変形する．ガウスの定理より，表面積分は体積積分に直せて

$$\iint_S \bm{E}\cdot d\bm{s} = \iiint_\tau \nabla\cdot\bm{E}\,dV$$

である．よって

$$\iiint_\tau \nabla\cdot\bm{E}\,dV = 4\pi C \iiint_\tau \rho(r')dV'$$

つまり

$$\iiint_\tau \left(\nabla\cdot\bm{E} - 4\pi C\rho(r)\right)dV = 0$$

となる．この方程式は，任意の領域 τ について成り立つ．そのためには被積分関数がすべての点でゼロになる必要がある．こうしてガウスの法則の微分形

$$\nabla\cdot\bm{E} = 4\pi C\rho$$

が得られた．これを方程式 $\nabla^2\phi = -\nabla\cdot\bm{E}$ に代入すると

$$\nabla^2\phi = -4\pi C\rho$$

となり，ポアソン方程式となる．SI 単位系を使って $C = 1/4\pi\varepsilon_0$ とすると

$$\nabla^2\phi = -\frac{\rho}{\varepsilon_0}$$

となる．特に電荷がまったくない場合にはラプラス方程式

$$\nabla^2\phi = 0$$

に帰着する．

　以下の節では，具体的な問題を使って線形偏微分方程式の解き方をいくつか説明する．特に定数係数の斉次線形方程式の解き方は何通りもある．以下に実際の場面でよく使われる方法を3つあげる．

(1) **一般解が得られる方法**：まず一般解を求めておいてから，境界条件をみたす特解が得られる方法である．数学者にとっては，偏微分方程式の一般解が求められるのは非常に気持ちのよいものである．しかし一般解を求めるのは難しい．また，せっかく一般解を求めても，特定の境界条件のもとでの特解を求めるにはほとんど役立たないことが多い．そこで，境界条件のタイプを指定して，もう少し一般的でない解を求める方が応用上は便利である．これが次に述べる変数分離の方法である．

(2) **変数分離の方法**：この方法では**重ね合わせの原理**を用いる．特解を線形結合させて境界条件をみたすような解を構成するのである．基本的には解を独立変数の関数の積で表す．例えば2変数 x と y がある場合，解 $u(x,y)$ を $u(x,y) = X(x)Y(y)$ の形に書く．多くの場合，偏微分方程式が X と Y それぞれの常微分方程式に帰着する．

(3) **ラプラス変換**の方法：この方法では，まず偏微分方程式と境界条件をどれか1つの変数に関してラプラス変換する．得られた方程式を解いてラプラス変換された解を求める．最後にそれを逆ラプラス変換して答が得られる（9.7節参照）．

10.2 ラプラス方程式の解：変数分離の方法

(1) **2次元ラプラス方程式の一般解**：ポテンシャル関数 ϕ が2つの直交座標のみの関数の場合，ラプラス方程式は

$$\frac{\partial^2 \phi}{\partial x^2} + \frac{\partial^2 \phi}{\partial y^2} = 0$$

となる．この方程式は簡単に一般解を求められる．そのためには変数変換

$$\xi = x + iy, \qquad \eta = x - iy$$

を行う．ここで i は虚数単位である．この新しい変数に関する偏微分は

$$\frac{\partial}{\partial x} = \frac{\partial}{\partial \xi}\frac{\partial \xi}{\partial x} + \frac{\partial}{\partial \eta}\frac{\partial \eta}{\partial x} = \frac{\partial}{\partial \xi} + \frac{\partial}{\partial \eta},$$

さらに

$$\begin{aligned}\frac{\partial^2}{\partial x^2} &= \left(\frac{\partial}{\partial \xi} + \frac{\partial}{\partial \eta}\right)\left(\frac{\partial}{\partial \xi} + \frac{\partial}{\partial \eta}\right) \\ &= \frac{\partial}{\partial \xi}\frac{\partial}{\partial \xi} + \frac{\partial}{\partial \eta}\frac{\partial}{\partial \xi} + \frac{\partial}{\partial \xi}\frac{\partial}{\partial \eta} + \frac{\partial}{\partial \eta}\frac{\partial}{\partial \eta} \\ &= \frac{\partial^2}{\partial \xi^2} + 2\frac{\partial^2}{\partial \xi \partial \eta} + \frac{\partial^2}{\partial \eta^2}\end{aligned}$$

となる．同様にして

$$\frac{\partial^2}{\partial y^2} = -\frac{\partial^2}{\partial \xi^2} + 2\frac{\partial^2}{\partial \xi \partial \eta} - \frac{\partial^2}{\partial \eta^2}$$

が得られる．これらを使うとラプラス方程式は

$$\nabla^2 \phi = 4 \frac{\partial^2 \phi}{\partial \xi \partial \eta} = 0$$

と書き直せる．この方程式の一般解が

$$\phi = f_1(\xi) + f_2(\eta) = f_1(x+iy) + f_2(x-iy)$$

と書きくだせることは簡単に確かめられる．ここで f_1 と f_2 は 2 階微分の存在する任意の関数である．

このように一般解が求められた．あとは境界条件をみたすように f_1 と f_2 を選べばよい．しかし現実にはこれはそう簡単ではない．例えば $x=0$, $x=a$, $y=0$, $y=b$ で囲まれる長方形の中でラプラス方程式をみたし，境界上で決められた値をとるように f_1 と f_2 を選ぶのはそれなりに難しい問題である．上にも述べたように，多くの場合は変数分離の方法の方が便利である．そこで次に 3 次元のラプラス方程式を変数分離の方法で解いてみよう．

(2) **3 次元ラプラス方程式**：ポテンシャル関数 ϕ が 3 次元デカルト座標の関数の場合，ラプラス方程式は

$$\frac{\partial^2 \phi}{\partial x^2} + \frac{\partial^2 \phi}{\partial y^2} + \frac{\partial^2 \phi}{\partial z^2} = 0 \tag{10.6}$$

となる．ここで $\phi(x, y, z)$ が

$$\phi(x, y, z) = X(x) Y(y) Z(z)$$

のように 3 つの関数の積で書ける，つまり変数分離できると仮定する．この仮定が正しいことは，実際に境界条件をみたす解を求められることで確認される．この積の形を式 (10.6) に代入し，全体を ϕ で割ると

$$\frac{1}{X}\frac{d^2 X}{dx^2} + \frac{1}{Y}\frac{d^2 Y}{dy^2} = -\frac{1}{Z}\frac{d^2 Z}{dz^2} \tag{10.7}$$

となる．式 (10.7) の左辺は x と y の関数である．一方，右辺は z のみの関数である．両者が恒等的に等しいためには，いずれもが定数関数でなければならない．その定数を k_3^2 と書くことにすると

$$\frac{d^2 Z}{dz^2} + k_3^2 Z = 0, \tag{10.8}$$

$$-\frac{1}{X}\frac{d^2 X}{dx^2} = \frac{1}{Y}\frac{d^2 Y}{dy^2} - k_3^2 \tag{10.9}$$

となる．なお k_3 は一般に複素数でもよい．さらに式 (10.9) の左辺は x のみの関数，右辺は y のみの関数である．両者が恒等的に等しいためには，いずれもが定数関数でなければならない．その定数を k_1^2 と書くことにすると

10.2 ラプラス方程式の解：変数分離の方法

$$\frac{d^2X}{dx^2} + k_1^2 X = 0, \quad (10.10)$$

$$\frac{d^2Y}{dy^2} + k_2^2 Y = 0 \quad (10.11)$$

となる．なお

$$k_2^2 = -k_1^2 - k_3^2$$

である．k_1, k_2 も一般に複素数でもよい．

こうして 3 変数の偏微分方程式を変数分離して，3 つの常微分方程式 (10.8)，(10.10)，(10.11) が得られる．式 (10.10) の解は

$$X(x) = a(k_1)e^{ik_1 x} + a'(k_1)e^{-ik_1 x} \qquad (k_1 \neq 0) \quad (10.12)$$

となる．同様に

$$Y(y) = b(k_2)e^{ik_2 y} + b'(k_2)e^{-ik_2 y} \qquad (k_2 \neq 0), \quad (10.13)$$

$$Z(z) = c(k_3)e^{ik_3 z} + c'(k_3)e^{-ik_3 z} \qquad (k_3 \neq 0) \quad (10.14)$$

である．以上から

$$\phi = [a(k_1)e^{ik_1 x} + a'(k_1)e^{-ik_1 x}][b(k_2)e^{ik_2 y} + b'(k_2)e^{-ik_2 y}]$$
$$\times [c(k_3)e^{ik_3 z} + c'(k_3)e^{-ik_3 z}]$$

が得られる．上式を $k_i \, (i = 1, 2, 3)$ の範囲全体で積分すると，式 (10.6) の一般解になる．

上の解は $k_i \neq 0 \, (i = 1, 2, 3)$ の場合の解である．これに対して $k_i = 0 \, (i = 1, 2, 3)$ の場合，式 (10.8)，(10.10)，(10.11) には

$$X_i(x_i) = a_i x_i + b_i$$

の形の解がある．ここで $x_1 = x, \; x_2 = y, \; x_3 = z, \; X_1 = X, \; X_2 = Y, \; X_3 = Z$ とおいた．

上の解を使って簡単な静電気の問題を解いてみよう．一様に帯電した導体板から h だけ離れた点 P における静電ポテンシャル ϕ を求める．誘電率を ε とする．導体板は単位面積あたり σ の電荷を帯びている．板に垂直な軸を x 軸とし，原点は板の面上にとる．ポテンシャル ϕ は明らかに x のみの関数である．よって，上の議論からわかるように解は

$$\phi(x) = a(k_1)e^{k_1 x} + a'(k_1)e^{-k_1 x},$$
$$\phi(x) = a_1 x + b_1$$

という 2 つの形が可能である．境界条件によってどちらかが選ばれる．1 つ目の境界

条件は，帯電面は等電位面である，つまり $\phi(0) =$ 定数，という条件である．2つ目は $E = -\partial\phi/\partial x = \sigma/2\varepsilon$ である．2つの境界条件をともにみたすのは第2の形の解である．これより $b_1 = \phi(0)$, $a_1 = -\sigma/2\varepsilon$ となる．結局，答えは

$$\phi(x) = -\frac{\sigma}{2\varepsilon}x + \phi(0)$$

である．

(3) **円筒座標**でのラプラス方程式：図 10.1 に円筒座標 (ρ, φ, z) を示した．式で書くと

$$\left.\begin{array}{l} x = \rho\cos\varphi \\ y = \rho\sin\varphi \\ z = z \end{array}\right\} \text{すなわち} \left\{\begin{array}{l} \rho^2 = x^2 + y^2 \\ \varphi = \tan^{-1}(y/x) \\ z = z \end{array}\right.$$

である．

ラプラス方程式 (10.6) は円筒座標を使って

$$\nabla^2\phi(\rho, \phi, z) = \frac{1}{\rho}\frac{\partial}{\partial\rho}\left(\rho\frac{\partial\phi}{\partial\rho}\right) + \frac{1}{\rho^2}\frac{\partial^2\phi}{\partial\varphi^2} + \frac{\partial^2\phi}{\partial z^2} = 0 \tag{10.15}$$

と書ける．これを変数分離の方法で解く．解 ϕ が

$$\phi(\rho, \varphi, z) = R(\rho)\Phi(\varphi)Z(z) \tag{10.16}$$

の形をしていると仮定する．この仮定を式 (10.15) に代入してから全体を ϕ で割ると

$$\frac{1}{\rho R}\frac{d}{d\rho}\left(\rho\frac{dR}{d\rho}\right) + \frac{1}{\rho^2\Phi}\frac{d^2\Phi}{d\varphi^2} = -\frac{1}{Z}\frac{d^2Z}{dz^2} \tag{10.17}$$

となる．式 (10.17) の左辺は ρ と φ の関数，右辺は z のみの関数だから，両者は定数関数でなければならない．この時点ではこの定数はどんな値であってもかまわない．し

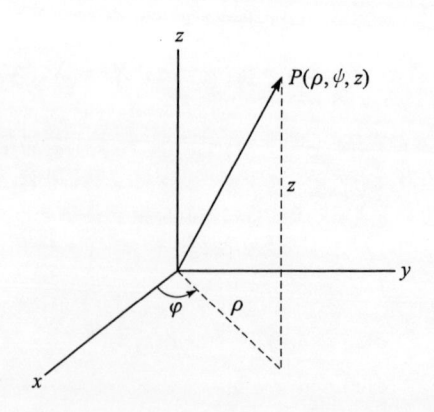

図 **10.1** 円筒座標 (ρ, φ, z) とデカルト座標 (x, y, z) の関係．

かし式 (10.20) の解 $R(r)$ が $r \to \infty$ でゼロに収束するためには，この定数が負またはゼロの必要がある．そこでその定数を $-k^2$ とおく．k は実数である．すると式 (10.17) は次の 2 式に分解される：

$$\frac{1}{Z}\frac{d^2 Z}{dz^2} = k^2 \quad \text{すなわち} \quad \frac{d^2 Z}{dz^2} - k^2 Z = 0, \tag{10.18}$$

および

$$\frac{1}{\rho R}\frac{d}{d\rho}\left(\rho\frac{dR}{d\rho}\right) + \frac{1}{\rho^2 \Phi}\frac{d^2 \Phi}{d\varphi^2} = -k^2,$$

すなわち

$$\frac{\rho}{R}\frac{d}{d\rho}\left(\rho\frac{dR}{d\rho}\right) + k^2 \rho^2 = -\frac{1}{\Phi}\frac{d^2 \Phi}{d\varphi^2}.$$

最後の式の左辺は ρ のみの関数，右辺は φ のみの関数だから，両者はともに定数である．この定数を α^2 とする．結局

$$\frac{d^2 \Phi}{d\varphi^2} + \alpha^2 \Phi = 0 \tag{10.19}$$

$$\frac{1}{\rho}\frac{d}{d\rho}\left(\rho\frac{dR}{d\rho}\right) + \left(k^2 - \frac{\alpha^2}{\rho^2}\right)R = 0 \tag{10.20}$$

と分解される．

以上で，変数分離によって 3 つの常微分方程式 (10.18), (10.19), (10.20) が得られた．まず，式 (10.18) の解は

$$Z(z) = \begin{cases} c(k)e^{kz} + c'(k)e^{-kz} & (k \neq 0,\ 0 < k < \infty), \\ c_1 z + c_2, & (k = 0) \end{cases} \tag{10.21}$$

となる．ここで c と c' は k の任意の関数で，c_1 と c_2 は定数である．式 (10.19) の解は

$$\Phi(\varphi) = \begin{cases} a(\alpha)e^{i\alpha\phi} & (\alpha \neq 0,\ -\infty < \alpha < \infty), \\ b\varphi + b' & (\alpha = 0) \end{cases}$$

の形をしている．解のポテンシャルが 1 価関数でなければならないので $\Phi(\varphi) = \Phi(\varphi + 2n\pi)$ が成り立つ必要がある．ここで n は任意の整数である．この条件から，$\alpha \neq 0$ の場合には α は整数でなければならない．また $\alpha = 0$ の場合には $b = 0$ となる必要がある．以上から

$$\Phi(\varphi) = \begin{cases} a(\alpha)e^{i\alpha\varphi} + a'(\alpha)e^{-i\alpha\varphi} & (\alpha\text{ がゼロ以外の整数のとき}), \\ b', & (\alpha = 0) \end{cases} \tag{10.22}$$

となる．

式 (10.20) の解は，まず $k = 0$ の場合には

$$R(\rho) = \begin{cases} d(\alpha)\rho^{\alpha} + d'(\alpha)\rho^{-\alpha} & (\alpha \neq 0), \\ f \ln \rho + g, & (\alpha = 0) \end{cases} \tag{10.23}$$

の形をしている．ここで $d(\alpha)$ と $d'(\alpha)$ は α の任意の関数，f と g は定数である．$k \neq 0$ の場合は，簡単な変数変換で式 (10.20) をベッセル関数の微分方程式 (7.71) に書き直せる．$x = k\rho$ によって ρ から x へ変数変換すると $dx = kd\rho$ である．式 (10.20) は

$$\frac{d^2 R}{dx^2} + \frac{1}{x}\frac{dR}{dx} + \left(1 - \frac{\alpha^2}{x^2}\right)R = 0 \tag{10.24}$$

となる．これはベッセル関数の方程式 (7.71) にほかならない．7.6 節でみたように，$R(x)$ は式 (7.79) の形

$$R(x) = AJ_\alpha(x) + BJ_{-\alpha}(x) \tag{10.25}$$

に書ける．ここで A と B は定数，$J_\alpha(x)$ は第 1 種ベッセル関数である．α が非整数のとき J_α と $J_{-\alpha}$ は独立な関数である．したがって式 (10.25) は一般解とみなせる．しかし式 (10.22) からわかるように，今の問題では α は整数である．このときには $J_{-\alpha}(x) = (-1)^\alpha J_\alpha(x)$ という関係があり，J_α と $J_{-\alpha}$ は線形従属である．したがって式 (10.25) は今の問題の一般解ではない．α が整数の場合，一般解は 7.6.1 項で与えられるように

$$R(x) = A_1 J_\alpha(x) + B_1 Y_\alpha(x) \tag{10.26}$$

となる．A_1 と B_1 は定数で，$Y_\alpha(x)$ は第 2 種ベッセル関数である．Y_α はノイマン関数ともよばれ，N_α とも書く．結局，式 (10.20) の $k \neq 0$ の場合の一般解は

$$R(\rho) = p(\alpha)J_\alpha(k\rho) + q(\alpha)Y_\alpha(k\rho) \tag{10.27}$$

となる．ここで p と q は α の任意の関数である．

なお，次のような関数も解である：

$$H_\alpha^{(1)}(k\rho) = J_\alpha(k\rho) + iY_\alpha(k\rho), \qquad H_\alpha^{(2)}(k\rho) = J_\alpha(k\rho) - iY_\alpha(k\rho).$$

この 2 つの関数は第 1 種および第 2 種ハンケル関数である．式 (10.20) をみたすこれらの関数 J_α, Y_α (あるいは N_α), $H_\alpha^{(1)}$, $H_\alpha^{(2)}$ を総称して円柱関数とよぶ．記号では $Z_\alpha(k\rho)$ と書くが，これは式 (10.21) の $Z(z)$ とは違うので注意していただきたい．

以上をまとめると，ラプラス方程式 (10.15) の解は

$$\phi(\rho, \varphi, z) = \begin{cases} (c_1 z + b)(f \ln \rho + g) & (k = 0, \quad \alpha = 0), \\ (c_1 z + b)[d(\alpha)\rho^\alpha + d'(\alpha)\rho^{-\alpha}][a(\alpha)e^{i\alpha\varphi} + a'(\alpha)e^{-i\alpha\varphi}] \\ & (k = 0, \quad \alpha \neq 0), \\ [c(k)e^{kz} + c'(k)e^{-kz}]Z_0(k\rho) & (k \neq 0, \quad \alpha = 0), \\ [c(k)e^{kz} + c'(k)e^{-kz}]Z_\alpha(k\rho)[a(\alpha)e^{i\alpha\varphi} + a'(\alpha)e^{-i\alpha\varphi}] \\ & (k \neq 0, \quad \alpha \neq 0) \end{cases}$$

である．

円柱座標のラプラス方程式を使って静電場の問題を解こう．半径 l の無限に長い導体

円柱が一様に帯電しているとする.電荷密度は単位長さあたり λ とする.円柱の軸からの距離が $\rho\,(>l)$ の点 P における静電場を求める.円柱の軸を z 軸にとる.円柱の表面は等電位面のはずなので,$\rho = l$ のときすべての φ と z に対して

$$\phi(l, \varphi, z) = 定数$$

である.これが第 1 の境界条件である.第 2 の境界条件は,$\rho = l$ のときすべての φ と z に対して

$$E = -\left.\frac{\partial \phi}{\partial \rho}\right|_{\rho=l} = \frac{\lambda}{2\pi l \varepsilon}$$

である.上にあげた 4 つの形の解のうち,境界条件を 2 つともみたすのは 1 番目の解だけである.境界条件から定数を決めて,静電ポテンシャルは

$$\phi(\rho) = b(f \ln \rho + g) = -\frac{\lambda}{2\pi\varepsilon} \ln \frac{\rho}{l} + \phi(l)$$

となる.

(4) **極座標**でのラプラス方程式:極座標 (r, θ, φ) を図 10.2 に示した.デカルト座標 (x, y, z) との関係は

$$x = r \sin\theta \cos\varphi$$
$$y = r \sin\theta \sin\varphi$$
$$z = r \cos\varphi$$

である.極座標を使うとラプラス方程式は

$$\begin{aligned}
&\nabla^2 \phi(r, \theta, \varphi) \\
&= \frac{1}{r^2}\frac{\partial}{\partial r}\left(r^2 \frac{\partial \phi}{\partial r}\right) + \frac{1}{r^2 \sin\theta}\frac{\partial}{\partial \theta}\left(\sin\theta \frac{\partial \phi}{\partial \theta}\right) + \frac{1}{r^2 \sin^2\theta}\frac{\partial^2 \phi}{\partial \varphi^2} \\
&= 0
\end{aligned} \tag{10.28}$$

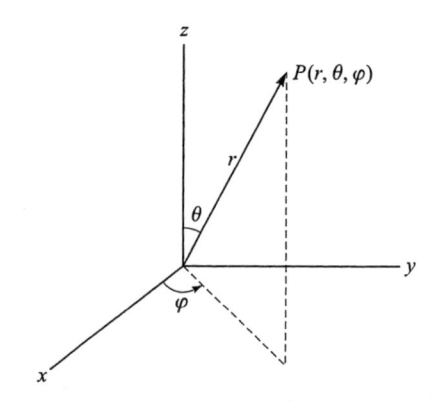

図 **10.2** 極座標 (r, θ, φ) とデカルト座標 (x, y, z) の関係.

と書ける．再び，解が

$$\phi(r,\theta,\varphi) = R(r)\Theta(\theta)\Phi(\varphi) \tag{10.29}$$

の形になると仮定する．これを式 (10.28) に代入して全体を ϕ で割ると

$$\frac{\sin^2\theta}{R}\frac{d}{dr}\left(r^2\frac{dR}{dr}\right) + \frac{\sin\theta}{\Theta}\frac{d}{d\theta}\left(\sin\theta\frac{d\Theta}{d\theta}\right) = -\frac{1}{\Phi}\frac{d^2\Phi}{d\varphi^2}$$

となる．この式の両辺は定数となる必要がある．これを m^2 と書くことにすると，方程式は 2 つに分解され

$$\frac{d^2\Phi}{d\varphi^2} + m^2\Phi = 0, \tag{10.30}$$

$$\frac{\sin^2\theta}{R}\frac{d}{dr}\left(r^2\frac{dR}{dr}\right) + \frac{\sin\theta}{\Theta}\frac{d}{d\theta}\left(\sin\theta\frac{d\Theta}{d\theta}\right) = m^2$$

となる．2 つ目の方程式はさらに

$$\frac{1}{\Theta\sin\theta}\frac{d}{d\theta}\left(\sin\theta\frac{d\Theta}{d\theta}\right) - \frac{m^2}{\sin^2\theta} = -\frac{1}{R}\frac{d}{dr}\left(r^2\frac{dR}{dr}\right)$$

と変形できる．再び前と同様の議論により，両辺は定数でなければならない．その定数を $-\beta$ とおくと，方程式は

$$\frac{1}{R}\frac{d}{dr}\left(r^2\frac{dR}{dr}\right) = \beta, \tag{10.31}$$

$$\frac{1}{\Theta\sin\theta}\frac{d}{d\theta}\left(\sin\theta\frac{d\Theta}{d\theta}\right) - \frac{m^2}{\sin^2\theta} = -\beta$$

の 2 つに分解される．$x = \cos\theta$ によって θ から x へ変数変換すると，2 つ目の方程式は

$$\frac{d}{dx}\left[(1-x^2)\frac{dP}{dx}\right] + \left(\beta - \frac{m^2}{1-x^2}\right)P = 0 \tag{10.32}$$

つまり

$$(1-x^2)\frac{d^2P}{dx^2} - 2x\frac{dP}{dx} + \left(\beta - \frac{m^2}{1-x^2}\right)P = 0 \tag{10.32a}$$

と書き直せる．なお $P(x) = \Theta(\theta)$ と書いた．こうして，変数分離により 3 つの常微分方程式 (10.30), (10.31), (10.32) が得られる．

まず，式 (10.30) は式 (10.19) と同じ形をしている．$\Phi(\varphi) = \Phi(\varphi + 2n\pi)$ という必要条件も同じである．よって，その解は式 (10.22) で与えられて

$$\Phi(\varphi) = \begin{cases} f(m)e^{im\varphi} + f'(m)e^{-im\varphi} & (m \text{ がゼロ以外の整数のとき}), \\ g & (m = 0) \end{cases} \tag{10.33}$$

となる．ここで $f(m), f'(m), g$ は定数である．m がゼロまたは正の整数となる点に注意していただきたい．

次に，式 (10.32a) はルジャンドルの**陪微分方程式** (7.25) によく似ている．式

10.2　ラプラス方程式の解：変数分離の方法

(7.25) では式 (10.32a) の β が整数で置き換わっている．実は，方程式 (10.32) が $-1 \leq x = \cos\theta \leq 1$ の範囲全体で収束する解をもつためには β は整数となる必要がある．これを以下で示そう．

式 (10.32a) において $x = \pm 1$ は確定特異点である（2.4.2 項参照）．まず $x = 1$ の付近での解の振る舞いを調べる．この確定特異点を原点に移動しておくと便利である．そこで $u = 1 - x$，$U(u) = P(x)$ とおく．すると式 (10.32a) は

$$u(2-u)\frac{d^2 U}{du^2} - 2(1-u)\frac{dU}{du} + \left[\beta - \frac{m^2}{u(2-u)}\right]U = 0$$

と変形される．式 (2.26) に従って，この常微分方程式にべき級数 $U = \sum_{n=0}^{\infty} a_n u^{n+\rho}$ を代入すると，決定方程式から $\rho = \pm m/2$ が得られる．$x = -1$ の確定特異点については $v = 1 + x$ とおいて方程式を変形し，v のべき級数 $U = \sum_{n=0}^{\infty} b_n v^{n+\rho'}$ を代入する．すると決定方程式からやはり $\rho' = \pm m/2$ となる．

まず $+m/2$（$m \geq 0$）の方を考えよう．上の考察から，式 (10.32a) の解を

$$P(x) = (1-x)^{m/2}(1+x)^{m/2}y(x) = (1-x^2)^{m/2}y(x) \qquad (m \geq 0)$$

とおく．これを式 (10.32a) に代入すると，$y(x)$ に対する微分方程式が

$$(1-x^2)\frac{d^2 y}{dx^2} - 2(m+1)x\frac{dy}{dx} + [\beta - m(m+1)]y = 0$$

となる．この方程式に x のべき級数

$$y(x) = \sum_{n=0}^{\infty} c_n x^{n+\delta}$$

を代入すると，決定方程式は $\delta(\delta - 1) = 0$ となる．よって解は

$$y(x) = \sum_{n\,偶数} c_n x^n + \sum_{n\,奇数} c_n x^n$$

の形になる．係数の漸化式は

$$c_{n+2} = \frac{(n+m)(n+m+1) - \beta}{(n+1)(n+2)} c_n$$

である．

ここで $y(x)$ のべき級数の収束性を調べよう．**比検定**（付録 A 1.4.1 項参照）を使うと

$$R_n = \left|\frac{c_n x^n}{c_{n-2} x^{n-2}}\right| = \left|\frac{(n+m)(n+m+1) - \beta}{(n+1)(n+2)}\right| \cdot |x|^2$$

となる．$|x| < 1$ なら β が有限であるかぎり $\lim_{n\to\infty} R_n < 1$ となるので，級数は収束する．$|x| = 1$ の場合は比検定では判定できない．しかし**コーシーの積分検定**（付録 A 1.4.1 項参照）を使うと，

$$\int_1^M \frac{(t+m)(t+m+1)-\beta}{(t+1)(t+2)}dt$$
$$= \int_1^M \frac{(t+m)(t+m+1)}{(t+1)(t+2)}dt - \int_1^M \frac{\beta}{(t+1)(t+2)}dt$$

において
$$\lim_{M\to\infty}\int_1^M \frac{(t+m)(t+m+1)}{(t+1)(t+2)}dt = \infty$$

となる．よって $|x|=1$ で $y(x)$ のべき級数は発散する．

$-1 \leq x = \cos\theta \leq 1$ の範囲全体で収束するような解となるには，級数がどこかで途切れなければならない．つまり偶数項の級数 $\sum_{n\,偶数} c_n x^n$ と奇数項 $\sum_{n\,奇数} c_n x^n$ のどちらかはすべてゼロで，ゼロでない方の項は x^j で途切れるとする．途切れるためには

$$\beta = (j+m)(j+m+1) = l(l+1)$$

となっている必要がある．ここで $l = j+m$ とおいた．j も m もゼロまたは正の整数だから，l もゼロまたは正の整数であることが示せた．

以上から式 (10.32a) は

$$(1-x^2)\frac{d^2P}{dx^2} - 2x\frac{dP}{dx}\left[l(l+1) - \frac{m^2}{1-x^2}\right]P = 0$$

となり，**ルジャンドルの陪微分方程式** (7.25) とまったく同じ形になった．この微分方程式については第 7 章ですでに調べてある．特解は**第 1 種ルジャンドル陪関数**とよばれ，$P_l^m(x)$ と表される．$l = 0, 1, 2, \ldots$, $m = 0, 1, 2, \ldots, l$ の解が存在する．式 (10.32a) の $m \geq 0$ のときの一般解は，

$$P(x) = \Theta(\theta) = a_l P_l^m(x) \tag{10.34}$$

と書ける．式 (10.32a) には**第 2 種ルジャンドル陪関数**とよばれる解 $Q_l^m(x)$ も存在する．しかし，$-1 \leq x \leq 1\,(0 \leq \theta \leq 2\pi)$ の範囲全体で収束するのは，第 1 種ルジャンドル陪関数だけである．

最後に，式 (10.31) は $\beta = l(l+1)$ を使って

$$\frac{d}{dr}\left(r^2\frac{dR}{dr}\right) - l(l+1)R = 0 \tag{10.31a}$$

となる．$l \neq 0$ のとき，解は

$$R(r) = b(l)r^l + b'(l)r^{-l-1} \tag{10.35}$$

の形をとる．$l = 0$ のときは

$$R(r) = cr^{-1} + d \tag{10.36}$$

である．

以上の式 (10.33), (10.34), (10.35), (10.36) をまとめると，ラプラス方程式 (10.28) の解は

$$\phi(r, \theta, \varphi) = \begin{cases} [br^l + b'r^{-l-1}]P_l^m(\cos\theta)[fe^{im\varphi} + f'e^{-im\varphi}] & (l \neq 0, \quad m \neq 0), \\ [br^l + b'r^{-l-1}]P_l(\cos\theta) & (l \neq 0, \quad m = 0), \\ [cr^{-1} + d]P_0(\cos\theta) = cr^{-1} + d & (l = 0, \quad m = 0) \end{cases} \quad (10.37)$$

となる．なお $P_l = P_l^0$ はルジャンドル関数で，$P_0(x) \equiv 1$ である．

上の解を使って球対称な静電場の問題を解いてみよう．導体でできた半径 a の球殻が，単位面積あたり σ に帯電しているとする．球殻の中心を原点にとる．原点から距離 $r(>a)$ の点 P における静電場 $\phi(r, \theta, \varphi)$ を求めよう．球殻の表面は等電位面のはずなので，$r = a$ においてはすべての θ と φ に対して

$$\phi(a, \theta, \varphi) = 定数 \quad (10.38)$$

となる必要がある．これが第 1 の境界条件である．2 つ目の境界条件として，$r \to \infty$ においてはすべての θ と φ に対して

$$\lim_{r \to \infty} \phi(r, \theta, \varphi) = 0 \quad (10.39)$$

となる．式 (10.37) の 3 つの解のうち，境界条件を 2 つともみたすのは 3 つ目の解だけである．よって

$$\phi(r, \theta, \varphi) = (cr^{-1} + d)P_0(\cos\theta) = cr^{-1} + d \quad (10.40)$$

である．ポテンシャルは球対称のはずだから θ と φ に依存しないのは自然である．境界条件 (10.39) から $d = 0$ である．また境界条件 (10.38) から

$$\phi(a) = ca^{-1} \quad つまり \quad c = a\phi(a)$$

である．よって式 (10.40) は

$$\phi(r) = \frac{a\phi(a)}{r} \quad (10.41)$$

となる．最後に，

$$\phi(a)/a = E(a) = Q/4\pi a^2 \varepsilon$$

である．なお ε は球殻のまわりの空間の誘電率，Q は全電荷である．全電荷は $Q = 4\pi a^2 \sigma$ と表される．よって $\phi(a) = a\sigma/\varepsilon$ となるから，結局

$$\phi(r) = \frac{\sigma a^2}{\varepsilon r} \quad (10.42)$$

となる．

10.3　波動方程式の解：変数分離の方法

変数分離の方法を使って，波動方程式

$$\frac{\partial^2 u(x,t)}{\partial x^2} = v^{-2}\frac{\partial^2 u(x,t)}{\partial t^2} \tag{10.43}$$

を解こう．境界条件は $t \geq 0$ において

$$u(0,t) = u(l,t) = 0 \tag{10.44}$$

とする．つまり長さ l の弦の振動を考え，弦の端は固定端とする．初期条件は $0 \leq x \leq l$ において

$$u(x,0) = f(x) \tag{10.45}$$

$$\left.\frac{\partial u(x,t)}{\partial t}\right|_{t=0} = g(x) \tag{10.46}$$

とする．$f(x)$ と $g(x)$ は問題に与えられた関数である．

式 (10.43) の解が変数分離の形

$$u(x,t) = X(x)T(t) \tag{10.47}$$

に書けると仮定する．これを式 (10.43) に代入して，両辺を XT で割ると

$$\frac{1}{X}\frac{d^2X}{dx^2} = \frac{1}{v^2T}\frac{d^2T}{dt^2}$$

となる．左辺は x だけの関数，右辺は t だけの関数である．両辺が関数として等しいためには，それらはともに定数関数でなければならない．以下に示すように，周期的な解が得られるためにはこの定数は負でなければならない．そこでその定数を $-b^2/v^2$ とおく．b は実数である．すると式 (10.43) が 2 つの微分方程式

$$\frac{1}{X}\frac{d^2X}{dx^2} = -\frac{b^2}{v^2} \tag{10.48}$$

$$\frac{1}{T}\frac{d^2T}{dt^2} = -b^2 \tag{10.49}$$

に分解できる．これらの解はともに周期的である．これを指数関数ではなく三角関数で表しておくと便利である．そこで

$$X(x) = A\sin\frac{bx}{v} + B\cos\frac{bx}{v}, \qquad T(t) = C\sin bt + D\cos bt \tag{10.50}$$

と表す．なお A, B, C, D は積分定数であり，境界条件や初期条件によって値が決まる．式 (10.47) は

$$u(x,t) = \left(A\sin\frac{bx}{v} + B\cos\frac{bx}{v}\right)(C\sin bt + D\cos bt) \tag{10.51}$$

となる.

　積分定数を決定しよう. まず, $t \geq 0$ において境界条件 $u(0,t) = 0$ が成り立つ. つまり
$$0 = B(C \sin bt + D \cos bt)$$
が, すべての $t \geq 0$ において常に成り立つ必要がある. よって
$$B = 0 \tag{10.52}$$
である. 次に, $t \geq 0$ において境界条件 $u(l,t) = 0$ が成り立つ. よって
$$0 = A \sin \frac{bl}{v}(C \sin bt + D \cos bt)$$
が, すべての $t \geq 0$ において常に成り立つ必要がある. $A = 0$ とおくと恒等的に $u(x,t) = 0$ となり, 無意味な解になってしまう. よって
$$\sin \frac{bl}{v} = 0$$
が成り立つと考えられる. つまり
$$b = \frac{n\pi v}{l} \quad (n = 1, 2, 3, \ldots) \tag{10.53}$$
である. なお $n = 0$ は除外される. $n = 0$ とすると $b = 0$ なので恒等的に $u(x,t) = 0$ となり, 無意味な解になってしまうからである.

　式 (10.53) を式 (10.51) に代入すると
$$u_n(x,t) = \sin \frac{n\pi x}{l}\left(C_n \sin \frac{n\pi vt}{l} + D_n \cos \frac{n\pi vt}{l}\right) \quad (n = 1, 2, 3, \ldots) \tag{10.54}$$
となる. つまり, b はとびとびの値をとるが, その選択肢は無数にある. b のそれぞれの値に対して 1 個の特解が存在する. これら特解の任意の線形結合
$$u(x,t) = \sum_{n=1}^{\infty} \sin \frac{n\pi x}{l}\left(C_n \sin \frac{n\pi vt}{l} + D_n \cos \frac{n\pi vt}{l}\right) \tag{10.55}$$
も方程式 (10.43) の解である. 定数 C_n と D_n は, 境界条件 (10.45), (10.46) から決定する.

　式 (10.45), (10.46) から
$$f(x) = \sum_{n=1}^{\infty} D_n \sin \frac{n\pi x}{l} \tag{10.56}$$
$$g(x) = \frac{\pi v}{l} \sum_{n=1}^{\infty} n C_n \sin \frac{n\pi x}{l} \tag{10.57}$$
となる. これらは $f(x)$ と $g(x)$ のフーリエ級数の形をしている. よってフーリエ級数の

係数の公式から C_n と D_n を求められる：

$$D_n = \frac{2}{l}\int_0^l f(x)\sin\frac{n\pi x}{l}dx, \qquad C_n = \frac{2}{n\pi v}\int_0^l g(x)\sin\frac{n\pi x}{l}dx. \qquad (10.58)$$

上と同様にして熱伝導方程式も変数分離の方法で解けるが，これは読者への宿題とする．以下の節では，偏微分方程式の解法をもう2つ取り上げる．グリーン関数の方法とラプラス変換の方法である．ラプラス変換の方法は，第9章で定数係数の常微分方程式の解法として述べたものの拡張である．

10.4　ポアソン方程式：グリーン関数の方法

グリーン関数の方法は境界値問題を解くのに非常に便利である．この方法では境界条件を湧き出しの重ね合わせとみなす．それぞれの**湧き出し**が伝搬して場を形作る．そうして作られた場をすべて重ね合わせたものが最終的な答となる．ある点 x' に単位強度の湧き出しがあったとき，それに影響されて点 x にできる場を $G(x;x')$ と書くことにする．点 x' における湧き出しの強度が $\rho(x')$ なら，点 x にできる場は $G(x;x')\rho(x')$ である．湧き出しが空間的に分布していると，点 x にできる場は分布した湧き出しのそれぞれからくる影響を重ね合わせたものになる．つまり $\int G(x;x')\rho(x')dx'$ である．これからわかるように，$G(x;x')$ がわかれば任意の湧き出し分布 ρ に対する答が計算できることになる．$G(x;x')$ をグリーン関数とよぶ．この節では，例10.2で導いた静電場のポアソン方程式を解くのにグリーン関数の方法を使う．**ポアソン方程式**は

$$\nabla^2 \phi(\boldsymbol{r}) = -\frac{1}{\varepsilon}\rho(\boldsymbol{r}) \qquad (10.59)$$

である．ここで ρ が与えられる電荷分布（静電場の湧き出し），ε が定数の誘電率である．

式 (10.59) に対するグリーン関数は

$$\nabla^2 G(\boldsymbol{r};\boldsymbol{r}') = \delta(\boldsymbol{r}-\boldsymbol{r}') \qquad (10.60)$$

で定義される．ここで $\delta(\boldsymbol{r}-\boldsymbol{r}')$ はディラックのデルタ関数である．このグリーン関数には $G(\boldsymbol{r};\boldsymbol{r}')=G(\boldsymbol{r}';\boldsymbol{r})$ という対称性がある．

ある境界条件のもとでの式 (10.59) の解 ϕ は，適切な境界条件のもとでの式 (10.60) の解 G から求められる．これを以下で調べよう．式 (10.60) を $\phi(\boldsymbol{r})$ 倍したものから，式 (10.59) を $G(\boldsymbol{r};\boldsymbol{r}')$ 倍したものを引き算すると

$$\phi(\boldsymbol{r})\nabla^2 G(\boldsymbol{r};\boldsymbol{r}') - G(\boldsymbol{r};\boldsymbol{r}')\nabla^2\phi(\boldsymbol{r}) = \phi(\boldsymbol{r})\delta(\boldsymbol{r}-\boldsymbol{r}') + \frac{1}{\varepsilon}G(\boldsymbol{r};\boldsymbol{r}')\rho(\boldsymbol{r})$$

となる．ここで，都合上 $\boldsymbol{r}$ と $\boldsymbol{r}'$ の記号を入れ換えると

$$\phi(\boldsymbol{r}')\nabla'^2 G(\boldsymbol{r}';\boldsymbol{r}) - G(\boldsymbol{r}';\boldsymbol{r})\nabla'^2\phi(\boldsymbol{r}') = \phi(\boldsymbol{r}')\delta(\boldsymbol{r}'-\boldsymbol{r}) + \frac{1}{\varepsilon}G(\boldsymbol{r}';\boldsymbol{r})\rho(\boldsymbol{r}'),$$

つまり

$$\phi(\boldsymbol{r}')\delta(\boldsymbol{r}'-\boldsymbol{r}) = \phi(\boldsymbol{r}')\nabla'^2 G(\boldsymbol{r}';\boldsymbol{r}) - G(\boldsymbol{r}';\boldsymbol{r})\nabla'^2\phi(\boldsymbol{r}') - \frac{1}{\varepsilon}G(\boldsymbol{r}';\boldsymbol{r})\rho(\boldsymbol{r}'), \quad (10.61)$$

が得られる．なお ∇' は $\boldsymbol{r}'$ に関する微分である．式 (10.61) を $\boldsymbol{r}'$ について積分する．積分範囲はすべての湧き出し（電荷）を囲むような閉曲面 S' の中とする．すると

$$\phi(\boldsymbol{r}) = -\frac{1}{\varepsilon}\int G(\boldsymbol{r}';\boldsymbol{r})\rho(\boldsymbol{r}')d\boldsymbol{r}'$$
$$+ \int \left[\phi(\boldsymbol{r}')\nabla'^2 G(\boldsymbol{r}';\boldsymbol{r}) - G(\boldsymbol{r}';\boldsymbol{r})\nabla'^2\phi(\boldsymbol{r}')\right]d\boldsymbol{r}' \quad (10.62)$$

となる．なお，左辺を計算するにはデルタ関数の性質

$$\int_{-\infty}^{\infty} f(\boldsymbol{r}')\delta(\boldsymbol{r}'-\boldsymbol{r})d\boldsymbol{r}' = f(\boldsymbol{r})$$

を用いた．次に，グリーンの定理

$$\iiint \left(f\nabla^2 g - g\nabla^2 f\right)d\boldsymbol{r} = \iint (f\nabla g - g\nabla f)\cdot d\boldsymbol{S}$$

を使って式 (10.62) の右辺第 2 項を変形する．その結果

$$\phi(\boldsymbol{r}) = -\frac{1}{\varepsilon}\int G(\boldsymbol{r}';\boldsymbol{r})\rho(\boldsymbol{r}')d\boldsymbol{r}'$$
$$+ \int \left[\phi(\boldsymbol{r}')\nabla' G(\boldsymbol{r}';\boldsymbol{r}) - G(\boldsymbol{r}';\boldsymbol{r})\nabla'\phi(\boldsymbol{r}')\right]\cdot d\boldsymbol{S}', \quad (10.63)$$

つまり

$$\phi(\boldsymbol{r}) = -\frac{1}{\varepsilon}\int G(\boldsymbol{r}';\boldsymbol{r})\rho(\boldsymbol{r}')d\boldsymbol{r}'$$
$$+ \int \left[\phi(\boldsymbol{r}')\frac{\partial}{\partial n'}G(\boldsymbol{r}';\boldsymbol{r}) - G(\boldsymbol{r}';\boldsymbol{r})\frac{\partial}{\partial n'}\phi(\boldsymbol{r}')\right]dS' \quad (10.64)$$

となる．ここで $\partial/\partial n'$ は積分領域の表面 S' の垂直方向外向きの微分である．

式 (10.59) に対する境界条件が，表面 S' 上で $\phi(\boldsymbol{r}') = 0$ であったとする（このような問題を**第 1 種境界値問題**あるいは**ディリクレ問題**という）．このとき式 (10.64) の第 2 項の被積分関数の前半がゼロになる．グリーン関数の方程式 (10.60) を同じ境界条件 (S' 上で $G(\boldsymbol{r};\boldsymbol{r}') = 0$) で解けば，被積分関数の後半もゼロになる．よって

$$\phi(\boldsymbol{r}) = -\frac{1}{\varepsilon}\int G(\boldsymbol{r};\boldsymbol{r}')\rho(\boldsymbol{r}')d\boldsymbol{r}' \quad (10.65)$$

となる．なお，グリーン関数の対称性 $G(\boldsymbol{r};\boldsymbol{r}') = G(\boldsymbol{r}';\boldsymbol{r})$ を使った．また，式 (10.59) に対する境界条件が，表面 S' 上で $\partial\phi(\boldsymbol{r}')/\partial n' = 0$ であったとする（このような問題を**第 2 種境界値問題**あるいは**ノイマン問題**という）．グリーン関数の方程式 (10.60) を同じ境界条件 (S' 上で $\partial G(\boldsymbol{r}';\boldsymbol{r})/\partial r' = 0$) で解けば，やはり式 (10.64) の第 2 項が

ゼロになり式 (10.65) が成り立つ．最後に，S' の内側に電荷がまったくない場合はポアソン方程式はラプラス方程式に帰着する．その場合は

$$\phi(\bm{r}) = \int \left[\phi(\bm{r}') \frac{\partial}{\partial n'} G(\bm{r}'; \bm{r}) - G(\bm{r}'; \bm{r}) \frac{\partial}{\partial n'} \phi(\bm{r}') \right] dS' \tag{10.66}$$

となる．S' 上での $\phi(\bm{r}')$ か $\partial \phi(\bm{r}')/\partial n'$ が与えられれば，それぞれ $G = 0$ か $\partial G(\bm{r}')/\partial n' = 0$ という境界条件で求めた G を使って静電場 ϕ が得られる．

よく知られたように，無限に広い空間内の点 $\bm{r}'$ に存在する点電荷 q が点 $\bm{r}$ につくる静電ポテンシャルは

$$\phi(\bm{r}) = \frac{1}{4\pi\varepsilon} \frac{q}{|\bm{r} - \bm{r}'|}$$

で与えられる．ところで

$$\nabla^2 \left(\frac{1}{|\bm{r} - \bm{r}'|} \right) = -4\pi \delta(\bm{r} - \bm{r}')$$

である（この式の証明は読者への宿題とする）．上の 2 式を見比べると，境界のない空間でのグリーン関数は

$$G(\bm{r}; \bm{r}') = \frac{1}{4\pi\varepsilon} \frac{q}{|\bm{r} - \bm{r}'|}$$

であることがわかる．もし空間に境界があれば，境界条件のもとで式 (10.60) を解いてグリーン関数を求められる．

以下の簡単な例で，グリーン関数を使って偏微分方程式を解く手順を具体的に示そう．無限に広い導体板 2 枚が平行に置かれているとする．導体板は 2 枚とも接地されているとする．つまり導体板上での**静電ポテンシャル**はゼロである．2 枚の導体板に挟まれた空間内での電荷分布 ρ が与えられたときに，そこでの静電ポテンシャルの形 ϕ を求めよう．なお，電荷分布は導体板に平行な方向には一様とする．座標軸を図 10.3 のようにとると，電荷分布 $\rho(x)$ は y や z に依存しない．対称性から，静電ポテンシャル $\phi(x)$ も y や z に依存しないと考えられる．すると問題は，微分方程式

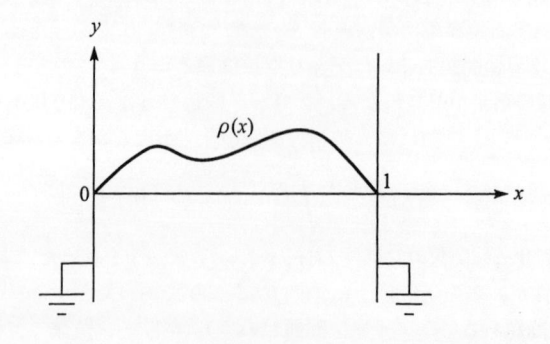

図 **10.3** 2 枚の接地された導体板が $x = 0$ と $x = 1$ にあるとする．

10.4 ポアソン方程式：グリーン関数の方法

$$\frac{d^2\phi}{dx^2} = -\frac{\rho}{\varepsilon} \tag{10.67}$$

を，境界条件
 (1) $\phi(0) = 0$,
 (2) $\phi(1) = 0$,
に対して解く問題に帰着する（ここで，導体板間の距離を 1 とした）.

以下では一般の場合の公式 (10.64) を使わずに，直接，式 (10.67) を解いてみよう．グリーン関数を

$$\frac{d^2 G}{dx^2} = -\delta(x-x'), \qquad G(0; x') = G(1, x') = 0 \tag{10.68}$$

の解と定義する．式 (10.67) の辺々に $G(x; x')$ を掛けてから x で積分すると

$$\int_0^1 G(x; x')\frac{d^2\phi(x)}{dx^2}dx = -\int_0^1 \frac{\rho(x)G(x; x')}{\varepsilon}dx \tag{10.69}$$

となる．ここで左辺を 2 回続けて部分積分すると

$$\begin{aligned}
\int_0^1 G\frac{d^2\phi}{dx^2}dx &= G(x; x')\left.\frac{d\phi(x)}{dx}\right|_{x=0}^1 - \int_0^1 \frac{dG}{dx}\frac{d\phi}{dx}dx, \\
&= G(x; x')\left.\frac{d\phi(x)}{dx}\right|_{x=0}^1 - \left[\left.\frac{dG}{dx}\phi\right|_{x=0}^1 - \int_0^1 \frac{d^2 G}{dx^2}\phi dx\right] \\
&= G(1; x')\frac{d\phi(1)}{dx} - G(0; x')\frac{\phi(0)}{dx} \\
&\quad -\frac{dG(1; x')}{dx}\phi(1) + \frac{dG(0; x')}{dx}\phi(0) + \int_0^1 \frac{d^2 G}{dx^2}\phi dx
\end{aligned}$$

となる．ここで ϕ と G に対する境界条件，および式 (10.68) を用いると

$$\int_0^1 G(x; x')\frac{d^2\phi(x)}{dx^2}dx = -\int_0^1 \delta(x-x')\phi(x)dx = -\phi(x') \tag{10.70}$$

が得られる．これを式 (10.69) に代入して

$$\phi(x') = \int_0^1 \frac{1}{\varepsilon}\rho(x)G(x; x')dx \tag{10.71}$$

と求まる．こうして，グリーン関数 $G(x; x')$ が求められていれば，一般の電荷分布 ρ に対して静電ポテンシャル ϕ が得られる．

最後に式 (10.68) を解いてグリーン関数を求めよう．両辺を 1 回積分すると

$$\frac{dG(x; x')}{dx} = -\int \delta(x-x')dx + a = -U(x-x') + a$$

となる．ここで U は階段関数

$$U(x) = \begin{cases} 0 & (x < 0), \\ 1 & (x > 0) \end{cases}$$

である．また a は積分定数である．両辺をもう一度積分すると

$$G(x; x') = -\int U(x-x')dx + ax + b = -(x-x')U(x-x') + ax + b$$

となる．式 (10.68) の境界条件を課すと，$0 < x' < 1$ の範囲で

$$0 = G(0; x') = x'U(-x') + a \cdot 0 + b = 0 + 0 + b = b$$

$$0 = G(1; x') = -(1-x') + a + b$$

となる．よって

$$a = 1 - x', \qquad b = 0$$

である．結局，グリーン関数 G は

$$G(x; x') = -(x-x')U(x-x') + (1-x')x = \begin{cases} (1-x')x & (x < x'), \\ (1-x)x' & (x > x') \end{cases} \quad (10.72)$$

によって与えられる．これを式 (10.71) に代入して，x と x' を入れ換えれば

$$\begin{aligned}
\phi(x) &= \int_0^1 \frac{1}{\varepsilon} \rho(x') G(x'; x) dx' \\
&= x \int_0^x \frac{\rho(x')(1-x')}{\varepsilon} dx' + (1-x) \int_x^1 \frac{\rho(x')x'}{\varepsilon} dx'
\end{aligned} \quad (10.73)$$

となる．

10.5　境界値問題のラプラス変換による解法

ラプラス変換とフーリエ変換はさまざまな偏微分方程式に応用できる（4.10 節，4.18 節，9.7 節を参照）．どちらを使うとよいかは境界条件の種類による．ラプラス変換の使い方を示すために，**熱伝導方程式**

$$\frac{\partial u}{\partial t} = 2\frac{\partial^2 u}{\partial x^2} \quad (10.74)$$

を境界条件と初期条件

$$u(0, t) = u(3, t) = 0, \qquad u(x, 0) = 10 \sin 2\pi x - 6 \sin 4\pi x \quad (10.75)$$

の下で解いてみよう．式 (10.74) の両辺を t に関してラプラス変換する：

$$L\left[\frac{\partial u}{\partial t}\right] = 2L\left[\frac{\partial^2 u}{\partial x^2}\right].$$

ここで,ラプラス変換の性質(9.7節参照)より,左辺は

$$L\left[\frac{\partial u}{\partial t}\right] = pL[u] - u(x,0)$$

となる.また右辺は

$$L\left[\frac{\partial^2 u}{\partial x^2}\right] = \int_0^\infty e^{-pt}\frac{\partial^2 u}{\partial x^2}dt = \frac{\partial^2}{\partial x^2}\int_0^\infty e^{-pt}u(x,t)dt = \frac{\partial^2}{\partial x^2}L[u]$$

である.ここで,x と t は独立変数なので,偏微分 $\partial^2/\partial x^2$ と積分 $\int_0^\infty \cdots dt$ の順番を入れ換えた.以下では

$$\tilde{u} = \tilde{u}(x,p) = L[u(x,t)] = \int_0^\infty e^{-pt}u(x,t)dt$$

と書くことにする.式 (10.74) をラプラス変換した式は,結局

$$p\tilde{u} - u(x,0) = 2\frac{\partial^2 \tilde{u}}{\partial x^2}$$

となる.初期条件 (10.75) を使えば

$$\frac{\partial^2 \tilde{u}}{\partial x^2} - \frac{1}{2}p\tilde{u} = 3\sin 4\pi x - 5\sin 2\pi x \tag{10.76}$$

となる.ところで,境界条件 (10.75) を t に関してラプラス変換すれば

$$L[u(0,t)] = 0, \qquad L[u(3,t)] = 0$$

だから,

$$\tilde{u}(0,p) = 0, \qquad \tilde{u}(3,p) = 0$$

という境界条件が得られる.

式 (10.76) を p をパラメータとした x に関する常微分方程式とみなす.これを境界条件 $\tilde{u}(0,p) = \tilde{u}(3,p) = 0$ のもとで解く.答えは

$$\tilde{u}(x,p) = \frac{5\sin 2\pi x}{p + 16\pi^2} - \frac{3\sin 4\pi x}{p + 64\pi^2}$$

である.これを**逆ラプラス変換**すれば,最終的に式 (10.74) の解が得られる.答えは

$$u(x,t) = L^{-1}[\tilde{u}(x,p)] = 5e^{-16\pi^2 t}\sin 2\pi x - 3e^{-64\pi^2 t}\sin 4\pi x$$

となる.

フーリエ変換の方法は第 4 章で定数係数の常微分方程式を解くときに使った.その手法は偏微分方程式にも拡張できるが,ここではそれは述べないことにする.それ以外にも偏微分方程式にはさまざまな解法がある.しかし一般には偏微分方程式を解析的に解くことはかなり困難な作業である.多くの境界値問題では,数値的に解くのが最もうまくいく.数値解法については第 13 章で述べることにする.

11

簡単な線形積分方程式

 前の章では，積分記号の内側に未知関数が存在する方程式が現れた．このような方程式は，**積分方程式**とよばれる．**フーリエ変換やラプラス変換**は，重要な積分方程式である．第4章では，グリーン関数法を導入し，与えられた問題を自然な形で積分方程式に定式化し直した．積分方程式は，理論物理学や工学における非常に重要な（しばしば必要不可欠な）数学的道具の一つになっている．

11.1 線形積分方程式の分類

 本章では，もっぱら**線形積分方程式**を扱う．線形積分方程式は，2つの大きなグループに分かれる：

 (1) 未知関数が積分記号の内側だけに現れるものを，**第1種積分方程式**という．積分記号の内側にも外側にも未知関数があるものは，**第2種積分方程式**という．

 (2) 積分の両端が定数のとき，その方程式を**フレドホルム型積分方程式**という．一方が変数のときは，**ヴォルテラ型積分方程式**とよばれる．

これら4種類の積分方程式を具体的に書きくだそう：

$$f(x) = \int_a^b K(x,t)u(t)dt \qquad \text{第1種フレドホルム方程式}, \qquad (11.1)$$

$$u(x) = f(x) + \lambda \int_a^b K(x,t)u(t)dtg \qquad \text{第2種フレドホルム方程式}, \qquad (11.2)$$

$$f(x) = \int_a^x K(x,t)u(t)dt \qquad \text{第1種ヴォルテラ方程式}, \qquad (11.3)$$

$$u(x) = f(x) + \lambda \int_a^x K(x,t)u(t)dt \qquad \text{第2種ヴォルテラ方程式}. \qquad (11.4)$$

いずれの場合にも，$u(t)$ は未知の関数，$K(x,t)$ と $f(x)$ は既知の関数とする．$K(x,t)$ は積分方程式の**核**とよばれる．パラメータ λ はしばしば固有値の役割を果たす．$f(x) = 0$ の場合，方程式は**斉次型**であるという．

積分範囲の片方または両方が無限大のときや，核 $K(x, t)$ が積分範囲で無限大になるとき，積分方程式は**特異**であるといい，その解を求めるには特別な手法が必要になる．

一般の線形積分方程式は，

$$h(x)u(x) = f(x) + \lambda \int_a^b K(x, t)u(t)dt \tag{11.5}$$

の形に書かれる．$h(x) = 0$ なら第 1 種フレドホルム方程式になり，$h(x) = 1$ なら第 2 種フレドホルム方程式になる．積分の上限を x ととるとヴォルテラ方程式になる．

これらのさまざまな線形積分方程式の純数学的な一般理論を述べることは，本書の目的ではない．2, 3 の解法を一般的に議論した後，それらをいくつかの簡単な例で具体的に示す．さらに，2, 3 の物理学の問題を例にとって，微分方程式を積分方程式に変換する方法を示す．

11.2　いくつかの解法

11.2.1　分離可能な核

核 $K(x, t)$ の 2 変数 x, t が次の意味で分離できるとき，フレドホルム方程式を解く問題は，代数方程式の組を解く，はるかに簡単な問題に簡略化できる．核 $K(x, t)$ が

$$K(x, t) = \sum_{i=1}^{n} g_i(x)h_i(t) \tag{11.6}$$

（ただし $g_i(x)$ は x のみの関数，$h_i(t)$ は t のみの関数）と書けるとき，核は**縮退**しているという．式 (11.6) を式 (11.2) に代入すると，t で積分を行っても $g_i(x)$ の値は変化しないので積分記号の外に出せ，

$$u(x) = f(x) + \lambda \sum_{i=1}^{n} g_i(x) \int_a^b h_i(t)u(t)dt \tag{11.7}$$

という形になる．このとき，

$$\int_a^b h_i(t)u(t)dt = C_i \ (= 定数) \tag{11.8}$$

と書けるので，これを式 (11.7) に代入して変数を t と書き直すと

$$u(t) = f(t) + \lambda \sum_{i=1}^{n} C_i g_i(t) \tag{11.9}$$

となる．C_i の値は，式 (11.9) を式 (11.8) に代入して得られる，C_i に関する連立 1 次方程式の解として与えられる．この連立 1 次方程式は，特定の λ の値に対してのみ非自明な解をもったり，あるいは解をもたなかったりする．このような λ を積分方程式の**固有値**とよぶ．**斉次方程式**は，λ が固有値の一つをとる場合に限って非自明な解をもつ．このような解は核（オペレータ）K の**固有関数**とよばれる．

例 11.1

この方法の例として，以下の方程式を考えよう：

$$u(x) = x + \lambda \int_0^1 (xt^2 + x^2 t)u(t)dt \tag{11.10}$$

これは $f(x) = x$, $K(x,t) = xt^2 + x^2 t$ の第2種フレドホルム方程式である．

$$\alpha = \int_0^1 t^2 u(t)dt, \quad \beta = \int_0^1 tu(t)dt \tag{11.11}$$

と定義すると，式 (11.10) は

$$u(x) = x + \lambda(\alpha x + \beta x^2) \tag{11.12}$$

と書かれる．α と β を決めるために，式 (11.12) を再び式 (11.11) に代入すると，次式を得る：

$$\alpha = \frac{1}{4} + \frac{1}{4}\lambda\alpha + \frac{1}{5}\lambda\beta, \quad \beta = \frac{1}{3} + \frac{1}{3}\lambda\alpha + \frac{1}{4}\lambda\beta. \tag{11.13}$$

これらを α と β について解くと

$$\alpha = \frac{60 + \lambda}{240 - 120\lambda - \lambda^2}, \quad \beta = \frac{80}{240 - 120\lambda - \lambda^2}$$

となり，最終的な解は

$$u(x) = \frac{(240 - 60\lambda)x + 80\lambda x^2}{240 - 120\lambda - \lambda^2}$$

で与えられる．この解は $\lambda = -60 \pm 16\sqrt{15}$ で発散し，意味を失う．この積分方程式では，解が存在しなくなるこれらの λ が**固有値**である．

フレドホルムは，(1) $f(x)$ が連続で，(2) $K(x,t)$ が区分連続で，(3) 積分 $\iint K^2(x,t)dxdt$ と $\int f^2(t)dt$ が存在し，(4) 積分 $\int K^2(x,t)dx$ と $\int K^2(x,t)dt$ が有界ならば，以下の定理が成り立つことを見出した．

●非斉次方程式

$$u(x) = f(x) + \lambda \int_a^b K(x,t)u(t)dt$$

はいかなる $f(x)$ に対しても唯一の解をもち (λ は固有値ではないとする)，かつ斉次方程式

$$u(x) = \lambda \int_a^b K(x,t)u(t)dt$$

が，ある λ の値に対して少なくとも一つの非自明な解をもつとする．このとき，その λ は非斉次方程式の固有値の一つであり，対応する非自明な解は固有関数である．

●もし λ が固有値ならば，λ は転置された斉次方程式

$$u(x) = \lambda \int_a^b K(t,x)u(t)dt$$

の固有値でもある．また，もし λ が固有値ではなければ，λ は転置された非斉次方程式

$$u(x) = f(x) + \lambda \int_a^b K(t,x)u(t)dt$$

の固有値でもない．

これらの定理の証明に興味がある読者は，R. Courant and D. Hilbert, *Method of Mathematical Physics*, Vol.1, John Wiley, 1961 [丸山滋弥・斎藤利弥訳，数理物理学の方法，東京図書，1979] を参照されたい．

11.2.2 ノイマンの級数解

以下の方法は，ノイマン，リュウヴィル，ヴォルテラの3人の手でほぼ完成された．彼らの方法では，フレドホルム方程式 (11.2)

$$u(x) = f(x) + \lambda \int_a^b K(x,t)u(t)dt$$

を逐次近似で解く．その出発点は，

$$u(x) \approx u_0(x) = f(x)$$

という近似である．このように近似するのは，係数 λ または積分自体が小さいとするのと同じことである．この近似を積分記号の内側に代入すると，第2近似

$$u_1(x) = f(x) + \lambda \int_a^b K(x,t)f(t)dt$$

が得られる．この手続きを繰り返すと，次の近似は

$$u_2(x) = f(x) + \lambda \int_a^b K(x,t)f(t)dt + \lambda^2 \int_a^b \int_a^b K(x,t)K(t,t')f(t')dt'dt$$

となる．この手続きをさらに続けて得られる級数は，**ノイマン級数**または**ノイマン解**として知られており，形式的に以下のように書ける：

$$u_n(x) = \sum_{i=1}^n \lambda^i \varphi_i(x), \tag{11.14}$$

$$\left.\begin{aligned}
\varphi_0(x) &= u_0(x) = f(x), \\
\varphi_1(x) &= \int_a^b K(x,t_1)f(t_1)dt_1, \\
\varphi_2(x) &= \int_a^b \int_a^b K(x,t_1)K(t_1,t_2)f(t_2)dt_1 dt_2, \\
&\vdots \\
\varphi_n(x) &= \int_a^b \int_a^b \cdots \int_a^b K(x,t_1)K(t_1,t_2)\cdots K(t_{n-1},t_n)f(t_n)dt_1 dt_2 \cdots dt_n.
\end{aligned}\right\} \tag{11.15}$$

核 $K(x,t)$ が有界ならば，級数 (11.14) は十分小さな λ に対しては収束するだろう．この級数の収束性は，コーシーの**比検定**で調べられる．

例 11.2

ノイマンの方法を用いて，微分方程式
$$u(x) = f(x) + \frac{1}{2}\int_{-1}^{1} K(x,t)u(t)dt \tag{11.16}$$
を解け．ただし $f(x) = x$, $K(x,t) = t - x$ とする．

解：
$$u_0(x) = f(x) = x$$
から始めると，次の近似は
$$u_1(x) = x + \frac{1}{2}\int_{-1}^{1}(t-x)t\,dt = x + \frac{1}{3}$$
となり，さらに $u_1(x)$ を式 (11.16) の積分記号の内側に代入すると
$$u_2(x) = x + \frac{1}{2}\int_{-1}^{1}(t-x)\left(t + \frac{1}{3}\right)dt = x + \frac{1}{3} - \frac{x}{3}$$
が得られる．この手続きをさらに続けて，再び式 (11.16) に代入すると
$$u_3(x) = x + \frac{1}{3} - \frac{x}{3} - \frac{1}{3^2}$$
となる．この手続きを繰り返せば近似の精度をさらに上げることができ，得られた級数（解）の収束性は比検定で確かめることができる．

以下の例で示すように，ノイマン法はヴォルテラ方程式にも応用できる．

例 11.3

ノイマンの方法を用いて，以下のヴォルテラ方程式を解け：
$$u(x) = 1 + \lambda\int_0^x u(t)dt.$$

解： 第ゼロ近似として $u_0(x) = 1$ から始めると，
$$u_1(x) = 1 + \lambda\int_0^x u_0(t)dt = 1 + \lambda\int_0^x dt = 1 + \lambda x$$
となるので，これより
$$u_2(x) = 1 + \lambda\int_0^x u_1(t)dt = 1 + \lambda\int_0^x (1+\lambda t)dt = 1 + \lambda x + \frac{1}{2}\lambda^2 x^2$$

となり，同様にして
$$u_3(x) = 1 + \lambda \int_0^x \left(1 + \lambda t + \frac{1}{2}\lambda^2 t^2\right) dt = 1 + \lambda x + \frac{1}{2}\lambda^2 x^2 + \frac{1}{3!}\lambda^3 x^3$$
を得るが，帰納法により
$$u_n(x) = \sum_{k=0}^n \frac{1}{k!}\lambda^k x^k$$
と書けるので，$n \to \infty$ の極限で $u_n(x)$ は次式に近づく[*1]：
$$u(x) = e^{\lambda x}.$$

11.2.3 積分方程式の微分方程式への変換

ヴォルテラ積分方程式を，常微分方程式に変換できる場合がある．以下の例で示すように，元々の積分方程式よりも変換された微分方程式の方が解きやすい．

例 11.4

ヴォルテラ微分方程式
$$u(x) = 2x + 4\int_0^x (t-x)u(t)dt$$
を考える．これを微分方程式に変換する前に，以下の便利な公式を復習しておこう．
$$I(\alpha) = \int_{a(\alpha)}^{b(\alpha)} f(x, \alpha)dx$$
において，a と b は連続かつ少なくとも 1 回微分可能な α の関数であるとすると，
$$\frac{dI(\alpha)}{d\alpha} = f(b, \alpha)\frac{db}{d\alpha} - f(a, \alpha)\frac{da}{d\alpha} + \int_a^b \frac{\partial f(x, \alpha)}{\partial \alpha}dx$$
となる．この公式を用いると，
$$\frac{d}{dx}u(x) = 2 + 4\left[(t-x)u(t)|_{t=x} - \int_0^x u(t)dt\right] = 2 - 4\int_0^x u(t)dt$$
を得るが，もう一度微分すると次式に帰着する：
$$\frac{d^2 u(x)}{dx^2} = -4u(x).$$
これは元の積分方程式と等価な微分方程式であるが，はるかに解きやすく，その一般解は
$$u(x) = A\cos 2x + B\sin 2x$$
となる．積分定数 A, B の値は，この解を元々の積分方程式に代入すれば求められ，$A = 0$, $B = 1$ となる．よって，もとの積分方程式の解は以下のようになる：
$$u(x) = \sin 2x.$$

[*1] 訳注：もとの積分方程式に代入してみればわかるとおり，$u = e^{\lambda x}$ は，すべての λ に対して正確な解になっている．

11.2.4 ラプラス変換解

ヴォルテラ積分方程式は，**ラプラス変換**と**畳み込みの定理**を用いて解ける場合がある．ラプラス変換による解を考える前に，畳み込みの定理をまとめておこう．2つの任意関数 f_1 と f_2 の畳み込みは

$$g(x) = \int_{-\infty}^{\infty} f_1(y) f_2(x-y) dy$$

で定義され，そのラプラス変換は以下のようになる：

$$L[g(x)] = L[f_1(x)] L[f_2(x)].$$

そこで，ヴォルテラ方程式

$$u(x) = f(x) + \lambda \int_0^x g(x-t) u(t) dt \qquad (11.17)$$

を考える．$K(x,t) = g(x-t)$ という形の核は，**変位核**とよばれる．右辺第2項のラプラス変換を行い，畳み込みの定理を用いると，

$$L\left[\int_0^x g(x-t) u(t) dt\right] = L[g(t)] L[u(t)] = G(p) U(p)$$

を得る．ただし，$U(p) = L[u(t)] = \int_0^\infty e^{-pt} u(t) dt$ であり，$G(p)$ も同様に定義される．よって，式 (11.17) をラプラス変換すると

$$U(p) = F(p) + \lambda G(p) U(p) \quad \text{すなわち} \quad U(p) = \frac{F(p)}{1 - \lambda G(p)}$$

となり，逆変換すると $u(t)$ が得られる：

$$u(t) = L^{-1}\left[\frac{F(p)}{1 - \lambda G(p)}\right].$$

11.2.5 フーリエ変換解

変位核をもち，積分の両端が $-\infty$ と ∞ の積分方程式には**フーリエ変換**が使える．第2種フレドホルム方程式：

$$u(x) = f(x) + \lambda \int_{-\infty}^{\infty} K(x-t) u(t) dt \qquad (11.18)$$

を考えよう．フーリエ変換（上つきバーで表される）を

$$\bar{f}(p) = \frac{1}{\sqrt{2\pi}} \int_{-\infty}^{\infty} f(x) e^{-ipx} dx$$

ととり，**畳み込みの定理**

$$\int_{-\infty}^{\infty} f(t) g(x-t) dt = \int_{-\infty}^{\infty} \bar{f}(y) \bar{g}(y) e^{iyx} dy$$

を用いて積分方程式 (11.18) を変換すると,

$$\bar{u}(p) = \bar{f}(p) + \lambda \bar{K}(p)\bar{u}(p) \quad \text{すなわち} \quad \bar{u}(p) = \frac{\bar{f}(p)}{1 - \lambda \bar{K}(p)}$$

が得られる.これを逆変換すれば,もとの積分方程式が次のように解ける:

$$u(x) = \frac{1}{\sqrt{2\pi}} \int_{-\infty}^{\infty} \frac{\bar{f}(t)e^{ixt}}{1 - \lambda \bar{K}(t)} dt. \tag{11.19}$$

11.3 シュミット–ヒルベルトの解法

物理学の問題では,核は対称であることが多い.この場合,積分方程式は前節で紹介したどの方法とも大きく違う方法で解ける.シュミットとヒルベルトが開発したこの方法は,斉次積分方程式の固有値と固有関数に関する考察に基づいている.

核 $K(x,t)$ は,$K(x,t) = K(t,x)$ をみたすとき**対称**であるといい,$K(x,t) = K^*(t,x)$ をみたすとき**エルミート**であるという.この節の議論が適用できるのは,このような核に限られる.

(a) **斉次フレドホルム方程式の理論**:

$$u(x) = \lambda \int_a^b K(x,t)u(t)dt$$

の核がエルミートならば,この積分方程式は少なくとも1個の固有値をもち,無限個もつこともある.証明は本書では省略するが,興味ある読者は,前出のクーラン,ヒルベルトのテキスト第3章を参照されたい.

エルミート核の固有値は実数で,異なる固有値に属する固有関数は互いに直交する.だだし,2つの関数 $f(x), g(x)$ は,

$$\int_a^b f^*(x)g(x)dx = 0$$

をみたすとき,**直交**しているという.

固有値が実数であることを証明するために,斉次フレドホルム方程式の両辺に $u^*(x)$ を掛けて x について積分すると,

$$\int_a^b u^*(x)u(x)dx = \lambda \int_a^b \int_a^b K(x,t)u^*(x)u(t)dtdx \tag{11.20}$$

となる.一方,斉次フレドホルム方程式の複素共役をとり,両辺に $u(x)$ を掛けて x について積分すると,

$$\int_a^b u^*(x)u(x)dx = \lambda^* \int_a^b \int_a^b K^*(x,t)u^*(t)u(x)dtdx$$

となる.この右辺の x と t を入れ換えると,核はエルミート $(K^*(t,x) = K(x,t))$ なので,

$$\int_a^b u^*(x)u(x)dx = \lambda^* \int_a^b \int_a^b K(x,t)u^*(x)u(t)dtdx$$

が得られる.この方程式を式 (11.20) と比べると $\lambda = \lambda^*$ となる.すなわち λ は実数である.

次に,固有関数の直交性を証明しよう.λ_i, λ_j を 2 つの互いに異なる固有値とし,$u_i(x)$, $u_j(x)$ を対応する固有関数とする.すると

$$u_i(x) = \lambda_i \int_a^b K(x,t)u_i(t)dt, \quad u_j(x) = \lambda_j \int_a^b K(x,t)u_j(t)dt$$

となる.第 1 式は両辺の複素共役をとり,$\lambda_j u_j(x)$ を掛けて x について積分し,第 2 式は両辺に $\lambda_i u_i^*(x)$ を掛け,x について積分すると次式を得る:

$$\lambda_j \int_a^b u_i^*(x)u_j(x)dx = \lambda_i \lambda_j \int_a^b \int_a^b K^*(x,t)u_i^*(t)u_j(x)dtdx, \tag{11.21a}$$

$$\lambda_i \int_a^b u_i^*(x)u_j(x)dx = \lambda_i \lambda_j \int_a^b \int_a^b K(x,t)u_j(t)u_i^*(x)dtdx. \tag{11.21b}$$

式 (11.21b) の右辺で x と t を入れ換えると,核のエルミート性により,

$$\lambda_i \int_a^b u_i^*(x)u_j(x)dx = \lambda_i \lambda_j \int_a^b \int_a^b K^*(x,t)u_i^*(t)u_j(x)dtdx \tag{11.22}$$

となる.式 (11.21a) と式 (11.22) の右辺は等しいので,

$$(\lambda_i - \lambda_j) \int_a^b u_i^*(x)u_j(x)dx = 0 \tag{11.23}$$

を得るが,$\lambda_i \neq \lambda_j$ なので,次式に帰着する:

$$\int_a^b u_i^*(x)u_j(x)dx = 0. \tag{11.24}$$

このような関数の組は常に規格化できるので,そうしてあるものとしよう.すると,斉次フレドホルム方程式の解は完全**正規直交系**をなす:

$$\int_a^b u_i^*(x)u_j(x)dx = \delta_{ij}. \tag{11.25}$$

任意の x の関数は固有関数を用いて展開できるので,t を固定した核に対してこの展開を行うと,

$$K(x,t) = \sum_i C_i u_i(x) \tag{11.26}$$

と書ける.式 (11.26) をもとのフレドホルム方程式に代入すると,

11.3 シュミット–ヒルベルトの解法

$$u_j(t) = \lambda_j \int_a^b K(t,x) u_j(x) dx = \lambda_j \int_a^b K^*(x,t) u_j(x) dx$$

$$= \lambda_j \sum_i \int_a^b C_i^* u_i^*(x) u_j(x) dx = \lambda_j \sum_i C_i^* \delta_{ij} = \lambda_j C_j^*$$

または,

$$C_i = \frac{u_i^*(t)}{\lambda_i}$$

となり, 第 2 種斉次フレドホルム方程式では, 核は固有値と固有関数を用いて表される:

$$K(x,t) = \sum_{n=1}^{\infty} \frac{u_n(x) u_n^*(t)}{\lambda_n}. \tag{11.27}$$

シュミット–ヒルベルトの理論は斉次積分方程式を解くためのものではなく, その主な役目は, 固有値の振る舞い (実数性) と固有関数の振る舞い (直交性と完全性) を示すことにある. 斉次積分方程式の解は前節の方法で求められる.

(b) **非斉次フレドホルム方程式の解**:

$$u(x) = f(x) + \lambda \int_a^b K(x,t) u(t) dt. \tag{11.28}$$

$f(x)$ の項がない斉次方程式の解は前節の方法で求められているものとし, それを $u_i(x)$ としよう. すると, $u(x)$ を $f(x)$, 完全正規直交系をなす $u_i(x)$ を用いて展開することができる:

$$u(x) = \sum_{n=1}^{\infty} \alpha_n u_n(x) , \quad f(x) = \sum_{n=1}^{\infty} \beta_n u_n(x). \tag{11.29}$$

式 (11.29) を式 (11.28) に代入し, さらに式 (11.27) を用いると,

$$\sum_{n=1}^{\infty} \alpha_n u_n(x) = \sum_{n=1}^{\infty} \beta_n u_n(x) + \lambda \int_a^b K(x,t) \sum_{n=1}^{\infty} \alpha_n u_n(t) dt$$

$$= \sum_{n=1}^{\infty} \beta_n u_n(x) + \lambda \sum_{m=1}^{\infty} \sum_{n=1}^{\infty} \alpha_n \frac{u_m(x)}{\lambda_m} \int_a^b u_m^*(t) u_n(t) dt$$

$$= \sum_{n=1}^{\infty} \beta_n u_n(x) + \lambda \sum_{m=1}^{\infty} \sum_{n=1}^{\infty} \alpha_n \frac{u_m(x)}{\lambda_m} \delta_{mn}$$

となり, 最終結果は

$$\sum_{n=1}^{\infty} \alpha_n u_n(x) = \sum_{n=1}^{\infty} \beta_n u_n(x) + \lambda \sum_{n=1}^{\infty} \alpha_n \frac{u_n(x)}{\lambda_n} \tag{11.30}$$

で与えられる. この両辺に $u_i^*(x)$ を掛け, x について a から b まで積分すると

$$\alpha_i = \beta_i + \frac{\lambda \alpha_i}{\lambda_i} \tag{11.31}$$

となるが，これを α_i について解き，添字を n に置き換えると

$$\alpha_n = \frac{\lambda_n}{\lambda_n - \lambda}\beta_n \tag{11.32}$$

$$\beta_n = \int_a^b f(t)u_n(t)dt \tag{11.33}$$

となるので，積分方程式の解は結局

$$u(x) = f(x) + \lambda \sum_{n=1}^{\infty}\frac{\alpha_n u_n(x)}{\lambda_n} = f(x) + \lambda \sum_{n=1}^{\infty}\frac{\beta_n}{\lambda_n - \lambda}u_n(x) \tag{11.34}$$

で与えられる．ただし β_n は式 (11.33) で与えられ，$\lambda_n \neq \lambda$ とする．

非斉次方程式の λ が核の固有値 λ_k の一つに等しいとき，解 (11.34) は発散する．式 (11.31) に立ち戻って，このとき α_k に何が起こっているかみると

$$\alpha_k = \beta_k + \frac{\lambda_k \alpha_k}{\lambda_k} = \beta_k + \alpha_k$$

となっている．明らかに $\beta_k = 0$ でなければならず，もはや α_k を β_k を用いて決めることはできない．しかし，式 (11.33) により，

$$\int_a^b f(t)u_k(t)dt = \beta_k = 0 \tag{11.35}$$

となる．すなわち $f(x)$ は固有関数 $u_k(x)$ と直交している．よって $\lambda = \lambda_k$ のとき，非斉次方程式は，$f(x)$ が λ_k に対応する固有関数 $u_k(x)$ と直交している場合に限って，解をもつ．この場合の方程式の一般解は，

$$u(x) = f(x) + \alpha_k u_k(x) + \lambda_k \sum_{n \neq k}^{\infty}\frac{\int_a^b f(t)u_n(t)dt}{\lambda_n - \lambda_k}u_n(x) \tag{11.36}$$

と書ける．式 (11.36) では，α_k は未定係数として残る．

11.4 微分方程式と積分方程式の関係

積分方程式を**微分方程式**に変換する方法はすでに示した．もとの積分方程式よりも，変換された微分方程式の方が解きやすい場合がある．この節では，微分方程式を積分方程式に変換する方法を示す．微分方程式と積分方程式の関係をよく理解すれば，物理学の問題もどちらの形式にでも好きなように表すことができる．線形 2 階微分方程式

$$x'' + A(t)x' + B(t)x = g(t) \tag{11.37}$$

を考えよう．ただし初期条件は，

$$x(a) = x_0, \quad x'(a) = x_0'$$

である．式 (11.37) を積分すると

$$x' = -\int_a^t Ax'dt - \int_a^t Bxdt + \int_a^t gdt + C_1$$

となるが，初期条件より $C_1 = x_0'$ となる．次に，右辺第 1 項を部分積分すると，

$$x' = -Ax - \int_a^t (B - A')xdt + \int_a^t gdt + A(a)x_0 + x_0'$$

が得られる．これをもう一度積分すると，次式を得る：

$$\begin{aligned}x = &-\int_a^t Axdt - \int_a^t \int_a^t [B(y) - A'(y)]x(y)dydt \\ &+ \int_a^t \int_a^t g(y)dydt + [A(a)x_0 + x_0'](t-a) + x_0 \\ = &-\int_a^t \left[A(y) + (t-y)\{B(y) - A'(y)\}\right]x(y)dy \\ &+ \int_a^t (t-y)g(y)dy + [A(a)x_0 + x_0'](t-a) + x_0. \end{aligned} \qquad (11.38)$$

これは，第 2 種ヴォルテラ方程式の形に書ける：

$$x(t) = f(t) + \int_a^t K(t,y)x(y)dy. \qquad (11.39)$$

ここで $K(t,y)$, $f(t)$ は次式で表せる：

$$K(t,y) = (y-t)[B(y) - A'(y)] - A(y), \qquad (11.39\mathrm{a})$$

$$f(t) = \int_a^t (t-y)g(y)dy + [A(a)x_0 + x_0'](t-a) + x_0. \qquad (11.39\mathrm{b})$$

11.5 積分方程式の使い方

　ここまで，一般的な線形積分方程式の解法を学んだ．以下では，物理学で積分方程式がどのように使われているのかを眺めよう．すなわち，いくつかの物理学的問題を積分方程式の形式で記述する．1823 年に，アーベルは積分方程式の物理学への応用の最初の一つを行った．この力学における古典的な問題を概観しよう．

11.5.1　アーベルの積分方程式

　鉛直面（yz 平面）の滑らかな曲線に沿って，重力（z の負方向に作用する）によって落下している質量 m の粒子を考えよう．エネルギー保存則より，

$$\frac{1}{2}m(\dot{z}^2 + \dot{y}^2) + mgz = E$$

と書ける．ただし，$\dot{z} = dz/dt, \dot{y} = dy/dt$ である．曲線の形状が $y = F(z)$ で与えられるとすると，$\dot{y} = (dF/dz)\dot{z}$ と書ける．これをエネルギー保存の式に代入して $\dot{z}$ について解くと，

$$\dot{z} = \frac{\sqrt{2E/m - 2gz}}{\sqrt{1 + (dF/dz)^2}} = \frac{\sqrt{E/mg - z}}{u(z)} \tag{11.40}$$

が得られる．ただし，

$$u(z) = \sqrt{\frac{1 + (dF/dz)^2}{2g}}$$

である．$t = 0$ で $\dot{z} = 0$ かつ $z = z_0$ であるとすると，$E/mg = z_0$ より式 (11.40) は

$$\dot{z} = \frac{\sqrt{z_0 - z}}{u(z)}$$

となる．これを時刻 t について解くと，

$$t = -\int_z^{z_0} \frac{u(z)}{\sqrt{z_0 - z}} dz = \int_{z_0}^z \frac{u(z)}{\sqrt{z_0 - z}} dz$$

となる．ただし z は，時刻 t における粒子の高さである．

11.5.2 簡単な古典調和振動子

線形調和振動子

$$\ddot{x} + \omega^2 x = 0, \quad \text{ただし} \quad x(0) = 0, \dot{x}(0) = 1$$

を考えよう．この微分方程式は積分方程式に変換できる．式 (11.37) と見比べると，

$$A(t) = 0, \quad B(t) = \omega^2, \quad g(t) = 0$$

となっているので，これを式 (11.38) に代入すると以下の積分方程式を得る：

$$x(t) = t + \omega^2 \int_0^t (y - t) x(y) dy.$$

積分方程式は，もとの微分方程式と初期条件を合わせたものと等価である．

11.5.3 簡単な量子調和振動子

1 次元単純調和振動子のエネルギー固有状態に対するシュレーディンガー方程式は

$$-\frac{\hbar^2}{2m} \frac{d^2\psi}{dx^2} + \frac{1}{2} m\omega^2 x^2 \psi = E\psi \tag{11.41}$$

である．無次元変数 $y = \sqrt{m\omega/\hbar}\, x$ に変換すると，式 (11.41) は以下のような簡単な形になる：

$$\frac{d^2\psi}{dy^2} + (\alpha^2 - y^2)\psi = 0. \tag{11.42}$$

ただし $\alpha = \sqrt{2E/\hbar\omega}$ である．式 (11.42) のフーリエ変換をとると，

$$\frac{d^2 g(k)}{dk^2} + (\alpha^2 - k^2)g(k) = 0 \tag{11.43}$$

となる．ただし

$$g(k) = \frac{1}{\sqrt{2\pi}} \int_{-\infty}^{\infty} \psi(y) e^{iky} dy \tag{11.44}$$

であり，ψ と ψ' は $y \to \pm\infty$ でゼロになるものとする．

式 (11.43) は式 (11.42) と同じ形をしている．全エネルギー E が有限のとき，全存在確率やポテンシャルエネルギーの期待値のような物理量も有限に保たれるので，$k \to \pm\infty$ において $g(k)$ と $dg(k)/dk$ はゼロになるはずである．よって，g と ψ は高々規格化定数しか違わない：

$$g(k) = c\psi(k).$$

これより，ψ は以下の積分方程式をみたす：

$$c\psi(k) = \frac{1}{\sqrt{2\pi}} \int_{-\infty}^{\infty} \psi(y) e^{iky} dy. \tag{11.45}$$

定数 c は，$c\psi$ を右辺の積分記号の内側に代入すれば求められる：

$$c^2 \psi(k) = \frac{1}{2\pi} \int_{-\infty}^{\infty} \int_{-\infty}^{\infty} \psi(z) e^{izy} e^{iky} dz dy = \int_{-\infty}^{\infty} \psi(z) \delta(z+k) dz = \psi(-k).$$

ここで，ψ はパリティの固有状態でもあることを思い出そう．偶パリティの固有状態 ($\psi(-x) = +\psi(x)$) では $c^2 = 1$（あるいは $c = \pm 1$）となり，奇パリティの固有状態 ($\psi(-x) = -\psi(x)$) では $c^2 = -1$（あるいは $c = \pm i$）となる．

12

群論

群論は，量子力学の進展にともない 1925 年になって初めて物理学に利用された．しかし，近年では物理学や物理化学，特に原子・分子・原子核などの問題に応用されるようになった．最近では素粒子の分類法を探すのに使われている．数学者にとっては群論の抽象的な側面の方が興味深いのであろうが，物理学者にとっては群の表現論こそさまざまな問題に利用できる重要性をはらんでいる．この章では群論の中でも表現論にかかわる部分をかいつまんで説明する．

12.1 群の定義（群の公理）

群とは，いくつかの「元」の集合で，その「元」の間の「組み合わせ」の規則が定義されているもののことである．群の定義を述べる前に，群を構成する「元」とは何か説明しよう．

何らかのもの，数，演算子などが集まると集合をつくる．個々のもの，数，演算子を集合の元（あるいは要素）という．群とは元 $A, B, C, \ldots$ からなる集合の一種である．元の個数は有限でも無限でもよい．ただし，2 つの元を結びつけて「積」をつくる操作が定義されており，それが以下の 4 つの条件をみたさなければならない．

群の公理 1 ある群の 2 つの元の積も同じ群の元である．つまり A と B が群の元であれば，積 AB も群の元である．

群の公理 2 積の規則は**結合法則**をみたす．つまり A, B, C が群の元であれば $(AB)C = A(BC)$ である．

群の公理 3 群に**単位元**とよばれる元 E が存在する．**単位元**とは，任意の元 A に対して $EA = AE = A$ をみたす元のことである．

群の公理 4 群の元それぞれに一意的に**逆元**が存在する．逆元とは，元 A に対して $AA^{-1} = A^{-1}A = E$ をみたす元 A^{-1} のことである．

ここで「積」という用語は説明を要する．一般に 2 つの元を結びつける操作を「乗法」とよび，結びつけられた結果を「積」という．しかし，ここでいう「乗法」は通常の足し算でも構わない．例えばすべての整数（正，負，ゼロ）の集合において，「乗法」は足

し算 $AB = A + B$ でもよい．その場合，単位元は 0，逆元は $A^{-1} = (-A)$ である．「乗法」や「積」という用語は群における演算操作全般に対する名称である．これは以下の例でいっそう明らかになるだろう．

元が有限個しかない群を**有限群**とよぶ．有限群の元の個数を**群の位数**という．一方，無限個の元を含む群を**無限群**とよぶ．無限群には**離散群**と**連続群**がある．無限群の元が可算無限個のとき（番号をつけられるとき）に離散群といい，そうでないときに連続群という．

群の任意の元 A と B に対して $AB = BA$ が成り立つとき，その群を**アーベル群**あるいは**可換群**という．一般には群はアーベル群ではない．したがって「積」の順序を勝手に入れ換えてはいけない．

部分群とは，群の元の部分集合で，それ自体が同じ「積」の規則に関して群の公理をみたしているものである．

それでは群の例をいくつかみてみよう．

例 12.1

実数 1 と -1 は掛け算に関して位数 2 の群をなす．単位元は 1 である．また，1 の逆元は 1，-1 の逆元は -1 である．

例 12.2

すべての整数（正，負，ゼロ）の集合は足し算に関して離散無限群をなす．単位元は 0 である．また，それぞれの元の逆元は負符号をつけた元である．以下のように群の公理をみたしている：

群の公理 1 任意の整数の和は整数である．

群の公理 2 任意の整数に対して結合則 $(A + B) + C = A + (B + C)$ が成り立つ．

群の公理 3 任意の整数に単位元 0 を加えても変わらない．

群の公理 4 任意の整数に逆元（負符号をつけた整数）を足すと単位元 0 になる．つまり $A + (-A) = 0$ である．

この群では $A + B = B + A$ なのでアーベル群である．この群を G_1 と書くことにする．

ただし，すべての整数の集合は掛け算に関しては群をなさない．整数の逆数は一般には整数ではないので，逆元が存在しないからである．

例 12.3

すべての有理数（整数 p と $q \, (\neq 0)$ で p/q と表せる数）の集合は足し算に関して連続無限群をなす．足し算は可換なので，これもアーベル群である．この群を G_2 と書くことにする．単位元は 0，逆元は負符号をつけた数である．

例 12.4

すべての複素数 ($z=x+iy$) の集合は足し算に関して連続群をなす．これもまたアーベル群である．この群を G_3 と書くことにする．単位元は 0，逆元は負符号をつけた数である．つまり z の逆元は $-z$ である．G_1 の元の集合は G_2 の元の部分集合である．また G_2 の元の集合は G_3 の元の部分集合である．さらに，いずれも足し算に関して群をなす．よって G_1 は G_2 の部分群で，G_2 は G_3 の部分群である．もちろん G_1 は G_3 の部分群でもある．

例 12.5

3 つの行列

$$\tilde{A} = \begin{pmatrix} 1 & 0 \\ 0 & 1 \end{pmatrix}, \quad \tilde{B} = \begin{pmatrix} 0 & 1 \\ -1 & -1 \end{pmatrix}, \quad \tilde{C} = \begin{pmatrix} -1 & -1 \\ 1 & 0 \end{pmatrix}$$

は行列の掛け算に関して位数 3 のアーベル群をなす．単位元は単位行列 $E = \tilde{A}$ である．それぞれの逆元は

$$\tilde{A}^{-1} = \begin{pmatrix} 1 & 0 \\ 0 & 1 \end{pmatrix} = \tilde{A},$$

$$\tilde{B}^{-1} = \begin{pmatrix} -1 & -1 \\ 1 & 0 \end{pmatrix} = \tilde{C},$$

$$\tilde{C}^{-1} = \begin{pmatrix} 0 & 1 \\ -1 & -1 \end{pmatrix} = \tilde{B}$$

で与えられる．4 つの群の公理がみたされていることは簡単に確かめられる．

例 12.6

3 つのもの a, b, c を並べ換える置換操作のうち，

$$[1\ 2\ 3], \quad [2\ 3\ 1], \quad [3\ 1\ 2]$$

で表されるものを**巡回置換**という．上の 3 つの巡回置換は，順番に操作するという演算に関して位数 3 のアーベル群をなす．

例えば abc と並んだものに $[2\ 3\ 1]$ が演算すると，2 番目に並んでいる b を 1 番目に，3 番目に並んでいる c を 2 番目に，1 番目に並んでいる a を 3 番目に並べ換える．これを $[2\ 3\ 1]abc = bca$ と書く．置換操作の積は，まず右の置換操作を演算し，次に左の置換操作を演算することで定義する．例えば

$$[2\ 3\ 1][3\ 1\ 2]abc = [2\ 3\ 1]cab = abc$$

である．つまり，この 2 つの操作を順番に演算すると $[1\ 2\ 3]$ を演算したのと等価にな

る．これを

$$[2\ 3\ 1][3\ 1\ 2] = [1\ 2\ 3]$$

と書く．同様に

$$[3\ 1\ 2][2\ 3\ 1]abc = [3\ 1\ 2]bca = abc$$

なので，

$$[3\ 1\ 2][2\ 3\ 1] = [1\ 2\ 3]$$

である．こうして，この「乗法」が可換なことがわかる．単位元は**恒等置換** $[1\ 2\ 3]$ である．$[1\ 2\ 3]$ の逆元は $[1\ 2\ 3]$，$[2\ 3\ 1]$ の逆元は $[3\ 1\ 2]$，$[3\ 1\ 2]$ の逆元は $[2\ 3\ 1]$ である．以上で，3つの巡回置換操作がアーベル群をなすことがわかる．この群を次数3の**巡回群**とよび，C_3 と書く．一般に次数 n の巡回群の位数[*1)]は n である．

3つのものの置換操作は全部で6つあり，

$$[1\ 2\ 3],\quad [2\ 3\ 1],\quad [3\ 1\ 2],\quad [1\ 3\ 2],\quad [3\ 2\ 1],\quad [2\ 1\ 3],$$

である．この集合は位数6の非アーベル群をなす．これを次数3の**対称群**といい，S_3 と書く．一般に次数 n の対称群の位数は $n!$ である．巡回群 C_3 は対称群 S_3 の部分群である．

12.2 巡回群

巡回群に話を戻そう．ある要素 A のべき乗の集合 $A, A^2, A^3, \ldots, A^{p-1}, A^p = E$ は巡回群をなす．ここで p は $A^p = E$ となるような最小の正の整数で，群の位数に等しい．上のような集合が群の公理をすべてみたすことは簡単に確かめられる．元 A^k の逆元は A^{p-k} である．また，$A^k A^m = A^m A^k$ なので巡回群はアーベル群である．A を巡回群の**生成元**とよぶ[*2)]．

例 12.7

複素数 $1, i, -1, -i$ の集合は位数4の巡回群をなす．この群は生成元を $A = i$ として i^n ($n = 1, 2, 3, 4$) と表せる．この4つの元は複素平面上での回転とみなせる．回転角はそれぞれ $\pi/2, \pi, 3\pi/2, 2\pi$ である．よって 2×2 行列の形に表現できる．これについては例12.9で述べる．

例 12.8

巡回群の例をもう1つあげる．正三角形を回転する操作を考える．回転軸は正三角形

[*1)] 訳注：元の個数を位数という．
[*2)] 訳注：一般の有限群 G を考える．任意の元 A のべき乗 $A, A^2, A^3, \ldots$ を計算していくと，いずれは群 G の元をすべて尽くしてしまうので，どこかで群 G の単位元が現れる．つまり $A^p = E$ となる．このとき整数 p を元 A の**位数**とか**周期**という．元 A のべき乗の集合は，群 G の部分群をなす．これを**巡回部分群**という．

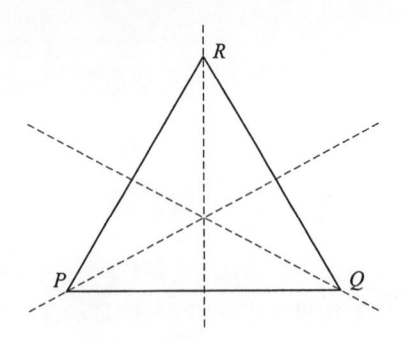

図 12.1 正三角形を回転する操作がなす位数 3 の巡回群.

の中心を通り, 正三角形の面に垂直な直線とする. この軸のまわりに正三角形を回転して, もとの正三角形とちょうど重なるようにする操作は群をなす. この群には 3 つの元がある (図 12.1):

$E\,(=0°)$　単位元. 正三角形をまったく動かさない.

$A\,(=120°)$　正三角形を反時計回りに 120° 回転する. 頂点 P は Q に, Q は R に, R は P に移動する.

$B\,(=240°)$　正三角形を反時計回りに 240° 回転する. 頂点 P は R に, Q は P に, R は Q に移動する.

$C\,(=360°)$　正三角形を反時計回りに 360° 回転する. 頂点 P は P に, Q は Q に, R は R に戻る.

もちろん $C=E$ である. よって元は $E,\,A,\,B$ の 3 つしかない.

この 3 つの元は回転角の足し算に関して群をなす. 群の公理 4 つがみたされることを確認していただきたい. ところで B という操作は A という操作を 2 回行うのと等価である. 回転角が $120°+120°=240°$ となるからである. 同様に操作 C は操作 A を 3 回行うのに等しい. よって, この群の元は A のべきとして $E,\,A,\,A^2,\,A^3(=E)$ の形に書ける. つまりこの群は A を生成元とする位数 3 の巡回群である.

上の例の巡回群はさまざまな変換操作がなす群の一つである. 変換操作には**回転**のほかに**反転**, **並進**, **置換**などがあるが, 物理学にとって重要な群ばかりである. ある変換操作によって物理系が変化しないとき, その物理系の**対称変換**という. 上の例に示したように, ある系の対称変換全体の集合は群をなす.

12.3 群　　表

位数 n の群の元を掛け算すると n^2 種類の結果が現れる (「積」の順番も考慮に入れ

表 12.1 群表の構造.

	E	A	B	C	...
E	E	A	B	C	...
A	A	A^2	AB	AC	...
B	B	BA	B^2	BC	...
C	C	CA	CB	C^2	...
⋮	⋮	⋮	⋮	⋮	

表 12.2 巡回群 C_3 の群表.

	E	X	Y
E	E	X	Y
X	X	Y	E
Y	Y	E	X

なければならないことに注意).すべての乗法の結果を指定すれば群の構造は一意的に定まる.つまり積を指定するとどのような群かを特定できる.

これら n^2 種類の積を表 12.1 の形に並べると便利である.これを**群表**という.例えば A と書かれた行と B と書かれた列の交差するところには AB という積の結果を書く.群の定義から,AB などの積も群の元でなければならない.よって群表は群の元だけで埋め尽くされる(なお,表の中で A^2 とは AA の意味である).

各行には群の元が一度しか現れない.つまり各行には群のすべての元が一度ずつ現れる.各列についても同じである.これは簡単に証明できる.もしある行,例えば A と書かれた行に同じ元が 2 回以上現れたとする.つまり異なる元 C と D に対して $AC = AD$ となるとする.この式の辺々の左から A の逆元 A^{-1} を掛けると $A^{-1}AC = A^{-1}AD$ となる.つまり $EC = ED$ である.これは $C = D$ の場合しか成り立たない.これは最初に C と D を異なる元とした仮定に反する.よって各行にも各列にも群の元が一度だけ現れる.

例 12.6 で使った巡回群 C_3 を例にとろう.群の元を

$$[1\ 2\ 3] \to E, \qquad [2\ 3\ 1] \to X, \qquad [3\ 1\ 2] \to Y$$

と書くことにする.この巡回群の群表は表 12.2 のようになる.

12.4 同型群

ある群の元が別の群の元と 1 対 1 に対応して同じように掛け算されるとき 2 つの群は**同型**であるという.つまり,群 G の元 $A, B, C, \ldots$ がそれぞれ群 G' の元 $A', B', C', \ldots$ と対応するとき,$AB = C$ なら $A'B' = C'$ である.同型な群は群表が(元の名前が違う点を除いて)同じである.もちろん同型な群は位数も同じである.

同型な群は各元の意味づけが違うだけで,数学的にはまったく同じ群である.物理学にとって同型性が重要なのは,まさにこの理由からである.物理学のさまざまな場面でさまざまな群の演算が登場するが,それらが数学的に等価であれば非常に便利である.群論を物理学に応用する価値はここにある.群論によって得られた結論を使うと,さまざまな分野で理論的な予測ができるのである.

なお,群の元が多対 1 対応する場合は**準同型**という.群の同型は準同型の特殊な場合

表 12.3 例 12.9 の群 G の群表.

	1	i	-1	$-i$
1	1	i	-1	$-i$
i	i	-1	$-i$	1
-1	-1	$-i$	1	i
$-i$	$-i$	1	i	-1

つまり

	E	A	B	C
E	E	A	B	C
A	A	B	C	E
B	B	C	E	A
C	C	E	A	B

表 12.4 例 12.9 の群 G' の群表.

	E'	A'	B'	C'
E'	E'	A'	B'	C'
A'	A'	B'	C'	E'
B'	B'	C'	E'	A'
C'	C'	E'	A'	B'

である.

例 12.9

4つの複素数 $E=1,\ A=i,\ B=-1,\ C=-i$ は通常の掛け算に関して群をなす.この群を G と書くことにする.群表は表 12.3 のようになる.一方,4つの 2×2 行列

$$E' = \begin{pmatrix} 1 & 0 \\ 0 & 1 \end{pmatrix}, \quad A' = \begin{pmatrix} 0 & -1 \\ 1 & 0 \end{pmatrix},$$

$$B' = \begin{pmatrix} -1 & 0 \\ 0 & -1 \end{pmatrix}, \quad C' = \begin{pmatrix} 0 & 1 \\ -1 & 0 \end{pmatrix}$$

は行列の掛け算に関して群をなす.この群を G' と書くことにする.群 G' の群表は表 12.4 のようになる.表 12.3 と表 12.4 を比べると,まったく同じ構造をしていることがわかる.よって2つの群は同型である.

群 G の元 $1, i, -1, -i$ は複素平面上の回転とみなせる.回転角はそれぞれ $0, \pi/2, \pi, 3\pi/2$ である.一方,xy 平面上の角度 θ の回転は行列

$$\begin{pmatrix} \cos\theta & -\sin\theta \\ \sin\theta & \cos\theta \end{pmatrix}$$

で表せる.ここで θ に $0, \pi/2, \pi, 3\pi/2$ を代入したのが,上の E', A', B', C' である.

例 12.10

物理学のさまざまな場面で現れる群が,意味づけは違っていても同じ群表をしていれば,数学的にはまったく同じ群である.これを具体的に調べるために,簡単な位数2の群 G_2 を取り上げよう.初めは G_2 の元に何の意味づけも与えないで話を進める.元のうち一つは単位元 E でなければならない.もう一つの元を X と書くことにする.す

ると
$$E^2 = E, \qquad EX = XE = X$$
となるはずである．群表の各列，各行には各元が 1 回ずつしか現れないから，群表は

	E	X
E	E	X
X	X	E

となるはずである（つまり $X^2 = E$ となる必要がある）．これが位数 2 の群がとりうる唯一の群表である．

次に G_2 と同型の群をいくつか考える．まず 3 次元空間から 3 次元空間への写像で以下のような変換を考えよう：
(1) 3 次元空間中の点をすべてそのままにする恒等変換 E'．
(2) 点 (x, y, z) を点 $(-x, -y, -z)$ に写像する変換 R．

R を 2 回続けて行う変換 $R^2 = RR$ は，あらゆる点を元の位置へ戻す．よって $R^2 = E$ である．また $(E')^2 = E'$, $RE' = E'R = R$ である．したがって，この群の群表は G_2 と同じである．つまり E' と R のなす群は G_2 と同型である．

さらに，変換 E' と R に対応して演算子 $\hat{O}_{E'}$ と $\hat{O}_R$ を考える．この 2 つの演算子は (x, y, z) の 3 つを変数とする実関数か複素関数 $\psi(x, y, z)$ に作用して

$$\hat{O}_{E'}\psi(x, y, z) = \psi(x, y, z), \qquad \hat{O}_R \psi(x, y, z) = \psi(-x, -y, -z)$$

と演算すると定義する．上の定義から

$$\left(\hat{O}_{E'}\right)^2 = \hat{O}_{E'}, \qquad \hat{O}_{E'}\hat{O}_R = \hat{O}_R \hat{O}_{E'} = \hat{O}_R, \qquad \left(\hat{O}_R\right)^2 = \hat{O}_{E'}$$

となることがわかる．よって，この 2 つの演算子も G_2 と同型の群をなす．

元 E' と R のなす群，および元 $\hat{O}_{E'}$ と $\hat{O}_R$ のなす群は，どちらも一つの抽象的な群 G_2 の具体的な表現である．このような簡単な例だけでは群論の価値と美しさは理解できないかもしれないが，同型性の意味はおわかりいただけたものと思う．

12.5 置換操作のなす群とケーリーの定理

3 つのものの置換操作のなす群については例 12.6 で述べた．この節では一般に n 個のもの $(1, 2, \ldots, n)$ を n 個の箱 $(\alpha_1, \alpha_2, \ldots, \alpha_n)$ に入れる操作について考える．この操作のなす群を次数 n の**対称群** S_n とよぶ．群の位数は $n!$ である．これは以下のように求められる．まず 1 個目のものは n 個の箱のどこに入れてもよいから n 通りの入れ方がある．2 個目のものは，1 個目のものが入っている箱を除いてどこに入れてもよいから $n-1$ 通りの入れ方がある．このように考えていくと，n 個のものを n 個の箱

に入れる入れ方は $n(n-1)(n-2)\times\cdots\times 3\times 2\times 1 = n!$ 通りある.

ここで慣習に従って，置換操作 P を

$$P = \begin{pmatrix} 1 & 2 & 3 & \cdots & n \\ \alpha_1 & \alpha_2 & \alpha_3 & \cdots & \alpha_n \end{pmatrix} \tag{12.1}$$

のように表す．なお $\alpha_1\alpha_2\alpha_3\cdots\alpha_n$ は n 個の数 $1, 2, 3, \ldots, n$ を並べ直した数列である．これは 1 個目の箱に入っていたものを α_1 個目の箱に移動し，2 個目の箱に入っていたものを α_2 個目の箱に移動し，以下同様にものを移動する操作を表している．例 12.6 で使った記号を式 (12.1) の記号と対応させると，例えば

$$[2\ 3\ 1] = \begin{pmatrix} 1 & 2 & 3 \\ 2 & 3 & 1 \end{pmatrix}$$

となる.

n 個のものを置換する操作は全部で $n!$ 個あり，それぞれ式 (12.1) の形に表せる．例えば 3 個のものに対しては

$$P_1 = \begin{pmatrix} 1 & 2 & 3 \\ 1 & 2 & 3 \end{pmatrix}, \quad P_2 = \begin{pmatrix} 1 & 2 & 3 \\ 2 & 3 & 1 \end{pmatrix}, \quad P_3 = \begin{pmatrix} 1 & 2 & 3 \\ 1 & 3 & 2 \end{pmatrix},$$

$$P_4 = \begin{pmatrix} 1 & 2 & 3 \\ 2 & 1 & 3 \end{pmatrix}, \quad P_5 = \begin{pmatrix} 1 & 2 & 3 \\ 3 & 2 & 1 \end{pmatrix}, \quad P_6 = \begin{pmatrix} 1 & 2 & 3 \\ 3 & 1 & 2 \end{pmatrix}$$

の 6 つの置換操作がある．置換操作の積 P_iP_j $(i, j = 1, 2, \ldots, 6)$ は，まず右側の操作 P_j を行い，それから左側の操作 P_i を行うものと約束する．よって

$$P_3P_6 = \begin{pmatrix} 1 & 2 & 3 \\ 1 & 3 & 2 \end{pmatrix}\begin{pmatrix} 1 & 2 & 3 \\ 3 & 1 & 2 \end{pmatrix} = \begin{pmatrix} 1 & 2 & 3 \\ 2 & 1 & 3 \end{pmatrix} = P_4$$

となる．この結果をもう少し丁寧に説明しておこう．まず P_6 を実行する．そこで P_6 の 1 列目に注目すると，この操作で 1 を 3 に移動する．さらに P_3 によって 3 を 2 に移動する．結局，この 2 つの操作で 1 が 2 に移動するから，P_3P_6 の 1 列目は

$$\begin{pmatrix} 1 & \cdots & \cdots \\ 2 & \cdots & \cdots \end{pmatrix}$$

となる．同様にして 2 列目と 3 列目を求めればよい．

群の元にはそれぞれ逆元がある．したがって，それぞれの置換操作 P_i には逆置換 P_i^{-1} がある．$P_iP_i^{-1} = P_1$ という性質を使うと P_i^{-1} を求められる．例えば P_6^{-1} を求めると

$$P_6^{-1} = \begin{pmatrix} 3 & 1 & 2 \\ 1 & 2 & 3 \end{pmatrix} = \begin{pmatrix} 1 & 2 & 3 \\ 2 & 3 & 1 \end{pmatrix} = P_2$$

となる．確認すると

$$P_6 P_6^{-1} = P_6 P_2 = \begin{pmatrix} 1 & 2 & 3 \\ 3 & 1 & 2 \end{pmatrix} \begin{pmatrix} 1 & 2 & 3 \\ 2 & 3 & 1 \end{pmatrix} = \begin{pmatrix} 1 & 2 & 3 \\ 1 & 2 & 3 \end{pmatrix} = P_1$$

となり，確かに P_2 は P_6 の逆元である．

対称群 S_3 は単位元 P_1 以外に 2 つの元 P_2 と P_3 だけから生成できる．つまりほかの元はすべて P_2 と P_3 の積で書けるのである．具体的には

$$P_4 = P_2 P_3, \qquad P_5 = P_2^2 P_3, \qquad P_6 = P_2^2$$

である．確認していただきたい．

対称群 S_n は有限群の理論の中で重要な位置をしめる．位数 n の有限群はすべて対称群 S_n の何らかの部分群と同型なのである．これを**ケーリーの定理**という．この定理の証明は群論の教科書を参照していただきたい．

物理学においては，置換操作の群は同種粒子の量子力学で重要になる．同種の粒子がいくつか集まった状態に対して，2 つの粒子を入れ換えた状態をつくっても，量子力学的には 2 つの状態を区別できない．したがって，さまざまな物理量が粒子の入れ換えに関して不変になる．この不変性の帰結は，群論の量子力学への応用を述べた教科書にはたいてい書いてある．

12.6 部分群と剰余類

ある群 G の元の部分集合がそれ自体で群をなすとき，それを G の部分群とよぶことはすでに述べた．また位数 3 の置換群 C_3 は位数 6 の対称群 S_3 の部分群であることも述べた．ここで C_3 の位数は S_3 の位数の因数であることに着目しよう．一般に

> 部分群の位数は全体群（つまり部分群をつくるもととなる群）の位数の因数である．

が成り立つ．

これは以下のように証明できる．群 G は位数 n で，元を $g_1 (= E), g_2, \ldots, g_n$ とする．また群 H は群 G の部分群で位数 m とし，元を $h_1 (= E), h_2, \ldots, h_m$ とする．群 G の元のうちで部分群 H に含まれない元 g を選んできて部分群 H の元のそれぞれに掛けよう（もしそのような元 g がなければ $H = G$ ということだから $m = n$ となり，上の定理は明らかに成り立つ．よって以下では g が存在する場合のみを考える）．こうしてできた集合 $gh_k \, (1 \leq k \leq m)$ を，群 H の g に関する**左剰余類**とよび gH と書く（g を左から掛けるので「左」剰余類という）．

左剰余類の元 gh_k はすべて違うはずである．もし同じものがあれば $gh_k = gh_l$ となるが，両辺に左から g^{-1} を掛けると $h_k = h_l$ となってしまい，H が群であるという仮

定に反するからである．また，左剰余類の元 gh_k は群 H の元ではない．もし群 H の元だったとすると $gh_k = h_j$ から

$$g = h_j h_k^{-1}$$

となるが，右辺は群 H の元と逆元の積だからやはり群 H の元である．つまり g が群 H の元であることになってしまう．これは g が群 H の元ではないという仮定と矛盾する．

H の左剰余類は群をなさない．単位元 $g_1 = h_1 = E$ を含まないからである．もし群をなすとすると，$gh_j = E$ となる元があるはずである．すると $g = h_j^{-1}$ となり，g が群 H の元であることになってしまう．これはやはり g が群 H の元ではないという仮定と矛盾する．

群 G に属して部分群 H には属さない元 g のそれぞれに対して左剰余類 gH がつくられる．部分群 H には単位元が含まれるから，gH には g そのものが含まれる．

群 G を次のようにして剰余類の和集合の形に表せる．まず，部分群 H に属さない元 g_1 を選んで左剰余類 g_1H をつくる．次に，部分群 H にも左剰余類 g_1H にも属さない元 g_2 を選んで左剰余類 g_2H をつくる．こうして左剰余類 $g_1H, g_2H, \ldots$ をつくっていくと，やがて部分群 H と左剰余類で群 G の元をすべて尽くすようになる．つまり $G = H + g_1H + g_2H + \cdots + g_pH$ となる．ここで，異なる元による剰余類 g_1H と g_2H には共通の元がない．もし共通な元があると $g_1h_k = g_2h_l$ となるが，両辺に右から h_l^{-1} を掛けて $g_2 = g_1 h_k h_l^{-1}$ となる．ここで $h_k h_l^{-1}$ は部分群 H の元だから g_2 が g_1H に属することになってしまう．これは g_2 を g_1H に属さないように選ぶという仮定に反する．

以上から，G は H と，互いに重ならない左剰余類との和集合になる．これを**左剰余類分解**という．H にも左剰余類にも元がそれぞれ m 個ある．よって，それらの和集合である G の元の個数は m で割り切れる．こうして上の定理を証明できた．位数の比 n/m を G における H の**指数**という．

上の定理から，素数 p を位数とする群には部分群がないことが直ちにわかる．例えば元 A をもとにして生成する巡回群で $A^p = E$ となるものには部分群がない．

12.7　共役類と不変部分群

群を部分集合に分けるには，剰余類分解のほかにもう一つ方法がある．それには**共役類**という考え方を使う．ある群の中の2つの元 a と b が，同じ群の元 u と u^{-1} によって

$$b = u^{-1}au$$

と関係づけられるとき，b は a を元 u で変換した元であるといい，a と b は互いに共役（あるいは等価）であるという．共役性には次の3つの性質がある．

(1) すべての元は自分自身と共役である（**再帰性**）．なぜなら，u を群の単位元 E にとれば $a = E^{-1}aE$ だからである．

(2) 元 a が元 b と共役であれば，逆に元 b は元 a と共役である（**対称性**）．つまり元 a と b は互いに共役である．なぜなら，$a = u^{-1}bu$ のとき $b = uau^{-1} = (u^{-1})^{-1}a(u^{-1})$ となるからである．u^{-1} も群の元であるからあらためて u^{-1} を u と書けば $b = u^{-1}au$ が成り立っている．

(3) 元 a が元 b と c のいずれとも共役なとき，元 b と c は互いに共役である（**推移性**）．なぜなら，$a = u^{-1}bu$ と $a = v^{-1}cv$ が成り立てば $b = uv^{-1}cvu^{-1} = (vu^{-1})^{-1}c(vu^{-1})$ となるからである．v も u^{-1} も群の元であるから，vu^{-1} も群の元である．

以上の性質を使うと，群を互いに共役な元の部分集合に分類できる．このような部分集合を群の**共役類**とよぶ．

例 12.11

対称群 S_3 には

$$P_1 = E, \quad P_2, \quad P_3, \quad P_4 = P_2 P_3, \quad P_5 = P_2^2 P_3, \quad P_6 = P_2^2$$

の 6 つの元がある．この 6 つは

$$\{P_1\}; \quad \{P_2, P_6\}; \quad \{P_3, P_4, P_5\}$$

の 3 つの共役類に分割できる．

さて，以下の事実を証明なしに述べておく．
(1) 単位元は常にそれだけで 1 つの共役類になる．
(2) アーベル群（可換群）の元は，それぞれが 1 つの共役類になる．
(3) 1 つの共役類の中の元はすべて周期[*2)]が同じである．

群 G の部分群 H の任意の元を h とする．群 G の元 u それぞれに対して $u^{-1}hu$ を計算する．このような元の集合はそれ自体が群をなす．この群は G の部分群であり，また H と同型である．このような部分群を H の共役部分群とよぶ．部分群 H と，その共役部分群が一致するとき，この部分群を群 G の不変部分群または自己共役部分群とよぶ．

例 12.12

例 12.11 の対称群 S_3 を再び例にとろう．巡回群 $C_3 = \{P_1, P_2, P_6\}$ は対称群 S_3 の部分群である．この巡回群のそれぞれの元に対して

[*2)] 訳注：405 ページの訳注を参照．

$$P_i^{-1}P_1P_i = P_1 \quad (i=1,2,3,4,5,6),$$
$$P_1^{-1}P_2P_1 = P_2, \qquad P_2^{-1}P_2P_2 = P_2,$$
$$P_3^{-1}P_2P_3 = P_3P_4 = P_6, \qquad P_4^{-1}P_2P_4 = P_4P_5 = P_6,$$
$$P_5^{-1}P_2P_5 = P_3^{-1}P_2^{-2}P_2P_2^2P_3 = P_6, \qquad P_6^{-1}P_2P_6 = P_2^{-2}P_2P_2^2 = P_2,$$
$$P_1^{-1}P_6P_1 = P_6, \qquad P_2^{-1}P_6P_2 = P_2^{-1}P_2^2P_2 = P_6,$$
$$P_3^{-1}P_6P_3 = P_3P_2^2P_3 = P_3P_5 = P_2, \qquad P_4^{-1}P_6P_4 = P_3^{-1}P_2^{-1}P_2^2P_2P_3 = P_2,$$
$$P_5^{-1}P_6P_5 = P_3^{-1}P_2^{-2}P_2^2P_2^2P_3 = P_2, \qquad P_6^{-1}P_6P_6 = P_6$$

となる．よって C_3 は S_3 の不変部分群である．

12.8 群の表現

例 12.9 などで，行列のなす群がほかの群と同型である例をみた．このように群の元を行列で表す手法は，物理学において非常に強い力を発揮する．群の表現論をすべて述べるのはこの本の範囲では無理である．ここでは要点をかいつまんで述べるにとどめる．

群 G の元 $g_1, g_2, g_3, \ldots$ のそれぞれに対して正則な正方行列 $D(g_1), D(g_2), D(g_3), \ldots$ を対応させる．ここで

$$g_i g_j = g_k \quad \text{に対して} \quad D(g_i)D(g_j) = D(g_k) \tag{12.2}$$

が成り立つとき，行列の集合は群をなす．この群 G' は群 G と同型か準同型である．このような行列の集合を群 G の**表現**とよぶ．行列が $n \times n$ 行列のとき n 次元表現という．つまり行列の次数が表現 D_n の次元である．最も単純な例としては，群の元のそれぞれにすべて単位行列を対応させる表現である．また，例 12.9 の 4 つの行列は表 12.3 のような群の 2 次元表現である．

群 G の元と行列表現 G' の元が 1 対 1 に対応していれば両者は同型であり，表現 G' は**忠実**であるという．1 つの行列 D が群 G のいくつもの元に対応する場合は，G は行列の表現群 G' に準同型であり，表現は忠実ではないという．

ある群 G の n 次元表現行列の群 $D = \{D(g_1), D(g_2), D(g_3), \ldots, D(g_p)\}$ がつくられたとしよう．すると，**相似変換**によって別の表現群 D' が

$$D'(g) = S^{-1}D(g)S \tag{12.3}$$

とつくられる．ここで S は正則行列である．D' が表現になっていることは

$$D'(g_i)D'(g_j) = S^{-1}D(g_i)SS^{-1}D(g_j)S$$
$$= S^{-1}D(g_i)D(g_j)S$$
$$= S^{-1}D(g_ig_j)S$$
$$= D'(g_ig_j)$$

のように確認できる．このように相似変換で関係している表現群は一般に等価とみなす．ただし，2つの等価な表現群の行列の形はかなり違う．このような自由度があるので，相似変換でも変化しないような不変量をみつけておくことが大事である．不変量としては表現行列の対角和を使うとよい．行列の対角和は相似変換でも変化しない．

表現群の各行列を相似変換でブロック対角化できる場合が往々にしてある．つまり

$$S^{-1}DS = \begin{pmatrix} D^{(1)} & 0 \\ 0 & D^{(2)} \end{pmatrix} \quad (12.4)$$

の形で，$D^{(1)}$ が m 次の正方行列 ($m < n$)，$D^{(2)}$ が $n - m$ 次の正方行列である．このとき，元々の表現は $D^{(1)}$ と $D^{(2)}$ に**可約**であるという．これを

$$D = D^{(1)} \oplus D^{(2)} \quad (12.5)$$

と書き，表現 D は表現 $D^{(1)}$ と $D^{(2)}$ に分解される，または D は $D^{(1)}$ と $D^{(2)}$ の**直和**であるという．

表現群 $D(g)$ がどんな相似変換によっても式 (12.4) の形にできないとき，この表現は**既約**であるという．**既約表現**は最も簡約化された表現である．ほかの表現は既約表現を組み合わせてつくり上げられる．つまり既約表現は群の表現の基本単位なのである．

群の表現は一般に多数ある．その中には必ず**ユニタリ表現**がある．ユニタリ表現とは表現行列がユニタリ行列であるような表現である．ユニタリ行列は対角化できる．その固有値は量子状態の記述や分類に使われる．そのためユニタリ表現は量子力学で本質的な役割を果たす．

ある群に対してすべての既約表現を求めるのは，たいていは非常に面倒な作業である．しかし，物理学の問題への応用においては，ほとんどの場合は既約表現の行列の対角和だけ知っていればよい．行列の対角和は相似変換でも変化しない．よって表現群を特定したり特徴づけたりするのに使える．そこで行列の対角和を**表現の指標**とよぶ．

同じ共役類に属する元，つまり互いに共役な元はすべて指標が同じである．なぜなら，同じ共役類の元は相似変換で関係づけられるからである．したがって，群のすべての共役類から1つずつ元を選んでその指標を求めれば，物理の問題に必要な情報はすべてそろったといえる．

このように，表現の指標は群論で重要な役割を果たす．しかし，ある表現が既約か可約かを判定する方法を議論するのは本書の範囲を超えている．ここでは群の表現に関する重要な定理をいくつか，証明なしに述べることにする．

　　(1) ある既約表現のすべての元の行列と可換な行列は，単位行列の定数倍しかありえない（ゼロ行列の可能性もある）．つまり，群の任意の元 g の表現行列 $D(g)$ と可換

$$D(g)A = AD(g)$$

であるような行列 A は必ず単位行列の定数倍である．

(2) 表現行列のすべてと可換な行列が単位行列の定数倍しかないとき，その表現は既約である．

定理 (1) と (2) はいずれも，次に述べる**シューアの補題**から導ける．

(3) **シューアの補題**：ある群 G に 2 つの既約表現 $D^{(1)}$ と $D^{(2)}$ があり，それぞれ n 次元と n' 次元とする．ここで，G のすべての元 g に対して

$$AD^{(1)}(g) = D^{(2)}(g)A$$

が成り立つような行列 A が存在したとする．このとき $n \neq n'$ なら $A = 0$ である．また $n = n'$ なら $A = 0$ か，あるいは $D^{(1)}$ と $D^{(2)}$ は正則行列 A による相似変換のもとで等価な表現である．

(4) **直交定理**：群 G の位数を h とする．群 G の任意の既約ユニタリ表現 $D^{(1)}$ と $D^{(2)}$ がそれぞれ d_1 次元と d_2 次元とする．このとき

$$\sum_{g \in G} \left[D^{(i)}_{\alpha\beta}(g) \right]^* D^{(j)}_{\gamma\delta}(g) = \frac{h}{d_i} \delta_{ij} \delta_{\alpha\gamma} \delta_{\beta\delta}$$

という直交性がある．なお $D^{(i)}_{\alpha\beta}(g)$ は行列 $D^{(i)}(g)$ の行列要素である．和は群 G のすべての元 g に関してとる．

12.9 いくつかの特別な群

多くの物理系には対称性があり，それに対応して不変な物理量が存在する．例えば**並進対称性**（空間の一様性）に対応して，閉じた系では運動量が保存される．また**回転対称性**（空間の等方性）に対応して角運動量が保存される．群論は対称性を議論するのにきわめて適している．この節では幾何学的対称性を取り上げる．具体的な例によって群のさまざまな概念がより明確になるだろう．また例の中で特別な群もいくつか登場する．

まず対称操作について簡単に述べる．ある系において，ある面の片側の点がすべて反対側の点の鏡像になっているとき，その面を系の**鏡映面**という．ある系をある軸のまわりに一定の角度だけ回転するともとと完全に重なるとき，その軸を**回転対称軸**という．ある点から位置ベクトル r にある点を $r \to -r$ に移動しても系が変化しないとき，位置ベクトルの中心となる点を**反転点**という．ある系を回転してから反転しても変化しないとき，系には**回反中心**があるという．

対称操作には結果的に同じになる操作がある．図 12.2 に示すように，ある軸に関して $180°$ 回転してから軸上の点に関して反転すると，軸に垂直な面に関する鏡映と同じになる．

回転操作には 2 つの見方がある．これを図 12.3 に示す．いわゆる能動的な見方によると，系（物体）が x_3 軸のまわりに時計回りに角度 θ だけ回転する．受動的な見方では，座標軸が角度 θ だけ反時計回りに回転する．いずれの見方をしても結果は同じである．

12.9 いくつかの特別な群

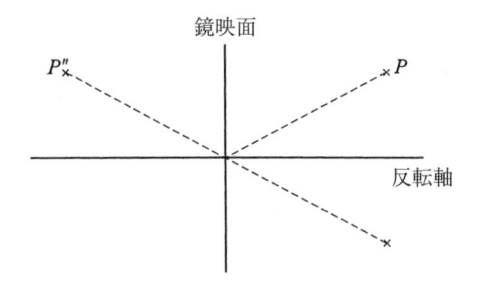

図 12.2 横軸に関して 180° 回転してから原点に関して反転すると，点 P は点 P'' に移る．横軸に垂直で原点を通る面に関する鏡映も同じ操作になる．

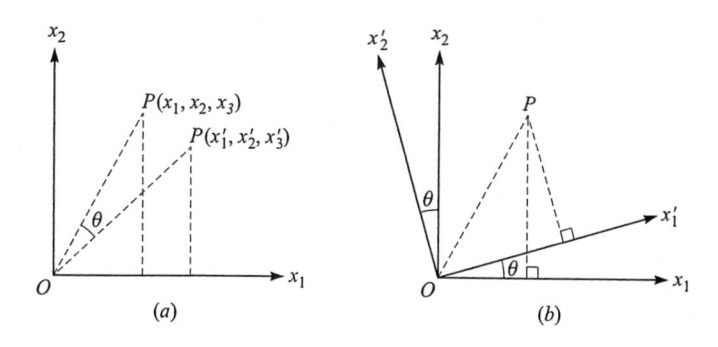

図 12.3 回転操作の (a)「能動的」な見方と (b)「受動的」な見方の違い．

回転前の座標 (x_1, x_2, x_3) と回転後の座標 (x_1', x_2', x_3') の関係は，いずれの見方でも

$$\left.\begin{array}{l} x_1' = x_1 \cos\theta + x_2 \sin\theta, \\ x_2' = -x_1 \sin\theta + x_2 \cos\theta, \\ x_3' = x_3 \end{array}\right\} \tag{12.6}$$

となる．

　回転，鏡映，反転といった操作は一般に

$$\left.\begin{array}{l} x_1' = \alpha_{11}x_1 + \alpha_{12}x_2 + \alpha_{13}x_3 \\ x_2' = \alpha_{21}x_1 + \alpha_{22}x_2 + \alpha_{23}x_3 \\ x_3' = \alpha_{31}x_1 + \alpha_{32}x_2 + \alpha_{33}x_3 \end{array}\right\} \tag{12.7}$$

という線形変換の形に書ける．行列の形では

$$\tilde{x}' = \tilde{\alpha}\tilde{x} \tag{12.8}$$

となる．ここで

$$\tilde{\alpha} = \begin{pmatrix} \alpha_{11} & \alpha_{12} & \alpha_{13} \\ \alpha_{21} & \alpha_{22} & \alpha_{23} \\ \alpha_{31} & \alpha_{32} & \alpha_{33} \end{pmatrix}, \quad \tilde{x} = \begin{pmatrix} x_1 \\ x_2 \\ x_3 \end{pmatrix}, \quad \tilde{x}' = \begin{pmatrix} x_1' \\ x_2' \\ x_3' \end{pmatrix}$$

である．例えば式 (12.6) に対しては

$$\tilde{\alpha} = \begin{pmatrix} \cos\theta & \sin\theta & 0 \\ -\sin\theta & \cos\theta & 0 \\ 0 & 0 & 1 \end{pmatrix} \quad (12.6\text{a})$$

である．一般に行列 $\tilde{\alpha}$ は直交行列で，行列式は ± 1 である．行列式が -1 になるのは鏡映変換を奇数回含むような操作の場合である．

回転，原点を通る軸に関する反転，原点を通る面に関する鏡映などの操作では，変換される点の原点からの距離は不変である．つまり

$$r^2 = x_1^2 + x_2^2 + x_3^2 = {x_1'}^2 + {x_2'}^2 + {x_3'}^2 \quad (12.9)$$

である．

12.9.1 対称群 D_2 と D_3

対称性と群の関係について簡単な例を 2 つあげよう．最初の例は **2 回回転対称軸**（単に **2 回軸**ともよぶ）である．次のような 6 個の粒子からなる系を考える．すなわち，x 軸上の $\pm a$ に粒子 A が 1 個ずつ，y 軸上の $\pm b$ に粒子 B が 1 個ずつ，z 軸上の $\pm c$ に粒子 C が 1 個ずつある．粒子は分子中の原子でもよいし結晶中の原子でもよい．x 軸，y 軸，z 軸の 3 軸ともに 2 回軸である．恒等変換（無回転）で系が変化しないだけではなく，3 軸のまわりに π だけ回転する操作の組み合わせを行っても系は変化しない．x 軸，y 軸，z 軸のまわりの回転を式 (12.6a) の形に表すと，それぞれ

$$\tilde{\alpha}(\pi) = \begin{pmatrix} 1 & 0 & 0 \\ 0 & -1 & 0 \\ 0 & 0 & -1 \end{pmatrix},$$

$$\tilde{\beta}(\pi) = \begin{pmatrix} -1 & 0 & 0 \\ 0 & 1 & 0 \\ 0 & 0 & -1 \end{pmatrix},$$

$$\tilde{\gamma}(\pi) = \begin{pmatrix} -1 & 0 & 0 \\ 0 & -1 & 0 \\ 0 & 0 & 1 \end{pmatrix}$$

となる．もちろん恒等変換は単位行列

12.9 いくつかの特別な群

表 12.5 4つの元 $\tilde{E}$, $\tilde{\alpha}(\pi)$, $\tilde{\beta}(\pi)$, $\tilde{\gamma}(\pi)$ がなす 2 面体群 D_2 の群表.

	$\tilde{E}$	$\tilde{\alpha}$	$\tilde{\beta}$	$\tilde{\gamma}$
$\tilde{E}$	$\tilde{E}$	$\tilde{\alpha}$	$\tilde{\beta}$	$\tilde{\gamma}$
$\tilde{\alpha}$	$\tilde{\alpha}$	$\tilde{E}$	$\tilde{\gamma}$	$\tilde{\beta}$
$\tilde{\beta}$	$\tilde{\beta}$	$\tilde{\gamma}$	$\tilde{E}$	$\tilde{\alpha}$
$\tilde{\gamma}$	$\tilde{\gamma}$	$\tilde{\beta}$	$\tilde{\alpha}$	$\tilde{E}$

$$\tilde{E} = \begin{pmatrix} 1 & 0 & 0 \\ 0 & 1 & 0 \\ 0 & 0 & 1 \end{pmatrix}$$

で表される.

 これら 4 つの元はアーベル群をなす.群表は表 12.5 のようになる.簡単なので,行列を掛け算して確認していただきたい.もちろん回転操作を実際に行って確認することもできるが,面倒な作業になる.その面倒な作業に群論という数学によって表現を与えると計算が簡単になる.これは,系が複雑になって物理的な解釈が難しくなると数学の威力が発揮されるという格好の例である.

 表 12.5 の群は 2 回軸をもつ **2 面体群**とよび,通常 D_2 と表す.一般に,3 次元空間中で正 n 角形 ($n = 2, 3, 4, 6$) を自分自身に移す変換全体のなす群を 2 面体群といい,D_n で表す.2 面体群 D_n には n 回軸に加えて,それに垂直な 2 回軸が n 本ある.n 本の 2 回軸は角度 π/n の間隔をおいて交わっている.結晶学において非常に有用な群である.

 次の例には **3 回軸**を取り上げる.例 12.8 に戻って考えよう.2 次元面内で正三角形を $0°$, $120°$, $240°$ と回転しても変化がない.なお,角度 $0°$ だけ回転するというのは回転しないという意味である.これは単位元であり,単位行列

$$\tilde{E} = R_z(0°) = \begin{pmatrix} 1 & 0 \\ 0 & 1 \end{pmatrix}$$

で表される.ほかの 2 つの回転についても簡単に行列で表せる.結果は直交行列

$$\tilde{A} = R_z(120°) = \begin{pmatrix} -1/2 & -\sqrt{3}/2 \\ \sqrt{3}/2 & -1/2 \end{pmatrix},$$

$$\tilde{B} = R_z(240°) = \begin{pmatrix} -1/2 & \sqrt{3}/2 \\ -\sqrt{3}/2 & -1/2 \end{pmatrix}$$

になる.$360°$ の回転は単位元と同じである.3 つの元 $(\tilde{E}, \tilde{A}, \tilde{B})$ は巡回群 C_3 をなす.群表は表 12.6 のようになる.この系では z 軸が 3 回軸である.

 正三角形には xy 平面内にさらに回転対称軸が 3 つある.図 12.4 の直線 OP, OQ, OR はそれぞれ 2 回軸である.これらの軸のまわりの $180°$ 回転,あるいはこれらの軸

表 12.6 巡回群 C_3 の群表.

	$\tilde{E}$	$\tilde{A}$	$\tilde{B}$
$\tilde{E}$	$\tilde{E}$	$\tilde{A}$	$\tilde{B}$
$\tilde{A}$	$\tilde{A}$	$\tilde{B}$	$\tilde{E}$
$\tilde{B}$	$\tilde{B}$	$\tilde{E}$	$\tilde{A}$

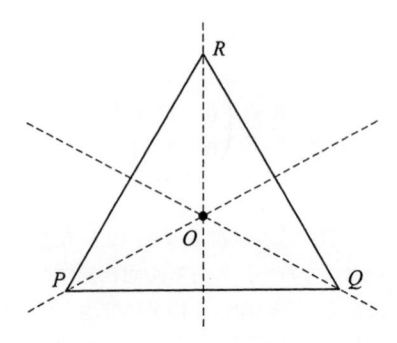

図 12.4 正三角形の面内にある 3 つの 2 回軸.

に関する反転に関して正三角形は不変である．結局，以下の 6 つの操作に関して正三角形は変化しない．

- $\tilde{E}$ 恒等変換．
- $\tilde{A}$ z 軸のまわりに 120° 回転．
- $\tilde{B}$ z 軸のまわりに 240° 回転．
- $\tilde{C}$ 直線 OR（つまり y 軸）に関して反転．
- $\tilde{D}$ 直線 OQ に関して反転．
- $\tilde{F}$ 直線 OP に関して反転．

変換操作 $\tilde{C}$ は x 座標を反転する操作だから，行列で表すと

$$\tilde{C} = R_{OR}(180°) = \begin{pmatrix} -1 & 0 \\ 0 & 1 \end{pmatrix}$$

となる．次に，直線 OQ に関する反転 $\tilde{D}$ は，z 軸のまわりに 240° 回転してから y 軸に関して反転するという 2 つの操作の組み合わせで表せる（図 12.5）．よって，行列表現すると

$$\tilde{D} = R_{OQ}(180°) = \tilde{C}\tilde{B}$$
$$= \begin{pmatrix} -1 & 0 \\ 0 & 1 \end{pmatrix} \begin{pmatrix} -1/2 & \sqrt{3}/2 \\ -\sqrt{3}/2 & -1/2 \end{pmatrix} = \begin{pmatrix} 1/2 & -\sqrt{3}/2 \\ -\sqrt{3}/2 & -1/2 \end{pmatrix}$$

と表せる．同様に，直線 OP に関する反転は z 軸のまわりに 120° 回転してから y 軸に関して反転する操作と同じだから，

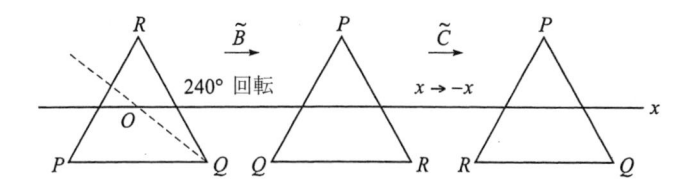

図 12.5 直線 OQ に関する反転は, z 軸のまわりに 240° 回転してから y 軸に関して反転するという操作と等価である.

表 12.7 非アーベル群 D_3 の群表.

	$\tilde{E}$	$\tilde{A}$	$\tilde{B}$	$\tilde{C}$	$\tilde{D}$	$\tilde{F}$
$\tilde{E}$	$\tilde{E}$	$\tilde{A}$	$\tilde{B}$	$\tilde{C}$	$\tilde{D}$	$\tilde{F}$
$\tilde{A}$	$\tilde{A}$	$\tilde{B}$	$\tilde{E}$	$\tilde{D}$	$\tilde{F}$	$\tilde{C}$
$\tilde{B}$	$\tilde{B}$	$\tilde{E}$	$\tilde{A}$	$\tilde{F}$	$\tilde{C}$	$\tilde{D}$
$\tilde{C}$	$\tilde{C}$	$\tilde{F}$	$\tilde{D}$	$\tilde{E}$	$\tilde{B}$	$\tilde{A}$
$\tilde{D}$	$\tilde{D}$	$\tilde{C}$	$\tilde{F}$	$\tilde{A}$	$\tilde{E}$	$\tilde{B}$
$\tilde{F}$	$\tilde{F}$	$\tilde{D}$	$\tilde{C}$	$\tilde{B}$	$\tilde{A}$	$\tilde{E}$

$$\tilde{F} = R_{OP}(180°) = \tilde{C}\tilde{A} = \begin{pmatrix} 1/2 & \sqrt{3}/2 \\ \sqrt{3}/2 & -1/2 \end{pmatrix}$$

と表現できる.

上の 6 つの操作は群をなす. この群は結晶学の分野で 3 回軸をもつ 2 面体群とよび, D_3 と表す. 群表は表 12.7 のようになる. 非アーベル群であることがわかる. 上で得た行列表現は, この非アーベル群の 2×2 行列による既約表現である.

12.9.2　1 次元ユニタリ群 $U(1)$

次に無限群を取り上げる. ここで扱う無限群の元はいくつかのパラメータを含んでいて, そのパラメータがある範囲で連続的に変化する. つまり連続群である. 例 12.7 で, 4 つの複素数 $(1, i, -1, -i)$ が位数 4 の巡回群をなすことを確認した. この 4 つの複素数は $e^{i\varphi}$ の形に書け, それぞれ $\varphi = 0, \pi/2, \pi, 3\pi/2$ である. よって, それぞれ複素平面内の角度 $(0, \pi/2, \pi, 3\pi/2)$ の回転と解釈できる. ここで φ が区間 $[0, 2\pi]$ で連続的に変化すると考えると, 位数 4 の巡回群のかわりに掛け算に関する連続群となる. 量子力学においては $e^{i\varphi}$ は波動関数の位相因子である. そこでこれを $U(\varphi)$ と表そう.

群の公理 4 つがすべてみたされているのは以下のようにして簡単に確認できる. 明らかに $U(0)$ は単位元である. 次に, 2 つの元の積は

$$U(\varphi)U(\varphi') = e^{i(\varphi+\varphi')} = U(\varphi+\varphi')$$

となり, $U(\varphi+\varphi')$ も群の元である. 任意の元 $U(\varphi)$ の逆元は $U(-\varphi)$ である. なぜなら

$$U(\varphi)U(-\varphi) = U(-\varphi)U(\varphi) = U(0) = E$$

である．結合則は

$$[U(\varphi_1)U(\varphi_2)]U(\varphi_3) = e^{i(\varphi_1+\varphi_2)}e^{i\varphi_3} = e^{i(\varphi_1+\varphi_2+\varphi_3)}$$
$$= e^{i\varphi_1}e^{i(\varphi_2+\varphi_3)} = U(\varphi_1)[U(\varphi_2)U(\varphi_3)]$$

のようにみたされている．

この群を **1 次元ユニタリ群**とよび，$U(1)$ と表す．この群の元は $0 \leq \varphi \leq 2\pi$ で変化する連続変数 φ に対応づけられる．φ のとる値は連続無限個あるので，群 $U(1)$ の元も連続無限個ある．

さらに，群 $U(1)$ の元は微分できる．微分すると

$$dU = U(\varphi + d\varphi) - U(\varphi) = e^{i(\varphi+d\varphi)} - e^{i\varphi}$$
$$= e^{i\varphi}(1 + id\varphi) - e^{i\varphi} = ie^{i\varphi}d\varphi = iUd\varphi,$$

つまり

$$\frac{dU}{d\varphi} = iU$$

となる．元がパラメータの微分可能な関数で表されるような無限群を**リー群**とよぶ．群の元が微分できると，生成子という考え方を使えるようになる．また，群全体を調べなくても，単位元の付近の元を調べるだけで群全体の性質がわかる．このためリー群は特に興味深い群である．もう少しリー群について述べよう．

12.9.3 特殊直交群 $SO(2)$ と $SO(3)$

n 次元ユークリッド空間内の回転や反転は群をなす．これを**直交変換群**とか**直交群**とよび，$O(n)$ と表す．この群の元は $n \times n$ 直交行列で表現できる．$n \times n$ 直交行列には独立なパラメータが $n(n-1)/2$ 個あり，これが $O(n)$ の元を表している．直交行列の行列式は ± 1 であるが，行列式が $+1$ の元だけに限る（つまり回転だけで反転を含めない）とき，そのような部分群を**特殊直交群**といい $SO(n)$ で表す（O_n^+ という記号を使うこともある）．

2 次元特殊直交群 $SO(2)$ は見慣れているはずである．xy 平面内の回転だから

$$\begin{pmatrix} x' \\ y' \end{pmatrix} = \tilde{R}(\theta) \begin{pmatrix} x \\ y \end{pmatrix} = \begin{pmatrix} \cos\theta & \sin\theta \\ -\sin\theta & \cos\theta \end{pmatrix} \begin{pmatrix} x \\ y \end{pmatrix}$$

と表せる．この群はパラメータ θ を 1 個だけ含んでいる．先にも述べたように，群論が物理学で役立つのは物理系を変換しても系が不変であることが往々にしてあるからである．今の場合は $x^2 + y^2$ が不変に保たれる．

元 $\tilde{R}(\theta)$ はパラメータ θ に関して微分できるので，$SO(2)$ はリー群である．ここでリー群の生成子について述べる．$SO(2)$ に属する回転は，行列

12.9 いくつかの特別な群

$$\tilde{\sigma}_2 = \begin{pmatrix} 0 & -i \\ i & 0 \end{pmatrix}$$

を使って生成できることを示そう[*3]. そのために生成子 $\tilde{\sigma}_2$ の指数関数 $e^{i\theta\tilde{\sigma}_2}$ を計算する. 行列の指数関数はテーラー展開を使って定義できる. ここで $\tilde{\sigma}_2^2 = \tilde{I}_2$ (2×2 の単位行列) となることに注意する. すると

$$e^{i\theta\tilde{\sigma}_2} = \sum_{n=0}^{\infty} \frac{(i\theta)^n}{n!}\tilde{\sigma}_2^n = \tilde{I}_2 \sum_{n\text{ 偶数}} \frac{(-1)^{n/2}}{n!}\theta^n + i\tilde{\sigma}_2 \sum_{n\text{ 奇数}} \frac{(-1)^{(n-1)/2}}{n!}\theta^n$$

$$= \tilde{I}_2 \cos\theta + i\tilde{\sigma}_2 \sin\theta = \begin{pmatrix} \cos\theta & \sin\theta \\ -\sin\theta & \cos\theta \end{pmatrix} = \tilde{R}(\theta)$$

となる. つまり $SO(2)$ の元は生成子 $\tilde{\sigma}_2$ の指数関数の形に表されることがわかる. このため $\tilde{\sigma}_2$ を $SO(2)$ の**回転の生成子**とよぶのである. 2つの元の掛け算が, 指数関数の肩で θ の足し算になることがわかる.

一般に, リー群の元はすべて

$$g(\theta_1, \theta_2, \ldots, \theta_n) = \exp\left(\sum_{k=1}^{n} i\theta_k F_k\right)$$

の形に表せることがわかっている. パラメータが n 個あるリー群には生成子 F_k が n 個ある.

$SO(2)$ において単位元に近い回転（無限小回転）は $\theta \simeq 0$ のような回転である. このとき $\tilde{R}(\theta) \simeq \tilde{I}_2 + i\theta\tilde{\sigma}_2$ となり, θ の1次の項に生成子が現れる. 別の言い方をすると, 回転行列 $\tilde{R}(\theta)$ の $\theta = 0$（単位元）における微分係数から生成子 $\tilde{\sigma}_2$ を求められる. 一般のリー群においても微分によって生成子を求められると推察される.

3次元ユークリッド空間内の回転は行列式が $+1$ の 3×3 直交行列で表せる. この回転のなす群を $SO(3)$ と書く. 3×3 直交行列には独立変数が3つある. よく使われるのはオイラー角である. つまり任意の回転を

$$R(\alpha, \beta, \gamma) = R_{z'}(0, 0, \alpha) R_y(0, \beta, 0) R_z(0, 0, \gamma)$$

の形に表す. ここで右辺の最初の回転が z 軸まわりの角度 γ の回転, 2番目が y 軸まわりの角度 β の回転, 最後が z' 軸（回転によって移動した新しい z 軸）まわりの角度 α の回転である. この3つの回転の組み合わせで3次元ユークリッド空間内の任意の回転を表せる. 各軸まわりの回転は

[*3] 訳注：3つの 2×2 行列

$$\tilde{\sigma}_1 = \begin{pmatrix} 0 & 1 \\ 1 & 0 \end{pmatrix}, \quad \tilde{\sigma}_2 = \begin{pmatrix} 0 & -i \\ i & 0 \end{pmatrix}, \quad \tilde{\sigma}_3 = \begin{pmatrix} 1 & 0 \\ 0 & -1 \end{pmatrix},$$

を**パウリ行列**という. $SO(2)$ の生成子はパウリ行列の第2成分である.

$$\tilde{R}_x(\theta) = \begin{pmatrix} 1 & 0 & 0 \\ 0 & \cos\theta & \sin\theta \\ 1 & -\sin\theta & \cos\theta \end{pmatrix},$$

$$\tilde{R}_y(\beta) = \begin{pmatrix} \cos\beta & 0 & -\sin\beta \\ 0 & 1 & 0 \\ \sin\beta & 0 & \cos\beta \end{pmatrix},$$

$$\tilde{R}_z(\gamma) = \begin{pmatrix} \cos\gamma & \sin\gamma & 0 \\ -\sin\gamma & \cos\gamma & 0 \\ 0 & 0 & 1 \end{pmatrix}$$

と表せる．$SO(3)$ の回転によって $x^2+y^2+z^2$ は不変に保たれる．

z 軸まわりの回転 $\tilde{R}_z(\gamma)$ は，それだけで群をなしている．つまり $SO(3)$ のアーベル部分群である．この部分群の生成子を求めるには元の $\gamma=0$ における微分係数を計算して，

$$-i \left.\frac{d}{d\gamma}\tilde{R}_z(\gamma)\right|_{\gamma=0} = \begin{pmatrix} 0 & -i & 0 \\ i & 0 & 0 \\ 0 & 0 & 0 \end{pmatrix} \equiv \tilde{S}_z$$

とする．係数 $-i$ がかかっているので $\tilde{S}_z$ はエルミート行列になる．これを使うと z 軸まわりの無限小角 $\delta\gamma$ の回転 $R_z(\delta\gamma)$ は

$$\tilde{R}_z(\delta\gamma) = \tilde{I}_3 + \left.\frac{d}{d\gamma}\tilde{R}_z(\gamma)\right|_{\gamma=0}\delta\gamma + O((\delta\gamma)^2) = \tilde{I}_3 + i\delta\gamma\tilde{S}_z$$

と表せる．有限の角度の回転は，無限小角の回転 $(\tilde{I}_3 + i\delta\gamma\tilde{S}_z)$ を

$$\tilde{R}_z(\delta\gamma_1 + \delta\gamma_2) = (\tilde{I}_3 + i\delta\gamma_1\tilde{S}_z)(\tilde{I}_3 + i\delta\gamma_2\tilde{S}_z)$$

のように何度も繰り返して行えるはずである．有限の角度 γ を角度 $\delta\gamma = \gamma/N$ の回転に N 分割して，$N\to\infty$ の極限をとると

$$\tilde{R}_z(\gamma) = \lim_{N\to\infty}\left[\tilde{I}_3 + i(\gamma/N)\tilde{S}_z\right]^N = \exp(i\gamma\tilde{S}_z)$$

となる．こうして，$\tilde{S}_z$ が部分群 R_z の生成子であることが確認できた．x 軸のまわりの回転，y 軸のまわりの回転もそれぞれ部分群をなし，同様に生成子を計算できる．

12.9.4　特殊ユニタリ群 $SU(n)$

$n\times n$ ユニタリ行列全体の集合は群をなす．これを $U(n)$ と書く．ユニタリ行列は一般に行列式の絶対値が 1 である．行列式が $+1$ という制限をみたすユニタリ行列は $U(n)$ の部分群をなす．これを n 次元**特殊ユニタリ群**とよび，$SU(n)$ と書く．この群の元には独立なパラメータが n^2-1 個ある．

$n=2$ の場合, $SU(2)$ の元は

$$\tilde{U} = \begin{pmatrix} a & b \\ -b^* & a^* \end{pmatrix}$$

の形に表せる. ここで a と b は任意の複素数で $|a|^2 + |b|^2 = 1$ をみたす. パラメータ a と b は実部と虚部を変化させられるが, 制限式が1つあるので独立な変数は $4-1=3$ 個である. この2つの複素数を**ケーリー—クライン・パラメータ**とよぶことが多い. 古典力学における回転を扱うためにケーリーとクラインが初めて導入した.

$SU(n)$ に属するユニタリ行列を指数関数

$$\tilde{U} = e^{i\tilde{H}}$$

の形に表そう. ここで $\tilde{H}$ がエルミート行列なら $\tilde{U}$ がユニタリ行列になることは簡単に示せる:

$$\left(e^{i\tilde{H}}\right)^\dagger \left(e^{i\tilde{H}}\right) = e^{-i\tilde{H}^\dagger} e^{i\tilde{H}} = e^{i(\tilde{H}-\tilde{H}^\dagger)} = \tilde{I}.$$

一般に, 任意の $n \times n$ ユニタリ行列は, ある特定の n^2 個の $n \times n$ エルミート行列 $\tilde{H}_k$ を使って

$$\tilde{U} = \exp\left(i \sum_{k=1}^{n^2} \theta_k \tilde{H}_k\right)$$

の形の指数関数に表せる. ここで θ_k は実数のパラメータである. n^2 個のエルミート行列 $\tilde{H}_k$ は $U(n)$ の生成子である. $SU(n)$ の元に限るには $\det \tilde{U} = 1$ という制限をみたさねばならない. ここで任意の正方行列 $\tilde{A}$ に対する恒等式

$$\det e^{\tilde{A}} = e^{\mathrm{Tr}\, \tilde{A}}$$

を使うと, $SU(n)$ に対する制限は $\mathrm{Tr}\, \tilde{H}_k = 0$ となる. つまり $SU(n)$ の生成子は対角和がゼロになるような $n \times n$ エルミート行列の n^2 個の集合である.

$SU(2)$ の元は複素平面内の回転を表す. 行列式は $+1$ である. 上で述べたように, 独立に変化する連続変数が3個ある. 一方, 特殊直交群 $SO(3)$ の行列式も $+1$ である. 3次元空間内の回転を表し, 独立変数が3個ある. この類似性から, $SU(2)$ と $SO(3)$ は同型か準同型ではないかと推測される. 実はこの2つの群の元が2対1に対応することがわかっている. つまり両者は準同型である. 証明は本書の範囲を越えるので省略する.

2次元特殊ユニタリ群 $SU(2)$ は特に素粒子物理学の分野でさまざまに応用されている. 例えば, 陽子と中性子は1つの同じ粒子 (核子) の, 電荷が違う2つの状態とみなせる. この2つの状態を区別するために**アイソスピン**という自由度を導入すると便利である. 電子のスピン空間と同じようにアイソスピン空間というものを考える. 図 12.6 のように, この空間内で核子のアイソスピンがある向きを向いた状態を陽子, 逆向きを向いた状態を中性子と見なす. 核子間相互作用を記述する理論がアイソスピン空間内の回

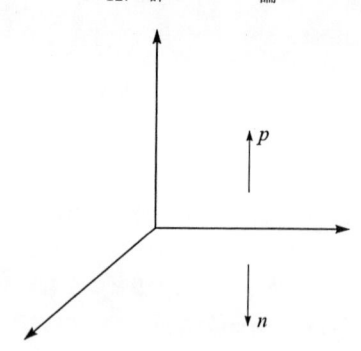

図 12.6 核子のアイソスピン空間．上向きアイソスピンを陽子，下向きアイソスピンを中性子とみなす．

転に対して不変と仮定しよう．このとき，陽子と中性子という状態が，ちょうど電子の上向きスピンと下向きスピンの状態のような $SU(2)$ 2 重項であると考えたくなる．ほかのハドロン（強い相互作用をする粒子）も同様に $SU(2)$ 多重項の状態として分類できる．このような理論を**素粒子の標準理論**という．しかしなぜ標準理論が $SU(2)$ 対称性を備えているかについて本質的な理解はまだ得られていない．

$n=3$ の場合には独立変数が $3^2-1=8$ 個ある．3 次元ユニタリ群 $SU(3)$ は量子色力学において非常に重要である．

12.9.5 斉次ローレンツ群

斉次ローレンツ群について述べる前に**ローレンツ変換**について説明する必要がある．特殊相対性理論の起源から始めよう．ニュートン力学では絶対系は存在しない．古典力学においては力学法則はすべての慣性系においてまったく同じように成り立つ．異なる慣性系の間は**ガリレイ変換**（ニュートン力学における相対性原理）によって自由に行き来できる．したがって絶対的に静止している系はありえない．これは，事象の起こった座標はみる人によって違うことを意味している．つまり空間座標は相対的なものなのである．実はニュートンはこれが気に入らなかった．彼は宇宙のどこか，遠い星かあるいは「エーテル」が絶対的に静止していると信じていた．後にこの考えは完全に否定され，空間が相対的であると理解された．ただし，ガリレイ変換においては時間は絶対的な量である．つまり時間はどの慣性系にも共通している．

ところが 19 世紀になって，電磁気学がニュートン力学の相対性原理をみたしていないことがわかってきた．電磁気学の基本はマクスウェル方程式である．そのマクスウェル方程式によると光（電磁波）の速さは光源の速さによらず一定である．ところがガリレイ変換を信じると，動いている物体が出す光の速さは止まっている物体が出す光の速さと違うはずである．つまり電磁気学においては絶対的に静止している慣性系が存在す

るようにみえる．実際にマクスウェル方程式はガリレイ変換に関して不変ではない．

この矛盾を解決するためにいくつもの実験が提案された．しかしマイケルソン–モーレーの実験でも矛盾が解決できず，ついにマクスウェル方程式が正しくてガリレイ変換が間違っていると考えられるに至った．マクスウェル方程式がすべての慣性系で同じように成り立つためには，異なる慣性系の間を行き来するためのガリレイ変換以外の座標変換が必要になる．その変換のもとでは電磁気学も力学も不変にならなければいけない．

そのような変換がローレンツ（H. Lorentz）によって導かれた**ローレンツ変換**である．ただし，その真の意味を初めて理解して画期的な一歩を踏み出したのはアインシュタインである．1905 年の論文「運動する物体の電気力学について」の中で，アインシュタインはたった 2 つの基本的仮定を基にして特殊相対性理論を構築した（*The Principle of Relativity*, Dover, New York, 1952 [内山龍雄訳・解説, 相対性理論, 岩波文庫, 1988]所収）．その 2 つの仮定とは

  (1) 物理法則はいかなる慣性系でもまったく同様に成り立つ．特別な慣性系は存在しない．

  (2) 自由空間における光の速さはどの慣性系からみても同じである．光源の速さには依存しない．

というものである．この仮定は**アインシュタインの相対性原理**とよばれ，時間と空間に関する考え方を根本から覆した．アインシュタインの特殊相対性理論に至って，空間の絶対性だけでなく時間の絶対性も否定されたのである．

例えば空間の点 A から別の点 B へ光のパルスを送ったとしよう．光の速さはパルスが走った距離をかかった時間で割ったものである．ニュートン力学では距離は相対的だが時間は絶対的なので，測定者によって光の速さは違ってみえる．ところが相対性理論では，距離は相対的なのに光の速さは誰が測っても同じである．したがってパルスが A から B まで走るのにかかった時間が測定者によって異なるはずである．つまり時間も相対的な量になる．

いよいよローレンツ変換を説明しよう（ただし導出については相対性理論の教科書を参照していただきたい）．2 つの慣性系を考える．対応する空間軸は互いに平行とする．一方の慣性系が他方に対して $x_1 (= x)$ 軸方向に速度 v で動いているとき，2 つの慣性系の時間と空間は

$$x'_1 = \gamma(x_1 + i\beta x_4),$$
$$x'_2 = x_2,$$
$$x'_3 = x_3,$$
$$x'_4 = \gamma(x_4 - i\beta x_1)$$

という関係にある．ここで $x_2 \equiv y$, $x_3 \equiv z$, $x_4 \equiv ict$, $\beta \equiv v/c$, $\gamma = 1/\sqrt{1-\beta^2}$ である．これがローレンツ変換である．以降は運動に垂直な方向の座標 x_2 と x_3 は省略

する．

相対速度が無限小 δv のとき，ローレンツ変換は

$$x'_1 = x_1 + i\delta\beta x_4,$$
$$x'_4 = x_4 - i\delta\beta x_1$$

となる．ここで $\delta\beta = \delta v/c$ である．また $\gamma = 1/\sqrt{1-(\delta\beta)^2} \simeq 1$ とおいた．上の無限小速度に対するローレンツ変換を行列で表すと

$$\begin{pmatrix} x'_1 \\ x'_4 \end{pmatrix} = \begin{pmatrix} 1 & i\delta\beta \\ -i\delta\beta & 1 \end{pmatrix} \begin{pmatrix} x_1 \\ x_4 \end{pmatrix}$$

である．これを使うと一般のローレンツ変換を行列の指数関数で表せる．まず

$$\begin{pmatrix} 1 & i\delta\beta \\ -i\delta\beta & 1 \end{pmatrix} = \begin{pmatrix} 1 & 0 \\ 0 & 1 \end{pmatrix} + \delta\beta \begin{pmatrix} 0 & i \\ -i & 0 \end{pmatrix} = \tilde{I} + \tilde{\sigma}\delta\beta$$

と変形する．ここで

$$\tilde{I} \equiv \begin{pmatrix} 1 & 0 \\ 0 & 1 \end{pmatrix}, \qquad \tilde{\sigma} \equiv \begin{pmatrix} 0 & i \\ -i & 0 \end{pmatrix}$$

である．行列 $\tilde{\sigma}$ はパウリ行列 $\tilde{\sigma}_2$ に負符号をつけたものである．こうして無限小速度に対するローレンツ変換が

$$\begin{pmatrix} x'_1 \\ x'_4 \end{pmatrix} = \left(\tilde{I} + \tilde{\sigma}\delta\beta\right) \begin{pmatrix} x_1 \\ x_4 \end{pmatrix}$$

と書けた．

有限速度に対するローレンツ変換は無限小速度に対する変換を何度も行えばよい．有限速度 θ を N 分割して $\delta\beta = \theta/N$ とすれば

$$\begin{pmatrix} x'_1 \\ x'_4 \end{pmatrix} = \left(\tilde{I} + \frac{\theta\tilde{\sigma}}{N}\right)^N \begin{pmatrix} x_1 \\ x_4 \end{pmatrix}$$

である．$N \to \infty$ の極限において，ローレンツ変換の行列は

$$\lim_{N\to\infty} \left(\tilde{I} + \frac{\theta\tilde{\sigma}}{N}\right)^N = e^{\theta\tilde{\sigma}}$$

のように指数関数の形に表せる．

上の指数関数をテーラー展開すると

$$e^{\theta\tilde{\sigma}} = \tilde{I} + \theta\tilde{\sigma} + \frac{1}{2!}(\theta\tilde{\sigma})^2 + \frac{1}{3!}(\theta\tilde{\sigma})^3 + \cdots$$

となる．ここで $\tilde{\sigma}^2 = \tilde{I}$ と

$$\sinh\theta = \theta + \frac{\theta^3}{3!} + \frac{\theta^5}{5!} + \frac{\theta^7}{7!} + \cdots,$$
$$\cosh\theta = 1 + \frac{\theta^2}{2!} + \frac{\theta^4}{4!} + \frac{\theta^6}{6!} + \cdots$$

という関係式を使うと

$$e^{\theta\tilde{\sigma}} = \tilde{I}\cosh\theta + \tilde{\sigma}\sinh\theta$$

となる．結局，有限速度のローレンツ変換は

$$\begin{pmatrix} x_1' \\ x_4' \end{pmatrix} = \begin{pmatrix} \cosh\theta & i\sinh\theta \\ -i\sinh\theta & \cosh\theta \end{pmatrix} \begin{pmatrix} x_1 \\ x_4 \end{pmatrix}$$

と書き直せた．ローレンツ変換の行列

$$\begin{pmatrix} \cosh\theta & i\sinh\theta \\ -i\sinh\theta & \cosh\theta \end{pmatrix}$$

は複素 $x_1 x_4$ 平面内での回転と解釈できる．$\tilde{\sigma}$ はこの回転の生成子である．

　上の議論では相対速度が x_1 方向の場合に限ったが，一般の方向の相対速度にそのまま拡張できる．このとき x_2 や x_3 は省略できないので，ローレンツ変換は 2×2 行列のかわりに 4×4 行列で表される．こうして得られた行列のなす群が**斉次ローレンツ群**である（なお，**非斉次ローレンツ変換**は 2 つの慣性系の原点が異なる場合の変換である）．

13

数値的方法

物理学や数学に現れる数学の問題には，解析的に解けるものはほとんどない．そこで，ある許容限度内で望ましい値を与えてくれる，少々近似は粗くても単純な数値的方法が好まれる．この章は，数値解法の全体像を網羅することは意図していない．例として，補間法，方程式の数値解法および数値積分常微分方程式の数値解法を扱う．

13.1 補　　間

18世紀にオイラーが，惑星の位置の観測データから楕円軌道を求める際に**補間法**を用いたのが，この数値解法のおそらく最初の応用例だろう．最も一般的な補間法の一つである**多項式補間**を簡単に眺めてみよう．観測値の組 $(x_0, y_0), (x_1, y_1), \ldots, (x_n, y_n)$ を，$y = f(x)$ という形のなめらかな曲線で表すための方法である．解析に便利なように，このなめらかな曲線は多項式

$$f(x) = a_0 + a_1 x + a_2 x^2 + \cdots + a_n x^n \tag{13.1}$$

で与えられるものとしよう．係数 $a_0, a_1, \ldots, a_n$ を求めるには，$n+1$ 個の与えられた点を用いる：

$$\left.\begin{array}{l} f(x_0) = a_0 + a_1 x_0 + a_2 x_0^2 + \cdots + a_n x_0^n = y_0, \\ f(x_1) = a_0 + a_1 x_1 + a_2 x_1^2 + \cdots + a_n x_1^n = y_1, \\ \qquad\qquad\qquad\vdots \\ f(x_n) = a_0 + a_1 x_n + a_2 x_n^2 + \cdots + a_n x_n^n = y_n, \end{array}\right\} \tag{13.2}$$

$n+1$ 個の係数を求めるには，この $(n+1)$ 元連立方程式を解けばよい．しかし，このようなやり方で直接的に係数を求めるのは実際にはかなりやっかいで，さまざまな簡便法が開発されている．ただし，紙数は限られているので，本書ではこれ以上は踏み込まない．

13.2 方程式の数値解法

方程式 $f(x) = 0$ の解は，**根**ともよばれる．ただし $f(x)$ は連続な実関数とする．$f(x)$ がある程度複雑で，直接解くことが不可能でも，近似解を探すことはできる．この節では，代数方程式と超越方程式の近似解を求めるための簡単な方法を概観する．多項式で表される方程式を**代数方程式**といい，簡略化しても代数方程式では表せないものを**超越方程式**とよぶ．例えば，$\tan x - x = 0$ や $e^x - 2\cos x = 0$ は超越方程式である．

13.2.1 図示法

$$f(x) = 0 \tag{13.3}$$

という方程式の近似解は，関数 $y = f(x)$ を図示し，$y = 0$ となる x の値を図から読み取れば求められる．図示の手続きは，式 (13.3) をまず

$$g(x) = h(x) \tag{13.4}$$

という形に書き直し，$y = g(x)$ と $y = h(x)$ を描く方が簡単になることが多い．2つの曲線の交点が，式 (13.4) の根の近似値を与える．例として，

$$f(x) = x^3 - 146.25x - 682.5 = 0$$

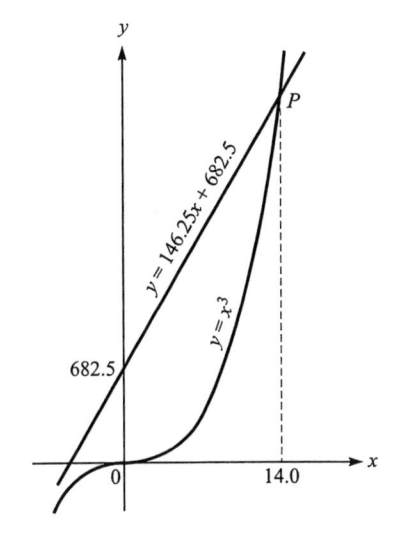

図 **13.1**

という方程式を考えよう．この根を求めるために，

$$y = x^3 - 146.25x - 682.5$$

を図示することもできるが，図 13.1 に示すように，2 つの曲線

$$y = x^3 \quad (3 乗曲線) \quad および \quad y = 146.25x + 682.5 \quad (直線)$$

を図示する方が簡単である．

図示法の欠点は，解の精度を上げようとすればするほど，大きな図を描かなければいけないことである．この面倒を避けるために，さまざまな**逐次近似法**（あるいは**単純反復法**）が開発された．以後の節で，そのいくつかを概観しよう．

13.2.2　線形補間法

式 (13.3) の解 x_0 は，まず x_1 と x_2 の間にあると視察して，区間 (x_1, x_2) で $y = f(x)$ のグラフは図 13.2 に示すようになっているとしよう．点 $P_1(x_1, f(x_1))$ と点 $P_2(x_2, f(x_2))$ を結ぶ直線が x 軸を x_3 で切るとすると，通常は x_3 は x_1, x_2 のいずれよりも x_0 に近い．$(x_3, 0)$ を頂点とする 2 つの三角形の相似性から

$$\frac{x_3 - x_1}{-f(x_1)} = \frac{x_2 - x_3}{f(x_2)}$$

となり，これを x_3 について解くと

$$x_3 = \frac{x_1 f(x_2) - x_2 f(x_1)}{f(x_2) - f(x_1)}$$

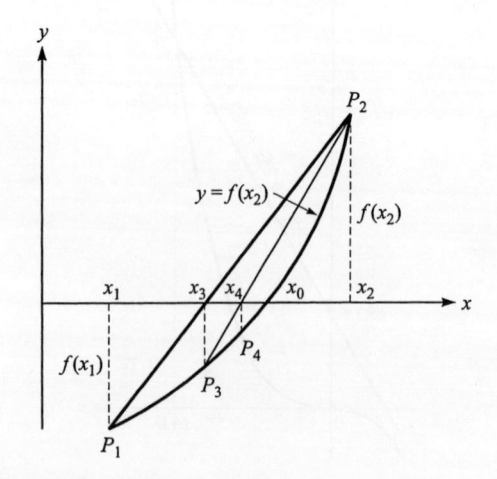

図 13.2

が得られる．点 $P_3\,(x_3,\,f(x_3))$ と P_2 を結ぶ直線は x 軸と x_4 で交わり，この点は x_3 よりも x_0 のよい近似になっているはずである．この手続きを繰り返すと，$x_3, x_4, \ldots, x_n$ という値の列が得られ，この列は一般に方程式 (13.3) の根に収束する．

以上の反復法は，式 (13.3) を式 (13.4) の形に書き換えられれば簡単になる．

$$g(x) = c \tag{13.5}$$

の根はあらゆる実の c に対して解析的に求められるとすると，反復操作を以下のように始められる．x_1 を式 (13.3) の（そして，もちろん式 (13.4) の）根 x_0 の近似値としよう．式 (13.4) の右辺で $x = x_1$ とおくと，方程式

$$g(x) = h(x_1) \tag{13.6}$$

が得られるが，仮定によりこれは正確に解ける．この解を $x = x_2$ とすると，式 (13.4) の右辺で今度は $x = x_2$ とおいて，

$$g(x) = h(x_2) \tag{13.7}$$

となる．この操作を繰り返すと，n 次近似は次式のようになる：

$$g(x) = h(x_{n-1}). \tag{13.8}$$

幾何学的な考察やこの操作の解釈から，x_0 を中心とする幅 $2|x_1 - x_0|$ の領域で以下の条件がみたされるとき，列 $x_1, x_2, \ldots, x_n$ は $f(x) = 0$ の根に収束することがわかる．

$$\left.\begin{array}{l}(1)\quad |g'(x)| > |h'(x)| \quad \text{かつ} \\ (2)\quad \text{これらの微分は有界}\end{array}\right\} \tag{13.9}$$

例 13.1

以下の超越方程式の，実根の近似値を求めよ：

$$e^x - 4x = 0.$$

解：$g(x) = x,\ h(x) = e^x/4$ とおくと，出発点の方程式は

$$x = e^x/4$$

と書き直され，式 (13.8) より，以下の近似が得られる．

$$x_{n+1} = e^{x_n/4} \qquad (n = 1, 2, 3, \ldots) \tag{13.10}$$

図 13.3 に示すように，この方程式は 2 つの根をもち，その一つは $x = 0.3$ の近くにある．$x_1 = 0.3$ とおくと，式 (13.10) より

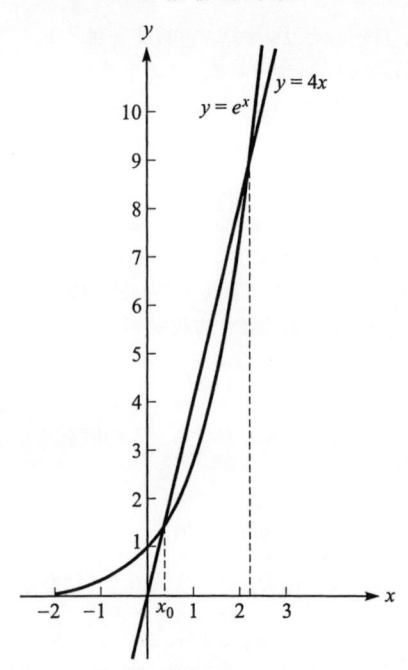

図 13.3

$$x_2 = e^{x_1}/4 = 0.3374,$$
$$x_3 = e^{x_2}/4 = 0.3503,$$
$$x_4 = e^{x_3}/4 = 0.3540,$$
$$x_5 = e^{x_4}/4 = 0.3565,$$
$$x_6 = e^{x_5}/4 = 0.3571,$$
$$x_7 = e^{x_6}/4 = 0.3573$$

となる.小数第3位までの精度で十分なら,ここで計算を打ち切ってもよい.

第2の根は2と3の間にある.この領域では $y = 4x$ の傾きは $y = e^x$ の傾きよりも小さいので,条件 (13.9) はみたされない.そこでもとの方程式を

$$e^x = 4x \quad \text{すなわち} \quad x = \log 4x$$

と書き直し,$g(x) = x$, $h(x) = \log 4x$ ととる.すると

$$x_{n+1} = \log 4x_n \quad (n = 1, 2, 3, \ldots)$$

となり,$x_1 = 2.1$ ととると

$$x_2 = \log 4x_1 = 2.12823,$$
$$x_3 = \log 4x_2 = 2.14158,$$
$$x_4 = \log 4x_3 = 2.14783,$$
$$x_5 = \log 4x_4 = 2.15075,$$
$$x_6 = \log 4x_5 = 2.15211,$$
$$x_7 = \log 4x_6 = 2.15303,$$
$$x_8 = \log 4x_7 = 2.15316$$

が得られ，小数第 3 位までの近似解は 2.153 となることがわかる．

13.2.3 ニュートン法

ニュートン法では，根に収束する近似値の列 $x_1, x_2, \ldots, x_n$ は曲線 $y = f(x)$ の接線と x 軸との交点として求められる．図 13.4 に示したのは，$f(x)$ の根の一つ x_0 の近傍のグラフである．x_0 の初期推測値 x_1 から出発して，点 $P_1\,(x_1, f(x_1))$ における $y = f(x)$ の接線の方程式は

$$y - f(x_1) = f'(x_1)(x - x_1) \tag{13.11}$$

となる．この接線は x 軸と x_2 で交わるが，この値は x_1 よりも根のよい近似値になるはずである*[1]．x_2 は式 (13.11) で $y = 0$ とおけば得られ，

$$x_2 = x_1 - \frac{f(x_1)}{f'(x_1)}$$

となる．ただし，$f'(x_1) \neq 0$ とする．点 $P_2\,(x_2, f(x_2))$ における接線の方程式は

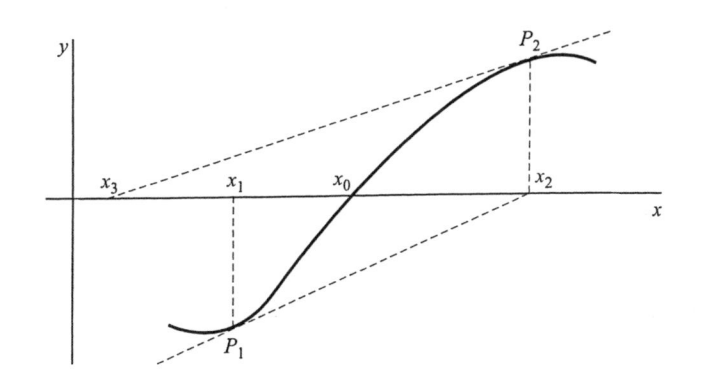

図 13.4

---

*[1] 訳注：ただしこの図では，見やすさを優先して初期値を x_1 からかなり離れた点にとったため，近似を進めるにつれて近似解は真の値から離れていく．

$$y - f(x_2) = f'(x_2)(x - x_2)$$

で与えられ，これと x 軸の交点 x_3 は

$$x_3 = x_2 - \frac{f(x_2)}{f'(x_2)}$$

となる．この操作を，求める精度の近似解が得られるまで繰り返せばよい．よって一般解は，次式で与えられる：

$$x_{n+1} = x_n - \frac{f(x_n)}{f'(x_n)} \qquad (n = 1, 2, 3, \ldots) \tag{13.12}$$

ニュートン法は，関数が根の近傍で急激に変化するなどの好ましくない振る舞いをしていると，破綻することもある．ニュートン法を，以下の自明な例を通じて眺めよう．

例 13.2

ニュートン法を用いて $x^3 - 2 = 0$ を解け．

解：目的の関数は $y = x^3 - 2$ であり，出発点を $x_1 = 1.5$ にとると（明らかに $1 < 2^{1/3} < 2$），式 (13.12) より

$$\begin{aligned}
x_2 &= 1.296296296, \\
x_3 &= 1.260932225, \\
x_4 &= 1.259921861, \\
x_5 &= 1.25992105 \\
x_6 &= 1.25992105
\end{aligned} \Bigg\} \text{繰り返し}$$

となるので，小数第 8 位までの精度で，$2^{1/3} = 1.25992105$ となる．

ニュートン法の応用においては，$f'(x_n)$ を

$$\frac{f(x_n + \delta) - f(x_n)}{\delta}$$

で置き換えると便利な場合がある．δ は微小量であり，通常は $\delta = 0.001$ 程度の値にとっておけば十分な精度が得られる．すると，式 (13.12) は次式のように書き直される．

$$x_{n+1} = x_n - \frac{\delta f(x_n)}{f(x_n + \delta) - f(x_n)} \qquad (n = 1, 2, \ldots) \tag{13.13}$$

例 13.3

方程式 $x^2 - 2 = 0$ を解け．

解：$f(x) = x^2 - 2$ であり，$x_1 = 1, \delta = 0.001$ ととると，式 (13.13) より以下のような結果が得られる．

$$x_2 = 1.499750125,$$
$$x_3 = 1.416680519,$$
$$x_4 = 1.414216580,$$
$$x_5 = 1.414213563,$$
$$\left.\begin{array}{l} x_6 = 1.414213562 \\ x_7 = 1.414213562 \end{array}\right\} x_6 = x_7$$

13.3 数値積分

定積分が解析的に実行できることはほとんどないので，定積分を近似する簡明かつ有用な方法が必要である．本節では，そのような方法を3つ紹介する．

13.3.1 長方形則

よく知られているとおり，定積分 $\int_a^b f(x)dx$ は，直線 $x = a$，直線 $x = b$，曲線 $y = f(x)$ と x 軸で囲まれる面積と解釈することができる：

$$\int_a^b f(x)dx = \lim_{n\to\infty} \sum_{i=1}^n f(\alpha_i)(x_i - x_{i-1}).$$

ただし，$x_{i-1} \leq \alpha_i \leq x_i, a = x_0 < x_1 < x_2 < \cdots < x_n = b$ である．この式のとおりに計算するだけで，定積分の十分よい近似が得られる．区間 $a \leq x \leq b$ を，幅 $h = (b-a)/n$ の n 個の部分区間に分割し，関数 $f(\alpha_i)$ を，部分区間の先頭，終端または中点における関数の値で置き換える（図 13.5）．先頭での値をとると，$\alpha_i = x_{i-1}$ となり，定積分は

$$\int_a^b f(x)dx \approx h(y_0 + y_1 + \cdots y_{n-1}) \tag{13.14}$$

と近似される．ただし $y_0 = f(x_0)$，$y_1 = f(x_1)$，…，$y_{n-1} = f(x_{n-1})$ である．この方法は，**長方形則**とよばれる．以下で示すように，誤差は n^2 に反比例して小さくなり，n が大きくなると誤差は急激に小さくなる．

13.3.2 台形則

台形則では，部分区間の面積を長方形則とは少し違うやり方で評価する．図 13.6 に示した台形の面積は

$$\frac{1}{2}h(Y_1 + Y_2)$$

で与えられる．これを図 13.5 に適用すると，次式の近似が得られる：

$$\int_a^b f(x)dx \approx \frac{b-a}{n}\left(\frac{1}{2}y_0 + y_1 + y_2 + \cdots + y_{n-1} + \frac{1}{2}y_n\right). \tag{13.15}$$

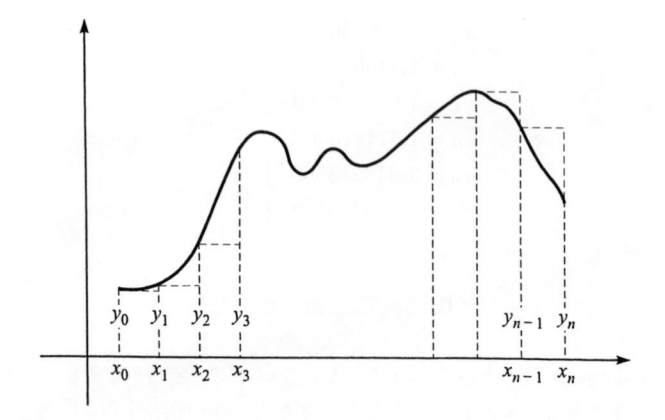

図 13.5

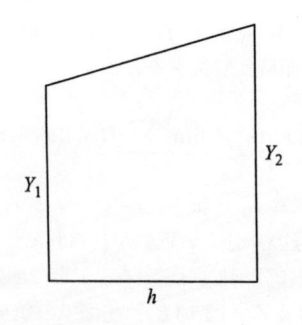

図 13.6

この方法の誤差の上限と下限を，部分区間の幅 $h\,(=(b-a)/n)$ に関して計算しよう．$x_i + h = z$ と書き，誤差を $\epsilon_i(z)$ と書くと，次式を得る：

$$\int_{x_i}^{z} f(x)dx = \frac{h}{2}[y_i + y_z] + \epsilon_i(z).$$

ただし $y_i = f(x_i)$, $y_z = f(z)$ である．あるいは

$$\epsilon_i(z) = \int_{x_i}^{z} f(x)dx - \frac{h}{2}[f(x_i) + f(z)] = \int_{x_i}^{z} f(x)dx - \frac{z - x_i}{2}[f(x_i) + f(z)]$$

と書ける．両辺を z で微分すると

$$\epsilon_i'(z) = f(z) - \frac{f(x_i) + f(z)}{2} - \frac{(z - x_i)}{2} f'(z)$$

となり，もう一度微分すると

$$\epsilon_i''(z) = -\frac{(z-x_i)f''(z)}{2}$$

となる. 部分区間 $[x_i, z]$ における $f''(z)$ の最小値と最大値を, それぞれ m_i, M_i と書くことにすると,

$$\frac{z-x_i}{2}m_i \le -\epsilon_i''(z) \le \frac{z-x_i}{2}M_i$$

となるので, z について積分すると

$$\frac{(z-x_i)^2}{4}m_i \le -\epsilon_i'(z) \le \frac{(z-x_i)^2}{4}M_i$$

となり, もう1回積分すると

$$\frac{(z-x_i)^3}{12}m_i \le -\epsilon_i(z) \le \frac{(z-x_i)^3}{12}M_i$$

となる. あるいは, $z - x_i = h$ なので,

$$\frac{h^3}{12}m_i \le -\epsilon_i \le \frac{h^3}{12}M_i$$

と表される. これより, 区間 $[a,b]$ における $f''(z)$ の最小値と最大値を, それぞれ m, M と書くことにすると, すべての i に対して

$$\frac{h^3}{12}m \le -\epsilon_i \le \frac{h^3}{12}M$$

となる. さらに, 誤差をすべての部分空間について足し合わせると,

$$\frac{h^3}{12}nm \le -\epsilon \le \frac{h^3}{12}nM$$

が成り立つ. あるいは, $h = (b-a)/n$ を代入して,

$$\frac{(b-a)^3}{12n^2}m \le -\epsilon \le \frac{(b-a)^3}{12n^2}M \tag{13.16}$$

となる. したがって, 少なくとも2回微分可能な関数ならば, 誤差は n が大きくなるにつれて急速に小さくなる.

13.3.3 シンプソン則

シンプソン則は, 長方形則や台形則よりも高精度で有用な定積分の近似である. 積分区間 $a \le x \le b$ は偶数の部分区間に分割され, ある放物線が点 $a, a+h, a+2h$ に当てはめられ, 別の放物線が $a+2h, a+3h, a+4h$ に当てはめられ, というように計算が実行される. 図13.7に示された放物線の囲む面積は, 放物線の方程式を一般に $y = p(x-q)^2 + r$ という形に書くと,

$$\int_{x-h}^{x+h}[p(x-q)^2 + r]dx = \frac{h}{3}\left\{6[p(x-q)^2 + r] + 2ph^2\right\}$$

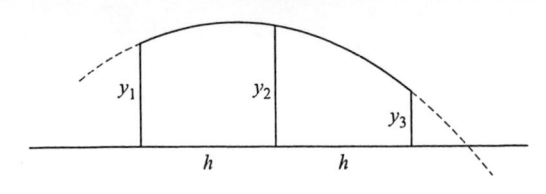

図 13.7

と表せる．一方，y_1, y_2, y_3 を放物線のパラメータで書くと

$$y_1 = p(x-q-h)^2 + r, \quad y_2 = p(x-q)^2 + r, \quad y_3 = p(x-q+h)^2 + r$$

となっているので，放物線の囲む面積をこれらを用いて表すと

$$\frac{h}{3}(y_1 + 4y_2 + y_3)$$

となる．これを図 13.5 に適用すると，次式の近似が求められる：

$$\int_a^b f(x)dx \approx \frac{h}{3}(y_0 + 4y_1 + 2y_2 + 4y_3 + 2y_4 + \cdots + 2y_{n-2} + 4y_{n-1} + y_n). \quad (13.17)$$

ただし n は偶数で，$h = (b-a)/n$ である．シンプソン則の誤差評価はかなり難しいが，誤差は h^4 に比例する（あるいは n^4 に反比例する）ことが示されている．

これら以外にも積分を近似する方法はあるが，上記の 3 つほど単純ではない．**ガウスの 4 乗残差法**とよばれる方法は非常に収束は速いが，応用には手間がかかる．この方法は，多くの数値計算のテキストで紹介されている．

13.4　微分方程式の数値解

第 2 章では，厳密に解ける微分方程式は少なく主に線形なものに限られることを記した．物理学や工学の問題に現れる微分方程式の大部分は解析的に解くことはできず，近似解を得る方法を見つけなければならない．近似解の基本的な考え方は，まず小さな増分 h を定め，$y = f(x)$ の解の近似値を $x_0, x_0+h, x_0+2h, \ldots$ で求めていくことである．

$x = x_0$ で $y = y_0$ という初期条件をもつ 1 階常微分方程式

$$\frac{dy}{dx} = f(x, y) \quad (13.18)$$

は，以下のような形式解をもつ：

$$y - y_0 = \int_{x_0}^x f(t, y(t))dt. \quad (13.19)$$

積分記号内にある y の値は未知なので，この積分方程式を解析的に評価することはでき

ない．本節では，近似解を求める 3 つの簡単な方法を考察する：**オイラー法，テーラー級数法，ルンゲ–クッタ法**である[*2)]．

13.4.1 オ イ ラ ー 法

オイラーは，1 階常微分方程式の近似解を求める，以下のような素朴な方法を提案した．初期値 (x_0, y_0) から出発し，その解を $x_1 = x_0 + h$ まで延長する．ただし h は微小量である．式 (13.19) を用いて $y(x_1)$ を近似的に求めるには，区間 $[x_0, x_1]$ で右辺の積分の中の f に何らかの近似を行わなければならない．最も単純な近似は，$f(t, y(t)) = f(x_0, y_0)$ とおくことである．このように f を選ぶと，式 (13.19) は

$$y(x_1) = y_0 + \int_{x_0}^{x_1} f(x_0, y_0) dt = y_0 + f(x_0, y_0)(x_1 - x_0)$$

となり，さらに $y(x_1) = y_1$ とおくと次式のように書かれる：

$$y_1 = y_0 + f(x_0, y_0)(x_1 - x_0). \tag{13.20}$$

y_1 から，$y_1' = f(x_1, y_1)$ が計算できる．この近似を $x_2 = x_1 + h$ まで延長するために，$f(t, y(t)) = y_1' = f(x_1, y_1)$ という近似を用いると，

$$y_2 = y(x_2) = y_1 + \int_{x_1}^{x_2} f(x_1, y_1) dt = y_1 + f(x_1, y_1)(x_2 - x_1)$$

を得る．この手続きを繰り返して，$y_3, y_4, \ldots$ が近似できる．

オイラー法は簡単に幾何学的に解釈できる．まず，$f(x_0, y_0) = y'(x_0)$ であることと，点 (x_0, y_0) における真の解（あるいは積分曲線）$y = y(x)$ の接線は

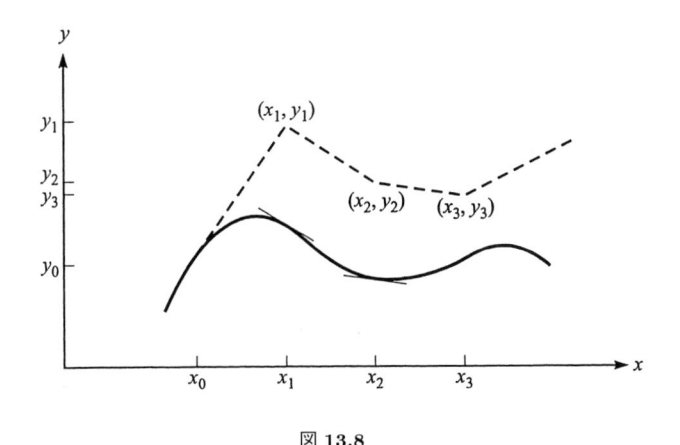

図 **13.8**

[*2)] 訳注：この他にもシンプレックティックな積分法などがある．その一般的な公式として指数演算子の高次分解法が訳者補章に解説されている．

表 13.1

x	y (オイラー法)	y (真の値)
1.0	3	3
1.1	3.4	3.43137
1.2	3.861	3.93122
1.3	4.3911	4.50887
1.4	4.99921	5.1745
1.5	5.69513	5.93977
1.6	6.48964	6.81695
1.7	7.39461	7.82002
1.8	8.42307	8.96433
1.9	9.58938	10.2668
2.0	10.9093	11.7463

$$y - y_0 = \int_{x_0}^{x_1} f(t, y(t))dt = f(x_0, y_0)(x - x_0)$$

であることに注意しよう．この接線の方程式を式 (13.20) と比べると，(x_1, y_1) は (x_0, y_0) における真の解の接線上にあることがわかる．よって，点 (x_0, y_0) から点 (x_1, y_1) への移動は，この接線に沿って行われる．同様に，点 (x_2, y_2) への移動は，図 13.8 に示すように，(x_1, y_1) における解曲線の接線に平行に行われる．

オイラー法の利点は簡単さにあるが，近似値 $y_1, y_2, \ldots$ での接線を繰り返し用いるので，誤差が累積してしまう．以下の単純な例で示すように，近似解の精度は非常に悪い．

例 13.4

オイラー法を用いて，以下の微分方程式の近似解を求めよ：

$$y' = x^2 + y, \quad y(1) = 3, \quad \text{区間 } [1, 2]$$

解：$h = 0.1$ とすると，表 13.1 のような近似解を得る．刻み幅 h を小さくすれば精度は上がる．

オイラー法は，近似的な積分曲線の傾きとして，x_0 における傾きと $x_0 + h$ における傾きの中間値をとれば改良できる．すなわち，オイラー法で得られた y_1 の値を用いて，改良された値 $(y_1)_1$ は

$$(y_1)_1 = y_0 + \frac{h}{2}[f(x_0, y_0) + f(x_0 + h, y_1)] \tag{13.21}$$

となる．この手続きを繰り返せば精度は上がる．

13.4.2 3項テーラー級数法

この方法の基礎になるのは，3項テーラー展開である．y を，$x = x_0$ で $y = y_0$ という初期条件をもつ1階常微分方程式 (13.18) の解とし，x_0 の近傍でテーラー級数に展開

できるものとする．$x = x_0 + h$ で $y = y_1$ となるとすると，十分小さい h の値に対して，

$$y_1 = y_0 + h\left(\frac{dy}{dx}\right)_0 + \frac{h^2}{2!}\left(\frac{d^2y}{dx^2}\right)_0 + \frac{h^3}{3!}\left(\frac{d^3y}{dx^3}\right)_0 + \cdots \tag{13.22}$$

と書ける．ここで

$$\frac{dy}{dx} = f(x, y)$$
$$\frac{d^2y}{dx^2} = \frac{\partial f}{\partial x} + \frac{dy}{dx}\frac{\partial f}{\partial y} = \frac{\partial f}{\partial x} + f\frac{\partial f}{\partial y}$$
$$\frac{d^3y}{dx^3} = \left(\frac{\partial}{\partial x} + f\frac{\partial}{\partial y}\right)\left(\frac{\partial f}{\partial x} + f\frac{\partial f}{\partial y}\right)$$
$$= \frac{\partial^2 f}{\partial x^2} + \frac{\partial f}{\partial x}\frac{\partial f}{\partial y} + 2f\frac{\partial^2 f}{\partial x \partial y} + f\left(\frac{\partial f}{\partial y}\right)^2 + f^2\frac{\partial^2 f}{\partial y^2}$$

なので，式 (13.22) は次式のように書き直せる：

$$y_1 = y_0 + hf(x_0, y_0) + \frac{h^2}{2}\left[\frac{\partial f(x_0, y_0)}{\partial x} + f(x_0, y_0)\frac{\partial f(x_0, y_0)}{\partial y}\right].$$

ただし h^3 に比例する項は落とした．この式は漸化式として使うことができ，

$$y_{n+1} = y_n + hf(x_n, y_n) + \frac{h^2}{2}\left[\frac{\partial f(x_n, y_n)}{\partial x} + f(x_n, y_n)\frac{\partial f(x_n, y_n)}{\partial y}\right] \tag{13.23}$$

となる．すなわち，y_0 から $y_1 = y(x_0 + h)$ が求められ，x を x_1 に置き換えれば y_1 から $y_2 = y(x_1 + h)$ が求められ，以下同様．この方法の誤差は h^3 に比例する．テーラー展開のさらに高次の項も足し合わせれば，さらによい近似が得られる．この方法を実例で説明するために，非常に単純な場合を考えよう．

例 13.5

微分方程式 $y' = x + y$ の近似解を，$x_0 = 1.0$, $y_0 = -2.0$ という初期条件で求めよ．

解：$f(x, y) = x + y$, $\partial f / \partial x = \partial f / \partial y = 1$ なので，式 (13.23) は

$$y_{n+1} = y_n + h(x_n + y_n) + \frac{h^2}{2}(1 + x_n + y_n)$$

と簡単になる．この単純な式で $h = 0.1$ とおくと，表 13.2 のような結果を得る．

13.4.3　ルンゲ–クッタ法

実用的には，テーラー級数法でも収束は遅く，精度はあまりよくない．そこで，**ルンゲ–クッタ法**がしばしば用いられる．この方法では，式 (13.23) のテーラー級数を次式で置き換える：

$$y_{n+1} = y_n + \frac{h}{6}(k_1 + 4k_2 + k_3), \tag{13.24}$$

$$k_1 = f(x_n, y_n), \tag{13.24a}$$

$$k_2 = f\left(x_n + \frac{h}{2}, y_n + \frac{hk_1}{2}\right), \tag{13.24b}$$

$$k_3 = f(x_n + h, y_n + 2hk_2 - hk_1). \tag{13.24c}$$

この近似は $f(x,y)$ の近似的な積分における**シンプソン則**にあたり, 誤差は h^4 に比例する. ルンゲ–クッタ法では偏微分を計算する必要はないが, 数段階の手続きを踏む分, かなり込み入っている.

ルンゲ–クッタ法の精度は, 次の公式を用いればさらに向上する:

$$y_{n+1} = y_n + \frac{h}{6}(k_1 + 2k_2 + 2k_3 + k_4), \tag{13.25}$$

$$k_1 = f(x_n, y_n), \tag{13.25a}$$

$$k_2 = f\left(x_n + \frac{h}{2}, y_n + \frac{hk_1}{2}\right), \tag{13.25b}$$

$$k_3 = f\left(x_n + h, y_n + \frac{hk_2}{2}\right), \tag{13.25c}$$

$$k_4 = f(x_n + h, y_n + hk_3). \tag{13.25d}$$

この公式の誤差は, h^5 に比例する.

これらの公式を導くために, 式 (13.22) の **3項テーラー級数**を次式のように書き直す:

$$y_1 = y_0 + hf_0 + (h^2/2)(A_0 + f_0 B_0)$$
$$+ (h^3/6)(C_0 + 2f_0 D_0 + f_0^2 E_0 + A_0 B_0 + f_0 B_0^2) + O(h^4), \tag{13.26}$$

$$A = \frac{\partial f}{\partial x}, \quad B = \frac{\partial f}{\partial y}, \quad C = \frac{\partial^2 f}{\partial x^2}, \quad D = \frac{\partial^2 f}{\partial x \partial y}, \quad E = \frac{\partial^2 f}{\partial y^2}.$$

ただし, 添字の 0 は, (x_0, y_0) での値を意味している.

さて, ルンゲ–クッタの公式 (13.24) の k_1, k_2, k_3 を, 上式と同様に h のべきで展開しよう:

$$k_1 = f(x_0, y_0),$$

$$k_2 = f\left(x_0 + \frac{h}{2}, y_0 + \frac{hk_1}{2}\right) = f_0 + \frac{h}{2}(A_0 + f_0 B_0) + \frac{h^2}{6}(C_0 + 2f_0 D_0 + f_0^2 E_0) + O(h^3).$$

よって

表 **13.2**

n	x_n	y_n	y_{n+1}
0	1.0	-2.0	-2.1
1	1.1	-2.1	-2.2
2	1.2	-2.2	-2.3
3	1.3	-2.3	-2.4
4	1.4	-2.4	-2.5
5	1.5	-2.5	-2.6

$$2k_2 - k_1 = f_0 + h(A_0 + f_0 B_0) + \cdots$$

$$\frac{d}{dh}(2hk_2 - hk_1)\Big|_{h=0} = f_0, \quad \frac{d^2}{dh^2}(2hk_2 - hk_1)\Big|_{h=0} = 2(A_0 + f_0 B_0)$$

となるので，これらを式 (13.24) に代入すると

$$k_3 = f(x_0 + h, y_0 + 2hk_2 - hk_1)$$
$$= f_0 + h(A_0 + f_0 B_0) + \frac{h^2}{2}[C_0 + 2f_0 D_0 + f_0^2 E_0 + 2B_0(A_0 + f_0 B_0)] + O(h^3)$$

となり，次式が得られる：

$$\frac{1}{6}(k_1 + 4k_2 + k_3) = hf_0 + \frac{h^2}{2}(A_0 + f_0 B_0)$$
$$+ \frac{h^3}{6}(C_0 + 2f_0 D_0 + f_0^2 E_0 + A_0 B_0 + f_0 B_0^2) + O(h^4).$$

この表式を式 (13.26) と比較すると，テーラー級数展開と h^3 の項まで一致することがわかり，公式 (13.24) が導かれた．式 (13.25) は，テーラー展開をもう 1 項先までとれば，4 次近似式同様に導かれる．

例 13.6

ルンゲ–クッタ法を用い，$h = 0.1$ ととって以下の微分方程式を解け：

$$y' = x - \frac{y^2}{10} \; ; \; x_0 = 0, \, y_0 = 1.$$

解：$h = 0.1$ より $h^4 = 0.0001$ となるので，ルンゲ–クッタ 3 次近似を用いる．

第 1 段： $x_0 = 0, \ y_0 = 1, \ f_0 = -0.1,$
$\qquad\quad k_1 = -0.1, \ y_0 + hk_1/2 = 0.995,$
$\qquad\quad k_2 = -0.049, \ 2k_2 - k_1 = 0.002, \ k_3 = 0,$
$\qquad\quad y_1 = y_0 + \dfrac{h}{6}(k_1 + 4k_2 + k_3) = 0.9951$

第 2 段： $x_1 = x_0 + h = 0.1, \ y_1 = 0.9951, \ f_1 = 0.001,$
$\qquad\quad k_1 = 0.001, \ y_1 + hk_1/2 = 0.9952,$
$\qquad\quad k_2 = 0.051, \ 2k_2 - k_1 = 0.101, \ k_3 = 0.099,$
$\qquad\quad y_2 = y_1 + \dfrac{h}{6}(k_1 + 4k_2 + k_3) = 1.0002$

第 3 段： $x_2 = x_1 + h = 0.2, \ y_1 = 1.0002, \ f_1 = 0.1,$
$\qquad\quad k_1 = 0.1, \ y_2 + hk_1/2 = 1.0052,$
$\qquad\quad k_2 = 0.149, \ 2k_2 - k_1 = 0.198, \ k_3 = 0.196,$
$\qquad\quad y_3 = y_2 + \dfrac{h}{6}(k_1 + 4k_2 + k_3) = 1.0151$

13.4.4 高階微分方程式：方程式系

前節の方法は，高階微分方程式の数値解を求める場合に拡張できる．n 階微分方程式は，$n+1$ 個の変数をもつ n 本の 1 階微分方程式と等価である．例えば，2 階微分方程式

$$y'' = f(x, y, y') \tag{13.27}$$

が，初期条件

$$y(x_0) = y_0, \quad y'(x_0) = y'_0 \tag{13.28}$$

をみたすときは，2 つの 1 階微分方程式の系に書き直せる．

$$y' = u \tag{13.29}$$

とおくと，式 (13.27) と式 (13.28) は次式のようになる：

$$u' = f(x, y, u), \tag{13.30}$$

$$y(x_0) = y_0, \quad u(x_0) = u_0 = y'_0. \tag{13.31}$$

2 つの 1 階微分方程式 (13.29), (13.30) と初期条件 (13.31) の組は，もとの 2 階微分方程式 (13.27) と初期条件 (13.28) の組と完全に等価である．前節であげた 1 階微分方程式の近似解法は，この 2 つの 1 階微分方程式の系にも拡張できる．例えば，微分方程式

$$y'' - y = 2$$

と初期条件

$$y(0) = -1, \quad y'(0) = 1$$

の組は，微分方程式の組

$$y' = x + u, \quad u' = 1 + y$$

と初期条件

$$y(0) = -1, \quad u(0) = 1$$

と等価である．この 1 階微分方程式系は，テーラー法を用いて y_n と u_n を交互に計算すれば解ける．

以上で概観した単純な解法は，みな y の値の近似値の誤差が累積するという欠点をもっている．誤差をチェックする手順が計算に含まれていないと，累積した誤差は大きくなってしまう．このため，有限差分を用いる実用的な方法は自己診断の手順を含んでおり，その大部分は**アダムズ–バシュフォート法**の変形版である．この方法は非常に難解なので紙数の限られた本書では扱えないが，数値計算の標準的な教科書を参照されたい．

13.5 最小2乗フィット

ここで，実験データをフィッティングする問題を考える．背景に理論が存在し，どのような関数をデータのフィッティングに用いるべきかわかっている場合はまれで，多くの実験では，データを表現する関数形を選ぶ際に頼れる理論は存在しない．そのような場合には，多項式がしばしば用いられる．13.1 節で見たとおり，m 次多項式

$$y = a_0 + a_1 x + \cdots + a_m x^m$$

の $m+1$ 個の係数は，与えられた $m+1$ 点の互いに異なるデータ点 (x_i, y_i) の組から決まる．だが，データ点の数が多くなると，多項式の次数 m も高くなり，データを多項式でフィットするのは非常に大変になる．しかも，実験データには実験誤差が含まれており，少数の未知パラメータ含む関数 $y = f(x)$ でデータを表現するのはさらに微妙な問題になる．これらのパラメータは曲線 $y = f(x)$ がデータにフィットするように決められるが，どのように決めればよいのだろうか？

実験データの組 (x_i, y_i) $(i = 1, 2, \ldots, n)$ を，$r (\leq n)$ 個のパラメータ $a_1, a_2, \ldots, a_r$ を含む関数 $y = f(x)$ で表現しよう．**偏差**（あるいは**残差**）を

$$d_i = f(x_i) - y_i \tag{13.32}$$

ととり，偏差の重みつき2乗和を

$$S = \sum_{i=1}^{n} w_i d_i^2 = \sum_{i=1}^{n} w_i [f(x_i) - y_i]^2 \tag{13.33}$$

ととる．ここで重み w_i は，実験データの精度の信頼度を表す．全部の点の重みが同じならば，w_i はすべて1とおける．

物理量 S は，明らかに a_i の関数である $(S = S(a_1, a_2, \ldots, a_r))$．これらのパラメータは，$S$ を最小化するように決めればよい：

$$\frac{\partial S}{\partial a_1} = 0, \ \frac{\partial S}{\partial a_2} = 0, \ldots, \frac{\partial S}{\partial a_r} = 0. \tag{13.34}$$

r 個の方程式 (13.34) の組は**正規方程式**とよばれ，$y = f(x)$ に含まれる r 個の未知の a_i の組を決める．この方法は，**最小2乗法**として知られている．

正規方程式の立て方を，$y = f(x)$ が線形関数

$$y = a_1 + a_2 x \tag{13.35}$$

という，最も簡単な場合で例示しよう．偏差 d_i は

$$d_i = a_1 + a_2 x_i - y_i$$

で与えられ，$w_i = 1$ と仮定すると，

$$S = \sum_{i=1}^{n} d_i^2 = (a_1 + a_2 x_1 - y_1)^2 + (a_1 + a_2 x_2 - y_2)^2 + \cdots + (a_1 + a_2 x_n - y_n)^2$$

となる．S を a_1 と a_2 で偏微分し，ゼロとおく：

$$\frac{\partial S}{\partial a_1} = 2(a_1 + a_2 x_1 - y_1) + 2(a_1 + a_2 x_2 - y_2) + \cdots + 2(a_1 + a_2 x_n - y_n) = 0,$$

$$\frac{\partial S}{\partial a_2} = 2x_1(a_1 + a_2 x_1 - y_1) + 2x_2(a_1 + a_2 x_2 - y_2) + \cdots + 2x_n(a_1 + a_2 x_n - y_n) = 0.$$

両辺を 2 で割り，a_1 と a_2 の係数を足し合わせると

$$na_1 + \left(\sum_{i=1}^{n} x_i\right) a_2 = \sum_{i=1}^{n} y_i, \tag{13.36}$$

$$\left(\sum_{i=1}^{n} x_i\right) a_1 + \left(\sum_{i=1}^{n} x_i^2\right) a_2 = \sum_{i=1}^{n} x_i y_i \tag{13.37}$$

となり，これらの方程式は a_1 と a_2 について解ける．

14

確率論入門

　確率論は大変有用であり，自然科学のほとんどすべての分野で用いられている．特に物理学では，量子力学，運動論，熱力学・統計力学などで使われている．この章では確率論の基本的な概念を説明して，その有用性を解説する．まず確率の定義からはじめて，確率の基本法則，数え上げの方法（順列と組み合わせの基礎），確率分布について述べることにする．

　この章では繰り返し「等確率」という概念を用いる．この言葉をこれ以上簡単な言葉で置き換えることはできないが，いくつかの簡単な例を用いて説明することはできる．例えば，硬貨を投げたとき硬貨の表と裏とは「等確率」で現れる．また，よく切った 52 枚のトランプからカードを 1 枚引いたとき，スペードのエースを引くのとハートのエースを引くのは「等確率」である．以下では，このほかにも「等確率」という概念を説明する例をいくつか述べることにする．

14.1　確率の定義

　サイコロを投げたり，トランプのカードを 1 枚引くといったある**試行**をしたとき，多くの等確率で起こる事象の中から，ある特定の**事象**（結果）が起こる確率をどのように測ったらよいであろうか．硬貨を 2 回投げたとき，例えば「少なくとも 1 回は表が出る確率はいくらか」という問題を考えてみることにしよう．硬貨を 2 回投げたときには，表表，表裏，裏表，裏裏の 4 通りの場合があり，これらはどれも「等確率」で起こる．この 4 つの場合のうちの 3 つの場合で，「少なくとも 1 回は表が出る」という条件がみたされる．したがって，求める確率は 3/4 である．次に，トランプのカードを 1 枚引いたときの，「スペードのエースを引く確率はいくらであろうか」という問いに答えてみよう．スペードのエースは 52 枚のトランプのカードの中に 1 枚だけしかないので，この答えは明らかに 1/52 である．これに対して，カードのマークは指定しないで単に「エースを引く確率はいくらか」という問いに対しては，答えは，この 4 倍の 4/52 になる．エースは全部で 4 枚あり，それを引くのはどれも等確率だからである．このような例を考えていくと，確率を次のように定義すればよいことになるであろう．

1回の試行に対して，全部で N 通りの互いに**排反**な結果があり，それらはすべて等確率で起こるものとする．1回の試行を行ったとき，ある条件 A をみたすような結果が得られたとき，「**事象 A が起こった**」ということにする．起こりうる N 通りの結果のうち，事象 A の条件がみたされる場合の数が n 通りであるとき，事象 A の起こる確率 $p(A)$ は n/N で与えられる．すなわち $p(A) = n/N$ あるいは

$$p(A) = \frac{\text{事象 } A \text{ の条件をみたす場合の総数}}{\text{結果の場合分けの総数}} \tag{14.1}$$

である．確率は試行の結果を予測するものではなく，結果の頻度を測る量であることに注意すべきである．ここで与えた確率の定義はしばしば，**経験的確率**とよばれる．

上の定義で2つの結果が互いに**排反**とは，1回の試行でその2つの結果が同時に起こることはないということを意味する．また，上の $p(A)$ の定義式の分母の N は，1回の試行で起こりうるすべての結果の総数である必要がある．

ある事象が決して起こらないときにはその確率は 0 であり，必ず起こるときにはその事象の確率は 1 である．ある事象の起こる確率を p とすると，それが起こらない確率 q は

$$q = 1 - p \tag{14.2}$$

で与えられる．

ある事象が1回の試行で起こる確率が p であるとき，その試行を M 回繰り返したときに，その事象が起こる回数の**期待値**は Mp である．試行回数 M が十分に大きいときには，Mp は実際にその事象が起こった回数に近くなることが期待される．例えば，硬貨を投げたときに表が出る確率は $1/2$ であるから，硬貨を4回投げたときに表が出る回数の期待値は $4 \times 1/2 = 2$ 回である．もちろん，硬貨を4回投げたときに，表の出る回数がちょうど2回であるとは限らない．しかし，もしも硬貨を50回投げたとすると，表の出る回数は平均すると，$50 \times 1/2$ すなわち25回に近い回数であろう．このとき，期待値と実際の回数との近さは，その差が期待値の絶対値の何% か，その比で考えるべきである．期待値が25回のとき表が出た回数が20回ならば，その期待値からの差5回は25回の20% である．期待値が2回に対して出た回数が1回であったら，その差1回は期待値の 50% である．

14.2 標本空間

ある試行を1回したときに**等確率**で起こるおのおのの場合は，それぞれその**試行**の起こりうる**結果**を表している．例えば，サイコロを2つ投げたときには，36通りの等確率の場合が考えられるが，これが36通りの起こりうる結果を表している．また3つの硬貨を投げたときには，8通りの等確率の事象が，8通りの起こりうる結果を表している．1回の試行の結果すべてのリスト，すなわち結果全体の集合を**標本空間**という．各

結果はその空間の各点であり，**標本点**あるいは**見本点**とよばれる．標本空間の各標本点に対応する結果は互いに排反でなければならない．例えば，サイコロを 1 回振ったときに，「偶数の目が出る」という結果と，「4 の目が出る」という結果とは，排反ではないので，同じ標本空間の標本点にはできない．1 回の試行の結果を表す標本空間は唯一ではないが，そのうちの一つが最も情報量が多いはずである．例えば，サイコロを 1 回振るときの標本空間として，すべての結果をあげた $\{1, 2, 3, 4, 5, 6\}$ をとることもできるし，{偶数の目, 奇数の目} という空間をとることもできる．この例の場合は，前者での記述の方が多くの情報をもっている．

有限個の標本点からなる標本空間は**有限標本空間**とよばれる．標本空間の各点は，それらの表す結果の**出現確率**によって**重み**がつけられる．いま，標本空間の N 個の標本点が

$$p_1, \quad p_2, \quad \ldots, \quad p_N$$

の確率をもっているものとする．ただし，

$$p_1 + p_2 + \cdots + p_N = 1$$

である．いま，このうちの 1 から n の点が事象 A の条件をみたしているものとする．このとき事象 A の確率は

$$p(A) = p_1 + p_2 + \cdots + p_n$$

で与えられる．このように，標本空間の各点はその確率によって重みをつけられるのである．もしもすべての見本点が等確率 $1/N$ であるときには，確率 $p(A)$ は

$$p(A) = \frac{1}{N} + \frac{1}{N} + \cdots + \frac{1}{N} = \frac{n}{N}$$

であり，これは式 (14.1) の定義と一致する．

各標本点の確率が等しい確率空間は，**一様**であるという．非一様な確率空間の方が一般的である．例えば，硬貨を 4 回投げて，表の出る回数を数えることにする．このとき考える確率空間は，

{表が 1 回も出ない, 表が 1 回だけ出る, 表が 2 回出る, 表が 3 回出る, 表が 4 回出る}

というものであり，それぞれの**確率（重み）**は

$$\frac{1}{16}, \quad \frac{4}{16}, \quad \frac{6}{16}, \quad \frac{4}{16}, \quad \frac{1}{16}$$

である．硬貨を 4 回投げたときには，その表裏の出方はすべてで $2 \times 2 \times 2 \times 2 = 2^4$ すなわち 16 通りである．このうち，表が 1 回も出ない（つまり 4 回とも裏が出る）という結果は 1 通りだけなので，確率は 1/16 である．表が 1 回だけ出るというのは 4 通りある（「表が最初に出て後の 3 回は裏が出る」，「最初は裏が出て 2 回目に表, 3, 4 回

目は裏」，… というようにである）．そのため，表が 1 回だけ出る確率は 4/16 である．このように，それぞれの標本点に対する確率がすべて与えられていれば，任意の事象の確率を計算することができる．例えば，「少なくとも 2 回表が出る」という事象を考えると，上の標本空間の中の後の 3 つの標本点が，この事象をみたすので，その確率は

$$\frac{6}{16} + \frac{4}{16} + \frac{1}{16} = \frac{11}{16}$$

と求められるのである．

14.3 数え上げの方法

実際の応用の際には，ある標本空間の標本点の総数や，ある事象に含まれる標本点の数を数える必要がある．**数え上げ**の基本原理は次のようである．「ある試行の異なる結果が n 通りあり，別の試行の異なる結果が m 通りあったときには，この 2 つの試行を同時に行ったときに起こる異なる結果は全部で nm 通りある」．上でも述べた，サイコロを 2 個投げる例でいうと，全部で 36 通りの等確率の結果があるが，これは 1 番目のサイコロの目の出方が 6 通りあり，そのそれぞれに対して，2 番目のサイコロの目の出方が 6 通りずつあるので，

$$6+6+6+6+6+6 = 6 \times 6 = 36$$

通りあるからである．

すべての結果を数え上げる作業は，時には膨大な作業になり，実質上不可能なこともある．例えば，サイコロを 4 個投げる場合の目の出方の標本空間は $6^4 = 1296$ 個もの標本点をもつことになる．数え上げのための系統的な手段が必要になる．次に述べる**順列**と**組み合わせ**の公式は，大変便利である．

14.3.1 順　　列

ある特定の順序づけを**順列**とよぶ．全部で n 個のものがあるうちの r 個を順番に選ぶことを考える．まずはじめの 1 個を選ぶのに n 通りの選び方がある．1 個選んだ後には，$n-1$ 個が残っているので，2 番目を選ぶ選び方は $n-1$ 通りである …．こうして r 番目を選ぶときには $n-(r-1)$ 通りの選び方があることになる．数え上げの原理に従って，この場合の異なる選び方は，

$$_nP_r = n(n-1)(n-2)\cdots(n-r+1) \tag{14.3}$$

で与えられる．この右辺は r 個の整数の積である．$_nP_r$ を n 個から r 個をとる順列の数という．特に $r = n$ のときには

$$_nP_n = n(n-1)(n-2)\cdots 1 = n!$$

である．$_nP_r$ は階乗を使って次のように表すことができる：

$$_nP_r = n(n-1)(n-2)\cdots(n-r+1)$$
$$= n(n-1)(n-2)\cdots(n-r+1)\frac{(n-r)\cdots 2\times 1}{(n-r)\cdots 2\times 1}$$
$$= \frac{n!}{(n-r)!}.$$

特に $r=n$ のときには，$_nP_n = n!/(n-n)! = n!/0!$ となる．したがって，$0!=1$ とするとこれは $n!$ となる．以下では $0!=1$ と定義することにする．

 n 個のものがすべて違うものというわけではない場合を考えることにしよう．n 個のうち n_1 個は同種であり（すなわち，n_1 個は互いに区別できない），n_2 個が第 2 の種であり，$\cdots$，n_k 個が第 k 種であるとする．ただし，$n_1+n_2+\cdots+n_k=n$ である．この n 個の配列で互いに区別できるものは何通りあるであろうか．今，全部で N 通りの違った配列があるものと仮定すると，それぞれの区別できる配列は $n_1!n_2!\cdots$ 回だけ現れることになる．ここで $n_1!$ は第 1 種の n_1 個のものを配置する順列の数であり，同様に $n_2!, \ldots, n_k!$ はそれぞれ，第 2 種の n_2 個のもの，$\ldots$，第 k 種の n_k 個のものを配置する順列の数である．N に $n_1!n_2!\cdots n_k!$ を掛けたものは，n 個のものがすべて区別できるものとしたときの配置の総数 $_nP_n = n!$ である：

$$Nn_1!n_2!\cdots n_k! = n!.$$

すなわち

$$N = \frac{n!}{(n_1!\,n_2!\cdots n_k!)}$$

である．N を通常

$$_nP_{n_1n_2\cdots n_k} = \frac{n!}{n_1!n_2!\cdots n_k!} \tag{14.4}$$

と書く．例えば，6 枚の硬貨があったとする，100 円玉 1 つと，50 円玉 2 枚，それに 10 円玉 3 枚とする．これら 6 枚の硬貨の順列の数は

$$_6P_{123} = \frac{6!}{1!2!3!} = 60$$

である．

14.3.2　組み合わせ

 順列は選んだものの順番を指定している．したがって，123 は 231 とは違う順列である．しかし問題によっては，選んだ順番の違いは考慮せず，何を選んだかだけに着目することがある．順番は特定しないで何を選んだかだけを指定したものを，**組み合わせ**という．例えば，123 と 231 とは同じ組み合わせである．n 個のものから r 個のものを順番を考えずに選ぶ組み合わせの総数を $_nC_r$ と書くことにする．$_nP_r$ 通りの順列のう

ち, $r!$ 通りの同じ組み合わせがある. よって, n 個の違うものから r 個を選ぶ順列は

$$r!\,_nC_r = \,_nP_r = \frac{n!}{(n-r)!}$$

である. したがって

$$_nC_r = \frac{n!}{r!(n-r)!} \tag{14.5}$$

であることがわかる. この式からすぐに

$$_nC_r = \frac{n!}{r!(n-r)!} = \frac{n!}{[n-(n-r)]!(n-r)!} = \,_nC_{n-r}$$

であることが示せる. $_nC_r$ はしばしば

$$_nC_r = \binom{n}{r}$$

とも記される.

式 (14.5) の数は,

$$(x+y)^n = x^n + \binom{n}{1}x^{n-1}y + \binom{n}{2}x^{n-2}y^2 + \cdots + \binom{n}{n}y^n$$

のように **2 項展開**に現れるので, **2 項係数**とよばれることもある. n が大きいときには, $n!$ を直接計算するのは実用的ではない. そのようなときには**スターリングの近似式**

$$n! \simeq \sqrt{2\pi n}\, n^n e^{-n}$$

を使うことができる. この公式は, 左辺の右辺に対する比が $n \to \infty$ で 1 に収束することを意味する. このためこの式の右辺は, 左辺の**漸近展開**とよばれる.

14.4 確率の基本定理

これまでは確率をその定義式に従って計算してきた. もちろん定義式に従って計算できるはずであるが, 計算が面倒な場合が多い. 確率の重要な性質を知っていると計算がずっと簡単になることがある. それらの重要な性質は定理の形で与えられる. それを述べるために, まずは次のような試行を考えることにしよう. N 個の等確率の結果のうち, 2 つの事象 A と B を考えることにする. そして,

$n_1 = $ 事象 A が起こるが, 事象 B は起こらない結果の数,
$n_2 = $ 事象 B は起こるが, 事象 A は起こらない結果の数,
$n_3 = $ 事象 A と B がともに起こる結果の数,
$n_4 = $ 事象 A も B もともに起こらない結果の数

とする．この 4 つの場合分けですべての可能な場合が尽くされるので，$n_1+n_2+n_3+n_4 = N$ である．

事象 A と B の起こる確率はそれぞれ

$$P(A) = \frac{n_1 + n_3}{N}, \quad P(B) = \frac{n_2 + n_3}{N} \tag{14.6}$$

であり，事象 A か B の少なくとも一方が起こる確率は

$$P(A+B) = \frac{n_1 + n_2 + n_3}{N} \tag{14.7}$$

であり，事象 A と B が両方とも起こる確率は

$$P(AB) = \frac{n_3}{N} \tag{14.8}$$

で与えられる．

確率 $P(AB)$ を

$$P(AB) = \frac{n_3}{N} = \frac{n_1 + n_3}{N} \frac{n_3}{n_1 + n_3}$$

と書き直すことにしよう．ここで定義より $(n_1+n_3)/N$ は $P(A)$ である．事象 A が起こったと仮定すると，事象 A の条件をみたす $n_1 + n_3$ 通りの結果のいずれかが起こったことになる．このうちの n_3 通りの結果が起こったならば事象 B が起こったことになるので，比 $n_3/(n_1+n_3)$ は，事象 A が起こったということがわかっているという仮定のもとで，事象 B が起こる確率である．これを $P_A(B)$ と書くことにすると，

$$P(AB) = P(A)P_A(B) \tag{14.9}$$

という関係式が得られる．これは**結合確率（あるいは複合確率）の定理**とよばれる．すなわち，A と B の**結合確率（複合確率）**は，事象 A が起こる確率と，A が起こったとしたときにさらに B が起こる確率とを掛けたものである．確率 $P_A(B)$ は A のもとでの事象 B の**条件つき確率**とよばれる．

結合確率の定理 (14.9) の例として，52 枚のトランプのカードを切って，そこから 2 枚のキングを続けて引く確率を考えてみることにする．はじめにキングを 1 枚引く確率は 4/52 である．はじめにキングを引いた後，残りの 51 枚のトランプのカードから別のキングを引く確率は 3/51 である．したがって，2 枚のキングを続けて引く確率は

$$\frac{4}{52} \times \frac{3}{51} = \frac{1}{221}$$

である．

もしも事象 A と B とが独立であり，A が起こったという情報が B が起こる確率に影響を与えないときには，$P_A(B) = P(B)$ であるから，結合確率は

$$P(AB) = P(A)P(B) \tag{14.10}$$

である．簡単な例として，硬貨とサイコロを 1 つ同時に投げることを考えることにしよう．事象 A を「硬貨の表が出る」こととし，事象 B を「サイコロの 4 の目が出る」こととする．これらの事象は独立であり，硬貨の表が出てかつサイコロの 4 の目が出る確率は

$$P(AB) = P(A)P(B) = \frac{1}{2} \times \frac{1}{6} = \frac{1}{12}$$

である．定理 (14.10) は，独立な事象が $A, B, C, \ldots$ と 3 つ以上ある場合にも容易に拡張できる．

結合確率の定理のほかに，**総確率の定理**とよばれる第 2 の基本的な関係式がある．これを説明するために，式 (14.7) を次のように書き直すことにしよう：

$$\begin{aligned} P(A+B) &= \frac{n_1 + n_2 + n_3}{N} \\ &= \frac{n_1 + n_2 + 2n_3 - n_3}{N} = \frac{(n_1 + n_3) + (n_2 + n_3) - n_3}{N} \\ &= \frac{n_1 + n_3}{N} + \frac{n_2 + n_3}{N} - \frac{n_3}{N} = P(A) + P(B) - P(AB). \end{aligned}$$

すなわち

$$P(A+B) = P(A) + P(B) - P(AB) \tag{14.11}$$

である．この定理は，図 14.1 のように，集合 A と集合 B の**交わり**を使って図示することができる．この定理を説明するために，2 つのサイコロを投げて，少なくとも 1 つのサイコロの目が 2 である確率を考えることにする．サイコロの目が 2 つとも 2 である確率は 1/36 である．1 番目のサイコロの目が 2 である確率は 1/6 であり，同様に 2 番目のサイコロの目が 2 である確率も 1/6 である．ゆえに少なくとも一方の目が 2 である確率は

$$P(A+B) = \frac{1}{6} + \frac{1}{6} - \frac{1}{36} = \frac{11}{36}$$

である．

A と B とが互いに排反な事象である場合，事象 A と B とが同時には起こらないので $P(AB) = 0$ であり．総確率の定理は

$$P(A+B) = P(A) + P(B) \tag{14.12}$$

となる．例えば，サイコロを 1 つ投げたときに，「4 の目が出る」という事象 A と「5

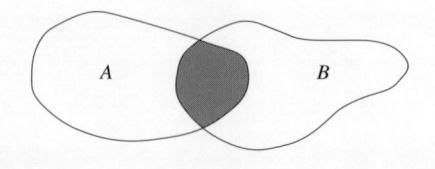

図 14.1

の目が出る」という事象 B とは互いに排反であり，4 か 5 の目が出る確率は

$$P(A+B) = P(A) + P(B) = \frac{1}{6} + \frac{1}{6} = \frac{1}{3}$$

である．

上では結合確率の定理と総確率の定理とが，一様な標本空間で成立することをみたが，これらの定理は任意の標本空間で成立する．有限な標本空間を考え，事象 E_i のうち，$E_1, E_2, \ldots, E_j$ が起これば事象 A が成立し，$E_{j+1}, \ldots, E_k$ が起これば事象 A と B とがともに成立し，$E_{k+1}, \ldots, E_m$ が起これば事象 B のみが成立するものとしよう．各事象 E_i の確率が p_i とすると，式 (14.11) は等式

$$p_1 + \cdots + p_m = (p_1 + \cdots + p_j + p_{j+1} + \cdots + p_k)$$
$$+ (p_{j+1} + \cdots + p_k + p_{k+1} + \cdots + p_m) - (p_{j+1} + \cdots + p_k)$$

と等価であることになる．右辺の 3 つの括弧の中はそれぞれ定義より，$P(A), P(B), P(AB)$ を表すことがわかる．同様にして

$$\begin{aligned}
P(AB) &= p_{j+1} + \cdots + p_k \\
&= (p_1 + \cdots + p_k)\left(\frac{p_{j+1}}{p_1 + \cdots + p_k} + \cdots + \frac{p_k}{p_1 + \cdots + p_k}\right) \\
&= P(A)P_A(B)
\end{aligned}$$

である．これは式 (14.9) に等しい．

14.5 確率変数と確率分布

上で示したように，簡単な事象の起こる確率は初等的な計算によって求めることができる．しかし，任意の事象に対して確率を議論するには，もっと系統的な計算方法が必要である．そのために，ここでは**確率変数**と**確率分布**という概念を導入することにする．

14.5.1 確 率 変 数

硬貨を投げたり，サイコロを投げたりしたとき，表と裏のどちらが出るかとか，どの目が出るかなどを予測することはできない．このようなプロセスを**確率過程**といい，確率過程の結果定まる値を**確率変数**という．例えば，硬貨を 3 枚同時に投げたとき，そのうちの何枚が表であるかを考えることにしよう．この答は，0, 1, 2, 3 のいずれかであり，標本空間 S は次のように 8 成分からなる：

$$S = \{裏裏裏, 表裏裏, 裏表裏, 裏裏表, 表表裏, 表裏表, 裏表表, 表表表\}.$$

この問題では，確率変数 X は各結果に含まれる表の硬貨の数であり，上のそれぞれの標本点に対して，

$$0, 1, 1, 1, 2, 2, 2, 3$$

の値をとる.例えば,$X = 1$ は,表裏裏,裏表裏,裏裏表,の 3 つの結果のいずれかに対応する.すなわち,確率変数 X は表の出た数の関数である.確率変数のとりうる値が有限個であるか,あるいは可算無限個のとき,**離散確率変数**という.それに対して,確率変数のとりうる値が非可算無限個ある場合は,**連続確率変数**という.

14.5.2 確 率 分 布

硬貨 3 枚を投げる例でみたように,確率変数は標本空間上の実数値をとる関数である.s_i を標本空間の標本点として,x_i をそれに対する確率変数 X の値とすると,

$$X(s_i) = x_i \quad (i = 1, 2, \ldots, n) \tag{14.13}$$

と書ける.

確率変数 X がある値 x_i をとる確率を $P(X = x_i)$ と書き,X が x_i 未満の値をとる確率を $P(X < x_i)$ というように書くことにする.また,$P(X = x_i)$ をしばしば p_i と書く.変数の組 (x_i, p_i) $(i = 1, 2, 3, \ldots)$ は,確率変数 X に対する**確率分布**あるいは**確率分布関数**を定義する.明らかに,任意の離散確率変数の確率分布 p_i は次の条件をみたさなければならない:

(i) $0 \leq p_i \leq 1$;
(ii) すべての確率を加え合わせると 1 である.すなわち $\sum_i p_i = 1$.

14.5.3 期待値と分散

確率変数の**期待値**あるいは**平均値**は,確率変数の値 x_i を確率 p_i で重みをつけて平均した値として定義される.すなわち,確率変数のとりうる値が $x_1, x_2, \ldots$ であり,それぞれの確率が $p_1, p_2, \ldots$ であるときには,期待値 $E(X)$ は

$$E(X) = p_1 x_1 + p_2 x_2 + \cdots = \sum_i p_i x_i \tag{14.14}$$

として定義される.期待値を表すのに μ という記号を使うこともある.硬貨を 3 枚同時に投げるときには

$$\begin{array}{c} x_i = 0 \quad 1 \quad 2 \quad 3 \\ p_i = \dfrac{1}{8} \quad \dfrac{3}{8} \quad \dfrac{3}{8} \quad \dfrac{1}{8} \end{array}$$

であるので,期待値は

$$E(X) = \frac{1}{8} \times 0 + \frac{3}{8} \times 1 + \frac{3}{8} \times 2 + \frac{1}{8} \times 3 = \frac{3}{2}$$

と計算される.

各結果の平均値からのずれがどのくらい分布しているのかを知りたいことがしばしば

ある．この平均からのずれ $X - E(X)$ は**偏差**とよばれる．しかし，偏差の平均は必ずゼロである：

$$E(X - E(X)) = \sum_i (x_i - E(X))p_i = \sum_i x_i p_i - E(X) \sum_i p_i$$
$$= E(X) - E(X) \times 1 = 0.$$

この結果は当然である．偏差が正の場合と負の場合とがあり，それを平均すればゼロとなるはずだからである．そこで偏差の 2 乗の平均を考えることにする．こうすれば非負の量の平均となるからである．偏差の 2 乗平均を**分散**とよび σ^2 と書く：

$$\sigma^2 = E[(X - E(X))^2] = E[(X - \mu)^2]. \tag{14.15}$$

分散の平方 $\sigma \geq 0$ は**標準偏差**とよばれる．

ここで平均値の基本的な性質を列挙しておくことにする．以下で，c は定数であり，X, Y は確率変数，また $h(X)$ は確率変数 X の関数である．

(1) $E(cX) = cE(X)$.
(2) $E(X + Y) = E(X) + E(Y)$.
(3) X と Y とが独立なときには，$E(XY) = E(X)E(Y)$.
(4) 有限分布の場合，$E(h(X)) = \sum_i h(x_i)p_i$.

14.6 確率分布の例

この節では確率分布の例をいくつか与えて，これまで説明してきた確率の性質を応用してみる．

14.6.1 2 項 分 布

2 項分布について述べる前に，ベルヌーイ試行を定義しておくことにする．硬貨やサイコロを繰り返し投げるような操作を考える．硬貨やサイコロを 1 回投げるという 1 つ 1 つの試行ごとに（表が出るとか，4 の目が出るとかいった）ある特定の事象（あるいは結果）が起こる確率 p が指定されている．この確率 p の値が，試行のたびに変わることなく一定値であるとき，このような試行は独立であり**ベルヌーイ試行**とよばれる．

今，n 回の独立な試行をしたとしよう．各試行ごとにある事象が確率 p で起こり，確率 $q = 1 - p$ で起こらないものとする．このとき，この事象がちょうど m 回起こる確率はいくらであろうか．n 回のうち m 回の試行を選んだとすると，この m 回すべてでこの事象が起こり，残りの $m - n$ 回の試行では起こらないという確率は $p^m q^{n-m}$ である．それでは n 回の試行から m 回の試行を選ぶ組み合わせの数はいくらであろうか．これは ${}_n C_m$ である．したがって，n 回の試行の中で，ちょうど m 回だけ事象が起こる確率は

$$f(m) = P(X = m) = {}_nC_m p^m q^{n-m}$$
$$= \frac{n!}{m!(n-m)!} p^m q^{n-m} \qquad (14.16)$$

である．この離散確率分布関数 (14.16) は，n 回の試行のうちの事象が起こった回数を表す確率変数 X に対する **2 項分布**とよばれる．これは，各試行ごとに一定の確率 p で起こる試行を n 回行ったときに，その事象がちょうど m 回起こる確率を与える．多くの統計処理は試行を繰り返すことによって行われるので，この 2 項分布はとても重要である．

どうして (14.16) の離散確率分布関数は 2 項分布とよばれるのであろうか．その理由は，$m = 0, 1, 2, 3, \cdots, n$ において，各確率 ${}_nC_m p^m q^{n-m}$ は **2 項展開**

$$(q+p)^n = q^n + {}_nC_1 q^{n-1} p + {}_nC_2 q^{n-2} p^2 + \cdots + p^n = \sum_{m=0}^{n} {}_nC_m p^m q^{n-m}$$

の各項に対応するからである．

2 項分布 (14.16) の利用法を説明するために，サイコロを 10 回投げてそのうち 1 の目が 4 回出る確率を計算することにする．この場合 $n = 10$, $m = 4$, $p = 1/6$, $q = (1-p) = 5/6$ であるので，確率は

$$f(4) = P(X = 4) = \frac{10!}{4!6!} \left(\frac{1}{6}\right)^4 \left(\frac{5}{6}\right)^6 = 0.0543$$

である．

同様にして，式 (14.16) に従って計算した 2 項分布の例を，図 14.2 と 14.3 にヒストグラムで示した．

確率分布は，総和が 1 でなければならないので，

$$\sum_{m=0}^{n} f(m) = \sum_{m=0}^{n} {}_nC_m p^m q^{n-m} = 1 \qquad (14.17)$$

でなければならない．これが成り立っていることを示すには，

$$\sum_{m=0}^{n} {}_nC_m p^m q^{n-m}$$

は $(q+p)^n$ の 2 項展開に等しいことを用いればよい．$q+p=1$ であるので $(q+p)^n = 1$ であるから，総和が 1 であることが保証されるのである．2 項分布の期待値 $\bar{m}$ は

$$\bar{m} = \sum_{m=0}^{n} m \, {}_nC_m p^m (1-p)^{n-m} \qquad (14.18)$$

で与えられる．この和は，式 (14.17) を用いると次のようにして計算することができる．式 (14.17) は $0 \leq p \leq 1$ の任意の p の値において成り立つ恒等式なので，両辺を p で

14.6 確率分布の例

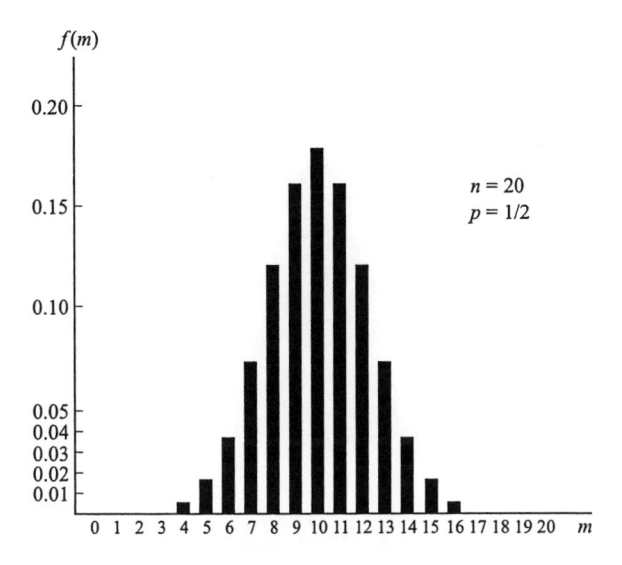

図 14.2 $n = 20$, $p = 1/2$ の場合の 2 項分布．分布は $m = 10$ のまわりに対称である．

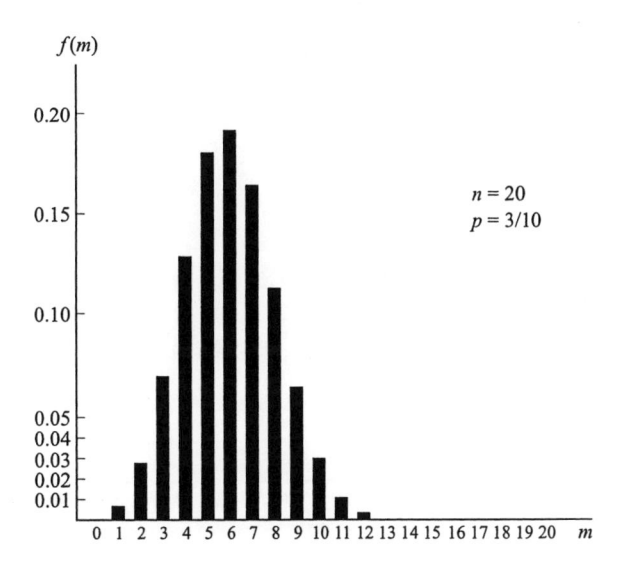

図 14.3 $n = 20$, $p = 3/10$ の場合の 2 項分布．分布は非対称であり，m の小さい値に偏っている．

微分した式も等式として成立する：

$$\sum_{m=0}^{n} {}_nC_m[mp^{m-1}(1-p)^{n-m} - (n-m)p^m(1-p)^{n-m-1}] = 0.$$

この等式は

$$\sum_{m=0}^{n} m\,{}_nC_m p^{m-1}(1-p)^{n-m} = \sum_{m=0}^{n}(n-m)\,{}_nC_m p^m(1-p)^{n-m-1}$$

$$= n\sum_{m=0}^{n} {}_nC_m p^m(1-p)^{n-m-1} - \sum_{m=0}^{n} m\,{}_nC_m p^m(1-p)^{n-m-1}$$

と書き直せる．これより

$$\sum_{m=0}^{n} m\,{}_nC_m[p^{m-1}(1-p)^{n-m} + p^m(1-p)^{n-m-1}] = n\sum_{m=0}^{n} {}_nC_m p^m(1-p)^{n-m-1}$$

を得る．この等式の両辺に $p(1-p)$ を掛けると

$$\sum_{m=0}^{n} m\,{}_nC_m[(1-p)p^m(1-p)^{n-m} + p^{m+1}(1-p)^{n-m}] = np\sum_{m=0}^{n} {}_nC_m p^m(1-p)^{n-m}$$

となるが，左辺の括弧の中の 2 項をまとめて，右辺で式 (14.17) を用いると

$$\sum_{m=0}^{n} m\,{}_nC_m p^m(1-p)^{n-m} = np\sum_{m=0}^{n} f(m) = np \tag{14.19}$$

という等式が得られる．この左辺は，式 (14.18) すなわち $\bar{m}$ にほかならない．したがって，**2 項分布の平均**は

$$\bar{m} = np \tag{14.20}$$

であることが導かれたことになる．

分散は

$$\sigma^2 = \sum_{m=0}^{n}(m-\bar{m})^2 f(m) = \sum_{m=0}^{n}(m-np)^2 f(m) \tag{14.21}$$

で与えられる．この右辺の和を計算するのに，まず式 (14.21) を次のように書き直す：

$$\sigma^2 = \sum_{m=0}^{n}(m^2 - 2mnp + n^2p^2)f(m)$$

$$= \sum_{m=0}^{n} m^2 f(m) - 2np\sum_{m=0}^{n} mf(m) + n^2p^2\sum_{m=0}^{n} f(m).$$

ここで，式 (14.17) と式 (14.19) を用いると，この式は

$$\sigma^2 = \sum_{m=0}^{n} m^2 f(m) - (np)^2 \tag{14.22}$$

と簡略化される．右辺の第 1 項を計算するために，まず式 (14.19) の両辺を p で微分する：

$$\sum_{m=0}^{n} m\,{}_nC_m[mp^{m-1}(1-p)^{n-m} - (n-m)p^m(1-p)^{n-m-1}] = n.$$

両辺に $p(1-p)$ を掛けて，前と同様の式変形をすると，

$$\sum_{m=0}^{n} m^2\,{}_nC_m p^m(1-p)^{n-m} - np\sum_{m=0}^{n} m\,{}_nC_m p^m(1-p)^{n-m} = np(1-p)$$

となる．式 (14.19) を用いると左辺の第 2 項は計算できて，

$$\sum_{m=0}^{n} m^2\,{}_nC_m p^m(1-p)^{n-m} = (np)^2 + np(1-p)$$

すなわち

$$\sum_{m=0}^{n} m^2 f(m) = np(1 - p + np)$$

という結果を得る．これを式 (14.22) に代入すると，**2 項分布の分散**は

$$\sigma^2 = np(1 - p - np) - (np)^2 = np(1-p) = npq \tag{14.23}$$

と計算される．したがって，**2 項分布の標準偏差**は

$$\sigma = \sqrt{npq} \tag{14.24}$$

である．

　n が大きいとき，2 項分布の次の 2 つの極限は重要である：(1) n と p の積を一定値 $np = \lambda$ に保ったまま，$n \to \infty$ かつ $p \to 0$ の極限をとる場合．(2) n と pn をともに大きくする極限をとる場合．前者の極限では，2 項分布は**ポアソン分布**とよばれる別の分布に収束する．また後者の極限では**ガウス分布**（あるいは**ラプラス分布**）に収束する．

14.6.2　ポアソン分布

　$np = \lambda$ すなわち $p = \lambda/n$ とすると，2 項分布 (14.16) は

$$\begin{aligned} f(m) = P(X = m) &= \frac{n!}{m!(n-m)!}\left(\frac{\lambda}{n}\right)^m \left(1 - \frac{\lambda}{n}\right)^{n-m} \\ &= \frac{n(n-1)(n-2)\cdots(n-m+1)}{m!\,n^m}\lambda^m \left(1 - \frac{\lambda}{n}\right)^{n-m} \\ &= \left(1 - \frac{1}{n}\right)\left(1 - \frac{2}{n}\right)\cdots\left(1 - \frac{m-1}{n}\right)\frac{\lambda^m}{m!}\left(1 - \frac{\lambda}{n}\right)^{n-m} \end{aligned} \tag{14.25}$$

となる．ここで極限 $n \to \infty$ をとる．

$$\left(1 - \frac{1}{n}\right)\left(1 - \frac{2}{n}\right)\cdots\left(1 - \frac{m-1}{n}\right) \to 1$$

であり，また，

$$\lim_{n \to \infty}\left(1 + \frac{\alpha}{n}\right)^n = e^{\alpha}$$

なので，

$$\left(1 - \frac{\lambda}{n}\right)^{n-m} = \left(1 - \frac{\lambda}{n}\right)^n \left(1 - \frac{\lambda}{n}\right)^{-m} \to (e^{-\lambda})(1) = e^{-\lambda}$$

である．したがって，式 (14.25) は

$$f(m) = P(X = m) = \frac{\lambda^m e^{-\lambda}}{m!} \tag{14.26}$$

となる．この分布関数は**ポアソン分布**とよばれる．この式から，$\sum_{m=0}^{\infty} P(X = m) = 1$ が成り立っていることがすぐにわかる．ポアソン分布の平均値は，等式

$$\sum_{m=0}^{\infty} \frac{\lambda^m}{m!} = e^{\lambda}$$

を用いると，

$$E(X) = \sum_{m=0}^{\infty} \frac{m\lambda^m e^{-\lambda}}{m!} = \sum_{m=1}^{\infty} \frac{\lambda^m e^{-\lambda}}{(m-1)!} = \lambda \sum_{m=0}^{\infty} \frac{\lambda^m e^{\lambda}}{m!}$$

$$= \lambda e^{-\lambda} \sum_{m=0}^{\infty} \frac{\lambda^m}{m!} = \lambda e^{-\lambda} e^{\lambda} = \lambda \tag{14.27}$$

と計算できる．また，ポアソン分布の分散は

$$\sigma^2 = \mathrm{Var}(X) = E[(X - E(X))^2] = E(X^2) - [E(X)]^2$$
$$= \sum_{m=0}^{\infty} \frac{m^2 \lambda^m e^{-\lambda}}{m!} - \lambda^2 = e^{-\lambda} \sum_{m=1}^{\infty} \frac{m \lambda^m}{(m-1)!} - \lambda^2$$
$$= e^{-\lambda} \lambda \frac{d}{d\lambda}(\lambda e^{\lambda}) - \lambda^2 = \lambda \tag{14.28}$$

となる．

　ポアソン分布の簡単な応用例を示そう．インフルエンザのワクチンの予防接種で，副作用が現れる確率が 0.001 であるとしよう．2000 人に対して予防接種をしたとき，このうち (a) ちょうど 3 人に副作用が現れる確率，(b) 3 人以上に副作用が現れる確率をそれぞれ求めてみよう．この問題での確率変数 X は副作用が起こった人の人数であり，これは 2 項分布に従う．しかし，副作用が起こる確率はとても小さいので，ポアソン分布でよく近似できるのである．そこでポアソン分布を使い，

$$P(X = m) = \frac{\lambda^m e^{-\lambda}}{m!}$$

とする．ここで

$$\lambda = np = 2000 \times 0.001 = 2$$

である．これを用いるとそれぞれの問に対して

(a) $P(X = 3) = \dfrac{2^3 e^{-2}}{3!} = 0.18$;

(b) $P(X \geq 3) = 1 - [P(X = 0) + P(X = 1) + P(X = 2)]$

$$= 1 - \left[\frac{2^0 e^{-2}}{0!} + \frac{2^1 e^{-2}}{1!} + \frac{2^2 e^{-2}}{2!}\right]$$

$$= 1 - 5e^{-2} = 0.323$$

と答えが得られる．ポアソン分布で近似せずに 2 項分布を使って正確に計算しようとすると，計算がずっと大変である．

ポアソン分布は，原子核物理の分野でとても重要である．n 個の放射性原子核があり，ある時間間隔 T の間に崩壊する確率が p であるものとしよう．この n 個の放射性原子核のうちの m 個が時間間隔 T の間に崩壊する確率は 2 項分布に従う．しかし，n は 10^{23} のオーダーの膨大な数であり，p は 10^{-20} のオーダーの微小量であるから，これを 2 項分布に従って計算するのは事実上不可能である．しかし幸いなことに，ポアソン分布でよく近似できるのである．

一般にポアソン分布は，膨大な数の試行が成されるが，その事象が起こる確率はとても低いので，その期待値が有限であるような事象の分布を記述するのに有用である．

14.6.3　ガウス分布 (正規分布)

2 項分布の興味ある別の極限分布は，n と pn の両方をともに無限大にする場合である．ここでは，$m, n, n-m$ の値はいずれも大きく，$m!, n!, (n-m)!$ それぞれに対して，**スターリングの近似式** ($n! \simeq \sqrt{2\pi n}\, n^n e^{-n}$) が使えるものと仮定する．すると

$$P(X = m) \simeq \left(\frac{np}{m}\right)^m \left(\frac{nq}{n-m}\right)^{n-m} \sqrt{\frac{n}{2\pi m(n-m)}} \tag{14.29}$$

が得られる．2 項分布は，式 (14.20) で示したように，平均値 np をもつ．この平均値 np からの m の偏差を $\delta = m - np$ と書くことにする．すると，$n - m = nq - \delta$ なので，式 (14.29) は

$$P(X = m) = \frac{1}{\sqrt{2\pi npq(1 + \delta/np)(1 - \delta/np)}}$$

$$\times \left(1 + \frac{\delta}{np}\right)^{-(np+\delta)} \left(1 - \frac{\delta}{nq}\right)^{-(nq-\delta)}$$

となる．ここで

$$A = \sqrt{2\pi npq \left(1 + \frac{\delta}{np}\right)\left(1 - \frac{\delta}{nq}\right)}$$

とおくと，

$$P(X = m)A = \left(1 + \frac{\delta}{np}\right)^{-(np+\delta)} \left(1 - \frac{\delta}{nq}\right)^{-(nq-\delta)}$$

と書ける．両辺の対数をとると

$$\log(P(X = m)A) \simeq -(np + \delta)\log\left(1 + \frac{\delta}{np}\right) - (nq - \delta)\log\left(1 - \frac{\delta}{nq}\right)$$

となる．$|\delta| < npq$ とすると，$|\delta/np| < 1$ かつ $|\delta/nq| < 1$ なので，右辺の対数関数を次のように展開することができる：

$$\log\left(1 + \frac{\delta}{np}\right) = \frac{\delta}{np} - \frac{\delta^2}{2n^2p^2} + \frac{\delta^3}{3n^3p^3} - \cdots,$$
$$\log\left(1 - \frac{\delta}{nq}\right) = -\frac{\delta}{nq} - \frac{\delta^2}{2n^2q^2} - \frac{\delta^3}{3n^3q^3} - \cdots.$$

したがって，

$$\log(P(X = m)A) \simeq -\frac{\delta^2}{2npq} - \frac{\delta^3(p^2 - q^2)}{2 \times 3n^2p^2q^2} - \frac{\delta^4(p^3 + q^3)}{3 \times 4n^3p^3q^3} - \cdots$$

となる．ここで，$|\delta|$ が npq に比べて非常に小さく，右辺の第2項以降は無視できる場合を考えよう．このような場合には A は $(2\pi npq)^{1/2}$ で置き換えることができるので，

$$P(X = m) = \frac{1}{\sqrt{2\pi npq}} e^{-\delta^2/2npq} \tag{14.30}$$

という近似式を得ることができる．$\sigma = \sqrt{npq}$ とおくと，式 (14.30) は

$$f(m) = P(X = m) = \frac{1}{\sqrt{2\pi}\sigma} e^{-\delta^2/2\sigma^2} \tag{14.31}$$

と表せる．これを**ガウス分布**，あるいは**正規分布**とよぶ．この分布は，n が比較的小さい場合にも2項分布をよく近似することが知られている．

ガウス分布は**平均値** μ のまわりに対称に分布する釣鐘状の関数であり，分布の幅は**標準偏差** σ で表される．図 14.4 では，2項分布とガウス分布を比較して描いておいた．

実際の実験において，**実験誤差**はガウス分布でよく表されることが経験的に知られている．

ガウス分布の重要な応用例を知るために，事象が起こる回数がある値 m_1 と m_2 の間である確率

$$\sum_{m=m_1}^{m_2} f(m)$$

14.6 確率分布の例

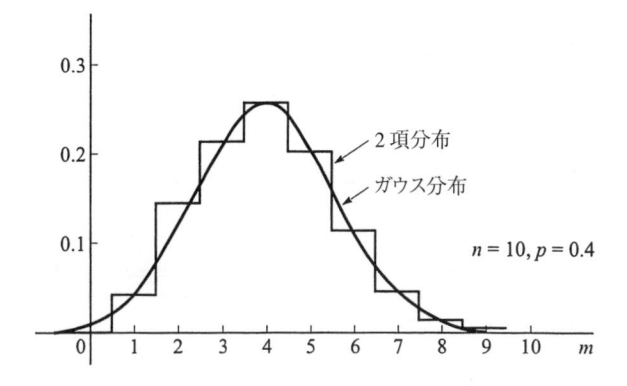

図 14.4 $n=10, p=0.4$ の場合の 2 項分布とガウス分布の比較.

を計算する問題を考えてみることにする．式 (14.31) より，この和は δ の値に対する適当な領域の和

$$\sum \frac{1}{\sqrt{2\pi}\sigma} e^{-\delta^2/2\sigma^2} \tag{14.32}$$

で近似できることがわかる．$\delta = m - np$ なので δ の値は 1 刻みである．そこで $z = \delta/\sigma$ とすると，z の値は $\delta = 1/\sigma$ 刻みになる．このとき，式 (14.32) は z についての和

$$\sum \frac{1}{\sqrt{2\pi}} e^{-z^2/2} \Delta z \tag{14.33}$$

となる．$\delta \to 0$ の極限をとると，表式 (14.33) は定積分に収束する．z の関数

$$\Phi(z) = \int_0^z \frac{1}{\sqrt{2\pi}} e^{-t^2/2} dt = \frac{1}{\sqrt{2\pi}} \int_0^z e^{-t^2/2} dt \tag{14.34}$$

を定義しておく．この関数 $\Phi(z)$ は

$$\mathrm{erf}(z) = \frac{2}{\sqrt{\pi}} \int_0^z e^{-t^2} dt$$

で定義される**誤差関数** $\mathrm{erf}(z)$ と

$$\Phi(z) = \frac{1}{2} \mathrm{erf}\left(\frac{z}{\sqrt{2}}\right)$$

という関係にある．誤差関数の値は数表として与えられている．以上の考察により，以下の重要な定理が導かれる．n 回の独立な試行のうちで，確率 p で起こる事象が起こる回数が m であるとする．このとき

$$z_1 \leq \frac{m - np}{\sqrt{npq}} \leq z_2 \tag{14.35}$$

である確率は，$n \to \infty$ で

$$\frac{1}{\sqrt{2\pi}}\int_{z_1}^{z_2} e^{-t^2/2}dt = \Phi(z_2) - \Phi(z_1) \tag{14.36}$$

に収束する．これは，**ラプラス–ド・モアブルの極限定理**として知られている．

式 (14.36) の結果の応用として，サイコロを 600 回投げてたときに 1 の目が出る回数が 80 回以上 110 回以下である確率を計算してみることにする．この場合 $n = 600$, $p = 1/6$, $q = 1 - p = 5/6$ であり，m は 80 から 110 までの値をとる．したがって，

$$z_1 = \frac{80 - 100}{\sqrt{100(5/6)}} = -2.19, \quad z_2 = \frac{110 - 100}{\sqrt{100(5/6)}} = 1.09$$

である．誤差関数の数表より，

$$\Phi(z_2) = \Phi(1.09) = 0.362$$

と

$$\Phi(z_1) = \Phi(-2.19) = -\Phi(2.19) = -0.486$$

を得る．ここで $\Phi(-z) = -\Phi(z)$ であることを用いた ($\Phi(z)$ が奇関数であることは式 (14.34) より明らかである)．したがって，求める確率の値は近似的に

$$0.362 - (-0.486) = 0.848$$

と求められる．

14.7 連続分布

これまで，いくつかの**離散確率分布**について述べてきた．実際の実験での測定では，測定値の有効数字は有限であり，測定値は離散変数である．しかし，離散変数は測定誤差内の連続変数で置き換えてもかまわない．また，離散変数よりも連続変数の方が取り扱いやすいことが多い．この節では，**連続確率変数** x について簡単に説明して，連続変数の方が離散変数よりも解析的には取り扱いやすいことを示す．

区間 $0 \leq x \leq 1$ の間の 1 点をランダムに選ぶことを考える．このとき，ある点が選ばれる確率をどのように表したらよいであろうか．図 14.5 示したように，この区間 $[0, 1]$ を $\delta x = 0.1$ の長さの小区間に分割することにする．すると，点 x がこのうちのどの小区間内にあるかは等確率である．そのため，例えば小区間 3 つ分の区間 $0.3 < x < 0.6$ の中にある確率は 0.3 であることがわかる．同様にして，今度はこの区間を 100 等分して考えると，$0.32 < x < 0.64$ である確率は $0.64 - 0.32 = 0.32$ であることがわかる

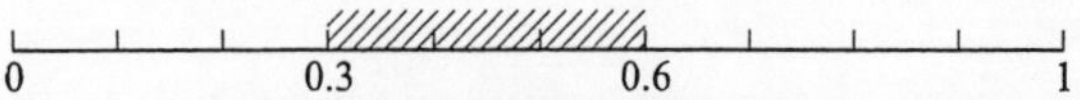

図 14.5

14.7 連続分布

であろう.以上の考察から,x が区間 $[0,1]$ に含まれる任意の小区間の中にある確率は,その小区間の長さで与えられることが結論できる.つまり $0 \leq a \leq b \leq 1$ に対して

$$P(a < x < b) = b - a \tag{14.37}$$

である.このような確率変数 x は,「区間 $0 \leq x \leq 1$ 上に**一様に分布している**」という.式 (14.37) は

$$P(a < x < b) = \int_a^b dx = \int_a^b 1 dx$$

とも書くことができる.

連続確率変数に対しては**確率密度**を定義する.上の一様分布は,確率密度が 1 の場合である.一般には,確率変数はある密度 $f(x)$ で分布するものとし,x が

$$z < x < z + dz$$

の区間内にある確率は

$$f(z)dz$$

で与えられるとする.図 14.6 に示したように,x が有限な区間 (a,b) 内の値をとる確率は

$$P(a < x < b) = \int_a^b f(x)dx \tag{14.38}$$

で与えられることになる.

確率密度 $f(x)$ は次の性質をもつ:

(1) $f(x) \geq 0 \quad (-\infty < x < \infty)$,

(2) $\int_{-\infty}^{\infty} f(x)dx = 1$.

関数

$$F(x) = P(X \leq x) = \int_{-\infty}^x f(u)du \tag{14.39}$$

は,連続確率変数 X が区間 $(-\infty, x)$ にある確率を与えるものであり,**累積分布関数**と

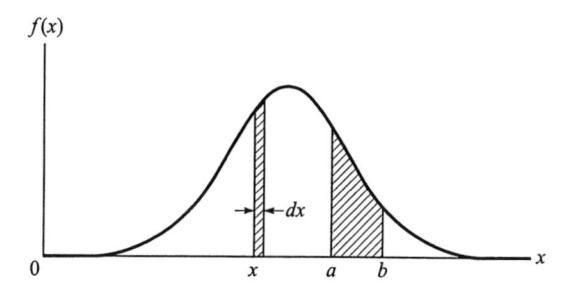

図 14.6

よばれる．$f(x)$ が連続ならば式 (14.39) より

$$F'(x) = f(x)$$

となり，$dF(x) = f(x)dx$ という関係式を得ることができる．

離散確率変数の場合と同様にして，連続確率変数 X の**期待値**（平均値）と**分散**は，確率密度関数 $f(x)$ を用いて次のように定義することができる：

$$E(X) = \mu = \int_{-\infty}^{\infty} xf(x)dx, \tag{14.40}$$

$$\text{Var}(X) = \sigma^2 = E((X-\mu)^2) = \int_{-\infty}^{\infty} (x-\mu)^2 f(x)dx. \tag{14.41}$$

14.7.1 ガウス分布（正規分布）

連続確率分布のうちで最も重要なものは**ガウス分布**（**正規分布**）である．ガウス分布の確率密度関数は，平均と**標準偏差**をそれぞれ μ, σ としたとき

$$f(x) = \frac{1}{\sigma\sqrt{2\pi}} e^{-(x-\mu)^2/2\sigma^2} \quad (-\infty < x < \infty) \tag{14.42}$$

で与えられる．これに対応する**累積分布関数**は

$$F(x) = P(X \leq x) = \frac{1}{\sigma\sqrt{2\pi}} \int_{-\infty}^{x} e^{-(u-\mu)^2/2\sigma^2} du \tag{14.43}$$

である．

平均がゼロ $(\mu = 0)$，標準偏差が 1 $(\sigma = 1)$ のガウス分布を**標準正規分布**とよぶ．標準正規分布の確率密度は

$$f(z) = \frac{1}{\sqrt{2\pi}} e^{-z^2/2} \tag{14.44}$$

である．

任意のガウス分布は，式 (14.42) や式 (14.43) で $x = (x-\mu)/\sigma$ とおくと，**標準化**することができる．図 14.7 に示した標準正規分布の密度関数 (14.44) の関数の描く曲線は，**標準正規曲線**とよばれる．この図では，平均からの偏差が標準偏差以下の領域，標準偏差の 2 倍以下の領域，標準偏差の 3 倍以下の領域もそれぞれ示しておいた．これらの領域内に確率変数 Z が値をもつ確率はそれぞれ

$$P(-1 \leq Z \leq 1) = \frac{1}{\sqrt{2\pi}} \int_{-1}^{1} e^{-z^2/2} dz = 0.6827,$$

$$P(-2 \leq Z \leq 2) = \frac{1}{\sqrt{2\pi}} \int_{-2}^{2} e^{-z^2/2} dz = 0.9545,$$

$$P(-3 \leq Z \leq 3) = \frac{1}{\sqrt{2\pi}} \int_{-3}^{3} e^{-z^2/2} dz = 0.9973$$

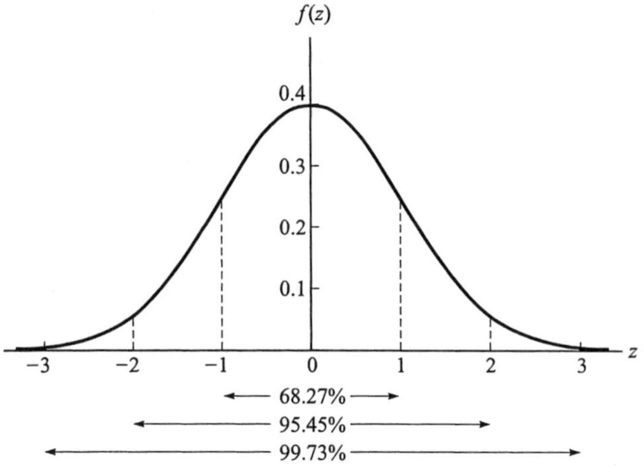
f(z)
0.4
0.3
0.2
0.1
−3
−2
−1
0
1
2
3
z
68.27%
95.45%
99.73%

図 **14.7**

である．これらの定積分の値は，数値計算によって得られたものである．付録 3 に定積分

$$\Phi(x)=\frac{1}{\sqrt{2\pi}}\int_0^x e^{-t^2/2}dt \quad \left(=\frac{1}{2}\frac{1}{\sqrt{2\pi}}\int_{-x}^x e^{-t^2/2}dt\right)$$

の数表を与えておいた．

14.7.2 マクスウェル–ボルツマン分布

ガウス分布以外の物理学で重要な連続分布に，**マクスウェル–ボルツマン分布**

$$f(x)=4a\sqrt{\frac{a}{\pi}}x^2e^{-ax^2} \quad (0\le x<\infty,\ a>0) \tag{14.45}$$

がある[*1)]．これは, 気体分子の速さ (速度の大きさ) x の分布密度を表す．分子質量を m, 絶対温度を T，ボルツマン定数を k としたとき，定数 a は $a=m/2kT$ で与えられる．

---

*1) 訳注： 速度を $\boldsymbol{v}=(v_1,v_y,v_z)$ と成分に分解し，粒子の速度が v_x と v_x+dv_x, v_y と v_y+dv_y, v_z と v_z+dv_z の間にある確率を $P(v_x,v_y,v_z)dv_xdv_ydv_z$ として,

$$P(\boldsymbol{v})d^3\boldsymbol{v}=(m/2\pi kT)^{3/2}e^{-m(v_x^2+v_y^2+v_z^2)/2kT}$$

と考える方がわかりやすい．この形式では,

$$P(\boldsymbol{v})d^3\boldsymbol{v}=p(v_x)dv_xp(v_y)dv_yp(v_z)dv_z$$

が成り立ち，$p(v_s)$ は v_s のガウス (正規) 分布関数となる．この表式で，速度空間の体積要素の関係 $dv_xdv_ydv_z=4\pi v^2dv$ を用いると，テキストの表式 (14.45) が導かれる．

付録 1

準備（基本概念のまとめ）

この付録は，まとめを必要とする読者のためのものである．多くの基礎概念や定理が，証明を与えず，また完全な記述をすることもなく列挙されている．

本書は，読者が実数の種類をよく知ってることを前提にしている．**正整数**（**自然数**ともいう）の組 $1, 2, \ldots, n$ は，加算操作を制約なく行える．すなわち，これらの数を足し合わせても（よって掛け合わせても），別な正整数になる．**整数**の組 $0, \pm 1, \pm 2, \ldots, \pm n$ は，加算操作と減算操作に関して閉じている．**有理数**は，整数 $p, q\,(\neq 0)$ を用いて p/q の形に書ける数である．例えば，$2/3$ や $-10/7$ は有理数である．有理数は，除算操作に関しても閉じている．**無理数**は，2 つの整数の比の形では表現できないすべての数を含む．例えば，$\sqrt{2}, \sqrt{11}, \pi$ は無理数である．

実数は，すべての有理数と無理数を含む．実数の重要な性質として，図 A.1 に示すように，実数の組 $\{x\}$ は，ある直線上の点の組 $\{P\}$ と 1 対 1 対応していることがあげられる．

実数の演算の基本法則には，以下のものがある：

- **交換則**：$a + b = b + a,\ \ a \cdot b = b \cdot a,$
- **推移則**：$a + (b + c) = (a + b) + c,\ \ a \cdot (b \cdot c) = (a \cdot b) \cdot c,$
- **分配則**：$a \cdot (b + c) = a \cdot b + a \cdot c,$
- **指数則**：$a^m \cdot a^n = a^{m+n}, a^m/a^n = a^{m-n}\ \ (a \neq 0).$

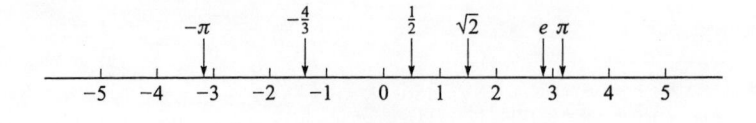

図 **A1.1**

A1.1 不等式

実数 x, y において,$x > y$ は x の方が y よりも大きいことを示し,$x < y$ は x の方が y よりも小さいことを示す.同様に,$x \geq y$ は,x の方が y よりも大きいか,あるいは y に等しいかのいずれかであることを示す.不等式演算の基本的性質には,以下のものがある:

(1) 定数の乗算:$x > y$ のとき,$a > 0$ ならば $ax > ay$,$a < 0$ ならば $ax < ay$ となる.

(2) 不等式の加算:$x > y$ かつ $u > v$ ならば,$x + u > y + v$ となる.

(3) 不等式の減算:$x > y$ かつ $u > v$ ならば,$x - v > y - u$ となる.$x - u > y - v$ となるとは限らないことに注意.

(4) 不等式の乗算:$x > y$ かつ $u > v$ で,x, y, u, v がすべて正の数ならば,$xu > yv$ となる.負の数が混じっている場合は,この不等式が成立するとは限らない.

(5) 不等式の除算:$x > y$ かつ $u > v$ で,x, y, u, v がすべて正の数ならば,$x/v > y/u$ となる.しかし,$x/u > y/v$ となるとは限らないことに注意.

変数 x の値を,符号を問わずに考える場合は $|x|$ と書き,x の**絶対値**という.例えば,不等式 $|x| < a$ は,$-a < x < +a$ と等価である.

A1.2 関数

本書は,**関数**という概念とそれを図示する方法を読者がよく知っていることを前提にしている.

n **次多項式**とは,次式の形の関数である:

$$f(x) = p_n(x) = a_0 x^n + a_1 x^{n-1} + a_2 x^{n-1} + \cdots + a_n \quad (a_j = 定数, \ a_0 \neq 0).$$

多項式は微分,積分可能である.上式では $a_j = $ 定数 と書いたが,x とは独立な別な変数の関数でもよい.例えば,x の 3 次多項式関数

$$t^{-3} x^3 + \sin t \, x^2 + \sqrt{t} x + t$$

の係数 a_j は変数 t の関数になっている ($a_0 = t^{-3}, a_1 = \sin t, a_2 = \sqrt{t}, a_3 = t$).縮退している根は繰り返し数えるとすると,多項式方程式 $f(x) = 0$ はちょうど n 個の根をもつ.例えば,$x^3 - 3x^2 + 3x - 1 = 0$ は $(x-1)^3 = 0$ と書け,3 つの根は 1, 1, 1 である(3 重縮退).ただしこの計算では,次式で表される **2 項定理**を使った:

$$(a + x)^n = a^n + n a^{n-1} x + \frac{n(n-1)}{2!} a^{n-2} x^2 + \cdots + x^n.$$

有理関数とは，$f(x) = p_n(x)/q_m(x)$ という形で表される関数である．ただし，$p_n(x)$ と $q_m(x)$ は多項式である．

超越関数とは，多項式や有理関数のような**代数関数**ではないすべての関数を指している．例えば，**対数関数** $\log x$ や，**双曲線関数** $\sinh x, \cosh x$ などである．

指数関数は，指数則をみたす．対数関数は指数関数の逆関数である．すなわち，$a^x = y$ ならば $x = \log_a y$ であり，a は対数の底とよばれる．$a = e$ の場合は対数の**自然基底**とよばれ，$\log_e x$ は $\ln x$ と書いて x の**自然対数**という．対数演算の基本法則は次式のとおり：

$$\ln(mn) = \ln m + \ln n, \quad \ln(m/n) = \ln m - \ln n, \quad \ln m^p = p \ln m.$$

双曲線関数は，指数関数を用いて以下のように定義される：

$$\sinh x = \frac{e^x - e^{-x}}{2}, \qquad \cosh x = \frac{e^x + e^{-x}}{2},$$

$$\tanh x = \frac{\sinh x}{\cosh x} = \frac{e^x - e^{-x}}{e^x + e^{-x}}, \quad \coth x = \frac{1}{\tanh x} = \frac{e^x + e^{-x}}{e^x - e^{-x}},$$

$$\operatorname{sech} x = \frac{1}{\cosh x} = \frac{2}{e^x + e^{-x}}, \quad \operatorname{cosech} x = \frac{1}{\sinh x} = \frac{2}{e^x - e^{-x}}.$$

これら 6 つの関数の大まかなグラフを図 A1.2 に示した．これらの関数の間には，以下のような関係式が成り立つ：

$$\cosh^2 x - \sinh^2 x = 1, \quad \operatorname{sech}^2 x + \tanh^2 x = 1, \quad \coth^2 x - \operatorname{cosech}^2 x = 1,$$

$$\sinh(x \pm y) = \sinh x \cosh y \pm \cosh x \sinh y,$$

$$\cosh(x \pm y) = \cosh x \cosh y \pm \sinh x \sinh y,$$

$$\tanh(x \pm y) = \frac{\tanh x \pm \tanh y}{1 \pm \tanh x \tanh y}.$$

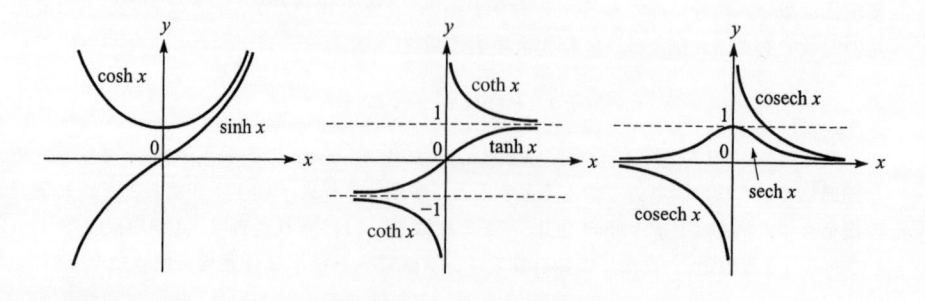

図 **A1.2** 双曲線関数．

A1.3 極限

関数 $f(x)$ の x がある値 α に近づいた極限：
$$\lim_{x \to \alpha} f(x) = l$$
が存在するとは，$x - \alpha$ を十分小さくすれば，$f(x) - l$ はいくらでも小さくできることを意味している．この極限のより正確な解析的な表現は，以下のようになる：

> 任意の $\epsilon > 0$ （いくら小さくてもかまわない）に対し，常に η （一般には，ϵ に依存する）が存在し，$|x - \alpha| < \eta$ ならば $|f(x) - l| < \epsilon$ とできるとき，$\lim_{x \to \alpha} f(x) = l$ と表される．

例えば，単純な関数 $f(x) = 2 - 1/(x-1)$ は，$x \to 2$ に対し $\lim_{x \to 2} f(x) = 1$ となる．

上記の定義で $\lim_{x \to \alpha} f(x)$ が存在すれば，関数 $f(x)$ は α で**連続**であるという．$f(x)$ がある区間内のどの点でも連続ならば，$f(x)$ は**区間連続**であるという．例えば，多項式は全区間で連続である．

この定義において，関数 $f(x)$ が (a,b) において区間連続であるとは，区間 (a,b) に含まれる任意の点 α において，
$$\lim_{x \to \alpha - 0} f(x) = \lim_{x \to \alpha + 0} f(x) = f(\alpha) \tag{A1.1}$$
が成り立つことを意味する．だが，式 (A1.1) は明らかに端点 a と b では使えない．これらの点では，関数の連続性は次式で定義する：
$$\lim_{x \to a+0} f(x) = f(a), \quad \lim_{x \to b-0} f(x) = f(b).$$

$x = \alpha$ において，有限の不連続性がある場合もある．このとき，$\lim_{x \to \alpha - 0} f(x) = l_1$, $\lim_{x \to \alpha + 0} f(x) = l_2$ で，$l_1 \neq l_2$ となっている．

明らかに，連続関数は任意の有限区間で**有界**である．すなわち，$a \leq x \leq b$ で $m \leq f(x) \leq M$ をみたす，x によらない m と M が存在する．さらに，$f(x_0) = m$, $f(x_1) = M$ をみたすような x_0 と x_1 も存在するはずである．

ある関数の大きさの程度は，変数について示される．x が非常に小さく，$f(x) = a_1 x + a_2 x^2 + a_3 x^3 + \cdots$ ならば（a_k は定数），その大きさは x に比例する項で決まり，$f(x) = O(x)$ と書かれる．$a_1 = 0$ ならば，$f(x) = O(x^2)$ となる．$f(x) = O(x^n)$ ならば，$\lim_{x \to 0}[f(x)/x^n]$ は有限で，$\lim_{x \to 0}[f(x)/x^{n-1}] = 0$ になる．

関数 $f(x)$ は，点 x で $\lim_{h \to 0}[f(x+h) - f(x)]/h$ が存在するとき，**微分可能**であるという．この極限は，df/dx, f', Df と，さまざまな形に書かれる．ただし，$D = d(\ )/dx$ である．物理学で現れる関数の大半は，繰り返し何回も微分できる．これらの**高階微分**は，$f'(x), f''(x), \ldots, f^{(n)}(x), \ldots$ あるいは $Df, D^2 f, \ldots, D^n f, \ldots$ と書かれる．

A1.4 無限級数

　無限級数は，**数列**の概念を単純な形で含んでいる．例えば，$\sqrt{2}$ は無理数であり，非循環小数 $1.414\cdots$ の形でしか表せないが，この値は有理数列 $1, 1.4, 1.41, 1.414,\ldots$ で近似できる．この数列 $\{a_n\}$ は可算集合で，極限はいくらでも $\sqrt{2}$ に近づく．このとき，n が無限大に向かう a_n の極限は存在し，$\sqrt{2}$ に等しく，$\lim_{n\to\infty} a_n = \sqrt{2}$ と書かれる．与えられた任意の ϵ に対してある数 $N > 0$ が存在し，すべての $n > N$ に対して $|u_n - l| < \epsilon$ が成立するとき，この数列は**極限** l をもつ，あるいは l に**収束**するといい，$\lim_{n\to\infty} u_n = l$ と書かれる．

　ここで，数列 $\{u_n\}$ の和を考えよう：

$$s_n = \sum_{r=1}^{n} u_r = u_1 + u_2 + u_3 + \cdots. \tag{A1.2}$$

ただし，すべての r に対して $u_r > 0$ とする．$n \to \infty$ ならば，式 (A1.2) は正項の無限級数である．この級数が収束するか**発散**するかは，数列 $\{u_n\}$ の振る舞いで決まる．もし $\lim_{n\to\infty} s_n = s$（$s$ は有限）ならば，式 (A1.2) は収束し和 s をもつという．$n \to \infty$ で s_n の値が定まらないとき（典型的には，$s_n \to \pm\infty$ となるとき），式 (A1.2) は発散するという．

例 A1.1

　以下の級数は収束し，和 $s = 1$ をもつことを示せ：

$$\sum_{n=1}^{\infty} \frac{1}{2^n} = \frac{1}{2} + \frac{1}{2^2} + \frac{1}{2^3} + \cdots.$$

解：

$$s_n = \frac{1}{2} + \frac{1}{2^2} + \frac{1}{2^3} + \cdots + \frac{1}{2^n}$$

とおくと，

$$\frac{1}{2} s_n = \phantom{\frac{1}{2} +{}} \frac{1}{2^2} + \frac{1}{2^3} + \cdots + \frac{1}{2^n} + \frac{1}{2^{n+1}}$$

となるので，両辺の差をとって

$$\left(1 - \frac{1}{2}\right) s_n = \frac{1}{2} - \frac{1}{2^{n+1}} \quad \text{すなわち} \quad s_n = 1 - \frac{1}{2^n}$$

すると，$\lim_{n\to\infty} s_n = \lim_{n\to\infty} (1 - 1/2^n) = 1$ より，この級数は収束し，和は $s = 1$ になる．

例 A1.2

級数 $\sum_{n=1}^{\infty}(-1)^{n-1} = 1-1+1-1+\cdots$ は発散することを示せ.

解：n が偶数か奇数かに応じて $s_n = 0$ または $s_n = 1$ となるので, $\lim_{n\to\infty} s_n$ は存在せず, 級数は発散する.

例 A1.3

幾何級数 $\sum_{n=1}^{\infty} ar^{n-1} = a + ar + ar^2 + \cdots$ （a, r は定数）は, (a) $|r| < 1$ ならば $s = a/(1-r)$ に収束し, (b) $|r| > 1$ ならば発散することを示せ.

解：

$$s_n = a + ar + ar^2 + \cdots + ar^{n-1}$$

とすると,

$$rs_n = \quad ar + ar^2 + \cdots + ar^{n-1} + ar^n$$

である. 両辺の差をとると

$$(1-r)s_n = a - ar^n \quad \text{すなわち} \quad s_n = \frac{a(1-r^n)}{1-r}$$

よって, (a) $|r| < 1$ のとき $\lim_{n\to\infty} s_n = a/(1-r)$ となり, (b) $|r| > 1$ のとき $\lim_{n\to\infty} s_n$ は存在しない.

例 A1.4

p 級数 $\sum_{n=1}^{\infty} 1/n^p$ は, $p > 1$ ならば収束し, $p \leq 1$ ならば発散することを示せ.

解：$f(n) = 1/n^p$ とし, $p \neq 1$ の場合について, 離散和を積分で置き換える[*1)]：

$$\int_1^\infty \frac{dx}{x^p} = \lim_{M\to\infty} \int_1^M x^{-p} dx = \lim_{M\to\infty} \left.\frac{x^{1-p}}{1-p}\right|_1^M = \lim_{M\to\infty} \frac{M^{1-p} - 1}{1-p}.$$

$p > 1$ ならばこの極限は存在し, 対応する級数は収束する. しかし $p < 1$ ならば極限は存在せず, 級数は発散する. また, $p = 1$ ならば

$$\int_1^\infty \frac{dx}{x} = \lim_{M\to\infty} \int_1^M \frac{dx}{x} = \lim_{M\to\infty} \left.\ln x\right|_1^M = \lim_{M\to\infty} \ln M$$

は発散するので, 対応する $p = 1$ の級数も発散する.

A1.4.1 収束性の検定

正項級数には, 重要な収束性の検定法がいくつかある. これらの単純な検定を行う前に, 以下の予備検定で, 非常に発散の強い級数を除外することができる：

[*1)] 訳注：正確には, $\int_1^\infty \frac{dx}{x^p} < \sum_{n=1}^{\infty} \frac{1}{n^p} < 1 + \int_1^\infty \frac{dx}{x^p}$ という不等式を用いる.

無限級数の各項がゼロに向かわなければ($\lim_{n\to\infty} a_n \neq 0$ ならば),級数は発散する.$\lim_{n\to\infty} a_n = 0$ ならば,さらに検定を続ける必要がある.

4種類のよく使われる検定を以下にあげる.

比較検定

すべての n に対して $u_n \leq v_n$ で,$\sum_{n=1}^{\infty} v_n$ が収束するならば,$\sum_{n=1}^{\infty} u_n$ も収束する.
すべての n に対して $u_n \geq v_n$ で,$\sum_{n=1}^{\infty} v_n$ が発散するならば,$\sum_{n=1}^{\infty} u_n$ も発散する.

有限の項を級数から除いても無限級数の振る舞いは変わらないので,上記の条件が最初の N 項について成り立たなくても,収束や発散の性質は変わらない.

例 A1.5

(a) $1/(2^n + 1) \leq 1/2^n$ で $\sum 1/2^n$ は収束するので,$\sum 1/(2^n + 1)$ も収束する.
(b) $1/\ln n > 1/n$ で $\sum_{n=2}^{\infty} 1/n$ は発散するので,$\sum_{n=2}^{\infty} 1/\ln n$ も発散する.

商検定

$u_{n+1}/u_n \leq v_{n+1}/v_n$ で,$\sum_{n=1}^{\infty} v_n$ が収束するならば,$\sum_{n=1}^{\infty} u_n$ は収束する.
$u_{n+1}/u_n \geq v_{n+1}/v_n$ で,$\sum_{n=1}^{\infty} v_n$ が発散するならば,$\sum_{n=1}^{\infty} u_n$ は発散する.
$u_{n+1}/u_n \leq v_{n+1}/v_n$ が成り立つ場合

$$u_n = \frac{u_n}{u_{n-1}} \frac{u_{n-1}}{u_{n-2}} \cdots \frac{u_2}{u_1} u_1 \leq \frac{v_n}{v_{n-1}} \frac{v_{n-1}}{v_{n-2}} \cdots \frac{v_2}{v_1} u_1 = v_n u_1$$

と書けるので,商検定は比較検定を用いて証明できる($u_{n+1}/u_n \geq v_{n+1}/v_n$ の場合も同様).

例 A1.6

$$\sum_{n=1}^{\infty} \frac{4n^2 - n + 3}{n^3 + 2n}$$

という級数を考える.大きな n に対して,$(4n^2-n+3)/(n^3+2n)$ はほぼ $4/n$ のように振る舞う.$u_n = (4n^2-n+3)/(n^3+2n)$ ととり,$v_n = 4/n$ ととると,$\lim_{n\to\infty} u_n/v_n = 1$ である.$\sum v_n = \sum 4/n$ は発散するので,$\sum u_n$ も発散する.

ダランベールの比検定

すべての $n \geq N$ に対して $u_{n+1}/u_n < 1$ ならば $\sum_{n=1}^{\infty} u_n$ は収束し,$u_{n+1}/u_n > 1$ ならば発散する.

商検定において $v_n = x^{n-1}$ とおくと,$\sum_{n=1}^{\infty} v_n$ は共通の比 $v_{n+1}/v_n = x$ をもつ幾何級数である.商検定により,$x < 1$ のとき $\sum_{n=1}^{\infty} u_n$ は収束し,$x > 1$ のとき発散する.

比検定は,以下の形にも書ける:$\lim_{n\to\infty} u_{n+1}/u_n = \rho$ ならば,$\sum_{n=1}^{\infty} u_n$ は $\rho < 1$ のとき収束し,$\rho > 1$ のとき発散する.

例 A1.7

$$1 + \frac{1}{2!} + \frac{1}{3!} + \cdots + \frac{1}{n!} + \cdots$$

という級数を考えよう．比検定を用いると，

$$\frac{u_{n+1}}{u_n} = \frac{n!}{(n+1)!} = \frac{1}{n+1} < 1$$

となるので，級数は収束する．

積分検定

$f(x)$ が正で連続で単調減少しており，$n > N$ に対して $f(n) = u_n$ と書けるとき，$\sum u_n$ は

$$\int_N^\infty f(x)dx = \lim_{M \to \infty} \int_N^M f(x)dx$$

が収束するか発散するかに応じて，収束または発散する．実際には，$N = 1$ の場合が多い．

この検定を証明するために，次式の定積分の性質を用いる：

$$a \le x \le b \text{ において } f(x) \le g(x) \text{ ならば，} \int_a^b f(x)dx \le \int_a^b g(x)dx.$$

すると，$f(x)$ の単調性により，

$$u_{n+1} = f(n+1) \le f(x) \le f(n) = u_n \quad (n = 1, 2, 3, \ldots)$$

となるので，$x = n$ から $x = n+1$ まで積分して上式の定積分の性質を用いると，

$$u_{n+1} \le \int_n^{n+1} f(x)dx \le u_n \quad (n = 1, 2, 3, \ldots)$$

が得られる．これを $n = 1$ から $n = M - 1$ まで足し合わせると，

$$u_2 + u_3 + \cdots + u_M \le \int_1^M f(x)dx \le u_1 + u_2 + \cdots + u_{M-1} \tag{A1.3}$$

となる．$f(x)$ が強い意味で減少関数ならば，式 (A1.3) の等号は省略できる．

$\lim_{M \to \infty} \int_1^M f(x)dx$ が存在して s に等しければ，式 (A1.3) の左辺の不等式より $u_1 + u_2 + \cdots + u_M$ は単調増加かつ $s + u_1$ で上から押さえられており，よって $\sum u_n$ は収束する．$\lim_{M \to \infty} \int_1^M f(x)dx$ が上限をもたなければ，式 (A1.3) の右辺の不等式より $\sum u_n$ は発散する．

幾何学的には，$u_2 + u_3 + \cdots + u_M$ は，図 A1.3 における網掛けした長方形の総面積であり，$u_1 + u_2 + \cdots + u_{M-1}$ は，網掛けした部分としていない部分を合わせた長方形の総面積である．$x = 1$ から $x = M$ までの曲線 $y = f(x)$ の下にある面積は上記の2つの面積の中間の値をとるので，これは式 (A1.3) の結果に相当する．

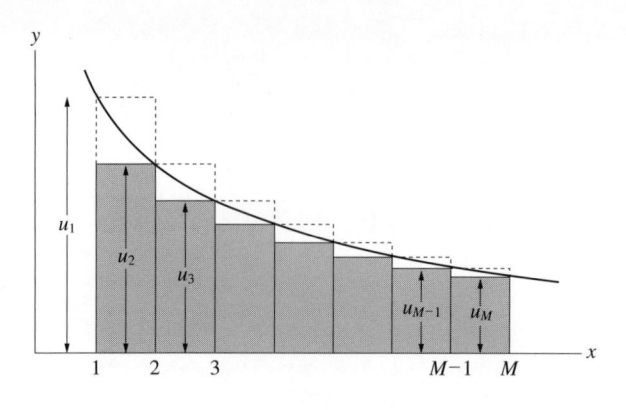

図 A1.3

例 A1.8
$\lim_{M\to\infty}\int_1^M dx/x^2 = \lim_{M\to\infty}(1-1/M) = 1$ は存在するので，$\sum_{n=1}^\infty 1/n^2$ は収束する．

A1.4.2 交代級数の検定

交代級数とは，正の項と負の項が交互に現れる，$v_1 - v_2 + v_3 - v_4 + \cdots$ という形の級数である．この級数 $u_n = (-1)^{n-1} v_n$ は，以下の 2 つの条件がみたされれば収束する．

(a) $n \geq 1$ に対して $|u_{n+1}| \leq |u_n|$，(b) $\lim_{n\to\infty} u_n = 0$ $\left(\text{あるいは } \lim_{n\to\infty} |u_n| = 0\right)$

この級数の第 $2M$ 項までの部分和は，

$$S_{2M} = (v_1 - v_2) + (v_3 - v_4) + \cdots + (v_{2M-1} - v_{2M})$$
$$= v_1 - (v_2 - v_3) - (v_4 - v_5) - \cdots - (v_{2M-2} - v_{2M-1}) - v_{2M}$$

となるが，上式の括弧の中はいずれも負ではないので，

$$S_{2M} \geq 0, \quad S_2 \leq S_4 \leq S_6 \leq \cdots \leq S_{2M} \leq v_1 = u_1$$

が得られ，$\{S_{2M}\}$ は有界かつ単調増加する数列なので極限値 S をもつ．さらに，

$$\lim_{M\to\infty} S_{2M+1} = \lim_{M\to\infty} S_{2M} + \lim_{M\to\infty} u_{2M+1} = S + 0 = S$$

である．よってこの級数の部分和は極限値 S に近づき，級数は収束する．

例 A1.9

$$1 - \frac{1}{2} + \frac{1}{3} - \frac{1}{4} + \cdots = \sum_{n=1}^\infty \frac{(-1)^{n-1}}{n}$$

という級数においては，$u_n = (-1)^{n+1}/n$, $|u_n| = 1/n$, $|u_{n+1}| = 1/(n+1)$ であり，$n \geq 1$ に対して $|u_{n+1}| \leq |u_n|$ かつ $\lim_{n \to \infty} |u_n| = 0$ がみたされる．よってこの級数は収束する．

A1.4.3 絶対収束と条件収束

$\sum |u_n|$ が収束するとき，級数 $\sum u_n$ は**絶対収束**するという．$\sum u_n$ 収束するが $\sum |u_n|$ は収束しないとき，$\sum u_n$ は**条件収束**するという．

$\sum |u_n|$ が収束するとき，$\sum u_n$ は収束する（すなわち，絶対収束する級数は収束する）ことは容易に示せる．このために，

$$S_M = u_1 + u_2 + \cdots + u_M, \quad T_M = |u_1| + |u_2| + \cdots + |u_M|$$

とおくと，次式を得る：

$$S_M + T_M = (u_1 + |u_1|) + (u_2 + |u_2|) + \cdots + (u_M + |u_M|)$$
$$\leq 2|u_1| + 2|u_2| + \cdots + 2|u_M|$$

$\sum |u_n|$ は収束し，$n = 1, 2, 3, \ldots$ に対して $u_n + |u_n| \geq 0$ なので，$S_M + T_M$ は有界で単調増加し，$\lim_{M \to \infty}(S_M + T_M)$ は存在する．$\lim_{M \to \infty} T_M$ も存在する（仮定より，級数は絶対収束するから）ので，

$$\lim_{M \to \infty} S_M = \lim_{M \to \infty}(S_M + T_M) - \lim_{M \to \infty} T_M$$

も存在し，よって $\sum u_n$ は収束する．

絶対収束する級数の項は任意の順序に並べ換えることが可能で，項を並べ換えた級数はすべて同じ値に収束する．証明は，解析学の進んだ教科書を参照されたい．

絶対収束の検定として，最も簡単なものは**比検定**である．そのほかの 3 種類（**ラーベ検定**，n **乗根検定**，**ガウス検定**）と併せて概観する．

比検定

$\lim_{n \to \infty} |u_{n+1}/u_n| = L$ とする．すると級数 $\sum u_n$ は
- $L < 1$ のときは絶対収束する
- $L > 1$ のときは発散する
- $L = 1$ のときは，この検定では収束判定できない

まず，$\sum u_n$ が正項級数の場合を考えよう．$\lim_{n \to \infty} u_{n+1}/u_n = L < 1$ ならば，$\sum u_n$ は収束することを証明する．仮定より，すべての $n > N$ に対して $u_{n+1}/u_n < r$, $L < r < 1$ となるような整数 N をとることができる．すると

$$u_{N+1} < r u_N, \quad u_{N+2} < r u_{N+1} < r^2 u_N, \quad u_{N+3} < r u_{N+2} < r^3 u_N, \ldots$$

となるので，辺々足し合わせると

$$u_{N+1} + u_{N+2} + u_{N+3} + \cdots < u_N(r + r^2 + r^3 + \cdots)$$

となり，$0 < r < 1$ なので，比検定により与えられた級数は収束する.

この級数が正負両方の項をもつときは，$|u_1| + |u_2| + |u_3| + \cdots$ を考えればよい．上式の証明および絶対収束する級数は収束することを用いると，$\lim_{n\to\infty} |u_{n+1}/u_n| = L < 1$ ならば級数 $\sum u_n$ は絶対収束する.

$\lim_{n\to\infty} |u_{n+1}/u_n| = L > 1$ ならば，級数 $\sum u_n$ は発散することも同様に証明できる.

例 A1.10

級数 $\sum_{n=1}^{\infty} (-1)^{n-1} 2^n / n^2$ を考えよう．$u_n = (-1)^{n-1} 2^n / n^2$ より，$\lim_{n\to\infty} |u_{n+1}/u_n| = \lim_{n\to\infty} 2n^2/(n+1)^2 = 2$ となり，$L = 2 > 1$ なので級数は発散する.

比検定では収束判定できない場合は，以下の 3 種類の検定が役立つ.

ラーベ検定

$\lim_{n\to\infty} n(1 - |u_{n+1}/u_n|) = l$ のとき，級数 $\sum u_n$ は
- $l > 1$ ならば絶対収束し，
- $l < 1$ ならば発散する.

$l = 1$ のときは，この検定では収束判定できない.

n 乗根検定

$\lim_{n\to\infty} \sqrt[n]{|u_n|} = R$ とすると，級数 $\sum u_n$ は
- $R < 1$ ならば絶対収束し，
- $R > 1$ ならば発散する.

$R = 1$ のときは，この検定では収束判定できない.

ガウス検定

$$\left|\frac{u_{n+1}}{u_n}\right| = 1 - \frac{G}{n} + \frac{c_n}{n^2}$$

と書け，すべての $n > N$ に対して $|c_n| < P$ となるとき，級数 $\sum u_n$ は
- $G > 1$ ならば絶対収束し，
- $G \leq 1$ ならば，発散または条件収束する.

例 A1.11

級数 $1 + 2r + r^2 + 2r^3 + r^4 + 2r^5 + \cdots$ を考えよう．比検定を行うと

$$\left|\frac{u_{n+1}}{u_n}\right| = \begin{cases} 2|r| & (n = \text{奇数}) \\ |r|/2 & (n = \text{偶数}) \end{cases}$$

となり，比検定は使えない．そこで n 乗根検定を試してみると，

$$\sqrt[n]{|u_n|} = \begin{cases} \sqrt[n]{2|r|^n} = \sqrt[n]{2}|r| & (n = \text{奇数}) \\ \sqrt[n]{|r|^n} = |r| & (n = \text{偶数}) \end{cases}$$

となるので，$\lim_{n\to\infty} \sqrt[n]{|u_n|} = |r|$ より，$|r| < 1$ ならば級数は収束し，$|r| > 1$ ならば級数は発散する．

例 A1.12

$$\left(\frac{1}{3}\right)^2 + \left(\frac{1\times 4}{3\times 6}\right)^2 + \left(\frac{1\times 4\times 7}{3\times 6\times 9}\right)^2 + \cdots + \left(\frac{1\times 4\times 7\cdots(3n-2)}{3\times 6\times 9\cdots 3n}\right)^2 + \cdots$$

という級数を考える．比検定は使えない．

$$\lim_{n\to\infty}\left|\frac{u_{n+1}}{u_n}\right| = \lim_{n\to\infty}\left|\frac{3n+1}{3n+3}\right|^2 = 1$$

となるからである．しかし，ラーベ検定より

$$\lim_{n\to\infty} n\left(1 - \left|\frac{u_{n+1}}{u_n}\right|\right) = \lim_{n\to\infty} n\left[1 - \left(\frac{3n+1}{3n+3}\right)^2\right] = \frac{4}{3} > 1$$

となり，よってこの級数は収束する．

A1.5 関数の級数と一様収束

ここまで考えてきた級数では，u_n は n のみに依存していた．したがってその級数は，収束する場合は単なる数で表された．以後は，各項が x の関数になっているような級数 $u_n = u_n(x)$ を考える．このような関数の級数にはさまざまなものがあり，第 n 項が x^n の定数倍の**べき級数**：

$$S(x) = \sum_{n=0}^{\infty} a_n x^n \tag{A1.4}$$

は読者にもなじみ深いだろう．ここまでに扱ってきたのは，べき級数で $x = 1$ とおいたものであると考えることもできる．後の節では，正弦項と余弦項からなる**フーリエ級数**や，各項が多項式やそのほかの関数からなる級数を眺める．本節では x のべき級数を考える．

関数の級数が収束するか発散するかは，一般に x の値によっている．適切な範囲の x に対して，式 (A1.2) で与えられる部分和は，

$$s_n(x) = u_1(x) + u_2(x) + \cdots + u_n(x) \tag{A1.5}$$

のように x の関数になる．級数の和も同様である．$S(x)$ を部分和の極限：

$$S(x) = \lim_{n\to\infty} s_n(x) = \sum_{n=0}^{\infty} u_n(x) \tag{A1.6}$$

として定義するならば,任意の ϵ と区間 $[a,b]$ 内の任意の x $(a \leq x \leq b)$ について

$$\text{すべての } n \geq N \text{ に対して } |S(x) - s_n(x)| < \epsilon \tag{A1.7}$$

をみたすような $N > 0$ が存在するとき,この級数は区間 $[a,b]$ で収束するという.N が ϵ のみに依存し,x には依存しないとき,この級数は区間 $[a,b]$ で**一様収束**するという.この意味は,一様収束する級数にはある有限の数 N が存在し,N 項目以降の級数の和 $\sum_{i=N+1}^{\infty} u_i(x)$ は,この区間内の任意の x に対して,任意の小さい ϵ よりも小さくなるということである.

なお,級数の**収束領域**とは,関数の級数が収束するような x の値の集合を指し,絶対収束と一様収束のいずれの場合にも議論できる.

x に関するべき級数は,前節までとまったく同様に扱える.例えば,級数の収束性を調べるには比検定が使える.違いは,結果が x に依存することだけである:

$$r(x) = \lim_{n\to\infty}\left|\frac{u_{n+1}}{u_n}\right| = \lim_{n\to\infty}\left|\frac{a_{n+1}x^{n+1}}{a_n x^n}\right| = |x|\lim_{n\to\infty}\left|\frac{a_{n+1}}{a_n}\right| = |x|r, \quad r = \lim_{n\to\infty}\left|\frac{a_{n+1}}{a_n}\right|.$$

よって,この級数は $|x|r < 1$ で絶対収束する.すなわち,

$$|x| < R = \frac{1}{r} = \lim_{n\to\infty}\left|\frac{a_n}{a_{n+1}}\right|$$

でこの級数は収束し,R を**収束半径**という.もちろん,べき級数が x のすべてのべきを含んではいないときは,上記の議論はいくらか修正する必要がある.

例 A1.13
級数 $\sum_{n=1}^{\infty} x^{n-1}/(n \times 3^n)$ が収束する x の範囲を求めよ.

解:$u_n = x^{n-1}/(n \cdot 3^n)$ で,$x \neq 0$ とする($x = 0$ ならば級数は収束する).このとき,

$$\lim_{n\to\infty}\left|\frac{u_{n+1}}{u_n}\right| = \lim_{n\to\infty}\frac{n}{3(n+1)}|x| = \frac{1}{3}|x|$$

となるので,この級数は $|x| < 3$ ならば収束し,$|x| > 3$ ならば発散する.$|x| = 3$ ならば(すなわち $x = \pm 3$ ならば),この検定ではわからない.

$x = 3$ ならばこの級数は $\sum_{n=1}^{\infty} 1/3n$ となり,発散する.$x = -3$ ならばこの級数は $\sum_{n=1}^{\infty}(-1)^{n-1}/3n$ となり,収束する.よって,級数の収束区間は $-3 \leq x < 3$ で,この外側では発散する.さらに,この級数は $-3 < x < 3$ では絶対収束し,$x = -3$ では条件収束する.

一様収束の判定に最もよく用いられるのは,次に説明する**ワイエルストラスの M 検定**である.

A1.5.1 ワイエルストラスの M 検定

(a) $M_n \geq |u_n(x)|$ が区間 $[a, b]$ のすべての x に対して成り立ち，(b) $\sum M_n$ が収束するような正定数 $M_1, M_2, M_3, \ldots$ が存在すれば，区間 $[a, b]$ で $\sum u_n(x)$ は一様収束かつ絶対収束する．

この一般的な検定の証明は直接的で単純である．$\sum M_n$ は収束するので収束性の定義より，任意の ϵ に対してある数 N が存在し，すべての $n \geq N$ に対して

$$\sum_{i=N+1}^{\infty} M_i < \epsilon$$

となる．$[a, b]$ 内のすべての x に対して $M_n \geq |u_n(x)|$ なので，

$$\sum_{i=N+1}^{\infty} |u_i(x)| < \epsilon$$

となり，よって

$$\text{すべての } n \geq N \text{ に対して } |S(x) - s_n(x)| = \left|\sum_{i=N+1}^{\infty} u_i(x)\right| < \epsilon$$

が成立する．すると定義により，$\sum u_n(x)$ は $[a, b]$ で一様収束する．さらに，ワイエルストラスの M 検定は各項の絶対値をとって実行しているので，級数 $\sum u_n(x)$ は絶対収束する．

ワイエルストラスの M 検定は，一様収束の十分条件を与えているにすぎないことに注意する必要がある．M 検定が適用できなくても一様収束する級数は存在する．また，この検定は，一様収束する級数は絶対収束しなければならないということも，その逆も意味してはいない．実際には，一様収束と絶対収束は独立な概念で，どちらも他方を含んではいない．

アーベル検定は，一様収束性のより微妙な検定で，べき級数を解析する際には特に有用である．次に，この検定を証明抜きで述べておく．

A1.5.2 アーベル検定

(a) $u_n(x) = a_n f_n(x)$ の形に書けて $\sum a_n$ が A に収束し，(b) 区間 $[a, b]$ 内のすべての x に対して関数 $f_n(x)$ は単調減少（$f_{n+1}(x) \leq f_n(x)$）かつ有界（$0 \leq f_n(x) \leq M$）ならば，$\sum u_n(x)$ は区間 $[a, b]$ で一様収束する．

例 A1.14

ワイエルストラスの M 検定を用いて，以下の級数の一様収束性を議論せよ：

(a) $\sum_{n=1}^{\infty} \frac{\cos nx}{n^4}$, (b) $\sum_{n=1}^{\infty} \frac{x^n}{n^{3/2}}$, (c) $\sum_{n=1}^{\infty} \frac{\sin nx}{n}$.

解:

(a) $|\cos(nx)/n^4| \leq 1/n^4 = M_n$ ととると, $\sum M_n$ は $p = 4 > 1$ の p 級数なので収束する. よって M 検定により, すべての x に対して与えられた級数は一様収束かつ絶対収束する.

(b) 比検定により, この級数は区間 $-1 \leq x \leq 1$ (あるいは $|x| \leq 1$) で収束する. $|x| \leq 1$ におけるすべての x に対して $|x^n/n^{3/2}| = |x|^n/n^{3/2} \leq 1/n^{3/2}$ となる. $M_n = 1/n^{3/2}$ と選ぶと $\sum M_n$ は収束し, M 検定によって $|x| \leq 1$ で与えられた級数は一様収束する.

(c) $|\sin(nx)/n| \leq 1/n = M_n$ ととれるが, $\sum M_n$ は収束しない. M 検定はこの場合には適用できず, 一様収束に関しては何もいえない.

一様収束する関数の無限級数は, 関数の有限級数の和と同じ性質を数多くもっている. 以下の3つは特に役立つ. 証明抜きであげておこう.

(1) 各項 $u_n(x)$ が $[a, b]$ で連続で, $\sum u_n(x)$ が区間 $[a, b]$ で一様収束して和が $S(x)$ となるとき, $S(x)$ は $[a, b]$ で連続である. すなわち, 連続関数の一様収束する級数は連続関数である.

(2) 各項 $u_n(x)$ が $[a, b]$ で連続で, $\sum u_n(x)$ が区間 $[a, b]$ で一様収束して和が $S(x)$ となるとき,

$$\int_a^b S(x)dx = \int_a^b \sum_{n=1}^\infty u_n(x)dx = \sum_{n=1}^\infty \int_a^b u_n(x)dx$$

となる. すなわち, 連続関数の一様収束する級数は項別積分可能である.

(3) 各項 $u_n(x)$ が $[a, b]$ で連続かつ連続な微分をもち, $\sum u_n(x)$ が区間 $[a, b]$ で一様収束して和が $S(x)$ となり, さらに $\sum du_n(x)/dx$ も区間 $[a, b]$ で一様収束するとき, 級数和 $S(x)$ の微分は各項の微分の和に等しい:

$$\frac{d}{dx}S(x) = \frac{d}{dx}\left[\sum_{n=1}^\infty u_n(x)\right] = \sum_{n=1}^\infty \frac{d}{dx}u_n(x)$$

一様収束する級数が項別積分可能であるためには, 各項が連続でありさえすればよい. この条件は, 物理的応用においてはほぼ常にみたされている. 項別積分は一様収束でなくても可能な場合が多いが, 級数の項別微分が可能であるための条件はこれよりも厳しく, 不可能な場合が少なくない.

A1.5.3 べき級数に関する定理

べき級数やべき級数で表される関数を用いる際に非常に役立つ定理を, 以下に証明抜きであげる. 収束範囲内では, べき級数は多項式のように扱えることがわかるだろう.

(1) べき級数は, 収束範囲内の全領域で一様収束かつ絶対収束する.

(2) べき級数は，収束範囲内の全領域で項別微分と項別積分が可能である．また，収束するべき級数の和は収束範囲内の全領域で連続である．

(3) 2つのべき級数は，収束領域の共通部分で項別に加減が可能である．

(4) 2つのべき級数は，収束領域の共通部分で乗算が可能である．例えば，$\sum_{n=0}^{\infty} a_n x^n$ と $\sum_{n=0}^{\infty} b_n x^n$ の積は，$\sum_{n=0}^{\infty} c_n x^n$, $c_n = a_0 b_n + a_1 b_{n-1} + a_2 b_{n-2} + \cdots + a_n b_0$ となる．

(5) べき級数 $\sum_{n=0}^{\infty} a_n x^n$ を別のべき級数 $\sum_{n=0}^{\infty} b_n x^n$ $(b_0 \neq 0)$ で割った商はべき級数で書けるが，x が十分小さい範囲においてのみ収束する．

A1.6 テーラー展開

応用上は，与えられた関数をべき級数で表現すると非常に便利な場合が多い．ここでは，そのような級数を求める方法の一つである，**テーラー展開**をまとめておこう．われわれが扱う関数 $f(x)$ は区間 $[a,b]$ で連続な n 階微分をもち，$f(x)$ のテーラー級数は以下のような形をしているものとする：

$$f(x) = a_0 + a_1(x-\alpha) + a_2(x-\alpha)^2 + a_3(x-\alpha)^3 + \cdots + a_n(x-\alpha)^n + \cdots \quad (A1.8)$$

ただし α は，区間 $[a,b]$ 内のある数である．これを順次微分して，

$$f'(x) = a_1 + 2a_2(x-\alpha) + 3a_3(x-\alpha)^2 + \cdots + na_n(x-\alpha)^{n-1} + \cdots,$$

$$f''(x) = 2a_2 + 3\cdot 2a_3(x-\alpha) + 4a_4\cdot 3(x-\alpha)^2 + \cdots + n(n-1)a_n(x-\alpha)^{n-2} + \cdots,$$

$$\vdots$$

$$f^{(n)}(x) = n(n-1)(n-2)\cdots 1 \cdot a_n + [(x-\alpha) \text{ のべきを含む項}].$$

上記の微分の各式で $x = \alpha$ とおくと，

$$f(\alpha) = a_0, \ \ f'(\alpha) = a_1, \ \ f''(\alpha) = 2a_2, \ \ f'''(\alpha) = 3!a_3, \ldots, f^{(n)}(\alpha) = n!a_n$$

となる．ただし $f'(\alpha)$ は，$f(x)$ を微分して $x = \alpha$ を代入したものを表し，$f''(\alpha)$ なども同様に定義される．これらを式 (A1.8) に代入すると，

$$f(x) = f(\alpha) + f'(\alpha)(x-\alpha) + \frac{1}{2!}f''(\alpha)(x-\alpha)^2 + \cdots + \frac{1}{n!}f^{(n)}(\alpha)(x-\alpha)^n + \cdots \quad (A1.9)$$

が得られる．これは，$x = \alpha$ のまわりでの $f(x)$ の**テーラー展開**である．$f(x)$ の**マクローリン展開**とは，原点のまわりでのテーラー展開のことである．式 (A1.9) で $\alpha = 0$ とおくと，$f(x)$ のマクローリン級数が得られる：

$$f(x) = f(0) + f'(0)x + \frac{1}{2!}f''(0)x^2 + \frac{1}{3!}f'''(0)x^3 + \cdots + \frac{1}{n!}f^{(n)}(0)x^n + \cdots. \quad (A1.10)$$

例 A1.15

指数関数 e^x のマクローリン展開を求めよ．

解：$f(x) = e^x$ を微分していくと，すべての n に対して $f^{(n)}(0) = 1$ となるので，式 (A1.10) より次式を得る：

$$e^x = 1 + x + \frac{1}{2!}x^2 + \frac{1}{3!}x^3 + \cdots = \sum_{n=0}^{\infty} \frac{x^n}{n!} \quad (-\infty < x < \infty).$$

以下の級数は，応用上頻繁に用いられる：

(1) $\sin x = x - \frac{x^3}{3!} + \frac{x^5}{5!} - \frac{x^7}{7!} + \cdots + (-1)^{n-1}\frac{x^{2n-1}}{(2n-1)!} + \cdots \quad (-\infty < x < \infty).$

(2) $\cos x = 1 - \frac{x^2}{2!} + \frac{x^4}{4!} - \frac{x^6}{6!} + \cdots + (-1)^{n-1}\frac{x^{2n-2}}{(2n-2)!} + \cdots \quad (-\infty < x < \infty).$

(3) $e^x = 1 + x + \frac{x^2}{2!} + \frac{x^3}{3!} + \cdots + \frac{x^n}{n!} + \cdots \quad (-\infty < x < \infty).$

(4) $\ln|1+x| = x - \frac{x^2}{2} + \frac{x^3}{3} - \frac{x^4}{4} + \cdots + (-1)^{n-1}\frac{x^n}{n} + \cdots \quad (-1 < x \leq 1).$

(5) $\frac{1}{2}\ln\left|\frac{1+x}{1-x}\right| = x + \frac{x^3}{3} + \frac{x^5}{5} + \frac{x^7}{7} + \cdots + \frac{x^{2n-1}}{2n-1} + \cdots \quad (-1 < x < 1).$

(6) $\tan^{-1} x = x - \frac{x^3}{3} + \frac{x^5}{5} - \frac{x^7}{7} + \cdots + (-1)^{n-1}\frac{x^{2n-1}}{2n-1} + \cdots \quad (-1 \leq x \leq 1).$

(7) $(1+x)^p = 1 + px + \frac{p(p-1)}{2!}x^2 + \cdots + \frac{p(p-1)\cdots(p-n+1)}{n!}x^n + \cdots.$

特に，最後の級数は **2 項級数**である：(a) p が正整数またはゼロならば，この級数は有限項で止まる．(b) $p > 0$ であるが整数ではない場合には，この級数は $-1 \leq x \leq 1$ で絶対収束する．(c) $-1 < p < 0$ ならば，この級数は $-1 < x \leq 1$ で収束する．(d) $p \leq -1$ ならば，この級数は $-1 < x < 1$ で収束する．

上記の最もよく現れる関数以外のべき級数表現は，式 (A1.9) の逐次微分で得られるが，級数展開をもっと簡単に求める方法もある．役立つ方法をいくつかあげよう．

(a) 例えば，$(x+1)\sin x$ の級数展開は，$\sin x$ の級数展開に $(x+1)$ を掛けて項を集めれば求められる：

$$(x+1)\sin x = (x+1)\left(1 - \frac{x^3}{3!} + \frac{x^5}{5!} - \cdots\right) = x + x^2 - \frac{x^3}{3!} - \frac{x^4}{3!} + \cdots.$$

同様に，$e^x \cos x$ の級数展開を求めるには，e^x の級数展開と $\cos x$ の級数展開を掛け合わせる：

$$e^x \cos x = \left(1 + x + \frac{x^2}{2!} + \frac{x^3}{3!} + \cdots\right)\left(1 - \frac{x^2}{2!} + \frac{x^4}{4!} - \cdots\right)$$
$$= 1 + x + \frac{x^2}{2!} + \frac{x^3}{3!} + \frac{x^4}{4!} + \cdots - \frac{x^2}{2!} - \frac{x^3}{2!} - \frac{x^4}{2!2!} - \cdots + \frac{x^4}{4!} + \cdots$$
$$= 1 + x - \frac{x^3}{3} - \frac{x^4}{6} + \cdots.$$

最初の例では，求める級数を知られた級数と多項式の積から求め，次の例では，求める級数を 2 つの級数の積から求めた．

(b) 級数展開を 2 つの級数展開の分数から求める場合もある．例えば，$\tan x$ の級数展開を求めるには，$\sin x$ の級数展開を $\cos x$ の級数展開で割る：

$$\tan x = \frac{\sin x}{\cos x} = \left(x - \frac{x^3}{3!} + \frac{x^5}{5!} - \cdots\right) \Big/ \left(1 - \frac{x^2}{2!} + \frac{x^4}{4!} - \cdots\right) = x + \frac{1}{3}x^3 + \frac{2}{15}x^5 + \cdots.$$

(c) 級数展開は，多項式や級数をほかの級数の変数とみなして求められる場合がある．例として，e^{-x^2} の級数展開を求める．e^x の級数展開の x を $-x^2$ に置き換えて

$$e^{-x^2} = 1 - x^2 + \frac{(-x^2)^2}{2!} + \frac{(-x^2)^3}{3!} + \cdots = 1 - x^2 + \frac{x^4}{2!} - \frac{x^6}{3!} + \cdots$$

が得られる．同様に，$\sin\sqrt{x}/\sqrt{x}$ の級数展開は，$\sin x$ の級数展開の x を $\sqrt{x}$ に置き換えれば得られる：

$$\frac{\sin\sqrt{x}}{\sqrt{x}} = 1 - \frac{x}{3!} + \frac{x^2}{5!} - \cdots, \quad x > 0.$$

(d) $\tan^{-1} x\ (\arctan x)$ の級数展開を求めよ．この級数展開を微分を繰り返して求めることも原理的には可能だが，非常に手間がかかる．以下の積分を用いる方が，はるかに簡単である：

$$\int_0^x \frac{dt}{1+t^2} = \tan^{-1} t \Big|_0^x = \tan^{-1} x.$$

すなわち，まず $(1+t^2)^{-1}$ を 2 項級数で書きくだしてから項別積分する：

$$\int_0^x \frac{dt}{1+t^2} = \int_0^x (1 - t^2 + t^4 - t^6 + \cdots)dt = t - \frac{t^3}{3} + \frac{t^5}{5} - \frac{t^7}{7} + \cdots \Big|_0^x.$$

よって次式が得られる：

$$\tan^{-1} x = x - \frac{x^3}{3} + \frac{x^5}{5} - \frac{x^7}{7} + \cdots.$$

(e) $\ln x$ の $x = 1$ のまわりでの級数展開を求めよ．$\ln 1 = 0$ なので，x に関するべき級数よりも $x - 1$ に関するべき級数が知りたい．まず

$$\ln x = \ln[1 + (x-1)]$$

と書き，$\ln(1+x)$ の級数で x を $x-1$ に置き換えると次式を得る：

$$\ln x = \ln[1 + (x-1)] = (x-1) - \frac{1}{2}(x-1)^2 + \frac{1}{3}(x-1)^3 - \frac{1}{4}(x-1)^4 + \cdots.$$

A1.7 高階微分と積の高階微分に関するライプニッツの公式

関数 $y = f(x)$ の x に関する**高階微分**は次式のように書かれる：

$$\frac{d^2y}{dx^2} = \frac{d}{dx}\left(\frac{dy}{dx}\right), \quad \frac{d^3y}{dx^3} = \frac{d}{dx}\left(\frac{d^2y}{dx^2}\right), \ldots, \frac{d^ny}{dx^n} = \frac{d}{dx}\left(\frac{d^{n-1}y}{dx^{n-1}}\right).$$

これらはしばしば，以下のように略記される：

$$f''(x), f'''(x), \ldots, f^{(n)}(x) \quad \text{あるいは} \quad D^2y, D^3y, \ldots, D^ny.$$

ただし $D = d/dx$ である．

2 つの関数 $f(x)$ と $g(x)$ の積の高階微分は，以下のように求められる：

$$D(fg) = fDg + gDf,$$
$$D^2(fg) = D(fDg + gDf) = fD^2g + 2Df \cdot Dg + gD^2f,$$
$$D^3(fg) = fD^3g + 3Df \cdot D^2g + 3D^2f \cdot Dg + gD^3f,$$
$$D^4(fg) = fD^4g + 4Df \cdot D^3g + 6D^2f \cdot D^2g + 4D^3f \cdot Dg + gD^4f,$$

以下同様．これらの結果から，**ライプニッツの公式**が，積 fg の n 階微分に対して書きくだされる：

$$D^n(fg) = f(D^ng) + n(Df)(D^{n-1}g) + \frac{n(n-1)}{2!}(D^2f)(D^{n-2}g) + \cdots$$
$$+ \frac{n!}{k!(n-k)!}(D^kf)(D^{n-k}g) + \cdots + (D^nf)g.$$

例 A1.16

$f = 1 - x^2$, $g = D^2y$ (y は x の関数) のとき，

$$D^n[(1-x^2)D^2y] = (1-x^2)D^{n+2}y - 2nxD^{n+1}y - n(n-1)D^ny$$

ライプニッツの公式は微分方程式にも適用できる．例えば，y が微分方程式

$$D^2y + x^2y = \sin x$$

をみたすとき，各項を n 回微分すると次式が得られる：

$$D^{n+2}y + x^2D^ny + 2nxD^{n-1}y + n(n-1)D^{n-2}y = \sin\left(\frac{n\pi}{2} + x\right).$$

ここで，ライプニッツの公式を積 x^2y に対して用いた．

A1.8 定積分の重要な性質

積分は微分の逆演算だが,「曲線下の面積」を計算するための道具でもある.後者は,積分を和の極限とみなす,リーマンに始まる見方である.定積分の有用な性質をいくつかあげておこう.

(1) $a \leq x \leq b$ かつ $m \leq f(x) \leq M$ で,m と M は定数ならば,

$$m(b-a) \leq \int_a^b f(x)dx \leq M(b-a).$$

区間 $[a, b]$ を任意に選んだ点 $x_1, x_2, \ldots, x_{n-1}$ で n 個の部分区間に分割する.η_k を区間 $x_{k-1} \leq \eta_k \leq x_k$ の任意の点とすると,

$$m\Delta x_k \leq f(\eta_k)\Delta_k \leq M\Delta x_k \quad (k=1,2,\ldots,n).$$

ただし $\Delta x_k = x_k - x_{k-1}$ である.$k=1$ から $k=n$ まで足し合わせて

$$\sum_{k=1}^n \Delta x_k = (x_1 - a) + (x_2 - x_1) + \cdots + (b - x_{n-1}) = b - a$$

という事実を用いると,

$$m(b-a) \leq \sum_{k=1}^n f(\eta_k)\Delta x_k \leq M(b-a)$$

となる.$n \to \infty$ の極限で各 $\Delta x_k \to 0$ となるとき,与式が得られる.

(2) $a \leq x \leq b$ かつ $f(x) \leq g(x)$ ならば,

$$\int_a^b f(x)dx \leq \int_a^b g(x)dx$$

(3) $a < b$ ならば,

$$\left|\int_a^b f(x)dx\right| \leq \int_a^b |f(x)|dx$$

$|a|$ を実数 a の絶対値とすると,不等式

$$|a+b+c\cdots| \leq |a| + |b| + |c| + \cdots$$

より次式を得る:

$$\left|\sum_{k=1}^n f(\eta_k)\Delta x_k\right| \leq \sum_{k=1}^n |f(\eta_k)\Delta x_k| = \sum_{k=1}^n |f(\eta_k)|\Delta x_k.$$

$n \to \infty$ の極限で各 $\Delta x_k \to 0$ となるとき,与式が得られる.

(4) **中間値の定理**:$f(x)$ が区間 $[a, b]$ で連続ならば,次式をみたす点 η が区間 (a, b) に存在する:

$$\int_a^b f(x)dx = (b-a)f(\eta).$$

$f(x)$ は区間 $[a,b]$ で連続なので，$m \le f(x) \le M$ をみたす定数 m と M が存在する．よって，1 番目の性質より，

$$m(b-a) \le \int_a^b f(x)dx \le M(b-a)$$

となる．$f(x)$ は連続なので m と M の間のすべての値をとり，すると与式をみたすような $f(\eta)$ も存在することになる．

A1.9　有用な積分の方法

(1) **変数変換**：この一般的な手続きを，簡単な例を通じて示そう．次式の積分：

$$I = \int_0^\infty e^{-ax^2} dx$$

は，$(\pi/a)^{1/2}/2$ に等しい．これを示すために，

$$I = \int_0^\infty e^{-ax^2} dx = \int_0^\infty e^{-ay^2} dy$$

と書くと，

$$I^2 = \int_0^\infty e^{-ax^2} dx \int_0^\infty e^{-ay^2} dy = \int_0^\infty \int_0^\infty e^{-a(x^2+y^2)} dxdy$$

となる．ここで積分変数を平面曲座標 (r, θ)：$x = r\cos\theta$, $y = r\sin\theta$, $dxdy = rdrd\theta$ に変換すると，

$$I^2 = \int_0^\infty \int_0^{\pi/2} e^{-ar^2} rd\theta dr = \frac{\pi}{2}\int_0^\infty e^{-ar^2} rdr = \frac{\pi}{2}\left(-\frac{e^{-ar^2}}{2a}\right)\bigg|_0^\infty = \frac{\pi}{4a}$$

となり，次式が得られる：

$$I = \int_0^\infty e^{-ax^2} dx = \frac{(\pi/a)^{1/2}}{2}.$$

(2) **部分積分**：$u = f(x)$, $v = g(x)$ とすると，

$$\frac{d}{dx}(uv) = u\frac{dv}{dx} + v\frac{du}{dx}$$

より，次式が得られる：

$$\int u\left(\frac{dv}{dx}\right) dx = uv - \int v\left(\frac{du}{dx}\right) dx$$

この公式は，積分の計算に役立つ．

例 A1.17

$I = \int \tan^{-1} x\, dx$ を求めよ.

解：$\tan^{-1} x$ は容易に微分できるので, $I = \int \tan^{-1} x\, dx = \int 1 \cdot \tan^{-1} x\, dx$ と書き, $u = \tan^{-1} x,\ dv/dx = 1$ とみなす. こうして次式が得られる：

$$I = x \tan^{-1} x - \int \frac{x\, dx}{1+x^2} = x \tan^{-1} x - \frac{1}{2}\log(1+x^2) + c.$$

例 A1.18

次式を示せ：

$$\int_{-\infty}^{\infty} x^2 e^{-ax^2}\, dx = \frac{\pi^{1/2}}{2a^{3/2}}$$

解：まず，以下の積分から出発する：

$$I = \int_b^c e^{-ax^2}\, dx.$$

これを部分積分すると，次式になる：

$$I = \int_b^c e^{-ax^2}\, dx = e^{-ax^2} x \Big|_b^c + 2\int_b^c a x^2 e^{-ax^2}\, dx.$$

これを整理して，$b \to -\infty,\ c \to \infty$ の極限をとると次式が得られる：

$$\int_{-\infty}^{\infty} x^2 e^{-ax^2}\, dx = \frac{1}{2a}\left(\int_{-\infty}^{\infty} e^{-ax^2}\, dx - e^{-ax^2} x \Big|_{-\infty}^{\infty}\right) = \frac{\pi^{1/2}}{2a^{3/2}}.$$

(3) **部分分数展開**：任意の有理関数 $P(x)/Q(x)$（ただし $P(x)$ と $Q(x)$ は多項式）で，$P(x)$ の次数が $Q(x)$ の次数よりも小さければ，有理関数 $A/(ax+b)^k$ および $(Ax+B)/(ax^2+bx+c)^k$ $(k = 1, 2, 3, \ldots)$ の和で書ける. これらの形の有理関数は，初等関数を用いて積分できる.

例 A1.19

$$\frac{3x-2}{(4x-3)(2x+5)^3} = \frac{A}{4x-3} + \frac{B}{(2x+5)^3} + \frac{C}{(2x+5)^2} + \frac{D}{2x+5}$$

$$\frac{5x^2-x+2}{(x^2+2x+4)^2(x-1)} = \frac{Ax+B}{(x^2+2x+4)^2} + \frac{Cx+D}{x^2+2x+4} + \frac{E}{x-1}$$

解：係数 A, B, C などは，右辺を通分して両辺の同じ次数の項を等置すれば求められる.

(4) $\sin x$ と $\cos x$ の有理関数は，$\tan(x/2) = u$ という変数変換を行えば，以下の例で示すように，必ず初等関数を用いて積分できる.

例 **A1.20**

以下の積分を求めよ：
$$I = \int \frac{dx}{5 + 3\cos x}.$$

解：一般に，$\tan(x/2) = u$ とおくと，
$$\sin \frac{x}{2} = \frac{u}{\sqrt{1+u^2}}, \quad \cos \frac{x}{2} = \frac{1}{\sqrt{1+u^2}},$$

$$\cos x = \cos^2 \frac{x}{2} - \sin^2 \frac{x}{2} = \frac{1-u^2}{1+u^2},$$

$$du = \frac{1}{2}\sec^2 \frac{x}{2} dx \quad \text{あるいは} \quad dx = 2\cos^2 \frac{x}{2} du = \frac{2du}{1+u^2}.$$

よって次式が得られる：
$$I = \int \frac{du}{u^2 + 4} = \frac{1}{2}\tan^{-1}\frac{u}{2} + c = \frac{1}{2}\tan^{-1}\left[\frac{1}{2}\tan\frac{x}{2}\right] + c.$$

A1.10 漸 化 式

$\int x^n e^{-x} dx$ 型の積分を考える．この積分は n に依存するので I_n と書くと，部分積分を用いて
$$I_n = -x^n e^{-x} + n\int x^{n-1} e^{-x} dx = -x^n e^{-x} + nI_{n-1}$$

が得られる．上式は I_n を I_{n-1} で（同様の操作をさらに繰り返し行えば，$I_{n-2}, I_{n-3}, \dots$ で）表すので，**漸化式**とよばれる．

A1.11 積 分 の 微 分

(1) **不定積分の場合**：まず，不定積分の微分を考える．$f(x, \alpha)$ が x に関して可積分な関数で，α がパラメータ変数のとき，
$$\int f(x, \alpha) dx = G(x, \alpha) \tag{A1.11}$$

と書ければ，定義により次式が得られる：
$$\frac{\partial G(x, \alpha)}{\partial x} = f(x, \alpha). \tag{A1.12}$$

さらに，$G(x, \alpha)$ が
$$\frac{\partial^2 G(x, \alpha)}{\partial x \partial \alpha} = \frac{\partial^2 G(x, \alpha)}{\partial \alpha \partial x}$$

をみたすとき，次式が得られる：

$$\frac{\partial}{\partial x}\left[\frac{\partial G(x,\alpha)}{\partial \alpha}\right] = \frac{\partial}{\partial \alpha}\left[\frac{\partial G(x,\alpha)}{\partial x}\right] = \frac{\partial f(x,\alpha)}{\partial \alpha}.$$

これを積分すると,

$$\int \frac{\partial f(x,\alpha)}{\partial \alpha}dx = \frac{\partial G(x,\alpha)}{\partial \alpha} \tag{A1.13}$$

となる.この式は,$\partial f(x,\alpha)/\partial \alpha$ が x と α に関してともに連続なときに成り立つ.

(2) **定積分の場合**:以上の手続きを,定積分:

$$I(\alpha) = \int_a^b f(x,\alpha)dx \tag{A1.14}$$

にも拡張しよう.ただし,$f(x,\alpha)$ は区間 $a \leq x \leq b$ で x に関して可積分な関数で,a と b は一般に連続で(少なくとも 1 回)微分可能な α の関数である.式 (A1.11) に似た関係式:

$$I(\alpha) = \int_a^b f(x,\alpha)dx = G(b,\alpha) - G(a,\alpha) \tag{A1.15}$$

が成り立つので,式 (A1.13) より次式が得られる:

$$\int_a^b \frac{\partial f(x,\alpha)}{\partial \alpha} = \frac{\partial G(b,\alpha)}{\partial \alpha} - \frac{\partial G(a,\alpha)}{\partial \alpha}. \tag{A1.16}$$

式 (A1.15) を α で全微分すると,

$$\frac{dI(\alpha)}{d\alpha} = \frac{\partial G(b,\alpha)}{\partial b}\frac{db}{d\alpha} + \frac{\partial G(b,\alpha)}{\partial \alpha} - \frac{\partial G(a,\alpha)}{\partial a}\frac{da}{d\alpha} - \frac{\partial G(a,\alpha)}{\partial \alpha}$$

となるが,式 (A1.12) と式 (A1.16) を用いてまとめると

$$\frac{dI(\alpha)}{d\alpha} = \int_a^b \frac{\partial f(x,\alpha)}{\partial \alpha}dx + f(b,\alpha)\frac{db}{d\alpha} - f(a,\alpha)\frac{da}{d\alpha} \tag{A1.17}$$

が得られる.この式は,定積分に関する微分の**ライプニッツ則**として知られている.積分の両端 a と b が α によらない場合は,式 (A1.17) は簡単になる:

$$\frac{dI(\alpha)}{d\alpha} = \int_a^b \frac{\partial f(x,\alpha)}{\partial \alpha}dx.$$

A1.12 斉 次 関 数

k 次の**斉次関数** $f(x_1, x_2, \ldots, x_n)$ は,次式で定義される:

$$f(\lambda x_1, \lambda x_2, \ldots, \lambda x_n) = \lambda^k f(x_1, x_2, \ldots, x_n).$$

例えば $x^3 + 3x^2 y - y^3$ は,変数 x と y に関して 3 次の斉次関数である.

$f(x_1, x_2, \ldots, x_n)$ が k 次の斉次関数ならば,

$$\sum_{j=1}^n x_j \frac{\partial f}{\partial x_j} = kf$$

が直接的に示せる.これは,斉次関数についての**オイラーの定理**として知られている.

A1.13 独立2変数関数のテーラー級数

1変数関数のテーラー級数の考え方は一般化できる．例えば，2変数 (x, y) の関数を考えよう．$f(x, y)$ の n 次偏微分がある閉区間ですべて連続で，$n+1$ 次偏微分が同じ端点をもつ開区間で存在すれば，関数 $f(x, y)$ は $x = x_0$, $y = y_0$ のまわりで次式の形に展開できる：

$$f(x_0+h, y_0+k) = f(x_0, y_0) + \left(h\frac{\partial}{\partial x} + k\frac{\partial}{\partial y}\right)f(x_0, y_0)$$
$$+ \frac{1}{2!}\left(h\frac{\partial}{\partial x} + k\frac{\partial}{\partial y}\right)^2 f(x_0, y_0) + \cdots$$
$$+ \frac{1}{n!}\left(h\frac{\partial}{\partial x} + k\frac{\partial}{\partial y}\right)^n f(x_0, y_0) + R_n. \quad (A1.18)$$

ただし，$h = \Delta x = x - x_0$, $k = \Delta y = y - y_0$ である．第 n 項までとった残り R_n は次式で与えられる：

$$R_n = \frac{1}{(n+1)!}\left(h\frac{\partial}{\partial x} + k\frac{\partial}{\partial y}\right)^{n+1} f(x_0+\theta h, y_0+\theta k) \quad (0 < \theta < 1).$$

ここで，以下のオペレータ表記を用いた：

$$\left(h\frac{\partial}{\partial x} + k\frac{\partial}{\partial y}\right)f(x_0, y_0) = hf_x(x_0, y_0) + kf_y(x_0, y_0),$$
$$\left(h\frac{\partial}{\partial x} + k\frac{\partial}{\partial y}\right)^2 f(x_0, y_0) = \left(h^2\frac{\partial^2}{\partial x^2} + 2hk\frac{\partial^2}{\partial x \partial y} + k^2\frac{\partial^2}{\partial y^2}\right)f(x_0, y_0),$$

以下同様．ただし，

$$\left(h\frac{\partial}{\partial x} + k\frac{\partial}{\partial y}\right)^n$$

を形式的に展開する際には **2項定理**を用いる．

あらゆる (x, y) に対して $\lim_{n\to\infty} R_n = 0$ となるような領域で，この無限級数展開は **2変数テーラー展開**とよばれる．3変数ないしそれ以上の場合への拡張も可能である．

A1.14 ラグランジュ乗数

1変数関数 $f(x)$ が $x = a$ で**極値**（極大値または極小値）をとるとき，$f'(a) = 0$ となっている．$f''(a) < 0$ ならば**極大値**，$f''(a) > 0$ ならば**極小値**である．

同様に，2変数関数 $f(x, y)$ は，$f_x(a, b) = 0$ かつ $f_y(a, b) = 0$ ならば，$(x = a, y = b)$ で極大値または極小値をもつ（鞍点の場合も含む）．よって，$f(x, y)$ が極大または極小になる可能性のある点は，次の連立方程式を解けば求められる：

$$\partial f/\partial x = 0, \quad \partial f/\partial y = 0.$$

$f(x, y) = 0$ が束縛条件 $\phi(x, y) = 0$ のもとで極大または極小になる条件を求めたいときがある．このためには，まず $g(x, y) = f(x, y) + \lambda \phi(x, y)$ という関数を構成して

$$\partial g/\partial x = 0, \quad \partial g/\partial y = 0$$

とおく．定数 λ は**ラグランジュ乗数**とよばれる．上の2式と $\phi(x, y) = 0$ の3つの条件から，極値を与える x, y および λ が決められる．この方法は**未定係数法**として知られている．

付録 2

行列式

行列式は，数学，理学，工学のさまざまな分野で使われる道具である．本書は，読者は行列式を十分知っているものとして書かれているが，まとめを必要とする読者のためにこの付録を用意し，行列式の定義と性質を述べる．第 1 章と第 3 章では，ベクトルの性質と行列演算を行列式を用いて証明した．

行列式の概念は，初等代数学ですでになじみ深い．**連立線形方程式**を解くには，行列式を用いると便利だからである．例えば，2 元連立線形方程式系：

$$\left.\begin{array}{l} a_{11}x_1 + a_{12}x_2 = b_1 \\ a_{21}x_1 + a_{22}x_2 = b_2 \end{array}\right\} \qquad (A2.1)$$

を考えよう．a_{ij} $(i, j = 1, 2)$ は定数で，2 つの未知数 x_1, x_2 を含む．これら 2 つの方程式は，$x_1 x_2$ 平面の 2 本の直線を表す．方程式系 (A2.1) を解くには，最初の方程式に a_{22}，2 番目に $-a_{12}$ を掛けて加えればよく，

$$x_1 = \frac{b_1 a_{22} - b_2 a_{12}}{a_{11}a_{22} - a_{21}a_{12}} \qquad (A2.2a)$$

が得られる．次に，最初の方程式に $-a_{21}$，2 番目に a_{11} を掛けて加えると次式が得られる：

$$x_2 = \frac{b_2 a_{11} - b_1 a_{21}}{a_{11}a_{22} - a_{21}a_{12}}. \qquad (A2.2b)$$

方程式系 (A2.1) の解 (A2.2) は，行列式を用いた形で書ける：

$$x_1 = \frac{D_1}{D}, \quad x_2 = \frac{D_2}{D}. \qquad (A2.3)$$

ただし，

$$D_1 = \begin{vmatrix} b_1 & a_{12} \\ b_2 & a_{22} \end{vmatrix}, \quad D_2 = \begin{vmatrix} a_{11} & b_1 \\ a_{21} & b_2 \end{vmatrix}, \quad D = \begin{vmatrix} a_{11} & a_{12} \\ a_{21} & a_{22} \end{vmatrix} \qquad (A2.4)$$

は **2 次行列式**とよばれ，縦棒の間にある数は行列式の**成分**とよばれる．水平方向の成分は行列式の**行**をなし，垂直方向の成分は**列**をなす．式 (A2.3) より，$D \neq 0$ でなければならない．

行列式 D の成分は式 (A2.1) の係数と同じ順序で並べられている. x_1 の分子 D_1 は, D の最初の列を式 (A2.1) の右辺の係数 b_1, b_2 で置き換えたものになっている. 同様に, x_2 の分子 D_2 は, D の 2 番目の列を b_1, b_2 で置き換えたものになっている. この手続きは, **クラメル則**とよばれる.

式 (A2.3) と式 (A2.4) を式 (A2.2) と比較すると, 行列式は次式の右向き矢印の積から左向き矢印の積を引いたものである:

$$\begin{vmatrix} a_{11} & a_{12} \\ a_{21} & a_{22} \end{vmatrix} = a_{11}a_{22} - a_{12}a_{21}$$

$$(-) \qquad (+)$$

この考え方は容易に拡張できる. 例えば, 3 元連立線形方程式系:

$$\left. \begin{aligned} a_{11}x_1 + a_{12}x_2 + a_{13}x_3 &= b_1 \\ a_{21}x_1 + a_{22}x_2 + a_{23}x_3 &= b_2 \\ a_{31}x_1 + a_{32}x_2 + a_{33}x_3 &= b_3 \end{aligned} \right\} \qquad (A2.5)$$

の 3 つの未知数 x_1, x_2, x_3 を考える. x_1 について解くには, 上記の方程式におのおの

$$a_{22}a_{33} - a_{32}a_{23}, \quad -(a_{12}a_{33} - a_{32}a_{13}), \quad a_{12}a_{23} - a_{22}a_{13}$$

を掛けて足し合わせれば,

$$x_1 = \frac{b_1 a_{22} a_{33} - b_1 a_{23} a_{32} + b_2 a_{13} a_{32} - b_2 a_{12} a_{33} + b_3 a_{12} a_{23} - b_3 a_{13} a_{22}}{a_{11} a_{22} a_{33} - a_{11} a_{32} a_{23} + a_{21} a_{32} a_{13} - a_{21} a_{12} a_{33} + a_{31} a_{12} a_{23} - a_{31} a_{22} a_{13}}$$

となるが, これは行列式を用いると

$$x_1 = D_1/D \qquad (A2.6)$$

と書ける. ただし,

$$D = \begin{vmatrix} a_{11} & a_{12} & a_{13} \\ a_{21} & a_{22} & a_{23} \\ a_{31} & a_{32} & a_{33} \end{vmatrix}, \quad D_1 = \begin{vmatrix} b_1 & a_{12} & a_{13} \\ b_2 & a_{22} & a_{23} \\ b_3 & a_{32} & a_{33} \end{vmatrix} \qquad (A2.7)$$

である. ここでも, D の成分は式 (A2.5) の係数と同じ順序で並んでおり, D_1 はクラメル則で求められる. 同様にして, x_2 と x_3 の解も求められる. さらに, 3 次の行列式の展開は, 行列式の最初の 2 列を右に書き, さまざまな対角項の積に以下の符号をつけて足し合わせればよい:

$$
\begin{vmatrix} a_{11} & a_{12} & a_{13} & a_{11} & a_{12} \\ a_{21} & a_{22} & a_{23} & a_{21} & a_{22} \\ a_{31} & a_{32} & a_{33} & a_{31} & a_{32} \end{vmatrix}
$$

$$(-)\quad(-)\quad(-)\qquad(+)\quad(+)\quad(+)$$

このように書きくだせるのは，2次と3次の行列式だけである．

A2.1　行列式，小行列式，余因子

さて，一般の n 次行列式を定義しよう．n 次行列式は，n^2 個の値からなる正方形の配列を縦棒ではさんだものである：

$$D = \begin{vmatrix} a_{11} & a_{12} & \cdots & a_{1n} \\ a_{21} & a_{22} & \cdots & a_{2n} \\ \vdots & \vdots & & \vdots \\ a_{n1} & a_{n2} & \cdots & a_{nn} \end{vmatrix}. \tag{A2.8}$$

i 番目の行と k 番目の列を行列式 D から取り除くと $n-1$ 次の行列式（縦棒にはさまれた $n-1$ 行 $n-1$ 列の正方形の配列）が得られるが，これを成分 a_{ik}（取り除かれた行と列の両方に属する）の**小行列式**といい，M_{ik} と表記する．小行列式 M_{ik} に符号 $(-1)^{i+k}$ を掛けたものを a_{ik} の**余因子**とよび，C_{ik} と書く：

$$C_{ik} = (-1)^{i+k} M_{ik}. \tag{A2.9}$$

例えば，行列式

$$\begin{vmatrix} a_{11} & a_{12} & a_{13} \\ a_{21} & a_{22} & a_{23} \\ a_{31} & a_{32} & a_{33} \end{vmatrix}$$

において，余因子は次式のように与えられる：

$$C_{11} = (-1)^{1+1} M_{11} = \begin{vmatrix} a_{22} & a_{23} \\ a_{32} & a_{33} \end{vmatrix},\ C_{32} = (-1)^{3+2} M_{32} = -\begin{vmatrix} a_{11} & a_{13} \\ a_{21} & a_{23} \end{vmatrix},\ 等々$$

余因子の正または負の固有符号 $(-1)^{i+k}$ のとり方は，次図のようなチェッカーボード型の正負号を考えるとわかりやすい：

$$\begin{vmatrix} + & - & + & - & \cdots & & \\ - & + & - & + & \cdots & & \\ + & - & + & - & \cdots & & \\ - & + & - & + & \cdots & & \\ \vdots & \vdots & \vdots & \vdots & \ddots & \vdots & \vdots \\ & & & & \cdots & + & - \\ & & & & \cdots & - & + \end{vmatrix}$$

よって，成分 a_{23} の符号は負であることがわかる．

A2.2 行列式の展開

行列式の値は，ある行（またはある列）の成分に余因子を掛けて足し合わせれば求められる．すなわち，

第 i 行に関する**余因子展開**： $D = \sum_{k=1}^{n} a_{ik} C_{ik} \ (i = 1, 2, \ldots, n)$ (A2.10a)

あるいは

第 k 列に関する**余因子展開**： $D = \sum_{i=1}^{n} a_{ik} C_{ik} \ (k = 1, 2, \ldots, n)$ (A2.10b)

D は n 個の $n-1$ 次行列式で定義されるが，各 $n-1$ 次行列式は，今度は $n-1$ 個の $n-2$ 次行列式で定義される．この手続きを繰り返すと最終的に 2 次行列式に到達し，そこでは余因子は D の 1 成分にすぎない．以上の行列式を求める方法は，行列式のラプラス展開の一種である．

A2.3 行列式の性質

本節では，行列式関数の基本的な性質をまとめる．多くの場合，証明は短い．

(1) ある行（または列）の成分がすべてゼロならば，その行列式の値はゼロである．

証明：行列式 D の i 番目の行の成分をゼロとしよう．D を i 番目の行について展開すると

$$D = a_{i1}C_{i1} + a_{i2}C_{i2} + \cdots + a_{in}C_{in}$$

となるが，$a_{i1} = a_{i2} = \cdots = a_{in} = 0$ なので，$D = 0$ となる．同様に，ある列の成分がすべてゼロならば，その列について展開すれば行列式がゼロであることが示せる．

(2) 行列式 D のある行（またはある列）に同じ係数 k を掛けた新しい行列式 B の値は，もとの行列式の値の k 倍になっている．

証明：B は，D の i 番目の行を k 倍したものであるとしよう．このとき，B の i 番目の行は ka_{ij} $(j = 1, 2, \ldots, n)$ となり，B のほかの成分はすべて D の対応する成分に等しくなる．すると，B を i 番目の行に関して展開して次式を得る：

$$B = ka_{i1}C_{i1} + ka_{i2}C_{i2} + \cdots + ka_{in}C_{in} = k(a_{i1}C_{i1} + a_{i2}C_{i2} + \cdots + a_{in}C_{in}) = kD$$

ある列を k 倍した場合の証明も同様である．なお，性質 (1) は，性質 (2) で $k = 0$ と置いた特殊な場合とみなせる．

例 A2.1

$$D = \begin{vmatrix} 1 & 2 & 3 \\ 0 & 1 & 1 \\ 4 & -1 & 0 \end{vmatrix}, \quad B = \begin{vmatrix} 1 & 6 & 3 \\ 0 & 3 & 1 \\ 4 & -3 & 0 \end{vmatrix}$$

において，B の 2 番目の列は D の 2 番目の列の 3 倍になっている．行列式の値を計算すると，$D = -3$, $B = -9 = 3D$ となり，性質 (2) を裏づける．

次の例で示すように，性質 (2) は与えられた行列式を簡単にするために使える．

例 A2.2

$$\begin{vmatrix} 1 & 3 & 0 \\ 2 & 6 & 4 \\ -1 & 0 & 2 \end{vmatrix} = 2 \begin{vmatrix} 1 & 3 & 0 \\ 1 & 3 & 2 \\ -1 & 0 & 2 \end{vmatrix} = 2 \times 3 \begin{vmatrix} 1 & 1 & 0 \\ 1 & 1 & 2 \\ -1 & 0 & 2 \end{vmatrix} = 2 \times 3 \times 2 \begin{vmatrix} 1 & 1 & 0 \\ 1 & 1 & 1 \\ -1 & 0 & 1 \end{vmatrix} = -12.$$

(3) 行列式の値は，行と列を順序を変えずに入れ換えても変わらない．

証明：行列式は行で展開しても列で展開しても値は変わらないので，性質 (3) が得られる．次の例がこの性質を示している．

例 A2.3

$$D = \begin{vmatrix} 1 & 0 & 2 \\ -1 & 1 & 0 \\ 2 & -1 & 3 \end{vmatrix} = 1 \times \begin{vmatrix} 1 & 0 \\ -1 & 3 \end{vmatrix} - 0 \times \begin{vmatrix} -1 & 0 \\ 2 & 3 \end{vmatrix} + 2 \times \begin{vmatrix} -1 & 1 \\ 2 & -1 \end{vmatrix} = 1.$$

行と列を入れ換えた行列式の値を求めると,

$$\begin{vmatrix} 1 & -1 & 2 \\ 0 & 1 & -1 \\ 2 & 0 & 3 \end{vmatrix} = 1 \times \begin{vmatrix} 1 & -1 \\ 0 & 3 \end{vmatrix} - (-1) \times \begin{vmatrix} 0 & -1 \\ 2 & 3 \end{vmatrix} + 2 \times \begin{vmatrix} 0 & 1 \\ 2 & 0 \end{vmatrix} = 1$$

となり, 性質 (3) が成り立つ.

(4) 行列式の 2 つの行（または列）を入れ換えると, その値はもとの行列式の値の符号を反転させたものになる.

証明：この性質は帰納法で証明できる. まず, 2×2 行列式では, この性質は容易に確かめられる. $n \times n$ 行列式でこの性質が成り立つと仮定すると, $(n+1) \times (n+1)$ 行列式でもこの性質が成り立つことが示せれば, この性質は一般に成り立つことが帰納法で証明できたことになる.

B を, D の 2 つの行を入れ換えて得られた $(n+1) \times (n+1)$ 行列式としよう. B を, 入れ換えた 2 つの行のうちの 1 つではない行 (k とする) で展開すると, 次式のように書けるとする：

$$B = \sum_{j=1}^{n} (-1)^{j+k} b_{kj} M'_{kj}.$$

ただし M'_{kj} は b_{kj} の小行列式である. 各 b_{kj} は, 行列式 D の対応する成分 a_{kj} と等しい. 各 M'_{kj} は, 行列式 D の a_{kj} 成分に対応する小行列式 M_{kj} の 2 つの行を入れ換えたものになっている. よって $b_{kj} = a_{kj}$ かつ $M'_{kj} = -M_{kj}$ となり,

$$B = -\sum_{j=1}^{n} (-1)^{j+k} a_{kj} M_{kj} = -D$$

が得られる. 列を入れ換えた場合も同様に証明できる.

例 A2.4

$$D = \begin{vmatrix} 1 & 0 & 2 \\ -1 & 1 & 0 \\ 2 & -1 & 3 \end{vmatrix} = 1$$

において, 最初の 2 つの行を入れ換えると,

$$B = \begin{vmatrix} -1 & 1 & 0 \\ 1 & 0 & 2 \\ 2 & -1 & 3 \end{vmatrix} = -1$$

となり, 性質 (4) が成り立つ.

(5) 行列式の2つの行（あるいは2つの列）の成分が比例関係にあるとき，その行列式の値はゼロである．

証明：D の i 番目と j 番目の行が比例関係にある，すなわち $a_{ik} = ca_{jk}$ ($k = 1, 2, \ldots, n$) であるとしよう．$c = 0$ ならば，性質 (1) より $D = 0$ である．$c \neq 0$ ならば，性質 (2) より $D = cB$ と書ける．ただし，B の i 番目と j 番目の行は等しい．この2つの行を入れ換えると，性質 (4) により B は $-B$ になる．しかし，この2つの行は等しいので，新しい行列式は B のままである．よって $B = -B$ より $B = 0$ となり，$D = 0$ を得る．

例 A2.5

$$B = \begin{vmatrix} 1 & 1 & 2 \\ -1 & -1 & 0 \\ 2 & 2 & 8 \end{vmatrix} = 0, \quad D = \begin{vmatrix} 3 & 6 & -4 \\ 1 & -1 & 3 \\ -6 & -12 & 8 \end{vmatrix} = 0.$$

B では最初の列と2番目の列が等しく，D では最初の行と3番目の行が比例関係にある．

(6) 行列式のある行（またはある列）の各成分が2項の和の形になっているとき，行列式は2つの行列式の和として書ける．例えば，

$$\begin{vmatrix} 4x+2 & 3 & 2 \\ x & 4 & 3 \\ 3x-1 & 2 & 1 \end{vmatrix} = \begin{vmatrix} 4x & 3 & 2 \\ x & 4 & 3 \\ 3x & 2 & 1 \end{vmatrix} + \begin{vmatrix} 2 & 3 & 2 \\ 0 & 4 & 3 \\ -1 & 2 & 1 \end{vmatrix}.$$

証明：行列式を，成分が2項の和の形になっている行（または列）に関して展開すれば，性質 (6) は直ちに得られる．

(7) ある行（または列）の成分に，ほかの行（または列）の対応する成分の定数倍をそれぞれ加えても，行列式の値は変わらない．

証明：加算操作によって得られた行列式に性質 (6) を適用すると，2つの行列式の和の形に書かれる．1つはもとの行列式で，もう1つは比例関係にある行（または列）を含んでいる．このとき，性質 (4) より2番目の行列式の値はゼロになり，もとの行列式と値は変わらない．

行列式は，単純化してから計算する方が楽である．次の例に示すように，この操作には性質 (7) と性質 (2) が役立つ．

例 A2.6

$$D = \begin{vmatrix} 1 & 24 & 21 & 93 \\ 2 & -37 & -1 & 194 \\ -2 & 35 & 0 & -171 \\ -3 & 177 & 63 & 234 \end{vmatrix}$$

を計算せよ．これを簡単にするために，2番目，3番目，最後の行の最初の成分をすべてゼロにしよう．このためには，第2行を第3行に加え，第1行を3倍して最終行に加え，第1行を2倍して第2行から引けばよい．そして，得られた行列式を最初の列に関して展開する：

$$D = \begin{vmatrix} 1 & 24 & 21 & 93 \\ 0 & -85 & -43 & 8 \\ 0 & -2 & -1 & 23 \\ 0 & 249 & 126 & 513 \end{vmatrix} = \begin{vmatrix} -85 & -43 & 8 \\ -2 & -1 & 23 \\ 249 & 126 & 513 \end{vmatrix}.$$

こうして得られた行列式は，さらに簡単にできる．最初の行を3倍して最後の行に加えると

$$D = \begin{vmatrix} -85 & -43 & 8 \\ -2 & -1 & 23 \\ -6 & -3 & 537 \end{vmatrix}$$

となるが，2番目の列を2倍して最初の列から引き，得られた行列式を最初の列に関して展開すると次式が得られる：

$$D = \begin{vmatrix} 1 & -43 & 8 \\ 0 & -1 & 23 \\ 0 & -3 & 537 \end{vmatrix} = \begin{vmatrix} -1 & 23 \\ -3 & 537 \end{vmatrix} = -537 - 23 \times (-3) = -468.$$

積の微分則を行列式に適用すると，次に示す定理が得られる．

A2.4 行列式の微分

行列式の成分がある変数に関して微分可能ならば，行列式の微分は各行（または各列）を微分した行列式の和の形に書かれる．例えば，

$$\frac{d}{dx}\begin{vmatrix} a & b & c \\ e & f & g \\ h & m & n \end{vmatrix} = \begin{vmatrix} a' & b' & c' \\ e & f & g \\ h & m & n \end{vmatrix} + \begin{vmatrix} a & b & c \\ e' & f' & g' \\ h & m & n \end{vmatrix} + \begin{vmatrix} a & b & c \\ e & f & g \\ h' & m' & n' \end{vmatrix}$$

となる．ただし，$a, b, \ldots, m, n$ は x の微分可能な関数であり，a' は a の x に関する微分を表す．

付録 3

$$F(x) = \frac{1}{\sqrt{2\pi}} \int_0^x e^{-t^2/2} dt \text{ の表}^*$$

x	0.0	0.01	0.02	0.03	0.04	0.05	0.06	0.07	0.08	0.09
0.0	0.0000	0.0040	0.0080	0.0120	0.0160	0.0199	0.0239	0.0279	0.0319	0.0359
0.1	0.0398	0.0438	0.0478	0.0517	0.0557	0.0596	0.0636	0.0675	0.0714	0.0753
0.2	0.0793	0.0832	0.0871	0.0910	0.0948	0.0987	0.1026	0.1064	0.1103	0.1141
0.3	0.1179	0.1217	0.1255	0.1293	0.1331	0.1368	0.1406	0.1443	0.1480	0.1517
0.4	0.1554	0.1591	0.1628	0.1664	0.1700	0.1736	0.1772	0.1808	0.1844	0.1879
0.5	0.1915	0.1950	0.1985	0.2019	0.2054	0.2088	0.2123	0.2157	0.2190	0.2224
0.6	0.2257	0.2291	0.2324	0.2357	0.2389	0.2422	0.2454	0.2486	0.2517	0.2549
0.7	0.2580	0.2611	0.2642	0.2673	0.2704	0.2734	0.2764	0.2794	0.2823	0.2852
0.8	0.2881	0.2910	0.2939	0.2967	0.2995	0.3023	0.3051	0.3078	0.3106	0.3133
0.9	0.3159	0.3186	0.3212	0.3238	0.3264	0.3289	0.3315	0.3340	0.3365	0.3389
1.0	0.3413	0.3438	0.3461	0.3485	0.3508	0.3531	0.3554	0.3577	0.3599	0.3621
1.1	0.3643	0.3665	0.3686	0.3708	0.3729	0.3749	0.3770	0.3790	0.3810	0.3830
1.2	0.3849	0.3869	0.3888	0.3907	0.3925	0.3944	0.3962	0.3980	0.3997	0.4015
1.3	0.4032	0.4049	0.4066	0.4082	0.4099	0.4115	0.4131	0.4147	0.4162	0.4177
1.4	0.4192	0.4207	0.4222	0.4236	0.4251	0.4265	0.4279	0.4292	0.4306	0.4319
1.5	0.4332	0.4345	0.4357	0.4370	0.4382	0.4394	0.4406	0.4418	0.4429	0.4441
1.6	0.4452	0.4463	0.4474	0.4484	0.4495	0.4505	0.4515	0.4525	0.4535	0.4545
1.7	0.4554	0.4564	0.4573	0.4582	0.4591	0.4599	0.4608	0.4616	0.4625	0.4633
1.8	0.4641	0.4649	0.4656	0.4664	0.4671	0.4678	0.4686	0.4693	0.4699	0.4706
1.9	0.4713	0.4719	0.4726	0.4732	0.4738	0.4744	0.4750	0.4756	0.4761	0.4767
2.0	0.4472	0.4778	0.4783	0.4788	0.04793	0.4798	0.4803	0.4808	0.4812	0.4817
2.1	0.4821	0.4826	0.4830	0.4834	0.4838	0.4842	0.4846	0.4850	0.4854	0.4857
2.2	0.4861	0.4864	0.4868	0.4871	0.4875	0.4878	0.4881	0.4884	0.4887	0.4890
2.3	0.4893	0.4896	0.4898	0.4901	0.4904	0.4906	0.4909	0.4911	0.4913	0.4916
2.4	0.4918	0.4920	0.4922	0.4925	0.4927	0.4929	0.4931	0.4932	0.4934	0.4936
2.5	0.4938	0.4940	0.4941	0.4943	0.4945	0.4946	0.4948	0.4949	0.4951	0.4952
2.6	0.4953	0.4955	0.4956	0.4957	0.4959	0.4960	0.4961	0.4962	0.4963	0.4964
2.7	0.4965	0.4966	0.4967	0.4968	0.4969	0.4970	0.4971	0.4972	0.4973	0.4974
2.8	0.4974	0.4975	0.4976	0.4977	0.4977	0.4978	0.4979	0.4979	0.4980	0.4981
2.9	0.4981	0.4982	0.4982	0.4983	0.4984	0.4984	0.4985	0.4986	0.4986	0.4986
3.0	0.4987	0.4987	0.4987	0.4988	0.4988	0.4989	0.4989	0.4989	0.4990	0.4990

x	0.0	0.2	0.4	0.6	0.8
1.0	0.3413447	0.3849303	0.4192433	0.4452007	0.4640697
2.0	0.4772499	0.4860966	0.4918025	0.4953388	0.4974449
3.0	0.4986501	0.4993129	0.4998409	0.4999277	0.4999277
4.0	0.4999683	0.4999867	0.4999946	0.4999979	0.4999992

* 原注：この表は，E.S. Pearson, H.O. Hartley, eds "Biometrica Tables for Statisticians, vol.1"（1954, Cambridge University Press）より許可を得て複製したものである．

さらに進んで学習するために

1) Anton, Howard, *Elementary Linear Algebra*, 3rd ed., John Wiley, New York, 1982. [アントン，山下純一訳，アントンのやさしい線型代数，現代数学社，1979]
2) Arfken, G.B. and Weber, H.J., *Mathematical Methods for Physicists*, 4th ed., Academic Press, New York, 1995. [アルフケン・ウェーバー，権平健一郎・神原武志・小山直人訳，基礎物理数学 1,2，講談社，1999/2000]
3) Boas, Mary L., *Mathematical Methods in the Physical Sciences*, 2nd ed., John Wiley, New York, 1983.
4) Butkov, Eugene, *Mathematical Physics*, Addison-Wesley, Reading (MA), 1968.
5) Byon, F.W. and Fuller, R.W., *Mathematics of Classical and Quantum Physics*, Addison-Wesley, Reading (MA), 1968.
6) Churchill, R.V., Brown, J.W. and Verhey, R.F., *Complex Variables & Applications*, 3rd ed., McGraw-Hill, New York, 1976. [チャーチル・ブラウン，中野 実訳，複素関数入門，マグロウヒル出版，1985]
7) Harper, Charles, *Introduction to Mathematical Physics*, Prentice-Hall, Englewood Cliffs, NJ, 1976.
8) Kreyszig, E., *Advanced Engineering Mathematics*, 3rd ed., John Wiley, New York, 1972. [クライツィグ，北原和夫・堀 素夫ほか訳，技術者のための高等数学 1-6，培風館，1987–88]
9) Joshi, A.W., *Matrices and Tensor in Physics*, John Wiley, New York, 1975.
10) Joshi, A.W., *Elements of Group Theory for Physicists*, John Wiley, New York, 1982.
11) Lass, Harry, *Vector and Tensor Analysis*, McGraw-Hill, New York, 1950.
12) Margenus, Henry and Murphy, George M., *The Mathematics of Physics and Chemistry*, D. Van Nostrand, New York, 1956. [マージナウ・マーフィー，佐藤次彦・国宗 真訳，物理と化学のための数学，共立出版，1959/61]
13) Mathews, Fon and Walker, R.L., *Mathematical Methods of Physics*, W.A. Benjamin, New York, 1965.
14) Spiegel, M.R., *Advanced Mathematics for Engineers and Scientists,* Schaum's Outline Series, McGraw-Hill, New York, 1971.
15) Spiegel, M.R., *Theory and Problems of Vector Analysis*, Schaum's Outline Series, McGraw-Hill, New York, 1959.
16) Wallace, P.R., *Mathematical Analysis of Physical Problems*, Dover, New York, 1984.
17) Wong, Chun Wa, *Introduction to Mathematical Physics, Methods and Concepts*, Oxford, New York, 1991.
18) Wylie, C., *Advanced Engineering Mathematics*, 2nd ed., McGraw-Hill, New York, 1960. [ワイリー，富久泰明訳，工業数学 1,2，ブレイン図書出版，1970]

訳者補章 1

指数積公式（鈴木–トロッター公式）とその一般化（高次分解公式）

B1.1　はじめに

計算物理学の基礎となる近似公式の中でも，指数積公式（いわゆる鈴木–トロッター公式）は特に重要である．それは，他の方法，例えばルンゲ–クッタ法と比べると，もとの系のもっている対称性（**ユニタリ性やシンプレックティックな性質**）を保持した近似法になっているので，きわめて優れている．

例えば，量子力学においてハミルトニアンが $\mathscr{H}$ で与えられた系の時刻 t の波動関数は

$$\Psi(t) = \exp\left(\frac{t}{i\hbar}\mathscr{H}\right)\Psi(0) \tag{B1.1}$$

で記述される．$\mathscr{H}$ が対角化困難なとき，どうするか．これを近似計算で切り抜ける際に，$\mathscr{H}$ がエルミート演算子であれば，指数演算子 $\exp(t\mathscr{H}/i\hbar)$ はユニタリ演算子であるから，これを近似した式もユニタリ演算子であるのが望ましい．

また，非線形問題において，現象を記述する変数が多数（無限個の場合も含む）の場合，それをベクトル $\boldsymbol{X}$ で表し，その時間変化が

$$\frac{d}{dt}\boldsymbol{X}(t) = \mathscr{L}\boldsymbol{X}(t) \tag{B1.2}$$

と書けるものとする．ここで，$\mathscr{L}$ は非線形の演算子である．この形式解は

$$\boldsymbol{X}(t) = e^{t\mathscr{L}}\boldsymbol{X}(0) \tag{B1.3}$$

と表される．ここで $e^{t\mathscr{L}}$ がシンプレックティックな非線形演算子の場合，これを近似する式もその性質を保持していることが望ましい．ルンゲ–クッタ法はこの性質をもっていないが，指数積公式はこの性質を保持している．

通常の鈴木–トロッター公式の近似の度合は 1 次（または対称化された公式は 2 次）であるが，任意の次数まであらわに指数積公式をつくる一般論が 1990 年に鈴木によって発見された[1~19]．ここでは，主に結果の公式のみを列挙する．

B1.2 鈴木–トロッター公式

一般に，2つの演算子 A と B が互いに非可換である場合に，**指数演算子**$\exp[x(A+B)]$ を e^A と e^B またはそれぞれのべき乗を用いて近似的に表す公式が**指数積公式**である．適当な条件のもとで極限をとると，もとの式に収束することが示される．例えば，次の1次の指数積公式

$$e^{x(A+B)} = \lim_{n\to\infty}(e^{\frac{x}{n}A}e^{\frac{x}{n}B})^n \tag{B1.4}$$

が，いわゆる**鈴木–トロッター公式**である．より一般に，互いに非可換な q 個の演算子 $A_1, A_2, \ldots, A_q$ に対しても同様に，

$$e^{x(A_1+A_2+\cdots+A_q)} = \lim_{n\to\infty}(e^{\frac{x}{n}A_1}e^{\frac{x}{n}A_2}\cdots e^{\frac{x}{n}A_q})^n \tag{B1.5}$$

が成立する．$\{A_j\}$ が有界ならば，上記の右辺はノルム収束するが，非有界の場合は難かしい数学の問題となる．

この鈴木–トロッター公式は，次のような問題を解くのに有効に利用されている．すなわち，行列 $(A+B)$ は対角化困難であるが，A, B はそれぞれ容易に対角化できるとき，$\exp[x(A+B)]$ の行列要素を数値的に求める問題に有効である．なぜなら，$\exp(\frac{x}{n}A)$ や $\exp(\frac{x}{n}B)$ の行列要素は仮定により解析的に求まるので，これらを n 回繰り返した積の行列要素もコンピュータで計算できる．あるいは，中間状態の和を等価な古典的格子で表し，この古典系をモンテカルロ法で計算することもできる．これが鈴木の**量子モンテカルロ法**の原理である．

また，式 (B1.1) のような波動関数を数値的に求めるのにも，式 (B1.5) の公式は上の意味できわめて有効であり，よく利用されている．

n が大きいとき，式 (B1.5) の近似の度合を調べると，その補正は x^2/n のオーダーであることがわかる．したがって，x が小さく n が大きいほどよい近似になる．そこで，同じ x や n に対して，より精度の高い公式があれば便利であるが，長い間，そのような便利な公式があるとは考えられていなかった．最近，任意の次数の分解公式がつくれることが鈴木 [1~7] によって発見されたので，次の節で詳しく解説する．

B1.3 高次分解と鈴木の漸化公式

指数演算子 $\exp[x(A+B)]$ を近似するには，まず恒等式

$$e^{x(A+B)} = (e^{\frac{x}{n}(A+B)})^n \tag{B1.6}$$

を用いて，パラメータ x を x/n と有効的に小さくしておいてから，積に分解する．上式の右辺のカッコの中を1次までの近似で分解すると通常の鈴木–トロッター公式になる．

そこで，x/n をあらためて x とみなして，$\exp[x(A+B)]$ を x に関して，高次まで正

しく近似する公式をつくることが問題となる．これを一般的に定式化すると，次のようになる．適当な分解パラメータ $t_1, t_2, \ldots, t_M$ をとって

$$e^{x(A+B)} = e^{t_1 xA} e^{t_2 xB} e^{t_3 xA} e^{t_4 xB} \cdots e^{t_M xA} + O(x^{m+1}) \tag{B1.7}$$

と近似できるかという問題を考える．ただし，m は正の整数である．上式をみたすパラメータ $\{t_j\}$ が存在するとき，上式の右辺の指数積を m 次分解公式とよぶ．この問題は一見やさしそうにみえるが，A と B とは互いに非可換であるから，高次になるにつれてきわめて複雑でやっかいな問題となる．しかも，仮に $\{t_j\}$ のみたす式が求まっても，それは高次連立方程式となり，解が求まるとは限らない．そもそも，パラメータの数 M と連立方程式の数とは，一般に一致しない．また，一致しても，解が実数になるとは限らない．一般に解は複素数である．実用上は分解パラメータは実数であってほしい．

ところが，1990年に鈴木は漸化式の方法を用いて，任意の次数の分解公式 (B1.7) が実数パラメータ $\{t_j\}$ を用いてつくられることを証明し，$\{t_j\}$ のあらわな値（厳密解）を与えることに成功した．

ここで，鈴木の漸化式の方法を説明する．いま，m 次の分解公式 $S_m(x)$ が求まったとする．$(m+1)$ 次近似式 $S_{m+1}(x)$ を次のような形に求めることにしよう：

$$S_{m+1}(x) = S_m(p_1 x) S_m(p_2 x) \cdots S_m(p_r x). \tag{B1.8}$$

そこで，**分解パラメータ** $\{p_j\}$ のみたす条件を調べる．明らかに一つの条件は

$$p_1 + p_2 + \cdots + p_r = 1 \tag{B1.9}$$

である．次に，

$$e^{x(A+B)} = S_m(x) + x^{m+1} R_m + O(x^{m+2}) \tag{B1.10}$$

とおくと，

$$e^{p_j x(A+B)} = S_m(p_j x) + p_j^{m+1} x^{m+1} R_m + O(x^{m+2}) \tag{B1.11}$$

より，条件 (B1.9) のもとに

$$e^{x(A+B)} = e^{p_1 x(A+B)} \cdots e^{p_j x(A+B)} \cdots e^{p_r x(A+B)}$$
$$= S_m(p_1 x) S_m(p_2 x) \cdots S_m(p_r x) + \left(\sum_{j=1}^{r} p_j^{m+1}\right) x^{m+1} R_m + O(x^{m+2}) \tag{B1.12}$$

となる．したがって，

$$p_1^{m+1} + p_2^{m+1} + \cdots + p_r^{m+1} = 0 \tag{B1.13}$$

であれば，式 (B1.12) の右辺の第1項の表式は $m+2$ 次の分解式となる．よって，求める条件は，式 (B1.9) と式 (B1.13) のたった2つの式となる．1次式は $S_1(x) = e^{xA} e^{xB}$ によって与えられるから，上の漸化式により，任意の次数の分解式が求められることに

なる．しかし，これでは，問題は解決していない．それは次の事情による．m が偶数のときは，式 (B1.13) は実数解をもつので偶数次の分解公式から，1 つ次数の高い実パラメータをもつ奇数次の分解公式がつくられる．

m が奇数のときは，式 (B1.13) は実数解をもたない．したがって，このときは，奇数次の分解公式から 1 次だけ次数の高い実分解パラメータをもつ偶数次の分解公式は，上の方法では求まらないように思われる．

実は幸いなことに，$2m-1$ 次の対称的な指数積（$p_{M-j+1} = p_j; j = 1, 2, \ldots$）は $2m$ 次まで自動的に正しいことが 1985 年に鈴木によって証明されていた．この定理と上の漸化式の方法を組み合わせることによって問題は解決された．すなわち，$S_{2m-1}(x)$ が対称化されているとすると，上の定理により，$S_{2m}(x) = S_{2m-1}(x)$ とおくことができる．そこで，$\{S_{2m}(p_j x)\}$ の積によって $S_{2m+1}(x)$ をつくり，式 (B1.9) と式 (B1.13) の条件を課し，さらに，$p_{M-j+1} = p_j$（$j = 1, 2, \ldots$）という対称性の条件を与えると $S_{2m+1}(x)$ は対称的になり，上の定理より，これは $2m+2$ 次まで正しいことになる．したがって，$S_{2m+2}(x) = S_{2m+1}(x)$ とおくことができる．このようにして，実数の分解パラメータだけを用いて，任意の次数の指数積公式がつくられる．ちなみに，$S_2(x)$ は

$$S_2(x) = e^{\frac{1}{2}xA} e^{xB} e^{\frac{1}{2}xA} \quad \text{または} \quad S_2(x) = e^{\frac{1}{2}xB} e^{xA} e^{\frac{1}{2}xB} \tag{B1.14}$$

である．

非可換な演算子が 2 個ではなく，一般に $A_1, A_2, \ldots, A_q$ と q 個ある場合の指数演算子 $\exp[x(A_1 + A_2 + \cdots + A_q)]$ に対しても，上の漸化式の方法はそのまま成り立つ．すなわち，

$$S_1(x) = S_2(x) = e^{\frac{1}{2}xA_1} e^{\frac{1}{2}xA_2} \cdots e^{\frac{1}{2}xA_{q-1}} e^{xA_q} e^{\frac{1}{2}xA_{q-1}} \cdots e^{\frac{1}{2}xA_2} e^{\frac{1}{2}xA_1}. \tag{B1.15}$$

これをもとにして，$S_3(x) = S_4(x)$, $S_5(x) = S_6(x), \ldots, S_{2m-1}(x) = S_{2m}(x), \ldots$ が順次構成できる．

上の漸化式の方法では，条件式がたった 2 つであるから，分解の仕方には任意性がある．近似の精神から考えて，分解パラメータ $\{p_j\}$ はすべて絶対値が 1 より小さい値になり，しかも r の値ができるかぎり小さい方が分割数が少なくて応用上都合がよい．これらの条件をみたす近似公式を，次の漸化公式によりつくることができる：

$$S^*_{2m+2}(x) = \left(S^*_{2m}(p_m x)\right)^2 S^*_{2m}((1-4p_m)x) \left(S^*_{2m}(p_m x)\right)^2. \tag{B1.16}$$

ただし，$S^*_2(x)$ は式 (B1.15) と同じ式であり，p_m は次の表式で与えられる：

$$p_m = \frac{1}{4 - 4^{1/(2m+1)}}. \tag{B1.17}$$

明らかに，$0 < p_m < 1$，および $|(1-4p_m)| < 1$ である．しかし，$1-4p_m < 0$ である．一般に，3 次以上の分解式では非対称的であっても少なくとも 1 つの分解パラメータは負になることが証明されている [2]（1991 年，鈴木）．上の指数積公式 (B1.16) は**鈴木の**

標準高次分解公式とよばれている．特に，4 次の標準分解公式が量子物理や物性物理の分野などでよく使われている．

こうして，ひとたび実分解パラメータをもつ任意の高次分解公式が存在することがわかると，いろいろな方法で種々の高次分解公式がつくられるようになった．例えば，

$$F_m(x) = e^{t_1 A} e^{t_2 B} e^{t_3 A} e^{t_4 B} \cdots e^{t_M A} \tag{B1.18}$$

に対して，**チルダ分解**

$$\tilde{F}_m(x) = e^{t_M A} e^{t_{M-1} B} \cdots e^{t_3 A} e^{t_2 B} e^{t_1 A} \tag{B1.19}$$

を定義し，これらを用いて，

$$F_{m+1}(x) = F_m(k_1 x) \tilde{F}_m(k_2 x) F_m(k_3 x) \tilde{F}_m(k_4 x) \cdots$$
$$\cdots F_m(k_{2r-1} x) \tilde{F}_m(k_{2r} x) \tag{B1.20}$$

と分解することも有効である[4]．ただし，$k_1 + k_2 + \cdots + k_{2r} = 1$ および

$$k_1^{m+1} + k_3^{m+1} + \cdots = k_2^{m+1} + k_4^{m+1} + \cdots. \tag{B1.21}$$

このチルダ分解を用いた漸化式の方法の利点は，**非対称高次分解公式**が任意次数まで順次求められることである．例えば，$q = 2$，$A_1 = A$，$A_2 = B$ の場合に

$$\left.\begin{aligned}
&F_1(x) = e^{xA} e^{xB}, \\
&F_2(x) = F_1\left(\tfrac{x}{2}\right) \tilde{F}_1\left(\tfrac{x}{2}\right) = e^{\frac{x}{2}A} e^{xB} e^{\frac{x}{2}A}, \\
&F_3(x) = F_1(p_1 x) \tilde{F}_1(p_2 x) F_1(p_3 x) \tilde{F}_1(p_2 x) F_1(p_1 x), \\
&(\text{ただし}, 2p_1^2 + p_3^2 = 2p_2^2, \ 2p_1^3 + 2p_2^3 + p_3^3 = 0 \text{ の解で,}) \\
&p_1 = 0.2683300957817599\cdots, \ p_2 = 0.6513314272356399\cdots, \\
&p_3 = -0.8393230460347997\cdots)
\end{aligned}\right\} \tag{B1.22}$$

のように 4 次までの分解公式が容易に求められる．これ以外にも多くの種類の分解公式が求められている．

これらの分解公式を用いると，x が小さくないときでも，

$$e^{x(A+B)} = (e^{\frac{x}{n}(A+B)})^n = \left(F_m\left(\frac{x}{n}\right) + O\left(\frac{x^{m+1}}{n^{m+1}}\right)\right)^n$$
$$= F_m^n\left(\frac{x}{n}\right) + O\left(\frac{x^{m+1}}{n^m}\right) \tag{B1.23}$$

のように高次分解公式を利用することができる．

さらに一般的な指数積公式の構成に関しては，次の訳者補章 2 に述べる「量子解析とその応用」を参照していただきたい．これらの指数積公式は量子力学，物性物理学，統計力学，その他多くの分野で有効に利用されている．非線形微分方程式の形式解を表すシンプレックティック積分子の計算にも有用であることを強調しておきたい[8,9]．

B1.4　時間順序つき指数演算子の分解法

体系を記述するハミルトニアンや時間発展演算子が時間に依存する場合には，それを記述する微分方程式

$$\frac{d}{dt}P(t) = \mathscr{L}(t)P(t) \tag{B1.24}$$

の形式解は，

$$P(t) = \exp_+ \left(\int_0^t \mathscr{L}(s)ds \right) \cdot P(0) \tag{B1.25}$$

のように順序つき指数演算子で表される．それは次式で定義される：

$$\exp_+ \int_0^t \mathscr{L}(s)ds \equiv 1 + \int_0^t \mathscr{L}(s)ds + \int_0^t dt_1 \int_0^{t_1} dt_2 \mathscr{L}(t_1)\mathscr{L}(t_2)$$
$$+ \cdots + \int_0^t dt_1 \int_0^{t_1} dt_2 \cdots \int_0^{t_{n-1}} dt_n \mathscr{L}(t_1)\cdots\mathscr{L}(t_n) + \cdots. \tag{B1.26}$$

容易にわかるように，これは微分方程式 (B1.24) をみたす．さて，$\mathscr{L}(t)$ が 2 つまたはそれ以上の数の非可換な演算子の和で表され，しかもそれぞれの順序つき指数演算子は解析的にあらわに表式が与えられるとする．このとき，式 (B1.25) の右辺の指数演算子を分解する公式をつくる一般論を説明する．時間によらない場合の高次分解公式がうまく利用できるような方法を工夫する．そのために，次の超演算子 $\mathcal{T}$ を導入する．

任意の演算子 $F(t), G(t)$ に対して

$$\mathcal{T} \equiv \overleftarrow{\frac{\partial}{\partial t}} \quad \text{または} \quad F(t)e^{u\mathcal{T}}G(t) = F(t+u)G(t) \tag{B1.27}$$

が成り立つ．このとき，次の基本的な公式が導ける[11]：

任意の演算子 $A(t)$ に対して，$u > 0$ として

$$\exp_+ \int_t^{t+u} A(s)ds = \exp(u(A(t) + \mathcal{T})) \tag{B1.28}$$

が成り立つ．すなわち，順序つき演算子が超演算子 $\mathcal{T}$ を含む通常の指数（超）演算子に変換される．したがって，この公式を用いると，今までの分解公式がすべて利用できることになる．式 (B1.27) の性質を利用して $\mathcal{T}$ を消去すれば，求める分解公式が得られることになる．こうして得られる結果を列挙すると次のようになる．

1 次分解公式は

$$\exp_+ \int_t^{t+\Delta t} (A(s) + B(s))ds = \exp(\Delta t(A(t) + B(t) + \mathcal{T}))$$
$$= e^{\Delta t \mathcal{T}} e^{\Delta t A(t)} e^{\Delta t B(t)} + \mathrm{O}((\Delta t)^2)$$
$$= e^{\Delta t A(t)} e^{\Delta t B(t)} + \mathrm{O}((\Delta t)^2), \tag{B1.29}$$

となり，2次分解公式は

$$\exp_+ \int_t^{t+\Delta t} (A(s)+B(s))ds = e^{\frac{\Delta t}{2}\mathcal{T}} e^{\frac{\Delta t}{2}A(t)} e^{\Delta t B(t)} e^{\frac{\Delta t}{2}A(t)} e^{\frac{\Delta t}{2}\mathcal{T}}$$
$$= e^{\frac{\Delta t}{2}A(t+\frac{\Delta t}{2})} e^{\Delta t B(t+\frac{\Delta t}{2})} e^{\frac{\Delta t}{2}A(t+\frac{\Delta t}{2})} + \mathrm{O}((\Delta t)^3), \qquad (\mathrm{B}1.30)$$

となる．3次分解公式は式 (B1.22) に対応して

$$U_3(t+\Delta t, t) = Q\left(p_1 \Delta t\,; t+\left(1-\frac{1}{2}p_1\right)\Delta t\right) \tilde{Q}\left(p_2 \Delta t\,; t+\left(1-p_1-\frac{1}{2}p_2\right)\Delta t\right)$$
$$\times Q\left(p_3 \Delta t\,; t+\frac{1}{2}\Delta t\right) \tilde{Q}\left(p_2 \Delta t\,; t+\left(p_1+\frac{1}{2}p_2\right)\Delta t\right) Q\left(p_1 \Delta t\,; t+\frac{1}{2}p_1 \Delta t\right), \qquad (\mathrm{B}1.31)$$

と与えられる．ここで，

$$Q(x\,; t) = e^{xA(t)} e^{xB(t)} \quad \text{および} \quad \tilde{Q}(x,t) = e^{xB(t)} e^{xA(t)} \qquad (\mathrm{B}1.32)$$

であり，分解パラメータ p_1, p_2, p_3 は式 (B1.22) の値と同じである．

4次以上の分解公式も同様である．以上の分解を有限の時間間隔 t に対して用いるときは，まず，順序つき指数演算子の性質から，

$$e_+^{\int_0^t \mathcal{L}(s)ds} = e_+^{\int_{t-\Delta t}^t \mathcal{L}(s)ds} \cdots e_+^{\int_{\Delta t}^{2\Delta t} \mathcal{L}(s)ds} e_+^{\int_0^{\Delta t} \mathcal{L}(s)ds} \qquad (\mathrm{B}1.33)$$

と（厳密に）分解し，これに上の近似的な分解公式を適用する．

これらの分解は，時間的に変動するポテンシャル中の電子の波動関数などを求めるのに有効に利用されている．

訳者補章 2

量子解析とその応用

B2.1 はじめに——量子解析とは——

指数積公式を高次まで具体的にしかも一般的に求めるには,ベーカー–キャンベル–ハウスドルフ (Baker-Campbell-Hausdorff, BCH) 公式などを使いやすい形に拡張しておくと便利である.そのためには,演算子 A の関数 $f(A)$ を演算子そのもの A で微分するという概念とそれに関する公式をつくっておく必要がある.1997 年に鈴木[20〜30]によって定式化された「**量子解析**」の要点とその公式をここに述べたい.

従来,数学では,次の形の**ガトウ**(**Gateau**)微分が定義されていた:

$$df(A) = \lim_{h \to 0} \frac{f(A + hdA) - f(A)}{h}. \tag{B2.1}$$

通常の c 数の微分と比較すると上式の右辺の分母が "増分演算子" hdA ではなく h であることに注意されたい.したがって,$df(A)$ は dA の汎関数として表される.A と dA は一般に非可換なため,$df(A)$ はパラメータに関する積分で表されていることが多い.例えば,

$$de^A = \int_0^1 e^{tA}(dA)e^{(1-t)A}dt = \int_0^1 e^{(1-t)A}(dA)e^{tA}dt \tag{B2.2}$$

などがよく知られている.このような積分の形では,実際に代数的計算を行うには見通しが悪く不便である.

そこで,「量子解析」では,「**量子微分**」$df(A)/dA$ という概念と記号を導入し,これを A と内部微分 δ_A:

$$\delta_A Q = [A, Q] = AQ - QA \tag{B2.3}$$

を用いてあらわに表す.すなわち,dA を $df(A)$ に写像する 1 次写像として

$$df(A) = \frac{df(A)}{dA} : dA \tag{B2.4}$$

をみたすように量子微分 $df(A)/dA$ を定める.このような $df(A)/dA$ は演算子ではなく,定義より超演算子である.

実際に,この表式を求めるには,式 (B2.1) の定義により,$df(A)$ をまず求め,次に

$df(A)$ が dA の線形演算子であることに着目して，内部微分 δ_A を用いて，$df(A)$ を

$$df(A) = f_1(A, \delta_A) \cdot dA \tag{B2.5}$$

の形に変形する．この $f_1(A, \delta_A)$ を $df(A)/dA$ と等置する．

この表式で，A は，演算子に左から A を掛ける**超演算子**（数学では L_A とも書く）とみなす．こうすると，A と δ_A は互いに可換であるから，$df(A)/dA$ は可換な超演算子のみで表され，大変扱いやすく便利である．右から A を掛ける超演算子を R_A と書くと $\delta_A = L_A - R_A$ となるから，$df(A)$ を L_A, R_A を用いて表す形式もあるが，A と δ_A で表し，記号 $df(A)/dA$ を用いる鈴木の定式化，すなわち量子解析は，通常の微分（c 数関数の微分すなわち**古典微分**）との対応などが，以下にみられるように，きわめて明瞭で使いやすいという利点がある．

B2.2　量子微分の公式

$f(x)$ は，通常の c 数関数として x の解析関数であると仮定する．$f(x)$ の x に関する n 階微分を $f^{(n)}(x)$ と書くことにする．このとき，次の公式が成り立つ：

$$\frac{df(A)}{dA} = \frac{f(A) - f(A - \delta_A)}{\delta_A} = \frac{\delta_{f(A)}}{\delta_A} = \int_0^1 dt f^{(1)}(A - t\delta_A), \tag{B2.6}$$

すなわち

$$\delta_{f(A)} = \frac{df(A)}{dA} \delta_A = \delta_A \frac{df(A)}{dA}. \tag{B2.7}$$

物理学などへ実際に応用するときには，演算子 A が時間などのパラメータ t の関数になっており，$f(A(t))$ を t で微分することが多い．そのときには，次の公式が有用である：

$$\frac{d}{dt} f(A(t)) = \frac{df(A(t))}{dA(t)} \frac{dA(t)}{dt}. \tag{B2.8}$$

また，関数の関数 $f(g(x))$ に対して

$$\frac{df(g(A))}{dA} = \frac{df(g(A))}{dg(A)} \frac{dg(A)}{dA} \tag{B2.9}$$

が成り立つ．

B2.3　高次量子微分と演算子テーラー展開公式

高次量子微分 $d^n f(A)/dA^n$ も 1 階量子微分を拡張して，

$$d^n f(A) = \frac{d^n f(A)}{dA^n} : dA \cdot dA \cdots dA \tag{B2.10}$$

によって定義する．$df(A)/dA$ と同様に，$d^n f(A)/dA^n$ は演算子 dA の n 個の組（積で

訳者補章 2

表すところが量子解析の便利さ）$dA \cdot dA \cdots\cdots dA$（$\equiv (dA)^n$ とも書く）を $d^n f(A)$ に写像する超演算子である．

まず，式 (B2.1) を拡張して，n 階微分 $d^n f(A)$ を次式で定義する：

$$d^n f(A) = \lim_{h \to 0} \sum_{j=0}^{n} \frac{(-1)^{n-j}}{h^n} \binom{n}{j} f(A + jhdA). \tag{B2.11}$$

容易に確かめられるように，

$$f(A + xdA) = \sum_{n=0}^{\infty} x^n h_n(A, dA, \ldots, dA) \tag{B2.12}$$

と展開したときの n 次の係数演算子 $h_n(A, dA, \ldots, dA)$ は $d^n f(A)/n!$ と一致する：

$$h_n(A, dA, \ldots, dA) = \frac{1}{n!} d^n f(A). \tag{B2.13}$$

したがって，

$$f(A + xdA) = e^{xd} f(A) \tag{B2.14}$$

と書ける．ただし，d は $d^n f(A) = d(d^{n-1} f(A))$ をみたす微分作用素である．式 (B2.12) で，dA は任意の演算子（ただし，$d^2 A = 0$）であるから，A と B を任意の演算子として，

$$f(A + xB) = \sum_{n=0}^{\infty} x^n h_n(A, B, \ldots, B) \tag{B2.15}$$

となる．

さて，n 階量子微分 $d^n f(A)/dA^n$ を A と内部微分 δ_A を用いてあらわに表す式を求めよう．厳密な導出法は原著論文に譲り，ここでは直観的な導き方を説明する．まず，演算子 $f(A)$ のダンフォード（Dunford）積分表示

$$f(A) = \frac{1}{2\pi i} \int_c \frac{f(z)}{z - A} dz \tag{B2.16}$$

から始める．ここで，積分路 C は $f(z)$ の解析的な領域で原点のまわりに反時計回りにとるものとする．この表示を用いると，

$$\begin{aligned}
f(A + xB) &= \frac{1}{2\pi i} \int_c \frac{f(z)}{z - A - xB} dz \\
&= \sum_{n=0}^{\infty} \frac{x^n}{2\pi i} \int_c \frac{f(z)}{z - A} \left(B \frac{1}{z - A} \right)^n dz \\
&= \sum_{n=0}^{\infty} \frac{x^n}{2\pi i} \int_c \frac{f(z)}{(z-A)(z-A+\delta_1)\cdots(z-A+\delta_1+\cdots+\delta_n)} dz : B^n \\
&= \sum_{n=0}^{\infty} x^n \tilde{f}_n(A, \delta_1, \delta_2, \ldots, \delta_n) : B^n
\end{aligned} \tag{B2.17}$$

と書ける. ただし, δ_j は n 個の組 $(B, B, \cdots, B) = B \cdot B \cdots B = B^n$ の左から j 番目の B と A の交換子 $\delta_A B = [A, B]$ をつくることを表す. すなわち,

$$\delta_j : B \cdots B = B^{j-1}(\delta_A B)B^{n-j} \tag{B2.18}$$

である.

そこで, 式 (B2.17) の右辺の分子の中の最後の 2 つの因子を部分分数に分ける:

$$\frac{1}{(z - A + \delta_1 + \cdots + \delta_{n-1})(z - A + \delta_1 + \cdots + \delta_{n-1} + \delta_n)}$$
$$= \frac{1}{\delta_n}\left\{\frac{1}{z - A + \delta_1 + \cdots + \delta_{n-1}} - \frac{1}{z - A + \delta_1 + \cdots + \delta_{n-1} + \delta_n}\right\}. \tag{B2.19}$$

これを用いると, $\tilde{f}_n(A, \delta_1, \delta_2, \ldots, \delta_n)$ に関する次の漸化式がただちに導ける:

$$\tilde{f}_n(A, \delta_1, \delta_2, \ldots, \delta_n)$$
$$= \frac{1}{\delta_n}\left\{\tilde{f}_{n-1}(A, \delta_1, \ldots, \delta_{n-1}) - \tilde{f}_{n-1}(A, \delta_1, \ldots, \delta_{n-2}, \delta_{n-1} + \delta_n)\right\}. \tag{B2.20}$$

この漸化式を初期条件

$$\tilde{f}_1(A, \delta_1) = \int_0^1 f^{(1)}(A - t\delta_1)dt \tag{B2.21}$$

のもとで解けば,

$$\tilde{f}_n(A, \delta_1, \ldots, \delta_n) = \int_0^1 dt_1 \int_0^{t_1} dt_2 \cdots \int_0^{t_{n-1}} dt_n f^{(n)}(A - t_1\delta_1 - \cdots - t_n\delta_n) \tag{B2.22}$$

となる. こうして, 次の**演算子テーラー展開公式**が導ける:

$$\begin{aligned}
&f(A + xB) \\
&= \sum_{n=0}^{\infty} \frac{x^n}{n!} \frac{d^n f(A)}{dA^n} : B^n \\
&= f(A) + \sum_{n=1}^{\infty} x^n \int_0^1 dt_1 \int_0^{t_1} dt_2 \cdots \int_0^{t_{n-1}} dt_n f^{(n)}(A - t_1\delta_1 - \cdots - t_n\delta_n) : B^n.
\end{aligned} \tag{B2.23}$$

これを応用すると, いろいろな演算子の高階量子微分と演算子テーラー展開公式が直ちに求められる. 例えば, 指数演算子 e^{tA} の n 階量子微分は

$$\frac{d^n e^{tA}}{dA^n} = n! e^{tA} \int_0^t dt_1 \int_0^{t_1} dt_2 \cdots \int_0^{t_{n-1}} dt_n e^{-t_1\delta_1 - \cdots - t_n\delta_n}. \tag{B2.24}$$

となる. したがって, **指数演算子テーラー展開公式**

訳者補章 2

$$e^{t(A+xB)} = \sum_{n=0}^{\infty} \frac{x^n}{n!} \frac{d^n e^{tA}}{dA^n} : B^n$$
$$= e^{tA} \sum_{n=0}^{\infty} x^n \int_0^t dt_1 \int_0^{t_1} dt_2 \cdots \int_0^{t_{n-1}} dt_n B(t_1)B(t_2)\cdots B(t_n) \quad \text{(B2.25)}$$

が成り立つ．ただし，$B(t) = e^{-t\delta_A}B = e^{-tA}Be^{tA}$．この公式は物理学では摂動計算を行う際によく使われている．

B2.4 簡 単 な 例

理解を助けるために，非常に簡単な例をあげておく：

$$\frac{d}{dA}A^2 = 2A - \delta_A, \quad \frac{d^2}{dA^2}A^3 = 2(3A - 2\delta_1 - \delta_2),$$
$$\frac{d}{dA}e^A = e^A \Delta(-A), \quad \Delta(A) = \frac{e^{\delta_A} - 1}{\delta_A}, \quad \text{(B2.26)}$$

また，$d^2 f(A)/dA^2$ と $d^3 f(A)/dA^3$ の公式をあらわに書いておく：

$$\frac{d^2 f(A)}{dA^2} = 2! \left[\frac{f(A) - f(A-\delta_1)}{\delta_1 \delta_2} - \frac{f(A) - f(A-(\delta_1+\delta_2))}{(\delta_1+\delta_2)\delta_2} \right],$$

および

$$\frac{d^3 f(A)}{dA^3} = 3! \left[\frac{f(A) - f(A-\delta_1)}{\delta_1 \delta_2(\delta_2+\delta_3)} - \frac{f(A) - f(A-(\delta_1+\delta_2))}{(\delta_1+\delta_2)\delta_2 \delta_3} \right.$$
$$\left. + \frac{f(A) - f(A-(\delta_1+\delta_2+\delta_3))}{(\delta_1+\delta_2+\delta_3)(\delta_2+\delta_3)\delta_3} \right]. \quad \text{(B2.27)}$$

B2.5 量子解析の物理への応用

次に，非平衡統計力学の基礎方程式への応用例をあげる．時間 t に依存した密度行列 $\rho(t)$ は次のフォン・ノイマン（von Neumann）方程式にしたがう：

$$i\hbar \frac{\partial}{\partial t} \rho(t) = [\mathscr{H}(t), \rho(t)]. \quad \text{(B2.28)}$$

ただし，$\mathscr{H}(t)$ はその系のハミルトニアンである．この系のエントロピー演算子 $\eta(t) = -k_B \log \rho(t)$ は，やはり同形の方程式

$$i\hbar \frac{\partial}{\partial t} \eta(t) = [\mathscr{H}(t), \eta(t)] \quad \text{(B2.29)}$$

にしたがうことが量子解析を用いると簡単に導ける．より一般に，$\rho(t)$ の任意の関数 $f(\rho(t))$ が同形の方程式

$$i\hbar \frac{\partial}{\partial t} f(\rho(t)) = [\mathscr{H}(t), f(\rho(t))] \tag{B2.30}$$

にしたがう．これは，次のようにして，量子解析を用いて導ける．すなわち，式 (B2.6) と式 (B2.28) より

$$i\hbar \frac{d}{dt} f(\rho(t)) = \frac{df(\rho(t))}{d\rho(t)} \cdot i\hbar \frac{d\rho(t)}{dt} = \delta_{f(\rho(t))} \cdot \delta_{\rho(t)}^{-1} \left(i\hbar \frac{d\rho(t)}{dt} \right)$$

$$= \delta_{f(\rho(t))} \cdot \delta_{\rho(t)}^{-1} \left(\delta_{\mathscr{H}(t)} \rho(t) \right) = \delta_{f(\rho(t))} \delta_{\rho(t)}^{-1} \left(-\delta_{\rho(t)} \mathscr{H}(t) \right)$$

$$= -\delta_{f(\rho(t))} \mathscr{H}(t) = \delta_{\mathscr{H}(t)} f(\rho(t)) = [\mathscr{H}(t), f(\rho(t))]. \tag{B2.31}$$

B2.6 指数積分解への応用

最後に，訳者補章 1 で述べた指数積分解公式への応用例をあげておく．指数積分解の逆問題として，r 個の指数積を一つの指数演算子にまとめる方法を考える：

$$e^{A_1(x)} e^{A_2(x)} \cdots e^{A_r(x)} = e^{\Phi(x)}. \tag{B2.32}$$

指数積分解公式をつくるには，分解した式を式 (B2.32) のように一つの指数演算子にまとめ，$\Phi(x)$ がもとの演算子（例えば $x(A+B)$）と求めたい次数まで一致するように分解パラメータを決める．これが指数積分解公式をつくる最も一般的なシナリオである．

さて，式 (B2.32) の $\Phi(x)$ は次の方程式をみたすことが量子解析を用いて示せる：

$$\frac{d\Phi(x)}{dx} = \Delta^{-1}(\Phi(x)) \sum_{j=1}^{r} \exp(\delta_{A_1(x)}) \cdots \exp(\delta_{A_{j-1}(x)}) \Delta(A_j(x)) \frac{dA_j(x)}{dx} \tag{B2.33}$$

ここで，次の量子微分の公式を用いた：

$$\frac{de^A}{dA} = \frac{e^A - e^{A-\delta_A}}{\delta_A} = e^A \Delta(-A) \,;\, \Delta(A) = \frac{e^{\delta_A} - 1}{\delta_A}, \tag{B2.34}$$

および

$$\Delta^{-1}(-\Phi(x)) = \Delta^{-1}(\Phi(x)) e^{\delta_{\Phi(x)}} \,;\, \Delta^{-1}(\Phi(x)) = \frac{\delta_{\Phi(x)}}{e^{\delta_{\Phi(x)}} - 1}. \tag{B2.35}$$

さらに，式 (B2.32) をみたす $\Phi(x)$ に対しては

$$e^{\delta_{\Phi(x)}} = e^{\delta_{A_1(x)}} \cdots e^{\delta_{A_r(x)}} \,;\, \delta_{\Phi(x)} = \log(e^{\delta_{A_1(x)}} \cdots e^{\delta_{A_r(x)}}) \tag{B2.36}$$

が成り立つ．これらの関係を用いると，(B2.33) の解 $\Phi(x)$ は次式で与えられることがわかる：

$$\Phi(x) = \sum_{j=1}^{r} \int_0^x \frac{\log[\exp(\delta_{A_1(t)}) \cdots \exp(\delta_{A_r(t)})]}{\exp(\delta_{A_1(t)}) \cdots \exp(\delta_{A_r(t)}) - 1}$$

$$\times \exp(\delta_{A_1(t)}) \cdots \exp(\delta_{A_{j-1}(t)}) \Delta(A_j(t)) \frac{dA_j(t)}{dt} dt + \Phi(0). \tag{B2.37}$$

これは，BCH 公式の一般化になっている．この公式の応用例として，例えば，次の漸化公式が成り立つ：

$$\log(e^{A_1}\cdots e^{A_r}) = \int_0^1 dt \frac{\log E_r(t)}{E_r(t)-1}(A_1 + E_r(t)A_r) + \log(e^{A_2}\cdots e^{A_{r-1}}), \quad \text{(B2.38)}$$

ただし，

$$E_r(t) = \exp(t\delta_{A_1})\exp(\delta_{A_2})\cdots\exp(\delta_{A_{r-1}})\exp(t\delta_{A_r}). \quad \text{(B2.39)}$$

特に，$r=2$ のときは，

$$\begin{aligned}
\log(e^{xA}e^{xB}) &= \int_0^x \frac{\log(e^{t\delta_A}e^{t\delta_B})}{e^{t\delta_A}e^{t\delta_B}-1}e^{t\delta_A}dt(A+B) \\
&= \sum_{n=1}^\infty \frac{1}{n}\int_0^x (1-e^{t\delta_A}e^{t\delta_B})^{n-1}(A+e^{t\delta_A}B)dt \\
&= x(A+B) + \frac{x^2}{2}\delta_A B + \frac{x^3}{12}(\delta_A^2 B + \delta_B^2 A) + \frac{x^4}{24}\delta_A\delta_B^2 A + \cdots. \quad \text{(B2.40)}
\end{aligned}$$

また，対称化された指数積 $e^A e^B e^A$ に対しては，次式が成り立つ [19]：

$$\begin{aligned}
\log(e^A e^B e^A) &= \int_0^1 \left(\frac{e^{t\delta_A}e^{\delta_B}e^{t\delta_A}+1}{e^{t\delta_A}e^{\delta_B}e^{t\delta_A}-1}\log(e^{t\delta_A}e^{\delta_B}e^{t\delta_A})\right)Adt + B \\
&= 2A + B + \frac{1}{6}(\delta_B^2 A - \delta_A^2 B) + \frac{1}{360}\left(7\delta_A^2 B - \delta_B^4 A\right. \\
&\quad \left. + 4\delta_A\delta_B^3 A + 8\delta_B\delta_A^3 B - 6\delta_A^2\delta_B^2 A + 12\delta_B^2\delta_A^2 B\right) + \cdots. \quad \text{(B2.41)}
\end{aligned}$$

指数の肩に交換子 $[B,[A,B]]$ などを含ませた**ハイブリッド**分解が便利なこともある．例えば，

$$e^{x(A+B)} = e^{x^2 D}e^{\frac{x}{6}B}e^{\frac{x}{2}A}e^{\frac{2}{3}xB}e^{\frac{x}{2}A}e^{\frac{x}{6}B}e^{x^2 D} + \mathrm{O}(x^5); \quad D = \frac{1}{144}[B,[A,B]] \quad \text{(B2.42)}$$

が成り立つ．この公式は，D がただの c 数に帰着する場合は特に有効である．実際，$A = -\frac{1}{2}\Delta$ で $B = V(\bm{r})$ のときは $[B,[A,B]] = |\nabla V(\bm{r})|^2 \geq 0$ となり，上の条件をみたしている．

その他多くの公式が導かれているが，詳しくは原著論文を参照されたい [1~19]．

文　献

高次指数積公式の解説は次の文献に基づいている．
1) M. Suzuki, *Phys. Lett.* **A146** (1990) 319.
2) M. Suzuki, *J. Math. Phys.* **32** (1991) 400.
3) M. Suzuki, *Phys. Lett.* **A165** (1992) 387.
4) M. Suzuki., *J. Phys. Soc. Japan* **61** (1992) 3015.
5) M. Suzuki, *Physica* **A191** (1992) 501.
6) M. Suzuki, *Physica* **A194** (1993) 432.
7) M. Suzuki, *Physica* **A205** (1994) 65.
8) M. Suzuki and K. Umeno, in: *Computer Simulation Studies in Condensed-Matter Physics VI*, ed. D.P. Landau, K.K. Mon, H.B. Schüttler Springer, Berlin, 1993, p.74, およびその参考文献.
9) K. Umeno and M. Suzuki, *Phys. Lett.* **A181** (1993) 387.
10) H. Kobayashi, N. Hatano, M. Suzuki, *Physica* **A211** (1994) 234.
11) M. Suzuki, *Proc. Japan Acad.* **69** Ser. B (1993) 161.
12) Z. Tsuboi, M. Suzuki, *Int. J. Mod. Phys.* **B9** (1995). 3241.
13) M. Suzuki, T. Yamauchi, *J. Math. Phys.* **34** (1993) 4892.
14) M. Suzuki, *Commun. Math. Phys.* **163** (1994) 491.
15) K. Aomoto, *J. Math. Soc. Japan* **48** (1996) 493.
16) M. Suzuki, *Rev. Math. Phys.* **8** (1996) 487.
17) M. Suzuki, *Phys. Lett.* **A180** (1993) 232.
18) M. Suzuki, *Phys. Lett.* **A201** (1995) 425.

高次分解公式の応用の文献は多数あるが，次の論文の参考文献を参照してほしい．
19) M. Suzuki, *Int. J. Mod. Phys.* **C10** (1999) 1385. および H. Kobayashi, N. Hatano and M. Suzuki, *Physica* **A250** (1998) 535.

量子解析は次の文献に基づいている．
20) M. Suzuki, *Commun. Math. Phys.* **183** (1997) 339.
21) M. Suzuki, *Int. J. Mod. Phys.* **B10** (1996) 1637.
22) M. Suzuki, *J. Math. Phys.* **38** (1997) 1183.
23) M. Suzuki, *Phys. Lett.* **A224** (1997) 337.
24) M. Suzuki, *Prog. Theor. Phys.* **100** (1998) 475.
25) M. Suzuki, *Rev. Math. Phys.* **11** (1999) 243.
26) M. Suzuki, *Int. J. Mod. Phys.* **C10** (1999) 1385.
27) M. Suzuki, *Comp. Phys. Commun.* **127** (2000) 32.
28) M. Suzuki, in *Trends in Contemporary Infinite Dimensional Analysis and Quantum Probability*, ed. L. Accardi, H-H. Kuo, N. Obata, K. Saito, S. Si and L. Streit (Instituto Italiano di Cultura, Kyoto 2000).
29) 鈴木増雄, 日本応用数理学会論文誌, **7** (3) (1999) 32.
30) 鈴木増雄, 統計力学（岩波，現代物理学叢書，2000）.

索　引

LC 回路（LC circuit）　336

n 次元ユークリッド空間（Euclidean n-space）　183

n 乗根検定（nth root test）　481, 482

p 級数（p series）　477

RLC 回路（RLC circuit）　150

RL 回路（RL circuit）　67

ア　行

アイソスピン（isospin）　425
アインシュタインの相対性原理（Einstein's principle of relativity）　427
アインシュタインの和の規約（Einstein's summation convention）　48
跡（spur）　95
アフィン空間（affine space）　52
アーベル群（Abelian group）　403
アーベル検定（Abel's test）　485
アルガン表示（Argand diagram）　217
鞍点（saddle point）　496

異常積分（improper integral）　275
位数（order）　405
位相（phase）　218
位相角（phase angle）　146
位相空間（phase space）　342, 343
位相速度（phase velocity）　163
1 次元調和振動子（one-dimensional harmonic oscillator）　343
1 次元ユニタリ群（one-dimensional unitrary group）　421, 422
一様（uniform）　451
　——に分布（uniformly distributed）　469
一様収束（uniform convergence）　253, 484
1 価関数（single-valued function）　221
一般化運動量（generalized momenta (momentum)）　341, 345
一般化座標（generalized coordinates）　336, 341, 345

ヴォルテラ型積分方程式（Volterra integral equation）　388
右逆（right inverse）　202
渦なしベクトル場（irrotational vector field）　25, 45
渦場（vortex field）　27

永年方程式（secular equation）　133
エルミート（Hermitian）　204, 395
エルミート演算子（Hermitian operator）　122, 204, 210
エルミート共役（Hermitian conjugate）　108
エルミート行列（Hermitian matrix）　108, 122
エルミート多項式（Hermitian polynomial）　296
　——に対するロドリーグの公式（Rodrigue's formula for Hermitian polynomial）　297
　——の母関数（generating function for

Hermitian polynomial）299
エルミートの微分方程式（Hermite's differential equation）295
演算子テーラー展開公式（operator Taylor expansion formula）518
演算子の指数関数（exponential function of operator）201
演算子のべき乗（power of operator）201
円錐曲線（conic section）20
円柱関数（cylindrical function）307, 374
円筒座標（cylindrical coordinates）33, 372

オイラー関数（Euler function）91
オイラー定数（Euler constant）312
オイラーの関係式（Euler's relations）72
オイラーの公式（Euler's formula）217
オイラーの定理（Euler's theorem）495
オイラー–フーリエの公式（Euler-Fourier formula）138
オイラー法（Euler's method）441
オイラー方程式（Euler's equation）79
オイラー–ラグランジュ方程式（Euler-Lagrange equation）329, 330, 336, 347
オブザーバブル（observable）122
重み（weight）451

カ 行

階乗（factorial）91, 453
階数（rank）50
外積（outer product/vector product）7
解析関数（analytic function）226
——の級数表示（series representations of analytic function）249
解析的（analytic）226
階段関数（unit step function）385
回転（ベクトルの）(curl)16, 23, 32
回転（rotation）25, 196, 206, 406, 417
——の生成子（generator of rotation）423
回転行列（rotation matrix）13, 111, 112

回転対称軸（rotational axis of symmetry）416
回転対称性（rotational symmetry）416
解の基本系（fundamental system of solutions）86
回反中心（rotation-inversion center）416
ガウス確率分布関数（Gaussian probability distribution function）156, 157
ガウス検定（Gauss' test）481, 482
ガウスの定理（Gauss' theorem）36, 38
ガウスの法則（Gauss' law）367
ガウスの4乗残差法（Gaussian quadrature residual）440
ガウス分布（Gaussian distribution）463, 466, 470
ガウス平面（Gauss plane）217
可換（commutativity）101, 128, 184, 200, 210
可換群（commutative group）403
核（kernel/nucleus）388
角運動量（angular momentum）130
拡散方程式（diffusion equation）366
確定特異点（regular singular point）83
確率（probability）451
確率過程（stochastic process）457
確率分布（probability distribution）457, 458
確率分布関数（probability distribution function）458
確率変数（random variable）457
確率密度（probability density）469
確率密度関数（probability density function）470
確率論（probability theory）449
重ね合わせの原理（principle of superposition）59, 70, 365, 369
数え上げ（counting）452
片側フーリエ級数（half-range Fourier series）142
ガトウ微分（Gateau differential）515
加法性（additivity）189
可約（reducible）415
ガリレイ変換（Galilei transformation）

索引

426
カール（curl） 25
関数（function） 473
関数空間（function space） 211, 212
慣性主軸（principal axis of inertia） 131
慣性モーメント行列（moment of inertia matrix） 131
完全系（complete set/system） 15, 205
完全微分方程式（exact differential equation） 63
ガンマ関数（gamma function） 91

幾何級数（geometric series） 477
規格化（normalization） 123, 152, 190
擬スカラー（pseudoscalar） 11
期待値（expectation value） 450, 458, 470
奇置換（odd permutation） 9
基底（basis） 187
基底ベクトル（base vectors） 187
基底変換（basis transformation） 117, 208
ギブズ現象（Gibb's phenomenon） 141, 158
擬ベクトル（pseudovector） 8
基本周期（fundamental period） 135
基本振動数（fundamental frequency） 150
基本成分（fundamental component） 146
基本テンソル（fundamental tensor） 53
基本ベクトル（base vector） 15
既約（irreducible） 415
逆演算子（inverse operator） 202
逆行列（inverse matrix） 105
逆元（inverse element） 402
逆テンソル（reciprocal tensor） 53
既約表現（irreducible representation） 415
逆ラプラス変換（inverse Laplace transform） 349, 387
級数解（series solution） 83
級数の収束（series convergence） 251
級数の発散（series divergence） 251
求長可能曲線（rectifiable curve） 238
球ベッセル関数（spherical Bessel function） 323
鏡映（reflection） 417
鏡映面（plane of symmetry） 416

境界値問題（boundary-value problem） 147, 167, 364, 383
行ベクトル（row vector） 95
共変微分（covariant differentiation） 48, 56
共変ベクトル（covariant vector） 49
共役調和関数（conjugate harmonic functions） 231
共役テンソル（conjugate tensor） 49, 53
共役類（conjugate class） 412, 413
行列（matrix） 13, 94
——の加法（addition of matrices） 96
——の積（matrix product） 97
——の対角化（diagonalization of a matrix） 116
行列式（determinant） 8, 104, 498, 500
行列表現（matrix representation） 198
行列表現（matrix representation） 112
極（pole） 231
極限（limit） 475, 476
極座標（spherical coordinates） 28, 33, 375
極小値（relative minimum） 496
極性ベクトル（polar vector） 8
極大値（relative maximum） 496
極値（extremum） 496
極値条件（extremum condition） 329
極値問題（extremum problem） 328, 329
曲率（curvature） 17
曲率半径（radius of curvature） 17
虚数単位（unit imaginary number） 216
虚部（imaginary part） 216
キルヒホッフの第2法則（Kirchhoff's second law） 68
キルヒホッフの法則（Kirchhoff's law） 336, 338

偶置換（even permutation） 9
区間連続（continuous in (the) interval） 475
組み合わせ（combination） 452, 453
グラム–シュミットの直交化（Gram-Schmidt orthogonalization） 192
クラメル則（Cramer's rule） 499
クラメルの公式（Cramer's formula） 107

クリストッフェル記号（Christoffel symbol）55
グリーン関数（Green's function）178, 179, 382
グリーンの定理（Green's theorem）36, 43, 44, 383
——の第 2 形式（the second form of Green's theorem）44
クロネッカーのデルタ（Kronecker's delta）6, 53
群速度（group velocity）163
群の位数（order of group）403
群の公理（group axioms）402
群表（group multiplication table）406, 407
群論（group theory）402

経験的確率（a posteriori probability）450
計量（metric）52
計量空間（metric space）52
計量形式（metric form）52
計量テンソル（metric tensor）52, 53
計量ベクトル空間（metric vector space）189
経路積分（path integral）37
結合確率（joint probability）455
結合法則（associative law）184, 402
決定方程式（indicial equation）83, 84
ケット（ket）152
ケットベクトル（ket vector）183, 195
ケーリー–クライン・パラメータ（Cayley-Klein parameter）425
ケーリーの定理（Cayley's theorem）409, 411
ケーリー–ハミルトンの定理（Cayley-Hamilton theorem）129
元（element）402
原子核（atomic nucleus）345
減衰振動子（damped oscillator）337
減衰定数（damping constant）78, 337
減衰力（damping force）78

コイル（coil）336
高階のテンソル（tensor of higher rank）49

高階微分（higher derivative）475, 490
交換子（commutator）100, 199
交換則（commutative law）176, 472
広義の積分（improper integral）269
高次量子微分（higher quantum derivative）516
剛体（rigid body）130
交代級数（alternating series）480
交代行列（alternative matrix）103
高調波（higher harmonics）146, 150
恒等演算子（identity operator）200
恒等置換（identity permutation）405
勾配（gradient）16, 21, 30
勾配演算子（gradient operator）22
誤差関数（error function）467
コーシー–シュワルツの不等式（Cauchy-Schwarz inequality）193
コーシー積（Cauchy product）287
コーシーの積分検定（Cauchy's integral test）377
コーシーの積分公式（Cauchy's integral formula）238, 244
コーシーの積分主値（Cauchy's principal value of (the) integral）276
コーシーの積分定理（Cauchy's integral theorem）238, 242
コーシー方程式（Cauchy equation）79
コーシー–リーマン条件（Cauchy-Riemann conditions）228
古典調和振動子（classical harmonic oscillator）400
古典微分（classical derivative）516
古典力学（classical mechanics）335
固有解（eigensolution）149
固有関数（eigenfunction）149, 178, 389
固有多項式（characteristic polynomial）119
固有値（eigenvalue）118, 149, 201, 389, 390
固有値スペクトル（eigenvalue spectrum）118
固有値方程式（eigenvalue equation）201
固有値問題（eigenvalue problem）118, 148

索 引

固有ベクトル（eigenvector） 118, 201
固有方程式（characteristic equation） 119
孤立特異点（isolated singular point） 231
混合テンソル（mixed tensor） 49
コンデンサ（capacitor） 336

サ 行

再帰性（reflexivity） 412
サイクロイド（cycloid） 333
最小2乗法（method of least squares） 447
座標成分（coordinates components） 1
座標変換（change of coordinate system） 12
作用（action） 336, 344
作用積分（action integral） 336, 339
3回軸（threefold symmetry axis） 419
3角行列（triangular matrix） 103
3角不等式（triangle inequality） 194
3項テーラー級数（three-term Taylor series） 442, 444
残差（residual） 447
3次元ラプラス方程式（Laplace's equation in three dimensions） 370

軸性ベクトル（axial vector） 8
試行（experiment） 449, 450
試行関数（trial function） 74
事象（event） 449, 450
指数（index） 412
次数（degree） 58
指数演算子（exponential operator） 101, 509
指数関数（exponential function） 474
──のオーダー（exponential order） 350
指数積公式（exponential product formula） 509
指数則（index law） 472
自然基底（natural base） 474
自然数（natural number） 216, 472
自然対数（natural logarithm） 474
実験誤差（experimental error） 466
実数（real number） 472

実数ベクトル場（real vector field） 184
実正方行列（real square matrix） 103
実対称行列（real symmetric matrix） 109
シフト（平行移動）定理（shifting/translation theorem） 355, 357
射影演算子（projection operator） 207
斜方デカルト座標（oblique Cartesian coordinate） 14
シューアの補題（Schur's lemma） 416
主位相角（principal phase angle） 237
周回積分（contour integral） 239
周期（period） 135, 405
周期関数（periodic function） 135
収束（convergence） 249, 476
収束性の検定（test for convergence） 477
収束半径（radius of convergence） 484
従属変数（dependent variable） 221
収束領域（domain of convergence） 484
終端速度（terminal velocity） 63
重力ポテンシャル（gravitational potential） 365
縮重（縮退）（degeneracy） 120, 201, 389, 473
縮重（縮退）度（degree of degeneracy） 128, 129, 201
縮約（contraction） 50
──された作用（contracted action） 345
主値（principal value） 237
出現確率（probability） 451
シュプール（spur） 95
主分枝（fundamental branching） 234
主法線ベクトル（principal normal line vector） 17
シュミット–ヒルベルトの解法（Schmidt-Hilbert method of solution） 395
主要根（principal root） 220
主要部（principal part） 264
シュレーディンガー方程式（Schrödinger equation） 122, 296, 347, 348
巡回群（cyclic group） 405
巡回置換（cyclic permutation） 404
巡回部分群（cyclic partial group） 405
純虚数（pure imaginary number） 216

順序つき指数演算子（ordered exponential operator） 513
準同型（homomorphism） 407
順列（permutation） 452
小行列式（minor） 500
条件収束（conditional convergence） 252, 481
条件つき確率（conditional probability） 455
商検定（quotient test） 478
商の規則（quotient law） 51
常微分方程式（ordinary differential equation） 58
剰余（remainder） 251
剰余類（residual class） 411
初期値問題（initial-value problem） 364
除去可能特異点（removable singularity） 232
除去可能不連続点（removable discontinuity） 226
所要時間最小化問題（brachistochrone problem） 331
ジョルダン曲線（Jordan curve） 38
真性特異点（essential singularity） 232
振動回路（electric oscillation） 336
振動モード（oscillation mode） 133
振幅（amplitude） 146
シンプソン則（Simpson's rule） 439, 444
シンプレックティックな性質（sympletic property） 508

推移則（transitive law） 176, 472
水素原子（hydrogen atom） 301, 307
随伴演算子（adjoint operator） 203
随伴行列（adjoint matrix） 122
随伴斉次微分方程式（adjoint homogeneous differential equation） 69
随伴テンソル（adjoint tensor） 54
数値積分（numerical integration） 437
数列（sequence） 476
スカラー（scalar） 1
スカラー3重積（triple scalar product） 10
スカラー積（scalar product） 5, 152, 189

スカラー場（scalar field） 16, 184
スカラー微分演算子（scalar differential operator） 25
スカラー・ポテンシャル（scalar potential） 45
スケール因子（scale factor） 29
鈴木−トロッター公式（Suzuki–Trotter formula） 509
鈴木の漸化式の方法（Suzuki's recursive formula） 510
鈴木の標準分解公式（Suzuki's standard decomposition formula） 512
スターリングの近似式（Stirling's formula） 454, 465
ストゥルム−リュウヴィル境界値問題（Sturm-Liouville boundary-value problem） 325
ストゥルム−リュウヴィル系（Sturm-Liouville system） 341
——の固有関数（eigenfunction of Sturm-Liouville system） 325
——の固有値（eigenvalue of Sturm-Liouville system） 325
ストゥルム−リュウヴィル方程式（Sturm-Liouville equation） 325
ストークスの定理（Stokes' theorem） 36, 41
スペクトル（spectrum） 201

整関数（entire function） 230
正規（normal） 152
正規直交基底（orthonormal basis） 190
正規直交級数（orthonormal series） 152
正規直交系（orthonormal system） 14, 152, 396
正規直交固有ベクトル（orthonormal eigenvectors） 123
正規直交ベクトル（orthonormal vectors） 123
正規分布（normal distribution） 466, 470
正規方程式（normal equation） 447
整合（conformable） 97
正項級数（series of positive terms） 477
斉次（同次）（homogeneous） 59, 69, 365,

索　引

388
斉次（同次）関数（homogeneous function）495
斉次方程式（homogeneous equation）　389
斉次ローレンツ群（homogeneous Lorentz group）426, 429
正準運動方程式（canonical equations of motion）　341
正準変換（canonical transformation）　344
正準方程式（canonical equations）　342
整数（integer）　216, 472
生成元（generating element）　405
正整数（positive integer）　472
正則（regular）　83, 104, 202, 226
正則点（regular point）　82
静電ポテンシャル（electrostatic potential）365, 366, 384
正方行列（square matrix）　95
正方直交デカルト座標（rectangular Cartesian coordinate system）　12
積分因子（integrating factor）　65
積分演算（operation of integration）　76
積分核（integral kernel）　362
積分検定（integral test）　479
積分公式（integral formula）　46
積分定数（integration constant）　59
積分定理（integral theorem）　16
積分変換（integral transformation）　362
積分方程式（integral equation）　388
積分路（contour）　239
絶対可積分（absolutely integrable）　156
絶対収束（absolute convergence）　252, 481
絶対値（absolute value）　218, 473
ゼロ行列（null（or zero）matrix）　95
ゼロベクトル（null vector）　184, 185
漸化式（recurrence formula）　84, 298, 317, 494
線形（linear）　58
漸近展開（asymptotic expansion）　454
線形演算子（linear operator）　75, 112, 196, 199
線形結合（linear combination）　186
線形従属（linearly dependent）　187

線形積分方程式（linear integral equation）388
線形独立（linearly by independent）　15, 187
線形ベクトル空間（linear vector space）181, 184
線形変換（linear trasformation）　196
線積分（line integral）　36, 37, 239
全微分（total differential）　16
線要素（line element）　22, 29

総確率の定理（theorem of total probability）456
双曲型（hyperbolic type）　365
双曲線関数（hyperbolic function）　474
相似行列（similar matrices）　117
相似変換（similarity transformation）　116, 117, 205, 414
双対空間（dual spaces）　194
双対性（duality）　147
双対ベクトル（dual vector）　195
測地線（geodesic）　54, 329, 333
速度ポテンシャル（velocity potential）　365
素粒子の標準理論（standard model of elementary particles）　426

タ　行

第 n 部分和（n th partial sum）　251
対角化可能な行列（diagonalizable matrix）120
対角行列（diagonal matrix）　95
対角成分（diagonal elements）　95
台形則（trapezoidal rule）　437
対称（symmetric）　51, 395
対称行列（symmetric matrix）　103
対称群（symmetric group）　405, 409
対称性（symmetry）　413
対称変換（symmetry transformation）　406
対数関数（logarithmic function）　237, 474
代数関数（algebraic function）　474
対数項（logarithmic term）　88
代数方程式（algebraic equation）　431

索引

体積積分（volume integral）36
楕円型（elliptic type）365
多価関数（multivalued function）221
多項式（polynomial）473
多項式補間（polynomial interpolation）430
多重連結領域（multiply connected region）39, 241
畳み込み（convolution）175, 394
　　——の定理（convolution theorem）175, 394
縦ベクトル（column vector）95, 195
単位演算子（unit operator）200
単位行列（unit matrix）95
単位元（identity）402
単位接線ベクトル（unit tangent vector）17
単一閉曲線（simple closed curve）38
単位ベクトル（unit vector）1, 152
単純反復法（simple iterative method）432
単純閉曲線（simple closed curve）38
ダンフォード積分表示（Dunford integral representation）517
単連結領域（simply connected region）38, 241

値域（range）197
置換（permutation）406
置換記号（permutation symbols）9
逐次近似法（method of successive approximation）432
中間値の定理（mean value theorem）491
忠実（faithful (or true)）414
中心力（central force）19
中心力ポテンシャル（central potential）279
超越関数（transcendental function）474
超越方程式（transcendental equation）431
超演算子（hyperoperator）516
長方形則（rectangular rule）437
調和関数（harmonic function）231
調和振動子（harmonic oscillator）295
直積（direct product）134
直積表現（direct product representation）134

直和（direct sum）415
直交（orthogonal/perpendicular）5
直交エルミート関数（orthogonal Hermite functions）299
直交行列（orthogonal matrix）109
直交群（orthogonal group）422
直交条件（orthogonal condition）14, 113
直交性（orthogonality）151, 178, 288, 293
直交定理（orthogonality theorem）416
直交変換（orthogonal transformation）14, 116
直交変換群（orthogonal transformation group）422
直交ラゲール関数（orthogonal Laguerre functions）304
定義域（domain）197
抵抗（resistor）337
定数係数 n 階線形微分方程式（n th-order linear differential equation with constant coefficients）69
定数変化法（method of variation of parameter）86
ディラック括弧記号（Dirac bracket symbol）152
ディラックのデルタ関数（Dirac delta function）382
ディラック表記（Dirac notation）183
ディリクレ条件（Dirichlet conditions）141, 142
ディリクレの定理（Dirichlet's theorem）141
ディリクレ問題（Dirichlet problem）383
停留条件（stationary condition）340
停留値（stationary value）333, 339, 347
停留点（stationary point）333
テーラー級数（Taylor series）254, 256
テーラー級数法（Taylor series method）441
テーラー展開（Taylor expansion）254, 487
デルタ関数（delta function）170, 171, 178
電子（electron）346
テンソル（tensor）48, 52
　　——の外積（outer product of tensors）

索　引

49, 50
テンソル解析（tensor calculus）　48
テンソル代数（tensor algebra）　48
転置行列（transposed matrix）　101

等確率（equal probability）　449, 450
同型（isomorphic）　407
導関数（derivative）　16, 226
同次性（homogeneity）　189
等周問題（isoperimetric problem）　335
特異点（singular point）　82, 202, 230, 231
特異部（singular part）　265
特解（particular solution）　364
特殊解（particular solution）　70, 74
特殊関数（special function）　279
特殊直交群（special orthogonal group）　422
特殊ユニタリ群（special unitary group）　424
特性多項式（characteristic polynomial）　119
特性方程式（characteristic equation）　71, 119
独立変数（independent variable）　221
ド・ブロイ波（de Broglie wave）　166
ド・モアブルの定理（de Moivre's theorem）　219, 220
トレース（trace）　95, 115

ナ　行

内積（inner product/scalar product）　5, 182, 183, 189, 212
　　——の左因子（pre-factor of inner product）　183, 189
　　——の保存（preservation of inner product）　206
　　——の右因子（post-factor of inner product）　183, 189
内積空間（inner product space）　189
長岡–ラザフォード模型（Nagaoka-Rutherford model）　165
長さ（length）　190
滑らか（smooth）　238

2回回転対称軸（twofold symmetry axis）　418
2項級数（binomial series）　488
2項係数（binomial coefficient）　454
2項定理（binomial theorem）　473, 496
2項展開（binomial expansion）　454, 460
2項分布（binomial distribution）　459, 460
　　——の標準偏差（standard deviation of binomial distribution）　463
　　——の分散（variance of binomial distribution）　463
　　——の平均（mean of binomial distribution）　462
2次形式（quadratic form）　52
2次元ラプラス方程式（Laplace's equation in two dimensions）　369
2面体群（dihedral group）　419
ニュートンの運動方程式（Newton's equation）　336
ニュートン法（Newton's method）　435
ニュートン力学（Newtonian mechanics）　341

熱拡散係数（coefficient of thermal diffusion）　366
熱伝導（heat conduction）　167
熱伝導方程式（heat conduction equation）　167, 168, 366, 386
熱伝導率（thermal conductivity）　167

ノイマン解（Neumann solution）　391
ノイマン関数（Neumann function）　312, 374
ノイマン級数（Neumann series）　391
ノイマン問題（Neumann problem）　383
ノルム（norm）　116, 190

ハ　行

場（field）　15
配位空間（configuration space）　336, 339, 342
倍音（overtone）　150

排反（exclusive） 450
ハイブリッド分解（hybrid decomposition） 521
パウリ行列（Pauli's matrix） 423
パーセヴァルの恒等式（Parseval's identity） 143, 173
波束（wave packet） 163
発散（divergence） 16, 23, 31, 476
発散定理（divergence theorem） 38
波動関数（wave function） 508
波動方程式（wave equation） 366, 380
ばね定数（spring constant） 77
ハミルトニアン（Hamiltonian） 214, 341
ハミルトニアン演算子（Hamiltonian operator） 348
ハミルトン関数（Hamilton's function） 341
ハミルトン形式（Hamilton formalism） 341
ハミルトンの原理（Hamilton's principle） 335, 336, 339, 341, 343
ハミルトン方程式（Hamilton's equations） 341, 343
ハミルトン–ヤコビ形式（Hamilton-Jacobi formalism） 341
ハミルトン–ヤコビの方程式（Hamilton-Jacobi equation） 343, 345, 346
ハミルトン–ヤコビの理論（Hamilton-Jacobi theory） 343
ハミルトン力学（Hamiltonian dynamics） 341
パラメータ表示（parametric representation） 17
パリティ（parity） 401
パリティ変換（parity transformation） 114
反エルミート（anti-Hermitian） 204
反エルミート行列（anti-Hermitian matrix） 109
汎関数（functional） 328
ハンケル関数（Hankel function） 313, 374
ハンケル変換（Hankel transform） 363
半正値性（positive semidefiniteness） 189
反線形（anti-linear） 190
反対角成分（trailing diagona elements） 95
反対称（antisymmetric） 51

反対称行列（antisymmetric matrix） 103
反対称行列演算子（antisymmetric matrix operator） 105
反対称性（antisymmetricity） 189
反対称テンソル（antisimmetric tensor） 9
反転（inversion） 417
反転（reflection） 406
反転点（inversion center） 416
反変テンソル（contravariant tensor） 49
反変微分（contravariant derivative） 57
反変ベクトル（contravariant vector） 49
非圧縮性流体（incompressible fluid） 366
非一様（non-uniform） 451
非回転的ベクトル場（rotationless vector field） 25
非可換（not commutative） 98
比較検定（comparison test） 478
比検定（ratio test） 252, 377, 392, 478, 481
非斉次（非同次）（inhomogeneous） 69, 365
非斉次ローレンツ変換（inhomogeneous Lorentz transformation） 429
非正則（singular） 83, 104
左剰余類（left-coset） 411, 412
微分演算子（differential operator） 75
微分可能（differentiable） 475
微分係数（differential coefficient） 226
微分方程式（differential equation） 58, 177, 398
表現（representation） 414
——の指標（character of representation） 415
標準化（standardization） 470
標準正規曲線（standard normal curve） 470
標準正規分布（standard normal distribution） 470
標準偏差（standard deviation） 459, 466, 470
標本空間（sample space） 450
標本点（sample point） 451
ヒルベルト空間（Hilbert space） 213

索　引

不確定性関係（uncertainty relation）　162
不確定性原理（uncertainty principle）　157, 162
不確定特異点（irregular singular point）　83
複合確率（compound probability）　455
　　　の定理（theorem of compound probability）　455
複素関数（complex function）　216, 225, 226
複素級数（complex series）　251
複素共役（complex conjugation）　108, 217
複素数（complex number/complex variable）　216
　　　の n 乗根（nth root of complex number）　220
　　　の極座標表示（polar form of complex number）　217
　　　の三角関数（trigonometric function of complex variable）　235
　　　の指数関数（exponential function of complex variable）　232
　　　の自然対数（natural logarithm of complex number）　236
　　　の実部（real part of complex number）　216
　　　の双曲線関数（hyperbolic function of complex variable）　237
　　　のべき乗（power of a complex number）　220
複素数列（complex sequence）　249
複素積分（complex integration）　238
複素フーリエ変換（complex Fourier transform）　362
複素平面（complex plane）　217
複素ベクトル場（complex vector field）　184
フックの法則（Hooke's law）　77
物質波（matter wave）　166
不等式（inequality）　473
部分空間（subspace）　185
部分群（subgroup）　403
部分積分（integration by parts）　91, 492
部分分数（partial fraction）　62
部分分数展開（partial fractions expansion）　493

不変部分群（invariant subgroup）　412
ブラ（bra）　152
ブラベクトル（bra vector）　183, 195
フーリエ逆変換（inverse Fourier transform）　156
フーリエ級数（Fourier series）　135, 137, 483
フーリエ係数（Fourier coefficient）　137
フーリエ正弦・余弦変換（Fourier sine and cosine transform）　362
フーリエ積分（Fourier integral）　153, 274
フーリエ積分表示（Fourier integral representation）　156
フーリエ変換（Fourier transform）　153, 156, 386, 388, 394
フレドホルム型積分方程式（Fredholm integral equation）　388
分解パラメータ（decomposition parameter）　510
分岐切断線（branch cut）　224
分岐線（branch line）　223, 224
分岐点（branch point）　224, 232
分散関係（dispersion relation）　164
分枝（branch）　224
分配（法）則（distributive law）　176, 184, 472
分離可能な核（separable kernel）　389

平均（mean）　470
平均値（mean value）　458, 466, 470
並進（translation）　133, 406
並進対称性（translational symmetry）　416
閉包（closure）　184
平面上のグリーンの定理（Green's theorem in the plane）　44
べき級数（power series）　254, 483
ベクトル（vector）　1
　　　の外積（vector product of vectors）　104
　　　の内積（scalar product of vectors）　104
ベクトル空間（vector space）　15, 97
ベクトル3重積（triple vector product）　11,

130
ベクトル場（vector field） 16, 184
ベクトル微分演算子（vector differential operator） 22
ベクトル・ポテンシャル（vector potential） 45
ベータ関数（beta function） 92
ベッセル関数（Bessel function） 307, 374
——の積分表示（integral representation of Bessel function） 317
——の直交性（orthogonality of Bessel functions） 321
ベッセルの微分方程式（Bessel's differential equation） 88, 307, 325
ヘビサイドの階段関数（Heaviside's unit step function） 358
ベルヌーイ試行（Bernoulli trials） 459
ベルヌーイの方程式（Bernoulli equation） 68
ヘルムホルツ型の偏微分方程式（Helmholtz partial differential equation） 323
ヘルムホルツの定理（Helmholtz theorem） 45
変位核（displacement kernel） 394
偏角（argument） 218
変換行列（transformation matrix） 13, 112
変換係数（coefficient of transformation） 12, 112
偏差（deviation） 447, 459
変数分離法（separation of variables） 59
変数変換（changing of variables） 59, 492
偏微分（partial differential） 16
偏微分方程式（partial differential equation） 58, 364
変分原理（variational principles） 328
変分法（calculus of variations） 328

ポアソン分布（Poisson distribution） 463, 464
ポアソン方程式（Poisson equation） 46, 365, 382
方向角（direction angle） 3
方向微分（directional derivative） 22

方向余弦（direction cosine） 3
法線微分（normal derivative） 44
法線方向（normal） 37
放物型（parabolic type） 365
補間（interpolation） 430
母関数（generating function） 306
補間法（interpolation） 430
補助関数（complementary function） 70
補助方程式（auxiliary equation） 71
保存系（conservative system） 335, 345
保存場（conservative field） 22, 37
保存力学系（conservative dynamical system） 336
ポテンシャル流速場（potential flow field） 43

マ 行

マクスウェル–ボルツマン分布（Maxwell-Boltzmann distribution） 471
マクローリン級数（Maclaurin series） 256
マクローリン展開（Maclaurin's expansion） 487

右手系（right handed system） 28
未定係数法（method of undetermined multipliers） 497
見本点（sample point） 451

無限遠点（point at infinity） 232
無限級数（infinite series） 81, 476
無限群（infinite group） 403
無限積分（improper integral） 269
無効添数（dummy index） 48
無理数（irrational number） 216, 472

面積分（surface integral） 36
面素ベクトル（surface element vector） 37
メリン変換（Mellin transform） 363

モジュラス（modulus） 218
モレラの定理（Morera's theorem） 243

ヤ 行

ヤコビアン（Jacobian） 30

有界（bounded） 197, 475
有限群（finite group） 403
有限標本空間（finite sample space） 451
有理関数（rational function） 474
有理数（rational number） 216, 472
ユークリッド空間（Euclidean space） 54
ユニタリ（unitary） 205
ユニタリ演算子（unitary operator） 205
ユニタリ行列（unitary matrix） 110, 122
ユニタリ性（unitarity） 508
ユニタリ表現（unitary representation） 415
余因子（cofactor） 500
余因子展開（cofactor expansion） 501
余弦定理（law of cosines） 6
横ベクトル（row vector） 95, 195
4次の標準分解公式（fourth-order standard decomposition formula） 512

ラ 行

ライプニッツ則（Leibnitz's rule） 495
ライプニッツの公式（Leibnitz formula） 283, 490
ラグランジアン（Lagrangian） 131, 335, 337
ラグランジュ形式（Lagrange formalism） 341
ラグランジュ乗数（Lagrange multiplier） 333, 348, 496, 497
ラグランジュの運動方程式（Lagrange equation of motion） 335–337
ラグランジュ方程式（Lagrange equation） 131
ラゲール関数（Laguerre function） 301
ラゲール多項式（Laguerre polynomial） 302, 303
ラゲールの陪微分方程式（Laguerre's associated differential equation） 305
ラゲールの微分方程式（Laguerre's differential equation） 301
ラゲール陪多項式（associated Laguerre polynomial） 305
ラプラシアン（Laplacian） 25, 32, 365
ラプラス演算子（Laplacian operator） 348
ラプラス展開（Laplace's expansion） 501
ラプラス–ド・モアブルの極限定理（Laplace-de Moivre limit theorem） 468
ラプラスの偏微分方程式（Laplace's partial differential equation） 231
ラプラス分布（Laplace distribution） 463
ラプラス変換（Laplace transform） 349, 369, 386, 388, 394
ラプラス変換演算子（Laplace transform operator） 349
ラプラス方程式（Laplace equation） 25, 365
ラーベ検定（Raabe's test） 481, 482

力学振動（mechanical oscillator） 337
リー群（Lie group） 422
離散確率分布（discrete probability distribution） 468
離散確率変数（discrete random variable） 458
離散群（discrete group） 403
離心率（eccentricity） 20
リーマン空間（Riemannian space） 53, 54
リーマンのツェータ関数（Riemann's zeta function） 254
リーマン面（Riemann surface） 223, 224
留数（residue） 264, 265
留数積分（integration by the method of residues） 264
留数定理（residue theorem） 267, 268
量子解析（quantum analysis） 515
量子調和振動子（quantum harmonic oscillator） 400
量子微分（quantum derivative） 515
量子モンテカルロ法（quantum Monte Carlo method） 509

量子力学（quantum mechanics） 101, 122, 128, 162, 165, 347

累積分布関数（cumulative distributive function） 469, 470
ルジャンドル関数（Legendre function） 291, 379
ルジャンドル多項式（Legendre polynomial） 281, 283, 284
ルジャンドルの陪微分方程式（Legendre's associated differential equation） 292, 376, 378
ルジャンドルの微分方程式（Legendre's differential equation） 279, 325
ルジャンドル陪関数（asssociated Legendre functions） 292
ルジャンドル陪多項式（associated Legendre polynomial） 292
ルンゲ−クッタ法（Runge-Kutta method） 441, 443

レイリー−リッツの方法（Rayleigh-Ritz method） 339
列ベクトル（column vector） 95
連続（continuous） 475
——の方程式（continuity equation） 40
連続確率変数（continuous probability variable） 458, 468
連続群（continuous group） 403
連立線形方程式（simulataneous linear equations） 107, 498
連立微分方程式（simultaneous differential equations） 90

ロピタルの規則（L'Hospital's rule） 322
ローラン級数（Laurent series） 259, 262
ローランの定理（Laurent theorem） 259
ローレンツ変換（Lorentz transformation） 426, 427
ロンスキアン行列式（Wronskian determinant） 70

ワ 行

ワイエルストラスの M 検定（Weierstrass M test） 253, 484
歪エルミート（skew Hermiticity） 204
歪エルミート行列（skew-Hermitian matrix） 109
歪対称行列（skew-symmetric matrix） 103
歪対称性（skew-symmetry） 189
湧き出し（source） 382
湧き出しなしベクトル場（solenoidal vector field） 24, 45

訳者略歴

鈴木増雄(すずきますお)
1937年 茨城県に生まれる
1966年 東京大学数物系大学院
博士課程修了
現 在 東京理科大学理学部応用
物理学科教授・理学博士
東京大学名誉教授

香取眞理(かとりまこと)
1961年 埼玉県に生まれる
1988年 東京大学大学院理学系
研究科博士課程修了
現 在 中央大学理工学部物理
学科教授・理学博士

羽田野直道(はたのなおみち)
1966年 大阪府に生まれる
1993年 東京大学大学院理学系
研究科博士課程修了
現 在 東京大学生産技術研究所
助教授・理学博士

野々村禎彦(ののむらよしひこ)
1966年 東京都に生まれる
1994年 東京大学大学院理学系
研究科博士課程修了
現 在 独立行政法人物質・材料
研究機構主任研究員・
理学博士

科学技術者のための数学ハンドブック　　　定価は外函に表示

2002年9月10日 初版第1刷
2004年8月30日　　　第2刷

訳　者　鈴　木　増　雄
　　　　香　取　眞　理
　　　　羽　田　野　直　道
　　　　野　々　村　禎　彦
発行者　朝　倉　邦　造
発行所　株式会社　朝　倉　書　店
　　　　東京都新宿区新小川町 6-29
　　　　郵便番号　162-8707
　　　　電　話　03(3260)0141
　　　　Ｆ Ａ Ｘ　03(3260)0180
　　　　http://www.asakura.co.jp

〈検印省略〉

ⓒ2002〈無断複写・転載を禁ず〉
ISBN4-254-11090-1 C3041

三美印刷・渡辺製本
Printed in Japan

G.ジェームス／R.C.ジェームス編
前京大 一松　信・東海大 伊藤雄二監訳

数　学　辞　典

11057-X C3541　　　　A 5判　664頁　本体23000円

数学の全分野にわたる，わかりやすく簡潔で実用的な用語辞典。基礎的な事項から最近のトピックスまで約6000語を収録。学生・研究者から数学にかかわる総ての人に最適。定評あるMathematics Dictionary(VNR社，最新第5版)の翻訳。付録として，多国語索引(英・仏・独・露・西)，記号・公式集などを収載して，読者の便宜をはかった。〔項目例〕アインシュタイン／亜群／アフィン空間／アーベルの収束判定法／アラビア数字／アルキメデスの螺線／鞍点／e／移項／位相空間／他

藤田　宏・柴田敏男・島田　茂・竹之内脩・寺田文行・
難波完爾・野口　廣・三輪辰郎訳

図　説　数　学　の　事　典

11051-0 C3541　　　　A 5判　1272頁　本体40000円

二色刷りでわかりやすく，丁寧に解説した総合事典。〔内容〕初等数学(累乗と累乗根の計算，代数方程式，関数，百分率，平面幾何，立体幾何，画法幾何，3角法)／高度な数学への道程(集合論，群と体，線形代数，数列・級数，微分法，積分法，常微分方程式，複素解析，射影幾何，微分幾何，確率論，誤差の解析)／いくつかの話題(整数論，代数幾何学，位相空間論，グラフ理論，変分法，積分方程式，関数解析，ゲーム理論，ポケット電卓，マイコン・パソコン)／他

中大 小林道正著

グラフィカル 数学ハンドブックⅠ
―基礎・解析・確率編―　〔CD-ROM付〕

11079-0 C3041　　　　A 5判　600頁　本体23000円

コンピュータを活用して，数学のすべてを実体験しながら理解できる新時代のハンドブック。面倒な計算や，グラフ・図の作成も付録のCD-ROMで簡単にできる。Ⅰ巻では基礎，解析，確率を解説〔内容〕数と式／関数とグラフ(整・分数・無理・三角・指数・対数関数)／行列と1次変換(ベクトル／行列／行列式／方程式／逆行列／基底／階数／固有値／2次形式)／1変数の微分法(数列／無限級数／導関数／微分／積分)／多変数の微分法／微分方程式／ベクトル解析／確率と確率過程／他

数学オリンピック財団 野口　廣監修
数学オリンピック財団編

数学オリンピック事典
―問題と解法―　〔基礎編〕〔演習編〕

11087-1 C3541　　　　B 5判　864頁　本体18000円

国際数学オリンピックの全問題の他に，日本数学オリンピックの予選・本戦の問題，全米数学オリンピックの本戦・予選の問題を網羅し，さらにロシア(ソ連)・ヨーロッパ諸国の問題を精選して，詳しい解説を加えた。各問題は分野別に分類し，易しい問題を基礎編に，難易度の高い問題を演習編におさめた。基本的な記号，公式，概念など数学の基礎を中学生にもわかるように説明した章を設け，また各分野ごとに体系的な知識が得られるような解説を付けた。世界で初めての集大成

D.ウェルズ著　京大 宮崎興二・前京大 藤井道彦・
京大 日置尋久・京大 山口　哲訳

不思議おもしろ幾何学事典

11089-8 C3541　　　　A 5判　256頁　本体4900円

世界的に好評を博している幾何学事典の翻訳。円・長方形・3角形から始まりフラクタル・カオスに至るまでの幾何学251項目・428図を50音順に並べ魅力的に解説。高校生でも十分楽しめるようにさまざまな工夫が見られ，従来にない"ふしぎ・おもしろ・びっくり"事典といえよう。〔内容〕アストロイド／アポロニウスのガスケット／アポロニウスの問題／アラベスク／アルキメデスの多面体／アルキメデスのらせん／……／60度で交わる弦／ロバの橋／ローマン曲面／和算の問題

前京大 一松 信訳
はじめからの すうがく事典
11098-7 C3541　　B5判 504頁 本体8800円

数学の基礎的な用語を収録した五十音順の辞典。図や例題を豊富に用いて初学者にもわかりやすく工夫した解説がされている。また，ふだん何気なく使用している用語の意味をあらためて確認・学習するのに好適の書である。大学生・研究者から中学・高校の教師，数学愛好者まであらゆるニーズに応える。巻末に索引を付して読者の便宜を図った。〔項目例〕1次方程式，因数分解，エラトステネスの篩，円周率，オイラーの公式，折れ線グラフ，括弧の展開，偶関数

前東大 彌永昌吉編著
考えながら読む 数学教本 (上)
11055-3 C3041　　A5判 208頁 本体3200円

小学校で学ぶ四則演算以外の予備知識を仮定せず数学の基本的なところを，"なぜ"そういう計算法ができるのかといった部分に焦点を合わせてていねいに解説。〔内容〕集合と自然数／自然数の性質／量と数／正負の数／文字式・方程式・不等式

前東大 彌永昌吉編著
考えながら読む 数学教本 (下)
11056-1 C3041　　A5判 232頁 本体3200円

公理的な記述を用いず，直感や想像力を駆使してゆっくり読むことで，自分で考える楽しさを味わえるように解説した図形編。〔内容〕基本図形の観察／平面の合同変換・平行射影・相似変換／平面上の座標と直線の式／直交座標・関数／面積

群馬大 瀬山士郎著
基礎の数学
―線形代数と微積分―
11072-3 C3041　　A5判 144頁 本体2600円

練達な著者による，高校の少し先の微分積分と線形代数(数学IV，数学D)を解説した教科書。〔内容〕行列とその計算／行列式とその計算／連立方程式と行列／行列と固有値／初等関数とテーラー展開／2変数関数／偏導関数と極値問題／重積分

早大 足立恒雄著
数 ―体系と歴史―
11088-X C3041　　A5判 224頁 本体3500円

「数」とは何だろうか？一見自明な「数」の体系を，論理から複素数まで歴史を踏まえて考えていく。〔内容〕論理／集合：素朴集合論他／自然数：自然数をめぐるお話他／整数：整数論入門他／有理数／代数系／実数：濃度他／複素数：四元数他／他

J.-P.ドゥラエ著 京大 畑 政義訳
π ― 魅惑の数
11086-3 C3041　　B5判 208頁 本体4600円

「πの探求，それは宇宙の探検だ」古代から現代まで，人々を魅了してきた神秘の数の世界を探る。〔内容〕πとの出会い／πマニア／幾何の時代／解析の時代／手計算からコンピュータへ／πを計算しよう／πは超越的か／πは乱数列か／付録／他

中大 小林道正・東大 小林 研著
LaTeX で 数学 を
―LaTeX2ε＋AMS-LaTeX入門―
11075-8 C3041　　A5判 256頁 本体3400円

LaTeX2εを使って数学の文書を作成するための具体例豊富で実用的なわかりやすい入門書。〔内容〕文書の書き方／環境／数式記号／数式の書き方／フォント／AMSの環境／図版の取り入れ方／表の作り方／適用例／英文論文例／マクロ命令

神戸大 角田 譲著
数理論理学入門
11062-6 C3041　　A5判 224頁 本体3200円

これから数理論理学を学ぼうとする人のためのテキスト。題材を絞り，例を豊富にして，理系はもちろんのこと，哲学・法学などを専攻する文系の学生をも対象に平易に解説。〔内容〕推論の形式／述語論理計算／演繹式計算／決定手続き／他

元放送大 前原昭二著
基礎数学シリーズ26
数学基礎論入門
11396-X C3341　　A5判 216頁 本体3900円

不完全性定理についてのゲーデルの理論を入門的かつ精緻に紹介。〔内容〕数学的理論の形式化／命題論理／述語論理／等号をもつ述語論理／型の理論／自然数論／自然数の関係と関数についての形式的表現の可能性／ゲーデルの不完全性定理／他

◆ はじめからの数学 ◆
数学をはじめから学び直したいすべての人へ

前東工大 志賀浩二著
はじめからの数学 1
数 に つ い て
11531-8 C3341　　　　　B 5 判 152頁 本体3500円

数学をもう一度初めから学ぶとき"数"の理解が一番重要である。本書は自然数，整数，分数，小数さらには実数までを述べ，楽しく読み進むうちに十分深い理解が得られるように配慮した数学再生の一歩となる話題の書。【各巻本文二色刷】

前東工大 志賀浩二著
はじめからの数学 2
式 に つ い て
11532-6 C3341　　　　　B 5 判 200頁 本体3500円

点を示す等式から，範囲を示す不等式へ，そして関数の世界へ導く「式」の世界を展開。〔内容〕文字と式／二項定理／数学的帰納法／恒等式と方程式／2次方程式／多項式と方程式／連立方程式／不等式／数列と級数／式の世界から関数の世界へ

前東工大 志賀浩二著
はじめからの数学 3
関 数 に つ い て
11533-4 C3341　　　　　B 5 判 192頁 本体3600円

'動き'を表すためには，関数が必要となった。関数の導入から，さまざまな関数の意味とつながりを解説。〔内容〕式と関数／グラフと関数／実数，変数，関数／連続関数／指数関数，対数関数／微分の考え／微分の計算／積分の考え／積分と微分

◆ シリーズ〈数学の世界〉 ◆
野口廣監修／数学の面白さと魅力をやさしく解説

理科大 戸川美郎著
シリーズ〈数学の世界〉1
ゼロからわかる数学
―数論とその応用―
11561-X C3341　　　　　A 5 判 144頁 本体2500円

0，1，2，3，…と四則演算だけを予備知識として数学における感性を会得させる数学入門書。集合・写像などは丁寧に説明して使える道具としてしまう。最終目的地はインターネット向きの暗号方式として最もエレガントなRSA公開鍵暗号

中大 山本 慎著
シリーズ〈数学の世界〉2
情 報 の 数 理
11562-8 C3341　　　　　A 5 判 168頁 本体2800円

コンピュータ内部での数の扱い方から始めて，最大公約数や素数の見つけ方，方程式の解き方，さらに名前のデータの並べ替えや文字列の探索まで，コンピュータで問題を解く手順「アルゴリズム」を中心に情報処理の仕組みを解き明かす

早大 沢田 賢・早大 渡邊展也・学芸大 安原 晃著
シリーズ〈数学の世界〉3
社 会 科 学 の 数 学
―線形代数と微積分―
11563-6 C3341　　　　　A 5 判 152頁 本体2500円

社会科学系の学部では数学を履修する時間が不十分であり，学生も高校であまり数学を学習していない。このことを十分考慮して，数学における文字の使い方などから始めて，線形代数と微積分の基礎概念が納得できるように工夫をこらした

早大 沢田 賢・早大 渡邊展也・学芸大 安原 晃著
シリーズ〈数学の世界〉4
社 会 科 学 の 数 学 演 習
―線形代数と微積分―
11564-4 C3341　　　　　A 5 判 168頁 本体2500円

社会科学系の学生を対象に，線形代数と微積分の基礎が確実に身に付くように工夫された演習書。各章の冒頭で要点を解説し，定義，定理，例，例題と解答により理解を深め，その上で演習問題を与えて実力を養う。問題の解答を巻末に付す

専大 青木憲二著
シリーズ〈数学の世界〉5
経 済 と 金 融 の 数 理
―やさしい微分方程式入門―
11565-2 C3341　　　　　A 5 判 160頁 本体2700円

微分方程式は経済や金融の分野でも広く使われるようになった。本書では微分積分の知識をいっさい前提とせずに，日常的な感覚から自然に微分方程式が理解できるように工夫されている。新しい概念や記号はていねいに繰り返し説明する

早大 鈴木晋一著
シリーズ〈数学の世界〉6
幾 何 の 世 界
11566-0 C3341　　　A5判 152頁 本体2500円

ユークリッドの平面幾何を中心にして、図形を数学的に扱う楽しさを読者に伝える。多数の図と例題、練習問題を添え、談話室で興味深い話題を提供する。〔内容〕幾何学の歴史／基礎的な事項／3角形／円周と円盤／比例と相似／多辺形と円周

数学オリンピック財団 野口 廣著
シリーズ〈数学の世界〉7
数学オリンピック教室
11567-9 C3341　　　A5判 140頁 本体2500円

数学オリンピックに挑戦しようと思う読者は，第一歩として何をどう学んだらよいのか。挑戦者に必要な数学を丁寧に解説しながら，問題を解くアイデアと道筋を具体的に示す。〔内容〕集合と写像／代数／数論／組み合せ論とグラフ／幾何

◆ 応用数学基礎講座 ◆
岡部靖憲・米谷民明・和達三樹 編集

東大 加藤晃史著
応用数学基礎講座2
線 形 代 数
11572-5 C3341　　　A5判 280頁〔近 刊〕

抽象的になるのを避けるため幾何学的イメージを大切にしながら初歩から丁寧に解説。工夫をこらした多数の図と例を用いて理解を助け，演習問題もふんだんに用意して実力の養成をはかる。線形変換のスペクトル分解，二次形式までを扱う

東大 中村 周著
応用数学基礎講座4
フ ー リ エ 解 析
11574-1 C3341　　　A5判 200頁 本体3500円

応用に重点を置いたフーリエ解析の入門書。特に微分方程式，数理物理，信号処理の話題を取り上げる。〔内容〕フーリエ級数展開／フーリエ級数の性質と応用／1変数のフーリエ変換／多変数のフーリエ変換／超関数／超関数のフーリエ変換

奈良女大 山口博史著
応用数学基礎講座5
複 素 関 数
11575-X C3341　　　A5判 280頁 本体4500円

多数の図を用いて複素関数の世界を解説。複素多変数関数論の入門として上空移行の原理に触れ，静電磁気学を関数論的手法で見直す。〔内容〕ガウス平面／正則関数／コーシーの積分表示／岡潔の上空移行の原理／静電磁場のポテンシャル論

東大 岡部靖憲著
応用数学基礎講座6
確 率・統 計
11576-8 C3341　　　A5判 288頁 本体4200円

確率論と統計学の基礎と応用を扱い，両者の交流を述べる。〔内容〕場合の数とモデル／確率測度と確率空間／確率過程／中心極限定理／時系列解析と統計学／テント写像のカオス性と揺動散逸定理／時系列解析と実験数学／金融工学と実験数学

東大 宮下精二著
応用数学基礎講座7
数 値 計 算
11577-6 C3341　　　A5判 190頁 本体3400円

数値計算を用いて種々の問題を解くユーザーの立場から，いろいろな方法とそれらの注意点を解説する。〔内容〕計算機を使う／誤差／代数方程式／関数近似／高速フーリエ変換／関数推定／微分方程式／行列／量子力学における行列計算／乱数

東大 細野 忍著
応用数学基礎講座9
微 分 幾 何
11579-2 C3341　　　A5判 228頁 本体3800円

微分幾何を数理科学の諸分野に応用し，あるいは応用する中から新しい数理の発見を志す初学者を対象に，例題と演習・解答を添えて理論構築の過程を丁寧に解説した。〔内容〕曲線・曲面の幾何学／曲面のリーマン幾何学／多様体上の微分積分

東大 杉原厚吉著
応用数学基礎講座10
ト ポ ロ ジ ー
11580-6 C3341　　　A5判 224頁 本体3800円

直観的なイメージを大切にし，大規模集積回路の配線設計や有限要素法のためのメッシュ生成など応用例を多数取り上げた。〔内容〕図形と位相空間／ホモトピー／結び目とロープマジック／複体／ホモロジー／トポロジーの計算論／グラフ理論

淡中忠郎著 朝倉数学講座1 **代　数　学** 11671-3 C3341　　A5判 236頁 本体3400円	代数の初歩を高校上級レベルからやさしく説いた入門書．多くの実例で問題を解く技術が身に付く〔内容〕二項定理・多項定理／複素数／整式・有理式／対称式・交代式／三・四次方程式／代数方程式／行列式／ベクトル空間／行列環・二次形式他
矢野健太郎著 朝倉数学講座2 **解　析　幾　何　学** 11672-1 C3341　　A5判 236頁 本体3400円	解析幾何学の初歩を高校上級レベルからやさしく解説．解析幾何学本来の方法をくわしく説明した〔内容〕平面上の点の位置(解析幾何学／点の座標／他)／平面上の直線／円／2次曲線／空間における点／空間における直線と平面／2次曲面／他
能代　清著 朝倉数学講座3 **微　分　学** 11673-X C3341　　A5判 264頁 本体3400円	極限に関する知識を整理しながら，微分学の要点を多くの例・注意・問題を用いて平易に解説．〔内容〕実数の性質／函数(写像／合成函数／逆函数他)／初等函数(指数・対数函数他)／導函数／導函数の応用／級数／偏導函数／偏導函数の応用他
井上正雄著 朝倉数学講座4 **積　分　学** 11674-8 C3341　　A5判 260頁 本体3400円	豊富な例題・図版を用いて，具体的な問題解法を中心に，計算技術の習得に重点を置いて解説した〔内容〕基礎概念(区分求積法他)／不定積分／定積分(面積／曲線の長さ他)／重積分(体積／ガウス・グリーンの公式他)／補説(リーマン積分)／他
小堀　憲著 朝倉数学講座5 **微　分　方　程　式** 11675-6 C3341　　A5判 248頁 本体3400円	「解く」ことを中心に，「現代数学における最も重要な分科」である微分方程式の解法と理論を解説．〔内容〕序説／1階微分方程式／高階微分方程式／高階線型／連立線型／ラプラス変換／級数による解法／1階偏微分方程式／2階偏微分方程式／他
小松勇作著 朝倉数学講座6 **函　数　論** 11676-4 C3341　　A5判 248頁 本体3400円	初めて函数論を学ぼうとする人のために，一般函数論の基礎概念をできるだけ平易かつ厳密に解説〔内容〕複素数／複素函数／複素微分と複素積分／正則函数(テイラー展開／解析接続／留数他)／等角写像(写像定理／鏡像原理他)／有理型函数／他
亀谷俊司著 朝倉数学講座7 **集　合　と　位　相** 11677-2 C3341　　A5判 224頁 本体3400円	数学的言語の「文法」となっている集合論と位相空間論の初歩を，素朴直観的な立場から解説する．〔内容〕集合と濃度／順序集合／選択公理とツォルンの補題／位相空間(近傍他)／コンパクト性と連結性／距離空間／直積空間とチコノフの定理／他
大槻富之助著 朝倉数学講座8 **微　分　幾　何　学** 11678-0 C3341　　A5判 228頁 本体3400円	読者が図形的考察になじむことに主眼をおき，古典的方法から動く座標系，テンソル解析まで解説〔内容〕曲線論(ベクトル／フレネの公式／曲率他)／曲面論(微分形式／包絡面他)／曲面上の幾何学(多様体／リーマン幾何学他)／曲面の特殊理論他
河田竜夫著 朝倉数学講座9 **確　率　と　統　計** 11679-9 C3341　　A5判 252頁 本体3400円	確率・統計の基礎概念を明らかにすることに主眼を置き，確率論の体系と推定・検定の基礎を解説〔内容〕確率の概念(事象／確率変数他)／確率変数の分布函数・平均値／独立確率変数列／独立でない確率変数列(マルコフ連鎖他)／統計的推測／他
清水辰次郎著 朝倉数学講座10 **応　用　数　学** 11680-2 C3341　　A5判 264頁 本体3400円	フーリエ変換，ラプラス変換からオペレーションズリサーチまで，応用数学の手法を具体的に解説〔内容〕フーリエ級数／応用偏微分方程式(絃の振動／ポテンシャル他)／ラプラス変換／自動制御理論／ゲームの理論／線型計画法／待ち行列／他

服部　昭著	群・環・体など代数学の基礎的素材の取り扱いと
近代数学講座1	代数学的な考え方の具体例を明快に示した入門書
現　代　代　数　学	〔内容〕群(半群,位相群他)／環(多項式環,ネター
	環他)／加群(多項式環／デデキント環と加群他)
11651-9 C3341　　　A5判 236頁 本体3500円	／圏とホモロジー(関手他)／可換体／ガロア理論

近藤基吉著	純粋実函数論のわかりやすい入門書.全体を「高い
近代数学講座2	見地から」総括的に見通すことに重点を置いた.
実　　函　　数　　論	〔内容〕集合(論理,順序数他)／実数と初等空間(自
	然数,整数他)／解析集合(ボレル集合他)／集合の
11652-7 C3341　　　A5判 240頁 本体3500円	基本的性質(測度他)／ベール関数／ルベグ積分

齋藤利弥著	線形方程式を中心に,基礎をしっかりと固めなが
近代数学講座3	ら,複雑多彩な常微分方程式の世界へ読者を誘う
常　微　分　方　程　式　論	〔内容〕基本定理(初期値,解の存在他)／線形方程
	式(同次系他)／境界値問題(固有値問題他)／複素
11653-5 C3341　　　A5判 200頁 本体3500円	領域の微分方程式(特異点,非線形方程式他)／他

南雲道夫著	初期値問題・境界値問題を中心に,初歩的で古典
近代数学講座4	的な方法から近代的な方法へと読者を導いていく
偏　微　分　方　程　式　論	〔内容〕1階偏微分方程式／2変数半線形系／解析
	的線形系／2階線形系／定係数線形系の初期値問
11654-3 C3341　　　A5判 224頁 本体3500円	題／楕円型方程式／1パラメター変換半群論／他

小松勇作著	きわめて豊富・多彩で興味深い特殊函数の世界を
近代数学講座5	解析関数という観点から,さまざまに探っていく
特　　殊　　函　　数	〔内容〕ベルヌイの多項式／ガンマ函数(ベータ函
	数他)／リーマンのツェータ函数／超幾何函数／
11655-1 C3341　　　A5判 256頁 本体3500円	直交多項式／球函数／円柱函数(ベッセル函数他)

河田敬義・大口邦雄著	トポロジーに関心を持つ人びとのための入門書.
近代数学講座6	代数的トポロジーを中心に,平明に応用まで解説
位　相　幾　何　学	〔内容〕複体(多面体他)／ホモロジー群(単体の向
	き他)／鎖群の一般論／ホモロジー群の位相的不
11656-X C3341　　　A5判 200頁 本体3500円	変性／ホモトピー群／ファイバー束／複積体／他

竹之内脩著	ヒルベルト空間・スペクトル分解をていねいに記
近代数学講座7	述し,バナッハ空間での函数解析へと展開する.
函　　数　　解　　析	〔内容〕ヒルベルト空間(完備化他)／線形作用素・
	線形汎函数(弱収束他)／スペクトル分解／非有界
11657-8 C3341　　　A5判 244頁 本体3500円	線形作用素／バナッハ空間／有界線形汎函数／他

立花俊一著	テンソル解析を主な道具とし曲線・曲面を微分法
近代数学講座8	を使って探る「曲がった空間」の幾何学の入門書
リ　ー　マ　ン　幾　何　学	〔内容〕ベクトルとテンソル(ベクトル空間他)／微
	分多様体(接空間他)／リーマン空間／部分空間論
11658-6 C3341　　　A5判 200頁 本体3500円	／変換論／曲線論／部分空間論／積分公式

魚返　正著	確率過程の全般にわたって基本的事柄を解説.確
近代数学講座9	率分布を主体にし,応用領域の読者にも配慮した
確　　率　　論	〔内容〕確率過程の概念(確率変数と分布他)／マル
	コフ連鎖／独立な確率変数の和／不連続なマルコ
11659-4 C3341　　　A5判 204頁 本体3500円	フ過程／再生理論／連続マルコフ過程／定常過程

廣瀬　健著	帰納的関数と広い意味での「アルゴリズムの理論」
近代数学講座10	を考え方から始め,できるだけやさしく解説した
計　　算　　論	〔内容〕アルゴリズム／チューリング機械／帰納的
	関数／形式的体系と算術化／T-術語の性質／決
11660-8 C3341　　　A5判 204頁 本体3500円	定問題／帰納的可算集合／アルゴリズム評価／他

前東工大 志賀浩二著 数学30講シリーズ1 **微分・積分 30 講** 11476-1 C3341　　A5判 208頁 本体3200円	〔内容〕数直線／関数とグラフ／有理関数と簡単な無理関数の微分／三角関数／指数関数／対数関数／合成関数の微分と逆関数の微分／不定積分／定積分／円の面積と球の体積／極限について／平均値の定理／テイラー展開／ウォリスの公式／他
前東工大 志賀浩二著 数学30講シリーズ2 **線形代数 30 講** 11477-X C3341　　A5判 216頁 本体3200円	〔内容〕ツル・カメ算と連立方程式／方程式，関数，写像／2次元の数ベクトル空間／線形写像と行列／ベクトル空間／基底と次元／正則行列と基底変換／正則行列と基本行列／行列式の性質／基底変換から固有値問題へ／固有値と固有ベクトル／他
前東工大 志賀浩二著 数学30講シリーズ3 **集合への 30 講** 11478-8 C3341　　A5判 196頁 本体3200円	〔内容〕身近なところにある集合／集合に関する基本概念／可算集合／実数の集合／写像／濃度／連続体の濃度をもつ集合／順序集合／整列集合／順序数／比較可能定理，整列可能定理／選択公理のヴァリエーション／連続体仮説／カントル／他
前東工大 志賀浩二著 数学30講シリーズ4 **位相への 30 講** 11479-6 C3341　　A5判 228頁 本体3200円	〔内容〕遠さ，近さと数直線／集積点／連続性／距離空間／点列の収束，開集合，閉集合／近傍と閉包／連続写像／同相写像／連結空間／ベールの性質／完備化／位相空間／コンパクト空間／分離公理／ウリゾーン定理／位相空間から距離空間／他
前東工大 志賀浩二著 数学30講シリーズ5 **解析入門 30 講** 11480-X C3341　　A5判 260頁 本体3400円	〔内容〕数直線の生い立ち／実数の連続性／関数の極限値／微分と導関数／テイラー展開／ベキ級数／不定積分から微分方程式へ／線形微分方程式／面積／定積分／指数関数再考／2変数関数の微分可能性／逆写像定理／2変数関数の積分／他
前東工大 志賀浩二著 数学30講シリーズ6 **複素数 30 講** 11481-8 C3341　　A5判 232頁 本体3400円	〔内容〕負数と虚数の誕生まで／向きを変えることと回転／複素数の定義／複素数と図形／リーマン球面／複素関数の微分／正則関数と等角性／ベキ級数と正則関数／複素積分と正則性／コーシーの積分定理／一致の定理／孤立特異点／留数／他
前東工大 志賀浩二著 数学30講シリーズ7 **ベクトル解析 30 講** 11482-6 C3341　　A5判 244頁 本体3200円	〔内容〕ベクトルとは／ベクトル空間／双対ベクトル空間／双線形関数／テンソル代数／外積代数の構造／計量をもつベクトル空間／基底の変換／グリーンの公式と微分形式／外微分の不変性／ガウスの定理／ストークスの定理／リーマン計量／他
前東工大 志賀浩二著 数学30講シリーズ8 **群論への 30 講** 11483-4 C3341　　A5判 244頁 本体3200円	〔内容〕シンメトリーと群／群の定義／群に関する基本的な概念／対称群と交代群／正多面体群／部分群による類別／巡回群／整数と群／群と変換／軌道／正規部分群／アーベル群／自由群／有限的に表示される群／位相群／不変測度／群環／他
前東工大 志賀浩二著 数学30講シリーズ9 **ルベーグ積分 30 講** 11484-2 C3341　　A5判 256頁 本体3400円	〔内容〕広がっていく極限／数直線上の長さ／ふつうの面積概念／ルベーグ測度／可測集合／カラテオドリの構想／測度空間／リーマン積分／ルベーグ積分へ向けて／可測関数の積分／可積分関数の作る空間／ヴィタリの被覆定理／フビニ定理／他
前東工大 志賀浩二著 数学30講シリーズ10 **固有値問題 30 講** 11485-0 C3341　　A5判 260頁 本体3200円	〔内容〕平面上の線形写像／隠されているベクトルを求めて／線形写像と行列／固有空間／正規直交基底／エルミート作用素／積分方程式／フレードホルムの理論／ヒルベルト空間／閉部分空間／完全連続な作用素／スペクトル／非有界作用素／他

上記価格(税別)は 2004 年 7 月現在